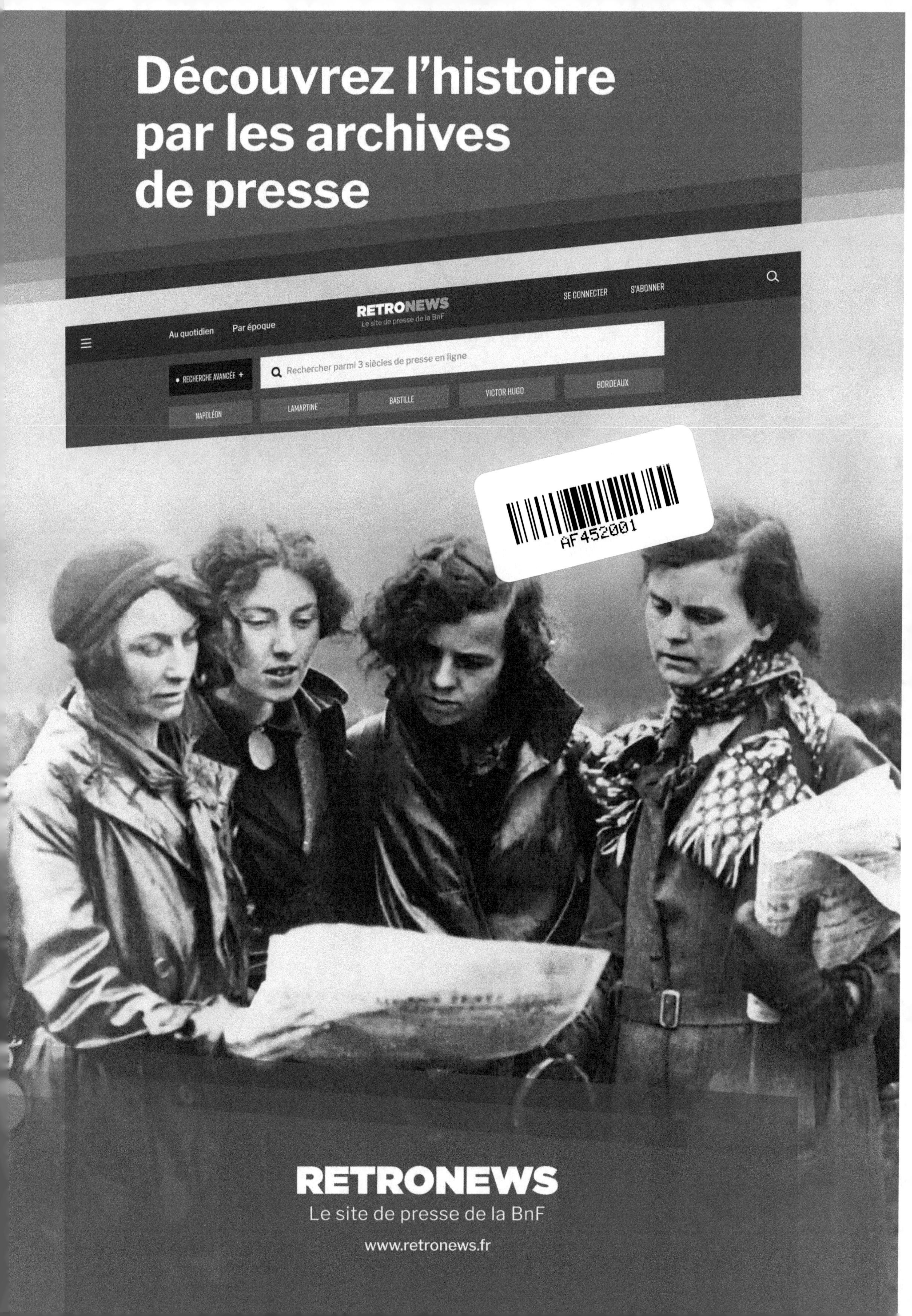

Découvrez l'histoire par les archives de presse

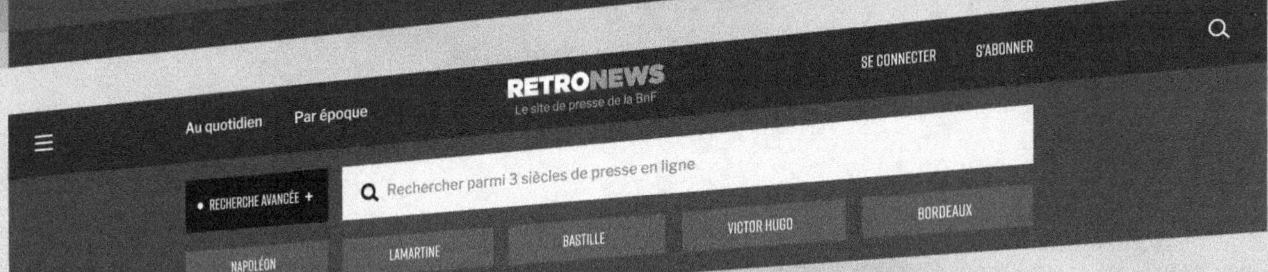

RETRONEWS

Le site de presse de la BnF

www.retronews.fr

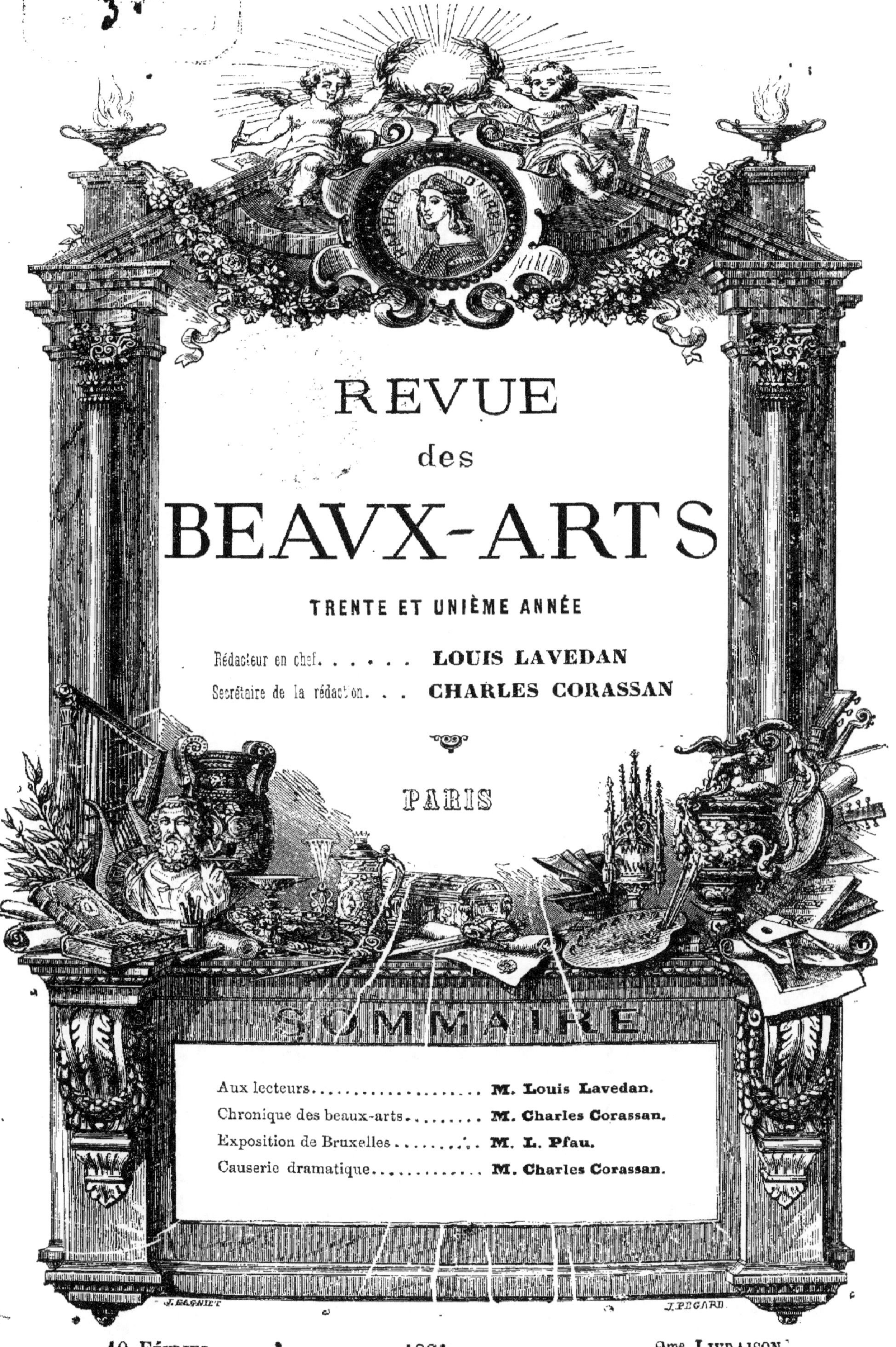

REVUE

des

BEAVX-ARTS

TRENTE ET UNIÈME ANNÉE

Rédacteur en chef . . . . . . **LOUIS LAVEDAN**
Secrétaire de la rédaction . . . **CHARLES CORASSAN**

PARIS

SOMMAIRE

J. BAGNIET   J. PEGARD.

10 FÉVRIER.   1861.   2me LIVRAISON.

CHRONIQUE DES BEAUX-ARTS.

Le *Naufrage de la Méduse* a repris, dans le salon des Sept-Cheminées,—ainsi nommé parce qu'il n'y en a pas une seule,—sa place, qu'il avait quittée pour aller faire faire son portrait, en attendant qu'il passe encore dans l'atelier de restauration.

La mode est là : ce serait bien si, quand on restaure, on se bornait à arrêter la ruine ; le malheur est qu'on veut toujours la réparer.

C'est une chose grave que de toucher à l'œuvre d'autrui, petit ou grand, élève ou maître. Qui sait d'ailleurs si celui qu'on croit petit, pouvant être traité sans conséquence, ou tout au mois avec familiarité,— je parle même des morts, — ne se trouvera pas tout d'un coup, dans dix ans, un maître avec lequel il faudra compter, et réciproquement ? Mais c'est une question qu'on ne songe jamais à s'adresser ; aussi l'on va, l'on taille, l'on coupe à plaisir, là pour ajouter ce qu'on croit manquer à l'élève, ici pour atténuer ce qu'on trouve indigne du maître. On refait un pied à Raphaël, une scène à Corneille, on gaze une nudité de Rubens ou une rime de Molière, et, comme on ne regarde que de son point de vue, on costume innocemment à la mode du jour ces grands géants qu'on trouve surannés. Démosthène et Cicéron ont dit : Hommes d'Athènes ou Romains ; on traduit : messieurs ! Tite-Live a mis le Forum, on met l'Hôtel-de-Ville, et l'on refait un Euripide où l'on s'appelle seigneur, madame et princesse.

Ainsi d'un tableau dont les tons ont noirci, on le décrasse, et quand il est redevenu neuf, il se trouve qu'il n'a plus le même air ; on le retouche, on remet les tons en harmonie, et on les change. Cent ans après, la mode, à son tour a changé ; on reprend le tableau pour lui rendre cette fois l'aspect qu'il devait avoir en sortant des mains du maître : on connaît si bien sa manière à présent ! Autre échec : Vous n'avez pas compris sa manière comme la comprendra la se-

conde génération qui vous suit ; je ne parle pas de la première, qui n'a vu dans le dieu que vous adoriez qu'une contrefaçon de Dieu, et renvoyait vos adorations au grenier. Elles en ressortent à la longue ; mais, comme dit Bossuet : « Quel état et quel état !... » Le vulgaire se demande si c'est bien là ce qui a tant passionné l'ancien temps ; vous, ô artistes ! vous gémissez en comptant sur la face vénérable du vieux maître toutes les rides que le fard a ajoutées aux rides de l'âge ; tous les outrages faits par la mode, les commentaires et les restaurations, toutes les nuances salies, les transitions rompues, les intentions dénaturées : pensée, dessin, couleur, tout est remis en question, et vous ne pouvez plus, la main sur la conscience, admirer que sur la foi d'autrui.

Quand un Marmontel se permet de mutiler le *Cid* et *Nicomède*, que Mme Dacier s'évertue à enseigner la *Civilité puérile et honnête* au vieil Homère ; quand Walter Scott, pour ne pas citer les vivants, qui ont fait pis encore, s'amuse dans l'histoire comme un enfant dans un cerisier, c'est un malheur pour la foule, sans doute ; mais du moins les initiés, les mandarins à globule, haussent les épaules et se consolent en relisant les textes altérés. Quand les Vandales du temps de Louis XV badigeonnaient Notre-Dame pour la rendre plus gaie, et remplaçaient par des carreaux ses verrières de pourpre et d'azur, ou que les patriotes de 93 abattaient ses statues et pillaient son trésor, il pouvait se faire qu'à force de millions et de science, quelque grand règne, aidé d'un artiste de génie, réparât les outrages du passé.

Mais quand ces outrages s'exercent sur une chose aussi fine, aussi délicate, aussi pleine de la plus intime pensée d'un homme qu'un tableau, quelles malédictions sont trop fortes contre ceux qui les commettent, quels que soient leur but et la pureté de leurs intentions ? Le premier respect pour les choses saintes est de ne pas les toucher. Qui donc peut se vanter d'être assez fort, d'être assez à la hauteur du génie pour se mettre à la place de Rubens, de Véronèse ou de Raphaël, et décider ce qu'ils auraient fait ou suppléer ce qu'ils n'ont pas su faire ? Certainement il est utile de remplacer un vernis qui n'est plus qu'une crasse, ou de sauver en le rentoilant un tableau qui s'écaille ; mais de là à retoucher la peinture même, il y a tout un abîme : si attaquée qu'elle vous semble par le temps, qui décompose les nuances, empâte les glacis et fait repousser les fonds, respectez-la : c'est ainsi qu'on la connaît. Qui vous dit d'ailleurs que le maître, qui savait son métier de peintre, n'a pas compté par fois sur cet effet de l'âge, et ne l'a pas préparé par ce mélange même des couleurs que vous lui reprochez ?

Pour parer à ces maux, la direction des Musées, qui n'ignore pas combien de mal peut causer le zèle des restaurations, fait faire une copie du *Naufrage de la Méduse*, avant de le livrer aux chances d'un rentoilage malheureusement nécessaire. C'est une mesure à laquelle on ne saurait trop applaudir, quelle que soit d'ailleurs l'habileté inouïe des artistes qui se livrent à cette opération délicate. De plus, on y a gagné une copie d'une valeur incontestable. M. Ronjat, chargé de cette mission, s'en est acquitté avec un rare talent et une conscience bien précieuse ; sa touche est large, hardie et fidèle ; sa couleur, formée évidemment à l'école de Murillo et de Prudhon, a toute l'intensité et la chaleur sinistre qui sont dans l'œuvre de Géricault un des éléments du pathétique.

Nous ne décrirons pas cette scène lugubre que tout le monde connaît et admire à présent ; on a fini par rendre justice au peintre incompris d'abord, et par sentir tout ce qu'il y avait de force dans cette composition, de science dans ce dessin, de richesse dans cette couleur ; bien peu le comprirent au premier moment. La distance était si grande entre ce style passionné et celui de David et, l'on était si loin de soupçonner tout ce que l'on a reconnu plus tard chez Gros ; Gros l'auteur de la *Bataille d'Aboukir* et de la *Coupole de Ste-Geneviève*, qu'on a fait suicider de cha-

grin en lui reprochant de ne pas sentir la couleur. On a laissé de même mourir Géricault, en restant froid devant son *Naufrage* ; on l'a regardé sans en voir la poésie. L'homme, réduit à lui-même, luttant contre toutes les horreurs dont la mort peut s'environner, sur ce radeau qui n'est qu'un point dans l'infini, et renaissant tout à coup, à la vue d'un autre point qui apparaît à peine encore à l'horizon; la faiblesse de l'homme, son néant en face de l'immensité, et la puissance de l'espoir, cette fille de la foi.

Rendons pourtant justice à qui de droit : c'est en France seulement que ce chef-d'œuvre a trouvé un mauvais accueil ; en Angleterre, où il fut porté, l'enthousiasme fut tel que l'entrepreneur de l'exposition remit à Géricault pour sa part, tous bénéfices et tous frais prélevés, une somme de 17,000 francs. A sa mort, pareil contraste se reproduisit : la liste civile en avait refusé 6,000 francs; M. Dedreux-Dorcy, l'un des amis du peintre, les donna pour ne pas voir passer le tableau à l'étranger. Des Anglais, des Américains lui en offrirent le triple ; mais le noble et patriotique amateur, ne voulant voir l'œuvre de son ami qu'au Louvre, refusa et la céda au ministre pour ce qu'elle lui avait coûté.

C'est à une autre générosité que le Louvre doit le seul Decamps qu'il possède, et qu'on voit tout auprès de Géricault. Il y avait assez longtemps, néanmoins, que le nom de Decamps était connu et son talent reconnu : les expositions révélaient à chaque instant quelque nouveau chef-d'œuvre autour duquel la foule se pressait, et qui disparaissait aussitôt, emporté par la main d'un Anglais ou d'un Russe. Maintenant que la mort a doublé la valeur de toutes ces toiles, ceux qui les possèdent ne voudront plus s'en dessaisir, ou le Musée, qui doit à la France de garder le souvenir d'un artiste qui fut l'un des plus grands peintres d'une riche époque, devra courir les hasards des ventes et se résigner à des sacrifices énormes, qu'il eût pu s'épargner en se décidant plus tôt. On annonce une exposition prochaine de l'œuvre de Decamps; espérons que l'administration profitera de cette occasion unique pour réparer un grand tort, trop heureuse si, en passant sous les fourches caudines qu'il lui faudra subir, elle reconnaissait les inconvénients de la prudence peut-être exagérée qui lui sert de système.

Sans doute il ne faut ni s'encombrer ni se hâter d'acheter une œuvre où apparaît une étincelle de talent, quand, plus tard, cette étincelle peut devenir un volcan tout aussi bien qu'elle peut s'éteindre ; mais il y a, d'un autre côté, une loi impérieuse pour l'administration : c'est celle de l'enseignement public. Elle a pour ainsi dire charge d'âmes et doit compte au pays de ce qu'elle fait ou ne fait pas pour développer l'instinct du beau, tant parmi nous que chez notre postérité. Un jour viendra, il faut bien qu'on se le dise, où nous serons jugés, nous qui jugeons les autres, et nous devons comparaître avec toutes les pièces qui peuvent servir à nous défendre. On cherchera quelles ont été nos œuvres, nos maîtres, nos haines et nos sympathies ; on nous demandera compte de nos complaisances pour cette perfide coquette que nous traitons comme un caprice, et qui est, en réalité, une maîtresse impérieuse, jalouse et bornée : la Mode.

A notre avis, un musée contemporain devrait se composer non pas seulement comme celui du Luxembourg du demi-tiers des œuvres qui ont la prétention d'être bonnes ; mais d'un spécimen au moins de tout ce qui est artiste célèbre, à tort ou à raison. — Ceci a l'air d'un paradoxe ; — mais il ne s'agit pas du mérite, c'est à nos petits-fils d'en

juger. Seulement, quand la foule se groupe autour d'un talent, c'est qu'il y a en lui quelque chose de sympathique et correspondant à un sentiment, sinon réel, du moins actuel, et dès lors réel, relativement ; la postérité verra le reste. Ne cherchons donc pas le mérite, mais la célébrité ; la célébrité est une influence pour celui qui l'a reçue, et une approbation de la part de celui qui l'a donnée. Constatons nos complaisances, mais ne faisons pas entre nous la part des bons et des mauvais : nous n'avons pas assez de reculé pour être au point de vue. Que nos musées d'artistes vivants soient nos archives, le chapitre des pièces justificatives de notre histoire un Elysée et non un Panthéon ; on ne se décerne pas de Panthéon à soi-même, ne fût-ce que par prudence.

Dans une autre chronique nous commencerons une série d'indiscrétions sur le salon prochain. Si l'ensemble vaut les détails que nous en avons pu voir, l'Exposition promet d'être intéressante. Hâtons-nous, dès aujourd'hui, si nous ne voulons être devancés, de parler d'une *Italie* de M. le baron Wappers, déjà célèbre avant d'être finie. L'àpropos du sujet fait moins encore pour le succès de l'œuvre que l'incomparable et sauvage beauté, et l'attitude expressive de la poétique amazone, et l'habileté d'un pinceau dont la richesse prouve que l'école flamande actuelle possède, non-seulement les successeurs, mais les héritiers de Rubens.

Alphonse SCHMIT.

PARIS TRANSFIGURÉ.

(PREMIER ARTICLE.)

I

Vous vous souvenez de ce livre admirable entre tous, où Victor Hugo a refait le Paris du moyen-âge. Vous avez lu ces pages où la fantaisie du poëte, mariée à la ténacité

de l'érudit, a condamné sans appel la renaissance, et Louis XIV. Vous avez regretté toutes ces aiguilles, toutes ces dentelures, tous ces pignons, toutes ces tourelles, archives de pierre de la chevalerie, emblèmes d'une foi vive, phrases d'une langue de patriotisme et de superstition, de religion et d'estocades, langue morte depuis longtemps, et dont les rudiments même nous ont été escamotés par deux siècles de bel esprit.

Sur les débris du Paris féodal, l'histoire s'est écrite. Le Louvre nous a redit François Ier; le Palais-Royal, Louis XIII; les Invalides, Louis XIV; Saint-Sulpice, Louis XV; la Colonne, Napoléon! A ces édifices, et à leurs contemporains, se sont joints les restes du Paris gothique, les vestiges du Paris roman, et le témoin du Paris de César, le palais des Thermes. Toute l'histoire de notre civilisation occidentale est là.

La grande ville conservait à chaque édifice son cortége. La vieille demeure abbatiale s'ouvrait sur une rue étroite et tortueuse. A côté du Louvre de Charles IX on trouvait la maison de Coligny. La chronique avait aussi sa représentation, et non loin de l'université actuelle on voyait au-dessus d'une porte, la Salamandre de Gabrielle d'Estrées.

Puis il semblait que l'aspect d'un quartier révélait à la fois son histoire et sa chronique. Chaque ville perdue dans la grande ville avait sa physionomie à part, une teinte pour ses murs, une forme pour ses toits, une largeur pour ses rues. Paris était la ville de tous les souvenirs, de toutes les croyances, de toutes les fortunes. Il fallait à un homme toute sa vie pour l'étudier et le connaître sous ses faces multiples.

II

Parcourons ensemble le Paris d'aujourd'hui :

Sur les quais de la rive droite de la Seine on trouve l'Hôtel-de-Ville, l'une des plus splendides œuvres de la renaissance, enchâssée dans des constructions lourdes et sans caractère par des artistes du règne de Louis-Philipe. Un peu plus loin, sur la place du Châtelet, il y a deux édifices à destination de théâtres, encore inachevés, et dont nous aurons bientôt à nous occuper.

Au centre de la place est située la fontaine du Châtelet, colonne de feuillages, supportée par un lourd piédestal flanqué de sphinx. Ce monument jadis élégant et proportionné, a été élevé tout récemment sur sa base égyptienne. C'est d'un goût contemporain.

En suivant les mêmes quais, nous trouvons la place du Louvre et Saint-Germain-l'Auxerrois, auquel on a donné un pendant à usage de mairie. Ce bizarre accouplement d'édifices d'un genre si opposé, paraît plus singulier encore par suite des différences forcées de contexture. Le porche gothique de l'église est imité par le porche à plein ceintre de la mairie. La salle des mariages est éclairée par une rosace, et, sur le fronton de l'édifice municipal se dresse un génie que l'on a surnommé *l'ange de l'état civil.*

Comme pour lier davantage encore la vieille basilique chrétienne à son voisinage administratif, on a uni les deux monuments par une muraille percée de deux grandes portes ogivales, et on a élevé entre les portes une haute tour, beffroi ou clocher, joli pastiche de la renaissance qui manquant complétement de sentiment chrétien, ne semble être une dépendance, ni de l'église, ni de la mairie. Entre les deux, la tour balance.

La colonnade du Louvre n'a pas été grattée, comme l'ont été beaucoup d'édifices parisiens. Elle a gagné, à cette délicate attention de nos édiles, la conservation de ce cachet de grandeur, donné par deux siècles, et que prévut sans doute Claude Perrault.

Ce qui est singulier, c'est qu'en ce temps où l'on gratte sans pitié tous les vieux murs de Paris, on se plaît à charbonner les murs neufs. Ainsi, on a gratté l'hôtel des Monnaies, et l'on a noirci le nouveau Louvre. Nous sommes décidément un peuple bien amusant pour les étrangers qui nous visitent.

Rien à dire des Tuileries, qui n'ont pas perdu leur aspect d'autrefois.

Nous arrivons à la place de la Concorde et à son obélisque. La borne égyptienne se prélasse entre deux fontaines Louis XV, entre les deux temples grecs de la Madeleine, et du Corps législatif. Touchante fraternité des styles ! Plus loin, nous rencontrons le palais de l'Industrie, vaste halle en fer, plaquée de deux étages d'arcades en pierre avec entrée principale ressemblant au frontispice d'un recueil artistique.

L'Arc-de-Triomphe de l'Étoile voit s'agrandir et s'embellir la place-circulaire au centre de laquelle il est situé. Rien n'était plus désirable, mais en agrandissant le cercle on en a fait un carrefour où douze grandes voies publiques se croisent en tous sens. Quand ces avenues verseront sur la place de l'Étoile leur contingent de voitures et de cavaliers, quel sera le piéton assez audacieux pour se risquer à traverser la chaussée circulaire et à se rendre auprès du monument ?

A l'extrémité ouest des boulevards intérieurs, est située la Madeleine, temple grec servant d'église, sur le fronton duquel on a déjà essayé, mais en vain, plusieurs dessins de croix. Cet édifice est une preuve évidente de l'impossibilité de l'alliance de l'architecture païenne avec la religion catholique.

L'Église de Notre-Dame-de-Lorette en est une preuve plus évidente encore. Œuvre d'un des hommes les plus érudits de ce temps, elle est une individualité monumentale à Paris. A l'extérieur, les correctifs qui sont apportés au genre temple, nuisent à l'harmonie des lignes et à l'intérieur le stucage et la mise en couleur sont d'une recherche trop excessive et surtout trop mondaine.

Dans le voisinage est situé Saint-Vincent-de-Paul, pastiche malheureux des églises modernes de l'Italie, édifice presque ridicule, tant ses formes sont grêles, au-dessus de son admirable perron, le plus beau peut-être de ceux qui précèdent les églises d'Europe.

III

Si nous parcourons l'intérieur du Paris de la rive droite, nous trouvons la Bourse, vaste édifice construit sous la Restauration, et qui a la prétention d'être l'un des plus beaux de notre capitale, et sur lequel nous ne pouvons guère rien dire après ce qu'en a dit Victor Hugo :

« Grec par sa colonnade, romain par le plein-cintre de ses portes et fenêtres, de la renaissance par sa grande voûte surbaissée, c'est indubitablement un monument très-correct et très-pur : la preuve, c'est qu'il est couronné d'un attique comme on n'en voyait pas à Athènes, belle ligne droite gracieusement coupée çà et là par des tuyaux de poële. Ajoutons que, s'il est de règle que l'architecture d'un édifice soit adaptée à sa destination, de telle façon que cette destination se dénonce d'elle-même au seul aspect de l'édifice, on ne saurait trop s'émerveiller d'un monument qui peut être indifféremment un palais de rois, une chambre des communes, un hôtel de ville, un collége, un manége, une académie, un entrepôt, un tribunal, un musée, une caserne, un sépulcre, un temple, un théâtre. En attendant, c'est une Bourse !

« Un monument doit en outre être approprié au climat. Celui-ci est évidemment construit exprès pour notre ciel froid et pluvieux. Il a un toit presque plat, comme en Orient, ce qui fait que l'hiver, quand il neige, on balaie le toit ; et, il est certain qu'un toit est fait pour être balayé.

« Quant à cette destination dont nous parlions tout à l'heure, il la remplit à merveille ; il est Bourse en France, comme il eût été temple en Grèce. Il est vrai que l'architecte a eu assez de peine à cacher le cadran de l'horloge, qui eût détruit la pureté des belles lignes de la façade ; mais en revanche, on a cette colonnade qui circule autour du monument, et sous laquelle, dans les grands jours de solennité religieuse, peut se développer majestueusement la théorie des agents de change et des courtiers de commerce. »

Non loin de la Bourse se trouve le Palais-Royal, devenu Bazar pour les besoins de notre civilisation qui marche, et qui présente à l'extérieur l'aspect d'une immense caserne envahie par les marmitons, dont ses fenêtres nous laissent apercevoir les casseroles. Sa façade principale, sur la place, en face du nouveau Louvre qui le surpasse trois fois en hauteur, et entre deux maisons deux fois plus élevées que lui, donnent au Palais-Royal un petit air mesquin qui contraste singulièrement avec la grandeur de ses souvenirs.

La Banque de France est un bizarre assemblage de constructions hétérogènes, qui ressemblent à tout ce que l'on voudra excepté à un édifice commercial. Notre époque n'a pas encore trouvé le secret d'une architecture appropriée à ses mœurs et à ses goûts. Elle se contente de masquer ce qui la gêne, et nul ne se doute que la place des Victoires est d'une admirable architecture, tant elle est cachée sous une enveloppe d'enseignes et de placards superposés.

Je ne sais si jamais vous avez admiré, autrement qu'en un jour de pluie, les arcades de la rue de Rivoli, et leur plate ordonnance, dont la monotonie n'est coupée que par des persiennes ! Pour mon compte je me déclare satisfait d'avoir vu s'arrêter à la place du Louvre cette architecture dont la traversée entière de Paris semblait menacée.

La rue de Rivoli se trouve du reste assez accidentée à partir de la fin des arcades. Un café s'est installé sur l'emplacement de l'hôtel

Où Coligny mourut, aigle pris dans son aire !

Le limonadier a utilisé le souvenir historique pour s'en faire une enseigne, un peu parent en cela, du frippier des pilliers des halles, qui, locataire de la maison où naquit Molière, avait barbouillé le buste du poëte par Houdon, et avait écrit au-dessous : A LA TÊTE NOIRE.

La Tour Saint-Jacques dégagée est une fort belle quille, et l'on aime voir sous cet édifice chrétien la statue de l'auteur des *Lettres provinciales*. La gare du chemin de fer de Strasbourg, est un splendide objet de perspective, et le boulevard heurte la rue de Rivoli avec une brutalité bien pardonnable à une voie publique d'une aussi importante destination. Convenez également que la Caserne-Napoléon est une bien charmante habitation, que sa toiture est du goût le plus aristocratique et que l'on pourrait y installer un fort bel hôtel meublé. En attendant, c'est une caserne !

Notre époque a décidément du génie ! La colonne de la Bastille en est une preuve. Ce monument patriotique est à califourchon sur un canal, ce qui peut signifier pour les moins clairvoyants que la révolution de Juillet fut un véritable tour de force !

Un grand nombre d'hôtels célèbres se trouvent sur la rive droite. Nous avons eu le plus grand soin de les conserver intacts. Ainsi, l'hôtel Sully est une pension de demoiselles, l'hôtel Carnavalet une institution de jeunes gens, l'hôtel de Juigné une école industrielle, et l'hôtel de Sens une blanchisserie !

Le gracieux observatoire de Catherine de Médicis est adossé à la Rotonde de la halle au blé ! Comme il ne pouvait rester là sans servir à quelque chose, on en a fait une fontaine pour la commodité des porteurs d'eau.

Les Halles centrales en fer, sont d'un fort bel effet par suite de la proximité de Saint-Eustache. Toute honteuse de son voisinage, la fontaine des Innocents s'est réfugiée sur une petite place, mais elle n'a pu échapper au grattage. Le nettoyeur a gratté les nymphes de Jean Goujon qui en ont maigri, et l'on a élevé le tout sur une pyramide de vasques couleur lie de vin !

IV

Nous avons parcouru la rive droite. Il nous reste à parcourir la Cité et la rive gauche. Ce sera une promenade encore plus curieuse peut-être.

Pour aujourd'hui arrêtons ici cet article. Plus long, il deviendrait triste. Ce n'est pas sans regret que l'on assiste en spectateur silencieux à ce carnage de toutes les saines traditions. Ce n'est pas sans une vive douleur que l'on voit se transfigurer ainsi la ville de ses prédilections. Le Paris de l'histoire, le Paris des souvenirs tombe sous le marteau des démolisseurs. Sur les ruines d'un passé glorieux s'élève une ville de maisons à cinq étages, une ville mesquine où l'art s'anihile devant la spéculation.

On pourrait croire que cette ville de deux millions d'âmes a été bâtie en dix ans. En raclant les murs, on a gratté l'histoire. Nous cherchons en vain où a demeuré Turenne ;

Où Racine chanta comme un oiseau des cieux !

Paris est cependant devenu la ville des

belles perspectives, des aspects grandioses. Il a perdu toute originalité, mais il a gagné en salubrité et en sécurité. Reste à savoir si l'art ne doit pas regretter ses sanctuaires ténébreux, et si beaucoup de gloire ne vaut pas un peu d'air.

Alfred D'AUNAY.

LE LAC

MÉDITATION POÉTIQUE D'ALPHONSE DE LAMARTINE

Compositions et eaux-fortes d'Alexandre de Bar.

On a souvent parlé du dédain de ce siècle pour la poésie ; on a calomnié ce siècle. Le temps qui a vu naître Lamartine, Victor Hugo, A. de Musset et tant d'autres poëtes devenus célèbres à divers titres, a bien mérité des Muses : il a fait la part de chacun, dispensant la gloire et les couronnes avec largesse. Les Arts ont sanctionné ces ovations ; la musique a mêlé ses accords les plus tendres à ceux de la lyre poétique, et le chant a donné une nouvelle vie aux paroles du poëte. Le dessin et la gravure viennent à leur tour rendre hommage au chantre divin en interprétant sa pensée, en l'encadrant dans les sites riants ou terribles, selon la suavité entraînante ou la sévérité des inspirations.

A l'immense popularité de la méditation intitulée Le Lac, M. Niedermayer, dans une mélodie d'une puissance exceptionelle, a ajouté celle d'un chant que toute la jeunesse a répété, et que chaque génération recueille avec ivresse comme un écho des vibrations du cœur le plus merveilleusement inspiré.

Un peintre vient aujourd'hui partager ces élans traduits déjà par la parole et par la musique.

Un éditeur, disons mieux, un artiste, M. L. Curmer, ardemment épris des chefs-d'œuvre de l'illustre poëte, se proposait depuis longtemps de consacrer son admiration par un hommage solennel à l'auteur des *Méditations ;* il a engagé M. Alexandre de Bar à prendre ses crayons pour mettre en œuvre l'idée qu'il avait si ingénieusement conçue. Infatigable collecteur de livres, mais de livres créés par lui-même et pour lui seul, M. Curmer voulait avoir un exemplaire du *Lac*, calligrafié d'après son indication et accompagné de dessins originaux qui ne devaient pas être reproduits. M. de Bar essaya ; la vérité et l'originalité de ses compositions faites au fusain, dans une très-grande dimension, décidèrent M. Curmer à faire faire un dessin pour chaque strophe. La photographie devait reproduire les fusains, mais l'insuffisance de ce procédé amena M. Curmer à demander à M. de Bar de faire des eaux-fortes. Sur ces données, M. de Bar se mit à l'œuvre, fixant sur le papier ce que le poëte avait écrit, ce que le compositeur avait chanté.

L'entreprise était immense, pleine de périls et de mécomptes ; tout a été bravé et surmonté, tant l'inspiration est puissante, tant elle est féconde.

Il est difficile de refaire par la parole ce que le dessinateur afait de la poésie, et pourtant il n'est pas impossible d'en donner une idée à peu près complète.

Voici le début du poëme :

Ainsi toujours poussés vers de nouveaux rivages,
Dans l'éternelle nuit emportés sans retour,
Ne pourrons-nous jamais, sur l'océan des âges,
    Jeter l'ancre un seul jour ?

Le ciel est sombre, chargé d'épais nuages qui pèsent sur les flots frémissants ; la vague pousse incessamment la vague, courant vers un rivage que l'éternité lui refuse ; tout est triste, tout est sinistre comme la destinée qui nous emporte sans nous laisser un moment de repos.

O lac, l'année à peine a fini sa carrière,
Et près des flots chéris qu'elle devait revoir,
Regarde, je viens seul m'asseoir sur cette pierre
    Où tu la vis s'asseoir.

Le poëte attristé est assis au bord de ce lac majestueux, entouré de ces montagnes couvertes de neige et couronnées de nuages orageux ; le vent retient encore son haleine, le feuillage est tranquille ; mais tout dans cette scène se ressent de l'impression douloureuse qui déchire ce cœur sans écho, que le souvenir désole et tue.

Tu mugissais ainsi sous ces roches profondes,
Ainsi tu te brisais sur leurs flancs déchirés,
Ainsi le vent jetait l'écume de tes ondes
    Sur ses pieds adorés.

Le lac est remué jusqu'en ses abîmes ; la vague se brise sur les rochers et s'envole en poussière ; qu'importent ses fureurs ! le granit est si haut, la masse si profonde et les colères du flot si impuissantes ! Le ciel est encore chargé de nuages épais, car la tristesse du poëte se reflète dans ces peintures et l'image est à la hauteur de la sensation.

Un soir, t'en souvient-il, nous voguions en silence,
On n'entendait au loin, sur l'onde et sous les cieux,
Que le bruit des rameurs qui frappaient en cadence
    Les flots harmonieux.

Mais un doux et charmant souvenir traverse l'imagination du poëte ; il voit la barque dans un vague lointain tout voilé d'ombrages ; le ciel, illuminé de myriades d'étoiles, jette à peine une clarté suffisante pour distinguer les rochers qui surplombent ; le plus grand calme trahit la douleur, qui ne se laisse distraire que par le mouvement régulier des rameurs.

Tout à coup des accents inconnus à la terre
Du rivage charmé frappèrent les échos ;
Le flot fut attentif et la voix qui m'est chère
    Laissa tomber ces mots :

Le souvenir prend une consistance ; le poëte revoit la barque chérie que la lune radieuse inonde de ses molles clartés ; la voilà debout, la belle inspirée, elle tient sa lyre, et, dans la fascinante réverbération de l'astre au front d'argent, elle se détache comme une messagère du ciel.

O temps ! suspends ton vol, et vous heures propices
    Suspendez votre cours ;
Laissez-nous savourer les rapides délices
    Du plus beau de nos jours.

La réalité disparaît, nous ne voyons plus le rocher ni la vague, tout devient suave et touchant ; c'est un délicieux coin de paysage, un véritable Eden lumineux qui se montre à travers les âpres rochers, car la tristesse, comme le souvenir de l'amante regrettée, domine toute cette œuvre.

Assez de malheureux ici-bas vous implorent,
    Coulez, coulez pour eux ;
Prenez avec leurs jours les soucis qui les dévorent,
    Epargnez les heureux.

Le désespoir est à son comble ; la tempête a éclaté, elle a brisé le navire ; où sont les naufragés ? la hune seule surnage tourmentée entre le ciel et l'eau ; la mer mugit, le flot bondit et écume, l'horizon ne laisse découvrir que les nuages et la fureur de la tempête,

Mais je demande en vain quelques moments encore,
    Le temps m'échappe et fuit ;
Je dis à cette nuit : Sois plus lente, et l'aurore
    Vient dissiper la nuit.

Le silence règne sur le paysage ; l'air est tiède et doux, le lac calme et paisible ; pourquoi, charmante nuit, vous envolez-vous ? Hélas ! voici l'aurore qui colore de ses feux le ciel en fête, la silhouette de la montagne se découpe sur les vapeurs transparentes du ciel, et la nuit va cesser.

Aimons donc, aimons donc, de l'heure fugitive
    Hâtons-nous, jouissons ;
L'homme n'a point de port, le temps n'a point de rive,
    Il coule et nous passons.

Hâtez-vous, heureux amants ; voyez cette eau claire, unie et limpide, elle coule entre ces rochers à pic qui la compriment et la poussent vers l'abîme inévitable ; les noirs rochers, empreints de terreur, l'étreignent, la serrent, et la voilà qui s'engouffre en mugissant dans les abîmes infinis.

> Temps jaloux se peut-il que ces moments d'ivresse
> Où l'amour à longs traits nous verse le bonheur,
> S'envolent loin de nous de la même vitesse
> Que les jours de malheur !

Aux noirs abîmes, aux scènes désolées, succède ce riant paysage où la pensée se repose, où la solitude s'anime d'un cher et regretté souvenir ; la lumière dore et vivifie ce feuillage, le gazon moelleux ; les oiseaux gazouillent dans les branches touffues et le Temps déploie son aile sur ces riants aspects, aussi bien que sur les tumultueux orages.

> Eh ! quoi ! n'en pourrons-nous fixer au moins la trace,
> Quoi ! perdus pour jamais, quoi ! tout entiers perdus ?
> Ce temps qui les donna, ce temps qui les efface
> Ne nous les rendra plus.

Voyez ces sombres et terribles vapeurs, voyez leur envahissante puissance ! elles circonviennent, elles effacent cette charmante oasis où la pensée se repose mollement sur cet épais gazon, au bord de cette eau à peine effleurée par le zéphyr caressant qui essaye à plier ces roseaux élégamment balancés ; mais l'impitoyable nuage envahit tout de ses ténèbres.

> Éternité, néant, passé, sombres abîmes,
> Que faites-vous des jours que vous engloutissez ?
> Parlez ! nous rendrez-vous les extases sublimes
> Que vous nous ravissez !

A peine le poëte a-t-il cédé à quelques pensées consolantes, que la tristesse reprend son empire. Voyez ces effrayants abîmes, images de l'éternité, qui nous attend et qui nous dévorera, comme l'eau s'enfuit écumante et majestueuse ; la scène est terrible !

> O lac ! rochers muets, grottes, forêt obscure,
> Vous que le temps épargne et qu'il peut rajeunir,
> Gardez de cette nuit, gardez belle nature
> Au moins le souvenir.

Vous voilà paisibles témoins du bonheur et des regrets du poëte ; le ciel est tranquille, le lac sommeille. Ah ! gardez dans ce repos si désiré par les âmes émues, le touchant souvenir de ces moments d'ivresse que vous avez entourés de votre poésie.

> Qu'il soit dans ton repos, qu'il soit dans tes orages,
> Beau lac et dans l'aspect de tes riants côteaux,
> Et dans ces noirs sapins, et dans ces rocs sauvages
> Qui pendent sur tes eaux.

L'onde est paisible, le vent a cessé ; les noirs sapins droits et sombres ne sont émus par aucune oscillation ; le ciel est couvert de brume et les lointains s'effacent dans les vapeurs,

> Qu'il soit dans le zéphir qui frémit et qui passe,
> Dans les bruits de tes bords par tes bords répétés,
> Dans l'astre au front d'argent qui blanchit ta surface
> De ses molles clartés !

Le paysage calme et paisible est éclairé par une lune brillante que traverse un léger nuage projetant de douces ombres ; l'harmonie de la composition est parfaite, et si le repos existe sur la terre, c'est dans ce site ravissant privilégié.

> Que le vent qui gémit, le roseau qui soupire,
> Que les parfums légers de son air embaumé,
> Que tout ce qu'on entend, l'on voit ou l'on respire,
> Tout dise : ils ont aimé.

La nature tout entière vient s'associer aux idées du poëte, le vent agite mollement la cime des bouleaux, l'oseraie chante d'aimables plaintes, le roseau soupire dans ses balancements harmonieux ; comment, en face d'une si complète expression émanée de la nature elle-même, ne pas songer aux tendresses de l'amour ? mais, hélas ! d'un amour qui a vécu et sur lequel la douleur a passé !

Mû par un sentiment d'un goût exquis en sa délicatesse, l'éditeur a sagement proscrit les figures ; dans deux compositions seulement, le poëte et l'inspirée apparaissent comme des ombres : en cela nous l'applaudissons fort ; nous ne savons rien de plus irritant que ces impitoyables personnalités imposées au public par les *illustrations* modernes. Tyrannisée par ces images, la liberté du lecteur s'annihile ; il faut que le héros imaginaire du poëte, du romancier, se personnifie dans la représentation souvent vulgaire copiée par le dessinateur sur modèle de distinction douteuse. Dans cette œuvre nouvelle, le dessinateur a laissé à l'imagination du lecteur toute sa liberté ; ce vague n'est pas dépourvu de charme ; et, en dernier mérite, c'est un hommage rendu à la sensibilité comme à la spontanéité du lecteur intelligent.

Et sur ces compositions si vivement senties, si fermement exprimées, si habilement variées, M. Alex. de Bar, à peine connu du monde artiste, mais mûri par quinze années d'études, de travaux incessants, par des voyages artistiques dans le Levant, au pays du soleil, des mirages, des aspects imposants du désert, s'est placé au rang qui lui appartient ; le *Lac* restera comme son titre de gloire, et son nom vivra sous le puissant patronage du grand poëte.

Si M. Alex. de Bar est un habile traducteur de la poésie un peu vaporeuse, indécise, aux contours fuyants de notre grand génie, s'il a pu consigner sur le papier les cadres où s'agitent et se reposent les suaves pensées, s'il a eu le mérite de faire entrer dans ses dessins le sentiment profond et mélancolique du modèle, il y a ajouté une valeur non moins grande en reproduisant lui-même sur le cuivre ses merveilleuses compositions. Il y avait un grand écueil dans cette tentative audacieuse de fixer, par un procédé manuel, sur un cuivre rebelle, ces suaves et délicieuses inspirations.

La manière puissante, mais sèche, de Rembrandt, qui s'en tenait au trait de la pointe habilement manié et multiplié pour tracer les paysages que nous admirons, était insuffisante pour la reproduction des eaux moelleuses, des ciels chargés de nuages.

Les procédés de Reynolds, en élargissant les ressources, rendaient l'exécution difficile par l'amalgame indispensable de moyens d'exécution différente.

L'emploi de la *machine* qui a permis aux graveurs anglais de faire ces ciels si fins, mais si lourds et si monotones, ne rendait pas la douceur dégradée des nuages. Le *vernis mou* avait d'autres inconvénients non moins graves.

M. Alex. de Bar, en habile graveur, a combiné tous ces moyens, toutes ces ressources ; il y a ajouté l'intelligent usage du *berçoir* et celui de la *roulette*, et, pour solidifier ses surfaces, il a imaginé, à l'aide du sable, un grain fin et doux qui, en retenant le noir, lui a donné des intensités d'une douceur adorable et des variétés infinies.

Les eaux, à l'aide d'un ingénieux pointillé jeté dans les entre-tailles, ont acquis un mouvement, un papillotage qui rend la nature de la façon la plus exquise. Quant aux rochers, M. Alex. de Bar les a traités d'une façon si magistrale et si puissante, qu'il n'y a pas d'exemple, avant lui, d'un *rendu* aussi ferme, aussi varié, aussi complet.

Nous avons reconnu, dans la mise à l'œuvre de cette importante et méritoire publication, l'initiative et la main active de l'éditeur L. Curmer ; toujours prêt à tous les sacrifices pour arriver au perfectionnement, il a splendidement honoré le poëte et l'a ingénieusement exprimé par une dédicace pleine de goût dans sa concise majesté ; il a facilité à l'artiste, à l'éminent graveur, la mise en lumière d'un talent qui touche au génie, et qui nous promet de nouveaux chefs-d'œuvre ; tous les amis des arts applaudiront, une fois de plus, à l'infatigable et courageux éditeur de *Paul et Virginie*, des *Français peints par eux-mêmes*, de la *Pléiade*, des *Imitations de Jésus-Christ*, modèle de patience, de persévérance et d'heureuse exécution, du LIVRE D'HEURES DE LA REINE ANNE DE BRETAGNE, dont la reproduction seule rendrait un nom d'éditeur à jamais célèbre, et suffirait à l'ambition d'un seul homme, du *Lac* enfin, qui démontre, par son succès, qu'en France il y a toujours un public pour les œuvres consciencieuses, et qu'en fait d'encouragements ce noble pays peut suffire aux plus difficiles exigences.

Charles DESOLME.

ÉDILITÉ PARISIENNE.

EMBELLISSEMENTS DU FAUBOURG SAINT-ANTOINE.

AU RÉDACTEUR.

Monsieur,

Lorsque dans la plupart des villes on s'ingénie à donner aux maisons et aux rues toute la commodité et toute l'élégance désirables, jointes aux meilleures conditions de salubrité, chacun a la mission de rechercher quels sont les moyens d'y parvenir, et quiconque a imaginé une combinaison qui, à ces divers points de vue, pourrait offrir de grands avantages, doit la publier sans retard. En la faisant connaître, il remplit un impérieux devoir dont il ne lui serait pas possible de s'affranchir, quand bien même il le voudrait, car il est alors dominé par une force irrésistible qui le contraint de répandre l'idée qu'il a conçue, s'il juge que de sa réalisation doit résulter une certaine somme d'utilité générale ; heureux si un organe accrédité de la pensée publique consent à lui accorder une place dans ses colonnes.

Je ne suis pas architecte, monsieur ; je suis même étranger à toutes les professions qui, de près ou de loin, se rattachent à l'art de bâtir : mais qu'importe ? c'est ici, je crois, une question de simple bon sens, où les connaissances spéciales ne sont pas indispensables, et je n'hésite pas à l'aborder.

La symétrie, l'agencement des maisons et leur concordance, qu'il me soit permis de le dire, laissent beaucoup à désirer dans toutes les villes. De récentes et innombrables reconstructions semblaient pourtant devoir amener quelques amendements ; mais, sans respect pour les lois de l'harmonie, on continue, comme autrefois, à joindre l'un à l'autre des bâtiments en pleine discordance sous le rapport architectural, et qui, formant de longues files, représentent assez

bien des chapelets composés de grains mal assortis. Quelquefois, au contraire, on semble avoir recherché ce qu'il y a de plus monotone, en bâtissant sur le même modèle toutes les maisons de la même rue. Or, le problème à résoudre, c'est d'éviter ces deux défauts opposés.

Pour atteindre le but, il ne s'agit que de rendre les maisons indépendantes l'une de l'autre, en les isolant, en les séparant par des intervalles, de sorte qu'elles aient chacune quatre façades régnant sur quatre rues, à peu près comme dans plusieurs villes d'Allemagne et comme à la Chaudefonds, en Suisse, avec cette différence qu'on leur donnerait plus d'étendue. Ainsi isolées, il n'existerait plus la moindre difficulté pour en varier à l'infini l'architecture, et il serait désormais loisible non-seulement de reproduire en une seule et même rue, sans que l'harmonie fût blessée d'aucune manière, les édifices fort divers qui s'élevèrent dans tous les temps, dans tous les lieux, mais encore les architectes pourraient donner pleine carrière à leur imagination, d'autant plus hardie et féconde alors que rien ne l'entraverait, alors qu'elle jouirait d'une liberté complète. Et ici, plus que partout ailleurs, les constructions qui ne seraient pas d'un goût irréprochable auraient cela d'heureux, cependant, qu'elles viendraient former ombre au tableau et serviraient à en mieux faire ressortir les beautés réelles.

Le plan de la ville présenterait à peu près l'aspect d'un damier dont plusieurs cases resteraient vides, soit comme places publiques, soit pour y construire plus tard des monuments communaux ; mais devant s'étendre indéfiniment, tantôt dans un sens, tantôt dans un autre, selon les besoins imprévus, selon les accidents ou la configuration du sol, ce damier ne serait presque jamais carré, et ses extrémités, prenant toutes sortes de formes, offriraient par cela même l'agrément d'un panorama toujours original, souvent pittoresque.

Quelques-unes des personnes auxquelles j'ai fait connaître la réforme que je propose, ont cru y voir un plan dont l'exécution produirait un coup d'œil trop régulier et, par suite, monotone, insipide; mais cette critique porte à faux, car la régularité dans l'ensemble des rues n'a rien de commun avec la régularité dans les rues elles-mêmes, que j'évite soigneusement. L'avenue des Champs-Elysées, par exemple, ne perdrait rien de sa beauté, de sa variété; elle gagnerait même beaucoup sous ce double rapport, si elle était bordée de maisons isolées, tout à fait dissemblables dans leur architecture, et entre lesquelles le passant pût apercevoir d'autres avenues où ses regards émerveillés se délecteraient à travers une délicieuse perspective, répétée de distance en distance tout le long de sa route.

Cet harmonieux ensemble, dont les dispositions régulières seront modifiées par une extrême variété dans les détails, permettra à l'étranger de circuler sans hésitation dans une ville qu'il verra pour la première fois, et d'aller directement où il voudra sans demander son chemin, bien mieux que dans le labyrinthe de nos villes, où nous ne trouvons la rue cherchée qu'à l'aide d'un nom incapable de nous orienter. Au lieu donc de ce nom devenu inutile, chaque rue aura, selon la coutume américaine, un numéro répété et joint à celui de chaque façade de maison, qui l'un et l'autre figureront encore, pour la nuit, sur une lanterne à gaz placée en avant de l'édifice, non au milieu, mais à droite ou à gauche. De cette façon la lumière se trouvant convenablement répartie sur la voie publique, celle-ci n'aura pas besoin d'autre éclairage.

On le comprend de suite, les parties de Paris nouvellement rebâties ne sauraient profiter de telles innovations, et elles doivent demeurer bien longtemps à l'état où nous les voyons aujourd'hui; c'est seulement à la circonfé-

rence, aux extrémités, immenses solitudes destinées à être envahies bientôt par une population qui augmente avec une incroyable vitesse, c'est là, dis-je, qu'il y aurait lieu d'appliquer le système des maisons isolées et à quatre façades. Mais n'anticipons pas; je reviendrait tout à l'heure à cette question lorsque j'aurai achevé de faire connaître l'idée-mère, et répondu d'avance aux critiques.

Quoique servant d'encadrement à chaque maison, les rues pourraient avoir à peu près la même largeur que les boulevarts de la capitale, et malgré ses grands, ses multiples intervalles réservés à la circulation des personnes, à la libre expansion de l'air et du soleil, on n'en logerait pas moins la quantité de monde raisonnablement voulue sur la surface qu'embrasserait la ville entière, pourvu que le nombre des étages fût plus considérable qu'il ne l'est généralement en province, et qu'on profitât de toute la latitude accordée par les règlements à cet égard. Dès qu'une maison fort étendue n'occupe qu'un point relativement restreint sur un vaste emplacement, il n'y a pas d'inconvénient à ce qu'elle soit très-haute, et même, chacun le sait, la proportionnalité l'exige d'une manière rigoureuse; aussi le Louvre semble-t-il manquer d'élévation depuis qu'il est amplement dégagé. D'ailleurs, la place que l'on acquiert en s'élevant ne coûte rien, chose précieuse lorsque, par suite ou en prévision d'une agglomération nombreuse, le prix du terrain est devenu exorbitant.

Rien n'empêcherait que des rues si larges fussent ornées d'un double rang d'arbres, procurant de l'ombre et de la fraîcheur en été, purifiant l'atmosphère et réjouissant la vue, qui, du centre ou d'un point quelconque de la ville, pourrait se projeter jusqu'aux extrémités.

Le système d'isolement comporte beaucoup d'autres avantages qui lui sont particuliers, que chacun peut prévoir et qu'il n'est pas besoin d'énumérer ici. Faisons remarquer, cependant, qu'il procure la facilité de démolir et rebâtir une maison sans gêner les constructions voisines ni en être gêné, et sans en compromettre la solidité. Puis il permet de porter secours aux incendies par tous les côtés à la fois, et, dans les ciconstances les plus graves, de couper promptement le feu, de le concentrer sur un seul point. Les maisons étant d'ailleurs éloignées l'une de l'autre, on aura moins à craindre de voir les flammes se propager de celle-ci à celle-là.

Ajontons que, d'après ce système, un hôtel élégant ou un palais s'élèvera avec convenance entre denx maisons modestes, d'où il résultera des rapports faciles, fréquents, utiles à tous, parmi les membres les plus divers de la popnlation.

Dans cette ville, enfin, extrêmement facile à parcourir dans tous les sens, chaque maison sera une cité qui, pouvant contenir cent familles, ou environ cinq cents personnes, recevra le jour par les fenêtres de quatre façades, tant extérieures qu'intérieures, ces dernières ayant vue sur une grande cour avec jardin au centre. On y jouira donc partout d'une clarté abondante, inconnue dans la plupart des maisons actuelles qui, généralement privées de cour, n'ont qu'un seul corps-de-logis sans profondeur, sorte de placage ressemblant à une décoration de théâtre. Ou bien, s'il s'y trouve une cour, elle est fort étroite ; c'est un puits où le soleil ne pénètre jamais.

Inutile de dire que le plan des maisons nouvelles étant subordonné à la volonté des propriétaires, ceux-ci, supprimant le jardin, auront la faculté de bâtir à la place un ou plusieurs corps-de-logis ; mais en multipliant ainsi le nombre de leurs logements, ils en déprécieront la valeur locative.

On objectera peut-être que ces grandes maisons seront d'un prix fort élevé, et qu'il ne se rencontrera pas un nombre suffisant de personnes assez riches pour les faire construire où les acheter. Mais cette difficulté disparaît devant l'association, ou, si on le préfère, chaque maison, c'est-à-dire chaque cité, peut former quatre et même huit propriétés distinctes, qui, au besoin, seront bâties une à une, à différentes époques plus ou moins éloignées.

Si vastes et occupées par un aussi grand nombre d'habitants, ces maisons, objectera-t-on encore, seront détestables pour les personnes qui recherchent la retraite, la solitude ; or, il faut tenir compte de tous les goûts, satisfaire tous les penchants naturels, quand ils n'ont rien de contraire à la bonne harmonie de la société, et c'est ici le cas. Comment le nouveau système se pliera-t-il aux exigences de ce besoin réel ?

La réponse est facile. D'abord, chaque maison possédant quatre façades, elle pourra avoir autant de portes cochères, et toute cohue sera dès lors presque impossible. Elle aura en outre de petites entrées particulières, avec des escaliers spéciaux conduisant à des appartements détachés, séparés en quelque sorte du reste de l'édifice. Il sera donc aisé de s'y dégager de la foule et d'y vivre seul en grande compagnie, beaucoup mieux, par exemple, qu'au Palais-Royal, promenade publique, passage très-fréquenté, ou, malgré cela, chacnn est vraiment chez soi et y jouit de toute la tranquillité, de toute l'indépendance qu'il peut souhaiter.

Je ne m'étendrai pas davantage au sujet des maisons nouvelles ; mais j'ai à parler encore de la voie publique.

Le boulevard de Sébastopol, à l'état de projet, a d'abord été regardé comme inutile, à cause de sa grande proximité avec les rues Saint-Denis et Saint-Martin, entre lesquelles il se dirige ; et cependant la critique n'a plus qu'à reconnaître son erreur à l'égard de ces trois voies parallèles, que l'on ne trouve plus trop rapprochées et qui, par leurs rues transversales à courtes distances, sont presque dans les conditions du système que je préconise. On peut en dire autant de la rue de Rivoli, qui est venue se poser très-voisine entre la rue Saint-Honoré et les quais, où certes elle n'est pas superflue. Invoqoant l'autorité de ce précédent, je crois être logique, monsieur, en demandant que les rues soient fort nombreuses, fort larges, et qu'elles encrdrent de vastes maisons à quatre façades, autour de chacune desquelles on circule librement ; mais que, cependant, malgré la multiplicité et l'extrême largeur de ces rues, on puisse, sur une surface donnée, loger autant d'habitants que dans le même espace occupé aujourd'hui par des maisons resserrées en des rues étroites.

Le seul moyen d'y parvenir c'est de bâtir à une hauteur plus considérable que dans a plupart des villes, et, quant à cela, d'imiter Paris, où les maisons ont généralement quatre étages. Elles laisseront dès lors à la voie publique tout l'espace qu'elles occuperaient en plus si on leur donnait moins d'élévation.

Il semblerait, de prime abord, que le pavage de rues larges et nombreuses dût épuiser toutes les ressources de la ville, au préjudice des autres besoins d'édilité ; cependant, nulle augmentation de dépenses n'est ici à redouter, car l'entretien de cent mille pavés coûte autant et peut-être plus que celui de deux ou trois cent mille, si, dans l'un ou l'autre cas, ils doivent supporter la circulation d'un égal nombre personnes et de voitures. Tombant goutte à goutte et à une seule place, l'eau creuse le rocher ; mais la même quantité d'eau qui tombe çà là ne laisse aucune trace appréciable de sa chute.

Les rues, auxquelles une largeur d'au moins vingt mètres permettra d'être plantées d'arbres, seront autant de promenades où la locomotion sera tellement agréable, facile et prompte, que l'on ne verra plus les habitants des grandes villes s'entasser au centre, tandis que la circonférence n'offre que de pitoyables déserts ; centre d'autant plus encombré et circonférence d'autant plus déserte que la ville est plus populeuse et s'étend davantage, ainsi qu'on le remarque à Paris, où une notable partie des habitants s'empresseront de fixer leur demeure aux extrémités, au fur et à mesure que les communications deviendront moins difficiles.

Mais, avec des rues si larges et si nombreuses, est-il certain que les villes n'auraient pas proportionnellement plus d'étendue qu'aujourd'hui ? Des chiffres vont répondre à cette question.

D'après le nouveau système, une maison logeant 500 personnes environ occupera 10,000 mètres de surface, et la voie publique dont elle sera encadrée, 4,400 mètres ; total, 14,400 mètres. Ainsi, 200 maisons, logeant 100,000 personnes, embrasseront 288 hectares de surface, toujours y compris la voie publique ; et en décuplant, 2,000 maisons, occupées par un million de personnes, couvriront une surface de 2,880 hectares, à quoi il faut ajouter la place nécessaire aux monuments publics, généralement inhabités.

Les 14,400 mètres affectés à chaque maison du nouveau système se répartissent ainsi :

Voie publique. . . . . 4,400 m.
Cour, escaliers, corridors, écuries, remises, etc. 5,000
Espace habitable. 5,000

Total. . . . . 14,400 m.

Or, 5,000 mètres d'espace habitable, reproduits quatre fois dans une maison dont le rez-de chaussée serait surmonté de quatre étages, forment une étendue de 25,000 mètres à répartir entre 500 individus, soit 50 mètres pour chacun, même pour les enfants à la mamelle, ce qui serait beaucoup ; mais il faut en retrancher une certaine partie pour les ateliers, magasins et boutiques, et alors l'espace habitable se réduit à des proportions normales, plutôt grandes que petites.

Que sur une superficie de 2,880 hectares, un million d'habitants se meuvent et respirent, cela est énorme, et l'Académie des Sciences, consultée sur ce sujet, déclarerait peut-être que cette agglomération , trop compacte encore, n'est pas dans les meilleures conditions de salubrité que l'on recherche aujourd'hui pour les villes. Mais en dehors de la docte assemblée, au contraire, on me reprochera, vu la cherté du terrain, de donner trop d'espace à la voie publique, et on en voudra retrancher le quart, ou même la moitié, oubliant que c'est sur la largeur des rues que doit proportionnellement se régler la hauteur des maisons, et que celles-ci peuvent être d'autant plus élevées que celles-là sont plus spacieuses ; de sorte que le grand espace pris par la rue se trouve rendu, et au-delà, par les étages qu'il est alors possible d'ajouter aux maisons. En un mot, ce que l'on perd en largeur est amplement regagné en hauteur.

J'insiste. Une ville d'une étendue quelconque, ayant des rues larges et nombreuses, logera autant et peut-être plus de monde que si ces rues étaient étroites et rares, par la raison bien simple, je le répète, que les maisons de celles-ci peuvent et doivent s'élever davantage que les maisons de celles-là. Si l'on méconnaît ces proportions, en bâtissant, par exemple, des maisons de quatre étages en des rues qui n'ont que dix mètres de largeur, on renonce, par cela même, à satisfaire l'une des principales nécessités de la vie, et l'habitant de ces lieux insalubres, faute d'espace et de lumière, souffre au physique et au moral.

A la vue des chiffres irréfutables qui viennent d'être posés, il est à regretter que l'on ait attendu si longtemps pour entreprendre d'élargir les rues de Paris et en augmenter le nombre : si l'on s'en fût avisé plus tôt, les habitants par suite de la locomotion prompte, commode et agréable qui en eût été le résultat, se seraient répandus et logés fort à l'aise sur une superficie qui n'a pas moins de 3,600 hectares, prise dans la limite des anciennes barrières, et les distances se trouveraient en quelque sorte rapprochées par la facilité du parcours. Mais enfin, grâce aux travaux déjà exécutés et à ceux qui se continuent pour l'ouverture de nouvelles voies publiques et l'élargissement des anciennes, les extrémités de la capitale, jusqu'à présent inaccessibles et abandonnées, seront bientôt envahies par une partie des habitants aujourd'hui entassés au centre, et par les étrangers qu'attirent de tous les pays du monde et fixent à Paris les ressources inépuisables, les merveilles en tout genre de la moderne Babylone. Sur ces vastes déserts, on verra s'élever des quartiers splendides, où l'on pourra se loger grandement, à des prix modérés, et c'est là, monsieur, qu'il serait convenable d'isoler les maisons, de leur donner quatre façades se développant sur quatre rues-promenades, et de les bâtir en utilisant tous les moyens nou-

veaux que la science et l'art mettent à notre disposition pour embellir nos demeures, les rendre saines, commodes, les mettre à l'abri du froid en hiver et de la trop grande chaleur en été.

Dans ces conditions les plus faciles communications aidant, la circonférence de Paris sera autant, sinon plus habitée que le centre, et le faubourg Saint-Antoine surtout se trouvera bien partagé sous ce rapport, comme le désirent le chef de l'Etat et l'édilité parisienne, qui, dans ce but, prennent des précautions d'une urgence manifeste. En effet, tandis que les embellissements des Champs-Elysées et du bois de Boulogne attirent les habitants à l'ouest, il devient indispensable de produire un courant opposé ; sinon, entraînée tout entière dans ce mouvement d'orient en occident qui s'opère maintenant à Paris, la population toujours entassée, toujours privée d'air et de lumière, continuerait à languir et à dégénérer dans un étouffoir. On a fort bien compris le danger, et, afin de retenir chez eux les habitants du faubourg, et même pour en attirer de nouveaux dans ces parages, on s'est hâté d'exécuter, au bois de Vincennes, des travaux d'embellissements semblables à ceux du bois de Boulogne, et de construire un chemin de fer spécial conduisant de la Bastille aux attrayantes campagnes des environs. C'est aussi dans cette sage intention que l'on recouvre d'une voûte le canal Saint-Martin, qui, de la sorte, cessera d'être un obstacle aux communications de l'est avec l'ouest.

Ainsi, le faubourg Saint-Antoine n'aurait rien à envier au quartier des Champs-Elysées si l'on se décidait à y mettre en pratique le système des maisons isolées et à quatre façades, formant la bordure de rues larges et plantées d'arbres. Ces rues ou plutôt ces promenades, seraient coupées obliquement par les boulevarts Mazas et du Prince-Eugène, décrivant deux lignes diagonales symétriquement opposées l'une à l'autre, celle-ci à droite, celle-là à gauche de la rue du Faubourg-Saint-Martin, elle-même transformée en un superbe boulevart, s'étendant de la place de Bastille à la porte

Vincennes, en traversant la place du Trône.

Ces embellissements dans le quartier des travailleurs, où le terrain n'est relativement pas cher, n'empêcheront pas les industriels et leurs ouvriers de s'y loger à bon marché; et même, afin de diminuer autant qu'il est possible le prix des loyers, il serait bon de ne pas construire les maisons avec de la pierre de taille, trop coûteuse, mais avec du moëllon, à moins que l'on ne préfère le beton. Il faudrait aussi s'efforcer d'y satisfaire les principales nécessités de la vie, au nombre desquelles on doit ranger une chaleur suffisante distribuée presque sans frais, pendant l'hiver, dans les diverses parties de chaque maison, au moyen de calorifères placés dans les caves.

En procurant à bas prix, à la classe ouvrière, des logements où elle puisse se plaire et qui ne la forcent pas à chercher ailleurs des distractions souvent funestes, en augmentera son bien-être et sa moralité; on honorera le travail qui seul crée la richesse des nations.

En résumé, monsieur, me fondant sur les motifs que je viens d'exposer, j'affirme que le projet des voies larges et nombreuses, avec des maisons isolées et à quatre façades, devrait se réaliser non-seulement au faubourg Saint-Antoine et dans les autres régions excentriques de Paris les moins habitées, mais en Algérie et dans les villes de France dont la population augmente avec une prodigieuse rapidité, telles que Marseille, Besançon et Saint-Nazaire : la cherté même du terrain, dans les centres fort habités, en fait une loi inéluctable, car le grand amas de population sur un espace restreint élève le prix de cet espace, qu'en revanche on verra décroître d'autant plus que les habitants pourront transporter un peu plus loin leur demeure et s'éparpiller davantage, c'est-à-dire aussitôt qu'on aura facilité les moyens de communication, en augmentant le nombre des rues, en les élargissant et en établissant, au besoin, des chemins de fer américains entre quelques-uns des points les plus éloignés.

Une hypothèse fera mieux comprendre cette vérité et la rendra palpable, pour ainsi dire. Qu'au risque d'altérer leur santé et d'abréger leur vie, deux ou trois cent mille personnes mal avisées se décident à fixer leur demeure sur une superficie beaucoup trop petite, tout aussitôt le prix du terrain, et par suite celui des loyers, s'y élèveront à des sommes énormes, parce que les plus favorisés de la fortune voudront, comme toujours et quoi qu'il en coûte, occuper de grands appartements, ne s'inquiétant pas de produire ainsi une surenchère qui forcera les habitants peu aisés à se loger dans un espace fort exigu. Mais, au contraire, ces prix seront moindres si la superficie habitée offre une étendue en rapport avec le nombre des personnes à loger, parce qu'alors les locataires ne se feront plus une aussi grande concurrence. Dans ce dernier cas cependant, les propriétaires de maisons ne perdront rien, puisque, d'abord, ils participeront eux-mêmes aux avantages résultant d'un état de choses régulier, favorable à tous indistinctement, et qu'ensuite, par le fait de cette portion du bien-être général qui en sera la conséquence, leurs logements seront assez recherchés pour n'avoir à redouter aucune non-valeur.

Puis, je ne demande qu'une étendue de 2,880 hectares pour y loger splendidement un million d'habitants; or, la population de Paris, si l'on en retire l'appoint des anciens 13e et 14e arrondissements (Saint-Denis et Sceaux), n'offre pas un chiffre plus considérable sur les 3,600 hectares renfermés dans ses vieilles barrières.

Quant à la question artistique, elle n'a très-malheureusement, aux yeux du plus grand nombre, qu'une importance fort minime dans l'économie générale de la société ; cependant, lorsque tout marche sans cesse vers une perfection infinie, pourquoi la symétrie des constructions, l'une des mille parties essentielles au grand concert de l'humanité, resterait-elle attardée dans les ténèbres d'un passé qui s'éteint ?

Agréez, etc.   **J.-B. Dessirier,**
Compositeur-typographe.

Le rédacteur en chef : Louis LAVEDAN.

Paris. — Imp. Walder, rue Bonaparte, 44.

Paris, 10 février 1861.

L'administration de la *Revue des Beaux-Arts* vient de prendre une importante décision.

A partir d'aujourd'hui, la *Revue* paraîtra tous les dimanches; elle sera distribuée à Paris le samedi soir et dans les départements le dimanche matin.

Les sacrifices que nous impose ce nouveau mode de périodicité sont une preuve de notre attachement désintéressé à l'œuvre artistique que nous dirigeons. Malgré ce surcroît de dépenses, nous n'augmenterons pas le prix d'abonnement.

La *Revue des Beaux-Arts* va rentrer, pour n'en plus sortir, dans son cadre primitif. Elle s'occupera exclusivement des arts et s'attachera surtout à donner, dans sa chronique, les nouvelles artistiques de chaque semaine.

Notre profession de foi est connue, nous n'avons pas besoin de la renouveler; c'est à l'œuvre que nous jugeront nos lecteurs. A dimanche prochain.

Louis LAVEDAN.

CHRONIQUE DES BEAUX-ARTS.

Les devoirs d'un chroniqueur. — Son embarras. — La visite d'un ami. — Promenade au Musée d'artillerie. — Au Louvre. — A la Tour de Saint-Germain-l'Auxerrois. — Au Théâtre-Lyrique en construction.

Le devoir de tout bon chroniqueur est de tenir ses lecteurs, — si toutefois il en a, — au courant des nouveautés artistiques, de donner la primeur des nouvelles intéressantes, de noter les faits instructifs, de parler en un mot de choses utiles ou agréables; deux mots qui s'excluent bien souvent. Que doit-il faire pour atteindre ce but si simple en apparence? — Moins que rien, tout bonnement un métier de juif-errant, sans avoir l'avantage de rajeunir sans cesse comme l'homme aux cheveux bruns; il vieillit dans une tâche ingrate. Courir partout, écouter tout, apprendre tout, s'expliquer tout, être présent à tout, le jour dans les musées, chez tous les artistes, dans les ateliers, sur les chantiers de construction, dans les lieux d'embellissements; le soir dans les spectacles, dans les réunions, dans les cercles, dans les salons, partout enfin où les nouveautés percent, où les arts ont leur droit d'entrée, — et cela souvent pour terminer sa chasse aux matériaux, les mains aussi vides qu'au commencement et aussi avancé, aussi informé qu'il l'était au départ.

Mais pour entreprendre ces courses sans fin, sans but précis, arrêté d'avance, faut-il être au moins favorisé par la température; — la chronique n'est pas assez *aisée* pour se faire voiturer. Quel est le lecteur de la *Revue*, qui par cet hiver de Sibérie, oserait mettre le nez à sa fenêtre, aussi restais-je blotti dans mon coin, regardant mélancoliquement le fond de mon encrier sans pouvoir en faire sortir de quoi faire une chronique. Je désespérais, je dépérissais, je maudissais le destin et le temps, les hommes et les choses, l'art et la littérature, je lançais anathèmes sur anathèmes à la tête de l'inventeur de la chronique et de la race chroniquante, quand j'ai reçu la visite d'un de nos amis. C'était le hasard qui venait à mon secours sous les traits d'un paletot gris. Cet ami avait une partie de sa journée à perdre; il était venu me chercher pour employer ces quelques heures de loisir à une promenade artistique. Il n'eut pas de peine à me tirer de ma torpeur, de mon désespoir et à m'entraîner jusqu'à sa voiture. — Que voulez-vous? mon ami n'est pas

2

parfait. Je lui fis part de mes inquiétudes. Tu conteras à tes lecteurs notre petite excursion, et voilà ta chronique faite, me répondit-il. Je bondis de joie à cette idée et j'ordonnai au cocher de s'arrêter à la porte du Musée d'Artillerie. Je prenais mon ami par son faible, — il a été militaire.

Le Musée d'Artillerie est depuis quelque temps public tous les jeudis, aussi y voit-on ce jour-là une grande affluence de curieux. Les difficultés, les retards et les ennuis inhérents à toute demande de billets au ministère éloignaient auparavant le public.

Mon ami fut d'abord frappé par une chaîne de fer aux énormes maillons qui forme guirlande tout le long de la première galerie. C'était la chaîne qui avait servi aux Turcs pour soutenir leur pont de bateaux au siége de Vienne en 1683 ; elle a 185 mètres de longueur et pèse 3580 kilogrammes. Elle s'appelle la chaîne du *Danube;* elle a été prise en Autriche par l'armée française en 1805.

Le reste de la galerie est occupé par des pièces d'artillerie très-curieuses. Des canons français trouvés à Alger en 1830 ; l'un d'eux fondu sous Louis XII, et orné d'un porc-épic ; d'autres qui datent de François Ier, et portant pour devise *nutrisco et extingo.* A côté, un canon de Gustave-Adolphe, pris par les Bavarois à la bataille de Lutzen.

Au premier étage se trouve une quantité d'objets historiques, parmi lesquels on remarque un fauteuil dans lequel on portait le général espagnol comte de Fuentès lorsqu'il fut tué à la bataille de Rocroy en 1643. Ce trophée fut donné le jour même par le duc d'Enghien au seigneur Pierre de Noël de Champagne, comte de Rocroy, qui s'était signalé pendant la bataille.

Un peu plus loin, on voit la cotte de mailles dites *secrètes* que portait Monaldeschi lorsqu'il fut assassiné à Fontainebleau par ordre de Christine de Suède.

Dans une galerie latérale on remarque des patins semblables à ceux du corps des patineurs, qui fait partie de l'armée norwégienne. Puis des souliers en peau de poisson, en usage chez les habitants des côtes de Terre-Neuve.

On voit ensuite une très-riche collection d'armes à feu portatives, série chronologique des plus curieuses ; on y voit des *spécimens* de tout ce qui a été fait dans l'espèce depuis l'arquebuse à mèche jusqu'au fusil à platine percutante. Parmi les armes de luxe sont des fusils turcs à canons damasquinés en or, avec garniture en vermeil et en pierreries. Mais la plus belle de toutes est un fusil garni en or et enrichi de brillants, fait à Roterdam d'après l'ordre de Napoléon Ier, qui le destinait au chérif du Maroc.

C'est en 1794 que l'on rassembla tout ce que l'on put trouver en France d'armes précieuses.

Après avoir visité les six galeries, nous nous fîmes conduire au Louvre. Le musée du Louvre ressemble au bonheur tranquille du ménage ; on y revient toujours avec un nouveau plaisir.

Dans les salles de peinture nous avons remarqué un carton de Léonard de Vinci représentant une femme vue de profil, à mi-corps de grandeur naturelle. Dans la salle des dessins, un tryptique d'une rare finesse d'exécution, et que l'on s'accorde à attribuer à Hemling, dont il rappelle en effet la manière. Ces deux acquisitions d'une grande valeur artistique et dont la beauté sera appréciée par tous les véritables amateurs, ont été faites par le directeur général à la vente Valerdi.

On réorganise le salon d'Apollon près du grand salon carré dit des Sept-Cheminées, affecté aux bronzes antiques de l'époque romaine.

Dans la salle des Empereurs on restaure le plafond peint par Romanelli. Un superbe tableau de Dominico Panelli, représentant la mort de la Vierge entourée de onze disciples, donné au Louvre par M. Bériah Rosfield, est placé depuis peu dans l'école italienne.

De là nous passâmes au musée des Souverains, où nous avons admiré un merveilleux collier portant la croix de Saint-Louis et qui a appartenu à Louis XVI. Le collier se compose de soixante-dix chaînons en *lapis-lazuli* rose, détachés et ciselés dans la masse, ainsi que la croix et le porte-croix ;

véritable chef-d'œuvre de patience et de travail. Le musée des Souverains doit recevoir bientôt une bonne part de la collection d'objets d'art et de curiosité de M. le prince Soltikoff, achetée par l'Empereur.

Dans la collection hollandaise du Louvre, nous avons remarqué un tableau de Paul Potter, nouvellement placé. Il représente un cheval blanc tacheté de noir en liberté dans une prairie.

Au moment où nous sortions du Louvre, nous aperçûmes qu'on organisait la salle des États, pour faire l'ouverture de la session de 1861.

Je fis sortir mon ami par la porte donnant sur le quai des Écoles, et nous nous arrêtâmes un moment devant la tour de l'église Saint-Germain-l'Auxerrois.

La tour de l'église Saint-Germain-l'Auxerrois est aujourd'hui presque entièrement débarrassée de ses échafaudages, et l'on prend les dispositions nécessaires pour installer la figure du saint, patron de l'église, dans une des niches du premier étage. Les statues de saint Denis et de saint Landry, qui sont pareillement terminées, seront placées à droite et à gauche.

La tour n'a pas moins de 40 mètres d'élévation, avec une base carrée de près de 7 mètres de côté.

Depuis l'achèvement de la colonnade du Louvre, on s'est occupé à plusieurs reprises de la disposition à donner à la place qui devait servir de cadre à l'œuvre de Perrault. Il fut question, sous Louis XIV, d'établir, dans l'axe du palais, une large voie qui aurait abouti à la place de la Bastille. Ce projet, qui fut repris plus tard, rencontrait un grave obstacle dans la situation de l'église, dont il entraînait sinon la suppression totale, du moins la disparition complète d'un de ses bas-côtés. Dans le projet dont l'exécution touche à son terme, la conservation justement souhaitée de la basilique a été admise comme donnée principale.

On s'est attaché à répéter, à quelques différences près, dans l'édifice municipal qui se profile sur la place, la masse du porche, les arrière-corps et le pignon orné de rosaces de l'église. La tour, conçue dans le style de la basilique dont elle forme une dépendance, a pour but d'ajouter au monument religieux un élément de grandeur qui contre-balance l'effet des hautes maisons voisines. Avec l'église et la mairie, auxquelles elle est reliée par de gros murs percés de portes en ogives, elle paraît former comme une portion d'un immense amphithéâtre qui s'étendrait, au nord et au sud, bien au-delà des limites de la place.

De là nous remontons les quais jusqu'à la place du Châtelet pour donner un coup d'œil aux théâtres en construction. Le gros œuvre du Théâtre-Lyrique est terminé, nous avons recueilli les renseignements suivants :

Il est construit sur un terrain isolé des quatre faces par quatre voies publiques, et occupe une surface totale de 1,844 mètres.

L'entrée principale est sur la place du Châtelet, au moyen de cinq arcades comprenant, à droite et à gauche, les bureaux des places principales et secondaires. Ces arcades donnent accès à un vestibule de 25 mètres de long sur 6 mètres de large. De chaque côté et derrière ce vestibule se trouvent deux escaliers, les escaliers du parterre, deux vestiaires et une salle d'attente.

Les places secondaires sont desservies par deux escaliers, l'un en façade sur le quai, l'autre sur l'avenue Victoria : on y arrive par deux vestibules spacieux. Les ventilateurs sont adossés à ces escaliers. Les bureaux de location sont placés en façade sur le quai et sur l'avenue; enfin, au centre de l'avenue Victoria, il existe un vestibule et un escalier spécial donnant accès à la loge impériale.

L'entresol de chaque côté de la salle comprend les bureaux et la direction, et sur le quai le service des accessoires. L'entrée du parterre s'y trouve au centre, du côté de la place, et de grands couloirs entourent le parterre pour desservir les baignoires.

Au premier étage se trouve le foyer principal, donnant sur la place et ayant à ses extrémités deux salons-foyers. Sur le quai sont cinq foyers pour les chœurs, la danse, les artistes, etc.

Au deuxième étage, au-dessus des salons-foyers placés aux angles de la place, il y a d'un côté une bibliothèque de partitions, et de l'autre un bureau pour la copie de la musique.

Au troisième étage, il existe un foyer pour les places secondaires, occupant la même surface que le foyer principal, des salles d'étude pour les dames, pour les chœurs ; les loges des artistes, etc.; enfin, le quatrième étage est consacré aux magasins, aux ateliers, salles d'armes.

La salle a environ 20 mètres de largeur sur 20 mètres de profondeur, et une hauteur totale de 19 mètres du parterre au lustre : elle contiendra 1,750 spectateurs. Elle se compose d'un parterre avec loges, de bai-gnoires, quatre galeries et un amphithéâtre. Les loges du 1ᵉʳ et du 2ᵉ étage ont chacune un salon donnant sur les couloirs, et toutes les galeries sont desservies par de vastes couloirs.

Le fond de la salle a la forme d'un demi-cercle parfait, avec parties elliptiques de chaque côté rejoignant les avant-scènes. Cette forme a paru la plus convenable pour permettre à tous les spectateurs de bien voir et surtout de bien entendre.

Enfin, la scène a 25 mètres de large sur 15 m. de profondeur

Charles Corassan,

L'EXPOSITION UNIVERSELLE DES BEAUX-ARTS

A BRUXELLES.

I

Aspect général. — Peinture flamande et peinture française. — Différence des deux écoles. — Réalisme. — Courbet. — Millet. — Breton.

AU RÉDACTEUR.

« Arrivant avec une bonne nouvelle, j'ose me croire le bienvenu dans les colonnes de cette Revue, pour laquelle vous m'avez confié la tâche honorable de rendre compte de l'exposition belge. Je m'empresse donc de vous dire tout d'abord, à la plus grande satisfaction des artistes et des amateurs, que la peinture française, selon les peintres belges eux-mêmes, a eu la première place à l'exposition de ce pays, si riche en talents de premier ordre. Il est vrai de dire que plusieurs chefs d'école belges n'ont pas exposé : Gallait, Dekeyser, etc., se sont abstenus, de même que Leys et la plupart de ses disciples, qui cherchent sur un ancien chemin une voie nouvelle. Ce retour vers l'ancienne école des Van Eyk, Hemling, Durer et Holbein, a produit des œuvres fort intéressantes, mais dont l'analyse nous conduirait trop loin, d'autant plus que ces tableaux ont eu le tort d'être absents.

« J'étais très-curieux d'examiner l'aspect général du salon belge, et de le comparer à celui des dernières expositions françaises. La différence est assez notable, et elle est à première vue à l'avantage de la Belgique. Il n'y a pas tant de bêtes ni tant de portraits qu'à l'exposition parisienne de l'année dernière ; même les paysages ne s'y montrent pas en si grand nombre. Par contre, les tableaux d'histoire et les peintures de genre d'une exécution habile et d'un coloris harmonieux y sont moins rares.

« Certes, les grandes toiles ne manquaient pas à la dernière exposition de Paris ; mais c'étaient pour la plupart des tableaux officiels, des peintures de commande. A Bruxelles, au contraire, on trouve bon nombre de tableaux qui, sans être de premier ordre, ont cependant des mérites réels, et présentent, par l'égalité et le fini de l'exécution, l'aspect d'œuvres d'art assez complètes. On voit tout de suite que cette peinture jouit d'une tradition technique dont profite toute l'école. C'est ce qui fait la force de l'art belge en même temps que sa faiblesse.

« A Paris, on a fait table rase en tournant le dos à l'Académie, et les jeunes aspirants à la maîtrise se fraient de nouvelles voies à travers les broussailles du réalisme, soutenant que tout chemin mène à Rome, sans qu'il soit pavé de grands prix. De là, force essais, recherches et coups de pinceaux inouïs; mais de là aussi une vitalité juvénile, une originalité audacieuse, et finalement une régénération de la peinture. Sans doute, la jeune peinture française n'a pas dit son dernier mot; jusqu'à présent, elle a plutôt réuni les éléments de l'art futur que produit des œuvres complètes. Ses tableaux ne sont que des études; mais le mouvement y est, et cette sève prodigue de jeunesse, en jetant sa gourme, finira bien par donner des fruits mûrs et durables.

« L'exposition française au salon belge est bien faite pour confirmer cette espérance, et les tendances réformistes du jeune art gaulois apparaissent d'une manière très-accentuée dans le voisinage des tableaux flamands, qui contrastent par l'unité de leur ensemble et par une certaine harmonie d'école, avec la verve provocante de leurs concurrents. Ces qualités traditionnelles de l'art belge ne tardent pas à gagner les yeux; mais bientôt on s'aperçoit que cette belle peinture tranquille ne vit pas de notre vie; qu'elle recule devant les inquiétudes de nos destinées modernes, dont elle ne cherche pas l'expression. Peu à peu, on soupçonne que cet art si séduisant n'est cependant pas sorti de toutes pièces du front de son artiste; qu'il ne vient pas de naître dans les douleurs de l'enfantement; que c'est plutôt un enfant trouvé, soigneusement élevé, sans doute, par son père nourricier, mais dont la race est douteuse et dont le tuteur, bien que l'adoption et l'éducation comptent pour beaucoup, ne pourra jamais dire : Voilà l'enfant de mes entrailles.

« Vous retournez à la peinture française, et vous oubliez que ses allures un peu sans gêne vous ont tant soit peu choqué tout à l'heure. Plus vous la regardez, plus vous la trouvez spirituelle, intelligente, et, ce qui vous étonne bien davantage, plus coloriste que la peinture belge elle-même. Attiré de plus en plus, vous ne pouvez pas vous défendre de l'aimer, car vous sentez que c'est du sang de votre sang, de la chair de votre chair.

« Là c'est la peinture du passé, ici c'est la peinture de l'avenir.

« Sans doute, les partisans de la tendance nouvelle, plus ou moins réaliste, ont le plus souvent fait fausse route; mais à ce réalisme, dont le vrai père est Delacroix et l'enfant terrible Courbet, restera toujours le mérite d'avoir le premier fait ouvertement brèche à l'ancienne tradition académique, devenue impuissante et nuisible, et restée plus ou moins moyen-âge malgré ses allures antiques. Il a ajouté une note à la gamme de la peinture, et un jour, le jeune art saura bien profiter des moyens acquis dans son commerce avec la réalité pour enfanter des œuvres viriles d'une portée nouvelle, et d'une actualité propice aux aspirations des temps modernes.

« Il va sans dire que toutes ces remarques ne tendent qu'à rendre l'impression générale et à faire ressortir la différence des deux écoles. Mais il ne faudrait pas en déduire que l'exposition française ne brille que par ses réalistes, ou que le réalisme n'ait pas des représentants très-remarquables dans le camp belge. Deux tableaux de Gérome et de Robert-Fleury ne sont pas pour peu dans l'éclat de l'œuvre française, et les peintures mi-réalistes de Delgronn et de Meunier comptent parmi les plus belles de l'exposition belge. Il est vrai que Robert-Fleury et Gérome ont une puissance individuelle assez prononcée, et que la peinture des deux Belges se ressent, à son avantage, du coloris et du savoir-faire flamands.

« Puisque nous en sommes au réalisme, finissons-en avec lui. Cette doctrine n'est pas nouvelle, et, dans sa furie d'imitation extrême, elle est certainement une aberration du goût, malgré les services incontestables qu'elle a rendus. Tout art doit chercher à saisir l'essence des choses, en donnant leur apparence ; il doit laisser les traits accidentels pour choisir les essentiels, sous peine de manquer de caractère esthétique. La vérité vraie ne consiste pas dans une imitation servile, mais bien dans un résumé synthétique de l'objet représenté, ce qui n'implique nullement une fausse idéalisation et n'empêche pas la sincérité la plus franche. L'art, comme Balzac le dit très-bien, est une condensation. Outre cela, l'artiste doit imprimer à son œuvre ce cachet de sentiment particulier qui en fait une chose unique. Il doit montrer que ce n'est pas le produit d'une machine, mais bien d'un être doué de cœur et d'intelligence, et dont les outils ne se réduisent pas à un œil et une brosse.

« Quant à ce dernier point, le nouveau réalisme ne pèche que par l'excès : on est bien obligé de reconnaître à ses adeptes une individualité tranchée. Malheureusement, comme ils n'entrevoient que vaguement le vrai but de l'art, ce n'est pas à l'énergie de la pensée ni à la profondeur du sentiment qu'ils demandent le plus souvent les moyens de leur originalité, mais plutôt aux procédés techniques, aux artifices violents. Ils aiment mieux étonner que toucher, et, tout en s'escrimant à faire comme personne n'a jamais fait, ils perdent de vue la véritable originalité artistique, qui a une grande force de généralisation dans sa particularité personnelle et qui ne cherche qu'à montrer un morceau de la création éclairé par la lumière du génie humain. A force de marcher dans le cercle d'un réalisme outré, ils reviennent vers le point qu'ils ont fui en partant, et finissent par faire croire qu'en vérité ce n'est qu'un œil et une brosse qui ont produit leurs tableaux.

« Courbet, le premier promoteur de cette hérésie en peinture, a exposé ses *Demoiselles du bord de la Seine*, qu'on a vues à l'exposition de Paris. C'est bien laid comme tableau. Il n'y a ni pensée, ni composition, ni sentiment, ni expression ; il n'y a rien de toutes les qualités essentielles à une œuvre d'art. Mais il y a des morceaux admirablement peints qui révèlent le maître, à côté des parties faites avec la maladresse d'un apprenti. Courbet manque absolument d'invention ; il en est si dépourvu, qu'il n'a pas seulement le don assez commun de suppléer à la force créatrice par le goût d'arrangement et d'ordonnance. Ses tableaux rappellent la naïveté comique de ces premiers essais crayonnés par les enfants. Mais ce talent incomplet a certainement quelque chose qui lui appartient en propre : c'est une rare justesse de ton, une grande franchise de touche et l'égalité de la lumière répandue sur tout le tableau. Ce ne sont pas là de minces qualités, assurément ; à elles seules, toutefois, elles ne produisent que des peintures d'enseignes perfectionnées. C'est comme un vêtement splendide qui ne trouve personne à parer.

« Il est juste de dire que Courbet, malgré son insuffisance, a puissamment contribué à pousser la peinture dans une nouvelle voie, et c'est un mérite qu'on ne pourra lui contester. Rejetant complétement le passé, délivré de tout bagage de tradition, Courbet est allé droit au fait sans se préoccuper de quoi que ce soit ; il a peint comme si la peinture était encore à inventer. C'est là sa force, et il est devenu en quelque sorte un rénovateur. Avec un peu moins d'entêtement et un peu plus de choix dans ses sujets, il pourrait produire des œuvres remarquables par des qualités plus durables que l'excentricité ; son beau tableau au musée de Lille, *Un Après-dîner*, en fait foi comme la *Femme au miroir*, exposée à Bruxelles : une tête sans grande signification, mais d'une peinture hors ligne.

« Deux tableaux d'un autre réaliste, que ses œuvres ont placé plus haut, attirent l'attention générale des visiteurs de l'exposition : c'est la *Mort et le Bûcheron*, refusé à la dernière exposition de Paris, mais d'autant plus connu, et la *Tondeuse de moutons*, de Millet. Le premier de ces tableaux, quoique moins complet, a sans contredit de grandes qualités de sentiment et d'expression. La Mort, dans la simplicité de ses lignes énergiques, a quelque chose de majestueux. Le Bûcheron, affaissé et brisé bien plus par la main de la misère que par celle de la mort, est d'une justesse de mouvement, d'une vérité de caractère saisis santes. Ces jambes noueuses, d'une anatomie un peu arbitraire peut-être, sont d'une énergie d'expression inouïe; ce sont des jambes qui parlent le langage du désespoir; elles n'ont plus la force de marcher, mais elles se cramponnent au sol. Le ton général et l'exécution sont en parfaite harmonie avec le sujet.

« La *Tondeuse de moutons*, de grandeur naturelle, n'offre aucun intérêt comme sujet, aucun agrément comme composition ; car la jeune tondeuse est assez disgracieuse, et l'homme qui, d'une main calleuse, tient l'animal par les pattes, profite de la pénombre pour cacher un peu sa laideur. Le mouton est le plus beau des trois. Il est couché, la tête pendante, sur un tonneau debout. C'est nul de conception, mais c'est un tableau qui vous prend au collet quand vous y passez et qui ne vous lâche plus. Il a beau vous rebuter tout d'abord par le sans-façon du procédé et par la vulgarité des types, à peine avez-vous pris la distance nécessaire, qu'il devient éclatant de vie, étonnant de vérité et de vigueur. C'est un tableau écrasant qui tue tout ce qu'il y a dans la salle. La couleur y est aussi simple que la composition : c'est un tablier montant gris-bleu, une mante gris-lilas, une marmotte blanche, une face et des mains brunies, un mouton jaunâtre et un paysan à blouse bleue. La peinture est comme le dessin, sans recherche aucune, et c'est à force de vérité qu'elle arrive à un ton entièrement harmonieux et agréable. Tout cela est fait on ne sait comment, et presque avec rien. Le mouton, vu de près, ne présente qu'une surface plate, des contours sans ombre ni saillie; vu de loin, le modèle le plus parfait apparaît comme par enchantement. On n'a jamais vu une peinture qui, avec des moyens aussi simples, arrive à des résultats aussi complets. Ce tableau a un cachet de grandeur qui fait songer à Michel-Ange, et ce cachet est obtenu par la simplicité extrême des lignes et de l'exécution. Tout détail inutile est rejeté, et les détails nécessaires sont savamment subordonnés à l'effet de l'ensemble. Chez Millet, comme chez Courbet, il y a absence totale de toute convention, de toute manière reçue ; mais il y a bien plus d'intention chez Millet, sans parler du reste. Certes, l'individualité de ce jeune maître est une des plus originales qui aient paru depuis des années. Ce serait cependant une originalité dangereuse si elle devait faire école. Sans doute, c'est de la grande peinture, mais il y a plus de sentiment que de science : les grandes qualités d'ensemble sont souvent obtenues aux dépens du détail, qui est loin d'être sans défaut. La main qui tient les ciseaux est mal attachée et mal modelée ; la main du paysan qui tient le mouton n'est plus une main, c'est une botte de cordes noueuses.

« Michel-Ange, que je viens de citer, était, lui aussi, un réaliste à la recherche des grandes lignes et des grands moyens ; mais il ne maltraitait pas la forme humaine : il achevait le moindre détail avec cette conscience d'artiste qui soigne son œuvre comme une mère son enfant. Il est vrai qu'il avait cette volonté de fer qui va jusqu'au bout, ce tout-puissant sentiment de la forme qui pénètre son œuvre d'un souffle de création plus vivant que la vie elle-même, et lui donne cette plénitude d'existence qui fait singulièrement valoir la grandeur de la conception.

« Mais je ne veux pas me servir de l'ancien maître comme d'une massue pour assommer les jeunes, et j'espère que M. Millet se trouvera assez honoré qu'on parle de Michel-Ange à propos de lui. Sa peinture est grande, non pas d'idée, ni de sentiment proprement dit, ni même de forme; elle est grande d'intention, de procédé et d'aspect. Or, la moindre des choses qu'il faut demander à l'art, c'est la grandeur de forme vraie, non apparente, basée sur ce qu'elle donne et non sur ce qu'elle élague.

« Si Millet, avec sa force d'intention, pouvait descendre dans l'âme de ses sujets au lieu de rester à la surface, — et son *Bûcheron* fait croire qu'il le peut, — il deviendrait le père d'une peinture nouvelle, et son originalité cesserait d'être dangereuse.

« Il y a certainement une beauté pittoresque, dérivant de l'âme et consistant dans le type bien caractérisé d'une individualité, comme il y a une beauté palpable, dérivant du corps et consistant dans le type bien généralisé de la race. La première, c'est la beauté moderne et spirituelle ; la seconde, c'est la beauté antique et plastique. Les deux sœurs peuvent s'unir et se fuir jusqu'à un certain point, mais il faut que la place laissée vide par l'une soit occupée par l'autre, sinon la lacune se fait, l'art finit et le métier commence. Un individu d'une grande laideur plastique est susceptible d'une grande beauté pittoresque, si l'absence du beau est compensée par la présence du caractéristique, si l'imperfection du corps est corrigée par la beauté de l'âme. Mais il ne faut pas que les deux beautés manquent à la fois, car où il n'y a pas de beau, il n'y a pas d'art. C'est clair et simple ; pourtant, les réalistes n'ont jamais voulu comprendre cela.

« Peignez ce que vous voudrez, mais donnez aux choses leur signification ; présentez-nous des corps qui aient une âme ; cherchez des types, sans cela vous ne serez jamais autre chose que des fabricants de trompe-l'œil.

« Ce n'est pas à Breton qu'il faut tenir ce langage ; s'il est l'héritier du réalisme, il a changé ses sacs de billon en pièces d'or. Il a bien compris la doctrine et touche au but. L'infatigable artiste a exposé quatre tableaux qui ont fait l'admiration des visiteurs, et dont le *Colza* est le plus beau. Il est vrai qu'on n'y voit guère qu'une seule figure, la jeune fille qui crible le colza et devant laquelle tout disparaît. Mais cette figure est de celles que Breton seul fait. Voilà le vrai réalisme et le vrai idéalisme à la fois. Ce n'est pas une paysanne d'opéra qui retrousse sa jupe pour faire voir son pied mignon ; du tout ! En la voyant, on s'écrie involontairement : « Ah ! la brave fille ! » Comme elle tient ferme son crible et y va de bon cœur ! Son geste a quelque chose d'homérique. Comme elle est franchement campée sur ses reins ! et ce pied nu, comme il foule bien le sol avec un mouvement de fierté indéfinissable qui révèle la liberté des champs et l'habitude du travail ! Ce n'est pas un pied mince, une cheville effilée, une jambe de petite maîtresse ; mais cela n'a besoin ni de bottines lacées ni de bas à jour pour être de toute beauté. Ce bout de jambe a un incroyable cachet d'honnêteté ; on n'a qu'à voir ce pied pour jurer qu'il porte une fille sage. Son visage est sérieux et serein à la fois ; il est évident que les mille petitesses des femmes désœuvrées des villes ne sont jamais entrées dans cette tête. Ah ! l'admirable créature ! C'est beau comme la *Mare au Diable* de George Sand.

« Breton est simple et grand comme Millet, et peut-être plus naïf, car ses qualités n'ont pas ce caractère de parti pris qui distingue ce dernier. Il y a dans ses figures une solidité tranquille, exempte de toute recherche, une plénitude de vie, une santé athlétique peu communes, et du style sans prétention. Ces gens-là ne s'aperçoivent pas qu'on les peint, ils ne posent pas le moins du monde, ils ne savent pas seulement que le pinceau et la palette sont inventés. Et c'est bien heureux ! Ces tableaux sont d'un effet poétique qui ne vient pas seulement de la palette, mais résulte du sentiment présent à leur conception. Ils ont, de plus, un grand air qu'ils doivent avant tout à l'unité complète de l'idée et de l'exécution, du dessin et du coloris, et puis à une lumière égale, répandue partout. Cette dernière qualité est extrêmement rare et donne, à elle seule, un cachet de distinction magistrale à une peinture.

« La composition du *Colza* est peut-être un peu trop naïve. La loi du groupement n'est pas arbitraire ; on la rencontre partout dans la nature. Le peintre aurait mieux fait de lui payer son tribut et d'isoler moins sa cribleuse.

« Les autres tableaux de Breton sont des glaneuses et des faneuses ; c'est presque toujours la même femme, sans entourage. Cela devient tant soit peu monotone, et l'artiste ne ferait peut-être pas mal de rechercher des sujets un peu plus complexes.

« L. Pfau. »

CAUSERIE DRAMATIQUE.

Pourquoi je suis en retard. — Les pièces qui tiennent l'affiche. — Quelques mots sur certains genres de drame. — Nécessités de ma situation. — Ambigu-Comique, *la Dame de Monsoreau*, drame en cinq actes de M. Alexandre Dumas et Auguste Maquet. — L'intrigue et l'histoire. — Odéon, *l'Oncle million*, comédie en cinq actes et en vers, de M. Louis Bouilhet. — Ce qu'est la pièce.

Ma chronique dramatique est en retard avec les théâtres.

Eh! pourquoi? allez-vous vous écrier avec anxiété, chers lecteurs, comme un chœur de tragédie grecque.—Non.—N'importe! je vais vous satisfaire tout de même en vous déclarant ici, sans phrases ni périphrases, que l'interruption momentanée de ces causeries, qui n'ont rien de dramatique, est due uniquement à une indispositon bien excusable par un hiver norwégien.

Par un rare bonheur cependant, les pièces auxquelles nous avons, bien malgré nous, fait faire antichambre, tiennent encore l'affiche et font tous les soirs les délices du public. Cela prouve tout bonnement qu'elles sont de complexion robuste; qu'elles sont, en un mot, des succès. Remarquez que je ne dis pas qu'elles soient bonnes, loin de là; la qualité est en raison inverse de la réussite, témoin tant d'œuvres supérieures sifflées, négligées, abandonnées. Elles ont le mérite d'être appropriées au goût du public ordinaire de l'endroit, elles rentrent dans leurs vues, dans leur cadre, — ce cadre si souvent invoqué par les directeurs expéditifs, en quête d'arguments pour motiver leur refus.

Il ne faut pas s'imaginer que la même pièce peut convenir à deux théâtres de même genre; bonne pour celui-ci, elle serait mauvaise pour celui-là. Chaque scène a sa spécialité exclusive. — Ici, il faut un mélange, à proportion, de roturiers et de grands seigneurs, de crime et de vertu, de vice et d'honorabilité, d'habits noirs et de blouses : — style en rapport. Là, des causes éminemment populaires, une noblesse dépravée, une plèbe irréprochable, des bouquetières grandes dames et des marquises de pacotille; trait final, apothéose du peuple et cet avenir qui..., abaissement et confusion de l'aristocratie, ce passé dont... n'oublions pas l'indispen-sable couplet de l'enfant de Paris ou de tout autre endroit, sur un air du chef d'orcheste. Plus loin, déification de la bourgeoisie honnête et rentée, action historique, personnages historiques, récit historique, situations historiques, style plus ou moins historique, intérêt plus historique que tout le reste, enfin un ballet voluptueux et qui n'a rien d'historique, brochant sur le tout.

Je m'aperçois que si, en me conformant au titre de l'article, je me mettais à causer de tout et des pièces avec mon lecteur je n'en finirais jamais; d'autant plus que notre arriéré est considérable. D'ailleurs mon rédacteur en chef me regarde par-dessus l'épaule avec ses impitoyables ciseaux à la main, et l'on sait s'il est intolérant pour les longueurs : pas de superflu; le nécessaire, rien que le nécessaire, voilà son cri.

Je vais donc à mon grand regret me borner à passer en revue tout ce qui s'est produit depuis quelques semaines. Je commence par la première en date; remarquez que l'ancienneté est ici un titre de mérite.

Entrons à l'Ambigu : *La Dame de Monsoreau* est un des romans les plus réussis de cet homme-phénomène qu'on appelle Dumas. Croiriez-vous qu'il est en train de faire de la politique et de l'opposition dans son journal l'*Independente* à Naples pendant qu'on l'applaudit à Paris? Il a laissé à son porte-voix, M. Auguste Maquet, le soin d'approprier à la scène son roman historique, de le faire recevoir, apprendre et répéter, enfin de le signer après lui. La grande popularité du roman me dispense grandement d'analyser ici le sujet, qu'on ne pourrait d'ailleurs raconter sans recommencer entièrement l'œuvre. Une seule chose surnage à tout ce brouhaha soi-disant historique, c'est une petite intrigue d'amour. Il s'agit de savoir si Diane de Méridor, devenue madame de Monsoreau par la force des choses, par les nécessités de sa situation précaire et surtout pour échapper aux convoitises déshonorantes du duc d'Anjou, — mais ayant gardé immaculée, même dans le mariage, sa robe virginale, — pourra épouser, ne fût-ce qu'au dénoûment, Bussy d'Amboise qu'elle aime ardemment et dont elle est aimée à la folie.

C'est donc pour marier Charles et Charlotte qu'on a mis en jeu Henri III, Bussy, de Guise, de Lorraine, Quélus, la duchesse de Montpensier et mille autres encore, qu'on a remué tant d'événements, esquissé une multitude de situations et travesti passablement la pauvre histoire qui n'en peut mais! Tous ces personnages ne sont donc que des comparses, ou, plus noblement parlant, des utilités groupées autour d'un petit vaudeville amoureux; des noms sonores placés là exprès pour rehausser la valeur d'un fond mesquin et mieux encadré dans une boutique de la rue Saint-Denis que dans les appartements de la cour de France! Ce sont donc ces misérables petites choses qui occupaient les souverains, les hommes d'Etat, la haute noblesse, les hommes d'épée et de robe, enfin étaient les ressorts de la politique dans ce temps? Une rivalité d'amour entre deux courtisans était donc d'une grande importance? Est-ce là l'histoire, ou n'en ai-je pas vu plutôt une agréable caricature? Voilà ce que se dit un spectateur, à la sortie. Mais pendant la représentation il a écouté comme tout le monde, il s'est amusé comme tout le monde, il a ri comme tout le monde, il s'est peut-être ému comme tout le monde.

Voilà le secret et l'art d'Alexandre Dumas : tenir le spectateur constamment en éveil sans jamais le lasser, lui jeter aux yeux, avec une adresse dont il a seul le secret, un peu de poudre historique de sa façon, assez pour l'aveugler, pas trop pour l'endormir, à le mener de la sorte, moitié ébloui, moitié aveuglé, jusqu'à la fin de son épopée fantastique. Recette infaillible qui lui a réussi dans le roman et qui ne lui réussit pas moins au théâtre. Dire des choses d'une incontestable futilité avec un sérieux et une importance remarquables; il l'a

tant de fois et si bien dit qu'il a fini par y croire lui-même.

Néanmoins le drame de *la Dame de Monsoreau* reste une œuvre des plus intéressantes; sa mise en scène est splendide; richesse de décors, richesse de costumes, rien n'y manque. Il y a là dedans des excentricités pour Chicot — de l'héroïsme, de la noblesse et de l'amour pour Bussy — de la jalousie pour Monsoreau — des paroles royales pour Henri III — de la perfidie pour le duc d'Anjou — du comique pour Gorenflot — de la passion et de la grâce pour Diane de Méridor. J'en passe, et... vous connaissez le reste.

La pièce est fort bien jouée par MM. Mélingue, meilleur ici que dans toutes les créations de ce genre; Lacressonnière, un peu froid; Castellano, parfait; Brésil, insuffisant; Werner, désopilant, et mademoiselle Luther-Félix, gracieuse et blonde comme les blés.

Passons d'un pas léger et rapide le pont et arrivons à l'Odéon pour voir, après une œuvre de métier et d'expérience, une œuvre d'inexpérience, mais une œuvre d'art, de la poésie en action, de la poésie dialoguée, une comédie en cinq actes et en vers, de M. Louis Bouilhet — *l'Oncle Million.*

M. Bouilhet est l'auteur de *Melenis*, un poème romain, de *Madame de Montarcy*, un drame en vers harmonieux et nets, d'*Hélène Peyron*, encore un drame en vers délicats et charmants. Sa quatrième œuvre brille par les mêmes qualités; la beauté des peintures, la finesse des détails et un grand soin d'exécution. Mais en revanche quelle nullité d'intrigue! quel sujet pauvre et mesquin! quel plan battu et rebattu! quel maigre corps! et quel dommage de couvrir du manteau pourpré d'une étincelante versification un si pauvre hère! La poésie dans *l'Oncle Million* ressemble à cet amas de paille et d'herbes qu'on jette sur une surface liquide et qui trompe agréablement l'œil des pauvres souris; on est attiré par le charme d'un si brillant parterre, et ce n'est qu'après avoir enfoncé cette couche légère et perfide, qu'on s'aperçoit, — trop tard, — de ce qu'il y a, ou de ce qu'il n'y a pas au fond. M. Bouilhet s'est pourtant occupé dans cette pièce, plus qu'il ne l'avait jamais fait, de la partie scénique et dramatique; il a creusé son sujet, développé les caractères, nettement posé les situations. Mais que trouve-t-on de neuf dans tout cela? Rien; les personnages pour être assez réussis n'en sont pas plus originaux; ce sont de savantes copies, d'heureuses réminiscences; voilà tout. Son sujet est approfondi, d'accord; mais que peut trouver au fond du vide l'homme le plus expert en recherches? Ses situations, vieilleries; son intrigue, d'une simplicité primitive; ses combinaisons, par trop naïves. Les deux caractères importants, madame Dufernay, la mère de famille, la femme aux préjugés absurdes, pour qui la poésie est une peste; la femme obstinée, acariâtre, méprisante, intrigante; la dévote sournoise, plus égoïste que dévouée à sa fille, plus hypocrite, dirait-on, que vertueuse, aussi rouée à trente-cinq ans qu'un diplomate à soixante : qu'en dites-vous? en avez-vous jamais rencontré le plus faible original? ne dirait-on pas que c'est un épouvantail inventé à plaisir?

Le père, Rousset, le commerçant enrichi, la fortune basée sur l'honnêteté et la probité, grand défenseur des principes, intraitable à l'endroit de son autorité de père de famille, aimant les arts en public, les détestant en particulier, se contredisant à chaque moment, naïf comme un enfant, souvent homme de sens, parfois un peu sot, ayant assez de littérature, pas mal ignorant, et faisant au dernier acte cette volte-face qui serait un trait de comédie si elle n'était fausse et impossible : que pensez-vous d'un tel père?—Je ne parle pas des autres personnages, de Léon, le timide rimailleur de salon, et dont M. Bouilhet n'a pas osé faire franchement un poète; d'Alice, une jeune fille romanesque et exaltée; enfin de l'oncle Étienne, l'homme aux écus, l'éternel bonhomme, spirituel, satirique, ami de la jeunesse et de la poésie et qui sent furieusement le Rodolphe de M. Ponsard.

Enfin je me demande où diable peut se trouver cette ville de province où l'on déteste tant les vers.

Le défaut capital de l'ouvrage est d'être ennuyeux, et cela vient de ce que tout le monde fait son petit discours depuis le commencement jusqu'à la fin; la pièce est une conversation continuelle, une suite non interrompue de dialogues et de monologues. Les mêmes causeries recommencent à chaque acte avec acharnement, les mêmes sujets sont rabâchés jusqu'à la fatigue, et les mêmes lieux communs sont débités jusqu'à faire mourir d'ennui le spectateur attentif; il y a eu des moments où j'ai cru que la salle allait s'endormir. Les personnages antipathiques sont constamment en scène, et ceux qui sont censés être intéressants, dans la coulisse. Pas d'incidents, pas d'effets. Le premier et le dernier acte sont seulement intéressants. Je ne parle pas du milieu — et pour cause. Il y a trop du poète chez M. Bouilhet et pas assez de l'auteur dramatique; aussi sa brillante poésie a-t-elle été impuissante à sauver sa pièce. Je crois qu'il a plutôt un talent analytique que synthétique; il soigne bien chaque morceau, mais il n'embrasse pas l'œuvre totale; il y a des détails ravissants, mais l'ensemble fait défaut.

Je vais résumer en quelques mots le sujet, uniquement pour placer quelques citations, et vous jugerez de la forme beaucoup mieux que ne le feraient les meilleurs éloges du monde.

Léon Rousset, fils d'un bourgeois, d'un commerçant, veut faire des vers, son père le lui défend, et lui ordonne de plus de choisir un état. Léon prétend que faire des vers est aussi un état, surtout quand on a trente mille livres de rente pour le faire valoir. Il lui rappelle ses succès universitaires, etc...; de là ce dialogue entre le père et le fils dont je reproduis un fragment.

LÉON.

... Jadis, tu ne riais pas tant,
Quand, dans ton cabinet, une fois par semaine,
Tu me faisais de force exhiber Théramène,
Et souvent au dessert, ce qui te semblait beau,
Réciter la Laitière avec monsieur Corbeau!

ROUSSET.

Que viens-tu nous chanter? La distance est extrême,
Entre orner sa mémoire et composer soi-même.

LÉON.

Mais, mon père, entre nous, ces hommes immortels
Debout sur leurs tombeaux, comme sur des autels,

Racine et Poquelin, Lafontaine et Corneille,
Dont tu gardes les vers ainsi qu'une merveille
Dans ces grands livres bleus, ornés de tranches d'or,
Ils composaient pourtant...

ROUSSET (brusquement).
C'est bon quand on est mort.

Léon se retournant vers sa sœur Clara, lui demande ce qu'elle pense des arts et de la poésie :

Moi, moi, s'il est permis de parler comme on pense,
Ce que je bénirais comme une récompense,
Ce serait ce bonheur, tant mes tiroirs sont pleins,
De jeter les crayons par-dessus les moulins.

Au second acte, Léon, persistant à vouloir se consacrer à la poésie, son mariage avec Alice, qu'il aime, est manqué ; ce que voyant, le père Rousset le chasse de chez lui.

Au troisième, Léon vient voir secrètement Alice, il est prêt à sacrifier la poésie à son bonheur et entrer, s'il le faut, dans la maison de commerce de son père. Certes, c'est ce qu'il avait de mieux à faire ; cela nous donnerait un bourgeois de plus et nous délivrerait peut-être d'un rimailleur ; mais la jeune fille croit à son talent, et elle s'immolera à l'avenir du poëte. Elle lui parle ainsi :

... Arrêtez, vous qui voulez descendre,
Je suis cette voix-là que vous craignez d'entendre,
Celle que nul n'étouffe et qui parle à son tour,
Plus haut que le bonheur et plus fort que l'amour.
Debout! je me réveille enfin, debout, vous dis-je!
(Montrant la maison.)
Ce n'est plus par ici,
(Montrant le chemin de sortie.)
C'est par là! je l'exige!
Ah! si vous oubliez, je dois me souvenir;
Debout, debout, poëte, et l'œil sur l'avenir!
Pour tomber, sans espoir, sous l'arbre de la route,
Le sang de votre cœur a-t-il fui goutte à goutte?
Connaissez-vous le poids de la lutte sans fin?
Avez-vous eu la soif? Avez-vous eu la faim?
Le mépris? la pitié? l'insulte? l'ironie?
Mon Dieu! c'est ici-bas la rançon du génie!

Le quatrième acte se passe en conversations entre le père Rousset et madame Dufernay. Cette dernière, qui se refusait au mariage de Léon avec Alice, y consent maintenant, s'étant aperçue des perfidies du prétendant notaire.

Enfin, au cinquième, l'oncle aux millions débarque chez Rousset avec un volume de poésies, à couverture bleue, de Léon, qu'il fait prudemment attendre dans l'antichambre. Un long dialogue s'engage entre le père et l'oncle. J'en cite le dernier fragment qui est ravissant.

Lisez donc un peu ces vers, dit Etienne à Rousset.

Un tout petit passage,
La Ferme...
ROUSSET (raillant).
Ah! joli titre, et d'un heureux présage!
Pourquoi pas le chenil ou le grenier à foin?
ÉTIENNE.
Que voulez-vous, monsieur, je n'y vois pas plus loin!
Ce titre me suffit...
ROUSSET.
Beau sujet!
ÉTIENNE.
Je l'adore.
Il me rappelle, à moi, vous allez rire encore,
Cette ferme que j'ai, dans la Beauce... là-bas...
Et que, vous savez bien; non, vous ne savez pas,
Que je donne à ma nièce, au jour qu'on la marie.
ROUSSET (prêtant l'oreille).
Que vous donnez...
ÉTIENNE (simplement).
Sans doute.
(Tournant une page).
Et cela, je vous prie,
Une pièce à côté, la Pervenche... Mon Dieu!
C'est encore un sujet qui vous plaira fort peu.
ROUSSET.
Le fait est que le titre a l'allure assez piètre!
ÉTIENNE (avec feu).
Pour vous, monsieur, pour vous, mais pas pour moi
[peut-être!
C'est une illusion, lorsque je lis ces vers!
J'entends les nids chanter dans les feuillages verts!
Je me crois tout à coup au fond de la campagne,
Sous ces grands bois que j'ai dans la basse Bretagne,
Et que... vous savez... Non... vous ne savez pas, vous,
Que j'offre comme étrenne aux deux jeunes époux...
ROUSSET (ébahi).
Vos grands bois!...
ÉTIENNE (feuilletant le livre).
Un nouveau plaisir à chaque page!
Le vieux moulin... morbleu! C'est un joli tapage!
Le flot grossit, la roue a de l'écume aux dents,
On dirait que l'auteur a vécu là-dedans...
Tous les vers font tic-tac et sont blancs de farine,
Et moi, je sens mon cœur battre dans ma poitrine,
Car je songe, en lisant, au vieux moulin que j'ai,
Celui qu'on entend geindre, ainsi qu'un homme âgé,
Quand on passe, le soir, dans ces plaines superbes
Dont Alice, bientôt, fera faucher les herbes.
ROUSSET (éclatant).
Vous n'épousez donc pas comme on le croit si bien?...

On appelle l'enfant sublime; on l'embrasse, on le marie, et la pièce est finie.

L'interprétation est excellente. Je citerai MM. Tisserand, Kime; mesdemoiselles Ramelli et Thuillier.

Charles CORASSAN.

Le rédacteur en chef : Louis LAVEDAN.

Paris. — Imp. Walder, rue Bonaparte, 44.

CHRONIQUE DES BEAUX-ARTS.

A Paris le monde élégant passe sa soirée et une partie de sa nuit dans un hôtel richement meublé, dans des salons resplendissants de lumière et d'ornements, réunissant le plus brillant confortable, offrant le plus charmant séjour. Société choisie et distinguée, sérieuse et rieuse, aux habitudes élégantes, aux belles manières et au beau langage, c'est le rendez-vous de l'aristocratie, de la finance, des arts, des sciences et des lettres.

Ces réunions appelées généralement *cercles* ont pour objet principal de faire passer le temps plus ou moins agréablement. Il y a plusieurs variétés de cercles.

Les cercles politiques ou à prétentions sérieuses. Ici tout le monde est obligé d'avoir une opinion; les pythonisses de l'antiquité seraient de simples écoliers à côté des devins de l'endroit. On a le flair des affaires d'Etat, on dévoile les projets secrets du gouvernement, on devine ses vues intimes, on connaît à merveille les mystères de sa politique, ses tendances, ses antipathies, ses ruses, ses préoccupations. Ils sont versés dans la diplomatie étrangère, les cabinets européens n'ont point de secrets pour eux ! Ils font et refont cette malheureuse carte de l'Europe, qui n'en peut mais, ils la partagent, ils la mutilent, pour la reconstituer de nouveau. Ils précisent l'heure des combats, celles des entrevues et de la signature de la paix ; ils en indiquent les résultats, les avantages, les conséquences. Ils tracent des plans de campagne, ils règlent la marche des armées, ils livrent des batailles, ils les gagnent, ils sont vainqueurs. Ils se croient des ambassadeurs à venir, des ministres futurs, ils font la politique avec les bruits de Bourse, les nouvelles des journaux soi-disant bien informés et les rumeurs des ministères. On fume parfois, on joue souvent et l'on perd son argent presque toujours.

Les cercles de sport. Ici, un vrai parfum d'écurie nous saisit à la gorge, c'est dire assez que c'est une invention anglaise. Lord Seymour a été le premier fondateur en France de ces genres de réunions. Un parfait sportman doit connaître l'anglais ou du moins entremêler constamment ses phrases de mots insulaires; il est d'extrême bon goût d'avoir un jockey microscopique répondant au nom de John. On devine aisément de quoi il peut être question ici, courses, chevaux, écuries, paris, amélioration de la race chevaline par l'amaigrissement des pauvres bêtes. — *Eclair* tenait la tête quand *Sébastopol* l'a forcé et *Irrésistible* a immédiatement pris la corde ; — j'avais bien dit que la casaque verte l'emporterait sur la blanche et ce diable de vicomte qui ne voulait pas me croire. — Oh, le derby a été mené exprès, on se serait cru à Epson. — J'ai perdu cent louis et *Bataclan* est arrivé premier en commençant par la fin, mais Maria en riait comme une folle, ce qui m'a fait beaucoup de plaisir. Un sportman accompli doit avoir des chevaux qui lui coûtent les yeux de la tête et qui lui donnent pour satisfaction le droit de planter un carton vert sur son chapeau et de monter à la tribune les jours de courses. Après les chevaux, vient un rat de l'Opéra, répondant, presque toujours, au nom d'Antonia et qui le ruine invariablement.

Cercles de finances. — Département de l'agio, c'est une seconde édition de la Bourse, le passage de l'Opéra dans un salon. Hausse, baisse, exportation, importation, achat, vente, spéculation, capital, placement, intérêt, escompte, actions, entrée, sortie, liquidation, gain, déficit, récolte, vendange, timbre, banque, commerce finance et fortune. Voilà les conversations journalières de l'endroit. L'art consiste ici dans la manière adroite d'empocher l'argent de son voisin; la littérature n'est pas la langue des affaires, l'esprit demande trop de temps et les moments sont trop chers pour les perdre en paroles; quant au goût il ne préside pas que l'on sache aux additions et aux multiplications.

Cercles savants. — N'est-ce pas le cas de dire ce vers de Boileau :

Tous les cercles sont bons hors le cercle ennuyeux.

Et Dieu sait si l'ennui est condensé ici savamment.

Cercle littéraires. — Il n'y a pas de cercle littéraires proprement dit, et fort heureusement, les littérateurs se dévoreraient entre entre eux, témoins les rares séances de la Société des gens de lettres.

Cercles artistiques. — Voilà certes un besoin qui se faisait grandement sentir, jusqu'à présent il n'existait pas de lieu de réunions artistiques à Paris. Aussi veut-on rattraper le temps perdu : il y en a deux pour le moment, un qui a ouvert ses portes au public, et un autre qui fait sa toilette pour faire comme le premier. Je veux parler du cercle de l'*Union artistique*, rue de Choiseul dans l'ancienne maison Delisle, présidé par M. le prince Poniatowski et dont l'ouverture aura lieu au mois de février. Il y aura aussi, comme à la rue de la Paix, des *Entretiens et Lectures*, et où on parlera plusieurs fois par semaine, littérature, art et sciences. Voilà ce qu'on nous promet ce que nous aurons, voyons ce que nous avons.

Nous avons assisté, il y a un mois, je crois, rue de Provence, à l'ouverture du *Salon des Arts-Unis*, fondé par MM. James, Banucé et Falconi. Cette création aussi profitable aux artistes qu'au public a été longuement exposée ici même, nous n'y reviendrons pas. C'est, en nous résumant, une exposition permanente des maîtres du

jour, une galerie réunissant les œuvres de mérite qu'il faut aller voir dans les salons mal disposés ou dans des ateliers délabrés. La peinture, l'architecture auront leurs entrées dans le public ; c'est, comme on le voit, une inépuisable mine pour les amateurs, les artistes parisiens ou provinciaux.

Plusieurs illustrations y sont déjà représentées. M. Ingres, et c'est là un brevet pour le nouveau *Salon* a envoyé une série de cent dessins, qui sera suivie d'une autre série aussi considérable ; c'est une véritable progression.

A peu près deux cents tableaux et dessins d'autre talents et dont les noms suffisent à caractériser cette fondation artistique : E. Isabey, Ph. Rousseau, Gudin, Beaume, Landelle, F. Resson, Chaplin, Vidal, Français, Biard, C. Jacquand, P. Huet, madame O'Connel… J'en oublie et des meilleurs. Que d'attraits, que de tentations! Plus d'intermédiaires intéressé entre l'artiste et l'acheteur ; tout se fait de la main à la main.

On voit en quelques mots les incontestables services que le *Salon des Arts-Unis* pourra rendre à l'art, aux artistes et au public, aussi formons-nous des vœux ardents pour sa réussite et sa prospérité, certains que nous avons derrière nous tous les amis sincères et désintéressés de l'art.

La *Revue des Beaux-Arts*, dans un article fait sous l'inspiration de M. Storez, avait demandé la mise au concours du projet d'Opéra. Ce concours comme on sait, a eu lieu et tous les architectes se sont empressés d'envoyer leurs esquisses. La clôture a eu lieu le 31 janvier, et les bureaux du bâtiment civil sont restés ouverts jusqu'à dix heures du soir pour recevoir les projets retardataires.

Puisque nous parlons de l'Opéra, il serait intéressant pour le lecteur de connaître la liste des personnes qui ont été à la tête de l'administration de l'Académie impériale de musique, depuis le commencement de ce siècle. — Les voici :

En 1800. M. Bonet, commissaire du gouvernement. — 1801. Cellerier, directeur. — 1802. Le premier consul met l'Opéra sous la surveillance d'un des préfets du palais,

M. Morel, parolier, directeur. Lemoyne, musicien, directeur pendant quinze jours. — 1803. M. Bonnet, directeur. — 1807. Napoléon donne la surintendance de l'Académie impériale de musique à son premier chambellan. M. Picard, auteur dramatique, directeur. — 1814. Le ministre de la maison du roi prend l'Académie royale de musique dans ses attributions. — 1815. M. Papillon de la Ferté, directeur général pour le ministre. M. Choron, régisseur. Pertuis, inspecteur de la musique. — 1817. Courtin, administrateur. — 1818. Pertuis, directeur. — 1819. Viotti, directeur. — 1821. Habeneck, directeur. — 1824. Duplantys, directeur. — 1828. M. Lubbert, directeur. — 1831. Le ministre, abandonnant la régie de l'Académie royale de musique, en accorde le privilége à M. Véron, qui entreprend à ses risques. — 1835. M. Duponchel, directeur. — 1840. MM. Duponchel et Monnier, directeurs. — 1841. M. Léon Pillet prend la direction. — 1847. MM. Duponchel et Nestor Roqueplan, directeurs. — 1848. M. Nestor Roqueplan, seul. — 1854. M. Nestor, administrateur impérial. — 1854. M. Crasnier. — 1856. M. Alphonse Royer.

Dans les travaux de démolitions qui s'exécutent au couvent des Dames-Anglaises, rue des Fossés-Saint-Victor, on vient de trouver un cercueil de plomb contenant des ossements humains ; sur ce cercueil était tracée l'inscription suivante : « Ci-gît dame Legrain, épouse du haut et puissant seigneur messire Equicher (Charles), chevalier d'Orsay et autres lieux, conseiller du roi, maître des requêtes ordinaires de son hôtel, intendant de la justice, police et finances du Dauphiné, décédée le 31 septembre 1717, à l'âge de 34 ans. »

On nous écrit d'Athènes :

«Le 13 novembre dernier a eu lieu l'inauguration du monument élevé par la municipalité de notre ville pour recevoir le cœur de M. Charles Lenormant, réclamé à sa famille au moment de sa mort si foudroyante, il y a un an maintenant. Le site choisi pour y placer le monument est celui de la hauteur de Colonne, à 1 kilomètre environ d'Athènes, en avant du bois des Oliviers, dominant le repli de terrain où se trouvait dans l'antiquité le jardin d'Académus.

« Sur cette hauteur immortalisée par le souvenir d'Œdipe et par les vers de Sophocle, se dressait déjà la stèle qui couvre les restes d'un autre glorieux martyr de la science archéologique, Ottfried Müller. Le monument consacré à la mémoire de M. Lenormant est à côté de celui de Müller. Il a été exécuté sur les dessins d'un artiste français, M. Boulanger, architecte municipal de la ville d'Athènes, lequel s'est heureusement inspiré des modèles classiques que lui offraient les sépultures des anciens Athéniens. »

Nous recevons, d'habitants de la rive gauche, des lettres où l'on se plaint du peu d'améliorations apportées dans cette partie de la capitale. Dans l'une de ces lettres, on s'étonne qu'à une époque comme la nôtre, la rue de Sèvres, une des grandes artères du faubourg Saint-Germain, soit encore affligée d'un marché en plein vent. Dans une autre, on demande quand on élargira les rues du Vieux-Colombier et du Four-Saint-Germain, si périlleuses pour les piétons ; enfin, on réclame la continuation du boulevard Saint-Germain et le prolongement de la rue de Rennes, voies faciles, mais qui, pour l'heure, n'aboutissent qu'à des rues tortueuses et rétrécies.

Le bruit court que M. Ingres est malade, et que sa santé donnerait des inquiétudes à ses nombreux amis. L'illustre peintre a 80 ans, mais la vigueur avec laquelle il porte ses années fait espérer qu'il recouvrera bientôt la santé.

Charles CORASSAN.

VISITE AUX ATELIERS.

PEINTURE. — M. Alex. Desgoffe. — M. Morris. — M. Eugène Lambert. — M. Schutzimberger. — M. Lowick. — M. Auguste Bonheur. — M. Eugène Lejeune. — M. Verdier. — M. Paul Huet. — M. Dargent. — M. Vigier-Duvigneau. — M. Wihl. — M. Glaize père. — M. Léon Glaize fils. — M. Victor Ranvier. — M. Schenck, ou le peintre des loups.

A M. Louis Lavedan, rédacteur en chef de la Revue des Beaux-Arts.

Mon cher ami,

Un reproche pour commencer. Vous auriez fort bien pu annoncer à vos abonnés que j'avais donné volontairement ma démission de sociétaire de la rédaction de la *Revue des Beaux-Arts*, afin de consacrer le temps que ces fonctions me prenaient, aux artistes qui se préparent pour la prochaine exposition.

Cela dit en forme de prologue, je vais vous raconter de mon mieux les impressions que m'a laissées la visite de quelques ateliers.

Vous qu'on est sûr de rencontrer dans toutes les expositions, vous souvenez-vous d'avoir vu, l'été dernier, au salon du boulevard des Italiens, une belle toile de M. Desgoffe intitulée : *Une Méditation ?*

Si vous avez vu ce tableau, vous avez dû remarquer au sommet de la montagne qui domine cette œuvre, un moine agenouillé au pied d'une croix de bois.

Rien de plus saisissant que cet homme à genoux, absorbé dans la prière. Peu lui importe l'immensité des horizons spacieux qui se déroulent devant lui : peu lui importe la majesté des forêts qui l'environnent, peu lui importent le soleil et les splendeurs des lieux où il se trouve ; il a oublié tout ce qui est autour de lui, il n'entend ni le chant des oiseaux, ni le bruit des torrents de la montagne, ni le murmure des feuilles agitées par la brise. Il est là, pensif, absorbé, anéanti pour ainsi dire dans son extase.

J'ai revu avec plaisir dans l'atelier de M. Desgoffe cette toile qui est certainement une œuvre magistrale. L'auteur de ce chef-d'œuvre achève en ce moment deux autres tableaux destinés au salon prochain. Ces deux toiles promettent d'être dignes de leur aînée.

La première est une œuvre remarquable autant par le souvenir merveilleux qui s'attache au sujet qu'elle représente que par la manière dont l'artiste a su en tirer parti : c'est un épisode de l'histoire de *Joseph vendu par ses frères.*

Bien que l'ébauche de ce tableau soit très-avancée, je ne veux pas hasarder une description qui pourrait se trouver imparfaite.

La Danse des Faunes et des Satyres du même artiste est aussi en état d'ébauche. Je me propose de revenir sur ces deux tableaux qui certainement seront admis d'emblée à l'exposition.

Ainsi que je m'y attendais, j'ai remarqué une grande activité dans les ateliers ; les artistes comptent déjà le temps qui leur reste pour terminer leurs ébauches et travaillent avec ardeur en vue de l'exposition.

J'ai rencontré dans mes visites peu d'œuvres entièrement terminées. Une des plus avancées et que j'ai par conséquent pu examiner avec attention est un charmant tableau de M. Morris. M. Morris est un enfant de la Grande-Bretagne qui a apporté d'outre-mer la manière de peindre de son pays. Son tableau représente Louis XI consultant Metival l'astrologue. C'est un épisode tiré de Quentin-Durward. M. Morris l'a rendu avec beaucoup d'expression et de vérité.

J'espère que M. Morris n'écoutera pas les conseils de ses compatriotes qui réclament son œuvre pour l'exposition de Londres, où elle serait moins bien comprise que chez nous et où elle perdrait de son intérêt malgré les grandes qualités qui la feront toujours remarquer partout.

M. Eugène Lambert est de l'école réaliste, ce qui ne l'empêche pas d'avoir du mérite dans son genre. Rien de plus original que son *Ane paré pour la promenade* et que son *Épisode d'un marché.*

Ces deux tableaux n'ont pas la prétention d'être deux chefs-d'œuvre, mais M. Lambert est encore un jeune homme et doué d'heureuses dispositions, et il pourrait bien se faire qu'il donnât le jour à des œuvres remarquables.

Je tiens à vous signaler trois excellentes toiles de M. Schutzimberger, *une Idylle, un Chasseur rencontrant une bergère, un Chasseur à l'affût.*

L'Idylle est ravissante, et plus ravissante est encore la bergère du second tableau ; les yeux naïvement baissés, elle écoute les tendres propos d'un chasseur qui a l'air d'un fils de bonne maison et que lui compte fleurette. Le paysage de ce tableau est délicieux. M. Schutzimberger travaille à une grande toile, *Marie Stuart*, en Écosse ; l'ébauche de cette œuvre n'est pas assez avancée pour que j'en parle aujourd'hui, mais je me propose d'y revenir.

De l'atelier de M. Schutzimberger à celui de M. Lowick, il n'y a qu'un pas et M. Lowick m'a fait les honneurs de sa maison avec une courtoisie que je me plais à vous signaler. J'ai beaucoup remarqué dans son atelier deux tableaux qui feront le sujet d'un article, quand le moment sera venu.

Je sais que vous êtes un des hommes les plus occupés de Paris, mais si vous pouvez disposer un de ces jours d'un moment, je vous engage à visiter l'atelier de M. Auguste Bonheur, vous passerez un moment fort agréable.

M. Bonheur est le frère de mademoiselle Rosa Bonheur, et c'est en parlant de lui qu'on peut dire : *talis soror, talis frater.*

M. Auguste Bonheur peint les mêmes sujets que sa sœur, il diffère seulement un peu de manière, et on peut dire qu'il a eu une large part dans le talent de sa famille. Les deux tableaux qu'il destine à l'exposition sont deux beaux chefs-d'œuvre. Le premier

représente *un Troupeau de bœufs arrivant à la foire ;* le second, *la Rencontre de deux troupeaux de bœufs.*

Malgré le plaisir que m'a inspiré la vue de ces deux toiles, je ne les ai pas assez examinées pour que je me risque d'en faire la description, mais je me propose d'y revenir.

M. Eugène Lejeune est un peintre aussi habile qu'infatigable et dont les œuvres figurent à presque toutes les expositions. J'ai vu dans son atelier un tableau microscopique, une petite miniature. Cela s'appelle *une Leçon de cosmographie.*

Laissez-moi vous signaler en passant un ravissant paysage de M. Verdier, c'est *une Petite Vue des Pyrénées*, l'entrée d'une gorge. J'ai bien reconnu là cette nature rigoureuse des Pyrénées, admirablement rendue par le pinceau de M. Verdier.

A propos de paysage, laissez-moi consacrer quelques lignes à une grande toile de M. Paul Huet : ce nom doit vous être connu ; il est synonyme de paysagiste, si je puis m'exprimer ainsi.

Le sujet qu'à traité M. Huet était hérissé de difficultés, ce qui ne l'a pas empêché de s'en tirer à merveille.

Figurez-vous une route suspendue pour ainsi dire entre deux gouffres. Un cavalier a passé par là, mais son cheval s'étant emporté, le malheureux a fait la culbute. Je ne vous en désire pas une pareille, si jamais il vous arrive de monter à cheval. Un homme d'esprit me disait dernièrement qu'un homme à cheval était à moitié mort; l'homme qui me tenait ce langage le savait malheureusement par expérience. Mais revenons à M. Huet ou plutôt à son tableau.

Le cavalier a roulé au fond de l'abîme, c'est une affaire convenue ; on aperçoit dans le lointain le cheval effaré qui s'enfuit au milieu d'un tourbillon de poussière ; au bord de l'abîme, un piéton et son chien à la recherche de l'infortuné cavalier, et plus loin à travers les arbres d'autres cavaliers. Tout cela est bien rendu et fort intéressant.

Il m'est impossible, à cause de la longueur de cette lettre, de vous décrire les autres tableaux de M. Huet, mais l'occasion d'en reparler se présentera d'elle-même.

Si je pouvais vous faire une description pleine d'exactitude d'un énorme tableau de M. Dargent, je vous dirais :

— Malheureux ! ne la lisez pas ; — et si vous m'en demandiez la raison, j'ajouterais :

— Vous seriez capable de faire des rêves affreux pendant six mois.

J'ai cru voir une forêt enchantée comme l'a décrite Torquato Tasso, dans sa Jérusalem délivrée, mais j'aime mieux vous parler d'un délicieux paysage du même artiste. C'est *un Souvenir de collége*, une impression de jeunesse.

Vous souvenez-vous de cette villa où nous allions souvent le jeudi quand nous étions au collége et de la grande forêt de chênes qui s'élève derrière, et de la route poudreuse qui va d'Auch à Pavie et à Auterive, village qui s'enorgueillit de m'avoir vu naître, si toutefois il se souvient de moi ? de ces jardins où nous avons étudié ensemble Horace et Virgile ? Cette villa s'appellait Beaulieu : n'est-ce pas que ce nom était en harmonie avec cet heureux séjour ? n'est-ce pas que vous avez conservé de Beaulieu une impression qui ne s'effacera jamais, ni de votre cœur, ni de votre mémoire ?

Eh bien, M. Dargent a comme nous le culte du souvenir, mais il a de plus que nous un pinceau pour immortaliser ses impressions. Son *Souvenir de Collége* est une œuvre remarquable à plus d'un titre, la peinture en est vigoureuse et hardie.

Que je serais heureux si je pouvais, comme M. Dargent, n'ayant d'autre guide que le souvenir, faire un tableau qui me rappelât Beaulieu.

Vous devez me trouver passablement élogieux, mais que cela ne vous étonne pas, quand j'arrive dans un atelier, je me mets à considérer les tableaux de l'artiste qui reçoit ma visite, si ses tableaux méritent une mention honorable ou seulement un encouragement ; si je n'aperçois au contraire que des croutes indignes, je me retire le plus promptement possible. Jusqu'ici j'ai eu le bonheur, sauf deux ou trois exceptions, de rencontrer des œuvres non-seulement dignes d'un encouragement ou d'une mention honorable, mais des œuvres remarquables à divers titres. Il n'est donc pas étonnant que je sois prodigue d'éloges et d'admiration, puisque je ne parle que des œuvres qui méritent de fixer l'attention.

Certes, voici un artiste qui mérite bien qu'on s'occupe de lui. C'est M. Vigier-Duvigneau, mais il faudrait passer toute une journée devant ses quatre toiles pour pouvoir en faire une description fidèle. Je sais que M. Charles Corassan, mon successeur comme secrétaire de la rédaction, a l'intention de consacrer quelques lignes à M. Vigier-Davigneau dans sa chronique, je ne veux pas priver mon collaborateur de ce plaisir et je me contenterai de citer les deux principaux tablaux que M. Vigier-Duvigneau destine à l'exposition prochaine.

Le premier représente *Saint Lazare et ses compagnons abordant à Marseille*. Je crois qu'il a été commandé à M. Vigier-Duvigneau par S. Ex. le ministre d'Etat. Le seconde représente une *Flore et un Zéphir*. Je n'insiste pas sur le mérite de ces toiles, M. Charles Corassan en fera son affaire dans sa chronique de dimanche prochain.

M. Willh a peint un affreux nain, il l'a représenté costumé, superbement panaché et battant du tambour. C'est une œuvre originale qui mérite d'être mentionnée, mais il faut encore à l'artiste au moins quinze jours pour la terminer ; je me propose de la revoir, car elle mérite bien d'être vue, et d'en parler plus longuement.

Je voudrais bien vous entretenir encore de deux magnifiques tableaux dus, le premier au pinceau de M. Glaise père, et le second à celui de son fils, M. Léon Glaise, mais ce sera si vous voulez pour dimanche prochain, et permettez-moi d'en faire autant pour les tableaux de M. Victor Ranvier et de M. Schenck, surnommé à juste titre *le peintre des loups*.

Louis D'AUTERIVE.

AVIS IMPORTANT.

—

Nous tiendrons, à partir de jeudi prochain, à la disposition de nos abonnés, qui collectionnent la Revue, deux magnifiques couvertures bleues illustrées pour les deux volumes de 1860. Il suffira à MM. les abonnés de province et de l'étranger, qui désireront les recevoir de les faire prendre aux Bureaux de la *Revue des Beaux-Arts*, rue Laffitte, 42, ou d'en faire la demande par lettre affranchie; elles leur seront adressées par la Poste. Nous prions MM. les abonnés dont l'abonnement est expiré d'en faire parvenir le montant à l'administration.

CAUSERIE DRAMATIQUE.

Opéra, *Le Papillon*, ballet pantomime en trois actes, de MM. de Saint-Georges et Offenbach. — Opéra-Comique, *Barkouf* est une chute. — L'Orient et ses merveilles. — Pour et contre. — Théâtre du Cirque, *Les Massacres de Syrie*, drame en cinq actes de MM. Mocquart et Séjour. — Théâtre-Lyrique, *les Pêcheurs de Catane*, opéra comique en trois actes, de MM. Cormon et Michel Carré, musique de M. Aimé Maillart. — Louis Lurine. — Vaudeville, *les Femmes fortes*, comédie en trois actes, de M. Victorin Sardou. — Variétés, *Revue*. — Folies-Dramatiques', idem. — Délassements comiques, idem. — Théâtre Déjazet, idem. — Théâtre Beaumarchais, idem. — Théâtre du Luxembourg, idem. — Odéon, *les Frélons*, comédie en cinq actes de M. Ernest Capendu. — Gymnase, *la Famille de Puyménée*, comédie en quatre actes de M. Edouard Foussier.

Commençons par la danse. — Allons à l'Opéra. Le plus éclatant et le plus lucratif succès obtenu jusqu'à présent par M. Offenbach dans sa bonbonnière du passage Choiseul a été le bruyant *Orphée aux enfers*, dont trois cents représentations ont constaté non pas la valeur musicale, mais la gaîté et le brio. Mais cette pièce a aussi donné une idée exacte du talent, — puisque aujourd'hui tout le monde a du talent, — de son auteur. M. Offenbach fait assez bien de la musique charge; j'ignore s'il a l'ambition de faire autre chose dans l'avenir, pour le présent son archet ne va pas plus loin.

Les motifs de ses opérettes qui prêtaient beaucoup à la danse l'ont sans doute engagé à écrire la partition d'un ballet donné à l'Opéra, et dont nous allons nous occuper.

Le titre de l'ouvrage a beaucoup occupé les auteurs qui, après force discussions, ont fini par adopter celui de *Papillon*. M. de Saint-Georges a écrit un livret aussi insignifiant qu'il est permis de le faire; vous allez en juger : Nous sommes en plein Caucase; une vieille fée appelée Hamza possède pour servante une jeune princesse qu'elle a volée, la petite Farfulla, fille de l'émir Ismaël-Bey. Hamza rajeunira le jour où elle pourra se faire embrasser par un jeune homme, le destin l'a ainsi ordonné; aussi attire-t-elle dans ce but chez elle le prince Djalma, qui chasse dans le voisinage. Ses avances ont été perdues, le prince ayant embrassé sa servante; elle s'en venge en l'enfermant dans un coffre, d'où Farfalla s'échappe sous la forme d'un papillon.

Nous voyons au second acte une troupe de bohémiens campés dans une forêt, et des jeunes filles donnent la chasse aux papillons. L'une d'elles en prend un charmant qu'elle offre à Djalma, lequel s'empresse de l'accrocher à un chêne au moyen d'une épingle. Le papillon prend peu à peu une forme humaine, et s'échappe à travers la forêt, entraînant à sa suite le prince, plus amoureux que jamais.

Hamza amenée devant l'émir se reconnaît coupable du vol de la jeune fille ; elle va être conduite en prison, quand elle fait, par un pouvoir magique, apparaître Farfalla et son cortége aux yeux éblouis d'Ismaël-Bey. Djalma va pour embrasser la princesse : la vieille Hamza passe rapidement sa tête, reçoit le baiser et devient jeune et belle. Une lutte entre les deux rivales commence, et Farfalla vaincue redevient papillon. Djalma va épouser Hamza, quand arrive un enfant tenant une torche à la main et suivi du papillon qui, à force de tourbillonner autour de la flamme, finit par s'y brûler les ailes, et retombe femme dans les bras du prince ; elle l'épousera désormais, Hamza étant à jamais ensorcelée.

La partition n'a rien de remarquable, elle n'est ni bonne ni mauvaise ; il y a là de jolis motifs, comme il y en a qui ne sont ni frais ni ingénieux. Quelques danses sont belles, entre autres la *lesguinka*. Les décors sont magnifiques.

Le rôle de Farfalla a été un triomphe pour mademoiselle Emma Livry ; elle a la légèreté d'un papillon ; elle a déployé un remarquable talent chorégraphique dans cette œuvre. Je citerai après elle mademoiselle Louise Marquet, si bonne comédienne et si éblouissamment belle ; je comprends, je l'avoue, la fascination du prince Djalma, à sa vue.

N'oublions pas madame Taglioni, qui a réglé la danse, et qui, justement fière du succès de son élève, est venue à la fin recevoir avec elle les applaudissements de la salle entière.

La vie est pleine de contrastes, dit-on. A côté du grand, le petit ; à côté du beau, le laid ; à côté du sublime, le trivial ; à côté du rire, les larmes ; aussi, à côté du succès, l'insuccès, voire même la chute.

M. Offenbach a eu trop de confiance dans sa bonne étoile ; il a cru avoir pactisé à jamais avec la réussite, et devoir marcher à l'avenir de triomphe en triomphe. Erreur ! Il n'y a pas de bonheur sans mélange : le voilà arrêté court, au premier pas qu'il fait dans la musique semi-sérieuse, dans la musique d'opéra-comique. La leçon est dure, j'en conviens, mais elle était nécessaire ; il faut autre chose que de la chance et des réclames pour passer de la musique bouffe et des polkas de salon à un genre plus élevé.

Il ne faut pas se le dissimuler, *Barkouff* était une chute, et une chute éclatante ; le public l'a franchement déclaré, et la presse, à part quelques exceptions, a été unanime à la constater, — et on sait en quels termes. Vive Dieu ! ces messieurs ne vont pas de main morte, quand ils s'y mettent ! — mais ils s'y mettent si rarement !

Deux succès simultanés pour un seul homme ! c'est vraiment trop. M. Offenbach occupant à la fois l'Opéra et l'Opéra-Comique, quand tant de mérites font antichambre ! on conviendra que ce serait une grande injustice. Heureusement *Barkouff* est arrivé à propos pour servir d'ombre au tableau et de consolation aux concurrents.

> Oh ! n'insultez jamais une partition qui tombe ;
> Qui sait sous quel poids la musique succombe.

Du Caucase à la Syrie il n'y a que la Turquie d'Asie à traverser, et ce n'est pas la mer à boire par les commodités de locomotion qui existent en Europe. Franchissons aujourd'hui au courant de la plume, cette langue de terre musulmane qui s'avance comme un radeau dans la Méditerranée ; — lac cosmopolite depuis des siècles, en attendant qu'il se naturalise français ou russe ; ce grand centre de l'intolérance et du fanatisme religieux ; cette grande agglomération de peuples si différents d'origine, d'idées, de religion, de principes, de nationalité si opposés les uns aux autres, si désunis, si misérablement esclaves. Doux, mutins, pacifiques, belliqueux, honnêtes, voleurs, hospitaliers, traîtres. Les Arméniens adonnés au négoce ; les Grecs au commerce ; les Juifs à l'usure ; les Turcs à la paresse, et le reste au brigandage. Un jour nous nous y arrêterons peut-être, pour le mo-

ment allons en Palestine. — *Le feuilleton
le veut !*

O le beau pays que l'Orient, quel nom
doux, harmonieux et sonore ; plein de volup-
tueuses poésies et de rêves charmants, d'a-
mour et de magie, d'idéal et de bonheur. Ce
seul mot suffit pour faire trotter les imaginations romanesques à la recherche de l'inconnu et qui voient l'Orient à travers les
merveilles des *Mille et une Nuits*. Pour
elles, c'est la terre parfumée d'ambroisie et
éclairée par ce beau soleil que chantent les
poëtes arabes, c'est l'immense et terrible
désert qu'on traverse en caravane, ce sont
les pittoresques oasis, petits paradis flottants
dans une mer de sable ; c'est la mélancolique
chanson du chamelier, la fantasia des Be-
douins ; la danse des zingaras le soir près
de la tente à la lueur des torches, c'est la
morne symphonie de la solitude, l'éternelle
contemplation d'une si riche nature ; ce
sont les caravansérails, les minarets, les
muezzins ; ce sont les bazars voûtés de
Bagdad, ces expositions permanentes de
l'Orient ; ce sont les villes si curieuses de
l'Asie-Mineure. Damas la ville islame ;
Halep, l'industrieuse, la ville aux cent mos-
quées, surnommée la *Moderne Palmyre*.
Baïrouth, la commerçante. C'est la terre des
belles esclaves, des odalisques, des icoglans,
des amours mystérieux, des harems isolés,
des jardins asiatiques, de romanesques
aventures, de la douce oisiveté charmée par
la tendresse des Circassiennes, égayée par
les chants mélodieux des *cheohras* (trouba-
dours), qui traversent ce pays classique de
l'enivrement des sens, en improvisant sur
leur *tambouré* (sorte de guitare) les amours
et les malheurs du Chah-Ismaël. — En un
mot, c'est l'inconnu, l'idéal, le fantastique,
l'introuvable.

Pauvre Orient, comme on voit que ces
rêveurs de cabinet ne te connaissent pas,
qu'ils t'ont vu à travers un prisme lumineux
et enchanteur ; ils n'apprécient que ton enveloppe de fleurs, sans savoir ce qu'elle
cache d'épines. Ils t'aiment, toi l'ennemi de
la civilisation et du progrès, de la liberté
civile et de la tolérance religieuse ; toi, le
champion de l'ignorance et de la barbarie,

toi, l'ennemi juré des chrétiens ; toi dont la
religion tolère tous les vices, préconise le
meurtre et absout l'assassin des infidèles ;
toi dont le patriotisme est un mensonge, la
vertu un calcul et la famille une convention ; on aime ton soleil brûlant, ta terre
déserte, tes villes systématiquement malpropres ; on adore enfin tes femmes, belles,
il est vrai ; mais aux instincts de brute, à
l'intelligence grossière, aux sentiments bas,
à l'ignorance sans pareille.

Eh bien, c'est l'Orient beau, laid, charmant, détestable qui a été, il y a sept mois
l'affreux théâtre d'un drame horriblement
sanglant, d'une impitoyable boucherie
d'hommes, de femmes, d'enfants et de vieil-
lards, d'une turie pratiquée sur une grande
échelle, d'un massacre général. Les Maro-
nites, — chrétiens, représentant en Syrie
l'influence française, ont été décimés par
les Druzes, qui ne jurent que par l'Angleterre. — Remarque particulière. — Les
Druzes ont envahi et pillé les consulats français ; ils ont fait plus, ils ont traîné le drapeau dans les rues ; ils sont passés respectueux devant les portes des consuls anglais.
Il y a maintenant une armée d'occupation
en Syrie, la question d'humanité est devenue une question de politique très-épineuse
et d'une solution difficile. Les affaires d'Etat
ne sont pas de notre domaine, passons.

C'est cette triste épopée de l'assassinat
du faible traîtreusement désarmé par ses
protecteurs naturels, par le fort, le puissant
resté impuni, que MM. Mocquard et Séjour
ont mis au théâtre. Ils ont lié une intrigue
imaginaire à tous ces événements que le
public connaissait déjà par les correspon-
dances des journaux ; ils ont écrit une
pièce intéressante, attachante, émouvante,
dans un style imagé, local pour ainsi dire.
Ils ont parlé au cœur par les sentiments, les
passions et les malheurs des personnages ;
aux yeux par des décors et des costumes
d'une richesse et d'une vérité saisissantes.
Ils ont poussé l'amour de la couleur locale
jusqu'à vouloir représenter une caravane
avec accompagnement de chameaux, — de
véritables chameaux amenés exprès d'Alger ; artistes aussi ignorants que tant d'au-

tres et dont les tribulations ont égayé pendant quelque temps les petits journaux parisiens.

Ils ont fait jouer à Abd-el-Kader, cette figure legendaire de l'Algérie, le noble rôle qu'il avait rempli avec tant de dévouemeut en Syrie, celui de sauveur des chrétiens. Ils ont mis dans sa bouche des hommages directs à la politique de l'Empereur et à sa générosité envers l'illustre prisonnier d'Amboise ; aussi la première représentation offrait-elle un curieux spectacle, l'Empereur y assistant.

Je ne vous conterai pas la pièce ; cela se voit, cela s'écoute, c'est tout l'Orient que les auteurs font défiler devant le spectateur émerveillé, c'est une révélation pour ceux qui ne connaissent pas ce pays.

Les acteurs rivalisent de zèle, presque de talent, MM. Dumaine, Jenneval et Clément-Juste. Parmi les femmes, mademoiselle Adèle Page si touchante et si belle dans son costume oriental.

Mais pourquoi force-t-on les artistes à écorcher impitoyablement les mots turcs qui se trouvent çà et là, dans la pièce ; un entre autres m'a frappé, pourquoi les obliger à prononcer durement *djiavour*, un mot dont la véritable prononciation est *guiaour*.

Décidément je joue de malheur : il est écrit que je dois mentionner un insuccès après un succès, un *four* comme on dit en style de coulisses, à la suite d'une réussite : *Les pêcheurs de Catane*, de M. Aimé Maillait un compositeur de talent et assez heureux jusqu'à présent, — je n'en veux pour preuve que les *Dragons de Villars*. — ne péchant ni par la nouveauté, ni par l'originalité, ni par la hardiesse. C'est une œuvre médiocre et de beaucoup inférieure à ce qu'il a donné jusqu'à présent. Il n'y a rien, je ne dis pas de remarquable, mais de saillant dans ces trois mortels actes d'une incontestable pauvreté musicale. Le livret est sans talent, la partition aussi. Le livret est tel que doit être tout livret d'opéra-comique qui comprend sa mission, c'est-à-dire, absurde ; je le dis, à mon grand regret, la partition ne le cède en rien à son frère. Il y a quelques jolies choses çà et là ; c'est

tout et c'est très peu. Allons M. Maillait cela demande une revanche.

Applaudissons Balangué, taisons-nous sur le compte de mademoiselle Baratty et de M. Peschard. .

Le théâtre du Vaudeville a perdu son directeur. Louis Lurine est mort il a plus d'un mois. Tous les journaux ont parlé de lui à qui mieux mieux ; on a raconté sa vie, on a analysé ses œuvres, il ne nous reste donc rien à faire. Disons encore ici ce qui est connu de tout le monde. — C'était un littérateur élégant, — chose rare pour ce temps d'écrivailleurs ; c'était un honnête homme, — chose plus rare encore par ce temps de coquins respectés.

Le privilége du théâtre a été donné à M. Dormeuil ancien directeur du Palais-Royal. Louis Lurine et M. de Beaufort avaient, non sans peine, fait entrer cette scène dans une voie littéraire, dans la voie de la comédie et du drame, nous allons revenir au vaudeville et aux couplets de facture, — c'est triste.

En atttendant nous sommes dans la comédie-vaudeville sans couplets ; je ne puis qualifier autrement la nouvelle pièce de M. Victorin Sardon, *les Femmes fortes*. La première œuvre sérieuse de ce jeune auteur datée de l'été dernier, — je parle des *Pattes de mouches*. C'était presque une comédie, — pas dans l'acceptation sérieuse du mot : un fond nul sous une forme attrayante, bizarre, spirituelle et surtout amusante.

Ce n'est pas ainsi que M. Sardon devait continuer, et la pièce jouée en ce moment place de la Bourse est tout bonnement une pochade, avec cette différence qu'elle est mieux écrite que les pochades ordinaires. On y trouve encore cette main exercée à manier les ficelles, cette plume délicate et fine, cette fécondité de moyens, cet art si vous voulez ; mais quelle différence de style, quelle différence de conception et surtout quelle différence de pièce. La première était pensée, écrite, celle-ci est, pardon du mot, *baclée*.

La pièce est jouée assez bien en général. Une seule artiste domine tous les autres avec l'autorité de son talent supérieur, c'est mademoiselle Fargueil.

Quelle délicatesse dans les pensées, quelle finesse dans le jeu, quelle vérité dans le sentiment, comme elle passe d'un genre à un autre, d'un rôle compliqué à un rôle si simple, qui pourrait reconnaître en elle la Madeleine de *La Rédemption* ! C'est bien là le véritable cachet du talent, tout le monde connaît celui de mademoiselle Fargueil, aussi l'applaudit-on de grand cœur.

Je veux, avant de terminer, dire quelques mots des Revues qu'on joue en ce moment dans les petits théâtres.

Ces Revues, — chacun sait cela, — consistent dans la parodie des œuvres théâtrales et de tous les événements de l'année, politiques, littéraires, artistiques, scientifiques, etc., etc...

Il y a là dedans tout ce qu'il faut pour un succès, une littérature à la portée même... des Auvergnats ; des costumes, des décors, des couplets de circonstance, des calembourgs remis à neufs, des mots spirituels — rarement, très rarement, de jolies figures, de la poudre de riz, de belles jambes et des corps pas mal déshabillés. — Ah ? j'aubliais, il y a aussi un titre.... sur l'affiche.

Décès et inhumation. — *Les Frélons*, demeurant à l'Odéon. Après une très-courte maladie généralement appelée *première représentation*, les patiens sont à l'agonie, leur état empire de jour en jour, et l'on attend à chaque moment la crise décisive. Tous les efforts des experts de l'endroit, Tisserant, madame Ramelli et Febre, ont été inutiles à conjurer le désastre. Malgré une lueur d'espoir donnée par quelques bonnets carrés du lundi, les amis désespèrent, et ils ont raison. Les personnes qui n'auraient pas reçu d'invitations peuvent considérer le présent avis comme une lettre de faire part. — Le deuil sera conduit par M. Capendu, le père infortuné de ces malheureux enfants.

La Famille de Puyménée, morte en son hôtel du Gymnase, boulevard Bonne-Nouvelle, par une foudroyante attaque d'ennui ; ajoutons que la vieillerie y était pour beaucoup. Le corbillard est arrivé rapidement au cimetière, n'étant suivi par presque personne ; tout s'est fait en famille. Les cordons du poêle étaient tenus par M. Foussier, auteur de la triste famille, M. Montigny, directeur, père nourricier, madame Rose Chéri et M. Lafontaine, amis dévoués de la dernière heure.

Charles CORASSAN.

MOUVEMENT DES ARTS, DES SCIENCES ET DES LETTRES.

La célèbre galerie de tableaux du *Titien*, réunie dans le palais Bleinhem, appartenant au duc de Marlborough, vient d'être la proie des flammes. L'*Enlèvement de Proserpine*, par Rubens, a été également détruit. Les *Titiens*, au nombre de neuf, avaient été donnés par Victor-Amédée de Sardaigne au fameux duc de Marlborough.

—

« Le Pont-au-Change est entièrement terminé. Il est d'une grande simplicité, mais sa simplicité même en fait le mérite. Sa longueur est de 130 mètres, et sa largeur de 30 mètres ; il est garni de larges trottoirs qui ne font pas disparate avec la chaussée, à laquelle ils semblent unis, ce qui fait ressortir la largeur du pont et lui donne tout son effet.

« L'ancien Pont-au-Change jurait avec les embellissements qui se sont opérés dans cette partie de Paris ; il était loin d'être commode pour la navigation. Le nouveau pont n'a que trois arches ; leur largeur et leur hauteur assurent un passage facile et commode à tous les bateaux. Il repose seulement sur deux piles et deux culées. Les gardes-corps sont formés avec des balustres de pierres de Sintilly (Jura), qui figurent parfaitement le marbre.

« C'est en 1639 qu'on construisit le pont qui a été démoli ; il se composait de sept arches, six en rivière et une sous la chaussée du quai de la rive droite ; l'ouverture de ces arches variait de 10 mètres 72 centimètres à 15 mètres 62.

« On a construit le nouveau pont en grande partie avec les pierres de l'ancien.

« Les travaux du Pont-au-Change ont commencé le 15 août 1858, et ont été dirigés avec habileté par M. Vaudrey, qui avait été chargé de sa construction. La démolition de l'ancien pont a présenté de nombreux obstacles, vu la solidité avec laquelle il avait été construit ; et l'on peut dire qu'on avait apporté le plus grand soin à sa confection.

« Les cinq piles qui le supportaient étaient bâties sur pilotis ; pour les déraciner, il a fallu construire des bâtardeaux, employer trois dragues mues par la vapeur. C'est du côté du Palais-de-Justice que les difficultés ont été les plus grandes, surtout pour la pile de la tour de l'Horloge ; il a fallu mettre à sec une partie de la rivière pour pouvoir construire la culée du pont nouveau et dérocher les fondations de l'ancienne : on y est parvenu au moyen d'une énorme roue hydraulique, mise en mouvement par la vapeur. »

—

Un nouveau square va être établi sur la place du Château-d'Eau, devant la grande caserne du Prince-Eugène. Ce square est destiné à créer des lieux de refuge pour les promeneurs et à diviser les divers courants de la circulation qui prendront nécessairement place où viennent converger les boulevards Saint-Martin, du Temple, du Prince-Eugène, de Magenta et des Amandiers. Les chaussées, ménagées autour des plateaux plantés dont les extrémités auront la forme circulaire, présenteront une largeur égale à celle des voies dont elles seront le prolongement.

L'adoption complète de ce projet semble entraîner comme conséquence le rescindement des propriétés situées aux deux angles de la rue du Temple et des boulevards du Temple et Saint-Martin, qui interrompent si brusquement la perspective de l'un de ces boulevards à l'autre.

D'un autre côté, l'ouverture de la section du boulevard du Prince-Eugène, comprise entre les rues de la Tour et du Faubourg-du-Temple, aura lieu dans le courant de la campagne de 1861. On sait que toute la ligne de théâtres du boulevard du Temple, depuis le Théâtre-Lyrique jusqu'à la scène du Petit-Lazari, doit disparaître dans cette opération.

—

Les travaux entrepris au collége Mazarin, depuis le commencement de l'été, ont été depuis lors continués activement, et l'aile occidentale ne tardera pas à être terminée. Cette partie de l'édifice, étayée de toutes parts, a été reprise en sous-œuvre de la base jusqu'au tiers des arceaux, et des pierres ont en outre été rajustées à droite et à gauche où besoin était. Reste encore à restaurer les baies ouvertes dans l'attique, et la part du gros œuvre sera finie de ce côté ; après viendra le tour de la sculpture, qui, du reste, y est des moins compliquées : quelques nervures aux archivoltes, et voilà tout.

Après l'aile occidentale, on entreprendra l'autre, celle où se trouve la bibliothèque, dont l'entrée est interdite au public en attendant.

—

On a vendu dernièrement à l'hôtel des commissaires-priseurs une Assomption désignée comme étant du Poussin, et provenant de la succession de M. Trouilleux, de Blois. La mise à prix de 10,000 fr. n'ayant pas été couverte, on est parti de 1,000 fr. pour arriver lentement à 2,550 fr.

Gustave ROMIEU.

Le rédacteur en chef : Louis LAVEDAN.

Paris. — Imp. Walder, rue Bonaparte, 44.

CHRONIQUE DES BEAUX-ARTS.

Concours pour une nouvelle salle d'Opéra. — Analyse des projets. — M. Viger-Duvigneau. — Son atelier. — Ses tableaux : *Le Moineau de Lesbie*. — *Thisbé*. — *Le rêve de l'Enfant Jésus*. — *Saint Lazare et ses compagnons abordant à Marseille*. — *Flore et Zéphire*.

J'ai été voir au Palais de l'Industrie l'exposition des plans pour un futur Opéra. Un nombre effrayant de projets, 180 je crois, garnissaient sur deux rangs toute la longueur de l'édifice; c'était plus que suffisant, il me semble, on avait de quoi choisir; et dire qu'il y a des gens qui se sont plaints du peu de temps accordé aux exposants! La multitude des envois prouvait hautement le contraire et démontrait encore une fois qu'aujourd'hui on fait vite et beaucoup. Je me demande avec effroi ce qui serait arrivé si le concours, — comme cela arrive souvent en Allemagne, pays de la lenteur et des longues méditations, — avait duré un an ou deux ans : le champ de Mars en totalité aurait à peine suffi à contenir les projets admis. Un examen un peu sérieux fait voir cependant que la plupart des exposants ont voulu profiter d'une belle occasion pour utiliser quelques dessins avancés; quelques plans sans but précis, quelques monuments sans nom. Je crois même que plusieurs professeurs de dessin linéaire ont conspiré pour envoyer une ou deux planches d'un ouvrage oublié ou d'une publication future, la réclame est assez belle. Enfin tout le monde a désiré voir ses idées, sa devise, son numéro, et implicitement son nom placardés au mur du Palais de l'Industrie. L'administration a été au-devant de ce noble désir en laissant le dernier jour, 31 janvier, les bureaux des bâtiments civils ouverts jusqu'à dix heures du soir. Cela ne voulait-il pas dire : avis aux retardataires? J'annonce avec le plus grand plaisir que tout le monde a été en avance.

Un jury, présidé par le ministre d'État et composé des membres de l'Académie des Beaux-Arts (section d'architecture) et de membres du conseil général des bâtiments civils, examinera les projets et les classera par ordre de mérite.

Le concours peut se résumer en général en deux mots : médiocre, insuffisant. Cependant quelques envois méritent une mention, pour leur valeur relative, pour des qualités spéciales.

Les projets peuvent être classés en deux catégories distinctes, tranchées. Les projets à effet et les projets simples. Dans les premiers, les auteurs se sont exclusivement occupés de ce qui a rapport à la décoration; dans les seconds, de la commodité, du caractère propre à un théâtre. Personne ne s'est occupé des conditions d'acoustique, chose évidemment de la plus haute importance dans un théâtre de musique.

Dans les premiers, on ne voit que colonnades, ornements, luxe d'architecture, abondance excessive de décorations de tous genres. Ici les yeux l'emportent sur les oreilles, l'aspect monumental prive de la commodité et de la bonne disposition intérieures. Tout est sacrifié à l'effet et au coup d'œil; cela peut être bien, mais ce n'est pas là ce qu'il nous faudrait : nous voulons bien voir et bien entendre. — Dans les seconds, il y a beaucoup de sobriété d'effet, une grande simplicité de moyens ; les auteurs se sont attachés surtout à cette idée qu'il s'agit d'un théâtre d'opéra et non d'une boîte dorée, sculptée, peinte et badigeonée. Aussi ont-ils cherché dans la mesure de leur force à satisfaire aux exigences légitimes.

Nous allons passer en revue ce que nous avons choisi.

Projets de la première catégorie.

N° 1. — Il s'écarte de l'alignement officiel,

plan généralement satisfaisant, escaliers à vis, ce qui est fort laid, belle façade.

N° 34. — Ce projet est certes le résultat d'une étude sérieuse, profonde, consciencieuse. L'épigraphe le dit assez : *Ædificare, cogitare diu oportet.* — Il est généralement attribué à M. Viollet-le-Duc, le célèbre architecte, l'habile dessinateur. Style s'approchant de la Renaissance, façade ornementée originale, mais uniforme, terne et lourde. Le caractère propre de l'édifice a été bien saisi, les détails ont été étudiés avec un grand soin. Il y a une profusion de salons et des escaliers spéciaux pour tous les genres de places, il y a même un fumoir, avis aux amateurs de cigares. Outre les planches indispensables, M. Viollet-le-Duc a exposé une multitude de beaux dessins représentant, une vue perspective, la façade principale, une façade latérale, l'escalier d'honneur et l'entrée des foyers, des études de détail, etc. C'est sans contredit un des meilleurs projets.

N° 32. — Beau dessin.

N° 34. — Devise : *Nourri dans le sérail, j'en connais les détours.* Il y a là-dedans de l'habileté, de l'expérience et pas mal de goût. Aspect monumental et large, ayant du caractère, escaliers superbes, beaucoup de méthode dans les détails. C'est réalisable. On peut le classer à côté de M. Viollet-le-Duc.

N° 152. — C'est étudié : œuvre de l'architecte de l'Opéra.

Projets de la seconde catégorie.

N° 29. — Projet sérieux dû à M. Duc, l'architecte de la colonne de Juillet. Scène immense, escaliers remarquables, augmentation des places de premier ordre, salle vaste et bien disposée, la façade laisse à désirer malgré les colonnades latérales.

N° 58, 59, 62. — Impraticables, impraticables !

N° 7. — Salle en amphithéâtre, péristyle tout autour du bâtiment, entrée particulière pour la loge impériale et les abonnés, le lustre et la rampe remplacés par des foyers de lumières à réflecteurs, profusion de salons.

Remarque. — Personne ne s'est donné la peine de s'occuper ni du système de chauffage en hiver ni du système d'aérage en été, pour prévenir les courants d'air dans le premier cas et des bouffées de chaleur dans le second.

Que va faire le jury avec ces plans tronqués qui ressemblent à une troupe d'hommes mutilés auxquels il manque tantôt la tête, tantôt les bras, tantôt les jambes et tantôt le corps tout entier ? Peut-être qu'en les joignant les uns aux autres arrivera-t-on à former un être bien conditionné. Nous croyons qu'il serait meilleur de faire un choix dans les quelques bons plans exposés et de provoquer un concours définitif entre les élus, ce qui donnerait la quintessence des projets.

On dit bien, je viens d'assister à la répétition générale de telle œuvre, pourquoi ne dirait-on pas de même : je viens de voir dans un atelier des tableaux achevés et destinés à l'exposition ; s'il y a de la satisfaction là, il y a de l'amour-propre ici. Si les spectateurs d'une répétition générale donnent une idée de la première représentation, les visiteurs d'ateliers résument l'impression du public. Aussi n'est-ce pas une mince affaire que de rester devant une toile et d'émettre son opinion, quand on a à côté de soi pour interlocuteur un artiste de talent, un homme consommé dans son art et toujours un homme d'esprit. C'est ce qui m'est arrivé l'autre jour dans l'atelier de M. Viger-Duvigneau. J'ignore s'il en est de même de tout le monde, mais pour moi, toutes les fois que j'entre dans cette grande salle étrange, matériellement si vide et si pleine par l'intelligence qu'on appelle un atelier, je suis ému malgré moi. Il m'est impossible de regarder avec indifférence ce sanctuaire de l'art et du talent des nobles joies, du travail constant et laborieux. Ce confident muet des pensées, des douleurs, des illusions de l'artiste, le spectateur journalier de ses œuvres, de ses créations. Cette toile où il a jeté son cœur et son esprit ; ce marbre où il a mis son âme et sa vie, l'atelier les a vus en ébauche, en train, et les voit achevés ; il sait que de peines ils ont coûtés, que de rêves ils ont fait faire, que d'espérances ils ont fait luire, que d'amers regrets ils ont provoqués. On laisse à sa porte tous les préjugés, toutes les petitesses de la vie commune, son atmosphère est embaumée d'idéal, de perfection ; on y respire le génie de tous les temps, le génie de la nature. Il est le consolateur de la pauvreté, cette compagne fidèle du vrai mérite, de la vraie vocation ; l'artiste dans l'atelier c'est le prêtre dans le temple, l'un agenouillé devant la Divinité éternelle, l'autre en extase devant son dieu terrestre, — l'Art !

Voilà ce que je pensais en entrant chez M. Viger ; quel bonheur de contempler l'un après l'autre tous ces tableaux qui représentent une époque de la vie de l'auteur, une manière, un souvenir. Ici il a mis sa jeunesse, là sa maturité. Ceci est le résultat d'un moment de bonheur ; cela, le fruit d'un chagrin ou d'une déception : là brille l'enthousiasme, à côté se montre le découragement, comme on peut suivre l'individu dans l'œuvre ! Si le style c'est l'homme, la peinture c'est le peintre.

M. Viger me fit une réception d'artiste, c'est-à-dire franche et cordiale ; il me laissa regarder ses œuvres une à une, et se mit à son travail. N'est-ce pas là le véritable cachet du mérite ? Soumettre à l'appréciation, souvent ignorante, du premier venu le résultat de plusieurs années de travail, cela ne dénote-t-il pas un artiste qui a foi en son œuvre ? Je me mis dans un coin et j'examinai.

Je déclare en commençant que M. Viger est un peintre de beaucoup de talent. Je n'en veux pour preuve que ces quatre toiles qu'il destine au salon, et qui, j'en suis persuadé, feront sensation.

Voici d'abord *le Moineau de Lesbie*, inspiré par la gracieuse poésie de Catulle, que je transcris ici en entier :

« Moineau, délices de ma maîtresse, qui
« joue avec elle, qu'elle cache dans son sein,
« qu'elle agace avec le doigt, et dont elle
« provoque les vives morsures, lorsqu'elle
« cherche en m'attendant je ne sais quelles
« agréables distractions (et cela, je pense,

« pour alléger sa douleur et calmer la vio-
« lence de ses désirs), que ne puis-je comme
« elle jouer avec toi et rendre moins lourd
« le chagrin qui m'oppresse : les jeux me
« seraient aussi doux que le fut, dit-on, à la
« rapide Atalante, la pomme d'or qui fit
« tomber enfin sa ceinture virginale. »

Eh bien, toute la fraîcheur, toute la grâce, toute la suavité de la poésie se trouve dans le tableau. On voit une femme assise nonchalamment, tenant sur le bout de ses doigts un moineau qu'elle agace avec des fruits. La physionomie exprime bien l'attente et l'impatience, c'est l'amante qui veut abréger le temps et pour qui toute distraction est bonne. La délicatesse même de la peinture échappe à toute appréciation ; les détails sont d'une grande vérité archéologique, dessin correct, couleur vive et bonne, tête charmante, draperies ravissantes.

A côté vous voyez *Thisbé*. Vous connaissez l'histoire et son dénoûment tragique, mais rassurez-vous, la toile de M. Viger sourit. Pyrame et Thisbé étaient tous deux de Babylone, et s'aimaient en dépit de leurs parents qui étaient ennemis. Décidés à s'unir, ils quittèrent chacun la maison paternelle, après s'être donné rendez-vous sous un mûrier à quelque distance de Babylone. Thisbé arriva la première. Voilà le sujet du tableau. Thisbé, assise sur une fontaine, examine le mûrier comme pour lui demander s'il a vu son amant. Les beaux vers d'Ovide ont servi d'épigraphe à M. Viger. La pose de la tête est jolie, la figure donne assez bien l'idée de l'inquiétude. C'est délicat, c'est vivant, c'est réussi.

Ces deux tableaux ont été à l'exposition de Rouen.

Mentionnons une petite toile dans le ton sombre, représentant *le Rêve de l'Enfant Jésus;* il doit passer dans son sommeil ses épreuves à venir. — Exposé à Besançon.

J'arrive maintenant aux deux grands tableaux de M. Viger.

Le premier, intitulé : *Saint Lazare et ses compagnons abordant à Marseille*, est tiré du passage suivant de la vie de saint Lazare, ami de Jésus-Christ :

« Le Bréviaire Romain, dans les Leçons
« de la fête de sainte Marthe, assure, qu'a-
« près l'ascension de Notre-Seigneur Jésus-
« Christ (ce qui se doit entendre environ
« 10 ans après), il fut mis par les Juifs dans
« un vaisseau sans voiles et sans rames,
« avec ses sœurs Marthe et Madelaine et
« avec saint Marcille, saint Maximin et
« d'autres chrétiens pour périr sur mer,
« mais qu'il arriva heureusement au port
« de Marseille, dont il fut fait évêque. »

Ce tableau a été commandé à l'auteur par
le ministre d'État. Tous les personnages indiqués dans le passage précédent se trouvent dans le vaisseau, qui s'approche du
rivage ; le peuple assemblé leur jette des
câbles, saint Lazare leur tend les bras, les
autres personnages sont debout ou assis ; un
ange est au gouvernail, et la croix, emblème
de la religion chrétienne, plane sur leur
tête, illuminée par une lumière céleste.

Voilà une description sans doute incomplète, mais suffisante pour se figurer l'œuvre. C'est une toile remarquable ; c'est bien
exquissé, bien disposé, bien groupé. Il y a
plusieurs spécialités dans ce tableau, et
tontes sont très-habilement traitées. La
tête de saint Lazare est d'un beau modèle
et d'une belle expression ; le sentiment chrétien, ou, pour mieux dire, religieux, est
très-heureusement rendu par toutes les physionomies, qui ont leur caractère à part ; on
voit la foi et l'espérance dans tous ces
croyants.

Le tableau est exempt de la monotonie
souvent inévitable dans le genre. Les parties académiques sont traitées de main de
maître ; il y a là-dedans de la sincérité, de la
puissance et une grande science des costumes ; le principal personnage est mis
bien en relief ; l'exécution est large et sûre ;
la couleur est fraîche et séduisante ; enfin
l'effet d'ensemble est très-satisfaisant.

J'ai gardé pour bouquet et dénoûment
le plus beau, une grande toile à laquelle
M. Viger a travaillé pendant deux ans, et
qui porte le titre de *Flore et Zéphire*.

En effet, on voit la déesse des fleurs et
des jardins indolemment étendue sur un
parterre de verdure et de fleurs, la tête
légèrement penchée à gauche et souriant
d'un sourire divin à un zéphyr. C'est une
œuvre remarquable et qui sera très-remar-
quée ; c'est un de ces tableaux qui vous
forcent à vous retourner et qui vous absor-
bent longtemps ; on regarde, on regarde
encore en silence, et le silence est éloquent.

Le sujet, comme on s'en aperçoit aisément, a été longtemps étudié, mûri par
l'auteur ; il s'est appliqué à cela comme à
une œuvre de prédilection ; c'est une étude
magistrale du nu, une représentation de la
beauté physique. La vie rayonne dans tout
l'être ; comme il ferait bon vivre dans ce
corps-là. Les lèvres fendues sourient de satisfaction, la taille est belle et riche, le regard est séduisant, la chair frémit pour ainsi
dire, les formes sont d'une rondeur agréable, tout est disposé avec une grâce exquise.
Il y a des qualités solides dans ce tableau,
un grand talent d'expression, beaucoup de
sentiment, une couleur vive et harmonieuse,
une exécution franche. — C'est l'œuvre d'un
vrai peintre.

Ce n'est ni une critique, ni une étude
approfondie que j'ai prétendu faire ici ; une
simple énumération, voilà à quoi je me suis
borné. Ce n'est pas en quelques lignes
qu'on peut faire ressortir le mérite de pareilles œuvres. Ce n'est pas à la suite d'une
simple visite que l'on parle dignement du
talent de pareils artistes : il faut plus de
temps, il faut plus d'espace.

Charles Corassan.

L'ART AU PALAIS LÉGISLATIF.

Nous n'avons pas à nous occuper des modifications récemment apportées à la Constitution en ce qui concerne MM. les Sénateurs et MM. les Députés ; la politique est un fruit défendu auquel nous ne nous soucions nullement de mordre. Mais les réparations, les embellissements dont a été l'objet l'ancien palais Bourbon, rentrent dans notre ressort et, en les mentionnant, nous y joindrons, pour égayer le sujet, quelques souvenirs fantaisistes du temps où florissait dans tout son épanouissement l'ancien régime parlementaire.

Parlons d'abord de la vaste salle des Pas-Perdus que, sans souci des tempêtes parlementaires qui grondaient à côté, l'on appela le salon de la *Paix*, lorsque le pinceau d'Horace Vernet l'eût splendidement décorée. Le plafond, qu'on a restauré, représente la Paix, sous la figure d'une belle et sereine jeune fille, tenant d'une main la branche d'olivier ; de l'autre, effeuillant sur le monde les fleurs du ciel. Elle est assise sur un trône de gerbes cachant le bronze d'un canon. Gracieusement posée et ajustée, l'aimable déesse a pour marche-pied, au milieu d'un ciel d'azur, des nuages de ouate si doux à l'œil qu'on croit ressentir leur mollesse et leur élasticité. Par un de ces caprices singuliers et peu orthodoxes dont il a le monopole, l'artiste lui a fait appuyer les reins sur un coussin rouge de canapé, qui n'a certes aucun rapport avec le *pulvinar* antique. Cela ressemble à peu près à la fantaisie de Milton transformant ses démons en artilleurs et leur faisant tirer le canon contre les anges.

A la droite de la Paix, une fougueuse composition nous montre le Génie des Sciences, derrière lequel, lancée à toute vapeur, une locomotive s'engouffre sous un tunnel. Nouveau contre-sens qui prouve combien à notre époque l'allégorie est un genre faux et impossible ! Un conducteur en casquette eût été peu poétique. Horace Vernet a déshabillé le sien. Il est tout nu, cheveux au vent, à l'arrière de la machine, manœuvrant son levier, mettant en jeu les soupapes, les bielles, les excentriques. Dans un troisième tableau, la Vapeur chasse les divinités de la mer, et un goéland effarouché, volant à tire d'ailes hors du cadre, semble se précipiter dans la salle.

La partie inférieure du plafond réunit les grands corps de l'État et une foule nombreuse regardant défiler le cortége du souverain qui vient faire l'ouverture des Chambres. Une abondante ornementation, fouillis éblouissant, entoure tous ces sujets et contraste d'une manière étrange avec les murailles nues et avec la Pallas en bronze imitée de Velletri, debout, dans une attitude simple et pleine de grandeur, près de la porte d'entrée de la Chambre.

La province affluait autrefois dans le salon de la Paix et y faisait continuellement demander ses élus par les huissiers, soit pour obtenir des billets, soit pour des sollicitations actives et d'un intérêt personnel ou local. C'était aussi l'unique théâtre où brillaient bon nombre de députés. Plus d'un, désespérant de se faire connaître de ses collègues et voulant acquérir au moins au dehors la notoriété qu'il n'avait pu obtenir, non pas à la tribune, ni même dans les bureaux ou les couloirs, se donnait le plaisir de faire crier plusieurs fois chaque jour dans cette salle par un garçon de service : « Qui a demandé monsieur de Folle-Avoine, ou monsieur Balandard ? »

Après avoir traversé l'ancien salon du Roi, illustré des admirables peintures d'Eugène Delacroix, le plus beau travail du maître et pourtant le moins connu, nous passons dans la salle des Conférences, ornée des compositions de M. Heim. Avec un talent froid, mais correct, cet artiste a peint Charlemagne, entouré de leudes et de prélats, faisant lire devant le peuple les Capitulaires ; Louis VI présidant une assemblée d'évêques, de comtes et de barons ; saint Louis promulguant ses Établissements, et Louis XII instituant la Chambre des comptes. La décoration est complétée par des figures allégoriques et des portraits. Deux blanches statues de Moine produisent sur la vaste cheminée vert de mer où elles sont accroupies un effet beaucoup trop pittoresque. Admirons l'élégance de la Bibliothèque, dont le plafond est encore une œuvre capitale d'Eugène Delacroix, et arrêtons-nous un instant dans la Buvette.

C'était, dans l'origine, un local simple et modeste. Quelques siéges, un buffet, un Ganymède en tablier blanc, frisé comme un barbet, composaient tout le mobilier. Les approvisionnements variaient suivant la saison ; mais en tout temps on y trouvait d'excellent bouillon, des biscuits, et ce madère sec si bon pour les chanteurs et même, comme dit Arnal, pour ceux qui ne chantent pas. Sous la Constituante et la Législative, cet ordinaire s'était accru de mets plus substantiels et était devenu trop onéreux pour que la restauration continuât d'être gratuite. Certains représentants prenaient là leurs repas et invitaient leurs amis à consommer avec eux. Quelques-uns même eussent volontiers converti cet office en un estaminet. Sujets à plus de fatigues que leurs collègues, les grands orateurs s'abstenaient cependant presque tous de la buvette. Pour tout rafraîchissement, M. Jules Favre prenait... (il n'y a pas ici d'Anglaise, nous pouvons risquer le mot) une chemise blanche en remplacement de celle qu'avait mouillée la sueur de son éloquence.

De l'autre côté du détroit, le Parlement tient ses séances le soir, après dîner. En outre si quelque lord ou quelque monsieur des Communes prévoit un long discours, il se fait apporter par ses laquais à Westminster-Hall, le succulent rostbeef, l'ale forte et le tonique wiskey. La buvette est nécessaire chez nous où les députés ne songent à dîner qu'après avoir travaillé pour la nation qui les a élus.

Suivons le long vestiaire où chaque armoire portait le nom de deux députés auxquels elle était consacrée. Bien peu de représentants faisaient servir ces armoires à leur véritable destination. Beaucoup y amoncelaient les distributions ministérielles d'imprimés qui, trop souvent, vierges de toute coupure, ne faisaient qu'un saut de l'armoire du vestiaire à la boutique de l'épicier.

Entrons dans la salle des séances.

La tribune des journalistes, non des sténographes, mais des rédacteurs en chef venus pour saisir la physionomie de la séance, attirait surtout l'attention du public avant le lever du rideau parlementaire. Enfin un orateur paraissait à la tribune. Il tournait le dos au président qui le dominait pour le rappeler à l'ordre ou le protéger contre les interruptions, aux secrétaires de la Chambre et aux secrétaires rédacteurs placés au milieu et en face de l'assemblée, pour prononcer sur les votes par assis et levé et faire l'analyse des discours qui devaient entrer dans leur rédaction du procès verbal de chaque jour.

Nous avons peu de chose à dire de la tribune au point de vue artistique ; elle était d'une simplicité de bon goût et parfaitement appropriée à son but. Parlons seulement du verre d'eau, objet d'art aussi, dont le contenu servait aux orateurs, moins pour se lubréfier le larynx que pour attendre ou ressaisir l'inspiration tardigrade ou rebelle. On a signalé des analogies entre le caractère des représentants et leur façon de consommer l'officiel breuvage. M. de Lamartine l'effleurait à peine de ses lèvres brûlées par le charbon d'Isaïe ; M. Crémieux l'ingurgitait impétueusement ; M. Thiers le lampait à petits coups ; M. de Montalembert le savourait édulcoré jusqu'à consistance de sirop. Dans les discussions orageuses, on voyait souvent des représentants escalader la tribune, engloutir le verre d'eau et se retirer sans autre déploiement d'éloquence.

Le verre d'eau était surtout la ressource des improvisateurs, infiniment moins nombreux que se l'imaginait le bon public. La plupart des orateurs qui paraissaient parler d'abondance ne faisaient que réciter des discours appris ; d'autres notaient sur de petits carrés de papier qu'ils dissimulaient de leur mieux les principaux points de leur harangue. Parfois ces derniers brouillaient leurs feuillets au point de ne plus s'y reconnaître. Un jour le président, M. Dupin, voyant l'un d'eux suer sang et eau à ce travail, lui porta sans pitié ce coup de boutoir :

— Eh ! monsieur, vous avez beau remuer vos cartes ; vous n'y trouverez pas d'atout !

Une fois rompu, qu'il était difficile de le renouer ce fil de l'inspiration réelle ou simulée ! Les adversaires politiques de l'orateur s'attachaient à provoquer cette fâcheuse solution de continuité et c'est ici que se révélait un type curieux, celui de l'interrupteur.

Le membre qui se vouait à cette spécialité était ordinairement un homme peu éloquent et peu au fait de la discussion ; mais jaloux de transmettre de ses nouvelles à ses commettants. La séance à peine terminée, il courait à l'imprimerie du *Moniteur* afin de s'assurer *de visu* si le sténographe avait bien noté toutes ses interjections.

Plus exposés que les autres à voir leurs discours criblés de ces flèches barbelées qui en déchiraient le tissu, quelques orateurs éminents avaient fini par acquérir à ce sujet une prévision presque infaillible. Ils se tenaient toujours prêts à parer les coups. Dans une de ses magnifiques improvisations, M. de Lamartine s'arrêta court et se posa en face d'un représentant connu par la fréquence et la fougue de ses interruptions. Celui-ci, qui avait toujours ses canons braqués, se hâta de lâcher une de ses plus vives bordées oratoires. — J'attendais, Monsieur, votre interruption, lui dit froidement M. de Lamartine. Une hilarité générale accueillit ces paroles et l'illustre orateur acheva son discours sans être interrompu.

La banquette inférieure de chacune des trois sections du centre, placées vis-à-vis de la tribune et du bureau, portait écrit en caractères de drap blanc appliqués sur le casimir rouge recouvrant tous les dossiers des banquettes : *Banc des Ministres.* Une cause d'étonnement pour le provincial était de voir M. Berryer, orateur redoutable au pouvoir, occuper la place la plus rapprochée de ce banc et donner souvent asile,

à l'extrémité du sien, à son voisin le ministre de l'instruction publique. Mais, de peur de causer avec ce dernier, l'élu de Marseille se livrait exclusivement au culte des Beaux-Arts et sculptait à l'aide d'un canif le pupître en bois placé devant lui. Ainsi fouillé ce pupître était devenu une curiosité qu'eût enviée du Goulon, l'habile sculpteur des boiseries du chœur de Notre-Dame. Si l'on eût pu le détacher, il aurait atteint dans une vente un prix fabuleux.

Pour réclamer le calme et l'attention, la voix des huissiers glapissait, à intervalles réguliers : Silence, Messieurs ! Parfois la recommandation était vaine et alors entrait en danse la sonnette du président. C'était un instrument peu artistique, mais assez lourd et fort assourdissant. M. Sauzet en jouait souvent, au grand dommage du tympan de l'orateur à la tribune. Pendant un orage parlementaire auquel il tenait tête à grand' peine, M. Guizot se retourna vers le président qui sonnait comme un sourd et lui dit : « — Vous m'achevez, Monsieur ! » M. Marrast agitait parfois la sonnette au milieu d'un calme parfait, comme cet huissier somnolent qui, s'éveillant en sursaut pendant un discours, très-écouté, du regrettable M. Bethmont, s'écria par habitude, en entendant retentir cette voix unique : — Silence, Messieurs !

Sur l'emplacement où s'élève aujourd'hui le palais du Corps législatif, la veuve de Louis duc de Bourbon, avait fait construire un palais par trois artistes. Lassurance, Jacques Gabriel, Melchior et Girardini. Son petit-fils, Louis Joseph, duc de Bourbon et prince de Condé, fit orner l'entrée principale d'un arc-de-triomphe, œuvre de l'architecte Mathieu Le Carpentier. Pajou y sculpta des figures allégoriques soutenant les armes de la maison de Condé et l'on y vit bientôt une admirable composition de Guillaume Cristou : Apollon conduisant son char. L'ancien hôtel de Lassay, remanié par l'architecte Bélisard, était réuni à ce palais. Dans la coupole du salon principal on remarquait une Vénus à sa toilette due au pinceau de Callet.

Sous la Convention, l'ancien palais Bourbon fut affecté à la commission des travaux publics. Plus tard on y plaça l'Ecole Polytechnique, puis le Conseil des Cinq-Cents. En 1806, les produits de l'industrie française y furent exposés. De 1804 à 1807, Napoléon 1er fit édifier par l'architecte Poyet, le vaisseau qui devait réunir le Corps législatif. Sur des piédestaux, le long du quai, furent assises de colossales statues : Colbert, par Dumont; d'Aguesseau, par Faucon; L'Hôpital, par Desenne ; Sully , par Bonvalet. Douze colonnes corinthiennes soutenaient le fronton où Chaudet avait représenté Napoléon remettant aux députés les drapeaux pris à Austerlitz. La Minerve de Houdon et la Thémis de Rolland se tenaient aux deux côtés de l'escalier.

En 1814, on refit le fronton où Fragonard exécuta une composition allégorique en rapport avec les institutions rétablies. Le 20 juin 1827, l'architecte Joly commença une salle nouvelle qui ne fut terminée qu'en 1832 ; elle avait 20 colonnes ioniques, une voûte semée de caissons et deux rangs de tribunes publiques. En 1841 fut mis à découvert un autre fronton, travail vigoureux de Pierre Corton, représentant la France qui fait venir à elle les génies de l'Agriculture, du Commerce, de l'Éloquence, de la Guerre et de la Paix. Le 2 décembre 1851, la salle de bois ayant été détruite, le Corps législatif reprit possession de l'ancienne salle et le palais tout entier fut consolidé. Deux statues colossales, dues au ciseau de Gayrard, ont été placées, au commencement de l'année dernière, sur les piédestaux de l'escalier d'honneur. Enfin, au milieu de la place du Corps législatif, surgit l'image marmoréenne de la Loi.

Jules LADIMIR.

EXPOSITIONS DE PROVINCE ET DE L'ÉTRANGER.

La grande utilité des expositions est reconnue depuis trop longtemps pour que nous entreprenions de la démontrer encore ici. L'exposition est à la peinture et à la sculpture ce que l'imprimerie est à la littérature : c'est un examen, une opinion, un jugement et un arrêt. La toile et le marbre qui chôment dans un atelier ressemblent à un manuscrit qui jaunit dans un portefeuille, ou un opéra qui se couvre de poussière dans des cartons malpropres. L'appréciation des amis, trop souvent flatteurs, ou des indifférents, ne suffit ni aux artistes, ni aux amateurs ni aux acheteurs. Il faut le grand jour de l'exposition publique pour donner de l'autorité et de la valeur à une œuvre. Il faut que tout le monde soit à même d'émettre son opinion, de louer ou de critiquer pour que le public établisse la balance et prononce en dernier lieu en acceptant ou en rejetant, chose qui ne peut évidemment avoir lieu que dans une exposition.

Paris a une grande exposition tous les deux ans, il possède en outre une foule d'expositions particulières et où des talents de premier ordre ne dédaignent pas d'envoyer leurs œuvres. Aujourd'hui tous les esprits sont tournés vers les beaux-arts, disait sans cesse un de nos amis, sans se douter peut-être qu'il formulait une grande vérité. Voilà la province qui se met à suivre avec ardeur et persévérance l'exemple donné par la capitale, en organisant des expositions artistiques dans les grandes villes. Nous nous associons pleinement à ces tentatives de décentralisation utiles, à ces louable efforts de progrès général qui sont en même temps d'un grand intérêt local. Nous faisons des vœux sincères pour leur réussite, le succès devant immanquablement tourner au profit de l'art, dont l'avenir est la constante préoccupation de tous les hommes de goût.

Nous nous bornons pour aujourd'hui à une simple énumération, nous y reviendrons plus tard en détail.

L'Union artistique de Toulouse ouvrira le

1er avril 1861, sa première exposition publique de peinture, de sculpture, d'architecture, de gravure, de dessin et dont la durée sera d'un mois.

L'Union artistique est une Société naissante, elle s'est imposé la mission de réveiller le goût et le sentiment de l'art en province et d'y populariser le nom des artistes en y répandant leurs œuvres. C'est une noble ambition qui mérite toutes les sympathies. Ne seront admis à l'exposition que les œuvres originales d'artistes vivants.

Les ouvrages qui ne seront pas envoyés par les artistes eux-mêmes ne pourront être exposés qu'avec leur autorisation ou sous la responsabilité des propriétaires actuels dont le nom doit être inscrit au livret.

Les objets d'art destinés à l'exposition seront adressés au siége de la Société, à Toulouse, avant le 15 mars, terme de rigueur.

Chaque objet doit être accompagné d'un bulletin contenant l'explication du sujet, le prix de l'ouvrage, le nom et l'adresse de l'auteur.

Une commission d'examen prononce l'admission ou le rejet des ouvrages présentés.

Tous les fonds dont la Société dispose, ainsi que le produit d'une loterie, seront consacrés à l'acquisition d'objets d'art.

La photographie appliquée à la reproduction d'œuvres d'art est seule admise à l'exposition.

Passons à Nantes. — L'exposition de peinture de la ville de Nantes doit s'ouvrir au 1er juillet prochain. Les expositions dernières peuvent à l'avance faire apprécier ce qu'on est en droit d'attendre de celle qui se prépare. Son importance sera d'autant plus grande qu'elle doit s'ouvrir en même temps qu'une exposition nationale industrielle, agricole et horticole. Aux sommes importantes votées par la ville et par le musée de peinture pour l'acquisition d'ouvrages exposés, vient se joindre la certitude d'achats personnels considérables.

Voici les noms des membres composant

le jury d'admission et d'examen pour les récompenses.

MM. P. Doré, président ; Bourgerel, Bournichon, E. Chérot, Dijon fils, Douillard père, Driollet, Ch. Leroux, H. Roques, Toulmouche, Valentin, Verger fils, baron de Wismes, membre de la Commission de surveillance du Musée; Baudoux, conservateur ; Bacqua, Blondel, Coutan, T. Dobrée, du Commun du Locle, J. Chenantais, H. de Cornulier, Grootaers, Halgan fils, Marionneau, A. Ménard, O. Merson, Meuret, Mérot du Barré, Palvadeau, Picou fils, Sotta, Testé, Félix Thomas, Turpin jeune, artistes et amateurs.

Une exposition universelle des Beaux-Arts s'ouvrira à Metz, le 1er juin 1861, concurremment avec une exposition de l'Industrie, une Exposition d'Horticulture, et des concours d'Orphéons, provoqués par la tenue du Concours régional agricole.

La ville de Metz et le département de la Moselle ont pourvu aux frais de ces exhibitions, de manière à leur imprimer le caractère large que réclament aujourd'hui les luttes sérieuses de l'art et du travail.

L'Exposition durera quatre mois, afin de procurer aux artistes qui auront exposé à Paris, le moyen d'exposer aussi à Metz. Elle sera close par une distribution solennelle de récompenses, consistant en médailles d'or, de vermeil, d'argent de bronze et mentions honorables. De plus, la Commission centrale fera l'acquisition d'un certain nombre des œuvres d'art exposées, lesquelles seront réparties par la voie du sort, dans le double but de faciliter aux artistes la vente de leurs ouvrages et d'enrichir notre pays d'œuvres estimables.

Trois expositions pour le printemps prochain, bravo ! il y a là de quoi tenter les artistes sérieux, de quoi attirer les véritables amateurs, il y a enfin de quoi mettre sur les dents tous les critiques d'art de la grande et de la petite presse.

Gustave ROMIEU.

VISITE AUX ATELIERS.

Programme de l'exposition bisannuelle des œuvres des artistes vivants. — *Peinture.* M. Glaize père. — M. Léon Glaize fils. — M. Dulong. — M. Villeneuve. — M. Harpinies. — Madame Collin. — M. Winterhalter. — M. Georges Saal. — M. Chintreuil. — M. Hamman. — M. Hippolyte Bellangé. — M. Eugène Bellangé. — M. Brunel-Roque.— M. Grenier-St-Martin. — M. Régnier.

A M. Louis Lavedan, rédacteur en chef de la
Revue des Beaux-Arts.

Mon cher ami,

Il y a quelques jours vous me disiez :

« Il serait plus facile de détourner le soleil de sa course que la *Revue des Beaux-Arts* du chemin de l'exactitude. »

Si j'ai bonne mémoire, vous parodiez, en me parlant ainsi, la réponse d'un Romain devenue proverbiale.

J'approuve la célérité que vous mettez à faire paraître les livraisons hebdomadaires de la *Revue.* Mais je vous prie de veiller à la correction de mes épreuves ; ainsi vous m'avez fait dire, en parlant d'un tableau de M. Schutzimberger — *que lui compte fleurette,* au lieu de — *qui lui conte fleurette.* Vous m'avez fait écrire les noms de M. Glaize père et de M. Glaize fils avec une *s.* Je compte donc à l'avenir sur votre zèle pour les corrections typographiques, comme sur votre promptitude à faire paraître la *Revue des Beaux-Arts.*

Avant de passer à la visite des ateliers, laissez-moi vous rappeler, dans l'intérêt de MM. les artistes, le programme de l'exposition, programme contre-signé par S. Ex. M. le ministre d'État.

L'exposition est universelle.

Le dépôt des ouvrages aura lieu au Palais de l'Industrie, où déjà se font les préparatifs, du 20 mars au 1er avril.

L'exposition sera de deux mois, du 1er mai au 1er juillet.

Voici les récompenses qui sont offertes par le gouvernement.

Une grande médaille d'honneur de 4,000 fr., plus quarante-six médailles de 1re, 2e et 3e classes.

Les premières de ces médailles seront de la valeur de 1,500 fr.; les deuxièmes 500 fr. et les troisièmes 250 fr.

Tel est donc le programme de cette exposition qui promet d'être fort brillante. Je vais vous entretenir de quelques œuvres qui doivent y figurer.

Puisque je vous ai parlé, au début de cette lettre, de MM. Glaize père et fils, permettez-moi de commencer par ces deux artistes.

M. Glaize père vient de donner le dernier coup de pinceau à un tableau qui sera très-remarqué à l'exposition. Le sujet qu'il représente est d'une grande moralité, et MM. les critiques auront quelques efforts à faire pour le deviner ; je me contente pour aujourd'hui de constater le mérite de cette toile dont je me garderai bien de révéler le sujet. Je conseille même à M. Glaize, si cela lui est possible, de le déguiser dans le prochain livret de l'exposition.

M. Léon Glaize *peint de race,* il a reçu des leçons dont il a su profiter de bonne heure, car M. Léon Glaize est encore presque un enfant, et le tableau que j'ai vu de lui est d'une exécution si vigoureuse et si hardie, que j'ai été surpris de voir un jeune homme de dix-huit ans, notez bien que je ne le rajeunis pas, aussi avancé en peinture; mais quand on est doué d'aussi heureuses dispositions,

« Le talent n'attend pas le nombre des années. »

Vous connaissez la légende de Samson et les prodiges de valeur de ce héros, et vous savez qu'il fut livré aux Philistins par sa perfide maîtresse qui lui coupa pendant son sommeil sa chevelure où résidait sa force. M. Léon Glaize a représenté Samson, au moment où ses ennemis venaient de s'emparer de lui. — *Samson saisi par les Philistins.* — Le peintre s'est appliqué et avec succès à faire ressortir la force musculaire de l'hercule israélite, qui semble inspirer encore, quoique vaincu et vigoureusement attaché, une grande terreur à ses satellites. Puisque nous en sommes aux sujets bibliques, laissez-moi consacrer quelques lignes à une toile intéressante de M. Dulong. Elle représente *La neuvième plaie d'Egypte.*

Moïse, les mains levées aux cieux, prie l'Éternel de faire descendre les ténèbres sur la terre, et aussitôt des nuages sombres voilent le firmament et on n'aperçoit plus dans les airs obscurcis qu'une immense colonne lumineuse qui éclaire la grande figure du prophète. Les Egyptiens consternés s'enfuient de toute part entraînant le bœuf Apis et le dieu Annubis qui font une triste figure. Pharaon entouré de sa cour partage la terreur générale et permet à Moïse de partir avec le peuple de Dieu.

Cette toile est d'un aspect saisissant, elle a déjà figuré à l'exposition, et je conseille à M. Dulong de la présenter à une des expositions permanentes de Paris, soit au *Cercle de l'Union artistique,* soit au *Salon des Arts-Unis,* où elle mérite bien d'occuper une place d'honneur.

Encore un sujet biblique avant de passer outre. C'est le *Christ au jardin des Oliviers,* de M. Villeneuve. Ce tableau, destiné à l'exposition, a été commandé par S. Ex. M. le ministre d'État, et c'était justice. Le Christ agenouillé a dans toute sa personne cet abattement et cette résignation en harmonie avec le moment solennel qui précéda son agonie. L'ange qui présente le calice; saisi d'un saint respect devant la majesté de l'homme Dieu, tient sa main étendue comme un voile devant son visage.

M. Villeneuve a su tirer tout le parti qu'il devait attendre d'un pareil sujet. J'ai beaucoup remarqué dans son atelier *Une sainte famille* et surtout *Une petite Flore,* qui est une petite perle, un petit chef-d'œuvre que plus d'un amateur voudrait voir figurer dans sa collection.

Maintenant permettez-moi d'accorder à titre d'encouragement une mention honorable à M. Harpinies, pour ses deux tableaux : — *Un site des bords de la Loire* et *Un soir d'été sur les bords de la Loire.* Le premier de ces tableaux présente un aspect pittoresque assez agréable, c'est là son seul mérite.

Les deux petits tableaux de madame Collin : *Une femme à sa toilette* et *Un thé* entrent dans la catégorie des œuvres remarquables. Le premier de ces tableaux entièrement terminé est une petite fantaisie digne d'être vue et destinée à faire les délices d'un charmant petit boudoir.

Un jour, il y a de cela un an bientôt, il me fut donné d'admirer un magnifique portrait de S. M. l'Empereur, et tout d'abord je fus frappé non-seulement de sa ressemblance, mais de son exécution artistique, et je vous assure que le souvenir de ce tableau est revenu depuis bien souvent à ma mémoire. Le hasard, ce grand ordonnateur de toutes choses, m'a conduit dans l'atelier de l'artiste qui avait eu l'honneur de faire le portrait impérial.

L'atelier de M. Wintherlater est un petit musée véritablement royal. J'y ai beaucoup admiré le portrait de Sa Majesté la reine d'Espagne Isabelle, celui de madame le marquise Aguado et de madame la duchesse d'Albe. Je note en passant ce que j'ai vu de M. Wintherlater, pourquoi parlerai-je de son talent, il est digne de sa réputation.

Il est un autre talent dont je voudrais bien pouvoir vous entretenir longuement, c'est celui de M. Georges Saal, mais le temps que j'ai à consacrer à chaque atelier est trop court pour que je puisse étudier suffisamment les œuvres qui méritent une étude spéciale.

M. Georges Saal est un peintre à part, et, quoique on se sente saisi d'admiration tout d'abord, dès qu'on jette un coup d'œil sur ses tableaux, on est tout étonné de s'apercevoir que plus on les regarde, plus on est ravi; laissez-moi donc revoir encore une fois les œuvres de cet artiste avant de vous en donner une description.

Vous me parliez dernièrement d'un peintre pour lequel vous avez une grande estime, et si j'ai bonne mémoire vous me disiez :

« M. Chintreuil est un grand peintre inconnu. »

Je connaissais peu les œuvres de cet artiste; je n'avais vu de lui que deux petits paysages chez Alexandre Dumas fils, et à vous dire vrai, je les avais beaucoup remarqués.

L'admiration que vous m'aviez témoignée pour ce peintre, et le souvenir que j'avais conservé des deux paysages que j'avais vus de lui chez Alexandre Dumas fils, qui certes n'a jamais donné l'hospitalité à des croûtes, m'ont engagé à visiter son atelier, et j'en suis sorti en me disant que ce que vous pensiez de son talent était on ne peut plus vrai.

J'étais tellement convaincu du mérite de M. Chintreuil en sortant de son atelier, que je fis, en songeant à lui, de grandes réflexions.

Pourquoi donc, me disais-je, un homme qui a le talent de M. Chintreuil reste-t-il presque ignoré? Pourquoi ne parle-t-on pas de lui comme on parle de tant d'autres qui ne le valent pas? et je sentais des flammes de colère me monter à la tête en songeant à certaines réputations surfaites.

Vous qui connaissez l'homme et ses œuvres, vous avez dû penser bien souvent comme moi, et si les lignes que je consacre à cet artiste peuvent attirer l'attention sur lui, je croirai avoir rempli un grand devoir.

M. Chintreuil est un paysagiste à part qui a eu le bon esprit de suivre son inspiration, sans s'inquiéter des formes académiques, et je ne serais nullement surpris que certains ne lui fissent un crime de ses grandes qualités. C'est qu'en effet la peinture de Chintreuil n'est pas appréciable pour tout le monde ; mais les véritables amis des arts, les connaisseurs sans système lui rendront justice, car Chintreuil est l'émule le plus sérieux de Corot.

Vous qui connaissez de lui ces deux tableaux : *Les Pommiers en fleurs* et *Un Champ de sainfoin*, que dites-vous de ces rayons de soleil qui font sourire les gouttes de rosée sur les fleurs de ces pommiers et sur les feuilles éparses du sainfoin ? Que dites-vous encore de cette *Prairie* que représente un autre paysage, et de ces arbres presque chauves qui semblent pleurer le départ des beaux jours ?

Les Pommiers en fleurs et le *Champ de sainfoin* ont l'air de deux préfaces de printemps, et là *Prairie*, avec ses arbres pâlissants et ses herbes presque jaunes, a bien l'air de l'avant-garde des frimats. Oui, vous aviez bien raison quand vous me disiez :

« Chintreuil est un grand peintre inconnu. »

J'ai à m'occuper encore de quelques artistes, mais le temps presse, et me voilà forcé de faire faire antichambre à quelques merveilles nouvellement écloses. Ma prochaine lettre sera encore toute pleine de documents inédits; je vous parlerai des œuvres de M. Hamman, un artiste belge de beaucoup de talent, qui donne le dernier coup de pinceau à deux sujets historiques du domaine de notre histoire ; de M. Hippolyte Bellangé, le peintre de batailles que vous savez, et de son fils, M. Eugène Bellangé, qui promet de marcher sur les traces de son père. Je n'oublierai pas M. Brunel-Roque, ni M. Grenier-St-Martin, ni surtout de vous faire la description d'un ravissant petit tableau dû au pinceau de M. Régnier. Cela s'appelle *Les deux effarés*. Rien de plus comique que le rôle que joue un âne bâté dans cette scène. Mais nous y reviendrons dimanche prochain.

Louis D'AUTERIVE.

* * *

L'IMPROVISATEUR MOURANT.

—

Notre célèbre improvisateur, mon ami Eugène de Pradel, est mort, il y a quelques années, sur la rive étrangère. Parcourant, en 1858, l'Allemagne, je rencontrai à Wiesbaden, près de son tombeau, sa veuve et sa fille, rêvant, pauvres et abandonnées, aux moyens de transporter en France les restes mortels du poëte, et j'écrivis ces vers sur leur *Album* :

L'improvisation fleurit en Italie
    Parmi les beaux esprits.
Notre aptitude à nous plus aisément se plie
    A polir les écrits.

De cet art, cependant, un homme sut en France
    Atteindre la hauteur,
Et nous pûmes, un jour, jeter dans la balance
    Notre improvisateur.

Il se nommait Pradel. Chacun se le rappelle
    Ce lutteur sans merci,
Echauffant l'univers de sa vive étincelle
    Et l'éclairant aussi ;
Semant odes, chansons, poëmes, comédies,
    Sans efforts superflus ;
Improvisant, parfois, jusqu'à des tragédies,
    Quand on n'en faisait plus.

La foule sur ses pas, stupéfaite, ravie,
    Roule comme un torrent ;
Mais à ce dur labeur il épuise sa vie,
    Le ménestrel errant :
Il lui faut tout quitter, et sa femme et sa fille,
    Pour descendre au tombeau :
Son âme usait son corps. A peine encor s'il brille,
    Ce radieux flambeau.

Ce fut à Wiesbaden, dans de splendides fêtes,
    Que l'improvisateur
Vit se heurter soudain le char de ses conquêtes
    Contre un lit de douleur.
Dans ce modeste lit quand je sommeille encore,
    Moi qui fus son ami,
Je crois voir se lever, tous les matins, l'Aurore
    Sur Pradel endormi.

Pradel se meurt, disait la foule réunie,
    Sans un kreuzer (1) encor.
De grâce adoucissez son horrible agonie,
    Vous qui roulez sur l'or !
Vous qui fêtez le vin, l'amour, votre maîtresse,
    Dans des banquets joyeux,
Soyez pour le poëte, en ce jour d'allégresse,
    Miséricordieux !

Vains efforts ! un malade alors fit une quête
    Pour le pauvre mourant,
Quand les heureux du jour de la vie en goguette
    Descendaient le courant.
C'est ainsi qu'on pourvut aux humbles funérailles
    De l'improvisateur.
Honte, honte éternelle aux hommes sans entrailles,
    Aux hommes sans pudeur !

Dans Wiesbaden souvent, à travers les ténèbres,
    Se glissent à l'écart
Deux spectres, entourés de vêtements funèbres,
    Pâles et l'œil hagard.
De l'improvisateur c'est la fille et la femme,
    Dans le séjour des morts,
Allant prier pour ceux qui n'ont pas dans leur âme
    Un coin pour le remords.

Eugène DE MONGLAVE.

---

(1) Un kreuzer vaut trois centimes sept douzièmes.

Le rédacteur en chef : Louis LAVEDAN.

Paris. — Imp. Walder, rue Bonaparte, 44.

CHRONIQUE DES BEAUX-ARTS.

Il était évident pour tous ceux qui ont vu le concours public de l'Opéra, qu'il ne serait pas décerné de premier prix. Il était aussi évident qu'aucun projet n'ayant dignement répondu à l'attente de l'administration, au point de vue de l'art et de la construction, aucun concurrent ne serait chargé de la rédaction d'un projet définitif. L'arrêté ministériel accordait néanmoins une prime de 6,000 francs et une de 4,000 francs aux deux meilleurs projets, tout en conservant à l'administration sa liberté d'action pour les décisions ultérieures.

Le jury, chargé de l'examen du concours, a terminé son travail sous la présidence du ministre d'État.

Après avoir consacré plusieurs séances à l'étude des projets envoyés au concours, le jury a été d'avis qu'aucun de ces projets n'était suffisamment complet pour que le prix d'exécution pût lui être décerné. Mais, en présence des efforts tentés par les artistes et des résultats très satisfaisants qu'ont présentés certains travaux, le ministre a accordé une nouvelle somme de 5,000 francs pour être distribuée selon que le jury le croirait convenable.

Cette somme a été partagée en trois prix, l'un de 2,000 francs et les deux autres de 1,500 francs chacun.

En conséquence, et conformément aux dispositions de l'arrêté du 29 décembre dernier, les prix ont été décernés ainsi qu'il suit :

Projet n° 6, M. Jinain, 1er prix de 6,000 fr.

Projet n° 34, MM. Crépinet et Rotrel, 2e prix, 4,000 fr.

Projet n° 17, M. Garnaud, 3e prix, 2,000 fr.

Projet n° 29, M. Duc, 4e prix, 1,500 fr.

Projet n° 38, M. Garnier, 5e prix, 1,500 fr.

Un rapport fera connaître ultérieurement les motifs qui ont dicté le choix du jury.

Lorsqu'il s'agit d'une chose importante qui tient aussi bien à l'utilité qu'à la commodité publiques, les écrits spéciaux ne font jamais défaut. Ces publications ont toujours le mérite d'être faites par des hommes compétents ou expérimentés, de renfermer surtout des notions, des données et des solutions pratiques. Ce sont des guides utiles qu'on consulte avec fruit, ce sont des jalons précieux jetés sur un chemin plein d'écueils qu'il faut souvent parcourir les yeux fermés.

La brochure intitulée : *Critique sur le concours ouvert pour l'édification du nouveau théâtre de l'Opéra, par un membre du jury public*, est attribuée au docteur Véron, qui fut, comme on sait, directeur de l'Opéra au temps de sa plus grande splendeur.

La brochure conclut en demandant un second concours auquel on convierait, non pas seulement des architectes (ignorant pour la plupart les notions les plus indispensables à la construction, à l'aménagement, à la distribution de la salle, de la scène et de leurs servitudes et dépendances); mais encore des hommes pratiques spéciaux ayant la connaissance parfaite des besoins scéniques, chorégraphiques, lyriques, administratifs, etc., dont l'ensemble constitue des lois qu'il est impossible qu'un architecte connaisse, s'il n'a pas été directeur, régisseur, machiniste, et s'il n'en a pas fait une étude approfondie.

Nous n'avons pas en France, le croirait-on, un seul théâtre commodément distribué, aménagé, agencé, machiné pour la grande féerie! Celui qui, au dire des personnes les plus compétentes, réunirait pour cet usage les meilleures conditions, s'il était vingt ou trente fois plus grand, c'est l'ancien théâtre Comte, que le célèbre physicien avait lui-même agencé et machiné pour son usage.

On sait que l'une des façades de l'Opéra se trouvera sur la rue de Lafayette prolongée. Le tracé coupe donc la rue Montholon, écorne les rues Ribouté et Papillon, traverse la rue Cadet, entame la rue Buffaut, coupe les rues du Faubourg-Montmartre, de la Victoire, Chauchat, Laffite, Saint-Georges, Taitbout, et puis la Chaussée-d'Antin, d'où la voie se coude en angle obtus pour côtoyer le théâtre et former au sud de sa façade, où elle se fond avec la rue de Rouen, un large débouché sur le boulevard.

Voici quelques détails historiques très-intéressants, qui s'attachent soit aux noms de ces rues, soit aux célébrités qui les ont habités.

La rue du Faubourg Poissonnière, à l'endroit d'où part ce prolongement, s'appelait il y a deux siècles chaussée de la Nouvelle-France ; on nomme encore ainsi la caserne voisine, ancien quartier des gardes françaises, où étaient casernés en 1789 les sergents Hoche et Bernadotte.

La rue Montholon, qui vient ensuite, date de 1780, et reçut le nom d'un conseiller d'Etat. La rue Papillon, qui fut ouverte à la même époque, eut pour patron le commissaire des menus plaisirs, Papillon de la Ferté.

La rue Bleue se nommait autrefois rue d'Enfer, à cause du tapage que faisaient les gardes françaises en revenant des Porcherons ; une fabrique de bleu pour les blanchisseuses, qu'on y établit en 1802, lui a valu le nom qu'elle porte aujourd'hui.

La rue de la Victoire, autrefois ruellette aux Porcherons, puis rue Chanteraine, reçut en 1798 sa glorieuse dénomination, parce que le général Bonaparte, alors commandant de l'armée d'Italie, y avait sa demeure. L'établissement des Néothermes occupe maintenant l'hôtel du général.

La rue Laffite, autrefois rue d'Artois, rappelle le banquier célèbre dont le nom est attaché à l'histoire de la révolution de 1830.

Donner son nom à une voie publique quelconque, ne suffit pas, comme on le croyait trop généralement au siècle dernier, pour conquérir un brevet d'immortalité, car si ce nom n'est pas illustre d'ailleurs, il ne tarde pas à devenir un mot vide de sens pour les générations suivantes. Sait-on aujourd'hui, par exemple, qu'il existait un M. Taitbout, il n'y a pas cent ans?... Ce monsieur, qui était greffier au bureau de la ville en 1775, est donc tout aussi inconnu que s'il n'eût pas servi de patron à la rue que l'on ouvrit alors sur les dépendances de la ferme des Mathurins.

La rue de la Chaussée-d'Antin, quoique n'existant réellement que depuis un siècle, est une des plus illustres de la capitale : au n° 7 demeurèrent successivement le ministre Necker et madame de Récamier ; au n° 9 était l'hôtel que M. de Soubise fit bâtir pour mademoiselle Guimard, la célèbre danseuse; cet hôtel a fait place aux magasins de la Chaussée-d'Antin ; la maison qui porte le n° 42 fut habitée par Mirabeau, qui y mourut; la propriété portant le n° 62 a remplacé un petit hôtel qu'habita madame veuve de Beauharnais, et où le général Foy mourut en 1825; au coin de la rue de la Victoire, habitait le comte Roy, ministre sous la Restauration, et le cardinal Fesch, oncle de Napoléon Ier, occupa l'hôtel qui forme l'angle droit de la rue Saint-Lazare.

La chronique a cela de bon qu'elle dispense des transitions ; aussi vais-je tout bonnement passer à un autre ordre d'idées.

Le salon de cette année promet d'être très-brillant; tous les artistes travaillent sans relâche, qui à achever des esquisses, qui à faire des retouches, qui à polir le marbre. Partout une grande émulation, un grand désir de bien faire, mais surtout la ferme volonté d'arriver. Les pinceaux se meuvent sans cesse et le marteau abat sans répit. C'est son bruit sourd qui m'a attiré l'autre jour chez M. Aimé Millet, le sculpteur. M. Aimé Millet est le fils du célèbre miniaturiste Frédéric Millet, qui étudia fort jeune l'aquarelle et la miniature sous la direction de François Aubry et de J.-B. Isabey, et qui fut tant remarqué depuis dans toutes les expositions par ses envois qui ont formé l'une des galeries les plus variées des personnages célèbres à divers titres de notre temps. Au salon de 1855 il a exposé un cadre de quinze aquarelles et miniatures.

Le fils conserve avec un respect religieux les œuvres du pinceau paternel; il me fit admirer ce précieux héritage. Un buste de Louis XVIII dans un ovale ne dépassant pas la grandeur d'une pièce de dix francs, c'est un chef-d'œuvre; on se demande avec étonnement comment l'artiste a pu mettre cette lumière rayonnante dans des yeux microscopiques avec tant de précision, de justesse et de vérité. La figure est expressive et belle, mais surtout vivante, c'est bien la tête intelligente et spirituelle du Bourbon. Puis deux charmantes têtes de femmes au crayon; enfin un buste magistral d'Homère à l'aquarelle. Ceci me conduit naturellement à vous parler de M. Passot, le portraitiste en miniature, l'élève et l'ami de Frédéric Millet. M. Passot, qui a travaillé aussi sous madame de Mirebel, a débuté en 1824; il a, depuis cette époque, produit et exposé un nombre infini de miniatures. On peut dire que toutes les grandes familles nobiliaires sont venues prêter leurs traits à son pinceau. En 1855, M. Passot a envoyé à l'exposition plusieurs miniatures, entre autres quelques portraits spécialement commandés par ordre impérial : *L'Empereur* et *l'Impératrice*, d'après M. Winterhalter; *la reine Hortense*, d'après Gérard; *Louis-Napoléon, roi de Hollande; Napoléon Ier*, etc., etc. M. Passot est également chargé de portraits destinés aux présents diplomatiques. Il a traité à l'aquarelle quelques sujets de genre, tels que : *la Jeune Femme à la harpe, Etudes de baigneuses, Après le bal*, etc.

Je reviens à M. Aimé Millet. Il a étudié à la fois la peinture et la sculpture, a suivi plusieurs années l'atelier de David (d'Angers) et débuté au salon de 1842. D'abord partagé entre ces deux arts, il se livre depuis quelque temps déjà exclusivement à la sculpture. On a vu de lui aux salons entre autres dessins : *M. Gonthard;* le *Joconde*, d'après Vinci; *l'Adoration des bergers*, d'après Ribeira; *Balthazar Castiglione*, d'après Raphaël; *M. Taxile Delord*. Parmi ses œuvres de sculpture à l'exposition de 1855, *le Docteur A. Richard, Gay-Lussac, Jeune fille couronnée de fleurs*. Ajoutons une *Bacchante* et un *Narcisse*. Son œuvre capitale, c'est sa belle *Ariane*, immédiatement acquise par le musée du Luxembourg, en 1857.

M. Millet envoie au salon un superbe buste en marbre du maréchal Magnan. C'est une œuvre qui se recommande par le soin et le fini du travail, la vérité et l'expression, la netteté franche des lignes, l'harmonie de l'ensemble. M. Millet achève en ce moment un *Mercure* en marbre qui lui a été commandé par l'État. Il en a déjà exposé le modèle en plâtre dans une corniche de la cour du Louvre. Je n'en puis rien dire pour le moment, l'œuvre n'étant pas achevée; cela promet d'être beau, et j'ajoute qu'à cette occasion l'auteur a été décoré.

La danse est aussi du domaine des Beaux-Arts, la chorégraphie n'étant autre chose que l'art gracieux de noter d'une façon ingénieuse des pas et des figures. Ces préliminaires indispensables établis et ma conscience rassurée, je vais aborder franchement la chose.

Le bal du 25 à l'Hôtel-de-Ville a été brillant, choisi et distingué; c'était en petit comité... deux mille personnes; on circulait aisément. Il n'y avait pas cette cohue des grands bals où cinq à six mille personnes passent toute la soirée à se bousculer et à s'excuser, où la danse est une expérience du choc des corps élastiques, où les coudes et les pieds laissent une désagréable trace sur des épaules blanches et des talons roses, où des bouffées de chaleur descendent des lustres et colorent si vivement des joues fraîches, où l'air est inconnu, une chaise invisible, le buffet aux rafraîchissements une citadelle formidable dont il faut s'approcher pas à pas et finalement prendre d'assaut. Le bal à l'Hôtel-de-Ville a cela d'agréable qu'on y est à son aise ou pour mieux dire chez soi; il est exempt de la contrainte cérémonieuse des bals officiels; il est plein d'un sans-gêne de bon goût. Je n'ai rencontré du monde des lettres que M. et madame

de Pène; M. et madame Louis Figuier:
ah! parbleu, j'ai aussi aperçu un moment
M. Louis d'Auterive, mon collaborateur; il
était au bras d'un de ses amis. Il gesticulait
comme un professeur de déclamation; il
parlait avec animation et montrait à son interlocuteur les statues tenant des becs de
gaz et les corniches du plafond; je crois
qu'il faisait une dissertation entremêlée
d'esthétique qu'il se propose certainement
d'utiliser dans une de ses prochaines visites
aux ateliers. L'ami l'écoutait avec une attention soutenue: il y a de si bonnes natures! A la fin du bal, à trois heures et demie du matin, j'ai rencontré de nouveau
mon collaborateur; il était en face des
mêmes corniches, avec le même ami, l'écoutant avec la même attention; il parlait de la
même manière... des mêmes principes.

Je vais, en terminant, annoncer une
bonne nouvelle. J'ai vu, sur le boulevard
Montmartre, chez le marchand de tableaux,
— son nom m'échappe, mais il est assez
connu pour qu'on puisse se dispenser de le
nommer, — un charmant tableau de M. Gustave Doré. Cela représente un beau sur le
retour, un vieux jeune, je crois, un don
Juan de soixante ans. Il est assis devant
une table chargée de consommations, le
cigare à la main, le sourire aux lèvres, le
nez surmonté d'un pince-nez, la cravate
étincelante, le cou droit et tendu, le chapeau de paille légèrement incliné sur le
côté, l'œil au guet, l'oreille aux écoutes; il
est satisfait de sa personne: vous qui passez,
regardez, regardez-le donc. Il est gai ce
tableau, il fait rire. C'est d'une charmante
expression comique.

Charles Corassan.

PARIS TRANSFIGURÉ

(2me ARTICLE)

I

La Cité, cet antique berceau de Paris, a
su garder un caractère à part au milieu de
ce travestissement de la grande ville.

Du Pont-Royal, vous voyez la poupe de
l'immense vaisseau: ce sont les deux maisons en avant-corps de la place Dauphine,
précédées du terre-plein du Pont-Neuf;
puis vous découvrez la mâture: ce sont les
aiguilles du Palais-de-Justice, les deux clo-
chetons et la flèche de la Sainte-Chapelle,
les deux tours et la haute aiguille de Notre-
Dame. Entre la poupe et la mâture, vous
voyez une vaste plaque rouge, sur laquelle
se lisent en lettres d'or, d'un mètre de
hauteur, ces mots prestigieux: *Dents à
5 francs!*

Nous avons dit, en terminant notre premier article: « Ce n'est pas sans regret que
« l'on assiste en spectateur silencieux à ce
« carnage de toutes les saines traditions. »
Ici, nous exprimerons moins de tristesse.
On a ménagé la Cité, on n'a pas gratté
Notre-Dame!

La vieille cathédrale, cette œuvre splendide de toute une période de notre histoire
a été, au contraire, soigneusement restaurée pierre à pierre. Chaque fleuron, que le
temps ou les crises populaires avait enlevé,
a été taillé et replacé. La voûte a été refaite; la toiture a vu se rétablir son couronnement en antéfixe, et une flèche élancée,
svelte, gracieuse et forte s'est élevée à l'intersection des quatre nefs.

A l'intérieur, on a garni de vitraux les
grandes baies de l'abside, on a détruit ces
affreuses arcades à plein ceintre que le
mauvais goût d'une époque, heureusement
loin de nous, avait laissé s'édifier au fond
du chœur. De tous ces travaux, la basilique
sortira telle que l'ont rêvée les artistes sublimes qui la créèrent, et le grand poëte
qui l'a chantée.

Mais laissera-t-on, fixera-t-on, sur les
piliers et sous les arceaux gothiques, ce
hideux mirlitonnage qu'improvisèrent des
décorateurs en goguette pour une des
grandes solennités de ce temps! Ces vieux
faisceaux de colonnettes ont-ils besoin de
chevrons comme nos vieux grognards?
N'abandonnera-t-on pas un système d'ornementation ridicule qui pourrait donner à
Notre-Dame, au lieu de l'aspect du plus
saint, du plus mystique des temples chré-

tiens, celui d'une pagode de Visnhou ou d'une mosquée du Prophète?

Si le grattage est une erreur, le mirlitonnage est une profanation.

Nous devons espérer aussi que l'on trouvera le moyen de rétablir le perron de Notre-Dame. Il faut à ce splendide édifice quelques marches de surélévation au-dessus du niveau de la place. Pour cela, il n'est besoin que de restituer à la rue du Parvis son niveau horizontal, que des nécessités du cinquième ordre ont converti en plan légèrement incliné.

Alors, — et nous croyons que dans deux ans nous pourrons jouir de ce spectacle, — alors Notre-Dame, autant par son aspect extérieur que par ses détails si précieux, si finis, se présentera à tous, belle et rayonnante, comme l'éternel témoignage du génie de ces siècles de notre histoire, que l'on n'osera plus traiter de barbares !

II

La Sainte-Chapelle, à laquelle on n'a pas donné moins de soins, manquera toujours de perspective. On a bien voulu laisser apercevoir son toit par-dessus l'informe et lourd bâtiment qui renferme les archontes de la police correctionnelle; on a bien voulu l'isoler d'un côté, par respect pour ses grandes verrières; mais ce que l'on aurait dû faire et que l'on n'a pas fait, c'était de l'envelopper d'un vaste espace, de lui donner du jour de tous côtés, de créer une place devant son délicieux portail, d'amener enfin à son seuil par un escalier quelconque, et de ne pas reléguer son entrée dans l'encoignure d'un des sombres vestibules de dame Justice.

La flèche, si délicieusement décorée, on ne la voit que comme dans un mirage. Quand on s'en approche, elle disparaît. On la touche, et on la cherche encore. Est-ce que les dispensateurs de l'air et de la lumière dans notre bonne ville de Paris se figurent que l'architecture du Palais-de-Justice peut indemniser les visiteurs de la rue de la Sainte-Chapelle ?

Rien ne nous semble plus pauvre que les replâtrages du Palais. La lourdeur de la cour du Mai contraste singulièrement avec le couronnement de l'édifice chrétien qui la domine. L'arrangement de la façade des Pas-Perdus, sur le boulevard du centre, est la négation de tout style. Il y a ensuite, deci et delà, quelques croisées de pierre, dans des baies à cintre surbaissé, qui se trouvent comme par hasard au-dessus de grandes ogives. Tout cela est prétentieux, mais manque de goût et ne signifie rien. On a gâté quelques beaux débris en les enchâssant dans des choses informes.

Le Palais-de-Justice est, comme la chicane, un ensemble trompeur, raboteux, mesquin. Sous l'ampleur majestueuse de la robe de l'Intimé, se cache le frac du gandin. Reste à savoir si les agrandissements en voie de construction, détourneront l'attention de tous les détails des parties existantes, pour la fixer sur un édifice véritablement grand et solennel, digne de cette grande souveraine qu'on appelle la loi !

III

Sur la rive gauche, nous trouvons le Palais des Thermes et l'hôtel de Cluny, que le hasard rapprocha et que l'intelligence eût dû séparer à jamais. La réunion de ces deux édifices dans la même enceinte crée à Paris un monument à la gloire de l'anachronisme.

M. du Sommerard était un homme fort honorable. Il avait eu une grande idée, un peu la même que celle d'Alexandre Lenoir, mais il lui manqua, pour la mettre dignement à exécution, la science. Il a consacré toute sa fortune, qui était très-considérable, à l'acquisition d'une foule d'objets curieux qu'il sût loger, mais que malheureusement il ne sut pas classer.

Il aurait fallu qu'après lui, en complétant son œuvre si nationale, on fît un tri des objets renfermés dans l'hôtel de Cluny, et qu'on trouvât un moyen plus ingénieux de placer son buste, qui fait un singulier effet, sur une cheminée du moyen âge. Ce tact, cette science, on ne l'a pas eue.

Au contraire. On a enlevé tout ce qui

séparait l'hôtel de Cluny du Palais des Thermes. On a marié la ruine romaine à l'édifice abbatial. On a jeté pêle-mêle, le débris celtique, la pierre du temple, la figurine du moyen âge, et même la tête de satyre du pont de Henri IV. A grand'peine le catalogue vous conduit à travers ce dédale. Vous passez entre deux monstres descendus de la tour Saint-Jacques-la-Boucherie pour arriver devant la croix que le maréchal Pélissier a rapportée de Sébastopol.

IV

Reparlerons-nous, à cette même place, de la fontaine Saint-Michel? L'anachronisme de l'idée à côté de l'anachronisme des époques!... Non. Mais nous avons nommé Alexandre Lenoir, et nous nous plaisons à revenir à l'endroit où se trouvait son *Musée des Monuments français*. C'est là qu'aujourd'hui est situé le palais des Beaux-Arts, dont la nouvelle annexe regarde le Louvre, mais non sans honte !

Que signifie, en effet, cette grande façade avec ses trois gigantesques cadrans d'horloge? avec ses immenses fenêtres carrées, surmontant de petites lucarnes? C'est là l'école des Beaux-Arts ! Mais n'y a-t-il pas dans son enceinte une foule d'élèves qui avaient rêvé pour leur asile quelque grand et sublime projet? Sur quoi se fonde-t-on pour leur offrir ce bâtiment informe, à eux qui ont peut-être du génie, du talent, de l'imagination?... Cette fois plus que jamais, Messieurs, il fallait un concours.

Il n'y a pas chez nous de parti pris. On démolit le pont Louis-Philippe, et nous applaudissons. On restaure l'Institut, on le gratte même, rien de mieux : c'est une maison tout comme une autre. On morcelle le Jardin de Luxembourg pour faire un boulevard, passe encore ; mais où va-t-on mettre la délicieuse fontaine de Jacques de Brosse? et pourquoi a-t-on alourdi, abâtardi, le beau palais du Luxembourg?

Et le Panthéon? Reconnaîtra-t-on bientôt enfin, qu'il n'est point d'édifice mixte, que pour faire de celui-là une église, il faut le remanier de fond en comble? Tout est à refaire. Le sol d'abord doit être nivelé ; puis les pendentifs du dôme doivent être grattés, ils ont froid dans une église !... Et ce sont cependant de bien belles peintures !

L'ornementation improvisée du chœur et des chapelles est d'un triste effet. Elle s'harmonise mal avec l'architecture du monument. C'est de la fantaisie pure, accolée à une ordonnance sévère et classique. Puis cette fantaisie n'a rien de chrétien. C'est du cartonnage, c'est de la décoration de fête publique, ce n'est pas ce qu'il convient pour meubler cet immense vaisseau qui, — si toutefois la grande architecture classique est susceptible de sentiment religieux, — mérite des boiseries et des décors du style le plus magistral.

En revanche, la restauration de Saint-Étienne-du-Mont nous semble bien entendue. On a, il est vrai, un peu trop gratté ce délicieux jubé, l'un des plus admirables du monde, mais on avait pour excuse les couches répétées de badigeon que le mauvais goût avait laissé s'épaissir sur ces détails si fins et si délicats. En somme, cette église, bien qu'irrégulière dans sa forme, est fort belle depuis qu'on l'a restaurée.

V

Il nous reste à parler des Invalides. On a dégagé convenablement la façade du dôme, qui, malgré ses défauts, est une des plus belles entrées d'église de Paris. On a mis en bon état la large avenue qui y conduit, et l'on pouvait espérer une belle perspective, quand il est venu à l'idée de nos édiles de couper ce point de vue remarquable par une colonne en fonte de style chinois, monument gigantesque élevé à la gloire... des eaux du puits artésien de Grenelle !

Du côté de la Seine, on a démoli ces affreuses baraques de campement militaire qui obstruaient l'esplanade de l'hôtel. On a bien fait; mais n'aurait-on pas dû aussi rétablir ces beaux gazons qui s'étendaient en tapis verdoyants, au-devant de l'asile des glorieux débris de nos armées ?

C'était si beau, cette plaine de verdure dans l'intérieur de Paris, entre ces deux grands quinconces. Les steppes actuelles n'ont pas non plus de raison d'être à deux pas du Champ-de-Mars. Nous avons donc tout lieu d'espérer que le gazon reviendra couvrir l'esplanade.

VI

Nous avons achevé cette promenade rapide à travers le Paris transfiguré. Avons-nous prouvé quelque chose?

Nous croyons pouvoir le dire en toute franchise, ce qui est fait est bien fait, mais restons-en là. Paris est saccagé, Paris n'est plus que son reflet, que son ombre, soit! Mais qu'une bonne fois on laisse cette grande ombre au repos. On a, nous le croyons, assez fait pour l'assainir, pour élargir ses rues, pour blanchir ses façades. On l'a assez agrandi. Des champs, des prés, des cultures se trouvent dans son enceinte... Que dans ces déserts un nouveau Paris monumental s'élève! Qu'il soit à la hauteur des grandes idées du moment? Que des concours s'ouvrent pour tout ce qui est innovation et progrès!...

Et alors, nous oublierons avec joie nos regrets et nos douleurs, pour saluer l'ère nouvelle! Nous serons heureux d'avoir vu toutes les maladresses entassées depuis soixante ans aboutir à ce résultat : l'admission de tous aux concours pour les grands travaux d'utilité publique et de juste orgueil national.

Alfred D'AUNAY.

UN PORTRAIT

—

Des groupes nombreux se formaient il y a quelques jours sur le boulevard Montmartre devant les magasins de M. Deforge, marchand de tableaux; on peut même ajouter qu'ils interceptaient la circulation à certaines heures, sans aucun souci des ordonnances de police qui défendent les attroupements. L'autorité ne pouvait rien contre eux. Que voulez-vous! ces gens passaient, allant à leurs affaires; ils ont aperçu derrière la vitre un portrait de Victor-Emmanuel, grandeur naturelle, qui les contemplait du haut de son cadre, et ils ont éprouvé le besoin de lui rendre la politesse de son regard.

Il s'agit donc ici tout simplement d'une œuvre d'art que nous ne saurions laisser dans l'oubli.

Cette magnifique page, détachée du livre des illustrations contemporaines, est de M. G. Lépaulle.

Nous n'avons pas besoin de faire l'éloge de cet artiste. Son pinceau, qui n'a pas de couleur politique, se livre aux compositions les plus variées avec un bonheur toujours égal. Portraits, chasses, sujets de genre, il touche à tout. C'est une activité qui ne s'est pas démentie depuis 1831, date de sa première exposition qui lui valut sa première médaille. S'il nous fallait énumérer ici les toiles qu'on lui doit, la liste serait trop longue. Il suffira de signaler sa *Suzanne au bain*, son *Saint Vincent de Paul*, sa *Résurrection du Christ*, son *Ariane abandonnée* et ses œuvres éparses dans les églises, dans les galeries publiques et privées de l'Europe, presque toutes reproduites par le burin pour le portefeuille des collectionneurs.

Des célébrités, à quel titre que ce soit, ont trouvé leur ton sur sa palette. J'en vois au musée de Versailles, ici, là, ailleurs, partout. Il a peint des rois et des présidents de république, insoucieux des nuances de leur drapeau, Isabelle II et Cavaignac : les grands par droit de naissance et les grands par droit de conquête; ceux du trône, ceux de l'Eglise, ceux de la science, des lettres et des arts.

M. Lépaulle est l'ouvrier de sa destinée. Il ne devait pas compter sur le hasard; il s'est fait ce qu'il est. Il est parti seul, presque sans maître, pour se créer lui-même par la persistance de son labeur et par la force de sa volonté.

Mais il est temps de revenir à l'objet spécial de cet article.

Jusqu'à présent on ne connaissait guère Victor-Emmanuel que pour l'avoir vu souvent, plus ou moins bien drapé dans ses moustaches, d'après les dessins risqués de ᶠantaisistes qui, peu respectueux de la ressemblance, se contentaient de lui faire un type d'après l'effigie des monnaies sardes. On avait une figure légendaire quelconque. Mais pour la vraie, il n'y fallait pas penser. Une barbe longue, des cheveux tout crin, une poitrine chargée de croix, c'était assez pour satisfaire la curiosité.

Cette fois, on a la tête qui pense, le regard qui impose, le geste qui commande. L'attitude est noble et fière. On reconnaît bien là le soldat chevaleresque qui va se lancer follement dans la mêlée, le premier de tous, offrant sa vie à qui saura la prendre, pour le profit d'une idée de rénovation. S'il meurt, d'autres viendront après lui, plus heureux que lui, son fils pour le remplacer comme il a remplacé son père, jusqu'à la consommation de sa race, jusqu'au triomphe du principe qu'il représente.

Il reprend Novare à l'endroit du feuillet interrompu. Novare ne semblait-il pas dire : « La suite au prochain numéro. » Veilles accablantes, dangers sans lendemain bien assuré, tiraillements des partis extrêmes, désaveux partiels, rien n'est susceptible de l'arrêter. Il va droit devant lui, comme le boulet de canon.

C'est l'ambition qui le mène, dites-vous.

L'Italie souffrait ; lasse de souffrir, elle soupirait son chant de réveil. Il a vu ses chaînes et les plaies faites dans les chairs meurtries par leur contact aux bras, aux pieds, au cou, partout où le fer pouvait entrer. Il a senti les douleurs, il a mesuré les courages, et il a désiré, dût-il y périr, que cet appel de détresse se transformât en un immense cri de délivrance ; et il s'est mis à l'œuvre, ardent, infatigable, implacable surtout pour la triste destinée des petits despotes qui rivaient les fers, depuis des siècles, à coups de marteau, et y introduisaient des coins à coups de maillet. Tant pis pour les réclamations intéressées de ceux qui comprenaient si mal leur devoir, interprétaient si faussement leurs droits, et précipitaient eux-mêmes fatalement leur chute, sans s'en douter ! Que pouvaient peser leurs protestations tardives dans la balance de la justice suprême ? Rien, moins que rien : à peine ce

que pèse l'atome désagrégé d'un monde en travail de transformation. L'ambition, dites-vous. Eh bien, soit ! mais celle-là est sainte qui donne aux peuples leur part légitime de pain, de soleil et de liberté. Nous souhaitons une ambition pareille aux chefs de toutes les nations du globe dont les sujets sont encore considérés comme taillables et corvéables à merci, qui ont des langues et des mœurs en opposition avec leurs besoins, qui comptent des esclaves, des serfs, des peines corporelles, des asservissements odieux et des priviléges basés sur des traditions en désuétude. L'humanité n'est plus un troupeau qu'on divise par petites fractions, avec de petits gardiens armés de bâtons, sur un même territoire, en dépit de la logique et du sens commun.

Dans le portrait de Victor-Emmanuel, M. Lépaulle a mis l'expression qui convenait au libérateur de l'Italie. On a raison de s'arrêter devant le portrait pour admirer l'audace de la pose et du coup de brosse, et pour faire fête à tous les deux. Les foules ne se trompent pas dans leur impression.

Gustave CHADEUIL.

NOUVELLES ARTISTIQUES
—

Nous savons de source certaine qu'aucun sursis ne sera accordé pour l'exposition universelle des beaux-arts de Paris, dont l'ouverture reste irrévocablement fixée au 1ᵉʳ mai prochain. On travaille avec une grande activité aux préparatifs de cette grande solennité artistique qui promet d'être une des plus brillantes que nous ayons eues.

Nous signalons à MM. les artistes les derniers jours d'envoi aux expositions.

Toulouse	5 mars.
Mayence	10 mars.
Metz	15 mai.
Strasbourg.	15 mai.
Nantes.	1 juin.
Stuttgard	10 juin.

Le comité central des artistes vient de nommer les membres du bureau pour l'année 1861.

Président : M. Paul Chareau, homme de lettres. — *Vice-présidents* : MM. Hulot ✻, directeur de la fabrication des timbres-poste ; Valat, homme de lettres; Dassunce ✻, peintre, et Lescuyer ✻, ancien officier de la marine. — *Administrateur général* : M. Louis Auvray, statuaire. — *Secrétaire général* : M. H. Brévière, graveur de l'imprimerie impériale. — *Secrétaires-adjoints* : MM. Ed. Douay, Fayet, Savard et Beaufils, hommes de lettres. — *Archiviste,* M. Alphonse Pauly, homme de lettres. — *Archiviste-adjoint* : M. Louis Rey, peintre décorateur. — *Directeur de la section de musique* : M. Edouard Chol, professeur. — *Administrateurs* : MM. Alphonse Millaud, Warot, Damaschino, Valadon, Frison, Collier, Huber et Lenoir. — *Conseil de rédaction* : MM. Edouard Blanc, Laffiteau, Dorlanges, Fayet, du Villers, Penon et Lucas.

Le Conservatoire de musique a, comme on sait, d'immuables et religieux abonnés ; mais dans ce sanctuaire du dilettantisme l'espace est parcimonieusement mesuré. Beaucoup sont appelés, peu sont élus. Ému des plaintes de tous les amis de la grande et sérieuse musique plongés dans les ténèbres extérieures, un homme d'infiniment de goût, de talent et d'ardeur, M. Pasdeloup a créé la *Société des jeunes artistes du Conservatoire.* Sous sa magistrale direction, cette vaillante compagnie est devenue la jeune garde de la musique classique, et toutes les batailles qu'elle a livrées ont été des victoires. Dans sa campagne de cette année, campagne récemment ouverte, elle a exécuté avec un style et un éclat incomparables la symphonie en *ut majeur* de Mozart, les *Ruines d'Athènes,* cette étrange et profonde composition de Beethoven, et d'autres chefs-d'œuvre de l'art musical. Dimanche prochain, 3 mars, elle donne un nouveau concert, dont le programme est des plus attrayants, et elle livrera successivement à notre admiration les plus belles et les plus difficiles pages des grands maîtres.

M. Charles Corassan reprendra dimanche prochain la causerie dramatique que l'abondance des matières avait fait interrompre.

M. Louis d'Auterive publiera dimanche prochain son troisième article sur les ateliers.

Gustave ROMIEU.

L'ART A L'IMPRIMERIE IMPÉRIALE

—

Il est question de transporter au Louvre l'Imprimerie impériale et les bureaux du *Moniteur universel.* L'architecte du palais, M. Viollet-le-Duc, a été chargé de faire des études sur l'appropriation du local à cette double destination.

Singulier retour ! Notre premier établissement typographique va revenir à l'endroit même où il fut installé, lors de sa création par Louis XIII en 1640. C'est au Louvre, en effet, que l'on réunit successivement les caractères grecs gravés par ordre de François Ier, ainsi que les types arabes, turcs et persans, dont, pendant son ambassade à Constantinople, de 1589 à 1611, Savary de Brèves avait surveillé l'exécution. Une fonderie annexée à l'Imprimerie royale multiplia tous ces caractères que l'on employa concurremment avec les caractères français.

M. de Saint-Georges, l'habile et intelligent directeur, à qui nous empruntons quelques-uns de nos renseignements, cite parmi les ouvrages publiés à cette époque : l'*Imitation de Jésus-Christ* (1640), deux ouvrages du cardinal de Richelieu, l'*Instruction du chrétien* et *Les principaux points de la foy de l'Eglise catholique,* ainsi que des éditions remarquables de Virgile, d'Horace, de Térence et de la Bible.

En 1692, Louis XIV ordonna l'exécution d'une typographie spéciale pour le service de l'Imprimerie royale, un remplacement des types dont on avait fait usage jusqu'alors et que rien ne distinguait de ceux employés par le commerce. Pendant son règne, parurent les grandes et belles collections des

Historiens byzantins, des *Actes des conciles*, de la *France chrétienne*, etc. Sous Louis XV et Louis XVI, de sensibles progrès se manifestèrent dans les éditions ; les textes étaient plus corrects, la typographie plus élégante et plus pure. Les savants, les amateurs, les bibliophiles recherchent les *Ordonnances des rois de France*, l'*Histoire de l'Académie royale des Inscriptions et Belles-Lettres*, l'*Histoire* et les *Mémoires de l'Académie des Sciences*, ainsi qu'un grand nombre d'ouvrages de science et de littérature, sortis pendant cette période des presses du Louvre et qui tous témoignent de la rapide efflorescence de l'art.

Pendant la période révolutionnaire, le rôle de l'Imprimerie nationale fut purement administratif ; mais lorsque l'Italie soumise eut ouvert au général Bonaparte les richesses de ses bibliothèques et de ses musées, le grand capitaine se souvint de nos presses trop négligées, et pour enrichir nos collections typographiques, il fit enlever de l'imprimerie de la Propagande à Rome et de celle des Médicis à Florence une série de poinçons arabes, birmans, coptes, éthiopiens, malabars, persans, samaritains, syriaques et thibétains. Ainsi fut magnifiquement accru le catalogue des types étrangers de l'Imprimerie nationale, et les nouveaux poinçons prirent une place distinguée à côté des caractères hébreux et chinois que, de 1715 à 1742, Louis XV avait fait graver sous la direction de Fourmont. En formant cette collection, le général Bonaparte obéissait à une grande pensée.

« La campagne d'Egypte, en 1798, dit M. de Saint-Georges, campagne aussi scientifique que politique et militaire, avait révélé à son génie l'éclat des anciennes civilisations de l'Orient. Son esprit investigateur lui avait fait pressentir la vie collective de ces nations éteintes qui avaient semé le sol de tant de monuments dont les gigantesques débris sont restés comme le témoignage d'une conception profonde et d'une exécution puissante.

« Si de tels vestiges s'étaient montrés à lui avec toute leur éloquence artistique, leurs inscriptions lui dévoilaient un vaste champ à explorer dans l'étude des littératures et des cosmogonies de ces florissantes nationalités.

« La pensée des enseignements qu'il devait trouver dans cette étude ne l'abandonnait même pas sur les champs de bataille ; et lorsque, devenu empereur des Français, il jetait les bases de son empire, refaisant la société que la tourmente révolutionnaire avait ébranlée jusque dans ses fondements, il s'occupait encore de l'antiquité à laquelle il voulait arracher les secrets des civilisations oubliées, afin d'y puiser des germes vivifiants pour la société renaissante.

« Que d'utiles leçons il allait trouver à cette source ! En vieillissant, le monde s'était éloigné de la tradition qui avait imprimé la vie normale et politique à toutes les nations primitives. La raison humaine, toujours faillible, s'était substituée à la raison divine, qui ne vieillit point et reste constamment pure. On avait tenté de reconstituer le monde à nouveau, sans tenir compte des faits antérieurs, et en rejetant tout ce qui tenait de la loi de l'ordre imprimé éternellement à la création ; on avait propagé l'idée étroite en essayant d'étouffer l'idée universelle ; le radicalisme avait conduit au doute, et l'on était arrivé au chaos intellectuel. Napoléon voulut ramener à l'unité traditionnelle. Il avait raison, là seulement il devait trouver la vérité.

« Au milieu de ses campagnes et de ses victoires, il lui restait toujours une pensée pour l'organisation sociale qu'il voulait opérer. Son génie embrassait toutes les questions et pressentait toutes les destinées futures. Quand, à son commandement, ses masses formidables s'ébranlaient et portaient dans les rangs ennemis le carnage et la destruction, il pensait à la paix qui répare, guérit et féconde, et devinait les aspirations intellectuelles qui, plus tard, ont conduit les esprits vers la recherche de toutes les connaissances humaines. »

Pour diriger ces aspirations, l'Imprimerie nationale, devenue Imprimerie impériale, offrait à Napoléon des ressources considérables. — Il voulut qu'elles fussent utilisées, augmentées et perfectionnées. En 1811, il la dota d'une typographie nouvelle qu'il avait fait exécuter par le célèbre Didot, après avoir définitivement, par le décret du 24 mars 1809, organisé cet établissement comme imprimerie de l'État, exclusivement chargée de toutes les impressions des divers départements du ministère, du service de la maison impériale, du conseil d'État, et de l'impression du Bulletin des Lois. Puis, poursuivant l'idée qu'il avait conçue à la campagne d'Italie et qu'avaient développée les ruines de l'Égypte, il rendit, le 22 mars 1813, un décret en vertu duquel des élèves furent entretenus à l'Imprimerie impériale pour y être instruits dans la manipulation des caractères orientaux. Il ordonna en même temps l'impression annuelle d'ouvrages en langues orientales, avec le texte français en regard, sous l'inspection du savant orientaliste Sylvestre de Sacy.

Ainsi furent jetés les germes de cette typographie orientale qui, de développements en développements, est devenue, depuis 1815, la plus belle richesse de l'Imprimerie impériale, et qui devait donner naissance à la *Collection orientale*, monument gigantesque de science et d'art, dont l'exécution prouve à quels résultats peuvent conduire l'amour du beau et la persévérance dans les efforts. De 1836 à 1848, sept volumes in-folio de cette collection furent publiés sous la direction d'une commission de savants nommés par le gouvernement et composée de MM. Sylvestre de Sacy, Ét. Quatremère, Saint-Martin, Eugène Burnouf, Fauriel, Amédée Jaubert et Mahl. L'apparition de ces volumes arracha aux artistes et aux bibliophiles un cri d'admiration. Jamais les presses typographiques n'avaient rien produit de pareil. Dans cette publication, qui se continue toujours, l'Imprimerie impériale s'est fait un jeu des plus grandes difficultés. Les dix exemplaires tirés en or et en couleurs sont la réalisation la plus absolue des conceptions artistiques. Ils le disputent aux plus beaux manuscrits par l'élégance des encadrements et des titres, la perfection des dessins, des vignettes et des fleurons, dus au crayon de Chenavard et, plus tard, de son élève Clerget ; par la pureté de l'or, la richesse des couleurs, l'harmonie des teintes et des nuances. C'est un prodige qui est venu augmenter le nombre de nos chefs-d'œuvre nationaux et qui honore MM. de Villebois, Lebrun et de Saint-Georges, sous l'habile direction desquels il a été conçu, commencé et poursuivi avec un zèle digne des plus grands éloges.

Là, figurent ou figureront les Pourânas, le Râmâyana, le Mahâbhârata, etc., ces monuments littéraires de l'Inde, aussi prodigieux dans leur genre que les étonnantes sculptures d'Elora, écrits dans cette langue sanscrite dont la prosodie est infiniment plus riche et plus variée que la prosodie grecque et latine, et qui ne connaît pas de *douteuses.*

D'où est venue cette merveilleuse poésie?

Voici comment l'explique un passage des prolégomènes de Râmâyana :

« Exalté par le récit que Narada, le messager des dieux, venait de lui faire des qualités surnaturelles et des actions éclatantes de Râma, Vâlmîky résolut de composer, d'après cette esquisse, un ouvrage étendu destiné à perpétuer la gloire de ce héros. Un jour qu'il se promenait tout rêveur sur les bords fleuris du Tamasâ, en songeant à la composition de son ouvrage, il aperçut deux cygnes étincelants de blancheur. Au moment même où il considérait avec le plus vif plaisir la grâce qu'ils imprimaient à leurs mouvements voluptueux, un chasseur décoche une flèche et perce le mâle, presque à ses pieds. Indigné d'une action aussi cruelle, Valmiki, dans sa colère, prononce contre le chasseur cette imprécation : « Être dégradé, puisses-tu ne jamais parvenir à l'élévation, toi qui viens de tuer ce cygne, alors qu'il était ivre d'amour ! »

« Puis le répétant plusieurs fois en lui-même, et frappé d'y trouver une sorte de cadence toute nouvelle, il se tourne vers un de ses élèves qui l'accompagnait et lui dit : « Rhâradwadja, que cette période composée de quatre portions régulières, renfermant chacune un nombre égal de syllabes et qui m'a été inspirée par la douleur, reçoive, à cause de cela même, la dénomination de *sloka* ! »

« Cependant Brahmâ apparaît à Valmiky,

lequel, tout plein de sa douleur, répétait encore l'imprécation qui venait de lui échapper. Le dieu en écoute avec ravissement les sons mélodieux et mesurés, et ordonne au saint personnage, devenu poëte ainsi tout à coup, de composer son Râmâyana dans le mètre qu'il vient d'inventer. »

Telle est la manière dont les Indiens racontent l'origine de la poésie parmi eux.

Dans la collection orientale se trouvent aussi les œuvres de Ferdoney. Nous croyons que les lecteurs de la *Revue des Beaux-Arts* ne verront pas sans intérêt, ici, quelques détails sur ce grand poëte dont un portrait a été récemment placé au Louvre.

L'an 145 de l'Hégire (1), la Perse avait pour schâh (2) le premier des Ghaznévides, le grand Chamoûnas, splendeur des lumières et puits des largesses. A sa cour affluaient les savants et les poëtes, que sa munificence revêtait de robes de soie brochées d'or.

Quelques années avant le règne de ce puissant monarque, une femme de la ville de Sâr, dans le Khorassan, se trouvant seule au milieu d'un jardin appelé *Ferdoucy* (3) à cause de sa beauté, fut saisie tout à coup par les spasmes de l'enfantement. Elle mit au monde un fils beau et fort. A peine dans son berceau, l'enfant, disent les chroniques, jeta un cri surnaturel, et ce cri fut répété par toutes les montagnes environnantes, en sorte que de faible et tremblant qu'il était d'abord, il devint grand et terrible comme un hurra de tonnerres. Son père, bostangi (4) d'un riche domaine, remarqua avec étonnement qu'une musique, composée de voix enivrantes, circulait sans cesse autour du berceau de son fils.

L'enfant se développa sous les caresses maternelles, et il était beau à ravir. Ses cheveux abondants bouclaient sur ses épaules, et dans ses yeux d'un bleu limpide brillait un rayon du ciel. Il entendait encore les voix qui avaient chanté sur son berceau. Ces voix venaient des nuages, des arbres, des rochers. Elles le suivaient, le cherchaient, l'appelaient. Il passait des journées entières à les écouter dans le jardin paternel. Souvent alors, la Nuit, le trouvant endormi, le prenait pour une de ses plantes et le couvrait de sa rosée.

Ferdoucy ne tarda pas à devenir un jeune homme accompli. Son père favorisa son goût pour l'étude et la poésie. Un jour, le fils du bostangi apprend que Mahmoud le Ghaznévide, le Charlemagne de l'Orient, attire autour de son trône les poëtes de toutes les parties du monde. Aussitôt l'imagination du jeune poëte travaille. Il ne dort plus. Les jours et les nuits, il les passe à composer de vieilles chroniques, et un soir il lit à ses amis assemblés un poëme épique sur les anciennes guerres de Zohah et de Paridoun. On l'applaudit, et il prend secrètement la résolution de faire le voyage de la cour.

Un matin, avant l'aurore, il quitte mystérieusement la demeure de son père. Le voilà parti, pauvre et inexpérimenté, pour ce pays qu'il ne connaît pas et dont son imagination lui trace les plus éblouissantes images. Il était seul. A la fin de sa première journée de marche, accablé de fatigue, le cœur rempli de doute et de terreur, bien plus que d'espérance, il s'assied près d'un ruisseau et s'endort. Alors un nuage descend sur ses yeux. Ce nuage se condense et prend la forme d'un trône d'ivoire incrusté d'or. Sur ce trône paraît un jeune monarque. Des rayons partent de sa tête et se répandent sur tout l'univers. Son regard se fixe avec douceur sur le poëte. Touché par le sceptre du prince, celui-ci se réveille et continue sa route avec confiance.

Jules LADIMIR.

(La suite au prochain numéro.)

---

(1) 762 de Jésus-Christ.
(2) Prononcez à pleine bouche chaûh.
(3) Paradis.
(4) Jardinier en chef.

Le rédacteur en chef : LOUIS LAVEDAN.

Paris. — Imp. Walder, rue Bonaparte, 44.

CHRONIQUE DES BEAUX-ARTS.

J'ai parcouru une grande partie du globe; j'ai visité des royaumes florissants et des villes opulentes; je me suis assis sur des ruines de cités jadis populeuses, laissant échapper à la vue de ces tristes débris, mutilés par les siècles, ces mots arrachés à ma tristesse : *Hic Troja fuit.*

J'ai traversé des déserts arides et des forêts profondes; j'ai vécu au milieu de peuples sauvages, écoutant leurs chants monotones, assistant à leurs danses joyeuses, partageant leurs fêtes et leurs chasses, et goûtant au milieu de ces hommes de la nature les douceurs d'une généreuse hospitalité.

Eh bien, aucune contrée de la terre, ni l'Asie au printemps éternel, ni l'Amérique avec ses forêts vierges, ni les oasis du Saharah, ni le Sénégal au soleil brûlant, ce pays que j'ai tant aimé, ne m'ont jamais inspiré ni autant d'amour, ni autant d'enthousiasme que la mer.

Oh! combien je l'aimais, cette moitié du globe où nous vivons, ce grand miroir du soleil et des étoiles! combien j'aimais ses flots capricieux, tantôt paisibles et tantôt irrités! combien j'aimais ses sombres et éternelles solitudes aux vastes horizons, gouffres sans cesse béants où roulent tant de cadavres, où gisent tant de trésors!

De tous mes souvenirs, le plus cher est celui de l'Océan, et chaque fois que je rencontre quelque chose qui me le rappelle, je sens renaître en moi les émotions de jadis.

En visitant l'atelier de M. Bary, j'ai vu revivre cet amour de la mer.

Ici, c'est un immense tableau représentant une ville maritime; plus loin, un autre représentant un corsaire à la poursuite d'un navire marchand.

Le ciel est sombre, la lune semble projeter sur les flots ses rayons sinistres; le navire de commerce a hissé toutes ses voiles et cherche son salut dans sa course désespérée. Derrière lui, à quelques brasses, le corsaire élancé a mis au vent sa dernière bonnette et lâché sa première bordée; le feu de son canon a rougi les flots. On fait de part et d'autre des efforts inouïs, le premier pour gagner la côte qu'il aperçoit dans le lointain, le second pour atteindre sa proie.

Ce petit tableau m'a beaucoup plu; le sujet qu'il représente en est émouvant. Le ciel est en harmonie avec l'aspect sombre de la mer, et les deux navires qui en font les principaux sujets sont rendus avec une délicatesse et une vérité saisissantes.

Figurez-vous maintenant que nous sommes à mi-versant du promontoire où s'élève le château impérial, à la pointe dite du *Faro.* De là nous apercevons une grande ville dont les maisons se mirent dans les flots. C'est Marseille avec sa poudrière et sa tour carrée, avec son vieux et son nouveau port, que sillonnent en tous sens des yoles, des barques et des canots.

Le soleil est sur le point de mourir à l'horizon frangé de lignes multicolores; le crépuscule fait pâlir au loin les côtes de Saint-Louis et ses usines, et le château des Tours.

Ce grand tableau, si je puis m'exprimer ainsi, est l'image la plus fidèle que j'aie jamais vue de la cité phocéenne.

Puisque nous sommes à Marseille, il nous est facile de faire voile vers l'Orient, car c'est de l'Orient que je vais parler.

On se souvient que pendant le siège de Sébastopol les alliés et les Russes se livrèrent plusieurs batailles; une des plus sanglantes et des plus mémorables fut sans contredit celle de la Tchernaïa.

Supposez un instant que nous sommes

sur le sommet le plus élevé des monts Fédoukines, qui s'étendent de Sébastopol à Balaclava. De là nous apercevons devant nous la rivière de la Tchernaïa qui verse une partie de ses eaux dans un canal de dérivation qui se dirige vers Sébastopol. A gauche, au-delà du pont-aqueduc du canal, nous voyons les gorges du Traktir.

Notre armée d'observation était campée sur les monts qui dominent les vallées de la Tchernaïa et du Chouliou. Le 16 août 1855, il était quatre heures du matin quand l'action s'engagea.

L'espace dont je puis disposer dans cette chronique ne me permet pas de faire la description de cette sanglante journée. Je ne parlerai que du tableau de M. Rivoulon, qui la représente.

Les Russes, battus sur tous les points, culbutés dans le canal et dans les eaux de la Tchernaïa, battent en retraite. Le désordre et la terreur règnent dans leurs rangs. Ici des blessés, là des mourants, là-bas des cadavres, partout des fuyards. C'est un pêle-mêle, une cohue que le pinceau de l'artiste a fidèlement retracés. Sur les versants des monts Fédoukines, on aperçoit le commandant Darbois à cheval, élevant sa casquette au bout de son épée pour rallier ses soldats ; on voit plus loin le commandant Alpy atteint d'un coup mortel au commencement de l'action.

Le tableau de M. Rivoulon a, à mes yeux, deux grandes qualités : la première est celle qui consiste à représenter en même temps la bataille et la déroute ; la seconde c'est l'harmonie de ces deux effets produits sur la même toile et par le même pinceau. Je crois ne pas me tromper en prédisant un grand succès à l'œuvre de M. Rivoulon à l'exposition qui va s'ouvrir.

Puisque nous en sommes aux coups de canon, voyons un peu le grand tableau de M. Armand-Dumaresq ; il a au moins vingt pieds de longueur, il représente un épisode de la bataille de Solférino.

Une batterie d'artillerie autrichienne à quitté son poste de combat, elle s'enfuit sur une route couverte de morts et de blessés, quand soudain le capitaine Minéglia se précipite à sa rencontre à la tête de ses chasseurs à pied et s'en empare.

Ce tableau sera un des plus remarquables et un des plus remarqués de l'exposition il a tout ce qu'il faut pour produire un effet merveilleux, le mérite de la peinture et une exécution de dessin admirable ; le paysage en est ravissant et il présente dans tout son aspect une reproduction de perspectives que j'ai longtemps considérée avec admiration.

J'anticipe ici sur les droits de M. Louis d'Auterive, qui devait publier dans cette livraison son troisième article sur les ateliers, mais une indisposition de notre collaborateur me servira d'excuse. Voici du reste la lettre qu'il vient de m'adresser :

« Mon cher ami,

« Je suis souffrant et horriblement fatigué:
« voilà quinze jours que je cours des musées
« à l'exposition des salons des Arts-Unis,
« de l'exposition des salons des Arts-Unis à
« celle du boulevard des Italiens, de là au
« théâtre, du théâtre aux ateliers, des ate-
« liers au cercle, et du cercle partout. J'é-
« prouve le besoin de me reposer, car il
« est minuit à la pendule de l'éternité à
« l'heure où je vous écris ces quelques
« lignes. A dimanche prochain mon article.
« Mais puisque j'apprends que vous vous
« mêlez aussi de la visite des ateliers, je
« vous prie de ne pas parler de ceux que
« j'ai vus ; ne me ravissez pas le plaisir de
« m'occuper de M. Voillemot ; si vous avez
« vu son ravissant tableau, *le Réveil de la*
« *Nature,* je sais que vous serez tenté d'en
« parler, mais je l'ai vu avant vous et je
« réclame la priorité. Il en est de même
« pour MM. Anastasi — Emile Lambinet —
« de Jussieu — Pazini — Sauzet — Cartelier
« — Roux — Geslin — mademoiselle Louise
« Arnald et le célèbre Hubert Potier.

« Sur ce, mon cher maître, je prie Dieu
« qu'il vous ait en sa sainte garde.

« Louis d'Auterive. »

Que la volonté de mon collaborateur soit faite ; je ne parlerai que de ce qu'il n'aura pas vu ; fort heureusement qu'il n'est pas tombé sur l'atelier de M. Ch. Verlat, sans cela j'étais privé du plaisir de parler des œuvres de cet artiste, mon collaborateur n'eût pas manqué de faire ses réserves.

M. d'Auterive, déjà trop souvent nommé, et qui dort peut-être en ce moment comme un bienheureux, (il n'est heureux, je crois, que quand il dort, à moins qu'il ne fasse de mauvais rêves ce qui est fort possible), M. d'Auterive, dis-je parlait dernièrement de, M. Schenck, *le peintre de loups* ; j'en ai rencontré un autre qui ne peint pas spécialement, comme M. Schenck, cet animal, mais qui lui fait jouer un rôle assez important dans un magnifique tableau que j'appellerai *le Ravisseur.*

En effet, le loup vient de saisir un beau mouton, mais les chiens du troupeau accourent. Le plus leste a saisi le loup à la gorge, l'autre s'apprête à imiter son exemple quand survient le berger, armé d'une énorme fourche. Le loup, une griffe appuyée sur sa proie qu'il n'a nulle envie de lacher, se retourne vers le berger et lui montre toutes ses dents.

Ce drame se passe dans un champ admirablement peint par M. Ch. Verlat; une jeune paysanne se trouve là par hasard, sa figure exprime une profonde terreur : tout cela est parfaitement décrit, et M. Ch. Verlat n'a pas moins bien réussi son autre petit tableau qui représente la rencontre d'un chat et d'un chien. J'appellerai cela *Ami comme chien et chat.*

Le chat fait le gros dos, le chien a l'air de grogner ; les deux bêtes s'observent à qui mieux mieux, attendant le premier coup de griffe ou le premier coup de croc. Cette petite scène est tout à fait naturelle et d'autant plus amusante que l'on rit chaque fois qu'elle se présente, ce qui arrive assez souvent.

M. Isabey est l'homme le plus aimable du monde à qui je dois le plaisir d'avoir passé une soirée des plus agréables. Il m'a fait les honneurs de son atelier avec une urbanité et une cordialité que je n'oublierai jamais. M. Isabey n'est pas seulement un peintre d'une grande valeur, c'est aussi un musicien fort habile, un *maestro* qui manie les touches de son piano avec la même habileté que le pinceau. Son atelier est un véritable sanctuaire de l'art : ici un tableau, — trois tableaux, — dix tableaux, — là bas un piano, des orgues et mille autres objets artistiques. Il a exécuté, que dis-je? il a improvisé sur un orgue Debain plusieurs mélodies ravissantes.

Sur l'invitation de M. Isabey je me suis rendu chez M. Mustel, qui donnait le même soir une soirée musicale.

M. Mustel est un homme d'un grand génie qui a créé des orgues harmoniums bien au-dessus des orgues Debain et des orgues Alexandre.

M. Clément Loret, organiste de mérite, a exécuté plusieurs morceaux, d'abord sur l'orgue de salon, puis sur un orgue d'église.

L'orgue de salon a une mélodie et une sonorité qu'il serait impossible de rendre plus expressives. Quant à l'orgue d'église, je n'ai jamais entendu dans aucune cathédrale des orgues d'une puissance et d'une variété de son aussi remarquables.

Parlons un peu de la photographie.

Dans une chronique précédente, je disais que la photographie tuait la peinture au point de vue de l'art, mais voici qu'un artiste, un dessinateur habile a cherché à marier la photographie avec le dessin. J'ai sous les yeux plusieurs épreuves parfaitement réussies. M. Ghémard fait d'abord des dessins d'après nature; j'ai de lui un magnifique portrait de l'Empereur, merveilleusement exécuté. Une fois le dessin fini, M. Ghémard le confie à M. Franck, l'habile photographe que vous connaissez. Celui-ci exécute un cliché et demande à son art la reproduction exacte des dessins de M. Ghémard.

Cette livraison ne me suffirait pas si je devais consacrer quelques lignes à toutes les œuvres artistiques qui me sont passées depuis quelques jours sous les yeux. Il en est une cependant que je veux signaler avant de finir. Je veux parler de l'hôtel Païva, des Champs-Elysées. Cette récente construction présente un contraste étrange et non moins fâcheux; l'architecture en est déplorable, *impossible*; on croirait que c'est l'œuvre d'un maçon et non d'un architecte; et, chose étonnante, les sculptures semblent faire honte à la partie architecturale de ce vaste bâtiment. Je passerai sous silence le nom de l'architecte. mais je consacrerai prochainement un article spécial aux merveilleuses sculptures de M. Lechevalier.

Louis LAVEDAN.

P. S. Plusieurs abonnés m'ont fait l'honneur de m'écrire pour me demander si je ne publierais plus de vers dans la *Revue des beaux-arts*.

Hélas ! ma muse a mis un crêpe à sa lyre.

L. L.

AUGUSTE BRIZEUX [1]

Les poëtes descriptifs de notre époque, les contemplateurs de la nature nomment Jean-Jacques Rousseau pour leur premier ancêtre. Puisque cette dynastie de rimeurs, si nombreuse jusqu'en ces dernières années, se cherchait des aïeux, il n'eût tenu qu'à elle de faire remonter plus haut encore son arbre généalogique, à Lafontaine, par exemple, à ce rêveur que touchaient si profondément « les fleurs, les doux chants et les beaux jours. » Celui-là n'eût pas nui, que je sache, à l'illustration de la race ; mais les raffinés de méditation ne le regardent pas comme de leur famille. Suivant eux, le fabuliste était trop distrait pour bien comprendre la campagne, aussi ne la vit-il qu'à la légère, en bonhomme et, si on le cite, ce n'est que pour mémoire ; Fénélon l'aperçut, mais en mondain ; il la traversa sans s'y arrêter. Rousseau seul découvrit les horizons nouveaux, il introduisit le sentiment dans la nature, il porta la vie dans ses paysages, en les animant de l'âme même du peintre ; ce fut lui enfin, et je répète ici une fine expression de M. Sainte-Beuve, qui mit le premier *du vert* dans notre littérature. Voilà le maître : je n'y contredis pas. Seulement, si Jean-

Jacques fut le chef de toute une tribu de poëtes, il eut les prosateurs pour héritiers immédiats, et nos versificateurs ne sont venus que tardivement au partage de cette succession poétique. Voyez ce qui est arrivé.

Pendant que Bernardin de Saint-Pierre rendait après son maître et plus fidèlement que lui peut-être une campagne sincèrement sentie et aimée en elle-même , pleine des vraies et touchantes émotions du poëte, le vers fort dédaigneux de cette innovation que la prose tentait avec bonheur à ses côtés, le vers du 18ᵉ siècle ne se détournait nullement de sa route et en prenait à son aise ; il laissait aux *Confessions* et à *Paul et Virginie* cette découverte d'un monde nouveau de sensations et d'idées ; il peignait une petite nature bien arrangée, proprette, sèche comme lui et alignée comme ses hémistiches. Saint-Lambert, Le Brun, Delille, Lemierre et tant d'autres cultivaient les champs à leur façon, en manchettes.

A la belle saison on se rendait pendant quelques jours dans un château de la banlieue ; de temps en temps on ouvrait la fenêtre du salon pour mieux voir la campagne, et quelquefois même, par amour pour la vérité, on descendait dans les allées du jardin afin d'étudier de plus près et de mieux saisir son modèle. Ce petit procédé littéraire a créé pour le moins une vingtaine de poëmes tout aussi champêtres les uns que les autres. Chénier rompit, il est vrai, de son vers tendre et passionné ces accords de géorgiques de boudoir ; mais c'était un poëte des temps passés, un enfant perdu de la Grèce ; sa rime résonnait comme un écho de l'antiquité, on n'y prit pas garde ; la poésie pastorale ne se dérangea pas pour si peu, et elle continua de chanter à sa manière les saisons, les mois, les vergers et les plantes. Quant aux prosateurs, ils suivaient, eux, l'école de Rousseau avec plus ou moins de bonheur, rappelant ses leçons de près ou de loin, mais tous également passionnés pour cette campagne que Jean-Jacques avait tant aimée ; les uns même, comme M. de Chateaubriand, ne parlaient qu'avec emphase de cette grande simplicité de la nature, à laquelle toute poésie devait revenir.

---

[1] Paris, Michel Lévy, 1861.

Les maîtres du vers et de la strophe répondirent bientôt à cet appel, et Dieu sait quel abus il se fit, voilà bientôt quarante ans, de cette rhétorique de nouveau genre ! Nos poëtes ne s'inspirèrent alors que de la campagne ; mais d'une campagne à leur façon, faite à leur image, triste, mélancolique, dont il n'était donné qu'à eux de pénétrer les secrets impénétrables ; ils s'en allaient ainsi en procession au fond des vallons, sur les montagnes, le long des fleuves, sur le bord des lacs invoquant cette voix intime de la nature ; ne confiant qu'à la nuit, à la lune et aux étoiles, et un peu aux lecteurs, les douleurs de leurs âmes ; rêvant au milieu de ce silence à une patrie céleste, leurs harpes suspendues aux arbres de la rive, et gémissant, comme les Israélites exilés, au souvenir de Si on. Jamais on n'avait vu tant d'ombres errantes dans la vallée des Larmes. Cette nature attristée de saules pleureurs et de cyprès qu'on substituait à la campagne rabougrie des philosophes-poëtes du 18e siècle était-elle plus vraie que son aînée ? Je ne le crois pas. Écoutez Alfred de Musset, qui, soit dit en passant, s'est laissé parfois gagner à la maladie dominante de son temps :

Mais je hais les pleurards, les rêveurs à nacelles,
Les amants de la nuit, des lacs, des cascatelles,
Cette engeance sans nom, qui ne peut faire un pas
Sans s'inonder de vers, de fleurs et d'agendas.
La nature, sans doute, est comme on veut la prendre.
Il se peut, après tout, qu'ils sachent la comprendre ;
Mais eux, certainement, je ne les comprends pas.

Ce fut vers cette époque que Brizeux arriva de Bretagne avec son gracieux poëme de *Marie*, idylle charmante, la plus poétique, la plus naïve sans contredit de notre temps, et dont la simplicité fit dès l'abord le succès : l'inspiration était jeune et fraîche ; le vers s'épanchait du poëme avec une sorte d'abandon et quelquefois d'inexpérience ; mais les qualités natives, les qualités sincères lui donnaient le charme et la vie. Tout se saisissait, tout se comprenait dans cet heureux livre plein des regrets des jours envolés de la première jeunesse et des doux souvenirs du pays absent : le ciel gris, mais parfois lumineux de la Bretagne, s'y reflé-

tait comme dans les fleuves tranquilles qui arrosent « cette terre de granit recouverte « de chênes, » les eaux de l'Ellé, du Blavet et du Scorf y coulaient paisiblement. Tout y était : les moustoirs abrités sous les grands châtaigners, les chemins ombreux au-dessus desquels les arbres des fossés entrelacent leurs branches, les champs rougis de la tige du blé noir, les landes immenses revêtues, en automne, de bruyères violettes, et qu'au printemps le genêt couvre de ses fleurs d'or. Un amour de quinze ans, amour plus poétique que profond, servait de sujet au paysage : le poëte animait son tableau par l'image d'une jeune fille, que peut-être il avait rencontrée un jour d'été, comme Rousseau rencontra Mademoiselle de Graffenried et mademoiselle Galley, et dont le souvenir heureux était resté dans sa pensée ; cette paysanne bretonne s'était, suivant la fable de Brizeux, mariée dans le pays, et, de loin en loin, il revenait vers elle comme à un pèlerinage à ses jeunes années, gardant toujours au fond de son âme le secret de sa vie.

...... la jeune femme
Tranquille et sans rougir, dans la paix de son âme,
Accepta mon présent ; ce modeste trésor,
Aux yeux de son époux elle le porte encore ;
L'époux est sans soupçon, la femme sans mystère.
L'un n'a rien à savoir, l'autre n'a rien à taire.

Je voudrais croire à la sincérité et à la vérité de cet amour ; mais les poëtes de nos jours n'ont pas tant de naïveté, et Rousseau nous a trop appris combien il s'était repenti plus tard de sa candeur en maintes circonstances.

A cette idylle de *Marie* succédèrent bientôt les *Bretons*. Là, le talent du paysagiste prit encore plus de fermeté ; ses lignes s'accusèrent davantage ; son cadre s'élargit ; la gamme de ses tons se développa plus habilement, et de cette manière plus accentuée et plus sûre d'elle-même, naquirent ces géorgiques bretonnes. Aussi que de variété dans le tableau, que d'intérêt dans les épisodes le sujet n'apportait-il pas de lui-même au poëte ! Que de grandeur et de charme dans cette Bretagne sévère et gracieuse à la fois ! Brizeux en a dessiné avec bonheur quelques-uns des sites ; mais, pour la rendre avec son imposante beauté, il lui manquait cette force de l'inspiration, ce vers qui s'élance comme un fleuve :

Che sponde di parlar si largo fiume.

Que le lecteur me permette de rappeler ici des souvenirs qui me sont personnels.

J'étais dans un de ces îlots nombreux qui s'élèvent en face de Quiberon, dans la petite mer du Morbihan. C'était un dimanche ; les habitants attendaient le prêtre : deux marins le conduisent habituellement dans la matinée du saint jour, sur tous les points de cette paroisse éparse sur les eaux, et le curé vient d'île en île dire la messe à ces fidèles séparés par les flots de toute église. Le vent s'éleva, la mer devint mauvaise : alors les pêcheurs se rassemblèrent sur la plage, attendant la barque du recteur ; mais la barque ne paraissait pas. Ils promenaient leurs regards sur l'horizon, comme attentifs à un signal ; tout à coup ils s'agenouillèrent ; devant nous, à une lieue peut-être, un drapeau hissé au haut d'un mât flottait sur l'île d'Hœdic. C'était là que le prêtre arrêté par la grosse mer avait fait dresser l'autel sur le point le plus apparent de l'île, et l'office venait de commencer. Toutes les îles environnantes s'étaient tournées pour ainsi dire vers leur sœur jumelle, et les pêcheurs s'inclinant, se relevant tour à tour, obéissaient à ce drapeau lointain qui marquait les actes divers de la sainte messe. Le drapeau se hissa plus haut encore, ses plis s'agitèrent au vent ; hommes, femmes et enfants courbèrent alors la tête, à ce signal de l'élévation de la sainte hostie, et les fidèles suivaient ainsi des yeux la parole de Dieu qu'ils ne pouvaient entendre.

Brizeux l'a rendu, ce magnifique tableau religieux, mais faiblement : son talent plus gracieux que puissant hésitait devant ces imposantes scènes ; ce qui lui convenait surtout, c'était la nature douce, aimable de la Bretagne ; c'était la description de ses sites, la peinture de ses mœurs et de ses usages ; le récit des légendes du passé. Il se sentait plus à son aise dans les souvenirs des temps anciens où les animaux avaient sur cette

terre des mystérieux man-hir, leurs protecteurs et leurs saints ; en ce jour les bœufs étaient aimés de saint Cornéli, les chevaux étaient sous la protection de saint Éloi, saint Hervé les défendait contre les loups, et saint Marc les garantissait des mouches. Les animaux reconnaissants comprenaient cette puissance divine qui veillait sur eux, et le jour de la fête de saint Cornéli, quand un paysan du canton oubliait de conduire son bœuf devant l'autel de Carnac, le bœuf y venait seul.

Vous voyez dans la lande de Carnac ces pierres qui se dressent en rond : ce sont des soldats païens pétrifiés par le saint ; ils sont là tous à leur place comme saint Cornéli les a fixés éternellement au sol.

Un jour, les mécréants poursuivaient le saint patron de la Bretagne ; mais ses bœufs le soustraient à leurs coups en l'emportant au grand galop dans sa charrette. Les ennemis de Cornéli couraient toujours, et le saint, près d'être atteint, était arrivé au bord de l'Océan, dont le flot se levait devant lui comme une barrière infranchissable. Que faire ? Il se retourna, il étendit la main, et depuis ce jour, les païens pétrifiés, témoignent à tout venant dans les champs de Carnac de la puissance de Cornéli ; quant au saint, il n'eut garde d'oublier le service que lui avaient rendu ses bœufs et les emmena dans le paradis.

Aussi est-il en grand honneur, ce grand saint Cornéli, protecteur des troupeaux ; comme aux dieux antiques, ce qui, il faut bien le dire, sent un peu son paganisme, on lui voue une génisse, un veau, un mouton de l'étable ; mais on n'en verse pas le sang sur ses autels : le jour du Pardon de Carnac, l'animal est vendu sur le champ de foire, près des men-hir de granit, et l'argent qu'on en retire se dépose dans le tronc de saint Cornéli.

L'auteur des *Bretons* nous a raconté dans une langue pure, sobre et poétique, toutes ces légendes qui traversent comme des épisodes les paysages de son poëme. Il nous a dit toutes ces coutumes restées intactes jusqu'à ce jour, comme au temps de la bonne duchesse Anne : les bœufs conduits pendant la nuit autour de la fontaine de Carnac, les enfants malades plongés dans les sources salutaires que la Vierge a fait saillir en frappant la terre de sa crosse d'argent. Viennent aussi les croyances populaires : les fées de Derneuf filant dans leur grotte d'azur; le cor d'ivoire du roi Arthur, qui résonne la nuit au milieu du silence des bois, et la forêt de Brécilien, où Merlin s'endormit dans son fol amour, et tant d'autres que je ne puis citer. Malgré une remarquable habileté, le vers du poëte, il faut le dire, est un peu monotone; il garde une ligne trop égale dans des tableaux si variés. Mais il peint avec une merveilleuse justesse. Brizeux est avant tout un paysagiste. Cette nature au milieu de laquelle se sont écoulées ses premières années, il l'a vue sous tous ses aspects, sentie à toutes les heures ; aussi l'a-t-il rendue avec un rare bonheur de vérité et de poésie Calme et doux comme Hobbema, il brille parfois des tons chauds et lumineux de Claude Lorrain.

Comme elle est décrite cette matinée du mois de juin !

L'aube pointait, la terre était humide et blanche,
La sève, en fermentant, sortait de chaque branche;
L'araignée étendait ses fils dans les sentiers
Et ses toiles d'argent au dessus des landiers.
Première heure du jour, lorsque, sur la colline,
La fleur lève vers toi sa tige verte et fine,
Que mille bruits confus se répandent dans l'air
Et que vers l'orient le ciel devient plus clair,
Heure mélodieuse, odorante et vermeille,
Première heure du jour, tu n'as point de pareille !

Henri Lavoix.

BIBLIOGRAPHIE

LES DICTIONNAIRES UNIVERSELS DE L.-N. BOUILLET (1).

—

La librairie Hachette, dont les excellentes publications ont rendu tant de services à notre époque, vient de publier une édition nouvelle des deux Dictionnaires de M. Bouillet, inspecteur de l'Académie de Paris. On sait quel immense succès ont obtenu ces deux recueils et quelle réputation ils ont valu à leur auteur. Cette vogue inusitée s'explique aisément. Notre génération affairée oublie vite; elle veut qu'on l'instruise en épargnant son temps et qu'on lui présente la science dans ses résultats utiles, dépouillées des longueurs et du langage technique qui trop souvent rendent inabordables les ouvrages spéciaux.

Avoir répondu d'une manière complète à ce besoin général est le principal mérite du *Dictionnaire universel d'Histoire et de Géographie* et du *Dictionnaire universel des Sciences, des Lettres et des Arts*. En moins de quinze ans, le premier de ces répertoires compte treize éditions ; le second, publié il y a trois ans à peine, en est déjà à sa troisième édition. Chacun d'eux forme un volume compacte grand in-8° d'environ 2,000 pages à deux colonnes, et coûte 21 fr. Ensemble, ils constituent une encyclopédie complète de l'usage le plus commode et répondent à toutes les questions que l'on peut se faire sur les choses comme sur les lieux et sur les personnes. En effet, d'un côté, le *Dictionnaire d'Histoire et de Géographie* contient en abrégé l'Histoire de tous les pays, de toutes les religions, de tous les ordres, de toutes les institutions ; la Biographie de tous les hommes célèbres ; la Généalogie des grandes familles ; la Géographie comparée de tous les âges ; de l'autre, le *Dictionnaire des Sciences* donne des notices sur tous les objets des connaissances humaines : Sciences physiques et naturelle s; Sciences métaphysiques et morales ; Sciences mathématiques pures et appliquées; Sciences médicales ; Grammaire, Philologie, Rhétorique, Poétique, Beaux-Arts, Agriculture, Industrie, Commerce, etc., avec l'étymologie de tous les termes techniques, l'histoire de chaque science, de chaque art, et l'indication des principaux traités qui s'y rapportent. Ajoutez que ces deux ouvrages se distinguent par une rédaction à la fois simple, claire, concise; que les articles qu'ils contiennent, toujours au niveau de la

---

(1) Librairie L. Hachette et Cᵉ, 14, rue Pierre-Sarrazin, et chez les principaux libraires français et étrangers.

science, sont d'une exactitude qui leur permet de faire autorité ; enfin, qu'ils sont rédigés avec des ménagements tels qu'ils peuvent être mis entre toutes les mains.

Aussi les deux Dictionnaires de M. Bouillet ont-ils obtenu les suffrages des juges les plus compétents et sont-ils rapidement devenus classiques. Approuvé dès son apparition par l'Université et placé dans toutes les salles d'étude des lycées, le *Dictionnaire univereel d'Histoire et de Géographie* a également mérité l'approbation de l'autorité ecclésiastique. Le *Dictionnaire des Sciences*, apprécié de la manière la plus favorable par les feuilles les plus accréditées, vient, de son côté, de recevoir l'approbation de la plupart des Conseils académiques de France.

Nous n'avons pas besoin de démontrer les avantages que peut offrir aux artistes la possession de ces deux ouvrages. Dans le *Dictionnaire d'Histoire et de Géographie*, des sujets de composition leur seront fournis soit par le résumé des grands événements, soit par la biographie de tous les personnages importants, soit par les notices mythologiques, en même temps qu'ils trouveront immédiatement les indications nécessaires pour éviter tout anachronisme. Le *Dictionnaire des Sciences, des Lettres et des Arts*, leur sera précieux par les notions qu'il contient sur le Dessin, la Peinture, la Gravure, la Lithographie, la Photographie, la Sculpture, la Statuaire, etc. Pour l'artiste comme pour le littérateur, les Dictionnaires de Bouillet sont d'inestimables auxiliaires qui, en épargnant de fastidieuses recherches et de pénibles contentions d'esprit, permettent à l'imagination de se développer librement et sans que son vol puisse s'égarer.

Gustave ROMIEU.

CAUSERIE DRAMATIQUE

Une légende allemande. — Ambigu-Comique , *l'Ange de Minuit* , drame fantastique en six actes, de MM. Th. Barrière et Édouard Plouvier. — Première séance vocale et dramatique donnée par les élèves de M. Duprez.

L'Ange de minuit. — N'est-ce pas que ce seul mot réveille en vous le souvenir de ces légendes allemandes que nous avons tous lues avec bonheur dans notre jeunesse? Votre imagination bâtit tout un tableau. Vous croyez voir une plaine immense et aride, morne et solitaire, éclairée par un clair de lune blafard , des gouffres béants çà et là, une nature maudite, un vent qui siffle de toutes parts et sans relâche, des oiseaux de proie qui traversent l'air en jetant des cris sinistres, l'épouvante partout. Au loin, comme une espérance, la cloche d'un monastère ou d'une église sonnant avec cadence et d'un ton sombre minuit, et appelant les fidèles à la prière. Devant vous, un homme de haute taille, les cheveux en desordre, l'œil hagard, le visage pâle, le corps tremblant , les vêtements souillés. Vous entendez son cœur battre avec violence, ses dents claquer avec fureur, sa bouche murmurer des paroles inintelligibles. Tout à coup il se trouble, il chancelle, son courage faiblit, il s'arrête en proie à une affreuse perplexité, il va reculer ; un... fantôme couvert de longues draperies blanches, couronné de cyprès, se dresse menaçant devant lui, étend son bras décharné vers l'infortuné fugitif qui tombe à terre comme foudroyé par cette terrible apparition..... Eh bien! il y a un peu de cela dans la pièce de l'Ambigu. C'est dire assez que j'ai assisté à un drame fantastique et des plus fantastiques, réunissant tous les agréments, toutes les libertés ainsi que tous les inconvénients du genre.

Un drame fantastique qui sort du commun ne plaît en général qu'aux enfants et aux hommes blasés sur les vulgarités ; mais au boulevard il produit le même effet qu'une nature morte sur un bourgeois peu connaisseur en peinture et qui préfère à tous ces croquis des bêtes empaillées, comme il dit, un portrait quelconque. D'ailleurs le public ordinaire de ces théâtres ne cherche dans les œuvres qu'on lui donne que l'enveloppe, l'extérieur, sans se préoccuper de l'idée-mère qui a présidé à la composition. Ajoutons qu'il ne s'en trouve pas dans les machines charpentées qu'on joue tous les jours. Dans les drames fantastiques, il y a presque toujours une idée élevée, profonde et féconde qui en est l'âme. Le reste est tout simplement une mise en scène nécessaire pour montrer clairement cette idée, pour la rendre compréhensible à tout le monde. Si le fond l'emporte sur la forme, il sera sans intérêt pour le public en général ; si, au contraire, la forme prime le fond et l'accessoir passe avant le principal, l'auteur aura manqué son œuvre et son but et n'aura produit qu'une médiocrité comme tant d'autres.

MM. Théodore Barrière et Edouard Plouvier ont su échapper à ces deux inconvénients ; ils ont choisi un terme moyen. Ils ont lié aux péripéties d'un drame intime tout le fantastique qu'ils ont jugé raisonnablement possible au boulevard, cherchant surtout à neutraliser la réalité par le merveilleux et *vice versa*. Le résultat a été un drame intéressant pour tout le monde. Le sujet était vaste, il comportait de plus larges développements. Je regrette que les auteurs aient cru devoir s'en abstenir.

Cela se passe en Allemagne, comme tout drame fantastique. Un jeune médecin de Munich, ayant beaucoup de talent et autant de misère, fait un pacte avec l'ange de la mort. Il promet de lui abandonner tous les malades au chevet desquels il sera appelé. Mais l'ange de la mort devient son bon ange à lui : il s'appelle Providence, et le rend riche et considéré ; — il s'appelle Justice, et le débarrasse de son adversaire, de son rival, dans un duel ; — il s'appelle Miséricorde, et lui laisse sa mère et sa fiancée et le rend heureux à jamais. Voilà en deux mots toute la pièce ; il serait trop long de la raconter en détail. J'ajouterai qu'elle est intéressante, qu'on l'écoute même avec plaisir. Les parties comiques sont bien traitées ; le style en général est satisfaisant, il y a des mots assez

réussis. On reconnaît la plume et le tour d'esprit de M. Barrière.

L'interprétation est bonne. Mademoiselle Ma. que j'ai vu jouer à l'Odéon *Andromaque* d'une façon remarquable, a débuté dans cette pièce, dans un rôle à vrai dire sans grande importance. J'attendrai une meilleure occasion pour parler d'elle ; pour le moment ; je me souviens encore de son rôle dans la tragédie de Racine. — M. Bondois, un nouveau venu, a des qualités solides, de la sensibilité, de l'intelligence et beaucoup de bonne volonté, il comprend bien, il exprime bien et surtout avec mesure, mais pourquoi vise-t-il tant à l'effet ?

Parlons un peu musique. — J'ai assisté, dimanche dernier, à la première séance vocale et dramatique donnée par les élèves de M. Duprez dans son école de chant de la rue Turgot.

Trente jeunes personnes de l'école spéciale de chant chantaient dans les chœurs avec quarante-cinq membres (hommes) de la société chorale dirigée par M. Batiste. Les pianos étaient tenus par M. Vandenheuvel, gendre de M. Duprez, et M. Maton, professeur et accompagnateur de l'école.

J'ajouterai comme remarque toute particulière que madame Vandenheuvel-Duprez, dont nous parlerons plus loin, prêtait à ce concert le charme de son talent si délicat.

Le petit programme que je donne fait voir tout l'intérêt de cette séance si imposante. Un public des plus distingués remplissait le charmant théâtre que l'illustre artiste s'est fait bâtir dans son hôtel ; tous ceux qui avaient été assez heureux pour obtenir des invitations étaient accourus. J'ai remarqué la princesse Mathilde, la princesse Murat, M. le comte de Nieuwerkerke, le docteur Cabarrus. M. et madame Gueymard, M. Samson, M. Montaubry, et mille autres que j'oublie ou qu'il m'a été impossible d'apercevoir, tant la foule était grande ; des hommes de lettres, des musiciens, des artistes, enfin tout ce qui tient de près ou de loin aux arts.

L'espace me manquerait pour citer en détail tout ce qui a été chanté, je vais néanmoins prendre les morceaux les plus saillants et les artistes les plus remarqués.

Dans la première partie, *scène* et *duo* de *Semiramide* chantés par mademoiselle Godfrend et M. Agniez.

Dans la seconde, des fragments (*chœurs*) des premier, deuxième et troisième actes de l'opéra de *Samson* de M. Duprez ;

Enfin toute la troisième partie.

Les artistes les plus remarqués, — à part madame Vandenheuvel-Duprez, — ont été MM. Agniez , Lefranc et Léon Duprez ; mesdemoiselle Godfrend et Marie Brunetti. M. Agniez a une voix de baryton, pleine, abondante, d'un beau timbre, mais surtout souple ; il chante sans difficulté, sans affectation. — M. Lefranc est ce qu'on appelle un puissant ténor, on peut hardiment affirmer qu'il a cent mille francs dans la gorge; rarement on a vu une voix aussi large, aussi riche, et, disons le mot, aussi forte. Mais en même temps douce et harmonieuse, malgré sa puissance, elle ne fatigue pas; malgré sa force elle n'étourdit pas, comme cela arrive tous les jours ; charme plus grand, cela coule. de source ; aucun effort, aucune contrainte même dans les plus grandes vibrations. On peut déjà prédire l'avenir d'une telle voix entre les mains de M. Duprez.

M. Léon Duprez chante avec beaucoup d'âme et sentiment, il nuance, il indique, il précise d'une façon charmante. — Mademoiselle Maria Brunetti est une artiste du théâtre royal de Berlin; c'est un soprano d'une très-belle voix, de plus, bonne comédienne. — Mademoiselle Godfrend possède un visage éminemment propre à la scène, des traits dramatiques, et, ce qui ne nuit à rien, une voix de contralto d'une grande richesse et de beaucoup d'étendue , mais surtout douce et sympathique et d'une pureté incontestable.

Madame Vandenheuvel-Duprez a été la véritable reine de la fête, elle a chanté avec une grâce, une délicatesse parfaites, avec ce talent que l'on lui connaît, un *duettino della Cenerentola* et les *Trois Étoiles*, quatuor bouffe de la fin.

Je veux avant de terminer dire deux mots de l'opéra de *Samson* de M. Duprez. Je n'en ai entendu que quelques fragments de chœur ; cela est, rigoureusement parlant, insuffisant pour se faire une opinion arrêtée de l'œuvre , mais cela en donne une idée générale. C'est de la musique italienne appropriée à la scène. Elle en a la marche à la fois rapide et cadencée , la phrase courte, précise et complète. M. Duprez s'est inspiré des meilleurs maîtres.

Charles CORASSAN.

L'ART A L'IMPRIMERIE IMPÉRIALE

(2me ARTICLE)

Bien des fois ses pieds saignèrent aux cailloux des chemins ; bien des fois ses entrailles grondèrent sans recevoir d'allégement. Un jour enfin il arriva, brisé par l'épuisement, dans un village près de Gazna. Le midi dévorait la campagne ; l'atmosphère était chaude comme l'haleine des tigres. La langue tuméfiée s'attachait au palais; l'étouffement serrait à la gorge. Dans les lointains, les rugissements des lions du désert roulaient, à travers les sables, comme un tonnerre vivant. Au bord des paupières enflées d'Aba Nowas, devant ses yeux injectés de sang se dessinent une maison, une treille, un jardin et trois hommes occupés à boire et à deviser. C'étaient Anxeri, Asjourdi et Ferroki, poëtes attachés à la cour. Le costume provincial et l'air embarrassé du jeune homme leur déplurent. Les vapeurs du vin de Schiraz avaient exalté leur vanité plus grande que leur talent.

Comme Ferdoucy s'approchait avec l'intention évidente d'entrer dans le seraï (1), Ansari lui cria de loin :

— Eh ! l'ami, si vous n'êtes pas poëte, retirez-vous ! Les fils du théorbe n'ont de société qu'avec leurs égaux.

— Je suis une des voix qui chantent, répondit le jeune homme en essuyant son visage mouillé de sueur. Donnez-moi quelques gouttes de breuvage dans le creux de

____

(1) Hôtellerie.

la main, car ma langue est épaisse et ma lèvre desséchée.

— Nous allons voir d'abord si ce que vous dites est vrai, reprit Aijoudi: chacun de nous va composer un vers ; ces vers rimeront ensemble ; il vous faudra trouver le quatrième vers et la quatrième rime.

Les poëtes firent donc chacun un vers, et afin de confondre le jeune homme, ils choisirent une rime qui ne se reproduisait que trois fois, à ce qu'ils croyaient du moins, dans la langue persane. Déjà leur visage s'épanouissait dans l'orgueil de la victoire. Mais leur adversaire, qui venait d'étudier les anciennes chroniques, y avait puisé toutes les richesses de l'érudition. Son bon génie lui souffla sur-le-champ la rime inattendue. C'était le nom propre d'un héros antique. Les trois jaloux furent humiliés.

Enfin, les splendeurs de la cour brillèrent aux yeux d'Aba-Nowas. Pâle et tremblant, il récita ses vers devant le puissant empereur. Quand il eut fini, Mahmoud l'embrassa et lui dit en souriant:

—Ta poésie répand sur mon palais les gloires de *Ferdous* (1). Sois le chantre et l'historien de la Perse.

Aussitôt on lui confie la tâche de composer le Chah-Nameh , grand poëme sur l'ancienne histoire de l'Arabie. En même temps on l'habille à neuf par l'ordre du khalife. Ses vêtements se composaient d'une longue robe à manches en cachemire d'un rouge tirant sur le brun. Cette robe, entourée d'une bordure étroite en laine plus claire, était ouverte sur le devant et en laissait voir une autre, nommée *Arkalah*, moins large et en cachemire blanc orné de petites palmes. Un shall magnifique lui faisait une ceinture, de laquelle ressortait le manche d'un kangiar enrichi de pierreries. Il avait conservé néanmoins le bonnet pointu en astrakan qui est pour les sectateurs d'Ali ce que le *kahouk* (2) est pour les fidèles enfants du prophète.

Ferdoucy fut conduit dans un appartement splendide décoré de peintures représentant les héros qu'il devait chanter. On lui offrit mille dinars d'or pour mille vers, un dinar par vers. Il accepta, à la condition qu'il ne serait payé qu'après son œuvre faite. On lui donna des esclaves et des femmes. Les trésors des bibliothèques furent répandus devant lui. L'étoile du poëte rayonnait au plus haut du ciel.

Mais les jours de larmes, ajoute la chronique, viennent bien vite pour empêcher l'homme de s'attacher à la terre. La prospérité est un fruit mûr sur lequel s'abattent les insectes. Fidèle à ses souvenirs d'enfance, à ses croyances natives, Ferdoucy ne voulut pas abandonner la communion des Chiites pour la foi des Sunnites, à laquelle était attaché le monarque. Mahmoud voulait que la pensée même fût son esclave ; mais sur les liens qu'il essayait de jeter, il n'y avait pas assez d'or pour qu'on ne vît pas que c'étaient des chaînes. Le favori Houssein Mehmandar, que la fierté du poëte dédaignait de flatter, mit tout en œuvre pour le perdre. Tandis que la renommée du chantre de la Perse s'étendait au loin, tandis que les princes voisins lui adressaient des lettres honorables et des présents pompeux qu'il refusait toujours, Ferdoucy manquait du nécessaire dans son palais somptueux. Il avait refusé toute gratification du monarque, et il regardait la récompense qui l'attendait à la fin de son œuvre, comme l'homme qui gravit un abîme regarde l'arbre dont les fruits d'or pendent sur le gouffre.

Enfin, l'an 374 de l'Hégire, le douzième jour de la lune de saphar (1), Ferdoucy se reposa et s'essuya le front. Il venait de poser la rime à [son trois cent millième vers. Sa tâche était terminée. Mais, pendant qu'il travaillait, soixante-dix années lui étaient tombées sur la tête ; ses cheveux blanchis ressemblaient à la neige qui cache un volcan. A force d'intrigues, le favori était parvenu à rendre le poëte odieux au shah. Ferdoucy lui-même provoqua sa perte par une imprudence.

---

(1) Le Paradis.
(2) La calotte du turban.

(1) 25 février 985.

Un soir, Mahmoud, traversant les bosquets du sérail, rencontra une jeune dame à laquelle il avait pris fantaisie de se promener seule. Vêtue très-légèrement, à cause de la chaleur, elle laissa voir au monarque des charmes qui l'enflammèrent. La jeune dame était aussi sage que jolie. Néanmoins, pour se débarrasser du khalife elle fut obligée de lui promettre un rendez-vous pour le lendemain. Le matin suivant, Mahmoud lui envoya un messager afin de lui rappeler son engagement. La jeune femme répondit par un billet contenant un demi-vers arabe dont voici le sens :

« Le jour anéantit les promesses de la nuit. »

A la réception du billet, Mahmoud demande quels sont les poëtes qui se trouvent dans l'antichambre. On lui répond : Aba-Nowas, Masab et Rekavki. Le prince leur commande d'improviser sur-le-champ chacun un distique dans lequel puisse entrer naturellement le demi-vers. Le distique d'Aba-Nowas, le seul qui remplît la condition demandée, renfermait l'aventure de la nuit précédente sous le voile d'une allégorie très-transparente. Le monarque prit le poëte à part et lui dit : « Puisque tes yeux ont vu ce qu'il ne devaient pas voir, puisque tes oreilles ont entendu ce qu'elles ne devaient pas entendre, tu sortiras de mon empire. »

Déjà, quelque temps auparavant, Aba-Nowas avait lu devant le shah un magnifique épisode de la lutte de Zohah contre Feridoun (1). Celui-ci, contrarié par une affaire politique, avait accueilli le poëte assez incivilement. Le même jour il avait fait présent à une esclave d'une fort belle robe. Ferdoucy composa à ce sujet deux vers qui disaient :

« La robe dont tu m'as privé pour la donner à cette esclave ne cache ni sa honte ni la tienne. »

On rapporta ce distique au prince, qui fit venir le poëte ; mais celui-ci prétendit qu'on avait tronqué les vers, et les récitant de nouveau, il trouva moyen, en changeant un seul mot, de leur donner un sens tout différent et à la louange de Mahmoud.

Le lendemain, des envoyés de Mahmoud apportèrent chez Ferdoucy la somme promise par le schah pour le grand poëme épique le Chah-Nameh. Les sacs sont ouverts. Le nombre de pièces s'y trouve exactement. Mais, ô perfidie ! au lieu d'être d'or, les dinars sont d'argent. Devant ce vieillard qui a si rudement battu monnaie avec son front, il n'y a plus que la faible rétribution dont on paie le mercenaire, l'homme qu'on loue en passant pour lier les gerbes ou fouler les grappes mûres. L'œuvre du génie a été mesurée à la toise.

Alors Ferdoucy conçoit et écrit la plus violente diatribe qu'il soit possible d'imaginer. Il suppose que, comme certains religieux, il comprend le langage des animaux et même des éléments (1).

Jules LADIMIR.

(La suite au prochain numéro.)

---

(1) Plusieurs savants ont pensé qu'il ne serait pas impossible de comprendre jusqu'à un certain point le langage des animaux qui ont l'air de s'entendre entre eux. Un patient et judicieux observateur, Dupont de Nemours, prétend même y être parvenu. Il a traduit le chant que le rossignol adresse à sa compagne tandis qu'elle couve ses œufs. Il a trouvé jusqu'à cinquante-sept inflexions différentes dans le cri du corbeau qui nous semble toujours le même. Dupont de Nemours remarquait que certaines inflexions de voix revenaient immanquablement, accompagnées des mêmes gestes, dans des circonstances analogues. Il vint à bout de les retenir et d'en composer une sorte d'alphabet. Voici la chanson, traduite par Dupont de Nemours, du *rossignol* en français :

CHANSON DU ROSSIGNOL.

Dors, dors, dors, dors, dors, ma douce amie !
Amie, amie,
Si belle et si chérie,
Dors en aimant,
Dors en couvant,
Ma belle amie,
Nos jolis enfants.
Nos jolis, jolis, jolis, jolis, jolis,
Si jolis, si jolis, si jolis
Petits enfants !

Le rédacteur en chef : Louis LAVEDAN.

Paris. — Imp. Walder, rue Bonaparte, 44.

CHRONIQUE DES BEAUX-ARTS.

J'ai fait hier au général Klapka, qui vient de partir pour Londres, une visite à laquelle la politique était étrangère. Le général aime beaucoup les arts, et si les grandes préoccupations que lui inspirent l'affranchissement de sa chère patrie ne lui prenaient pas tous ses moments, il serait heureux de pouvoir consacrer sa vie au culte du beau. Ces nobles aspirations du célèbre Hongrois m'ont fait tristement songer aux paroles d'un sénateur qui disait dernièrement, en plein Sénat français, à propos de la discussion de l'Adresse : « *Les arts, la littérature, la science, qu'est-ce que cela fait à la France ?* »

Un proverbe fort connu et usité chez tous les peuples, dit qu'il vaudrait beaucoup mieux se taire que de dire des bêtises. Mais il y a des hommes qui ne veulent à aucun prix rester dans l'obscurité et qui aiment mieux faire hausser les épaules à leurs contemporains que de vivre ignorés dans la foule. Un fou, pour devenir célèbre, réduisit en cendres une des sept merveilles du monde ; il y a encore de nos jours des gens qui sacrifieraient volontiers à leur sotte vanité la gloire de leur patrie : mais nous dirons de ces pauvres gens : Pardonnez-les, car *ils ne savent ni ce qu'ils disent, ni ce qu'ils font, ni ce qu'ils veulent.*

Heureusement que l'amour des arts, de la littérature et des sciences n'est plus aujourd'hui le privilége d'un petit nombre ; heureusement que le chef de l'État lui-même ne pense pas comme les hommes qui n'ont nul souci de la grandeur du pays, car l'Empereur donne chaque jour des preuves de son goût pour les grandes choses et de sa sollicitude pour les hommes de génie et de ta-

lent. Aussi n'avons-nous pas été surpris de lire les lignes suivantes, en ouvrant, il y a quelques jours, le *Courrier de Marseille :*

« Une très-haute marque d'intérêt vient d'être donnée par Sa Majesté Napoléon III à notre compatriote M. Méry. C'est par une lettre, que S. A. I. le prince Jérôme Napoléon a bien voulu écrire lui-même, que Sa Majesté l'Empereur a connu l'état grave de M. Méry, retenu à Marseille par une forte affection portée aux organes de la vue et par une fluxion de poitrine. Les lésions organiques de la vue étant de celles qui, même après la guérison, réclament encore le plus de ménagement, Sa Majesté l'Empereur a envoyé sur-le-champ à M. Méry une pension de 5,000 francs sur la cassette impériale. La lettre très-explicite de S. Exc. le maréchal Vaillant, ministre de la maison de l'Empereur, qui accompagne le brevet impérial, est sans doute la plus belle page qui ait rendu justice à la longue et laborieuse carrière de notre compatriote. »

Lundi dernier, à trois heures de l'après-midi, l'Empereur et le prince Napoléon, accompagnés du ministre de la marine et du directeur des constructions navales, se sont rendus à Clichy-sur-Seine, pour assister à la mise à l'eau du navire antique à trois rangs de rames. Cette opération a parfaitement réussi. A trois heures et demie, la trirème fendait l'onde de son double rostre. L'assistance a pu aussitôt juger du résultat de cet essai de construction romaine dont le génie maritime paraît s'être habilement tiré ; l'exécution ne laisse rien à désirer, soit pour la coupe générale, soit pour les lignes d'eau. La décoration extérieure a été fort admirée; elle est l'œuvre de *M. Morel-Fatio*, peintre du ministère de la marine, qui a bien voulu se charger de ce travail intéressant. L'Empereur, avant de quitter le chantier de Clichy, a remis la croix d'officier de la Légion d'honneur à M. Mangin, ingénieur de la marine, qui a dirigé les travaux.

Un essai fait dans un but plus grave va avoir lieu également sur la Seine. Il s'agit d'une canonnière cuirassée, construite en forme de tortue par M. Armand, de Bordeaux, et qui vient d'être amenée du chef-lieu de la Gironde, par les canaux, jusqu'au pied de la grille de Saint-Cloud. Cette canonnière, par un mécanisme particulier, sera soulevée au-dessus de l'eau, afin que la construction puisse en être appréciée sous toutes ses faces. Des essais de tir seront pratiqués sur sa carapace, et l'on a une telle confiance dans son invulnérabilité que les marins de l'équipage offrent de ne pas quitter l'embarcation pendant que le canon expérimentera la solidité de son enveloppe. J'ai publié cette nouvelle parce que l'art nautique intéresse les peintres de marine.

On prétend que rien ne se vend en ce moment; que les arts et la librairie sont en souffrance. La vente de la collection Wertemberg est venue donner un démenti à cette rumeur. On en jugera par les chiffres suivants. Un petit tableau de Rosa Bonheur, *des Moutons écossais*, a été vendu 14,500 francs; un autre de la même, 8,900 fr. — Un Decamps, petite réduction de la *Patrouille turque*, 25,000 fr. — Decamps, *un Potier italien*, 15,700 fr. — Une *Étude de moutons*, par Bracassard, 4,400 fr. — Un tout petit tableau Marillhat, 8,700 fr. — Un *Bazar ture*, du même. 16,000 fr. — Une *Ecole juive*, de Robert Fleuri, 6,850 fr. — Un *Intérieur de cabaret*, de Messonnier, 28,000 fr. — *La Vanne*, célèbre paysage de Jules Dupré, vendu par le peintre 1,200 fr., a obtenu 7,800 fr.; etc., etc.

Jamais les tableaux n'ont été payés aussi cher qu'à cette vente. C'était une furie. La collection Wertemberg n'avait été commencée que depuis trois ans ; elle ne contenait que trente petits tableaux, qui ont produit **175 mille francs.**

Les œuvres des peintres médiocres qui ont un instant de vogue pendant leur vie perdent de leur valeur après leur mort. Celle des artistes, comme Decamps, acquièrent un nouveau prix, au contraire, à la mort de leur auteur. Dans une autre vente, un tableau de la jeunesse de Decamps, — il avait dix-sept ans lorsqu'il le peignit, — a été payé 28,350 francs, par M. le baron James de Rothschild.

Il y avait foule, lundi dernier, au ministère, chez M. le comte Walewski, pour son premier concert.

Voici la composition de cette belle séance où la Société des Concerts du Conservatoire, qui a exécuté tous les morceaux, paroles et musique, s'est surpassée : l'*Andante* de la symphonie en *la*, de Beethoven ; la barcarolle des *Vêpres siciliennes*, de Verdi ; la *Marche turque*, l'*Enlèvement au sérail*, *Castor et Pollux*, de Rameau ; un hymne de Haydn, un chœur de la *Reine de Chypre*, d'Halévy ; l'air du Dante de *Moïse*, de Rossini, etc., etc.

Les salons du ministère, que l'absence de la foule permettait de voir, étaient d'une magnificence éclatante. Parmi les invités se trouvaient MM. Berlioz, Thomas, Gréfard pour la musique; Messonnier et Nanteuil pour la peinture. Ponsard et Maquet pour la littérature. Quant aux noms politiques, je n'en citerai aucun, ils y étaient tous.

Les jours se suivent et ne se ressemblent pas, dit le proverbe. On pourrait le dire à plus forte raison des *Revues*, qui se succèdent trop souvent et qui ne se ressemblent en aucune façon. Quand donc aurons-nous une *Revue* qui se bornera à passer les autres en revue, et je vous certifie que cette revue sera plus amusante que toutes les *Revues* des deux mondes.

Je viens de recevoir la *Revue Fantaisiste*. Allons ! encore une *Revue* à passer en revue. *Revue Fantaisiste*, me suis-je écrié, qu'est-ce que cela peut donc vouloir dire, bon Dieu ! Consultons le dictionnaire. Fantaisiste vient de fantaisie qui signifie : esprit, pensée, idée, humeur, goût, désir, opinion, caprice, boutade, chose inventée à plaisir d'après un caprice plutôt que suivant les règles de l'art. Est-ce que la *Revue Fantaisiste* serait tout cela à la fois? N'est-ce pas plutôt une fantaisie de son rédacteur en chef, ne croyez-vous pas que fantastique aurait bien mieux fait sur la couverture?

La nouvelle *Revue* annonce toujours sur sa couverture, parmi ses collaborateurs ordinaires, des noms connus aimés du public, des hommes de talent, comme Théophile Gauthier, Arsène Houssaye, Auguste Vacquerie, etc. Un premier numéro, un numéro *spécimen*, c'est une première bataille; il me semble, qu'on devrait lancer la livraison encombrée de noms connus et marquants pour attraper cet oiseau rare qu'on appelle un abonné. Eh bien, non; la *Revue* a fait sa première apparition avec des noms, — M. Noriac excepté, — devant lesquels on peut mettre sans scrupules des points d'interrogation, voulant dire : connais pas.

Il y a là-dedans de la prose et des vers, des vers et de la prose; les vers sont en prose et la prose est en vers.

Heureux jeunes gens qui croient encore à la poésie et espèrent fonder solidement un journal avec des stances, des sonnets ou des odes !

Voyons la prose. — J'ai rencontré un roman ou une nouvelle, comme il vous plaira, ayant nom *Le dernier Londrès* ; cela a dû être écrit dans un nuage de tabac. Voilà certes quelque chose d'une fantaisie pas mal décolletée, l'auteur a dû être inspiré des ondulations de la fumée de son cigare; qu'il y prenne garde, cela dénote un tempérament lymphatique; on dirait que sa nouvelle est sortie toute déshabillée du boudoir d'une femme.

Quant aux vers, — il y a des lunes qui ont peur, des rayons qui sont blancs d'effroi, fixes et pétrifiés, et qui néanmoins traversent la vapeur, tout cela au milieu des apparitions spectrales et des décors vertigineux; n'oublions pas un jet de lueur blémie qui se laisse choir de temps en temps.

Tirons l'échelle.

Grande nouvelle. Je viens d'apprendre que le *Gaulois* a un secrétaire de rédaction, qui s'occupe aussi des annonces et des abonnements. C'est une conviction que me fait perdre cette simple nouvelle. Moi qui croyais jusqu'à présent que le *Gaulois* n'avait ni rédacteurs ni rédaction. Il paraît qu'il en a une, et qu'il a senti la nécessité d'avoir quelqu'un pour consigner les délibérations de ces messieurs. Tâche ingrate que celle de ce secrétaire, résoudre un problème où il n'y a que des inconnus.

J'annonce en revanche avec plaisir un journal hebdomadaire qui existe depuis quelques mois, *la Jeune France.* Bravo! cela console de voir des jeunes gens de talent, de conviction et de courage marcher hardiment dans cette voie périlleuse qu'on appelle le journalisme; la franchise et l'indépendance sont devenues rares aujourd'hui, applaudissons donc quand nous les rencontrons.

Louis Lavedan.

⸻⸻

LA SCIENCE DU BEAU [1]

—

La philosophie du beau est ancienne. Elle est née, avec Platon, sous un platane en fleur de l'Ilissus, au babillement des cigales de l'Attique. Aristote avait écrit un traité sur le beau, aujourd'hui perdu. Les rêveurs d'Alexandrie reprirent cette question qui, sommeillant durant le moyen-âge, à peine soupçonnée par le dix-septième siècle, se réveilla au dix-huitième en Allemagne, en France et en Écosse, et dès lors, surtout au-delà du Rhin, n'a cessé d'être diversement agitée. Depuis cinquante ans, la science française y était souvent revenue, un peu timidement, et sans aboutir à des conclusions précises. M. Cousin, dans son livre du *Vrai, du Beau, du Bien,* n'avait guère soulevé les problèmes métaphysiques. Maine de Biran a sur le beau un chapitre intéressant, mais obscur, dans ses œuvres inédites pu-

---

(1) Par M. Charles Lévêque, chargé du cours de philosophie au Collége de France, ancien membre de l'école française d'Athènes. Ouvrage couronné. Paris, Durand, 2 vol.

bliées récemment ; Jouffroy professa dans sa petite chambre de la rue du Four, devant quelques jeunes gens, un cours d'esthétique, recueilli par une plume amie, où l'on avance avec peine, au milieu de divisions minutieuses et de fréquentes répétitions, vers un but longtemps poursuivi et que l'on n'atteint pas. Cependant la science du beau avait une place d'honneur dans les écoles et les discussions de l'Allemagne. Le mouvement d'esprit accéléré par Hegel et Schellins y dure encore. Nous avons vu, il y a quelques mois, publier à Munich une théorie nouvelle des beaux arts. La France spiritualiste attendait une réponse aux doctrines d'esthétique panthéiste de l'Allemagne. En 1857, l'Institut mit la question au concours et couronna le mémoire de M. Charles Lévêque, professeur de philosophie au collége de France. C'est ce livre que nous annonçons à quiconque, ayant été un jour vivement ému en présence d'une tête de Raphaël ou à l'audition d'une symphonie de Beethoven, s'est interrogé sur la cause de ce bonheur et de cette joie divine qui rayonnaient dans son cœur.

La Science du beau a été rédigée, en France, sous le ciel gris de Paris ; elle a dû naître en Grèce à cette lumière dorée que pleuraient en mourant les guerriers d'Homère. M. Lévêque peut dire, comme le poëte :

> De Phidias j'encensai les merveilles,
> J'ai sur l'Hymette éveillé les abeilles.

Il a pu évoquer sous les débris toujours debout et toujours merveilleux du Parthénon le simple et charmant génie de la Grèce de Sophocle, d'Ictinus et de Sapho. « Comment, dit-il, oublier ces beaux lieux qui, après avoir ravi l'esprit, s'emparent du cœur et le retiennent par d'intimes attaches. Parmi ceux qui ont le sentiment de l'antique et de l'art, nul ne les habite sans les aimer comme on aime une patrie retrouvée, nul ne les quitte sans les regretter comme on regrette une patrie perdue. » L'œuvre de M. Lévêque est donc doublement patriotique; s'il donne, et pour toujours, à la philosopie du beau, droit de cité en France, il

élève à la Grèce, la patrie de son intelligence, un monument qui durera. Dans ces pages savantes, mais où la science dérobe ses difficultés sous la précision parfaite et la transparence brillante du langage, au sens profond et à l'amour de l'art, à l'accent souvent ému, au sourire d'ironie délicate, vous reconnaîtrez un héritier de Platon et un hôte fidèle de l'Académie. On est charmé au sortir d'une lecture laborieuse d'Aristote ou de Proclus, de trouver à la philosophie cette jeunesse souriante ; on se rappelle le temps où la métaphysique s'écrivait avec la langue des poëtes, le temps où la science, assise au banquet d'Agathon, posait sur son front sacré la couronne de violettes d'Alcibiade ; le temps enfin où la grande affaire de la vie était de s'entretenir à la clarté du ciel des plus belles choses du monde, époque heureuse et à jamais évanouie, où l'on voudrait avoir vécu, et dont ce livre nous transmet comme un lointain écho. M. Lévêque a rencontré là-bas, tout près du petit village de Sophocle, les débris de la maison de Platon : il s'est assis sur ces ruines : il a respiré dans la brise attiédie et embaumée par les lauriers de Céphise l'âme du maître, et il pourrait murmurer tout bas ce que nous pensons tout haut pour lui :

> Tu se' lo mio maestro, et il mio autore :
> Tu se' solo colui, da cui io tolsi
> Lo bello stile, che mi ha fatto honore.

Le livre de M. Lévêque vient à son heure. Il est bon, quand l'art dégénère, et que le goût public se corrompt, que quelque voix savante et convaincue s'élève pour rappeler ces principes éternels du beau qui, semblables aux principes du bien et du vrai, ne sont jamais violés impunément. Oui, vous l'avez dit, mon maître, et avec raison : les âmes humaines sont des fleurs raisonnables et libres, mais des fleurs très-délicates, qu'un souffle de froid, qu'un rayon trop brûlant altèrent et font languir. La moindre variation de l'atmosphère morale nous affecte, lorsqu'on écrit autour de nous des romans malsains, lorsqu'on expose à nos regards des peintures vulgaires ou maniérées, nous éprouvons un malaise réel, et nous sommes tristes. Qu'on y songe bien ; l'art aujourd'hui est endormi. Des grands artistes qui ont ému les années glorieuses de ce siècle, les uns sont morts, les autres, après leur tâche accomplie, se reposent, et sont déjà entrés dans l'histoire : celui-ci, dans sa vaillante et mélancolique vieillesse, assiste héroïquement au morcellement de son patrimoine : celui-là est en exil. L'horizon est vide. Chaque jour on pousse en France le cri de désespoir : *Exoriare aliquis!* Où est le Mozart, le Shakespeare, le Molière, le Cervantès, le Michel-Ange ou le Raphaël qui conduira à la postérité la seconde moitié du dix-neuvième siècle ? Peut-être est-il caché, jeune et s'ignorant lui-même, dans quelque rue obscure de Paris, au fond de quelque petite ville silencieuse de Bretagne ou de Provence. Puisse la *Science du beau* lui tomber sous la main, et éveiller par sa vertu, cette vocation et ce génie après lesquels nous soupirons.

Emile GEBHART.

UNE VOIX DE L'EXIL

PAR M. ÉTIENNE ARAGO

Ceux qui ont voyagé savent quel malaise indéfinissable saisit le cœur à mesure qu'on s'éloigne de la patrie, et combien ce sentiment devient douloureux si le séjour à l'étranger se prolonge. Souvent on est parti volontairement, appelé par de graves intérêts, ou seulement poussé par « le désir de voir et l'humeur inquiète ; » on est distrait par les mille objets curieux qu'on visite, par les mœurs nouvelles qu'on étudie, par les monuments de l'art, par les grands spectacles de la nature. N'importe ! devant les créations du génie de Raphaël et de Michel-Ange, et même devant les merveilles de l'Oberland, on pense au pays natal, et le plus doux moment du voyage est celui où l'on repasse la frontière. Et, cependant, on était sorti librement, et l'on a été soutenu le long du chemin par la certitude de rentrer quand on le voudrait.

Supposez, maintenant, que vous soyiez sorti malgré vous ; qu'il vous ait fallu quitter inopinément vos amis, votre famille, vos affaires, vos travaux comme vos plaisirs accoutumés ; que la frontière soit pour vous une muraille infranchissable ; que la durée de votre exil soit indéterminée ; que vous puissiez, dans les heures de découragement, le croire éternel ; imaginez-vous un chagrin amer, une douleur plus continue et plus poignante ? Mal moral, sans contredit, mais qui ne tarde pas à devenir un mal physique, puisque la médecine lui a donné un nom, et en a décrit les symptômes ; mal dont on peut mourir, et dont plusieurs, en effet, sont morts.

M. Étienne Arago en a souffert autant que personne, et, dans son petit livre, dont il est temps que nous nous occupions, il n'a guère fait que donner une forme poétique à cette immense tristesse dont le cœur de l'exilé est si souvent envahi. Mais, si cette tristesse est si profonde, son expression est douce et résignée. Ce n'est point la colère qui lui dicte ses vers, et nul cri de haine n'en vient troubler l'harmonie. Il garde le culte de ses opinions sans insulter les opinions contraires ; il se plaint sans récriminer, et ne perd pas une fois ce calme qui est la dignité du malheur.

Jamais son âme ne s'ouvre à un sentiment amer contre la patrie, alors même qu'elle semble l'oublier ou le méconnaître. O France, s'écrie-t-il un jour, en traversant le Mont-Cenis,

> O France ! tu me fais gravir un long calvaire !
> Mais à te vénérer encor je persévère
> En songeant qu'à ton ciel je dus plus d'un beau jour.
> Ainsi, quand une femme a trahi mon amour,
> Jamais d'un trait mordant je ne m'arme contre elle,
> Et tous mes souvenirs plaident pour l'infidèle.

Cette tendresse obstinée, qui résiste à tout, qui triomphe de tout, est fort heureusement exprimée dans une pièce intitulée : *Permis à nous*. Le poète est à Turin.

> Ville dont l'exilé gardera la mémoire.

On lui parle de la France, et lui, oubliant

qu'il a des étrangers pour auditeurs, laisse échapper d'abord quelques sentiments a- mers : la France n'est plus ce qu'elle fut jadis ; l'amour du repos y a endormi les courages ; la soif de l'or y a tari la source des grands dévouements, les esprits y lan- guissent, les cœurs s'y glacent, et le reste. Là-dessus, un poëte du lieu, un improvisa- teur comme il y en a tant en Italie, prend la parole, et lance contre nous tous, en lan- gage mesuré, les plus sanglantes invectives :

La France a trop joui d'une gloire usurpée !
　　L'effort dût-il être brûtal,
Il faut faire cesser tous ses chants d'épopée
　　Et renverser son piédestal.
On a pu dire un jour : C'est la prêtresse antique
　　Conservant pour le monde entier
De dévouement, d'amour, de foi patriotique,
　　Le rayonnant et saint foyer;
Mais la Vesta n'est plus qu'une prostituée,
　　Insensible au dernier affront;
Sous le rire moqueur, sous l'immense huée,
　　On ne voit plus rougir son front, etc., etc.

Nous citons ces vers pour leur vigueur remarquable et leur savante facture, en fai- sant remarquer seulement que cela se pas- sait avant 1859. Il est permis d'espérer que l'Alcée turinois a, depuis, changé de mode. Mais le poëte français n'était pas homme à attendre cette souveraine réplique des évé- nements. Dès les premiers vers, il a senti la rougeur lui monter au front :

Oh ! vous me permettrez, poëte, une réponse !...
Peuples qui maudissez et déchirez la France,
Depuis que, proférant le cri de délivrance,
De ses deux fortes mains elle s'ouvrit le flanc,
De quoi donc vivez-vous, si ce n'est de son sang?

Et la défense prend aussitôt la forme que l'attaque avait prise; nous voudrions pou- voir la reproduire :

. . . .
. . . .
De toute nation à la suivre attentive,
　　La France, au front vaste et béni,
Fut l'exemple, l'espoir et l'initiative :
　　Son beau rôle n'est pas fini.
. . . .
Eh ! ne tient-elle pas, pour les autres féconde,
　　Même au sein des plus grands revers,
La coupe du progrès, dont elle verse l'onde
　　Sur chaque point de l'univers ?...

Vous trouverez partout ce culte pieux de la patrie, ce dévouement filial qui fait taire tous les ressentiments. C'est l'âme du livre.

Ceux qui connaissent M. Etienne Arago savent qu'il n'y a pas de caractère plus droit, de cœur plus loyal, plus courageux ni plus bienveillant. Soldat dévoué de l'idée démocratique, il lui a fait plus d'un sacri- fice, et n'a jamais hésité à risquer sa for- tune et sa vie pour ses convictions. Quand l'adversité frappe un homme de cette trempe, elle le blesse sans l'abattre. Il reçoit les coups qui pleuvent sur lui avec une fermeté stoïque, et la sérénité de son âme n'en est point troublée.

Voilà pourquoi M. Etienne Arago nous est revenu, en 1860, à peu près tel qu'il était parti en 1849. Onze ans d'exil n'ont pu aigrir ce caractère ouvert et sympathique, ni alourdir la vivacité de cet esprit alerte et primesautier. Le vaudevilliste d'autrefois n'a rien perdu de sa gaieté ni de sa verve. Seu- lement, son horizon s'est agrandi. La gra- vité des événements où il a été mêlé et dont il a fini par devenir victime a donné à sa pensée des habitudes plus sérieuses, à sa voix des accents plus mâles, à son vers une allure plus ferme et plus énergique.

Nous en avons déjà donné des preuves qu'il ne tiendrait qu'à nous de multiplier. Il y a plus de cent soixante pièces dans son recueil, diverses de forme, de couleur et de caractère. Ici, de joyeuses chansons ; là, de touchantes élégies; çà et là quelques satires où l'on retrouve la gaieté du poëte comique, mais où la malice n'a point de fiel. On y suit l'auteur dans ses longues pérégrinations, d'Angleterre en Belgique, de Belgique en Suisse, de Suisse en Savoie et en Piémont. On le voit partout, contournant la frontière française, dévorant sans cesse du regard cette terre bien-aimée qui l'attire, et dont il ne peut s'éloigner. De Turin il part bientôt pour Nice. A peine arrivé :

De la frontière, amis, montrez-moi le chemin !

Le voilà sur la rive gauche du Var, à l'en- trée de ce pont qu'il ne peut franchir. Quelle joie ! quelle ivresse ! Le vent souffle du bord opposé : c'est l'air de la France qu'il respire:

Le lit est presque à sec, et je ne puis passer !
Pourtant jusqu'au milieu mon pied peut s'avancer :
Sur les galets, pour moi plus doux qu'une prairie,
Je m'élance !... Je sens le sol de la patrie !
Cette course n'est point caprice puéril :
On les prend où l'on peut, les plaisirs de l'exil !...

Malheur à qui pourrait lire cette pièce, intitulée : *Nice*, sans une émotion profonde !

Nous en voudrions citer beaucoup d'autres : l'*Olivier*, charmante fantaisie, que le même sentiment patriotique a inspirée :

Arbre calomnié, je te revois enfin !

L'olivier c'est l'arbre provençal, et la Provence, n'est-ce pas la France ? — La *Nature inerte*, où la puissance des premières sensations et la douleur de ne plus voir les lieux où l'on a passé sa jeunesse est décrit avec une poignante énergie. La *Nostalgie*, la *Fraternité*, les *Sept plaies de l'exil*, le *Femmes de l'exil*. — *Mon Eldorado*, délicieuse idylle, chef-d'œuvre de grâce et de douce philosophie ; *Mes Pérégrinations*, chanson où l'auteur a pris pour refrain la célèbre parole de Danton :

On n'emporte point sa patrie
Aux semelles de ses souliers.

Mais nous ne saurions dire tout. Il y a des poëtes qui chantent pour chanter. Mais sous les vers de M. Etienne Arago vous trouvez toujours une pensée patriotique et un sentiment profond. A côté de l'artiste il y a un citoyen qu'on estime et un homme qu'on ne peut s'empêcher d'aimer. C'est ce qui assure à ce petit volume une place à part au milieu des recueils poétiques que chaque année voit éclore.

Gustave HÉQUET.

L'ART A L'IMPRIMERIE IMPÉRIALE

(FIN)

Par une nuit tranquille, il se promène dans les rues désertes de la capitale et il entend la voix de toutes les créatures qui se plaignent, et maudissent le tout-puissant Mahmoud. Il passe auprès des ménageries. Le lion rugit sourdement et gémit d'avoir été arraché à la fournaise de sable du Sahara ; le bison regrette en mugissant les grandes savanes d'Amérique ; l'ours grogne en redemandant sa caverne d'ossements.

Et tous maudissent le tout-puissant Mahmoud.

Plus loin les aigles, dévorant l'horizon d'un regard sanglant, réclament leur liberté et leurs grands coups d'aile dans l'espace ; les vautours aspirent les émanations cadavériques qui viennent leur déchirer les narines.

Et tous maudissent le tout-puissant Mahmoud.

Plus loin encore, les magnolias et les tulipiers redemandent le climat des tropiques et ses rosées de feu ; les petites fleurs exotiques appellent leurs compagnes de solitude, leurs papillons de nacre et d'azur, leurs mouches étincelantes.

Et tous maudissent le tout-puissant Mahmoud.

Ailleurs, le fleuve écumant se courrouce et s'indigne contre les quais qui resserrent ses ondes, contre les barques qui l'oppressent et qui déchirent son sein, contre les immondices dont on salit sa robe d'émeraude et d'azur.

Et le fleuve maudit le tout-puissant Mahmoud.

Enfin, de l'air, de l'eau, des abîmes sortent des voix accusatrices ; et c'est par un coup de tonnerre que se clôt cette grande malédiction.

Ecoutez !

« O prophète, tu as dit vrai : Toutes choses humaines portent l'empreinte de leur origine. L'âme ignoble ne change pas et reste ignoble même sur le trône. L'aloès au suc amer donne toujours une liqueur amère. Enlevez sa tige, plantez-la dans les bosquets célestes, baignez dans le miel sa racine nouvelle. Abreuvez-la d'ambroisie. Efforts dérisoires ! Les fruits seront toujours amers. Enlevez à la hulotte les œufs de son nid funèbre ; que la mère vienne les couver dans les solitudes embaumées d'Eden ; que l'oiseau nouvel éclos se nourrisse des graines de l'arbre béni ; que l'eau sacrée de l'Elzébill étanche sa soif ; que le souffle de Gabriel l'échauffe dans son nid. L'œuf, plein du germe originel, ne s'ouvrira que pour donner essor à l'oiseau de sinistre augure.

« O prophète , tu as dit vrai : Toutes choses humaines portent l'empreinte de leur origine. En vain le serpent déroulera ses anneaux sur les rosiers de Fujo ; en vain le hibou nocturne, arraché à son repaire, sera placé sous les regards du soleil : l'un frappera de son dard aigu la fleur qui l'aura nourri ; l'autre déploiera ses lourdes ailes pour regagner son gîte ténébreux. Et toi, Mahmoud, si tu étais vraiment roi, tu serais généreux et noble. Ce poëme que j'ai créé, cet hymne qui redit la grandeur et les hauts faits des monarques anciens , tu l'aurais couvert d'or. Ma fortune obscure serait devenue éclatante. Tu eusses transformé ma nuit en jour, ma pauvreté en splendeur. Mais va, empereur mendiant, les générations futures connaîtront ta bassesse ! Elles sauront que sous le manteau qui te couvre il n'y a que le fils d'un forgeron. « Esprits qui passez, prenez mes paroles, portez-les aux esprits des montagnes, et tous ensemble, montagnes et vallées, maudissez, maudissez le tout-puissant Mahmoud ! »

Dans une autre diatribe, Ferdoucy fait parler les animaux sacrés des mahométans : le bélier d'Abraham, le veau de Moïse, la fourmi de Salomon, le perroquet de la reine de Saba, l'âne d'Esdras, la baleine de Jonas, le chien Kittner des sept dormants, et le chameau de Mahomet (1).

Le poëte eut le courage d'afficher aux portes mêmes du palais impérial ces jets étourdissants de sa colère, et la nuit suivante, à l'âge de soixante-dix ans, il partit seul pour l'Arabie. Alors, dit la chronique, une étoile se déplaça dans le ciel au-dessus de la capitale. L'astre de la Perse s'en allait.

Poursuivi par les soldats du sultan irrité, Ferdoucy fuyait en se cachant devant les yeux sans paupières de la vengeance. Dans la ville d'Héra, un libraire lui offrit un asile qui le cacha pendant quelque temps. Mais il fut découvert et forcé de reprendre sa course errante. Comme l'Assverus de la Bible queles mahométans connaissent sous le nom de Fethali, une voix lui criait : marche! marche! Il veut s'arrêter dans sa ville natale. Les fellahs arrivent. Marche! Le gouverneur du Mezenderan lui offre l'hospitalité. Marche ! marche ! La colère du shah s'est répandue comme l'incendie. Enfin il a quitté la Perse, en secouant la poussière de ses sandales et en disant : « O pays ingrat, je t'ai donné des fleurs et tu me rends des épines ! » Arrivé en Arabie, il court se jeter aux pieds de Derbillah, khalife de Bagdad, en s'écriant : « Asile et protection ! » Honorablement accueilli à la cour du khalife, il

---

mis au ciel à cause de l'intelligence qu'il déploya en s'acquittant de son emploi. L'âne d'Esdras dut son immortalité au hasard. Esdras , annonçant un jour la résurrection à certains mécréans qui manifestaient des doutes, ne trouva d'autre moyen de les persuader que de ressusciter son âne qui était mort depuis plusieurs années. Tout le monde sait l'histoire de Jonas et de sa baleine franche. Voici ce qui concerne le chien Kittner : Sept pauvres sectateurs de Mahomet s'étaient retirés dans une caverne pour fuir la persécution. L'un d'eux aperçut un chien qui les suivait. Il jeta à l'animal une pierre qui lui rompit une patte. Celui-ci demanda poliment pourquoi on le maltraitait de la sorte. — C'est, lui répondirent-ils, pour t'éloigner, afin que tu ne trahisse pas le secret de notre retraite. Le chien les pria de l'enfermer avec eux, ils y consentirent. Tous ensemble dormirent pendant 372 ans, après quoi ils furent enlevés au Paradis. Kittner aboie chaque fois que l'on frappe à la porte du séjour céleste.

Le chameau de Mahomet portait un soir le prophète, qui de Médine allait à la Mecque visiter le capitaine Ful. L'envoyé de Dieu perdit son chemin ets'égara complétement.Le chameau, non-seulement retrouva la route, mais encore il conduisit son maître droit à la porte de Ful. Il en fut récompensé par le bonheur éternel.

---

(1) Par le bélier ou mouton d'Abraham, les musulmans entendent celui qui fut sacrifié à la place d'Isaac. La vache rousse ou le veau (ce qui n'est pas encore décidé) de Moïse est celui ou celle dont les cendres servaient aux purifications. Quant à la fourmi de Salomon, voici ce qu'on en raconte : Ce prince avait inspiré par sa sagesse une si grande vénération aux animaux, qu'ils s'entendirent pour lui envoyer des députés portant des tributs. La fourmi ayant apporté un présent plus volumineux qu'elle-même, Salomon la bénit et elle fut placée au séjour des bienheureux. Le perroquet (certains hérétiques disent le stuppe) de la reine de Saba, qui lui servit de messager pour correspondre avec Salomon , fut

suit cependant le conseil qui lui est donné de s'éloigner encore. On le retrouve dans le Thaberistan, puis dans le Khoristan. Partout les gouverneurs font fête au poëte fugitif. Les uns soulagent sa détresse par des présents; les autres sortent de leurs capitales et viennent en grande pompe à sa rencontre. L'huile et le baume de l'hospitalité sont répandus sur ses plaies. Nadir, gouverneur du Khoristan, se montre plus généreux encore. Il ose écrire à Mahmoud, lui présenter comme dans un miroir le poëte errant et lui faire entendre d'avance les sanglants reproches que lui jettera l'histoire vengeresse, quand elle peindra ce vieillard de génie marchant, courbé, dans l'ombre de la mort qui le poursuit. Ferdoucy lui-même avait à demi oublié sa colère. Dans une mélancolique élégie, il avait dit que, sans absoudre Mahmoud, il abandonnait à Dieu seul le soin de prononcer entre lui et le monarque injuste.

Cependant la vieillesse s'était aussi appesantie sur le shah. Les vers du Châh-Nameh, répétés par la voix populaire, avaient enfoncé le remords dans son cœur. La crainte d'une immortalité honteuse le saisit. Comme d'ailleurs la fraude des dinars d'or changés en dinars d'argent n'appartenait qu'à son favori, Hussein-Mehmandar, il s'irrita contre ce dernier et lui envoya un muet avec le lacet fatal. Un jour Mahmoud, affaibli et blanchi par l'âge, remarqua un groupe d'artisans dont l'un lisait à haute voix une inscription peinte au mur d'une mosquée. Il s'approcha et il entendit retentir ces vers.

« L'âme de Mahmoud est, dit-on, une mer de munificence; Ferdoucy a plongé dans cette mer, mais il n'en a retiré aucune perle. »

Aussitôt Mahmoud ordonne qu'on prélève 6000 dinars sur les fonds du trésor impérial et qu'on les expédie à Sàr, capitale de la province où le poëte est né. Les porteurs de la somme partirent. Avant d'entrer dans la ville, ils voulurent faire désaltérer leurs chameaux et faire eux-mêmes leurs ablutions à une source qui se trouve aux portes de la ville. Leurs regards tombèrent sur une

pierre blanche surmontée d'un bonnet sculpté, et ils y lurent cette inscription en langue arabe :

HADHA JANUH

OBI ALEYYA WALA JANEITOH

ALA AHAD

« Voilà le crime de mon père envers moi, mais je n'ai jamais commis le même contre personne (1). »

Plus loin était écrit : Ici dort Ferdoucy.

Selon les derniers désir du mort, l'or du Schah servit à construire un seraï où les voyageurs reçoivent encore une hospitalité gratuite.

La chronique persane termine ainsi l'histoire de Ferdoucy :

« Près du ruisseau aimé du poëte enfant, deux saules échevelés pleurent sur une pierre couverte de mousse. Les voix qui bercèrent ses jeunes rêveries sont encore suspendues dans l'air. Il y en a deux : l'une chante, l'autre gémit. On les entend le soir, alors que le vent s'endort dans les palmiers et que la sultane des nuits se promène, calme et sereine, au milieu de son harem d'étoiles. »

A l'exposition universelle de 1855, les volumes de la collection orientale, placés sur une estrade de velours vert semé d'abeilles d'or, étaient l'objet de l'empressement du public.

Pour essayer de rivaliser avec ce chef-d'œuvre, le gouvernement anglais prépare une publication, qui sera éditée par les conservateurs du British Museum avec le plus grand luxe artistique. Dans le premier volume on trouvera :

1º Une série de légendes (trente-cinq) sur briques, tablettes de pierre, cônes d'argile, etc., appartenant au premier empire chaldéen, de 2,000 à 1,000 ans avant J.-C ;

-----

(1) L'épitaphe de Ferdoucy rappelle ces deux vers d'Euripide :

Παῖδας φυτεύειν οὔποτ' ἀνθρώπους ἔχρην,
Πόνους ὁρῶντος εἰς ὅσους φυτεύομεν.

« Il ne convient pas aux hommes d'engendrer des enfants, lorsqu'ils voient à combien de maux ils les exposent. »

2· Des légendes sur briques concernant les rois assyriens, de 1,273 à 1,100 environ avant J.-C. ;

3° Annales de Téglath-Phalasar Ier, 1,200 environ avant J.-C., et complétées au moyen de trois cylindres trouvés à Kileh Shirgat ;

4° Annales de Sardanapale, 850 environ avant J.-C., tirées de quatre textes indépendants relatifs à Nemrod ;

5° Annales de Shamas-Phul, tirées du nouvel obélisque de Nemrod ; 800 environ avant J.-C. ;

6° Petite légende de Pul et Sémiramis, tirée d'une statue du dieu Nebo ; 760 environ avant J.-C. ;

7° Annales de Sargon, des nouveaux cylindres Khorsabad, environ 705 avant J.-C. ;

8° Annales de Sennachérib, tirées du fameux cylindre du colonel Taylor, récemment acquis par le Museum ; 694 avant J.-C. ;

9° Choix des Annales d'*Ashur-bani-pal*, fils d'Assarhaddon, tirés de fragments de cylindres du Museum, 660 avant J.-C. ;

10° Une série de nouveaux types de légendes de briques, appartenant aux derniers rois assyriens : Pul, Sargon, Sennachérib et Assarhaddon ;

11° Des cylindres sur Nabuchodonosor, de Birs-i-Nemrod, Senkereh et Babylone, et des cylindres sur Nabonidus, de Mugheir ;

12° Enfin une série de légendes de briques sur Nabuchodonosor, Nereglissor et Nabonidus, de Babylone, Narka Senkereh et Mugheir.

Ces douze chapitres comprendront une série de documents historiques pour une période d'environ 1,500 ans, du temps des patriarches à la prise de Babylone par Cyrus. Les inscriptions seront lithographiées, et où l'original pourra être consulté, on en donnera un fac-simile.

Un autre volume comprendra les Miscellanées, tirées pour la plus grande partie des tablettes d'argile qui formaient autrefois la bibliothèque des rois de Ninive, et qui sont déposées aujourd'hui au British Museum. Les inscriptions de ce volume comprendront six chapitres :

1° Des syllabaires et des vocabulaires, avec les tables très-nombreuses qui expliquent le système de l'écriture cunéiforme et de la construction grammticale de la langue assyrienne ;

2° Des spécimens de tables mathématiques, de formules astronomiques, de calendriers et de registres d'observations ;

3° Un choix de tablettes mythologiques, montrant les noms et les attributs des dieux et des déesses adorés par les Assyriens, et expliquant le système général du Panthéon ;

4° Une série de passages se rapportant aux plaisirs corporels des Assyriens , et donnant l'illustration des scènes de chasse sculptées sur les murs des palais de Ninive ;

5° Des descriptions architecturales de grande importance pour la bonne interprétation des ruines, telles qu'elles ont été récemment découvertes ;

6° Enfin une série de Micellanées, comprenant des listes dynastiques, des catalogues des mers , rivières , montagnes et contrées connues des Assyriens, des classifications d'oiseaux et de bêtes, etc., etc.

En vue de l'exposition universelle, l'Imprimerie impériale avait également préparé une *Imitation*. Nous avons dit, au début de cet article, que l'*Imitation* était aussi le premier livre sorti de ses presses en 1640. Ce volume avait été exécuté dans l'espace d'un an. Caractères, poinçons, ornements au nombre de 874, etc., il avait fallu tout créer. Les dessins, exécutés par les meilleurs artistes, ne consistaient pas seulement dans les encadrements des pages et dans le frontispice, admirable composition, mais encore dans des titres de livres et de chapitres, dans des lettres ornées variant constamment. Lumineux diamant de l'écrin typographique, l'*Imitation* de 1855 est le produit d'efforts individuels très-nombreux se confondant dans l'œuvre commune. Il fait également honneur aux hommes qui en ont conçu le plan , aux artistes et aux typographes qui l'ont exécuté.

Dans l'exposition de l'Imprimerie impérial en 1855 on doit encore citer les cartes géologiques et géographiques exécutées par les ateliers de lithographie annexés à l'établissement et coloriées au moyen de l'impression. Ce sont des chefs-d'œuvre. Par suite de la diversité des nuances, le tirage sur telle ou telle feuille a dû se répéter jusqu'à cinquante et soixante fois. Autre difficulté, la grande carte géologique de la France étant divisée par fragments, il fallait que les feuilles, en se réunissant, rapprochassent des teintes diverses avec une précision en quelque sorte mathématique.

Sous le régime monarchique, la marque des éditions du célèbre atelier consistait dans ces deux lettres I, R, entortillées et garrottées. Se représentant dans I une noble industrie personnifiée et dans R le pouvoir royal, père et protecteur, depuis François Ier de l'Imprimerie royale, un des correcteurs de l'établissement, M. Cirier, avait ainsi illustré l'artistique monogramme :

Aspicis ut duplex coalescit littera in unam,
Ut pedibusque pedes, et cornua cornibus hæ-
Insuper et τῷ Ρῶ loris aptatur Ἰῶτα,   [rent?
Constrictum paribus nodis et Ἰῶτα tenet Ρῶ.
Ambobus consortis amor. Concorda utrique
Non miranda : patri solers consentit Ἰῶτα,
Progeniem justo sectatur amore potens Ρῶ.
Ρῶ semper vivat! vivat quoque semper Ἰῶτα!

Tout en exécutant son œuvre immense, l'Imprimerie impériale n'a pas ralenti l'augmentation de ses types. Son cabinet des poinçons s'est successivement enrichi de plus de soixante caractères en divers idiomes parmi lesquels figurent les types maghrébins, bouguis, guzaratis, himyarites, télingas, arméniens, chinois, géorgiens, égyptiens, hiroglyphiques, magadhas, pâlis, sanscrits, phéniciens, puniques, russes, étrusques, archaïques, allemands, etc. Ce matériel, d'une incomparable richesse, est évalué à près de quatre millions de francs: Le personnel de l'Imprimerie impériale dépasse le nombre de 1000 ouvriers.

Par décision du garde des sceaux, les imprimeurs de Paris sont autorisés à faire composer et tirer à l'Imprimerie impériale la partie des ouvrages qu'ils auraient entrepris dans laquelle se trouveraient des caractères orientaux ou quelques uns des signes particuliers existant dans la typographie étrangère de cet établissement.

« L'Imprimerie impériale, dit M. de Saint-Georges, est pour les savants, une ressource d'autant plus importante, qu'elle permet la publication de tous les textes originanx des langues connues, et qu'elle sert ainsi à propager les œuvres des écrivains de tous les temps et de tous les pays : ressource précieuse que nulle entreprise privée ne pouvait offrir, et qu'il appartenait au gouvernement d'une grande nation de concevoir et de créer pour agrandir le domaine de la science. »

Nous avons omis de dire qu'un décret impérial avait transféré, en 1809, dans les bâtiments de l'ancien hôtel Soubise, dit Palais Cardinal, rue Vieille-du-Temple, notre premier établssement typographique ; en quittant le Louvre, il avait fait une station à l'hôtel de Penthièvre, en face de la place des Victoires.

D'après les plans dont nous avons parlé en commençant, l'Imprimerie impériale occuperait au Louvre l'aile droite qui fait suite au ministère d'État; le *Moniteur* serait placé dans le local occupé par l'ancien ministère de l'Algérie et des colonies.

Jules LADIMIR.

RETOUR

Oui, je reviens à toi, muse, mon immortelle,
    Pour pleurer mes amours;
Je reviens abriter sous les plis de ton aile
    La douleur de mes jours !

Je t'avais fuie, hélas! pour une autre déesse
    Au sourire bien doux,
Devant qui, l'œil brûlant et le cœur plein d'ivresse
    Je rêvais à genoux!

Répandant à ses pieds les parfums de mon âme
    Comme aux pieds du Seigneur,
Je voulais embaumer ses jours heureux de femme
    De paix et de douceur.

Je voulais que sa vie à travers une fête
    Passât en souriant,
Splendide à mon regard comme à l'œil du poëte
    Un palais d'Orient.

J'avais fait de mon cœur, pour y placer l'idole,
    Un temple pur, béni.
Et voilà maintenant que mon ange s'envole,
    Et que tout est fini !

Je n'aurai point pour toi qui fais saigner ma vie,
    Des paroles de fiel ;
Car c'est toi qui donnas à mon âme ravie
    Un avant-goût du ciel !

Car si je pleure, hélas ! et si mon front est pâle
    Et mon cœur abattu,
Je n'outragerai point ta robe virginale,
    Ni ta chaste vertu,

Louis TAPPIE.

DERNIÈRES NOUVELLES

Une grande soirée a eu lieu hier chez M. Havin, à l'occasion de l'envoi d'une statue qui lui a été dédiée, au nom de divers comités italiens, comme au représentant de la presse libérale française. Cette statue, trop lourde pour être placée dans les salons de l'honorable directeur politique du *Siècle*, devra être montrée à l'exposition des artistes vivants. La soirée, du reste, a été très-brillante. Madame Ristori a dit des vers où M. Legouvé témoigne ses sympathies pour la cause de l'Italie, et les honneurs de la partie musicale de la fête ont été faits par les artistes du Théâtre-Italien, Graziani, Gardoni, mesdames Penco et Marie Battu.

C'est à tort que l'on a annoncé que l'Opéra-Français allait être édifié sur un autre emplacement que celui qui a été choisi par décision récente. Le démenti est tout à fait dénué de fondement, car on vient de faire des acquisitions pour déblayer encore mieux, du côté de la rue Basse du Rempart, le terrain où doit s'élever notre première scène lyrique.

Un des meilleurs acteurs de nos théâtres de genre, Ravel, est engagé pour six mois par année à Saint-Pétersbourg pendant trois saisons qui lui rapporteront en tout 210,000 fr., soit 70,000 fr. par saison. Il est bien entendu que l'artiste reste au Palais-Royal et a signé un engagement de plusieurs années datant du 1er mars pour se prolonger jusqu'à la fin d'août.

On lit dans le *Figaro-Programme* :
Le *Tannhauser*, opéra en trois actes et quatre tableaux, de M. Richard Wagner.
Jamais, s'il faut en croire les amateurs de premières représentations, jamais fauteuils, stalles, loges, strapontins, simples tabourets n'avaient coûté aussi chers que mercredi dernier. Ils s'enlevaient à des prix littéralement fabuleux. — Jamais, il faut le dire aussi, argent ne fut si bien placé. Il a rapporté aux amateurs un fond de gaîté qui ne s'épuisera pas d'ici longtemps.

On a ri, en effet, on a ri à se tordre. Personne n'a pu prendre au sérieux cette étrange cacophonie. M. Wagner a décidément perdu la bataille.

L'administration de l'Opéra avait pourtant mis à sa disposition toutes les ressources dont elle dispose. Elle a montré, dans les décors, une magnificence inouïe. Ses meilleurs artistes ont été les interprètes du musicien allemand. Bref, M. Wagner tombant dans de telles conditions, la chute est une de celles dont on ne se relève pas.

Si les manifestations hostiles n'ont pas été plus violentes, il faut l'attribuer à la présence de l'Empereur.

Dans le cas où le *Tannhauser* serait joué trois fois, nous en ferions le compte-rendu détaillé. Mais nous espérons bien que M. Wagner nous évitera cette peine.

Pour extrait :
Louis d'AUTERIVE.

THÉÂTRE BEAUMARCHAIS.

Le beau drame des *Traboucayres* est plus que jamais en possession de la vogue. Tout Paris veut voir cette pièce montée avec un grand luxe de costumes et de décors exécutés par nos plus célèbres artistes en ce genre. Ajoutons qu'elle est jouée avec un ensemble et un talent remarquables par l'excellente troupe du théâtre Beaumarchais. Les *Traboucayres* passeront cent représentations. On ne se rappelle pas un pareil succès à ce théâtre, depuis sa création.

AVIS

Nous prions MM. les abonnés de la province et de l'étranger qui n'ont pas encore versé le montant de leur souscription pour l'année 1861, de le faire parvenir le plustôt possible, s'ils veulent éviter des retards dans l'envoi des livraisons.

Le rédacteur en chef : Louis LAVEDAN.

Paris. — Imp. Walder, rue Bonaparte, 44.

CHRONIQUE DES BEAUX-ARTS.

Rareté des nouvelles artistiques. — Pourquoi je suis embarrassé. — Ce que j'ai de mieux à faire. — Une découverte artistique et littéraire dans une loge obscure de l'Odéon. — M. Charles Corassan. — *Vérités et Sévérités.* — Création d'une commission consultative des Musées impériaux. — M. Prier. — Effet de ses articles dans la *Revue.* — M. J. Hersent. — Un épisode de Solferino. — M. Luminais.

Je n'ai rien aperçu de nouveau cette semaine à l'horizon du monde artistique. Je vous préviens donc, mes chers lecteurs, que je suis très-embarrassé pour mener à bonne fin cette chronique. J'ai eu beau me creuser la tête, j'ai eu beau lire toutes les gazettes, j'ai eu beau parcourir toutes les Revues, même la *Revue fantaisiste* qui devient de plus en plus *insensée,* je n'ai fait aucune découverte digne d'être signalée.

C'est que la *Revue des Beaux-Arts* est une coquette qui n'ouvre pas ses colonnes au premier venu. Elle hait les calembours, fait peu de cas des nouvelles à la main et dédaigne tout ce qui n'est pas de son domaine ; de là grand embarras quand la semaine artistique est inféconde ; c'est ce qui est arrivé, et je ne sais véritablement comment me tirer de ce faux pas.

Ce que j'ai de mieux à faire, c'est d'exhumer de mon répertoire quelque nouvelle déjà vieille. Eh bien ! écoutez, car il s'agit d'une nouvelle artistique et littéraire, déjà très-ancienne, mais rassurez-vous, elle n'est connue que de moi.

On jouait à l'Odéon *Daniel Lambert,* de Charles de Courcy. Il y avait foule ce soir-là, je parle de huit mois. Le billet que la direction avait mis à ma disposition, improprement appelé *billet de faveur,* comme tous les billets de ce genre, m'avait relégué dans une baignoire obscure du rez-de-chaussée. J'étais en compagnie d'un ami que j'avais beaucoup de peine à voir s'agiter auprès de moi, tant les ténèbres de l'endroit étaient épaisses. Quand donc nous délivrera-t-on de ces cellules dramatiques, plus propres à loger des taupes que des créatures humaines ?

Au moment du premier entr'acte, j'entr'ouvris la porte de notre prison, et j'aperçus, à la lueur du gaz qui venait des corridors, quelque chose au fond de la loge. Je l'examinai avec attention, et, après avoir bien réfléchi, je fus convaincu que j'avais fait là une admirable et précieuse découverte, une découverte artistique et littéraire d'une incomparable valeur. — Ne croyez pas qu'il s'agisse d'un manuscrit, ni d'une toile oubliée dans un coin, ni d'un bas-relief ignoré, ni d'une corniche ; ma découverte était au-dessus de tous les chefs-d'œuvre que vous pourriez rêver, elle avait des yeux et des mains, comme vous et moi, des cheveux longs comme vous n'en avez pas. Ma découverte en un mot, était un jeune homme de vingt ans.

— *D.* Qu'avait-il donc de si rare et de si beau, me direz-vous, votre jeune adolescent ?

— *R.* Certes, je vous avouerai que ma première impression ne lui fut nullement favorable. Je lui trouvai d'abord le regard défiant, l'air farouche et dédaigneux. Tout cela ne m'empêcha pas de lui demander quel était le pays qui s'enorgueillissait de l'avoir vu naître.

— L'Orient, me répondit-il.

— Y a-t-il longtemps que vous êtes à Paris ?

— Presque depuis mon enfance.

— A quelle carrière vous destinez-vous ?

— Je l'ignore, monsieur.

Cette réponse : « Je l'ignore, » avait l'air de dire que j'étais bien curieux.

— Et que pensez-vous de la pièce qu'on joue ?

A cette question imprévue, le jeune fils de l'aurore s'enflamma tout à coup ; il critiqua la pièce avec un tact, avec une déli-

8

catesse et une impartialité dont je fus surpris. Après la pièce de M. Charles de Courcy, il aborda tout le répertoire de l'Odéon, puis il passa en revue tous les opéras de la rue Lepelletier, tous les opéras-comiques de la rue Favart, tous les vaudevilles de la place de la Bourse, toutes les comédies de la rue de Richelieu et tous les drames du boulevard du Crime. Chaque parole qui s'échappait de sa bouche était une perle que je m'empressais de recueillir.

Attendri de voir dans une si vive jeunesse, comme dit Fénélon, tant de sagesse et d'éloquence, je demandai au jeune critique quel était le journal qui avait l'honneur et la bonne fortune d'insérer ses articles :

— Aucun, me répondit-il ; je n'écris pas, je n'ai jamais écrit.

— Jeune homme, m'écriai-je alors en lui frappant sur l'épaule, vous me faites l'effet d'un hercule littéraire en herbe ; vous paraissez avoir tout ce qui convient pour faire un critique solide, tenez, voilà ma carte, venez me voir demain ou quand vous voudrez, je vous nomme ce soir même mon collaborateur.

Quelques jours après, ce jeune homme qui n'écrivait pas et qui n'avait jamais écrit m'apportait une Causerie dramatique, qui fut insérée dans la *Revue des Beaux-Arts* et signée du nom de Charles Corassan.

Telle fut ma découverte, et vous savez, chers lecteurs, si j'ai eu lieu de m'en féliciter.

M. Charles Corassan ne s'est pas borné à écrire des critiques de théâtres et des chroniques pour la *Revue des Beaux-Arts*.

Travailleur infatigable, critique impartial, écrivain plein de verve et d'érudition, à peine a-t-il paru sur l'arène du journalisme, qu'il a senti le besoin de franchir des horizons nouveaux. Avec cette plume de critique qu'il a tenue avec éclat dans la *Revue des Beaux-Arts*, il a écrit une œuvre appelée à faire du bruit. Cela s'appelle : *Vérités et sévérités*. C'est un livre consciencieux, juste, mais sévère ; j'engage plus d'un critique à le méditer et mes lecteurs à le lire. J'en ferai dimanche prochain un compte-rendu plus étendu. Je me contente d'ajouter pour au-

jourd'hui que je suis très-flaité d'avoir découvert l'auteur de *Vérités et sévérités* dans une loge obscure de l'Odéon, et de lui avoir ouvert ainsi les portes de la gloire et de la postérité.

Au début de cette chronique, je me plaignais de la stérilité des nouvelles artistiques, mais voilà que je viens de lire ce qui suit dans le journal officiel :

Création d'une commission consultative des Musées impériaux.

Au nom de l'Empereur,

Le maréchal de France, ministre de la Maison de l'Empereur,

Considérant que la conservation et la restauration des objets d'art compris dans la dotation de la Couronne, et les acquisitions d'œuvres nouvelles, présentent souvent des questions délicates pour la solution desquelles la direction générale des Musées, tout en conservant sa liberté d'action et sa responsabilité, peut utilement consulter des hommes éclairés et spéciaux,

Sur la proposition du directeur généra des Musées impériaux,

Arrête :

Art. 1er. Il est créé une commission consultative des Musées impériaux.

Art. 2. Cette commission sera présidée par le directeur général des Musées, qui la réunira toutes les fois qu'il le jugera nécessaire pour la consulter sur l'acquisition ou la restauration des objets d'art, ainsi que sur les meilleurs procédés de conservation.

Art. 3. Sont nommés membres de cette commission :

MM. Gatteaux, membre de l'Institut ;
Ilis de la Salle ;
Le vicomte de Janzé ;
Louis Lacaze ;
Le marquis Maison ;
E. Marcille ;
De Saulcy, sénateur, membre de l'Institut ;
Henri de Triqueti ;
Viollet-Le-Duc.

Les conservateurs des Musées impériaux font, de droit, partie de la commission.

Art. 4. Aucune restauration de tableau ne sera autorisée par la direction générale des Musées impériaux qu'après avoir préalablement consulté la section de peinture de l'Académie des Beaux-Arts.

Art. 5. Les avis de la commission seront rédigés séance tenante et constatés par des procès-verbaux que signeront les membres présents.

Art. 6. Le directeur général des Musées impériaux est chargé de l'exécution du présent arrêté.
Paris, le 18 mars 1861.   Vaillant.

Cette sage mesure, que la *Revue des
Beaux-Arts* est fière à si juste titre d'avoir
provoquée, sera l'objet d'un article dimanche prochain. Nos lecteurs se souviennent
des lettres qui nous furent adressées au
mois d'octobre dernier, par M. Prier, sur
les *restaurations du Louvre*, et des critiques
pleines de justesse et d'impartialité qu'elles
renfermaient. Le même M. Prier se propose
de consacrer un article à la création de cette
*commission consultative des Musées impé-
riaux*. Les articles de M. Prier ont été si
heureusement accueillis de nos lecteurs et
de l'administration des Musées impériaux,
que nous sommes très-heureux de pouvoir
publier sa conclusion.

Terminons cette chronique par la visite
de quelques ateliers.

Entrons d'abord chez M. J. Hersent, un
peintre de batailles qui connaît son métier.

C'était au commencement de la bataille
de Solférino; la deuxième division, commandée par le général de Ladmirault, venait de gagner les premiers retranchements
de l'ennemi. Le général, atteint par une
balle, prend à peine le temps de faire panser
sa blessure. Voyant sa division dans un état
critique, il ordonne à ses bataillons de réserve de fondre sur l'ennemi; alors s'engage
un combat presque corps à corps. C'est
cet épisode que le pinceau de M. Hersent a
habilement rendu. J'ai surtout remarqué,
dans ce pêle-mêle d'Autrichiens et de Français s'entr'égorgeant autour des roues d'une
pièce d'artillerie autrichienne dont ils se
disputent la proie, deux figures pleines de
cette expression farouche qu'inspirent l'horreur et la furie du combat, la vue du sang
et la soif de la victoire. L'une est celle d'un
grenadier du 100e de ligne, qui vient de
percer de part en part, avec sa baïonnette,
une robuste poitrine d'Autrichien, et l'autre
celle d'un fantassin du même corps, qui
brandit sur la tête d'un ennemi une hache
ensanglantée. Autour des combattants gisent les cadavres des mourants et des blessés. J'ignore si ce tableau a été commandé

par l'Etat; dans tous les cas, il ferait honneur au musée de Versailles.

Le temps et le défaut d'espace me mettent
dans l'impossibilité de consacrer quelques
lignes à deux remarquables tableaux de
M. Luminais; nous en parlerons dimanche
prochain.

Louis Lavedan.

P. S. Nous donnerons dimanche prochain
des nouvelles des expositions annoncées
en province et à l'étranger. MM. les artistes
qui auraient besoin d'ici là de quelques indications, pourront se renseigner à l'administration de la *Revue*.   L. L.

LE PANORAMA LANGLOIS

—

Au nord-ouest du Palais de l'Industrie
s'élève la rotonde immense du nouveau
Panorama. Moins grande en réalité que ne
l'était celle qui existait sur le carré Marigny,
elle a un diamètre plus long que celui du
Cirque de l'Impératrice, auquel on a voulu
donner un pendant. Le monument s'élève
aû milieu d'un jardin anglais dessiné avec
art. De chaque côté du portique principal,
reposant sur des colonnes à chapiteaux, des
massifs de verdure produisent le plus agréable effet.

Tel est à l'extérieur l'édifice, qui occupe
une superficie de 1750 mètres carrés, et
renferme le récent chef-d'œuvre du peintre
de la *Bataille des Pyramides*.

Pour donner un aperçu du travail qu'exi-
gent ces toiles dans lesquelles l'illusion
est poussée jusqu'à la magie, nous allons
prendre, par exemple, celle de la Bataille
des Pyramides, que nous venons de citer.

Une première année d'abord a été consacrée à un voyage en Egypte et aux études
sur le champ de bataille. Là, le colonel Langlois a pris toutes les mesures topographi-
ques; les dessins ont été relevés à la chambre obscure, puis rectifiés au crayon. Ce
travail terminé, la toile a été appliquée sur
les murs du Panorama. Pour cette opération

il n'a pas fallu moins de trois semaines, et ce temps ne paraîtra pas exagéré quand on saura que l'étendue de cette toile est de 124 mètres de longueur sur 15 de hauteur, soit 1,960 mètres carrés, et qu'elle pèse 3,000 kilogrammes.

Sur la toile ainsi posée et préparée pour le peinture, la ligne d'horizon a été déterminée, puis les dessins reportés au carreau, et les erreurs qui pouvaient exister dans la perspective, rectifiées. On a d'abord peint le paysage et ensuite les personnages, opérations forcément successives pour conserver les conditions d'optique et de perspective dans lesquelles est composé le tableau. A ce travail, trente-cinq artistes ont été employés sous la direction de M. Langlois, en sorte que c'est une armée de peintres qui a portraité une armée de soldats.

Veut-on déposer une pareille toile et la plier pour la reporter dans un autre endroit?

On commence par détruire la plate-forme du milieu et par dégager les échafaudages disposés pour la mise en scène. On monte ensuite deux échafauds qui, à l'aide d'un cabestan, doivent être mis en mouvement sur un chemin de fer placé au pied de la rotonde. On construit un mât d'enroulement qui doit avoir de 80 centimètres à un mètre de diamètre et 15 à 16 mètres de long. Ce mât est placé sur un pivot entre les deux échafauds.

Cela fait, on descend la toile, on l'applique sur le mât, en ayant soin de placer du papier sur la peinture de haut en bas, pour la préserver, et de faire disparaître tous les plis, précaution essentielle; car, dans les conditions particulières d'optique où la toile a été peinte, le moindre pli suffirait pour détruire l'ensemble de la composition.

Pour ce travail il faut au moins huit personnes employées à l'échafaud et quatre au cabestan. Quant à la durée de l'opération, elle est de huit jours, s'il ne survient pas d'accident.

Ce n'est pas tout encore ; il faut faire sortir cette masse de 6,000 kilogrammes, et on ne le peut sans démolir une partie de la rotonde elle-même.

En résumé, si l'on veut conserver la toile et mener à bonne fin toutes les opérations, il ne faut pas compter moins d'un mois ou six semaines.

Pendant dix mois, la collaboration de trente artistes a été nécessaire pour l'exécution de la *Prise de Sébastopol;* sur une toile de 1,200 mètres carrés, où les figures du premier plan sont de grandeur naturelle; qu'on ajoute à ce temps celui dépensé par le colonel Langlois, dix-huit mois de campagne, trois années de séjour à Sébastopol, et l'on verra ce qu'a coûté de travaux, de recherches, d'études et de vicissitudes de toutes sortes cet incomparable tableau. Le colonel Langlois a relevé un à un les actions isolées, les épisodes épars, les aspects multiples de son épopée. La photographie a saisi au vol l'éclair du canon; les faits les plus fugitifs, les plus instantanés, ont pu ainsi être fixés ; puis le génie du maître a condensé le tout et a donné à l'œuvre le souffle de la vie.

Nous voici sur la plate-forme de la tour Malakoff, et nous allons pouvoir embrasser toute la scène de carnage et de victoire. A nos pieds le sol est bouleversé ; armes, boulets, fascines, obusiers, gabionnades, débris de toutes sortes, sont dispersés çà et là. L'objet véritable se confond presque sans transition aucune avec l'objet peint , en sorte que l'illusion est complète. Tout autour on plonge dans un fossé où les survivants de l'assaut s'échappent d'entre les morts et s'enchevêtrent par groupes contorsionnés sur ces raides talus d'où souvent ils retombent dans les profondeurs du sol miné et labouré par les projectiles.

Le 8 septembre 1855, tout était prêt pour l'assaut. Un peu avant midi, les troupes se trouvaient en ordre sur un des points indiqués. Le général de Salles se tenait debout; le général Bosquet était au poste qu'il avait choisi dans la sixième parallèle, accompagné des généraux Thiry, de l'artillerie ; Niel, du génie, et de Martimprey, son chef d'état-major. Le général Pélissier arriva à la redoute Brancion qu'il avait choisie pour quartier général. Les montres furent réglées. A midi juste, toutes les batteries cessèrent de tonner pour reprendre un tir plus allongé sur les réserves de l'ennemi. A la voix de leurs chefs, les divisions de Mac-Mahon, Dulac et de La Motterouge sortent des tranchées. Les tambours battent, les clairons sonnent la charge. Des cris retentissent, les soldats se précipitent sur les défenseurs de l'ennemi. Moment solennel!

La première brigade de la division Mac-Mahon, le 1er de zeuaves en tête, suivi du 7e de ligne, ayant à sa gauche le 4e chasseurs à pied, s'élance contre la face gauche et le saillant de l'ouvrage Malakoff. La largeur et la profondeur du fossé, la hauteur et l'escarpement des talus rendent l'ascension extrêmement difficile; mais enfin les soldats français apparaissent sur le parapet garni de Russes qui se font tuer sur place et qui, à défaut de fusils, se font arme de pioches, de pierres, d'écouvillons, de tout ce qu'ils trouvent sous leur main. Là s'engage une lutte corps à corps, un de ces combats émouvants dans lequel l'intrépidité de nos soldats et de leurs chefs pouvait seule leur donner le dessus. Ils sautent aussitôt dans l'ouvrage, refoulent les Russes qui continuent de résister, et peu d'instants après le drapeau de la France était planté sur Malakoff pour ne plus en être arraché.

Pour fixer le drame sur sa toile, l'artiste-soldat a saisi le moment où, après avoir vingt fois tenté de reprendre la tour, clef de la position, les Russes renoncent à leur héroïque défense. Il est quatre heures de l'après-midi; le général Pélissier se montre dans Malakoff même, au milieu de son état-major, calme et impassible, tandis qu'autour de lui la mort ne cesse de faire des victimes. A ses côtés, on remarque les deux commissaires britanniques, le général Rose et le colonel Foley. On reconnaît encore le général de Martimprey, une longue-vue à la main; son sous-chef, le colonel d'état-major Jarras; le général Niel, le général Thiry, le général du génie Frossart, recevant, l'épée au poing, les ordres du commandant en chef. Un peu en arrière, un aide de camp du général Pélissier, le colonel d'état-major Cassaigne, s'affaisse soutenu par un de ses camarades; il est blessé à mort.

Un groupe habilement disposé réunit les autres officiers d'état-major. Derrière, sur une traverse élevée, un zouave a planté le drapeau français, arc-en-ciel annonçant la fin de l'orage du combat; et dans une trombe de boulets, d'obus, de bombes, de mitraille, quatre clairons sonnent la fanfare triomphale. Un soldat soutient M. de Lomières, officier d'artillerie de la garde qui, blessé, grimpe néanmoins pour arriver près du drapeau.

Détaché de ces groupes, l'œil perçoit l'immensité de la scène; il embrasse le Petit-Redan et la courtine qui relie cet ouvrage avec Malakoff. La brigade conduite par le colonel Picard accourt pour soutenir le général de La Motterouge qu'on distingue sur le second plan avec ses soldats dans un tourbillon de flammes, de fumée, de projectiles, de débris. Un magasin de poudre de 7,000 kilogrammes saute comme un volcan; le général Mellinet est blessé. Sur un plan plus éloigné apparaissent les lignes profondes des réserves russes. Massés entre le Petit-Redan, la courtine et Karabelnaïa, seize bataillons moscovites attendent un signal pour s'élancer sur nos colonnes d'attaque ou pour operer leur retraite vers la partie nord de la place. Le Petit-Redan a l'aspect noir et tourmenté d'une fourmilière où l'on avait jeté de la paille enflammée.

A gauche se développe la grande attaque. Avec son état-major, le général de Mac-Mahon gravit une des plus hautes traverses; les grenadiers de la garde tournent l'ouvrage par les fossés; les turcos de la brigade Wimpfen combattent avec fureur à la gorge Malakoff, et, près de la batterie Gervaise où viennent mourir les suprêmes efforts des derniers défenseurs, le 7e de ligne développe ses colonnes. De mamelon en mamelon, sur un espace de quatre kilomètres, les vaincus défilent; au loin, le carnage accomplit ses derniers épisodes; des obus éclatent; des mines font explosion; la mort arrache ses dernières proies. Le triomphe est indécis; le soldat lutte encore; les chefs gardent l'œil inquiet et l'épée à la main.

Au Grand-Redan, formé par des bastions en terre qui montrent leurs saillants et leurs rentrants et couvrent la caserne de la Marine et l'hôpital pour venir aboutir à l'extrémité du port du Sud, on aperçoit la marche à découvert de 1,500 Anglais, sous les laves de mitraille de formidables batteries. Plutôt que de renoncer à leur tâche, ces braves meurent stoïquement presque jusqu'au dernier.

L'œil émerveillé s'étend sur les rives de la Tchernaïa, les champs d'Inkermann et de Traktir. Derrière Malakoff et ses combattants apparaissent le panorama de la ville, celui des ports du Nord, l'estacade de vaisseaux coulés, le pont de bateaux que construit l'ennemi, en vue d'une retraite forcée, le feu de toutes ses batteries. Là, au milieu de plusieurs Russes qui se tordent dans les convulsions de l'agonie, une cantinière du 7e de ligne secourt un soldat blessé. Plus loin, un officier d'artillerie tombe frappé à mort dans les bras d'un canonnier, tandis qu'après lui avoir adressé dans un regard un éloquent adieu, les deux seuls hommes debout de sa batterie continuent de charger un mortier. Plus loin encore, le commandant du génie Ragon mène au combat ses mineurs, dont l'un découvre providentiellement le fil électrique destiné à faire sauter Malakoff.

Avec ce bruit, cette agitation, ces sublimes horreurs, contrastent de la manière la plus heureuse les horizons paisibles et lumineux. La voûte céleste environnant de toutes parts le spectacle est d'une vérité qui tient de la magie. L'air circule dans la vaste composition. La plupart des figures sont des portraits. Les personnages sont de chair et d'os; ils vivent, et il faut voir l'effet étrange de cette réalité sur le spectateur qu'elle subjugue en lui faisant oublier le temps et la distance. — J'étais là, dit l'un. — Me voici ! s'écrie un officier. — C'est par cette brèche que nous somm entrés ! ajoute un soldat. — C'est là que j'ai été blessé ! exclame un autre ; et des yeux des femmes s'échappent des larmes rétrospectives à l'aspect des périls courus par ceux qui leur sont chers.

Ainsi est rendu visible et vivant pour tous ce siége mémorable dont les moyens de défense et d'attaque avaient des proportions colossales; où l'armée assiégeante avait en

batterie 800 bouches à feu qui ont tiré deux millions de coups ; où les cheminements creusés pendant trois cent trente-six jours de tranchée ouverte en terrain de roc avaient acquis un développement de plus de 80 kilomètres sous le feu constant de la place, avec des combats incessants de jour et de nuit; où enfin, dans la journée du 8 septembre, les armées alliées ont eu raison d'une armée presque égale en nombre, non investie, retranchée derrière de formidables défenses, pourvues de 1,100 bouches à feu, protégée par les canons de la flotte et des batteries du nord de la rade, aguerrie, intrépide, et disposant de toutes les ressources qui peuvent venir en aide à leur valeur.

La croix de commandeur de la Légion d'honneur, récemment décernée à M. le colonel Langlois, a été la récompense méritée de sa victoire sur des difficultés qui semblaient invincibles. En accomplissant son œuvre nationale et glorieuse, il a bien mérité de l'art et de la patrie.

Jules LADIMIR.

CAUSERIE DRAMATIQUE

Théâtre impérial de l'Opéra, *le Tannhäuser*, opéra en trois actes, de M. Richard Wagner.—Vaudeville, *les Vivacités du capitaine Tic*, comédie en trois actes, de MM. Labiche et Martin. — *Une soirée musicale.* — *Nouvelles.*

Wagner, 'disait quelqu'un, c'est du..... Berlioz moins la mélodie ; et comme Berlioz c'est du Meyerbeer moins la mélodie, et que Meyerbeer est du Rossini moins la mélodie, je vous laisse à conclure. L'expérience vient de donner raison à cette étrange définition. Nous allons donc parler à notre tour de ce que certains journalistes ont eu la complaisance d'appeler l'événement de ces derniers jours, de la représentation à l'Académie impériale de musique de l'étrange opéra d'un non moins étrange compositeur.

Voilà un an que M. Wagner remplit de sa bruyante personnalité la petite presse parisienne. On l'a mis en prose, on l'a mis en vers, on lui a fait l'honneur de le caricaturiser aussi longtemps que Soulouque, on l'a presque rendu populaire, — privilége rare pour un étranger. — Mais, bonheur insigne, avantage incalculable, fortune sans pareille, ce novateur en musique, ce révolutionnaire en art, comme il le prétend lui-même, et qui, à l'exemple des réformateurs de l'antiquité, semblait sortir, après plusieurs années de recueillement, du Venusberg, de Wartburg et de tous les *burg* d'Allemagne, a eu des partisans convaincus, — il y a tant de gens qui n'ont rien à faire, des détracteurs tenaces, — il faut bien s'occuper de quelque chose, et puis, toute action ne produit-elle pas une réaction ?

Chose curieuse à remarquer, ce grand maître de l'avenir, ce génie extraordinaire qui devait renverser d'un trait tout l'édifice musical du passé, ce talent prodigieux que quelques-uns n'ont pas hésité à comparer aux plus grandes illustrations dont s'honore l'art théâtral, ce compositeur-phénomène que ses compatriotes, presque tous sérieux, vont digérer laborieusement pendant quatre heures, n'avait même pas foi en son œuvre. Il voulait conduire l'orchestre pour imposer aux mécontents ou pour provoquer l'indulgence du public ; que deviendrait son opéra sans lui, il espérait le soutenir par sa présence. Il n'avait pas le courage de faire comme le poëte dramatique dont parle M. Vacquerie : « Il abandonne son œuvre à l'acteur qui voudra la jouer et au spectateur qui voudra la juger ; il ne la défend plus de son corps ni de sa pensée. Il la lâche librement dans les hasards de la représentation. Il s'en rapporte à elle. Le poëte dramatique a confiance dans sa création. »

Ce n'est ni au désir du public, ni à l'entraînement des *dilettanti*, ni à l'influence de la presse, ni à la curiosité de qui que ce soit que M. Wagner a dû la représentation de son *Tannhaüser*, mais bien à l'intervention d'un haut personnage et à la volonté de l'Empereur. C'est à peine s'il est parvenu à arracher quelques applaudissements dans un concert donné, il y a deux ans, je crois, avec les meilleurs morceaux de ces opéras. C'est donc grâce à une protection toute-

puissante qu'il est entré à l'Opéra. Il lui a fait dépenser 250,000 francs en décors et en costumes ; il lui a pris ses meilleurs artistes et le moment le plus avantageux de la saison ; il a fait engager un ténor allemand à raison de 6,000 francs par mois pour chanter son œuvre, alléguant comme raison que les pensionnaires de l'Opéra étaient incapables de le comprendre. Tout cela pour aboutir à la plus éclatante chute qu'on ait vu depuis trente ans.

Bafoué à la première représentation, le *Tannhaüser* a étécarrément sifflé à la seconde.

Toute la Confédération germanique s'était donné rendez-vous à ce théâtre, déjà envahi par tous les Allemands de France et de Navarre pour soutenir énergiquement M. Wagner. On voyait dans les loges, dans les galeries, des gants blancs applaudir avec un parfait ensemble et avec une énergie à humilier les romains de l'Ambigu. Le public a fait ce qu'il devait faire, il s'est tu devant les bons morceaux et a tranquillement sifflé le reste. Il faisait beau voir ce mélange d'approbation de commande et de désapprobation grandement méritée, avec le bruit continuel de la musique, l'interdiction des artistes, qui s'arrêtaient décontenancés, les rires de l'orchestre, les quolibets et les coups de sifflet brochant sur le tout. — C'était vraiment un curieux spectacle. Rarement auteur comique a tant égayé son auditoire et fait rire de si bon cœur que le sérieux M. Wagner ce soir-là.

Eh bien ! ces bâillements, cette hilarité, ces sifflets mêmes, nous ont satisfait presque autant que l'empressement montré aux obsèques de Mürger ; le public se réveille donc enfin ; il sort de sa torpeur, de son indifférence, il se montre sympathique à l'art et à la littérature ; il se passionne, il a une opinion, et il entend l'imposer, un parti pris. L'auteur du *Tannhaüser* doit se féliciter d'avoir été le prétexte d'une telle manifestation, il n'est pas donné à tout le monde de la provoquer.

Un piédestal trop haut amoindrit la statue ;
L'orgueil naît des flatteurs, et c'est l'orgueil qui tue,

a dit un jeune poëte. Eh bien ! c'est l'orgueil qui a tué M. Wagner et sa musique. Il s'est présenté avec un profond dédain de ce qu'on applaudit tous les jours dans toutes les parties du monde, avec des airs de novateur sublime, de réformateur infaillible, venant nous tirer de l'erreur pour nous conduire dans la bonne voie et la bonne musique. Il a eu pitié de nos sens égarés, — le digne homme ! — il a traversé sa chère Allemagne pour nous délivrer des lieux communs de la musique italienne, des banalités de la musique française, enfin de cette indigne mélodie, puisqu'il faut l'appeler par son nom, qui nous a trop longtemps efféminés, pour nous retremper dans sa vigoureuse et vivifiante musique dans la musique de l'avenir, sans avenir, — nous l'espérons. Il a *démoli* des noms consacrés pour s'en faire un piédestal qu'il a placé sous ses pieds ; il a fait chanter partout victoire avant d'avoir livré la bataille ; il a vu ses désirs exaucés, ses volontés accomplies, ses caprices réalisés. Quand on se présente avec de telles prétentions, il faut être un génie ou un colosse. M. Wagner n'était ni l'un ni l'autre ; l'échafaudage s'est trouvé fragile et la statue est tombée, tombée à plat ; sa réforme s'est perdue dans la risée des spectateurs et son avenir n'a même pas eu de lendemain.

Il est permis de croire que c'est dans un moment de découragement ou d'amour-propre, que M. Wagner a intitulé sa musique, de l'avenir ; car s'il avait la ferme résolution de la léguer à ses adeptes, — il en a, malheureusement, — pour la faire exécuter plus tard, il réserverait une terrible épreuve pour les oreilles de nos petits nouveaux. L'humanité se civilise, s'humanise, s'adoucit à force de vivre ; M. Wagner croit-il le contraire, ou bien espère-t-il, par hasard, un retour des temps barbares, qu'il réserve ses œuvres pour un temps futur.

La musique, à force de progrès, est parvenue à exprimer à merveille les sentiments doux et élevés du cœur humain ; le terrible compositeur voudrait- il remonter en arrière et revenir au moyen-âge ?

Unir intimement la pensée et la musique,

traduire sur un instrument les sentiments, les passions des personnages, indiquer avec un air les diverses situations, expliquer par un contraste de phrases les plus hautes pensées philosophiques ; orchestrer enfin son poëme, tel était le but que M. Wagner disait partout avoir atteint. Il a dû en conséquence écrire lui-même les paroles, espérant réaliser davantage par là cette union ; il s'est fait poëte, il s'est fait parolier ; quels hommes universels que ces diables d'Allemands !

Eh bien ! ayons le courage de le déclarer. Son livret est inepte par le fond et la forme, et la musique se borne religieusement à le reproduire.

L'idée première était sans doute noble, élevée large, la lutte entre l'amour vierge, amour purifié, idéalisé, presque divinisé, et l'amour profane, l'amour criminel, l'amour charnel en un mot. L'auteur s'en est assez bien inspiré pour faire un sujet puéril, banal, presque libertin, et qui certes serait refusé aux Folies ; un livret outrageusement ennuyeux, dépourvu de tout incident, de toute situation, voire même de coups de théâtre, tolérés, presque nécessaires dans un opéra. Je n'aurai jamais le courage de vous donner une analyse quelconque de cette platitude en trois actes et en vers de confiserie ; c'est déjà bien assez d'y avoir assisté *sans murmurer* quatre heures durant. J'ai certes une grande force de volonté et une impossibilité à toute épreuve ; mais il y eut des moments où, assourdi par la musique, stupéfié par le livret et engourdi par les psalmodies des chanteurs, j'allais faillir à ma mission et m'endormir le plus tranquillement du monde. O scandale pour un critique ! Heureusement que le rire général auquel je n'ai pu, — je l'avoue, — manquer de participer, est venu neutraliser le triste effet produit par l'œuvre allemande.

L'infortuné *Tannhaüser* a eu le même sort que *La Pucelle* de Chapelain. L'exemple du poëte de Louis XIV devait servir à M. Wagner qui aurait certainement gagné une véritable réputation de compositeur, en restant inconnu en France. On le louait comme une étoile ignorée, et il avait beau jeu avec ses détracteurs ; tandis que, à présent, on l'a jugé avec une connaissance, — hélas ! trop parfaite, — de cause, et le procès a été perdu, perdu sans retour ; la condamnation est sans appel. On espérait monts et merveilles de son opéra de l'avenir ; on s'attendait à un terrible et gigantesque enfantement, il le criait lui-même sur les toits, on n'a trouvé qu'une maigre souris qui s'est enfui au moindre ...pst. Je comprends maintenant son insistance à rester à l'orchestre le bâton en main. C'était pour guider les mouvements de l'intéressant animal.

Le système musical de M. Wagner consiste à n'avoir que des récitatifs, à supprimer les airs, les morceaux chantés, les cavatines ; à expulser la mélodie, à consigner les parties tranchantes, tout ce qui ferait saillie sur l'ensemble, en un mot à faire parler en musique. L'écueil d'un tel système qui, chez lui, est évidemment un parti pris est la monotonie, une monotonie désespérante. Une suite continuelle de chant, toujours dans le même ton, sans variations et sans contrastes, insaisissable, vague dans la forme, sans arrêt et sans fin, étranger aux situations, indépendant des personnages qui ont l'air de se confondre dans la même expression de pensée, complètement obscur dans les procédés mécaniques, et ne s'occupant que de l'harmonie. Voilà à peu près son opéra d'un bout à l'autre.

Cette uniformité même qui semble être le fond de sa manière le rend impuissant à exprimer des sentiments tendres ou violents, à traduire une passion donnée, à exprimer un désir. Il ne précise rien, il laisse tout confondu dans la forme générale ; ou s'il lui arrive d'isoler quelque chose, c'est avec une si grande diffusion qu'il est impossible au spectateur d'en saisir la portée. Ce qui rend M. Wagner ennuyeux et impossible au théâtre, c'est cette égalité dont il ne s'écarte jamais ; et vous savez que

L'ennui naquit un jour de l'uniformité.

Néanmoins il y a des beautés réelles dans cette œuvre imparfaite, des morceaux d'une grande valeur musicale et qui auraient pu sauver le *Tannhaüser*, si cela avait été humainement possible. Ces passages, le compositeur les renie, il s'excuse de les avoir ajoutés à son opéra de l'avenir. Il les a composés uniquement, dit-il, pour le public ignorant, imbu des préjugés du passé et à qui il faut sacrifier un peu pour en obtenir beaucoup ; et notez que ces passages ont été applaudis par les plus mécontents. Ce sont : l'ouverture, d'une composition large, très variée ; l'arrivée des pèlerins, dans le ton grave ; la marche, du second acte, qui n'a guère l'air d'une entrée de seigneurs et qui, avec un peu plus de rapidité et de vigueur, donnerait l'idée d'un défilé de guerriers ; enfin la romance à l'étoile, du troisième acte, d'une grande délicatesse de sentiment. A part ces morceaux, le reste a tout simplement l'air d'une psalmodie.

Le public, qui croyait assister à une mystification, a, sans hésiter, vengé ses oreilles blessées, son ennui et le temps perdu ; on a fait payer chèrement au compositeur ce qu'il appelle ses dédains de la tradition et des conventions musicales ; on a ri de ses récitatifs, on a sifflé ses airs, bref, on a enterré son opéra.

M. Wagner a complétement échoué malgré ses hautes et puissantes protections, malgré ses défenseurs nombreux et dévoués, — tous les Allemands étaient venus renforcer la *claque*, — malgré ses partisans fanatiques dans la presse, malgré son ténor sans voix d'outre-Rhin, malgré enfin son prétendu génie.

Quand on tombe dans de pareilles conditions, on ne se relève pas. M. Wagner n'a plus qu'à faire ses adieux à la France musicale et à porter ses opéras de l'avenir dans la nébuleuse Allemagne. Nous ne sommes encore fatigués ni du passé ni du présent. Il était entré dans le temple à notre insu, nous l'avons prié gaiement mais poliment d'en sortir. Il a été en musique ce que ses compatriotes avaient été en politique, hostile à l'Italie ; qu'il aille expier ses péchés en silence dans quelque grotte sombre et mystérieuse du Venusberg.

J'ai entendu un spectateur à la sortie résumer ainsi sa pensée : — « Il y a trop de lyres, trop de pèlerins et trop de courants d'air dans cet opéra. » — Ma foi ! c'était vrai.

Le Vaudeville vient de jouer une comédie en 3 actes, *Les vivacités du capitaine Tic.* Il manque passablement de tact, ce capitaine Tic. — Ni bon ni mauvais comme vaudeville.

La saison des bals et des soirées touche à sa fin, les retardataires se hâtent, et les derniers venus tâchent d'éclipser les premiers ; ils méritent donc à plusieurs titres d'être mentionnés.

Nous avons assisté la semaine dernière à une charmante soirée artistique chez M. Ch. Voigt ; la littérature, les arts et la presse s'y étaient donné rendez-vous ; les salons étaient encombrés d'illustrations, et les humbles mortels osaient à peine figurer. Les honneurs de la soirée ont été faits par madame Voigt avec une grâce et une délicatesse parfaites. Le maître de la maison se multipliait pour saluer une constellation de jolies femmes et pour serrer la main à ses nombreux amis. Tout le monde était chez lui ; une aisance de bon goût régnait partout, on causait, on dansait, on faisait de l'esprit, beaucoup d'esprit.

A onze heures a commencé la soirée musicale pour durer jusqu'à deux heures du matin. En voici le programme :

Trio du Caïd, chanté par mademoiselle Albert, charmante personne douée d'une belle voix, et MM. Justin et Neib.

Fragment de Faust, par M. Michot de l'Opéra, et avec cette voix que nous connaissons tous.

Il est trop tard ! ravissante romance de Darcier, chantée par M. Létis.

Air de Norma, par mademoiselle Charlotte de Tiefensée, une artiste d'un véritable talent, nouvellement arrivée à Paris, et qui a chanté presque dans toutes les parties de l'Europe. Nous aurons plus tard l'occasion de nous occuper d'elle longuement.

Chanson de Fortunio, par M. Mastier.

Air de Robert et une *Fantaisie* sur des thèmes de *Guillaume Tell,* exécutés avec un grand talent sur le *mattophone,* cet instrument admirable, par M. Michotte.

Je passe à la seconde partie.

Duo du Châlet, par MM. Mortier et Létis.

Thème et Variations, par mademoiselle Charlotte de Tiefensée.

Couplets de Stradella, par M. Justin.

Couplets de l'Abeille, ravissamment chantés par mademoiselle Albert.

Romances dramatiques, par M. Michot, qu'il suffit de nommer.

Enfin, *Chansonnettes comiques,* par M. Berthelier, de l'Opéra-Comique.

Cette dernière partie, vivement applaudie comme la première, a dignement terminé la soirée artistique. Alors la danse a repris avec une recrudescence nouvelle — heureuse jeunesse ! — pour durer jusqu'à sept heures et demie du matin. Tout le monde s'est retiré, regrettant de ne pouvoir continuer davantage, ravi d'avoir passé une soirée, une nuit en si bonne et si belle compagnie, et se promettant de retourner avec empressement et reconnaissance dans ce cercle de jolies femmes et d'hommes célèbres.

Terminons cette causerie par quelques nouvelles.

Le théâtre Déjazet vient de recevoir, pour être joué à sa réouverture, en septembre prochain, *Un franc cinquante le kilo,* une folie spirituelle et brillante de MM. Ledoux Eugène et W. Lancastre.

Ce dernier prépare pour l'un de nos théâtres du boulevard une pièce ayant pour titre : *L'heure de l'absinthe.*

Charles CORASSAN.

HENRY MURGER

—

Nous avons un peu tardé à donner notre appréciation sur Henry Mürger. Nous avons attendu que le concert bruyant des panégyriques pompeux se fût un peu apaisé. Nous portions trop d'estime et de sympathie à la personne d'Henry Mürger pour vouloir élever une voix discordante ; mais aussi nous portions trop de respect à la dignité de l'art et à la saine littérature pour vouloir nous y associer complétement. Chaque vie d'homme renferme un enseignement que doivent recueillir ceux qui viennent après lui. Il faut des paroles graves et austères sur une tombe. C'est manquer à celui qui vient de mourir, c'est manquer au peuple qui se penche avide sur sa dépouille funèbre, que d'entonner une banale apologie. A l'occasion de la mort d'Henry Mürger, il y avait des choses sévères à dire, sinon sur son compte, du moins sur celui de la génération à laquelle il appartint. Il importe de prémunir contre tout égarement funeste les jeunes gens qui cherchent leur voie.

Ce dernier jugement, celui qui devait venir après le juste épanchement des sympathies, il vient d'être prononcé avec un goût et une justice qui ne laissent rien à désirer, par un ami de Mürger, — un vrai ami celui-là. M. Théodore Pelloquet vient de publier (1) une biographie d'Henry Mürger, aussi bien écrite que sainement pensée. La tâche que nous nous proposions y est parfaitement remplie, mieux que nous n'eussions pu le faire. Nous croyons que notre devoir est de renvoyer nos lecteurs à cette excellente étude, et nous demanderons seulement à M. Pelloquet la permission de citer quelques-unes des pages qui lui servent de conclusion.

« L'œuvre de Mürger restera-t-elle tout entière? Oui, mais tout entière seulement dans la bibliothèque de quelques dilettantes littéraires, comme un spécimen rare et curieux d'une littérature un peu bizarre, excentrique, comme le témoignage d'un esprit original, très-individuel, et surtout comme une peinture assez exacte des tendances morales, philosophiques et catholiques d'une partie de la société à notre époque. A ces dilettantes, elle plaira plus par ses défauts que par ses qualités. Mais je doute que la foule, dans trente ans, se passionne pour certains héros et certaines héroïnes de Mürger; je doute même qu'elle retienne leur nom. En écrivant ainsi, je sais que je blesse un usage, vieux comme la première oraison funèbre, qui ordonne de ne parler des morts qu'avec des éloges sans restric-

<hr>

(1) Librairie Nouvelle, un vol. in-18 avec une photographie par Pierre Petit.

tions. Mais je crois que les panégyriques à outrance, au lieu de glorifier la mémoire d'un homme, l'écrasent. C'est un ancien et excellent proverbe que celui qui veut la vérité pour tout le monde, pour les morts comme pour les vivants. J'étais l'ami de Mürger, et je m'en honore; cependant je tiens pour une sorte d'impiété de prononcer des harangues menteuses à côté d'une fosse fraîchement ouverte.

« D'ailleurs les qualités de Mürger sont bien à lui, ses défauts sont surtout ceux de son époque. Il y a des époques fécondes en grands hommes, d'autres presque stériles. Il appartenait à une mauvaise génération, — j'ai le droit de le dire, j'en suis, — à une génération vieillie avant l'heure, et, malgré sa vieillesse prématurée, sans expérience, sans enthousiasme et sans colère, ayant de la vanité et pas du tout d'orgueil, une vanité niaise, puérile, qui se manifeste surtout par l'affectation d'une ironie mesquine, en face de tous les enthousiasmes et de toutes les grandes causes; à une génération, en un mot, qui laissa périr dans ses mains le magnifique héritage que lui avaient légué les hommes de 1830. Mürger valait certainement beaucoup mieux qu'elle, mais il ne put échapper complétement à une influence énervante et morbide. Amoureux, en poëte qu'il était, de l'idéal, il l'alla chercher dans les milieux qu'il était obligé de traverser et où il est dangereux parfois de rester trop longtemps.

« Je n'en sais pas de meilleure preuve que son livre le plus vanté, celui qui fait encore aujourd'hui la meilleure partie de sa réputation, un livre de talent, de beaucoup de talent, sans contredit, mais un triste livre. Non, il n'est pas vrai que la *Vie de Bohême* soit un livre de jeunesse, d'insouciance et de gaieté! C'est un livre malsain, faux souvent, où le rire grimace, où la jeunesse se farde comme une coquette surannée, où l'insouciance est feinte et cache non pas une paresse parfois poétique, mais la lâche indolence des gens sans courage et sans talent. Ils se disent poëtes, artistes et savants; en réalité, ils n'aiment ni la science, ni la poésie, ni l'art. Ils ont pris le costume, — plutôt le travestissement, — des poëtes, des artistes et des savants, pour ne point faire un honnête métier, et pour ne pas ressembler aux bourgeois dont ils se moquent et dont la plupart valent mieux qu'eux. Voilà ce que Mürger aurait dû peindre et sans rien négliger ; il eût décrit une burlesque mais pourtant navrante comédie et d'un utile enseignement. Il a essayé, au contraire, je ne l'en blâme pas, il n'avait jamais eu d'autres héros, et la lecture des grands maîtres ne lui avait pas fait connaître les glorieux modèles des temps passés ; il a essayé de placer sur un piédestal, rehaussé d'arabesques et d'ornements ingénieux, ses tristes personnages, d'agrandir leur taille et de donner du caractère et du pittoresque à leur allure et à leur physionomie. Il a su ainsi tromper beaucoup de gens en se trompant lui-même. Mieux eût valu qu'il fît voir tout le grotesque de leurs prétentions, la vanité de leur existence et de leurs idées, aussi et surtout l'égoïsme incurable, qui seul les guide et dicte leur conduite et leurs paradoxes saugrenus.

« On a dit, pour tâcher de les rendre plus intéressants et plus aimables, qu'ils sont pauvres et qu'ils se moquent de leur pauvreté. Ce n'est pas vrai ; ils raillent la richesse comme le renard affectait de mépriser les raisins, leurs plaisanteries contre la fortune sont des mensonges et qui cachent mal la vérité ; au fond, ils n'ambitionnent rien autant que la richesse. Dans ce volume écrit, dit-on, en l'honneur des *gueux* de l'art et de la poésie, je vois, à chaque page, des cantiques pleins d'effusion et d'enthousiasme en l'honneur de l'argent et des billets de banque.

« La langue de ces gens-là ne vaut pas mieux que leurs sentiments, c'est un argot. Mürger le parle souvent avec infiniment d'esprit, parfois de grâce ; il lui donne parfois un tour d'une saveur étrange et qui séduit. C'est un grand malheur, car il a fait prendre à beaucoup de jeunes écrivains une sorte de pathos à la fois cynique, débraillé et précieux, pour une manière de style original et nouveau.

. . . .

« On trouvera sans doute que j'ai dit beaucoup de mal de la *Vie de Bohême* ; j'ai quelque raison de croire que Mürger lui-même n'en pensait pas beaucoup plus de bien que moi. Toute sa vie il a fait effort depuis pour réagir contre certaines impressions que ce livre avait fait naître. Dans ses œuvres postérieures comme dans sa conversation, il mettait un grand soin de marquer son estime pour les vertus et les mérites bourgeois, et son dégoût pour les affectations cyniques des faux artistes; peut-être même poussait-il parfois trop loin ses opinions nouvelles. Voilà ce qu'on ne saurait trop redire, car c'est une utile leçon. Ses mœurs, depuis longtemps, ne le cantonnaient pas, comme on l'a fort injustement écrit, dans la Bohême qu'il avait chantée. »

Pour que rien ne manque à ce remarquable opuscule, on y a joint un portrait photographique d'Henry Mürger. Cette photographie est due à un artiste consciencieux et distingué, M. Pierre Petit. La physionomie du romancier y est reproduite avec beaucoup de netteté et une vivacité très-grande. C'est un souvenir que voudront conserver tous ceux qui ont eu pour lui de la sympathie ou de l'amitié.

Je veux profiter de cette occasion pour faire connaître à mes lecteurs la *Galerie des hommes du jour* que publie M. Pierre Petit. Chaque livraison contient un magnifique portrait et une biographie ; la direction du texte est confiée à M. Théodore Pelloquet. La biographie de Mürger est une sûre garantie de son bon goût et de son impartialité. Les portraits parus jusqu'à ce jour sont ceux de MM. Alphonse Karr et Jules Favre. J'ai eu l'occasion, la semaine dernière, de voir celui de M. Jules Simon qui doit suivre ceux-là. Un tel patronage ne peut que compléter le succès de cette publication. Il est des hommes dont on aime à connaître et à se rappeler la physionomie.

A. Vermorel.

Le rédacteur en chef : Louis LAVEDAN.

Paris. — Imp. Walder, rue Bonaparte, 44.

CHRONIQUE DES BEAUX-ARTS.

L'Exposition prochaine des beaux-arts sera l'objet d'une heureuse innovation due à l'initiative de M. le comte de Nieuwerkerke ; les œuvres des artistes y seront placées par lettre alphabétique de nom. Cette disposition, qui aura l'avantage de grouper les tableaux de chaque exposant sur un même point, évitera aussi les longues recherches qu'on était obligé de faire pour visiter les œuvres du même artiste.

Les portes du palais de l'Exposition seront ouvertes au public le 1er mai ; jamais solennité artistique n'aura été plus brillante. J'aurais voulu consacrer dans cette *Revue* quelques colonnes à toutes les œuvres artistiques que j'ai visitées depuis quelques jours et dont quelques-unes y figureront avec éclat. Je remercie MM. les artistes de l'accueil bienveillant et sympathique qu'ils m'ont fait ; je regrette de n'avoir pu visiter sans exception tous les ateliers, mais il est des impossibilités contre lesquelles il est inutile de lutter. Heureusement nous pourrons voir bientôt les œuvres que nous n'avons pu visiter et revoir celles que nous avons déjà vues. Alors nous pourrons nous occuper de tous les artistes ; nous pourrons discuter la valeur de leurs tableaux et rendre justice à qui de droit. Dans ma visite aux ateliers j'ai rencontré des toiles remarquables et quelques-unes fort médiocres ; celles de la dernière catégorie sont heureusement assez rares ; et pour qu'il n'y ait pas de malentendu je m'empresse de signaler en première ligne parmi les peintres MM. Appert, — Berthélémy, — Bonnegrâce, — Gustave Boulangé, — de Beaujeu, — Baumes, — Broun, — Albert Brendel, — Baudry, — Behmer, — Clère, — Gabriel Chardin, — Gustave Doré, — Durand-Brager, —

Dubuffe, — Laurent Detouche, — Gambard, — Grandchamp, — Emile Lambinet, — Lecygne, — Leray, — Luminais, — Marteau, — Maugey, — Marc, — Müler, — Passot, — Quecq, — Victor Ranvier. — Sevestre, — de Seivrac, — Tuerlinckx, et parmi les sculpteurs MM. Toussain et Scheenewerk.

J'ai fait comme doit faire l'administration de l'Exposition des beaux-arts, j'ai placé par ordre alphabétique de nom les artistes dont j'ai visité les ateliers : je m'ens tien là pour aujourd'hui; je ne crains pas de dire que je réponds des décisions du jury pour les œuvres des artistes que je viens de citer mais ; je crois qu'il est prudent dans l'intérêt des artistes d'attendre l'ouverture de l'Exposition pour faire la description de leurs tableaux et pour discuter le mérite de chacun d'eux.

Mon rédacteur en chef, dans sa profession de foi du mois de décembre dernier, disait que la *Revue des Beaux-Arts* était le drapeau de tous les arts : je suis parfaitement de son avis et j'ai autant d'admiration pour le génie du peintre et du sculpteur que pour le génie du poëte.

J'aime avec passion, avec délire toutes les grandes choses, et c'est avec un suprême bonheur que j'admire les œuvres des grands hommes, à quelque rang qu'ils appartiennent. Grand a été donc mon plaisir, et non moins grand mon enthousiasme à la première représentation de l'Odéon, et dût M. Charles Corassan, le chroniqueur dramatique de céans, me faire un procès ou me provoquer en duel, je n'hésiterai pas à manifester ici mon admiration pour madame Ristori. Le meilleur éloge que je puisse faire de cette grande tragédienne, c'est de publier dans cette chronique un acrostiche inédit que M. Louis Lavedan improvisa un soir après la première représentation de *Médéa*. Cet acrostiche, le voici :

Raphaël s'il vivait, vous prenant pour modèle,
Inscrirait son grand nom sur la toile immortelle,
Seul Raphaël l'eût pu, seul Raphaël vivant,
Tenterait d'élever un si beau monument.
Oh! s'il vivait aussi, s'il vivait, Michel-Ange,
Rendant sous son pinceau votre sourire étrange,
Il ferait un nouveau chef-d'œuvre en vous voyant.

Que dirait donc M. Louis Lavedan s'il avait vu madame Ristori dans *Béatrix;* à coup sûr il dédierait une ode à la grande tragédienne.

Quelques mots sur les expositions de province et de l'étranger.

La *Société Kunstliefde* d'Utrecht (Pays-Bas) ouvrira son exposition d'objets d'art pour les artistes vivants du 17 au 20 février 1861.

On devra donner d'avance et par lettres affranchies avis au secrétaire de la commission de l'envoi des objets artistiques, — tableaux, dessins et gravures, qui doivent être expédiés franco de port.

L'exposition aura lieu dans le local de l'Institut des arts et des sciences, Marieplaats à Utrecht.

Le salon sera ouvert du 17 juin au 20 juillet 1861.

MM. les artistes qui désireraient vendre leurs ouvrages sont priés de joindre à cette indication la note de leurs prix; et ceux qui préféreraient qu'en cas de *loterie* leurs ouvrages n'en fissent pas partie, auront soin d'en faire également mention.

MM. les artistes étrangers sont invités à indiquer, soit une maison de commerce ou de commission dans le royaume des Pays-Bas, soit une personne connue et y domiciliée, à laquelle la commission pourra faire le renvoi des pièces exposées, à moins qu'ils ne préfèrent en disposer au local après la clôture de l'exposition.

Le gouvernement a fait don, par décret du roi, de *six grandes médailles d'or*, d'une valeur de 30 ducats, dont quatre seront données aux artistes hollandais et deux aux artistes étrangers.

On nous prie d'annoncer que le délai pour la remise des œuvres destinées à l'exposition de l'*Union artistique de Toulouse* est fixée au 5 avril prochain.

Nous prévenons MM. les artistes que M. Cotel, rue de l'Entrepôt des Marais, 19, recevra les ouvrages tout emballés jusqu'au 5 avril inclusivement, et nous les prions de joindre à leur envoi une notice indiquant leur nom, leur domicile, les récompenses qu'ils ont obtenues, ainsi que le titre et le prix de leur œuvre.

L'ouverture de l'exposition de Metz reste toujours fixée au 15 mai, — celle de Strasbourg à la même époque, — celle de Nantes au 1er juin et celle de Stuttgard au 10 juin.

Revenons à l'exposition des Beaux-Arts de Paris et occupons-nous pour finir cette chronique des œuvres de deux artistes.

L'actualité en tout est un puissant auxiliaire. Être actuel, c'est arriver à propos, et arriver à propos, c'est faire preuve d'esprit et de tact. Si l'étude du passé est intéressante, celle du présent l'est presque autant, sinon davantage. Nous connaissons l'antiquité classique dans ses moindres détails, pourquoi n'étudierions-nous pas certains peuples peu connus, certaines civilisations curieuses à plus d'un titre, certains pays nouveaux pour nous, les ressemblances, les différences qu'on y découvre, les types, les mœurs, les usages, les coutumes? Le champ est vaste, il y a du pittoresque, de l'étrange, du bizarre; les découvertes à faire sont nombreuses; n'est-ce pas plus qu'il n'en faut pour tenter l'humeur aventureuse d'un artiste?

Je me suis toujours demandé pourquoi le dessin qui suit pas à pas nos conquêtes dans l'extrême Orient, ne serait-il pas suivi à son tour par la peinture avec toute la perfection, tout le sentiment, toute la vérité et toute la beauté qui lui sont propres? Pourquoi ne mettrions-nous pas en scène dans nos toiles cette partie du monde? Pourquoi le pinceau, qui produit tout un monde dans une figure, ne tracerait-elle pas ces hommes, ce pays, cette architecture étranges!

Chose inexplicable que le hasard! Il y a souvent des coïncidences de pensées étonnantes. Devinez ma surprise, bien agréable d'ailleurs, en entrant dans l'atelier de M. Théodore Delamarre, fils de M. Delamarre de la *Patrie*, et en voyant la série de tableaux chinois qu'il envoie au salon. Voilà, certes, me suis je dit, un artiste qui cherche du nouveau, et il fait bien. C'était une bonne fortune. J'allais satisfaire ma vive curiosité; il en sera — c'est ma conviction — de même de tous les visiteurs du salon.

Les quatre tableaux de M. Théodore Delamare sont peints avec une vérité de type, une exactitude de costume et une sincérité de détails à défier toute critique. Nous allons les passer en revue.

L'occidentaliste. — C'est le nom que l'artiste donne au lettré chinois qui étudie l'occident; c'est l'opposé de l'orientaliste. Ce tableau représente un mandarin à globule bleu qui s'efforce de comprendre les livres et les journaux de l'Europe, anglais et français. Les plis de son front indiquent un grand effort de compréhension Les idées l'embarrasseraient-elles plus que les mots ? — Grandeur nature, figure coupée.

Le marchand de thé. — En pied, figure réduite. Chinois assis, tenant une longue pipe et appuyé sur son comptoir. Dans le fond une factorerie. Etant seul, sa queue de cheveux est enroulée autour de sa tête; c'est l'indice d'un grand laisser-aller. S'il entrait une pratique, il rejetterait aussitôt sa queue de cheveux par derrière.

Le peintre de lanternes. — Enpied, figures réduites. — Un Chinois de Canton peint avec gravité en gros caractères chinois sur une lanterne déjà ornée de personnages *antiques*. A côté un Chinois d'une classe plus élevé, lui fait ses observations. Dans le fond une femme tenant une lanterne. — Intérieur orné de colonnettes et de ciselures en bois rouge semblable à la laque de Pékin (vermillon mat).

Pêcheurs chinois. — Dessin. — Un pêcheur assis au bord du fleuve de Canton raccommode ses filets avec une navette comme en Europe. Un autre le regarde faire, bateau dans le fond.

Telle est en quelques lignes la description rapide, sans doute incomplète, des quatre belles et curieuses toiles que M. Théodore Delamarre envoie au salon et qui seront remarquées. Son dessin est correct, sa couleur est vive et bonne, les détails sont d'une grande vérité locale, si je puis m'exprimer de la sorte, les figures sont expressives, les draperies soignées. L'exécution est large, sûre et surtout franche qualités prémordiale dans ce genre de sujets ; il y a du modelé et du bon, c'est vivant, c'est réussi, je l'en félicite sincèrement.

Je ne veux pas quitter l'atelier avant d'avoir parlé d'une belle toile de M. Loyer, intitulée *Les Blessés de Magenta*. Ce sujet est tiré du passage suivant d'une correspondance de Milan de M. d'Audigier.

« Une charrette ramenait deux blessés : un Croate blessé à la bouche, un zouave dont la jambe était cassée en deux endroits. Le Croate poussait des cris plaintifs; le zouave pensa qu'il avait soif, et, se relevant sur son coude malgré ses propres douleurs, il ouvrit une orange qu'il tenait à la main, et chemin faisant il en exprimait le jus entre les lèvres sanglantes de l'Autrichien. Je serais peintre, que je ne manquerais pas de représenter cette touchante scène, qui chaque jour se renouvelle avec des circonstances analogues. »

C'est cette scène touchante que l'artiste a représentée avec une vérité saisissante. Il y a dans la figure du zouave une expression de commisération qu'il est impossible de décrire et qui va admirablement avec le regard reconnaissant du Croate. Le regard, c'est si beau, disait l'autre jour madame Ristori. Effectivement c'est du regard, car il est blessé à la bouche, que l'Autrichien remercie son adversaire de tout à l'heure, devenu tendre comme une sœur de charité et compatissant comme un frère. Ces scènes là consolent l'humanité, qui n'est pas si mauvaise qu'on le dit, des horreurs de la guerre.

Ce tableau où il y a une grande richesse de couleur, une parfaite connaissance de la perspective, beaucoup de sûreté de touche et une disposition adroite de personnages et de détails est une œuvre de talent. Donc au revoir au Salon.

Louis d'AUTERIVE.

CRÉATION D'UNE COMMISSION

CONSULTATIVE

DES MUSÉES IMPÉRIAUX

—

Quel que soit le jugement plus ou moins sévère porté jusqu'à présent sur les actes de la direction des musées, en ce qui touche la restauration des tableaux, on ne dira pas, à coup sûr, que les décisions prises récemment par S. Exc. le maréchal Vaillant, ministre de la maison de l'Empereur, ne sont pas des mesures opportunes et en même temps une satisfaction donnée à l'opinion publique.

Aussi, en dépit des déclamations de quelques ardents amis, nonobstant les terreurs imaginaires qu'ils cherchent à propager au sujet de la commission récemment créé, qui, à ce qu'ils prétendent, n'est composée que de profanes, nous devons à la vérité de dire que cette institution est en tout point préférable au bon plaisir qui régnait dans les ateliers de restauration où les essais les plus imprudents et les plus pernicieux étaient à l'ordre du jour.

Il en est de même au sujet de la nomination de M. Reiset aux fonctions de conservateur de la peinture, en remplacement de M. Villot, nommé secrétaire général de la direction des musées, emploi beaucoup mieux en rapport avec ses connaissances plus théoriques que pratiques, et ses aptitudes administratives.

Quoi qu'on en dise, il nous serait très-facile de prouver que l'ancienne organisation s'est suicidée le jour où, à grand renfort de réclames, insérées même dans le journal officiel, elle a annoncé des merveilles qui, une fois exécutées, n'ont plus été que de stériles innovations, de déplorables tentatives. Oubliant que réformer n'est pas détruire, elle n'a pas su utiliser le médiocre en le perfectionnant ; elle a succombé sous le poids d'un fardeau qu'elle avait augmenté à plaisir pour justifier sa haute position.

A Dieu ne plaise que nous insultions au vaincu, mais ce qu'il nous est impossible d'éviter c'est la discussion des actes qui ont motivé les récentes mesures. Autant nous apprécions les qualités de M. Villot comme homme privé, comme administrateur d'une haute capacité, autant nous condamnerons la majeur partie de ses actes comme conservateur. Ces réserves faites, nous allons aborder notre sujet.

Déjà depuis longtemps on s'était préoccupé à bon droit de certains actes qui s'accomplissaient en dehors de tout contrôle sérieux. Dans ces mêmes colonnes, le 15 juin 1858, je m'étais fait l'écho des appréhensions des amateurs au sujet des ingrédients employés pour les nettoyages. Qu'en est-il advenu ? Ces craintes exprimées avec convenance ont été, en quelque sorte qualifiées de chimériques par les amis complaisants. Tout récemment encore, le 1ᵉʳ et le 15 octobre 1860, cette *Revue* a publié deux lettres où les périls dont nos précieuses collections étaient menacées étaient signalés de la façon la plus compétente, où, après s'être appuyé de mes observations, publiées en 1858, l'auteur suppliait l'autorité de s'opposer au système d'innovation poursuivi par le conservateur de la peinture (1).

Enfin, le mal ayant pris les proportions d'une calamité artistique, l'Institut s'en est ému à diverses reprises et a fini par éveiller l'attention de l'autorité supérieure, qui, ayant reconnu l'immensité du mal, vient de l'attaquer en face sans se préoccuper d'aucune considération personnelle.

Grâces soient donc rendues à M. le maréchal Vaillant ; son arrêté, malgré quelques oublis de détail, fera époque dans l'histoire de nos collections et sera accueilli avec reconnaissance par toute personne ayant souci de la conservation de nos trésors artistiques.

Après avoir applaudi à la pensée qui a inspiré le règlement qui vient d'être pro-

---

(1) Ces différentes livraisons sont à la disposition des personnes qui voudront les faire prendre dans nos bureaux. (*Note du Rédacteur en chef.*)

mulgué , nous croyons rendre hommage à son auteur en examinant si, en dehors de toute critique sur le fond , ce règlement n'est pas susceptible de mesures complémentaires qui, loin de l'affaiblir, en augmenteraient les effets et la durée.

Pour quiconque connaît la valeur des mots et ne s'en tient pas aux subtilités de la forme, il est évident que M. le ministre n'a eu qu'un seul but, celui de remplacer l'omnipotence du conservateur de la peinture par le contrôle protecteur d'une commission composée d'hommes honorables et instruits, choisis dans les diverses branches de l'art : c'est moins une commission consultative qu'une commission de surveillance ou de contrôle.

Examinons donc si telle qu'elle est constituée , la commission atteindra le but que l'administration supérieure s'est proposé en la créant.

S'il suffit de posséder l'honorabilité et la science artistique proprement dite pour faire partie de cette commission , il est certain que les artistes dont le ministre a fait choix , y sont essentiellement à leur place. Si l'amour de l'art, amour qui se traduit par des collections précieuses, par d'intelligentes acquisitions, par des encouragements sagaces est seul nécessaire, il est évident qu'on en trouve la suprême expression dans les membres amateurs qui complètent le docte aréopage : mais est-on certain qu'à un moment donné, il ne surgira pas quelque question de métier qui, pour être élucidée, réclamera le concours d'un restaurateur de tableaux ou d'un rentoileur ?

Qu'il se présente une difficulté où il faille connaître à fond le rentoilage, l'enlevage et surtout le nettoyage particulier à chaque école et souvent à chaque maître ; — que ce dernier travail exige impérativement l'étude des agents chimiques dont l'action est positive ou négative sur les couleurs et sur les différents apprêts des toiles ; — qu'en certains cas il soit nécessaire de reconnaître la bonne et la mauvaise composition des couleurs, leurs affinités et leurs antipathies ; enfin tout ce qui constitue les pâtes durables sans lesquelles il ne peut y avoir

de bonne restauration , à qui demandera t-on ces divers renseignements ? à l'ancien conservateur, membre de droit de la commission consultative, ou à ceux qui l'ont aidé jusqu'à présent, et qui sont imbus de ses idées ?

Mais cela n'est pas possible ; car de deux choses l'une : s'ils possèdent toutes les connaissances acquises, ils n'ont jamais dû mal faire ; s'ils ont toujours bien fait, pourquoi les tenir aujourd'hui en tutelle, pourquoi leur lier les mains par deux commissions de surveillance ?

Si, comme tout porte à le croire, l'ancien conservateur a agi par conviction, il défendra *per fas et nefas* son système et les actes qui en ont découlé ; sa disgrâce couronnée de fleurs lui en donne même le droit. Nous n'ignorons pas qu'il sera combattu vigoureusement, mais le sera-t-il victorieusement si aucun praticien ne lui est opposé , si à des raisons spécieuses il n'est pas répondu par des préceptes tirés d'une véritable expérience !

Poser cette question c'est la résoudre, soit dit toutefois sans idée aucune d'offenser ou d'amoindrir l'autorité artistique des membres de la commission.

En effet, n'est-il pas reconnu que la peinture et la restauration sont deux talents tellement distincts que le même individu ne les possède pas dans une mesure égale, l'un ayant pour base la fougue et l'inspiration, l'autre n'est parfait qu'autant que le peintre se destinant à la restauration a réussi à neutraliser ces deux qualités pour y substituer le calcul et l'observation ?

N'est-il pas évident que tel grand artiste est souvent incapable de faire passablement ce qu'exécutera un médiocre restaurateur ? Témoin Prud'hon dans sa restauration du Corrège et du Saint-Michel ; M. Horace Vernet, obligé, après maints essais, de faire restaurer une partie *qu'il venait d'exécuter* et qu'un maladroit avait endommagée. Celui qui écrit ces lignes, n'a-t-il pas maintes fois, du vivant de M. Scheffer, eu l'honneur de restaurer les tableaux de ce maître, ainsi que ceux de M. Ingres ?

Il faut bien le reconnaître : un grand

peintre est toujours un dangereux restaurateur, en ce sens que, pouvant *refaire* facilement, il s'assujettira avec peine au travail très-ennuyeux, mais plus rationnel, qui consiste à procéder peu à peu, en se guidant sur les moindres indices conservés, afin de ne pas substituer sa touche propre à celle du maître : enfin, à résoudre le problème de la restauration qui consiste à réparer sans *repeindre* et à rétablir l'harmonie d'un tableau avec le moins de travail possible.

Restaurateur moi-même, j'aurais fort mauvaise grace à exalter outre mesure le mérite d'un pareil travail ; mais il faut bien le dire, c'est une spécialité qui demande de longues études particulières auxquelles n'ont pas été à même de se livrer MM. les membres de la commission. Qui donc les éclairera au besoin ? Qui contredira par des faits, par des démonstrations pratiques, le système employé jusqu'à ce jour dans les ateliers du Louvre, système qui ne peut être considéré comme excellent, puisqu'il a nécessité des mesures de surveillance.

Il y a donc lieu d'espérer que la sollicitude de M. le maréchal ministre s'apercevra de cette lacune et qu'il la comblera en adjoignant deux restaurateurs et un rentoileur diplomés aux sommités artistiques chargées d'assurer la conservation de nos chefs-d'œuvre.

Maintenant, comme en écrivant ces lignes je n'ai jamais eu l'intention de faire ce qu'on appelle *oratio pro domo*, et comme il importe de prévenir toute interprétation fâcheuse, qu'il me soit permis de dire ma pensée avec franchise et désintéressement et d'examiner ce qui, à mon avis, conseillerait le mieux les intérêts du public et ceux de l'administration.

Chacun sait que parmi les restaurateurs attachés à l'administration du Musée, il s'en trouve environ les deux tiers qui n'ont jamais recherché les travaux du Louvre ; soit parce qu'ils désapprouvaient le système préconisé et *imposé* par l'ancien conservateur, si bien que tout ce qui a été fait depuis douze ans est l'œuvre de trois ou quatre restaurateurs sur dix ; soit parce que leur clientèle particulière leur assurait des bé-

néfices bien au-dessus des appointements auxquels leur auraient donné droit des fonctions permanentes Eh bien ! ne serait-il pas rationnel d'adjoindre à la commission deux de ces praticiens diplomés à la suite d'un concours ayant duré 15 mois, et dont le talent et l'expérience sont constatés par la faveur publique.

A cette idée souvent émise qu'a-t-on répondu ? Faute de raisons concluantes on a été jusqu'à insinuer qu'elle renfermait des projets ambitieux. S'il en était ainsi, nous approuverions fort la prudente réserve de l'administration, qui ne doit servir de marche-pied à personne et nous chercherions une autre solution ; mais loin qu'il en soit ainsi nous allons démontrer le contraire.

Supposons que deux restaurateurs soient choisis parmi les sept qui depuis douze ans protestent ouvertement ou tacitement contre les restaurations accomplies, à la condition qu'ils prennent l'engagement formel de ne *solliciter ni accepter des travaux du Musée* Qu'y gagneraient-ils, soit pécuniairement soit en considération ? Rien ! En effet, ils auraient amoindri leur position expectante qui les recommande, il faut le dire, auprès des amateurs ; ils se seraient d'eux-mêmes désignés à la critique des mécontents, — et il y en a toujours, seulement ils n'ont pas souvent l'Institut pour eux. — Ils se seraient créés des ennuis, des pertes de temps, et souvent des ennemis, tout cela gratuitement ! Qu'on ne vienne donc pas dire qu'il y a quelque ambition cachée sous cette idée ! Il y en a une, c'est vrai, et pour mon compte je la possède au suprême degré, c'est celle de préserver nos chefs-d'œuvre des atteintes du temps aussi bien de celles de l'ignorance ; quant aux autres ambitieux, on les reconnaîtrait bien vite à leur refus de souscrire à l'engagement que je propose.

La vérité, la voici : On a toujours voulu l'omnipotence ; mais était-on de force à se passer de conseils ? Les mesures prises par M. le ministre viennent de trancher cette question. On croyait posséder la science infuse, on ne voulait pas de contradicteurs, voilà tout ! C'était commode, il est vrai, mais qu'on le sache bien, il ne s'agit pas ici de fautes réparables, même à prix d'argent, une peinture une fois usée n'est plus l'œuvre du maître, fût-elle même parfaitement restaurée. C'est déjà bien assez de réparer les ravages du temps, il ne faut pas les augmenter.

Nous le répétons : rien n'est plus rationnel que la mesure complémentaire que nous proposons ; aussi, malgré les bienfaits réels que doit produire la surveillance d'une commission spéciale, composée d'hommes honorables et honorés ; malgré le paragraphe complémentaire qui dit qu'aucune restauration ne sera autorisée sans qu'on ait consulté la section de peinture de l'Académie des Beaux-Arts ; malgré les espérances que fait naître à bon droit la nomination de M. Reiset aux fonctions de conservateur de la peinture, le public a pensé et nous enregistrons ce fait, qu'il manque quelque chose à toutes ces garanties : la possibilité d'un examen pratique, fait dans la commission par des hommes du métier, n'ayant aucun intérêt personnel en jeu.

De cet examen contradictoire jaillira la lumière, et la commission pourra décider en parfaite connaissance de cause.

Voici ce que nous avons cru de notre devoir de soumettre à la haute appréciation de S. Exc. M. le ministre de la maison de l'Empereur. Nous avons agi ainsi dans le seul intérêt de nos collections, et quand, dans ce débat, nous n'avons été que l'écho des sommités en matière d'art, nous ne saurions supposer un instant qu'on mît en doute notre désintéressement.

Loin de vouloir entraver les premiers effets de ces justes mesures, nous en apprécions tellement les bienfaits que nous voulons aller au-devant des critiques qui pourraient chercher à les amoindrir en les attaquant à l'aide des arguments que nous employons pour les fortifier.

Loin de partager l'opinion de certains esprits chagrins qui voient dans la haute position créée pour l'ancien conservateur une reculade ou un amoindrissement de la première mesure, nous sommes persuadé que c'est l'administrateur et non le conservateur qu'on a voulu récompenser. Nous laissons de côté ces naissantes récriminations, ne nous croyant pas autorisé à discuter si le moment a été bien choisi et si cette *promotion* peut être détournée de son vrai sens, et présentée par les intéressés comme un défi, un contrepoids à *l'empiétement* de l'Institut.

Encore une fois, nous ne voyons dans ces diverses mesures que la ferme **résolution** prise par M. le maréchal Vaillant de venir au secours et de préserver les chefs-d'œuvre de nos musées. Comme telles nous les approuvons de grand cœur. Si nous avons indiqué quelques points vulnérables, c'est que nous ne voulons pas qu'on puisse dire de nouveau : « Ce n'est pas parce que la direction des musées a fait réparer des tableaux que l'opinion publique s'est émue, *c'est par la manière dont ces tableaux ont été réparés.* »

Théodore **Lejeune**,

Peintre restaurateur, diplômé après concours.

CAUSERIE DRAMATIQUE

Odéon, *Béatrix, ou la Madone de l'Art*, drame en cinq actes de M. Ernest Legouvé. — Madame Ristori. — Opéra-Comique, *le Jardinier galant*, opéra comique en deux actes de MM. de Leuven et Siraudin, musique de M. Poise. — Gaité, *la Fille des Chiffonniers*, drame en cinq actes de MM. Anicet Bourgeois et Ferdinand Dugué — Théâtre lyrique, *les Deux Cadis*, opéra bouffe en un acte. — Cirque impérial, *le Prisonnier de la Bastille, fin des Mousquetaires*, drame en cinq actes d'Alexandre Dumas. — Richard Wagner.

M. Ernest Legouvé a publié, il y a quelques mois, un roman feuilleton dans le *Siècle*, intitulé : *Béatrix ou la Madone de l'art*. Œuvre honnête, honnêtement écrite, cela a obtenu un succès honnête. Le titre, simple, académique pour ainsi dire, et qui n'avait rien de scandaleux comme beaucoup de publications de ce genre, attira peu de regards, excita peu de curiosité. Le roman fut lu par peu de personnes, mais on le goûta et la vogue ne fut ni extraordinaire ni éphémère.

Aujourd'hui l'auteur, suivant la mode dominante, vient d'arranger le livre en pièce : il a mis son roman en drame. Toute cette transformation s'est opérée en vue d'un rôle pour madame Ristori qu'on veut reproduire sur la scène française. C'est une création d'apprentissage pour la grande artiste; on la fait passer par le régime de la prose pour la conduire aux vers. On l'accoutume au drame de facture pour lui faire jouer ensuite la tragédie. Cette pièce est une œuvre de transition, un ballon d'essai. *Béatrix* est pour madame Ristori ce qu'*Adrienne Lecouvreur* avait été pour Rachel, un ramassis de vers et de prose, de comédie, de tragédie, de drame et de mélodrame, de scènes classiques et de scènes romantiques, de récitatifs et de souvenirs, de créations et de reproductions. On fait débuter la première en français, comme on faisait débuter la seconde dans le drame, dans les pièces dites modernes.

Le sujet de la pièce peut se résumer en quelques mots. C'est l'histoire d'une comédienne qui, contre le préjugé ordinaire, — j'allais dire l'habitude, — est arrivée aux plus hauts sommets de l'art, du talent et de la réputation, en restant pure. Elle a vécu irréprochable dans ce milieu brûlant, dans cette société, il faut le dire, dissolue. Elle a traversé sans encombre, à l'endroit de l'honneur, les succès, les triomphes, les enivrements de la vie d'artiste. Elle est restée inaccessible aux passions, invulnérable au cœur, indifférente aux tentations, incrédule aux flatteries; elle a repoussé l'amour mensonger, elle a tout bravé, tout vaincu, tout terrassé. Entourée de sa gloire et de son génie, du respect et de l'estime publics, de l'amitié des honnêtes gens et de la considération des princes, elle est restée, avec la pureté du marbre antique, debout sur son piédestal glorieux. — C'est un véritable prix Monthyon.

Un jour, cependant, elle s'est sentie blessée à l'ame; elle a aimé, elle aime d'un amour d'autant plus grand qu'il est le premier, l'unique de sa vie. La passion n'entre jamais dans ces cœurs d'élite sans les bouleverser; les ravager entièrement; crise suprême de l'existence, immense quand elle est partagée, funeste quand elle est méconnue, elle tue moralement. Lui, quoique prince royal, la chérit avec autant d'ardeur, il en fera, non pas sa maîtresse, il est trop grand pour cela, d'ailleurs Beatrix n'y consentirait jamais, dût-elle mourir mille fois, mais sa femme, mais une princesse honorée et respectée après comme elle l'avait été avant. Une voix est là qui crie.... et les lois du monde, et les exigences de la société et les préjugés du vulgaire; et l'avenir en un mot. Tout cela se dresse effrayant devant l'infortunée comédienne; que faire ? Les cœurs généreux n'hésitent pas; elle aime trop Frédéric pour l'immoler à sa passion. Elle conseille, elle persuade; douloureuse éloquence; elle se sacrifiera, elle partira, elle en mourra peut-être.

Telle est cette pièce dont j'ai dit plus haut le but unique. Elle est adroitement charpentée, suffisamment écrite, parfois amusante et intéressante surtout dans les deux derniers actes. Elle va du drame à la comédie sans s'arrêter ni ici ni là.

Madame Ristori a donc débuté en français; elle a un accent étranger très caractérisé. Tout le monde connaît les qualités de la tragédienne, ce qui me dispense d'en parler ici. Mais ces qualités primordiales dans la tragédie italienne sont des défauts dans la tragédie française et surtout dans les œuvres du dix-septième siècle qu'on veut lui faire représenter, du moins on le dit. Il faut pour cela une grande pureté de diction, de la sobriété, de la noblesse dans le geste, de la simplicité dans les moyens, de la réserve dans les effets, plus de fixité dans les traits, en un mot il faut que l'actrice soit plus marbre que femme, si je puis m'exprimer de la sorte.

Madame Ristori serait, au contraire, éminemment propre à jouer le drame; elle possède les qualités et les défauts nécessaires pour cela, et surtout une puissance bien rare au théâtre. Je n'en veux pour preuve que la manière dont elle a joué *Béatrix*, et surtout la scène du tombeau de *Roméo et*

Juliette ; elle y a été véritablement admirable.

M. Ribes qui s'était fait remarquer au Vaudeville et que l'Odéon a engagé donne beaucoup de chaleur et d'ame au personnage de Frédéric. — Tous les artistes ont fait dignement leur devoir.

Evitons les transitions, ce serait trop long.

La Gaîté a donné cette semaine *La Fille des Chiffonniers*, un grand et gros mélodrame, oublié sans nul doute dans un coin de la fameuse commode en acajou de M. Ferdinand Dugué, dont Monselet a conté l'histoire jadis. Je me demande si c'est le dernier degré de l'échelle théâtrale. On a accusé la tragédie d'être aristocratique, on a fait la comédie bourgeoise, le drame populaire ou ouvrier ; nous voici en plein mélodrame chiffonnier, où irons-nous pour descendre plus bas ? Cependant les philosophes nocturnes, — comme les appelle Gavarni, — de MM. Bourgeois et Dugué ne sont pas seuls a supporter le poids de cette grande machine, il y a des habits noirs adroitement mélangés au reste. Il y a des vertus ignorées, des crimes restés impunis, une fille qui retrouve son père, un père qui rencontre sa fille, une bigame qu'on punit, un accusé qu'on réhabilite, des innocents qu'on emprisonne, des coupables qu'on révère, des duels, des soupers, des chansons, enfin tous les éléments indispensables aux succès de boulevard. Mais, événement extraordinaire, il manque le traître ; mais, chose inouie dans les fastes de la Gaîté, il n'y a pas d'assassinats, — c'est sans doute un obli de M. Dugué, espérons qu'il le réparera une autre fois.

Passons au Cirque. — *Le Prisonnier de la Bastille, Fin des Mousquetaires*, dit l'affiche, et moi qui croyais que l'époque gigantesque de Dumas n'aurait jamais de fin. On ne persuadera pas plus à la génération actuelle, l'achèvement de l'histoire des quatre mousquetaires que la mort de Dumas ; on sourira à l'un on sera incrédule à l'autre. Cette pièce qui est la mise en scène du *Vicomte de Bragelone;* l'histoire de *l'Homme au Masque de Fer*, est amusante comme tout ce qu'a écrit l'illustre romancier-dramaturge. C'est une violation flagrante des vérités historiques, tout le monde le sait, mais tout le monde y assiste avec plaisir et écoute avec intérêt, cela est mouvementé, cela est attachant, cela a le charme d'un mensonge bien fait. Ajoutez-y, des décors féeriques, des costumes d'une éblouissante richesse, une interprétation parfaite, et vous aurez à peu près une idée de la fête qu'on vous a préparée.

L'Opéra-Comique, à donné pour alterner avec la *Circassienne*, la ravissante partition du maître français, *le Jardinier Galant*, opéra-comique en trois actes, de MM. Leuven et Sirandin, — le confiseur, pour les paroles ; de M. Ferdinand Poise, — pour la musique.

Le héros de la pièce c'est le poëte, le chansonnier Charles Collé, le cousin de Regnard. Bon vivant et toujours joyeux, Collé se lia avec Gallet. Panard, Piron, Crebillon fils et eut l'honneur de faire partie de la société du *Caveau*, célèbre par sa gaieté et son esprit. Il composa, pour le théâtre du duc d'Orléans, dont il était le secrétaire, une foule de parades, et deux bonnes comédies pour le Théâtre-Français, *Dupuis* et *Desrosnais*, et la *Partie de chasse de Henri IV*. Enfin il écrivit souvent en sortant de souper un grand nombre de chansons qui forment aujourd'hui des **volumes.**

Revenons à l'Opéra-Comique. — Collé a fait contre madame de Pompadour un pamphlet intitulé : *Le Jardinier Galant*. Le lieutenant de police, sur l'ordre de la favorite, fait saisir, chez l'imprimeur, le recueil du poëte; vingt exemplaires sont sauvés par les amis de Collé.

La Pompadour menace le lieutenant de le destituer, si dans les vingt-quatre heures il ne parvient pas à découvrir les exemplaires envolés. Le lieutenant, à son tour, accorde au greffier Tiphaine un jour et une nuit pour lui rapporter les volumes demandés, sous peine d'un séjour prolongé à la Bastille. Tiphaine fait venir son clerc, Léveillé, et lui promet de le faire enfermer à Bicêtre, si au bout de deux tours de cadran la satire de Collé ne lui est pas remise. Léveillé, grand imbécile, atterré par cette menace, cherche partout et finit par prendre un honnête jardinier nommé Galant pour un recueil de chansonnettes. Toute la pièce est bâtie sur cette méprise. Le quiproquo continue, mais l'analyse s'arrête, ne pouvant pénétrer plus avant dans les dédales d'une intrigue d'opéra comique. Le jardinier est emprisonné, puis introduit dans un boudoir, puis traîné sur la place des Innocents, où il est assailli par une avalanche de bouquets. Enfin tout s'explique, il était temps, et Collé déclare lui-même qu'il est l'auteur du *Jardinier Galant*; mais on ne le poursuivra pas, la Pompadour est en disgrace.

Je ne vous dirai pas, sur ce sujet qui manque de nouveauté, les auteurs ont brodé deux petits actes pleins d'esprit et de gaieté, cela ne serait pas vrai.

La musique est d'un jeune compositeur. Je ne l'en félicite pas. Mon Dieu, elle n'est pas mauvaise absolument, mais elle n'est pas bonne non plus. Elle est panachée de réminiscences, et s'il m'avait été permis de garder mon chapeau, certes je l'aurais tiré plusieurs fois pour saluer les gens de ma connaissance, comme disait Piron. Interprétation satisfaisante.

Le livret de l'opéra-bouffe, *Les Deux Cadis*, joué au Théâtre-Lyrique, est original; il contient des scènes originales et bouffonnes, et, chose rare, il a une certaine valeur comique; comique vulgaire, bien entendu.

Deux cadis, — juges de paix, — sont parvenus, ô miracle en Orient! à se faire en public une certaine réputation d'honnêteté et d'intégrité. Mais, en revanche, ce sont d'insignes filous qui, postés derrière les murs de leurs jardins, dévalisent les passants la nuit. L'un d'eux a une fille que le compère veut épouser. Le grand-visir arrive une nuit, incognito, pour remplir une mission secrète, — chose fréquente en Orient, il y a un demi-siècle. — Les beaux yeux d'Amine lui font tout oublier; il se déguise en esclave, et pénètre dans la maison de la belle; il se fait agréer d'elle, et parvient, à

force de menaces, de serments et de coups de bâton, à obtenir la main de sa bien-aimée.

Miracle des miracles, cette fois, le livret est plus gai, plus drôle, disons le mot, que la partition, œuvre d'un débutant, je crois. D'un bout à l'autre, on assiste aux efforts inutiles d'un compositeur aux prises avec des difficultés au-dessus de ses forces. Il veut, avec des procédés ordinaires et généraux, atteindre un genre qui, plus qu'aucun autre, demande une spécialité ou du moins un homme consommé dans l'art.

La troisième représentation du *Tannhaüser*, donnée dimanche dernier, n'a pas été plus heureuse que la précédente, et elle a eu beaucoup de peine à arriver jusqu'à la fin. Néanmoins, la curiosité publique était tellement excitée, que la foule était énorme. La recette s'est élevée à près de 11,000 fr.

A l'issue de cette représentation, M. Richard Wagner a adressé la lettre suivante au directeur de l'Opéra :

« Monsieur le directeur,

« L'opposition qui s'est manifestée contre le *Tannhaüser* me prouve combien vous aviez raison quand, au début de cette affaire, vous me faisiez des observations sur l'absence du ballet et d'autres conventions scéniques auxquelles les habitués de l'Opéra sont habitués.

Je regrette que la nature de mon ouvrage m'ait empêché de le conformer à ces exigences. Maintenant que la vivacité de l'opposition qui lui est faite ne permet même pas à ceux des spectateurs qui voudraient l'entendre d'y donner l'attention nécessaire pour l'apprécier, je n'ai d'autre ressource honorable que de le retirer.

« Je vous prie de faire connaître cette décision à S. E. M. le ministre d'Etat.

« Agréez, etc.   R. WAGNER.

« Paris, le 25 mars 1861. »

Ainsi soit-il ! Sauvé ! Merci, mon Dieu, merci !...

Charles CORASSAN.

REVUE DES COURS PUBLICS

ENTRETIENS ET LECTURES, rue de la Paix, 7. — *Histoire du Progrès*, par M. Eugène Pelletan.

—

La question du progrès est une des questions les plus intéressantes de ce siècle, une de celles qui ont soulevé les plus ardentes polémiques.

Non pas qu'il y ait plusieurs théories du progrès. Il n'y a que deux doctrines en présence : l'une l'affirme, l'autre le nie.

Celle-ci suppose l'homme déchu; celle là le suppose toujours progressant.

Si l'on en croit la genèse des partisans de la déchéance, le premier homme fut placé dans un Eden de jouissances infinies et d'immortalité glorieuse. Il en fut expulsé en punition d'une faute : la vie et le travail devinrent son châtiment et celui de ses enfants.

— Les partisans du progrès font naître l'homme nu, faible, isolé, créature misérable et impuissante en apparence; l'intelligence l'élève par degrés successifs à la grandeur et à la force.

Dans le premier système, le travail est un châtiment, une expiation, une déchéance ; dans l'autre, c'est une noblesse, c'est la loi heureuse de l'humanité, le chemin glorieux qui la conduit à Dieu.

C'est cette cause que lundi M. Pelletan a soutenue, en y apportant cette ardeur apostolique qui le caractérise. De cette réhabilitation de l'homme et du travail, il a fait du reste l'œuvre de toute sa vie.

Nous croyons ne pas nous séparer trop du maître en faisant de l'histoire du progrès l'histoire de la lutte de l'homme contre l'esclavage et la conquête de sa liberté.

La première phase est la lutte contre la nature qui enchaîne l'homme dans une inextricable impuissance. L'homme, ce roi de la création, est à l'origine, en effet, l'être le plus dénué, le plus abandonné; il semble prédestiné à une perte certaine. S'il a un système nerveux plus délicat que les autres animaux, il n'a pas d'autre protection que son léger épiderme; s'il redresse son corps, c'est pour mieux donner prise à ses ennemis.

Il est carnassier et frugivore, et il n'a ni l'agilité nécessaire pour saisir sa proie, ni griffes pour la déchirer; et les fruits ne peuvent le nourrir que pendant une saison. Les fruits, d'ailleurs, sont un produit de la civilisation ; pour l'homme primitif ce ne sont que des sauvageons. Mais l'homme a le cerveau, il a l'intelligence, il est sauvé. Il sera le maître de toute cette nature. Il la conquerra par le travail. Ici M. Pelletan a magnifiquement revendiqué la grandeur du travail et protesté contre les théories qui le maudissent. Le travail, une déchéance ! mais c'est la royauté de l'homme ; le travail, c'est le mouvement réglé par l'intelligence, c'est le progrès ! la déchéance, c'est l'oisiveté.

La première société, c'est la réunion de l'homme pour traquer et traquer le gibier. C'est le besoin de manger qui est le premier agent civilisateur.

Le partage de la première proie est l'occasion du premier combat, de la première oppression de l'homme par l'homme. L'homme, vainqueur de la nature, retombe sous l'esclavage de son semblable. Cette longue période de l'histoire de l'humanité, cette longue lutte contre le despotisme, est la seconde phase de l'histoire du progrès ; et elle n'est pas encore définitivement terminée.

Et quand sera vaincu l'esclavage matériel, il faudra lutter contre l'esclavage moral, contre l'esclavage de l'ignorance, des préjugés et des doctrines qui s'imposent despotiquement. Quand ces derniers ennemis auront disparu, l'homme, enfin affranchi, entrera dans la possession de lui-même et dans la plénitude de son intelligence.

C'est cette histoire dont M. Pelletan a tracé à grands traits les premiers chapitres, parcourant la vie chasseresse et la vie pastorale. Nous ne faisons qu'indiquer le sujet aujourd'hui, nous réservant de le reprendre avec lui, de le discuter, de présenter nos objections et de faire nos réserves, s'il y a lieu, mais nous associant de tout cœur à son apostolat généreux contre les préjugés et contre l'indifférence de la foule.

(*La Jeune France.*)   Olivier CINTRAT.

ARCHÉOLOGIE

—

On vient de commencer la démolition des maisons situées sur le parcours du boulevard Malesherbes entre la place de la Madeleine et la rue d'Anjou. Quelques souvenirs historiques se rattachent à cette partie du faubourg Saint-Honoré ; nous pensons qu'ils ne seront pas sans intérêt pour nos lecteurs.

Des titres du treizième siècle font déjà mention de la ferme de la Ville-l'Evêque, dont les dépendances, d'une étendue de 30 arpens, occupaient tout le terrain aujourd'hui compris entre le boulevard, la rue de la Chaussée-d'Antin et la rue Saint-Lazare. C'est là que les évêques de Paris avaient leurs granges et enserraient les produits de leurs dîmes et de leurs récoltes. Une petite chapelle était attenante aux bâtiments. Devenue trop étroite, à mesure que la ville s'étendait de ce côté, la chapelle fut reconstruite en 1491 par Charles VIII et placée sous l'invocation de sainte Madeleine. Deux siècles plus tard, le bâtiment tombant en ruines, on songea à le remplacer par une véritable église.

Mademoiselle, duchesse d'Orléans, posa la première pierre de la nouvelle église le 8 juillet 1659, et Loret, dans sa *Muse historique,* rend compte en ces termes de la cérémonie :

> Etant à la Ville-l'Evêque,
> Monsieur Sevin, ancien évêque,
> Bénit la pierre ou fondement
> Qui sert de base au monument
> D'une toute nouvelle église
> Que par une sainte entreprise
> On doit, à la gloire de Dieu,
> Elever dans le susdit lieu,
> L'ancienne église ayant la mine
> De tomber bientôt en ruine.

La Madeleine de la Ville-l'Evêque était construite sur le tracé du nouveau boulevard, à l'intersection des trois rues de la Madeleine, de Suresnes et de l'Arcade, et non pas, comme on le croit généralement, sur l'emplacement occupé aujourd'hui par l'église actuelle. Saint-Victor, dans son *Tableau de Paris* (1808) a reproduit, d'après « un dessin unique, » l'image de l'ancienne église avec son clocher orné d'un coq et son cadran de bois en saillie. L'iconographie du vieux Paris ne contient pas d'autre vue de cet édifice, et nous avons tout lieu de croire à l'exactitude de celle que nous citons, car elle se rapporte, comme silhouette, aux indications du plan de Turgot (1736), aussi bien qu'à celles du plan à vol d'oiseau de ce quartier que possède la chalcographie du Louvre (n° 3827).

Le faubourg de la Ville-l'Évêque devint à la mode ; le couvent des Bénédictines, que deux princesses d'Orléans-Longueville avaient fondé à côté de l'église, attirait de nobles pénitentes. C'était alors la banlieue de Paris ; les bourgeois y possédaient des clos et des vergers comme au Roule et à Chaillot, et l'on sait que le musicien Lulli mourut à Ville-l'Évêque le 22 mars 1687, dans une « maison de bouteille » qu'il possédait dans ce quartier.

Cependant les nouveaux agrandissements de la ville amenèrent bientôt la création de la place Louis XV et de la rue Royale (1763). On songea à ce moment à bâtir, dans l'axe de cette rue un monument en rapport avec ce brillant quartier, et au mois d'avril 1764, Constant d'Ivry, architecte du duc d'Orléans, posa la première pierre de la nouvelle Madeleine. La Révolution arrêta ces travaux, et le culte continua à être exercé dans la petite église jusqu'en 1793. A cette époque, elle fut démolie, et sur son terrain s'élevèrent des chantiers de bois, en attendant mieux. On ne conserva que le cimetière de la Madeleine, situé rue d'Anjou et dans lequel, en 1793, on avait déposé les restes de Louis XVI et de Marie-Antoinette. Chacun sait qu'en 1815 on exhuma ces nobles dépouilles, qui furent portées à Saint-Denis, tandis qu'un monument expiatoire construit par Percier et Fontaine s'élevait sur l'emplacement de l'ancien cimetière.

Sous l'Empire, l'architecte Vignon reprit les travaux de la Madeleine, convertie en temple de la Gloire, et le 10 septembre 1808, l'empereur Napoléon signait un décret qui ordonnait l'ouverture du boulevard Malesherbes entre le nouvel édifice et la barrière Monceau.   G. ROMIEU.

Le rédacteur en chef : LOUIS LAVEDAN.

Paris. — Imp. Walder, rue Bonaparte, 44.

CHRONIQUE DES BEAUX-ARTS.

Antiquité des expositions. — Le Palais de l'Industrie fait la joie de M. Vacquerie. — Le Palais de l'Industrie se range. — Peintres et sculpteurs exposants. — Les artistes au dix-neuvième siècle, salon de 1861, par M. Castagnary. — Le Rembrandt de madame Odier. — L'hôtel des ventes. — David Sutter. — Madame Ferraris devrait danser au Musée du Louvre. — Un théâtre de marionettes.

L'usage d'exposer les œuvres artistiques date de la plus haute antiquité. Chacun sait que les peintres grecs Zeuxis, Apelles, Protogène, Amphion soumettaient leurs ouvrages au public, et souvent se tenaient cachés parmi la foule, prêtant l'oreille à la critique et recueillant ses arrêts : qui ne connaît l'histoire d'Apelles, et du cordonnier critique, de ce cordonnier qui, fier d'avoir fait accepter au peintre des observations savantes sur la chaussure dessinée dans le tableau, s'avisa sottement, le lendemain, d'aller plus haut, et d'infliger ses prétentions critiques même au dessin de la jambe ; ce qui lui attira de la part d'Apelles la réplique connue : *Ne sutor ultrà crepidam ;* en langage gaulois : Cordonnier, reste dans tes souliers !

Le cordonnier critique et l'artiste ne mourront jamais ; l'art revient chaque année apporter son œuvre au jugement public, et la foule des critiques autant que la foule des artistes se pressent au seuil de ce temple, sur le fronton duquel ceux qui ne seront pas élus pourront lire par avance, comme en un rêve, les paroles désolées de Dante : « *O vous qui entrez ici, laissez toute espérance.* »

Pour cette année huit mille tableaux, trois mille sculptures et autant de dessins peut-être, tel est le bilan connu et officiel que présentent à l'admiration les nouveaux successeurs d'Apelles et de Phidias.

Pour qui a pénétré, avant l'heure, sur ce terrain où va se livrer la grande bataille des opinions artistiques, c'est un spectacle bizarrement curieux que ce pêle-mêle de créations idéales jonchées là par terre dans le désordre le plus fantastique.

Les tableaux sont empilés les uns sur les autres, les uns contre les autres, comme des bouquins dans les rayons d'une bibliothèque. La sœur de charité s'étonne de s'appuyer sur la courtisane ; le prélat s'indigne d'être adossé contre le saltimbanque ; le diplomate perd la tête au milieu d'un feu de peloton ; les vagues de la mer aiguisent en les léchant les pointes des baïonnettes ; celles-ci menacent auprès d'elles un petit paysage où coule l'eau, où s'éparpillent çà et là les fleurs, où de grands arbres tordent leurs branches sous le ciel gris. — En cette géographie singulière, Nice semble jalouser Constantinople, sa voisine ; seul, le Parthenon se mire avec bonheur dans les eaux du lac de Côme. — Sculptures, bronzes, marbres, médaillons se démènent dans ce tohu-bohu qui ferait, jusqu'à la fin de ses jours, la joie de M. Vacquerie de *tragaldabase mémoire.* — Les bras se convulsent éperdus, les sourires grimacent à côté des colères, et les colères sourient à côté des sourires ; c'est enfin une ménagerie de lions, de léopards, de tigres hurlant la beauté, à travers les grâces des statues qui dansent éperdues.

Encore quelques jours, et M. Vacquerie sera désolé ; la lumière se sera faite dans ces ténèbres : le tableau, la statue, le médaillon se seront rangés à leur place, tout comme, après son droit, l'étudiant se range au sein du notariat.

Nous vous avons parlé du bilan de cette année ; voici à peu près comment il se décompose, du moins pour quelques noms les plus connus :

I

PEINTURE.

De Bellangé : *Un épisode de Magenta. Une Bataille du premier Empire et un Drame épisodique, emprunté à la grande époque de la guerre de Crimée.*

D'Eugène le Poitevin : *Un Médecin de campagne. Un Pêcheur hollandais.*

De Courbet : *Quatre grands sujets de chasse.*

De Gironne : *Socrate arrachant Alcibiade d'entre les bras d'Aspasie ; deux Augures et la Péroraison d'Hypéride plaidant la cause de Phryné devant l'aréopage.*

De Meissonnier : *Un portrait de femme, un Joueur de flûte et un Peintre brossant sa toile au milieu d'amateurs qui le conseillent.* (Le tableau de *l'État-major de l'Empereur à Solferino* ne sera pas achevé avant un un mois.)

D'Hébert : *Un portrait de la princesse Clotilde.*

D'Anastasi : *Une série de vues de Hollande.*

De Godefroy-Jadin : *Un boule-dogue et un chien de l'Impératrice.*

De Gérard : *La présentation du peintre Boucher à madame de Pompadour.*

De Paul Baudry : *Une Charlotte Corday au moment où elle vient de donner la mort à Marat.*

De Louis Lombard : *Les Mulets.*

De Joseph Fagnaut : deux portraits : l'un représentant *Garibaldi*, l'autre *Richard Cobden.*

M. Yvon a obtenu une prolongation de délai, jusqu'au 20 avril. Dans sa bataille, il avait représenté l'Empereur vu de profil. Sa Majesté a désiré être vue de trois quarts ; il a donc fallu changer la tête. De là le délai accordé au peintre.

MM. Delacroix, Ingres et Troyon n'exposeront pas cette année.

II

SCULPTURE.

De Mine : *Le Dénoûment d'une chasse au canard.*

De Cain : *Un combat de coq.*

De Chappuy : *La Folle par amour.*

De Ph. Poitevin : *Quatre bustes en marbre.*

C'est là, autant que les informations prises par nous nous l'ont permis, ce que nous pouvons annoncer des productions nouvelles.

Maintenant, lecteur, passons, si vous le voulez bien, des œuvres de l'artiste à celles de la critique.

Le salon prochain a fait naître l'idée de différentes publications illustrées.

Au nombre de ces publications nous croyons devoir dès à présent vous signaler celle qui portera le titre de : *Les Artistes au* XIXe *siècle, salon de* 1861, et qui paraîtra par livraison hebdomadaire à partir du premier mai.

Chaque livraison, grand format, contiendra huit pages de texte et quatre magnifiques gravures sur bois, tirées sur planche à part et hors texte.

Le texte est dû à la plume exercée et compétente de M. Castagnary, l'un de nos collaborateurs. Tous les gens de goût ont été à même d'apprécier dignement les travaux que ce jeune écrivain a publiés à *l'Opinion Nationale* et en dernier lieu au *Courrier du Dimanche.* Les gravures sont de M. Luiton, graveur du journal *le Monde Illustré.*

Et il faut convenir que de telles publications nous paraissent bien utiles pour éclairer le public et donner enfin aux œuvres de l'art le prix qu'elles comportent.

Dernièrement n'a-t-on pas vendu un Rembrandt admirable, un des plus beaux connus, pour trois mesquins billets de mille francs, quand ce Rembrandt, estimé justement, valait 50,000 francs ? Ce tableau faisait partie de la galerie de la famille Tuldekens. Madame Odin, une des héritières de cette famille, l'avait reçu sur sa part d'héritage à une estimation de 4,000 florins ; c'est M. Charles Blanc qui est devenu l'acquéreur. Voilà bien une preuve du besoin qu'a le public d'être éclairé pour faire de bons achats, et cette lumière à faire sera d'autant plus utile que depuis peu le public semble nombreux et empressé davantage, partout où se dévoilent les créations artistiques. L'esprit de spéculation paraît avoir déserté la bourse pour se venir réfugier à l'hôtel des ventes. Ce ne sont pas les artistes qui s'en plaindront, ni M. David Sutter, un des leurs. Ce paysagiste, que chacun connaît comme l'auteur d'un *Traité de perspective* et d'une *Philosophie des Beaux-Arts*, ce paysagiste, disons-nous, met en vente, les 16 et 17 du mois courant, une série de vues de la forêt de Fontainebleau, vues prises d'après nature.

Et maintenant, lecteurs, pourquoi ne danserait-on pas dans un musée, au Louvre, par exemple ? Pourquoi la Ferraris ne mènerait-elle pas Gracioza au milieu des œuvres de Léonard de Vinci, de Raphaël, du Titien, de Cagliari et du farouche Rembrandt lui-même ? Les belles toiles descendraient à coup sûr de leur cadre et viendraient, souriantes, complimenter celle qui leur rappelle un rayon du soleil de l'Italie ; les maîtres extasiés n'auraient point de jalousie à la voir à côté de leurs toiles ; c'est que la ballerine, en ces mouvements pleins de sensitivisme, leur montrerait l'art sublime, le langage des dieux, la mimique.

On peut dire de la Ferraris ce qu'a dit Cassiodore, en passant, des célèbres pantomimes, « *que sans le secours du chant et sans prononcer un seul mot, ils exprimaient avec tant d'énergie et faisaient une telle impression sur l'esprit des spectateurs, qu'il est douteux que le discours ou l'écriture en eussent pu faire davantage.* »

Lucien ajoute, « qu'un pantomime doit savoir parfaitement la poésie et la musique, avoir des notions de géométrie et même de philosophie, emprunter de la rhétorique le secret d'exprimer les passions et les divers mouvements de l'âme, et enfin ravir à la peinture et à la sculpture les gestes et les attitudes à ce point qu'il ne le cédât ni à Phidias ni à Apelles. »

O poëte grec, si vous aviez vu madame Ferraris dans Gracioza ! ! !

Si les extrêmes se touchent, à coup sûr le réalisme doit tenir dans ses mains rouges quelques plis de la gaze qui couvre la séraphique pantomime ; et voilà pourquoi nous venons vous annoncer qu'un jeune prince réaliste vient d'obtenir le privilége d'un théâtre de marionnettes dans le jardin des Tuileries. Ce jeune prince est l'auteur bien connu du *Malheur d'Henriette Gérard*. Nous avons nommé M. Duranty.

Déjà M. Fernand Desnoyer a lu aux acteurs une comédie en trois actes et en prose, *imitée* du scandinave. M. Charles Baudelaire achève pour le même théâtre les derniers vers d'un drame en cinq actes, qui passera immédiatement après le grand opéra de M. Champfleury. La musique sortira des fourneaux de M. Richard Wagner. Les décors, entièrement neufs, sont dus aux pinceaux de MM. Courbet et Gautier. La guérite du souffleur a été l'objet d'un concours ; si nos renseignements sont certains, il paraîtrait que M. Pierre Albert a les plus grandes chances... Tant mieux...

Adieu donc les comédiens du théâtre de la rue Richelieu !

Adieu les ténors tout resplendissants sous les couches embaumées du cosmétique ; adieu vous, les belles prime-donne bleuâtres !

Adieu vous aussi, ô Odéon, magnifique nécropole !

Nous irons dans le jardin des Tuileries ; assis à l'ombre des marronniers, nous verrons les illustres marionnettes.

Lucien RIGAUD.

LE CONSERVATOIRE DE MUSIQUE

—

Les bâtiments du Conservatoire viennent d'être l'objet de réparations et d'agrandissements. Une horloge dont le timbre donne le *la* du diapason officiel a été placée au fronton de l'aile nouvellement construite. Enfin, le ministre d'État vient d'acquérir, pour cet établissement la précieuse collection d'instruments de musique de M. Clapisson.

Unique dans son genre et très-intéressante pour l'histoire de l'art, cette collection contient un très-grand nombre d'instruments de haute curiosité, remarquables par la richesse du travail et par la beauté des sculptures ; on cite, entre autres, un clavecin à deux claviers, portant la date de 1612 et dont l'ensemble est l'œuvre de plusieurs artistes et de plusieurs époques. La forme de l'instrument est de style Louis XIII ; le support et les peintures qui l'entourent sont du temps de Louis XIV ; sur le devant on admire un panneau peint par Téniers, et l'intérieur est orné de grandes et belles peintures de Paul Brille.

A côté de ce magnifique instrument, figurent plusieurs épinettes très-précieuses ; notamment une épinette italienne du temps de Louis XIV, fond or, richement sculptée, avec ornementation en ambre gravé, entourée de guirlandes de fleurs et d'amours attribués au Poussin ; une autre de l'époque de François Ier, en ébène, avec riches incrustations d'ivoire, portant l'inscription : *Francisi di Portalopis veronen opus* 1523 ; une épinette du seizième siècle en marqueterie, ayant les coins du clavier ornés de cariatides de buis sculpté d'une grande finesse.

On remarque encore un petit piano de Vienne, époque Louis XVI, en forme de harpe, les tympanons en bois dorés et en vieux laque de Chine, ornés de glaces en verres de Venise sculptés et enrichis de charmantes peintures, vernis Martin, dont un avec rosaces richement ornementées de turquoises ; plusieurs harpes, dont une du temps de Louis XVI, vernis Martin, ayant appartenu à la princesse de Lamballe et portant son nom à l'intérieur ; une lyre peinte par Prudhon, ayant appartenu à Garat et portant ses initiales ; des théorbes en ébène et en ivoire ; plusieurs guitares en écaille, ivoire et marqueterie ; des mandolines et des mandores de toutes les nations ; des instruments à rouet très-originaux, des violons de toutes les époques et de tous les pays, dont plusieurs en écaille ornés de précieuses incrustations : un échantillon de tous les instruments à archets et à vent, famille très-complète dans laquelle on trouve le point de départ et les modèles primitifs des instruments qui composent les orchestres ; enfin un grand nombre d'instruments portatifs de formes étranges, réunis à force de recherches patientes, et qu'il serait peut-être impossible de retrouver ailleurs.

Cette intéressante collection sera déposée au Conservatoire, dans les nouveaux bâtiments destinés à la bibliothèque, déjà si précieuse, de cet établissement, et formera un musée instrumental doublement utile à l'histoire de l'art et aux progrès de l'industrie.

Ainsi se trouveront désormais réalisés les vœux des fondateurs du Conservatoire de musique et les prescriptions de la loi du 16 thermidor an III, qui porte, article 10 :

« Une bibliothèque nationale est formée dans le Conservatoire ; elle est composée d'une collection complète des partitions et ouvrages traitant de cet art, des instruments antiques ou étrangers, et de ceux à nos usages qui peuvent, par leur perfection, servir de modèles. »

Quatre-vingt-neuf avait supprimé toutes les maîtrises des enfants de chœur des églises de France. Un homme d'infiniment d'intelligence et de goût, amateur passionné des arts, Sarette, craignant que l'émigration n'enlevât au pays ses sommités musicales, proposa au général Lafayette d'établir dans les bâtiments des Menus-Plaisirs une école de musique militaire destinée d'abord à alimenter les corps d'harmonie des districts de la capitale, puis tous les régiments qui devaient, comme des traînées de flamme, sillonner toute l'Europe. Une loi de 1794 organisa l'*École nationale de musique*. Seuls d'abord s'y firent entendre les instruments d'harmonie guerrière ; mais peu à peu les diverses spécialités de l'enseignement musical y eurent leurs professeurs. Le Conservatoire était créé.

Étranger, non par ses goûts, mais par ses études, à l'art musical, Sarette sut néanmoins s'entourer d'hommes d'élite pleins de talent et de foi qui, dès l'origine, donnèrent à l'institut de la rue Bergère une vivifiante impulsion. Euler, Grétry, Gossec, Méhul, Lesueur, Cherubini formèrent un noyau autour duquel se groupèrent les Berton, les Boïeldieu, les Baillot, les Laïs, les Molé, les Ozy, les Michel, les Duvernoy, les Séjan, les Levasseur et toute une pléiade de brillants artistes.

Premier consul, Bonaparte donna au Conservatoire une vie nouvelle, et bientôt, avec ses magnificences et ses triomphes, l'Empire offrit à la récente et déjà glorieuse école l'occasion de célébrer la gloire.

On a reproché à Napoléon de n'être pas dilettante. Il aimait la musique, mais à sa manière. S'il était loin d'apprécier à sa juste valeur le beau talent de Cherubini, il avait pour celui de Méhul une estime toute particulière. Après lui avoir accordé sur sa cassette une pension de 2,000 fr., il voulut, après la démission de Paësiello, lui confier la direction de la Chapelle impériale ; mais l'auteur de *Joseph* déclara qu'il n'accepterait la fonction qu'à la condition d'en partager avec Cherubini les profits et l'honneur, et la nomination n'eut pas lieu.

Dans ses excursions militaires, l'Empereur ne manquait jamais de se faire accompagner par ses artistes favoris. Madame Paër et le ténor Brinzi le suivirent à Varsovie. Après le combat avait lieu le concert, et par le charme de la mélodie, l'oreille impériale se délassait du tapage du canon.

Avec Napoléon, en Hollande, on retrouve Paër qui, en trois jours, composa une messe solennelle exécutée dans la chapelle royale d'Amsterdam. Il accompagna ensuite à Prague et à Wurtzbourg l'impératrice Marie-Louise aux Tuileries, à Saint-Cloud. Son talent d'improvisateur était souvent mis à l'épreuve. L'impératrice possédait un jeu de cartes sur lesquelles étaient écrits une centaine de motifs. Le sort en désignait un que, sur le champ, avec toutes les ressources de son imagination, travaillait l'habile pianiste, secondé dans ses improvisations par le merveilleux harpiste Bochsa, le Godefroi de cette époque.

Un excellent comédien, un délicieux *primo buffo caricato*, Barilli faisait les délices de Napoléon, qui aimait à faire intervenir la musique dans toutes les cérémonies,

La Restauration faillit disperser cette réunion unique de professeurs et d'artistes éminents auxquels avait donné asile le Conservatoire de musique. Mieux conseillé, Louis XVIII se ravisa, et sous le nom d'*École royale de musique et de déclamation lyrique et spéciale*, titre qui, par sa longueur, rappelle celui de la pièce intitulée : *La Femme malheureuse, innocente et persécutée par un époux barbare et cruel*, le Conservatoire reçut une nouvelle consécration. En 1822, le ministre des Beaux-Arts supprima le pensionnat des femmes qui se destinaient aux théâtres lyriques. A cette époque, Cherubini fut appelé à la direction qu'il conserva vingt années, pendant lesquelles l'illustre compositeur porta le Conservatoire à son apogée.

Florence ; la ville artistique par excellence, a résolu de rendre à Cherubini l'honneur qu'elle a rendu à ses hommes les plus illustres. Cherubini est né dans cette ville, le 14 septembre 1760, et, l'année dernière, à l'occasion de l'anniversaire séculaire de sa naissance, on a posé dans l'église de Santa-Croce la première pierre d'un monument qui lui sera érigé à côté de ceux de Michel-Ange et de Galilée. Une commission composée d'hommes éminents s'est formée à Florence pour recueillir les souscriptions nécessaires et en diriger l'emploi. Le roi Victor-Emmanuel, le prince de Savoie-Carignan, ont ouvert la liste des souscripteurs, et la ville même y a contribué pour une somme importante.

Chérubini aura aussi sa place dans le Panthéon italien que Florence s'occupe de créer. La place de la *Signoria* qui a d'un côté la *loggia dell' Orcagna*, autrement dite populairement *la loggia del Lanzi*, parce que le corps-de-garde des Lansquenets s'y trouvait sous les Médicis ; la place de la Signoria, disons-nous, sera toute entourée du prolongement de cette loggia : c'est ce qu'on appellerait à Paris un portique circulaire. Mais, comme Michel-Ange a le premier eu cette idée, laissons le nom qu'il donna à la chose.

Sous chacune des arcades de la loggia s'élèvera la statue de l'un des célèbres Ita

Ou, comme dit un vieux poëte italien, Agnolo Firenzuola :

Tra 'lutte quante le musiche humane
O signor mio gentil, tra le più care
Gioja del mondo, è 'l suon delle campane
Don, don, don, don, don, don, che vi non pare?

Ou bien Schiller, dans un idiome plus rude :

Moge nie Tag erscheinen,
Wo des rauhen Krieges Horden
Dieses stille, Thal durchtoben.

Puis il sort de l'orchestre des enchantements et des épouvantes comme ceux qui accablent la pensée de l'homme, endormi sous l'étreinte de l'ange-démon Smarra. On voit des Jérusalems et des Ninives plus grandioses que celles qui s'étendent à perte de vue dans les incommensurables créations de John Martinn. Pour y donner accès, se dresse des avenues resplendissantes aux degrés de feu. Leurs bords sont peuplés de chérubins à la harpe divine dont les inexprimables harmonies n'ont aucune reminiscence de la terre.

Puis on entend mille langages singuliers : des insectes qui bruissent sous l'herbe ; la grêle qui martelle en sautillant le dos des rochers, la pluie qui tombe, le chant rêveur de l'oiseau triste, les plaintes du vent dans la forêt.

Puis un bruit de grelots. N'est-ce pas Trilby, le lutin d'Argail, ou le nain vert Oberon sautant au bord d'un ruisseau ?

Un tout petit ruisseau que l'on distingue à peine ;
Un géant altéré le boirait d'une haleine ;
Le nain vert Oberon, jouant au bord des eaux,
Sauterait par dessus sans mouiller ses grelots.

Voici la danse sous la feuillée. Au milieu des joyeuses modulations, les cymbales se sont choquées... Un coup de tonnerre a retenti. Adieu la ronde des gais villageois, Adieu les douces confidences.'

Per amica silentia lunæ;

Adieu les bruissements des feuilles, les chants du rossignol,

Lenesque sub noctem susurri !

L'orage !... Le ciel est en feu... L'orage! Il est derrière les contrebasses qui mugissent. Voici l'orage ! voici la fanfare satanique! voici la chasse infernale à travers les forêts embrasées. On sonne la vue... Quel est ce monstre qui passe?... On sonne l'arrivée. Mille fois les échos répètent le terrible hallali. Hallali !.. hallali !... hallali !... L'orage !... les poitrines sont oppressées, haletantes... On se débat .. on étouffe... on va expirer... Grâce !...

Un cri terrible a retenti ; on emporte une jeune fille évanouie. Un instant après on entend le bruit d'une voiture qui s'éloigne.

N'est-ce pas que la musique est une de ces grandes voluptés mêlées à d'indéfinissables souffrances, que l'on éprouve toutes les fois que l'on tente de lever un coin du voile, toutes les fois qu'on essaie de percer le mystère de la vie ?

Oh! quand, à demi couché dans une loge obscure, moëlleuse, ignorée des *autres;* quand, l'oreille vidée des bruits de la terre, on reçoit toutes les effluves de l'orchestre, tout, depuis les plus molles caresses du *pianissimo* jusqu'au baiser terrible des *tutti.*

Quand cette grande pythonisse qu'on appelle la symphonie se débat haletante, éperdue, sous l'étreinte d'un dieu foudroyant; quand ce dieu est Beethoven; quand la partition qu'il fait passer devant vous est brillante comme la jeunesse et rayée de noir comme la vie; quand il vous brise la poitrine et le crâne, vous arrache votre âme, la saisit et l'entraîne à je ne sais quelles fêtes du monde invisible.

Quand il semble qu'obéissant à une attraction sympathique, votre être va se dissoudre pour se réunir au flot d'harmonie.

Et si elle est là, pour vous seul, *elle,* avec son visage pâle d'émotion, ses yeux chargés de tendresse; si sa petite main tremble dans la vôtre, si vos artères battent ensemble, si vos âmes conversent sans paroles, si la mélodie fait vibrer à la fois vos deux cœurs...

Amour du ciel, que gardes-tu donc à tes élus ?

Jules LADIMIR.

CAUSERIE DRAMATIQUE

Encore M. Wagner et le *Tannhaüser*. — PORTE SAINT-MARTIN, *Les Funérailles de l'honneur*, drame en sept actes de M. Auguste Vacquerie.

Le défaut d'espace m'avait empêché la dernière fois de faire quelques remarques relatives à la lettre écrite par M. Richard Wagner, à M. Alphonse Royer, directeur de l'Opéra, pour retirer son *Tannhauser !!!* J'y reviens aujourd'hui en passant. Quoiqu'appartenant spécialement à l'avenir, l'homme, l'œuvre et la lettre ne sont pas encore sortis des dernières limites de l'actualité.

Lisons donc encore une fois cette précieuse missive de l'avenir. C'est donc absolument comme nous que l'on écrira et signera dans un siècle plus ou moins éloigné : mêmes phrases, même style, même coupe, même ponctuation ; cette assurance de la part d'un homme qui passe pour une pythonisse musicale, est singulièrement flatteuse pour la littérature épistolaire de notre époque. Mais franchement on attendait quelque innovation dans la sensation de la vue, d'un homme qui a prétendu transformer entièrement la sensation auditive. La surprise s'est jointe au désappointement en le voyant agir comme le commun des mortels et écrire comme un simple compositeur du passé ou du présent.

L'illustre M. Richard commence sa lettre en disant qu'il s'est manifesté une opposition violente contre le *Tannhauser* : il entend par là une *cabale*. On n'est pas grand homme pour rien ; la désapprobation si accentuée de tout un public lui semble une opposition : il fallait donc que l'Europe se coalisât contre sa musique pour lui prouver que c'était bien

une chute. Et encore, l'aurait-il cru ? Mais si les hommes ne l'approuvaient pas, faute de le comprendre, il est si profond et si infini, qui vous dit que le génie de la musique, le dieu de l'harmonie ne lui souriaient pas d'un sourire de satisfaction, qui veut dire : courage petit, le jour viendra où tu grandiras. Il fallait donc une révolution des éléments pour prouver le contraire ; or, ce petit incident, qui aurait d'ailleurs bien rimé avec les effets de trombonne et de grosse caisse, n'a pas eu lieu, donc la musique plaisait aux divinités de l'Olympe ; — je crois bien, elles étaient si loin. Pauvres spectateurs, pris entre deux feux, par le haut et par le bas.

M. Wagner a la mémoire plus courte que le public qui se souvient et se souviendra hélas longtemps de l'aimable charivari qu'on lui avait servi. Il parle de l'absence du ballet et des conventions scéniques. Absence de ballet. Troûnn-de-l'air, dirait le capitaine Alexandre Dumas, mais qu'était-ce donc que ces frétillements de jambes pendant vingt minutes, aussitôt la toile levée, en présence de madame Vénus et de monsieur Tannhaüser. Un opéra qui commençait par un ballet de nymphes, de naïades, de satyres et de que sais-je encore ? Il fallait peut-être, — pour égayer l'ouvrage, — faire danser la barcarolle à Vénus et à Tannhaüser sur un air d'Offenbach, et avec accompagnement de lyre par maître Wolfram. Oh comme la modestie sied aux grands hommes ; peut-on dire plus simplement les choses : absence de conventions pour dire absence de qualités qui nous charmaient avantageusement, remplacées par des sons qui seront certes appréciés des habitants du jardin des plantes. Excusons-le ; la nature même de son ouvrage l'empêchait de se conformer à tout cela. — Il le dit lui-même. Mais de quelle nature était donc cet ouvrage, il n'y a que les monstres fabuleux, qu'il est impossible de classer dans les tempéraments définis.

O illusion chère aux âmes incomprises ! C'est uniquement l'opposition qui a empêché le public de donner à l'opéra l'attention nécessaire pour l'apprécier, dit toujours la lettre. Il n'y a que les natures d'élite qui trouvent en elles-mêmes les justifications et les consolations de leurs infortunes. Comment, lui, M. Wagner, qui ne transige pas avec les principes en musique, mais qui fait des coupures, supprime les chiens de chasse et les lyres pour calmer les sifflets, douterait de la sublimité de son œuvre ? non pas. Bon public, dit-il, on t'a égaré, on a faussé ton jugement, prévenu ton esprit, détourné ton attention. Quelques rivaux indignes, quelques corbeaux de critiques, ont insulté à ta majesté, ils ont étouffé sous leurs rires, leurs quolibets, leur sifflement anti-musical, la manifestation la plus magistrale et la plus éclatante de mon talent de compositeur ! Abandonné à toi-même, tu aurais écouté avec tant de calme et de silence. — Je le crois parbleu bien, il se serait endormi tranquillement : on est si bien dans les stalles et dans les loges de l'Opéra.

Mais console-toi, ô Wagner Richard ! la France est un noble pays, il y a des défenseurs pour les causes perdues, même dans la rédaction de la *Patrie*, habituée à n'aller jamais contre le courant général. L'univers peut t'abandonner, il reste encore M. Frank-Marie qui s'intéresse dans le feuilleton à ton œuvre et à ta personne. Il est convaincu de votre génie, lui, homme fortuné, il est en train de le dire à ses lecteurs, il vous promet de l'avenir dans le présent, à vous talent des siècles futurs. Vous êtes trop grand pour notre époque caduque, notre siècle est trop rapproché de sa fin pour vous comprendre et vous apprécier ; nous n'avons pas le temps nécessaire à l'apprentissage, nous léguons ce soin à nos petits-fils, ce sera leur gloire. Allez vous jeter dans les bras de M. Frank-Marie et que cela finisse !

Décidément c'est la semaine aux enterrements. Allons à la Porte-Saint-Martin, aux *Funérailles de l'honneur* et du drame de M. Vacquerie, nous ne nous éloignons pas énormément de M. Wagner, croyez-le. Les *Funérailles* sont en prose ce que le *Tannhäuser* était en musique, ennuyeux à périr, naïf à faire sourire le spectateur le plus sérieux et primitif comme une comédie de Plaute.

M. Vacquerie est un romantique échevelé plus convaincu, plus tenace que tous les Richard passés et présents, et se laisserait couper en quatre plutôt que de faire des concessions. Voici quelques lignes de M. Monselet qui suffiront amplement à le caractériser.

« Si l'on représentait le romantisme sous la forme d'une cathédrale gothique, ce qui serait certainement la forme la mieux appropriée, l'auteur de *l'Enfer de l'esprit* et de *Tragaldabas* y figurerait à la place d'une ces gargouilles fantasques qui jettent des douches aux passants en leur faisant la grimace. Disciple convaincu de Victor Hugo, homme et poëte d'esprit, M. Vacquerie a plus d'une fois compromis le maître et diverti le public, comme un comparse d'*Hernani* attardé en scène. On a tout dit sur la violence de sa critique et sur ses bizarres façons de rendre compte des pièces de théâtre, soit qu'il ôte ses bottes en les écoutant, soit qu'il résume sa poétique en maximes de cette nature : — Une ode est un aigle ; un mélodrame est un bossu. »

Son drame est tout bonnement une pièce oubliée dans les cartons de 1830 ; l'auteur lui a conservé sa virginité romantique pour ainsi dire, il l'a fait représenter telle qu'elle était sans modification aucune. Il y a là-dedans du Calderon assez, du Victor Hugo beaucoup, et pas mal du Shakespeare. C'est trivial ici, intéressant là, d'une simplicité antique plus loin ; les personnages ont l'air de se donner une comédie de salon ; en un mot c'est curieux, c'est étrange. Applaudi quand même, jusqu'à la moitié, par ces messieurs de la presse qui battaient des mains à l'orchestre avec un ensemble et une obstination des plus comiques, le drame a été sifflé le reste du temps, malgré tous les efforts des artistes. Notamment une tirade au dernier acte sur l'honneur et le corps, l'âme et la chair, a provoqué une de ces hilarités qu'il est difficile de décrire, rien n'y a manqué, ni les bons mots, ni les concetti, ni les railleries, on se serait cru en plein Opéra à la représentation du *Tannhäuser*. Les bons exemples se gagneraient-ils comme les mauvais ? — Espérons-le.

Charles CORASSAN.

BIBLIOGRAPHIE ARTISTIQUE

Nouvelle Théorie simplifiée de la Perspective, par David SUTTER. (J. Tardieu, édit., 13, rue de Tournon.)

Les ouvrages qui traitent de la Perspective peuvent se diviser en deux catégories. Les uns suivent la tradition de la Renaissance et se bornent à donner les procédés usités pour mettre tel ou tel objet en perspective ; mais la théorie étant incomplète, il n'est pas possible d'apprendre cette science par principes ; les autres, basés sur la géométrie descriptive, donnent la raison des opérations, il est vrai, mais le trait perspectif est trop compliqué et ne peut être compris que par des élèves déjà adonnés à l'étude des sciences mathématiques.

La nouvelle théorie de M. Sutter, fondée sur les lois de l'optique, se rattache par cette science aux principes d'esthétique qu'il a formulés dans la philosophie des beaux-arts appliquée à la peinture et dont nous avons déjà rendu compte ici. Elle est le point de départ des lois de l'unité dans les lignes, le clair-obscur et le coloris, car la dégradation de la lumière et des couleurs est proportionnelle à la dégradation perspective des lignes.

M. Hittorff, dans son rapport fait à l'Académie impériale des Beaux-Arts, s'exprime en ces termes : « M. Sutter démontre, en « effet, les principes de la Perspective d'une « manière facile à comprendre ; les procé- « dés sont expliqués avec simplicité et clarté; « les 60 planches qui accompagnent le texte « offrent une réunion d'exemples d'un goût « et d'un choix remarquables, pris parmi les « sites et édifices les plus intéressants. En « résumé, le *Traité de Perspective* de « M. Sutter est un ouvrage qui mérite d'être « encouragé, etc., etc. »

Avec un traité si précieux pour les artistes et les jeunes élèves, chacun pourra apprendre cette science sans le secours d'un maître; nous connaissons déjà plusieurs artistes qui n'avaient jamais rien compris à la pers- pective et qui l'ont facilement et promptement apprise avec cet ouvrage.

Le ministre de la guerre, à la suite d'un examen particulier de cette nouvelle théorie, a témoigné sa bienveillance à l'auteur en souscrivant pour le Dépôt des fortifications et l'École d'application d'État-Major , de même que M. le ministre d'État pour les Bibliothèques impériales. Cette sollicitude du Gouvernement ne fait jamais défaut au véritable talent, qui seul peut concourir à la gloire et au développement des Beaux-Arts.

Gustave ROMIEU.

DERNIÈRES NOUVELLES

S. Exc. M. le ministre d'État vient de faire l'acquisition d'une copie de la *sainte Famille* due au pinceau de mademoiselle Zéolide Lecran. Cette artiste, qui a obtenu plusieurs récompenses à diverses expositions artistiques, a été arrêtée cette année au milieu de ses travaux par une maladie d'yeux. C'est dommage, car les tableaux qu'elle destinait à l'exposition et dont nous avons vu les ébauches, promettaient d'être dignes de leurs aînés.

M. Bellini, deuxième du nom et neveu du grand mæstro, achève en ce moment la musique d'un opéra de Méry : *Raphaël et La Fornarina.*

Nous avons entendu divers morceaux de cette œuvre inédite qui paraît devoir passer au commencement de l'hiver prochain à l'Opéra. Nous sommes convaincu que cet opéra aura le sort contraire du *Tann-haüser.*

On parle cette année d'une contre-exposition : tous les tableaux refusés seraient réunis dans un vaste local et livrés à l'appréciation des amateurs, des critiques et du public.

—

Le livre de M. Charles Corassan, *Vérités et Sévérités,* que nous avons annoncé, paraîtra la semaine prochaine. Nous le recommandons aux *Critiques du lundi.*

—

M. Alfred Delvau, collaborateur du *Figaro*, est chargé de la critique du salon *de la Revue des Beaux-Arts.*

—

M. Louis Lavedan publiera à la fin de l'exposition prochaine un livre qui aura pour titre : *Souvenirs du salon de* 1861.

—

On parle diversement de la mesure prise par l'administration des Beaux-Arts pour le classement des tableaux par lettre alphabétique de nom. L'avenir prouvera si l'administration a eu tort ou raison. Jusque-là on doit au moins lui savoir gré d'avoir tenté quelque chose de nouveau.

—

L'abondance des matières nous force à remettre au numéro prochain le compte-rendu de la dernière soirée artistique du *Salon des Arts-unis.*

—

Depuis que l'entrée est libre, de midi à quatre heures, tous les jeudis, au Musée d'artillerie de la place Saint-Thomas-d'Aquin, la foule s'y porte. Ce Musée n'est plus reconnaissable, tant il s'est enrichi et embelli depuis quelque temps.

Tout le pourtour de la grande cour d'honneur, la galerie du rez-de-chaussée et la voûte centrale sont encombrés de canons et d'obusiers, de mortiers et d'affûts. Un très-grand nombre de ces engins proviennent des campagnes de Crimée et d'Italie.

Quant aux galeries supérieures qui ont reçu les anciennes armes grecques et romaines, gauloises et celtiques, les armes et les armures données par l'Empereur, elles forment à présent un des plus curieux et des plus complets musées de ce genre.

La grande cour des ateliers de précision de l'arsenal Saint-Thomas-d'Aquin renfermé en ce moment plusieurs centaines de pièces de canons de campagne, récemment coulées, qui vont passer aux ateliers de précision.

—

L'*Indépendance belge* annonce l'arrivée de M. Victor-Hugo à Bruxelles. L'illustre poëte se rend à Spa pour le rétablissement de sa santé altérée depuis quelques jours.

—

Les travaux de l'église de Notre-Dame de Clignancourt, dans le 18e arrondissement, marchent avec une activité qui donne lieu de croire que l'édifice sera terminé, quant au gros œuvre, pour la fin de la saison. Le portail est achevé, sauf les sculptures; la nef avec les bas-côtés sont finis, et l'abside, ainsi que deux chapelles collatérales, se dressent au-dessus du sol jusqu'à la hauteur des baies. Chacune de ces trois parties du monument forme trois quarts de cercle, et toutes trois ensemble composent un trèfle parfait. La première pierre de Notre-Dame de Clignancourt a été posée le 3 mai 1859.   L. D'AUTERIVE.

Le rédacteur en chef : Louis LAVEDAN.

Paris. — Imp. Walder, rue Bonaparte, 44.

CHRONIQUE DES BEAUX-ARTS.

La semaine. — Le salon. — Ce qu'on en dit et ce que l'on en dira. — Quelques oublis. — M. Henri Coroenne, sa *Vision de Pierre l'Ermite* et ses autres tableaux. — Exposition de Bordeaux. — Exposition des moulages exécutés sous les yeux de François Lenormant. — Œuvres complètes de M. de Lamartine. — Inauguration du pont du Rhin. — La *Causerie* et l'un de ses rédacteurs ! ! !

La semaine artistique a été nulle, littéralement nulle ; pas l'ombre d'une nouvelle. Rien des arts, rien des théâtres, rien ou presque rien des lettres. On parle toujours du salon où l'on a déposé sept mille objets d'art, — peinture, sculpture, gravure et architecture. — On en dit du bien, on en dit du mal, mais on en dit quelque chose ; les optimistes peuvent avoir raison, comme les pessimistes peuvent ne pas avoir tort.

Encore quinze jours de doute, d'affirmation et de négation, et la grande et pacifique bataille aura lieu. On verra tout au grand jour ; on jugera, on absoudra, on condamnera ; les opinions vont se croiser, se heurter, se contredire sur les mêmes toiles ; les jugements les plus divers et les plus opposés seront émis sur les mêmes marbres. L'un dira noir quand l'autre dira blanc ; celui-ci battra des mains quand celui-là croira à la mystification ; le premier découvrira un chef-d'œuvre là où le second ne verra qu'une croûte. Le tout à la grande distraction du public qui les écoutera tous et ne choisira que ce qui sera conforme à son goût, — souvent bien différent de celui de ces messieurs.

Nous avons, soit par une erreur involontaire, soit par une confusion de noms, oublié de parler, dans les *Visites aux ateliers*, de quelques artistes et de quelques toiles. Nous venons réparer cette omission avec d'autant plus de plaisir, que cela nous offre l'occasion d'entretenir nos lecteurs d'un peintre de talent et d'avenir.

M. Henri Coroenne n'a envoyé cette année au salon qu'une grande toile, intitulée : *La Vision de Pierre l'Ermite*. Voici le passage de l'*Histoire des Croisades* de Guillaume de Tyr, dont il s'est inspiré : « Un jour que Pierre songeait avec inquiétude à son retour en Europe et à la mission qu'il s'était imposée, il entra dans l'église de la Résurrection, afin de recourir à la source céleste de toute miséricorde. La nuit étant survenue, fatigué de ses oraisons et de ses longues veilles, il s'étendit sur le pavé de la nef, et s'abandonna au sommeil qui l'accablait. Tandis qu'il dormait, voici qu'il lui sembla que Notre-Seigneur Jésus-Christ était là devant lui, et lui disait : — Debout, Pierre, et hâte-toi ! Exécute avec courage ce qui t'a été prescrit : je serai avec toi, car il est temps de purger les lieux saints et de secourir mes serviteurs. »

Le tableau représente effectivement l'intérieur de l'église ; Pierre, dans son costume de pèlerin, est à demi couché, il tend les bras vers une épée portée par des nuages et éclairée par une lumière céleste. Le sujet offrait plus d'une difficulté : j'ajoute avec plaisir que M. Coroenne a su les tourner parfaitement. Il a d'abord évité de représenter le Christ, ce qui aurait détruit le côté mystique, idéal, élevé, invisible, si je puis m'exprimer de la sorte ; cela sortait alors du domaine de la vision pour devenir une réalité ; la croyance et la foi faisaient place à l'évidence. Ensuite une petite tête de Dieu dans un coin du tableau aurait été singulièrement mesquine ; elle aurait nui à l'ensemble et effacé la majesté et le dramatique de la scène. Il l'a remplacée par la croix et par les symboles de la passion. La tête de Pierre est belle et d'une vigueur, d'une expression rares ; elle dénote à merveille la confiance, la foi, l'abnégation, et surtout une résolution arrêtée ; la pose est heureuse. Le bras droit qui s'avance vers l'épée tendue par Dieu est une ingénieuse idée pour combler le vide du milieu ; enfin les parties architecturales sont traitées de manière à défier toute critique.

Ce qu'il faut tout d'abord reconnaître chez M. Coroenne, c'est un soin extrême, une conscience d'artiste vraiment rare, une exactitude, je dirai presque sans pareille, des plus petits détails historiques ; il fait de l'art pour faire de l'art et non pour faire du métier. La peinture n'est pas pour lui une ménagère docile que l'on accommode aux nécessités de la circonstance ou aux caprices de la mode, c'est une maîtresse aimée à qui on ne refuse rien et qu'on traite suivant la passion qu'elle nous inspire.

Dans son tableau de *Pierre l'Ermite* il a fait ressortir surtout le côté dramatique du sujet, il l'a peint avec un ton sombre et vigoureux que je loue franchement. L'exécution est large, soignée, sûre ; le sentiment voulu est bien exprimé, les effets sont réussis ; la couleur est sévère mais harmonieuse, l'expression est saisissante. Il y a là dedans des qualités solides, une rare intelligence de l'époque et une science archéologique remarquable ; en somme c'est l'œuvre d'un artiste de talent.

Le temps a manqué à M. Coroenne pour achever la grande toile historique représentant la scène qui a précédé de quelques minutes l'assassinat du duc de Guise. Les figures sont à peine esquissées et les détails à peine ébauchés ; mais la disposition, les poses, l'ensemble, les costumes, la partie historique et archéologique, disent assez que ce sera une belle œuvre. Je veux dire quelques mots avant de finir d'un grand tableau que M. Coroenne a exposé en 1856, je crois : c'est la *Séparation de Marie-Antoinette et du Dauphin.* Voilà certes un sujet qui résume beaucoup de choses et qui contient tout ce qu'il est possible de désirer. Il y a des enfants, des femmes, des hommes, des sentiments, des passions, des joies, des douleurs, la tendresse maternelle, l'amour filial, la compassion, l'abnégation, la supplication,

l'orgueil, l'indifférence, la satisfaction, presque la férocité morale ; du peuple, de la bourgeoisie, de l'aristocratie, enfin tout. Eh bien, l'artiste a disposé, combiné, agencé ces éléments de manière à en faire sortir un beau tableau, une belle scène, une œuvre remarquable au double point de vue de la couleur et du dessin. Les sentiments sont franchement accusés, les passions sont rendues avec sincérité, l'exécution est à la hauteur du sujet, enfin l'ensemble est beau.

La nullité de la semaine me dispense des transitions.

L'exposition annuelle de la Société des Amis des Arts de Bordeaux a été ouverte au mois de mars. La Revue des Beaux-Arts, qui ne veut laisser échapper aucune occasion d'être utile à la cause des beaux-arts, espère pouvoir consacrer un article spécial à la revue très-succincte des principales œuvres envoyées, cette année, au salon bordelais.

Une exposition publique des moulages exécutés en Grèce par les soins et sous la direction de M. François Lenormant, dans le cours de la mission archéologique qui lui avait été confiée par le gouvernement français, a lieu depuis le jeudi 4 avril jusqu'au samedi 13 inclusivement, au palais de l'École impériale des Beaux-Arts. Nous en rendrons compte prochainement.

M. de Lamartine tient ses promesses au public. Les neuvième et dixième volumes de la grande édition par souscription de ses *OEuvres complètes* (quarante volumes contenant cent-deux volumes) paraissent en ce moment. Vingt volumes auront paru en quatorze mois.

Il n'y a qu'une voix sur la beauté de cette œuvre unique. Les frais de fabrication de ce monument typographique sont désormais assurés par les capitaux produits des premières souscriptions. Quinze volumes inédits de notes, de discours, d'ouvrages non encore publiés, de mémoires, d'opuscules, ajoutent un intérêt de plus à cette collection. Les motifs et le but honorable de ce grand travail auquel s'attachent tant de bienveillants concours, sont connus.

Cette édition, tout à fait exceptionnelle dans la littérature, ne peut être comparée par son étendue qu'à celle de Voltaire à Kehl, mais elle a un caractère de plus : la pureté. M. de Lamartine s'y juge, s'y critique et s'y critique lui-même.

L'inauguration du pont récemment construit sur le Rhin, entre Strasbourg et Kehl, a été faite le 6 avril, à Strasbourg, en présence d'un grand nombre de personnes de distinction conviées à cette solennité par les administrations du chemin de fer de l'Est et des chemins de fer badois.

Il y a eu, comme toujours, des banquets, des discours, des toasts, des félicitations, des protestations et des représentations théâtrales. On a voyagé en chemin de fer, on a vu du pays, comme on dit; on a visité le pont qui, du reste, doit être fort beau; on a dîné, on a bu du vin dn Rhin, on est revenu à Paris, et l'on a rédigé sa correspondance datée de Strasbourg.

Et maintenant que le devoir est fait, mettons nos gants pour vider une question de *boutique*, — une vraie boutique, ma foi. Vous est-il avrrivé, cher lecteur, en vous promenant sur les boulevards, de rencontrer dans un de ces kiosques multicolores un journal ayant le format, — mais rien que le format du *Figaro*, suspendu par une ficelle et se balançant dans le vide? — Oui, il faut bien regarder un peu tout. — Avez-vous remarqué la vignette? Elle représente quelques figures grimaçantes et noirâtres, — c'est la couleur du journal — en costume du dix-septième siècle, en train de se transmettre avec leurs doigts des dépêches télégraphiques. Cela vous représente la *Causerie*, vous vous voyez que je suis généreux, et que je vous donne le nom de la feuille.

Vous croyez peut-être, d'après la vignette, que c'est une causerie fine, élégante, spirituelle, dans le goût du grand siècle, que vous allez entendre; que vous rencontrerez à chaque colonne les grandes traditions de l'époque. Erreur, le journal de M. Cochinat est tout bonnement la quintessence des conversations de café, conversations qui commencent avec la bière et s'achèvent dans la fumée de la pipe. Voilà, certes, une feuille qui est logique, elle remplit à merveille sa mission, elle a été créée pour les estaminets,

elle y est lue avec beaucoup d'avidité — par ses rédacteurs.

Le rédacteur en chef annonce qu'il abdique sa souveraineté relativement à la critique théâtrale, et qu'il prend un rédacteur spécial. Que dira de cela l'Aristarque rimailleur de l'endroit? Quelle humiliation ! n'être pas même avoué par son chef! Quoi, ce grand nom disparaître sous la signature et la personnalité de M Cochinat? comprenez-vous une aussi blessante mise à la retraite ? Après tout, c'étaient peut-être les articles de son supérieur que le malheureux était condamné à signer pour varier la rédaction.

La *Causerie*, c'est la grosse caisse des théâtres; elle parle l'argot des coulisses; c'est une réclame hebdomadaire entreprise sur une grande échelle. M. Cochinat donne le ton, et ses microscopiques rédacteurs commencent l'air avec des sons passablement discordants. C'est un charivari des plus drolatiques.

Un coup d'œil rapide jeté sur l'ensemble du journal vous en fait apprécier la valeur. Il n'a de littéraire que le titre, et de littérature que juste assez pour ne pas avoir l'air d'un prospectus de parfumeur, et cela encore. M. Cochinat a ramassé des rédacteurs parmi les plus hardis buveurs d'absinthe; il s'est entouré de quelques marmousets du journalisme; il leur a mis la plume en main et leur a ordonné d'écrire. D'écrire quoi? parbleu! rien. Que voulez-vous qu'ils aient dans le ventre?

Alors a commencé cette interminable série de platitudes; en style mal blanchi, — c'est la couleur du rédacteur en chef qui déteint sur le journal, qui défile chaque dimanche sous les yeux par trop indulgents de M. Cochinat. Il devrait exister une censure des belles-lettres pour défendre la vente sur la voie publique de pareilles productions : que diraient les étrangers s'il leur arrivait de jeter les yeux par hasard sur une telle feuille? quelle triste opinion ils remporteraient de la presse hebdomadaire !

Le rédacteur en chef doit se trouver singulièrement dépaysé au milieu de ses comparses littéraires. Je comprends qu'il fasse de rares apparitions et qu'il hésite de plus en plus à mettre son nom sur la même ligne que ceux de ses rédacteurs. Le voisinage peut être dangereux, ou tout au moins compromettant ; à force de voir des inconnus, on peut laisser passer inaperçus même ceux qui sont tant soit peu connus ou se croient tels.

Allons, monsieur Cochinat, un bon balayage ; dispersez cette poussière de rédaction que vous avez laissée, j'aime à le croire, se former par compassion ; régénérez votre journal, et tâchez de justifier votre titre. Vous avez eu la main heureuse en choisissant M. Jaime fils ; eh bien ! faites de même pour le reste : renvoyez ou remplacez.

Je connais dans la *Causerie* un pauvre garçon aussi maigre d'esprit et de littérature que de corps, et qui, poussé par la manie de noircir du papier à tout prix, s'est accroché à la redingote de M. Cochinat, et ne voudrait pour rien au monde s'en séparer, comme une vieille maîtresse qui redoute de quitter son amant de peur de ne pouvoir en trouver un second. Et remarquez qu'il nous déclarait lui-même, il y a quelques mois, qu'il était nuisible à la dignité d'un journaliste d'avoir son nom dans ce journal ; — que cela lui faisait du tort.

Ce malheureux a signé, — suivant son aveu, — dans le numéro de dimanche dernier, d'un pseudonyme un article d'une platitude à défier toute appréciation, et de son propre nom, aussi inconnu qu'un pseudonyme, une pièce de vers épileptiques et qui dénotent une tendance vers une affection de la poitrine. Assurément, il y avait plus de mérite et de courage à signer l'insipide prose ; c'est ce qui l'a décidé à faire précisément le contraire.

Renouvelant la fable du renard et des raisins, l'intéressant bohême a cru devoir donner quelques coups d'épingle aux talons de la *Revue des Beaux-Arts;* nous l'excusons et nous lui pardonnons cette petite et mesquine vengeance, digne de lui. C'est une terrible chose que de froisser l'amour-propre littéraire de ces nullités envieuses ; elles vous pardonnent une insulte, jamais la négation de leur talent imaginaire.

Le jeune C. Valette ne peut oublier les refus successifs qu'ont éprouvés dans ce journal sa prose rimée et ses rimes prosaïques. Il se souviendra toujours qu'on a dédaigné sa copie au *Journal de tout le monde,* et jeté au panier de la *Revue* ses sonnets à Victor Hugo et à Lamartine. Quant à la parodie de *Ce qui plaît aux femmes,* de M. Ponsard, qu'il nous apporta un jour d'un air satisfait et capable, nous n'en parlons même pas, c'était du dernier burlesque.

Cabotin impuissant et prétentieux autant qu'il est possible de l'être, type achevé du bohême ambulant, il traîne dans ses estaminets de prédilection ses opinions avariées, ses littératures de pacotille et ses vers ineptes dont il assomme ses amis. Encore s'il faisait du journalisme en amateur, on pourrait l'excuser ; mais non ; il croit avoir de la vocation, que dis-je ? du talent, je crois même du génie. Plaignons-le ; pauvre garçon ! il est sans doute victime d'une affreuse mystification : le jour viendra où il s'en apercevra comme les autres, alors il abjurera ses erreurs et se mettra à voyager pour une maison de commerce.

Il n'y a qu'une seule chose qui nous étonne dans tout cela : c'est de voir M. Cochinat, qui blâmait dernièrement avec tant d'énergie les procédés du *Figaro,* laisser son rédacteur agir comme on le fait dans ce journal, et égratigner un ancien collaborateur et un ami, M. L. Lavedan.

Charles CORASSAN.

UNE JOURNÉE

AU MUSÉE DE DIJON

—

Que diable ! — dit Sterne dans son *Tristan Shandy,* au moment de quitter l'Angleterre pour venir en France, — on devrait connaître un peu son propre pays avant d'aller à l'étranger ; et je n'ai pas jeté un coup d'œil sur l'église de Rochester, je n'ai pas pris garde au chantier de Chatham, ni visité Saint-Thomas à Canterbury, quoiqu'ils fussent tous trois sur mon chemin. »

Que diable ! — me suis-je dit avant de me rendre à la dernière exposition de Manchester, — les grands peintres anglais sont certainement fort intéressants, mais il me semble que je ne connais pas encore à fond les grands artistes de ma propre patrie. *L'exhibition des trésors de l'art* de Manchester doit, en bonne logique, venir pour moi après l'exhibition des trésors artitisques que renferment les musées d'Angers, de Nantes, de Bordeaux, de Rouen, et Dijon, de Lyon, de Montpellier, de Toulouse, de Lille, — et d'ailleurs, messieurs les Anglais je ne vous dirai pas, comme nos courtois aïeux à Fontenoi : Tirez les premiers, s'il vous plait !

C'est ainsi qu'au lieu d'aller admirer sur place, il y a quelques années, les John Constable, les James Thornhill, les David Wilkie, les William Turnet, les Thomas Lawrence, les Richard Wilson, les Thomas Gainsbo, rough, les Joshua Reynolds, et les Williams Hogarth, je me suis contenté d'aller admirer, au musée de Dijon, les Chardin, les François Colson, les Pierre Mignard, les Coypel, les Jouvenet, les Lesueur, les Vouet, les Vanloo qui s'y trouvent, — en compagnie des Bassan, des Vau der Meulen, des Téniers, des Gaspar de Crayer, et autres Van Dyck allemands, flamands, hollandais et italiens.

Le musée de Dijon est un des plus riches et des plus intéressants musées de province. Je l'ai visité dans un excellent moment, pendant les vacances, et c'est à peine si j'ai eu derrière moi — durant mes heures d'admiration — plus d'un ou deux curieux, le gardien compris. La foule est gênante toujours, — et surtout dans les musées, où elle est comme dépaysée.

Je vous demanderai la permission d'aller au hasard de ma fantaisie et de mes souvenirs, et de commencer par le milieu, — et même par la fin, — en consacrant toutefois, dès le début, un tribut d'éloges légitimes à la mémoire de François Devosge, fondateur de l'école de Dijon et le créateur de ce musée. C'est là son principal mérite, — et il

est grand. Quant à ce qui lui revient, comme peintre, j'aurais peur de ne pas lui faire la part assez large ni assez belle, — et je passe rapidement. J'ai peu de goût pour les choses académiques.

N° 131. — En entrant dans la galerie principale du musée, j'ai été comme attiré par cette toile, — un chef-d'œuvre signé Chardin.

C'est le *Portrait de Jean-Philippe Rameau.* Ses mains touchent bien le violon, la tête cherche bien un air qui viendra, n'en doutez pas. Cette tête est remarquablement modelée. Elle vit et sourit à donner illusion et à laisser croire qu'on va l'entendre. L'habit rouge est suberpe, et il fallait toute la sûreté de pinceau du grand artiste pour oser cet habit d'une couleur si crue, si voyante, si brutale. Un grand coloriste que ce Chardin ! « Un grand magicien, » — comme disait Diderot en parlant de lui.

N° 267. — *La Vierge présentant l'Enfant Jésus à François d'Assise*, par P. P. Rubens. Un mensonge du livret, à ce qu'il me semble. L'élève d'Otto Venius, le pape de l'école flamande, se serait bien gardé de commettre cette toile-là. Il faisait mieux, — même lorsqu'il faisait mal. C'est une copie d'une copie.

N° 209. — *Un chien épagneul* défendant — *unguibus et rostro* — de la viande qu'un dogue et un lévrier viennent lui disputer, par Van Boude, élève de F. Sneyders, le peintre anversois.

François Sneyders ne faisait pas mieux, et ses « chiens qui se disputent un gigot dans un garde-manger, » — un tableau du Louvre, — ne sont pas plus remarquables que ce trio de chiens dû au pinceau de Van Boude. Les accessoires sont rendus magistralement.

Van Boude *florissait* vers 1644, — dit le livret. Est-ce pour cela qu'il est mort à l'hôpital ?

N° 263. — Un tout petit, tout petit, tout petit paysage de Corneille Poelenburg, l'artiste hollandais, élève d'Abraham Bloemaert.

Les paysages de Corneille Poelenburg ne vont pas plus sans ruines que les intérieurs d'Ostade ne vont sans buveurs indisposés — dans un coin. Il y a donc des ruines encore sur le second plan de ce n° 263. Sur le premier plan, une femme est debout ; à côté d'elle est assis un homme, les jambes nues. Puis, des lointains bleus, — et c'est tout. Mais ce tout est charmant.

N° 324. — Un *Saint Jérôme en prière*. Ce saint Jérôme, ce père de l'Eglise, ce chrétien si païen par ses lectures, est représenté là par le Dominiquin, dans sa retraite de Bethléem, agenouillé devant un crucifix et une tête de mort, au moment où il se frappe la poitrine d'un caillou.

« Ce superbe morceau, dont l'originalité n'est pas suspecte, est un des plus beaux que possède le musée. » Ainsi parle le livret, — et cette fois le livret a raison. Il ne faut pas lui en vouloir.

Ce saint Jérôme est, en effet, merveilleux, Tête parcheminée, figure amaigrie, — pas assez souffrante cependant, — poitrine flasque, ridée, recroquevillée, parcheminée aussi : un débris humain qui veut s'émietter encore *ad majorem Dei gloriam*. Grand bien vous fasse, bon saint Jérôme ! Il y en a qui cassent des cailloux avec leur poitrine : vous, vous cassez votre poitrine avec un caillou, — c'est plus original.

N° 317. — Le *Martyre de saint Sébastien*, par Léandre Bassan, un des quatre fils Aymon de Bassano Jacopo da Ponte, dit le Bassan, — dont le Louvre possède huit tableaux assez étranges.

Celui de Léandre Bassan est encore plus étrange. Un bonhomme, habillé en Turc, lance des flèches à un nageur en caleçon qui a les bras derrière le dos et qui penche la tête en souriant, comme pour compter les coups et s'assurer que le Turc met bien dans le mille. C'est le contraire qui se passe dans les foires, à ce qu'il me semble, puisque c'est dans le Turc qu'on plante les flèches. En outre, une façon de Scapin, dont on ne voit que le haut du corps, regarde en riant cette scène assez risible. C'est sans doute le marqueur, ce moqueur.

Ces Vénitiens étaient vraiment pleins de fantaisie !

Plaisanterie à part, il y a de bonnes choses et une bonne couleur dans ce tableau-là. Il ressemble beaucoup à un Delacroix.

N° 314. — Cette fois il s'agit du vrai, du seul, du grand Bassan, — heureux père de ces quatre fils Aymon de la peinture vénitienne, qui s'appelaient Francesco, Leandro, Gio-Baptista et Girolamo.

Seulement, on me permettra de douter un peu de l'authenticité de ce Bassan-là. J'ai ceux du Louvre devant les yeux, et ils sont plus réussis que celui du musée de Dijon. Je crois même que c'est une copie de « l'Entrée des Animaux dans l'Arche. » En tout cas, c'est le même sujet. Pourquoi MM. les rédacteurs du Livret de Dijon ont-ils attribué avec tant d'assurance cette toile à Jacopo da Ponte ? N'auraient-ils pu douter un peu, comme moi, et, dans le doute, s'abstenir, — ainsi que le recommande la sagesse des nations ?

N° 340. — *Un portrait* de modèle à deux francs l'heure, qui a la prétention de représenter un « saint Pierre repentant. »

Ce n'est là qu'un portrait de modèle, je vous l'atteste, et le gaillard qui a posé pour ce saint Pierre avait plus d'un reniement à se reprocher, — sans qu'il y paraisse. Un chef-d'œuvre, néanmoins, signé Lanfranc. On s'apercevait aisément que Giovanni Lanfranco, le Parmesan, a été l'élève des Carrache : c'est une peinture puissante.

Mais, est-ce que je n'ai pas admiré déjà ce saint Pierre là au musée du Louvre ?

N° 349. — *Moïse sauvé des eaux*, par Paul Véronèse.

Toile de moyenne grandeur et de moyenne exécution. J'ai besoin de revoir à Paris « Loth et ses filles, » — ou les « Noces de Cana, » — ou les « Pèlerins d'Emmaüs, » — ou « Suzanne au bain, » — ou tout autre tableau de Paolo Caliari, pour m'assurer que celui-ci n'est pas plutôt d'un ses élèves. C'est une toile très-rousse, très-chaude, très-vénitienne, assurément, — mais elle ne me paraît pas assez Véronèse.

N° 404. — *Portrait d'un peintre inconnu*, par Pierre Mignard, surnommé le *Romain*, — probablement parce qu'il était Champenois.

Très-beau portrait d'un très-beau garçon.

Je n'ai pas encore vu de portrait de Pierre Mignard, — pas même le sien par lui-même, pas même celui de la marquise de Feuquières, sa fille, pas même celui de madame de Sévigné, pas même celui de madame de Maintenon, — aussi réussi que celui-là.

Cependant, tout réussi qu'il soit et qu'il est, il me paraît valoir moins que le suivant.

N° 221. — *Portrait de jeune homme*, par (j'ouvre le livret) Van Dyck.

Cela ne m'étonne plus, alors : ce portrait m'appelait ! Cette tête d'adolescent, coiffée d'une longue crinière brune descendant en boucles heureuses sur un pourpoint de velours noir à crevés de satin blanc et sur une large collerette en point d'Alençon, — cette tête est un chef-d'œuvre, une merveille, comme expression et comme exécution.

J'ai eu, un instant, envie de voler la collerette : mais il y avait, par malheur, du monde derrière moi, — des importuns ! — je me suis retenu.

N° 240. — *Une femme endormie*, par Jean de Hemmessen, le peintre d'Anvers.

Cette femme endormie m'a rappelé la statue de Clésinger, la «femme mordue par un serpent, » — le serpent de la sensualité. Elle a le corps orné du ceste, de cette fameuse ceinture où étaient renfermés les attraits, les grâces, les désirs, et que Junon emprunta pour se faire aimer de Jupiter et pour la gagner contre les Troyens ; au bras gauche, elle portait le spinter, cet irrésistible bracelet que les femmes portent depuis le commencement du monde pour faire croire aux hommes qu'elles sont leurs esclaves. Ceste et spinter sont deux attributs de Vénus, comme on sait : cette femme endormie est donc une Vénus endormie ? Il s'agirait de de savoir à qui on a affaire, — à une simple mortelle ou à une déesse.

Déesse ou mortelle, Cypris ou Wilhelmine, cette belle endormie est couchée dans une pose nonchalante qui fait saillir ses rondeurs harmonieuses, et donne encore plus d'éclat à sa chair marmoréenne. Jean de Hemmessen l'a peinte, et Théophile Gautier l'a chantée :

Oh ! quelles ravissantes choses,
Dans sa divine nudité,
Avec les strophes de ses poses,
Chantait cet hymne de beauté !

Comme les flots baisant le sable
Sous la lune aux tremblants rayons,
Sa grâce était intarissable
En molles ondulations.

Ses paupières battent des ailes
Sur leurs globes d'argent bruni,
Et l'on voit monter ses prunelles
Dans la nacre de l'infini.

Cette femme « endormie » n'est pas endormie du tout, — quoi qu'en dise le livret et sa docte cabale : le sourire rose, qu'elle laisse errer sur ses lèvres comme une brise parfumée, en est la preuve la plus aimable. Ah ! je serais volontiers tenté de profiter de son sommeil hypocrite, si je ne voyais aller et venir autour de moi quelques curieux indiscrets — qui font un bruit du diable, sur le parquet, avec leurs bottes à musique.

Cette adorable païenne est pleine de séductions ! Cependant je n'aime pas son bras droit, sur lequel repose sa tête. D'abord, depuis le temps qu'il est dans cette position, il doit avoir des *fourmis*, — et puis il est singulièrement emmanché. Réveillez-vous, belle endormie, et changez de position — et de bras.

J'aime encore moins la gaze blanche et transparente que la pudeur des conservateurs du Musée a fait placer au beau milieu de ce beau corps. Mes yeux ne s'étaient pas portés là, tout d'abord : maintenant ils s'y arrêtent avec obstination. C'est absurde.

La pudeur est décidément bien impudique parfois. Messieurs les conservateurs des Musées, *rien* cache encore mieux que toutes vos feuilles de vigne !

N° 206. — Quatre petites toiles qui ressemblent à des Téniers. Elles sont de Ferdinand Bol, — élève de Rembrandt, — dont le Musée du Louvre possède trois ou quatre tableaux de genre.

Ces quatre toiles représentent les *Cinq Sens*. Une seule est signée et porte la date de 1658.

N° 239. — *L'Adoration des Bergers*, par

Hemmelinck, — le successeur de Jean de Bruges.

Cette adoration est peinte sur bois. Elle est très-naïve et très-précieuse. Malheureusement, des restaurations successives, — parmi lesquelles d'inintelligentes, — ont un peu dénaturé son caractère primitif.

N° 274. — *Descente de Croix*, par Gérard Seghers, peintre d'Anvers, — élève de Van Baelen et d'Abraham Janssens.

Pourquoi avoir donné une si vilaine place à une si belle toile? Elle ressemble à un magnifique Rubens. Double éloge. La Madeleine, déchevelée, presque nue, malgré sa robe de soie jaune, — comme ses cheveux, — est bien une Madeleine qui se repent peut-être de quelque chose, mais non, en tout cas, d'avoir aimé. Est-ce qu'on peut jamais se repentir de cela? Le Christ, son divin amant, est tout saignant, tout meurtri, tout brisé et il a bien l'air d'en avoir assez : on voit qu'il ne serait pas disposé à recommencer ce rôle sublime. La mère a moins de douleur que la Madeleine, à ce qu'il me semble.

Les maîtreses sauraient-elles mieux aimer que les mères ?

N° 16. — *Jeune fille surprise par le Sommeille,* par François Colson, peintre bourguignon du XVIII° siècle.

« Un chat, à moitié caché derrière un écran, guette un serin que la jeune enfant tient attaché par un cordon. » Ainsi raconte le livret.

Je ne connais rien de plus gracieux, de plus tendre, de plus mignon que cette jeune fille, — qui ressemble à un Chardin superposé à un Greuze. Elle a le nez retroussé, la bouche rose, les yeux à demi-clos, la gorge déjà prometteuse, — et même déjà teneuse. Ses mains abandonnées tiennent négligemment le ruban bleu auquel est attachée la patte de l'oiseau. M. Vidal a dû voir ce tableau-là.

Cette mignonne enfant sera demain une bien séduisante jeune fille. Elle a de la grâce et de la coquetterie, — demain elle aura autre chose. Son sommeil est calme, sans doute, mais il doit être traversé par de jolis papillons habillés en mousquetaires.

Je gagerais que tout à l'heure, avant de s'endormir dans le fauteuil de l'aïeule, elle s'est mise à la fenêtre, où elle a vu passer un régiment qui l'a saluée, depuis le colonel jusqu'au cornette, — ce qui l'a fait rougir beaucoup, et tressaillir d'aise plus encore...

Manon Lescaut devait être ainsi à quinze ans , — avant le chevalier Des Grieux. Toutes les jeunes filles avant la lettre sont des jeunes filles de choix : mais après la lettre ? A seize ans, vous savez ce qu'était Manon Lescaut.

François Colson était un grand, très-grand artiste. Pourquoi donc en a-t-on si peu gardé ? Pourquoi ce tableau n'est-il pas au Musée du Louvre ?

Pourquoi ! Je suis bien naïf.

Alfred Delvau.

CAUSERIE MUSICALE

Théâtre. Italien. Mesdames Trebelli, Mariana Lorini et Marini Testa; MM. Pancani et Llorens. — *Salon des Arts-Unis.* Soirées du lundi.

Le Théâtre-Italien est sur le point de fermer ses portes, et jamais, de mémoire de chroniqueur, sa direction n'a déployé une telle activité. Nous donnons ci-joint le résumé de ces dernières soirées, afin de laisser nos lecteurs en juger par eux-mêmes.

Mardi 2 et jeudi 4 , *Il Barbiere ,* pour les débuts de mademoiselle Trebelli et de M. Llorens. Mercredi 3, *Il Trovatore,* avec M. Pancani , et pour la première fois, madame Marini Testa. Samedi 6 et mardi 9 , *Semiramide ,* interprêté par mesdames Mariani, Lorini et Trebelli. Dimanche 7, *Ernani,* par madame Mariani Lorini, MM. Pancani et Llorens ; enfin mercredi 10, *Un Ballo,* avec madame Marini Testa et M. Llorens ; en tout, pour neuf jours, sept représentations, cinq opéras différents sur l'affiche et plusieurs débuts importants.

Grâce, monsieur Calzado, un peu de trève, et quelque musicien que l'on soit, c'en est trop ; pourtant, nous parlerons de tout cela, mais après en avoir jugé par nous-mêmes.

Le principal événement musical de la semaine est sans contredit le début de mademoiselle Trebelli dans *Il Barbiere*. Le rôle de Rosine est depuis trop longtemps le triomphe de madame Alboni pour que ceux qui, comme nous, ont assisté à la malencontreuse tentative faite par madame Borghi-Mamo, l'hiver dernier, n'aient pas éprouvé quelques craintes à l'annonce qu'une jeune cantatrice, Française d'origine (1) et n'ayant que depuis quelques mois osé affronter la rampe, prît pour rôle de début les délicieuses broderies inspirées à la verve de Rossini par le chef-d'œuvre de Beaumarchais. Mais ceux-là ont été bien vite rassurés, et j'ose l'avouer (ce qui paraîtra peut-être une hérésie aux yeux de quelques habitués des Italiens). Ils sont sortis de la représentation du mardi 2, enchantés de pouvoir compter une seconde Rosine.

Mademoiselle Trebelli a une voix de mezzo-contralto assez étendue, mais un peu voilée lorsqu'elle descend jusqu'aux cordes les plus graves de son registre ; elle donne ses notes élevées avec une excessive pureté et son excellente vocalise jointe à la durée presque surnaturelle de sa respiration, lui permet de prolonger ses trilles et ses notes tenues plus longtemps que personne ; peut-être abuse-t-elle un peu de cet effet, mais qui s'en plaindra ? Mademoiselle Trebelli a dit avec une grande correction de style son air d'entrée, s'est animée dans son duo avec Figaro où Badiali s'est lui-même surpassé, et enfin elle a mérité une ovation unanime dans la leçon de chant. Quoi de plus charmant, en effet, que ces variations de la Molinara (Nel cor più mi sento), que depuis madame Malibran, aucune Rosine n'avait chantées et que la débutante a vocalisées à la satisfaction générale. Après ce morceau, mademoiselle Trebelli était adoptée par le public parisien, heureux de voir s'enrichir

____

(1) Mademoiselle Trebelli n'est autre que mademoiselle Gillebert, excellente pianiste que nous avons entendue il y a quelques années.

d'une bonne cantatrice doublée d'une charmante actrice le personnel de M. Calzado.

M. Llorens remplaçait Angelini dans le rôle de Basile : il y a été froid quoique avec de bonnes qualités, mais il avait beaucoup à faire pour éclipser son prédécesseur, surtout dans l'air de la Calomnie. Mademoiselle Kerna a chanté d'une façon suffisante le rôle de Marceline ; quant à Mario, il nous a été rendu pour une soirée aussi jeune que nous l'avons toujours présent dans nos souvenirs.

Pancani est rentré dans *Il Trovatore* et *Ernani ;* dans le premier de ces ouvrages, s'est produite, en Azucena, madame Marini Testa qui ne manque pas de talent, et dans le second, une nouvelle Elvire, madame Mariani Lorini, et Llorens en don Sylva. C'était dimanche et quelques efforts qu'aient faits le ténor et les débutants, tous les honneurs de la soirée sont revenus à M. Graziani, le talent le plus complet que nous ayons applaudi cette année et qui a dû répéter au milieu de bravos enthousiastes le duo du second acte et le final du troisième. Nous devons dire que dans cet opéra Llorens est supérieur à Angelini et rend bien plus vraisemblable le rôle passionné du vieux Gomez de Silva.

Nous reviendrons sur la nouvelle distribution de *Semiramide* qui mérite une analyse toute spéciale, et quant au *Ballo*, à part la substitution de mademoiselle Marini Testa à madame Alboni, la représentation de mercredi, au bénéfice de Graziani, a été pour le bénéficiaire ainsi que pour mademoiselle Battu et Mario l'objet de fréquents applaudissements et même de quelques bis. L'exécution de ce nouvel ouvrage de Verdi gagne tous les jours quant aux morceaux d'ensemble, et le public est heureux maintenant d'entendre le quatuor bouffe du troisième acte qui avait été accueilli froidement à la première représentation.

Du Théâtre-Italien au salon des Arts-Unis la transition aurait peut-être besoin d'être ménagée, mais il y a déjà quelques semaines que M. Gorassan annonçait aux lecteurs de la Revue l'ouverture de cette exposition des chefs-d'œuvre du dessin, et nous n'aurons que la peine de renouveler connaissance.

Le 1er avril, nous étions conviés à une véritable fête musicale donnés par M. Falconi à ses abonnés, de nombreux invités ont répondu à son appel.

La disposition heureuse du local lui permettait d'offrir toutes les jouissance intellectuelles, et nombre d'artistes et de célébrités littéraires et politiques se trouvaient réunis pour entendre de bonne musique bien éxécutée et d'un programme varié.

On y remarquait M. Dabrin et M. le comte Daru ; — madame Falconi et madame Léonie Tonel ; — M. Laget, professeur du Conservatoire ; — M. Chol ; — parmi les artistes, M. Debay ; — M. Français ; — M. Chintreuil ; M. Anastasi ; — M. Isabey ; — puis M. Franck-Marie, de la *Patrie* ; — M. Henry de Parville, du *Constitutionnel* ; — Achille Glaises, du *Siècle* ; — Louis Auvray ; — Alfred Delvau et Louis d'Auterive, de la *Revue des Beaux-Arts*.

M. Anthiome fils sur le piano, M. Croisez sur la harpe et Niedzliscki, le violoniste polonais, se sont fait tour à tour entendre et, soit dans leurs compositions, soit dans celles des maîtres, ont ravi leurs auditeurs.

M. Anthiome père a chanté plusieurs romances avec beaucoup de goût et s'est fait vivement applaudir, mais les honneurs de la soirée ont été pour mademoiselle Marie Montagne et Minna Ruthard.

La première a dit la *Prière pour tous*, de Victor Hugo, avec une grande sobriété de gestes et une certaine richesse d'intonations ; et la seconde sur la cithare, cet instrument aussi gracieux que mélodieux, a joué des fantaisies de sa composition aussi variées par le choix des motifs que par leur arrangement. Cette actrice, d'origine danoise, nous paraît appelée à un grand succès dans les salons parisiens.

Lundi dernier, 8 avril, c'était le tour de M. Poznanski, un pianiste russe, et de M. Sherck, un violoniste déjà bien connu à Paris. Monsieur Delafontaine dirigeait une partie de ses choristes, et l'on ne saurait trop qu'admirer le plus de leur justesse d'intonations ou de leur ensemble vraiment merveilleux. Un grand air de la *Fille du Régiment* a révélé chez mademoiselle Ebrard un talent bien complet pour une si jeune artiste et nous a fait espérer de la voir bientôt engagée sur une de nos scènes lyriques.

Enfin demain, 13 avril, des professeurs, et non plus des élèves, se feront entendre au salon des Arts-Unis. Mademoiselle Anna Bockoltz Falconi, une des premières cantatrices de notre époque, Monsieur Duvernoy, ce jeune pianite déjà renommé comme compositeur et comme exécutant, et Messieurs Lebrun et Poëncet, qui savent donner une âme au violon et au violoncelle, nous promettent un concert dont on parlera dans le monde artistique. Courage donc, monsieur Falconi ; depuis que vous êtes à la tête du Salon des Arts-Unis, vous avez beaucoup réalisé des intentions de votre programme, et la Presse vous prêtera toujours son concours pour tout ce qui pourra honorer les arts et les artistes !

Achille RONDEAUX.

SIMART

I

Pierre-Charles Simart était fils d'un humble menuisier. Il est né à Troyes le 27 juin 1806 dans une vieille et pauvre maison refaite depuis, et qui porte le n° 36 de la rue St-Jacques. Il fut baptisé à la paroisse St-Nizier. Son père, Antoine Simart, avait suivi dans sa jeunesse les cours de l'école de dessin de la ville, et obtenu quelques récompenses dans la classe d'ornement ; mais rien n'indique que plus tard, dans l'exercice de sa profession, il ait eu de ces succès qui font remarquer un homme ou lui procurent l'aisance. Néanmoins, si de ce côté le modeste ouvrier ne fut pas heureux, il vécut d'une manière honorable, et, par la pureté de sa vie et de ses habitudes pleines de dignité, il sut mériter au plus haut degré l'estime et le respect de tous ceux qui l'ont connu.

Il avait deux fils. L'aîné, Pierre-Charles,

qui nous occupe (1), en parlait souvent comme d'un chrétien des anciens jours, et lui voua une tendresse et une vénération d'autant plus méritoires, qu'elles auraient pu être diminuées par la sévérité paternelle. Antoine Simart avait en effet, en matière d'éducation, les idées d'autrefois, et le laborieux menuisier crut longtemps dans l'intérêt même de son fils devoir sévir contre ses allures maladives et rêveuses. Quant à la mère de cet enfant appelé à un si bel avenir, elle se nommait Catherine Loiseau. Elle accueillit avec une grande joie une grossesse qui s'était fait attendre sept ans. Douée d'une imagination très-vive, elle en était glorieuse à l'avance, et, comme par un pressentiment de la destinée de son fils, elle répétait sans cesse qu'il serait un homme remarquable.

Sa joie fut de peu de durée. Le pauvre enfant vint au monde frêle et délicat, et plus tard les mauvais soins d'une nourrice faillirent l'enlever à sa tendresse. Catherine Simart le reprit alors, le raviva à force de sollicitudes et put bientôt assister à l'éclosion des facultés admirables qu'elle avait pressenties. Dès l'âge de cinq ans le jeune Charles manifesta une grande passion pour le dessin. Quand les alliés et nos troupes occupèrent la Champagne, son imagination fut vivement frappée par tout ce matériel de guerre qui passa sous ses yeux; il se prit à sculpter des petits canons sur leurs affuts, qu'on se disputait autour de lui comme de petits chefs-d'œuvre. Puis, cette nature impressionnable et déjà ardente subit des influences plus douces. Charles devint enfant de chœur de sa paroisse et se montra le plus pieux, le plus intelligent de la petite cohorte. Il composait des cantiques et des prières remarquables par la pureté du style et la touchante piété qu'ils révélaient; et, comme entraîné aussi par un besoin irrésistible de traduire ses sentiments, de quelque ordre qu'ils fussent, d'une manière palpable, il construisait des

églises en bois avec tours et clochers. Enfin sérieux et rêveur, il se tenait à l'écart des enfants de son âge qui l'accusaient d'être fier, parce qu'ils ne comprenaient pas cette nature tendre et tournée déjà vers les idées élevées.

Quand il eut dix ans, on l'envoya à l'école de dessin. Deux années plus tard il entra dans l'atelier de son père, où il se fit remarquer par son intelligence et son habileté; mais en même temps que le jeune apprenti donnait des preuves d'aptitudes à la profession qu'on voulait lui voir suivre, il couvrait de dessins de toutes sortes les planches et les murs de l'atelier, peu habitués à ce genre d'enjolivements. Malheureusement pour Charles, son père ne trouvait qu'une preuve de paresse là où un artiste aurait reconnu déjà les signes infaillibles du talent. Aussi, grande était son inquiétude en voyant le regard de cet enfant se perdre souvent dans l'espace, et le jeune menuisier plongé dans des rêveries sans fin. Sa mère elle-même, oublieuse de ses beaux pressentiments d'autrefois, observait avec douleur les allures de son fils.

Un jour que ce dernier était absorbé dans un coin du jardin par la copie d'un pied de Vénus qu'il avait trouvé on ne sait où, elle accourut avec plusieurs voisines pour les faire juges des motifs de ses angoisses, et reçut leurs condoléances sur le malheur d'avoir un enfant assez fou pour « s'éprendre ainsi d'amitié pour un pied de plâtre et le tirer en portrait. » Cet incident puéril fut le signal de ces luttes dont nous parlions en commençant, mais que plus tard, hâtons-nous de le dire, la pauvre femme déplora la première. Faut-il du reste en vouloir à ces modestes artisans? Ils avaient compté sur l'habileté de leur fils pour les aider aux travaux de chaque jour, pour augmenter leur clientèle, et voici que sans pouvoir deviner les dédommagements de l'avenir, ils prévoient avec angoisse qu'il suivra une autre route que la leur, la seule bonne d'après des convictions traditionnelles dans cette famille, où nul état n'était jugé si digne et si honorable que l'état de menuisier. Un plus grave sujet vint cependant les détour-

(1) Le plus jeune embrassa l'état de son père et s'y est fait une honorable position.

ner de ces préoccupations; ils faillirent perdre le jeune apprenti; une grave maladie l'atteignit à la suite des émotions trop vives de sa première communion. Charles, dont la nature ardente avait été fortement remuée par un acte aussi solennel, avait rêvé longtemps que ce jour-là il verrait le ciel s'entr'ouvrir et Dieu lui-même apparaître entouré de ses beaux anges aux ailes d'or; quand il fut déçu dans ses poétiques espérances, il crut avoir fait une communion indigne et en éprouva une si violente douleur qu'une fièvre cérébrale se déclara et le mit à deux doigs de la mort.

De treize à seize ans, le jeune menuisier, toujours chez son père, se montra de plus en plus habile et intelligent aux travaux de son état, et prit part à l'exécution du maître-autel et de la chapelle de la Vierge de l'église Saint-Nizier, ce qui ne l'empêcha pas de suivre assidument les cours de l'Ecole de dessin de la ville. Il y obtint le premier prix, se fit remarquer par l'excellent directeur M. Arnaud, et devint l'objet des prédilections et des soins de M. Paillot de Montabert (1), ce grand apôtre de l'art antique qui devinait en Simart un futur disciple. Enfin le digne enfant, consciencieusement rétribué par son père, n'avait « qu'à se laisser vivre, » ainsi que le répétait tout le monde autour de lui, s'il eût voulu, surtout commê les jeunes gens de son âge, se livrer franchement au plaisir quand il avait déposé la varlope et le ciseau. Trop de préoccupations artistiques l'agitaient pour qu'il en fût ainsi; il économisait en cachette sur sa paie pour acheter des couleurs, des toiles et des pinceaux, s'enfermait tous les dimanches dans un coin du grenier qu'il avait disposé à cette intention, et là s'essayait, au grand désespoir de sa famille, à faire des portraits.

Antoine Simart se serait peut-être résigné, quoique bien tristement, devant ces indices persistants d'une véritable vocation;

mais sa femme ne pouvait se faire à cette idée, que l'aîné de ses enfants ne serait pas menuisier comme les Simart l'avaient été de père en fils, et qu'il dérogeât au point de se faire artiste peintre. Aussi un jour, n'écoutant que sa colère et ses antipathies, elle pénètre en l'absence de Charles dans le précieux réduit, saisit tout ce qu'elle regarde comme des instruments de perdition et les brûle sans pitié !

Décrire la douleur, le désespoir qui s'emparèrent de notre ami en contemplant cet irréparable désastre est chose impossible, mais nous savons qu'il écrivit *avec son sang* à sa mère, une lettre par laquelle il affirmait sa volonté inébranlable de devenir artiste (2).

Cet acte brutal ne servit donc qu'à surexciter la noble passion de Simart, dont l'esprit aspirait sans cesse à de nouvelles jouissances et révélait de nouveaux besoins. — La lecture entre autres était devenue pour lui une impérieuse nécessité. Il avait trouvé chez un de ses voisins, boulanger, les Œuvres de Corneille et de Racine; et quand il eut obtenu de les emporter dans son grenier, il se plongea avec une indicible joie dans ces pures et généreuses créations. Son prosaïque travail absorbait ses journées; il prit sur son sommeil de longues heures pour apprendre, vers, par vers, ces chefs-d'œuvre, dont le prix dépassait ses ressources, et qu'il s'appropria de cette ingénieuse façon, afin de ne plus s'en séparer et de les garder comme un trésor où il puiserait plus tard.

EYRIÈS.

(La suite au prochain numéro.)

---

(1) Né à Troyes et auteur du Traité complet de la peinture (Bossange, 1829, Paris). Ouvrage immense et précieux, inspiré des doctrines grecques, et qui en des temps plus favorables aux arts que le nôtre, aurait mérité une récompense nationale à M. de Montabert.

(2) Simart conserva un souvenir si vif du jour et de l'heure de cette scène cruelle, qui se passa pendant les vêpres un jour d'Ascension, qu'à pareil moment, quelque temps avant la chute qui lui coûta la vie, il la racontait à sa femme. — C'était la cloche des vêpres de Saint-Sulpice qui venait de lui remettre en mémoire une des crises les plus douloureuses, disait-il, de sa vie d'artiste. Il souriait alors en comparant le passé si triste au présent glorieux. — Hélas ! quinze jours ne s'étaient pas écoulés que cette même cloche sonnait ses funérailles.

Le rédacteur en chef : Louis LAVEDAN.

Paris. — Imp. Walder, rue Bonaparte, 44.

CHRONIQUE DES BEAUX-ARTS.

Politesse au printemps. — M. Joseph Delorme. — La *Double conversion* d'Alphonse Daudet et le *Candide* de Désiré Pilette. — L'événement littéraire de la saison : *Mademoiselle Francinette.* — Envois de Rome. — Ventes de l'hôtel Drouot : les paysages de M. David Sutter ; les accessoires de déjeuner de M. Planson ; un Fragonard-Clodion ou un Clodion-Fragonard ; la garde-robe de mademoiselle P***. — Mort de Paul d'Ivoi (Deleutre). — *Erratum.*

Je croirais manquer à tous mes devoirs de chroniqueur et de sylvain, si je ne consacrais pas au Printemps les quelques lignes d'exultation qu'il mérite si bien, — et auxquelles, du reste, il s'attend chaque année aux alentours du mois d'avril. Il ne faut être ingrat envers personne, dans la vie, et puisque le Printemps amène avec lui une infinité de choses aimables, — les lilas et les fraises, les muguets et les asperges, les jacinthes et les petits-pois, les violettes et les artichauts à la poivrade, — prouvons-lui le cas que nous en faisons, en le remerciant du plus profond de notre cœur et en le priant de rester un mois de plus au milieu de nous : quand on prend du printemps, on n'en saurait trop prendre.

Tout pousse et verdoie, à cette heure charmante de l'année, — les feuilles sur les arbres et les livres aux vitrines des libraires. Rien ni personne n'échappe à cette bienheureuse influence qui fait circuler la sève dans les végétaux et le sang dans les hommes, avec une abondance, avec un entrain dont ne se plaignent ni les végétaux ni les hommes, — les femmes comprises. La nature, enamourée, chante son cantique d'actions de grâce à son Créateur, et les poëtes, en mal d'enfant, accouchent de leurs petites souris, qu'ils prennent, — tout seuls, — pour des montagnes. Le plus beau livre ne vaut pas le plus maigre brin d'herbe.

Printemps qui sitôt rachète
Les mois perdus et les ans !
Fraîcheur facile et parfaite
Au sortir des maux pesants!
Germes que la terre enfante,
Désirs dont l'âme s'enchante,
Après d'amères rigueurs !
Prompt oubli dans la vallée,
Source en nous renouvelée,
Rajeunissement des cœurs !

Ainsi parle M. Joseph Delorme, dans la *Suite de Sainte-Beuve,* que vient de publier la librairie Poulet-Malassis et Debroise.

M. Joseph Delorme éprouvait le besoin de redescendre dans la lice chansonnière, et de s'y mesurer avec les jeunes champions de la rime, éclos dans ces dernières années. Son volume est coquet comme une vieille fille, et la robe bleue dont son éditeur l'a habillé est très-séduisante — pour ceux qui aiment mieux les belles robes que les belles filles, et qui attachent plus d'importance au dessus qu'au dessous, au contenant qu'au contenu.

J'en suis fâché pour moi, — et pour M. Joseph Delorme, — mais je préfère de beaucoup les belles et jeunes poésies qui s'en vont, court-vêtues, par les chemins, laissant flotter au vent leur chevelure blonde; je les préfère de beaucoup à ces poésies sur le retour, qui se maquillent de rouge, de blanc, de bleu, de vert, de je ne sais plus quoi, — pour faire croire à une fraîcheur disparue, à une jeunesse envolée, à une beauté éclipsée à jamais.

Cette appréciation est sévère, mais juste, — naturellement, — et je ne donne pas, d'ailleurs, mon opinion comme bonne, mais comme mienne : M. Sainte-Beuve en fera le cas qu'il voudra. Je le respecte et l'estime infiniment comme prosateur, comme causeur du lundi, mais comme poëte, c'est autre chose ; et puisqu'il dit lui-même de lui-même que « c'est à prendre ou à laisser, »

— je le laisse. La librairie Malassis et Debroise a des livres plus intéressants à nous offrir : la seconde édition des *Fleurs du mal*, de Charles Baudelaire ; *Virginie de Leyva*, de Philarète Chasles ; les *Anabaptistes des Vosges*, par Alfred Michiels ; les *Troisièmes pages du journal le Siècle*, par Taxile Delord ; les *Grandes figures d'hier et d'aujourd'hui*, par Champfleury ; les *Sermons du père Gavazzi*, par Félix Mornand ; et la *Mer de Nice*, par Théodore de Banville.

Poésie oblige, — comme noblesse. Les vers n'ont pas pour unique mission de plaire à l'oreille, ainsi que des grelots : ils doivent faire penser. Les poésies de M. Sainte-Beuve laissent vraiment trop à désirer sous ce rapport : son *Joseph Delorme* n'est qu'un voltigeur attardé du romantisme, qui souffle sans succès dans son petit turlututu, et s'il n'était pas indécent de siffler un académicien, je le sifflerais volontiers.

J'avoue d'ailleurs, que les vers ne me plaisent qu'à la condition d'avoir de l'esprit, — comme la *Double Conversion*, d'Alphonse Daudet, comme le *Candide*, de Désiré Pilette. C'est sans doute une énormité que je dis là ; mais, énormité ou non, c'est mon sentiment, et je ne saurais en changer.

La *Double Conversion*, d'Alphonse Daudet, est publiée par la même librairie Malassis et De Broise. C'est un récit leste et pimpant, vif et familier, emprunté, — sans le savoir, — par son auteur, à une légende orientale, en prose, qui a gagné quelque chose à être ainsi mise en vers, — j'allais dire en musique. Une jeune fille juive aime un jeune homme catholique, et tous deux tentent de se convertir, tant et si bien que la jeune fille se fait baptiser et que le jeune homme se fait circoncire : telle est la fable de M. Daudet. La fable orientale est un peu plus poignante, comme dénouement : le jeune homme tombe malade, et, avant de mourir, voulant aller dans le même paradis que sa bien-aimée, il se convertit à sa religion, — tandis que sa bien-aimée, de son côté, sachant son amant mourant, et voulant aller dans son paradis, à lui, se convertit, pour ce faire, à sa religion ; tant et si bien

que, séparés sur terre, ils le sont bien plus encore dans le ciel.

Le *Candide*, de Désiré Pilette, — publié par l'infatigable Dentu, — est un grand opéra bouffe, en cinq actes et en sept tableaux, auquel il ne manque qu'un musicien pour être joué avec succès au Théâtre-Lyrique ou à l'Opéra-Comique. Voltaire serait content, s'il vivait, d'être ainsi dépouillé de son bien, — c'est-à-dire du titre et de l'idée d'un de ses meilleurs contes. Quand on vole les autres avec cette bonne grâce et ce bon esprit, on n'est condamné par personne : on est absous par tout le monde.

Puisque je parle des livres nouveaux, je ne dois pas oublier de constater ici le succès qu'obtient en ce moment *Mademoiselle Francinette*, un roman très-vécu, publié par Amyot. Ce roman est l'événement littéraire de l'heure présente, et, à ce titre, il a droit aux égards et à l'attention des chroniqueurs.

Ce livre est un enseignement, ou plutôt une tentative d'enseignement, car l'étude de mœurs commence seulement au moment où le volume finit, et sur les trois cents pages dont il se compose, il y en a deux cents, au moins, d'inutiles. L'auteur a voulu montrer le danger des liaisons illégales, des amours malsains, de la vie interlope, et s'il a réussi à intéresser ses lecteurs par un dénouement brutal et poignant, il n'a pas satisfait en entier les gourmets littéraires qui s'attendaient à le voir fouiller davantage son œuvre afin d'en extraire les saisissantes vérités qu'elle renfermait. Il ne suffisait pas, en effet, de raconter les amours d'un honnête garçon avec une malhonnête fille et de nous apprendre que, de faiblesses en faiblesses, de compromis en compromis, de lâchetés en lâchetés, cet honnête garçon en était arrivé, non-seulement à excuser les fautes de cette malhonnête fille, mais encore à en profiter. Il aurait fallu dire les évolutions de cette passion fatale, les degrés de la honte descendus un à un, les rougeurs de l'amant, les incitations de la maîtresse, les remords de l'un, les railleries de l'autre, et, finalement, le plongeon fait dans le bourbier.

Je n'ai pas mentionné le nom de l'auteur de ce très-intéressant roman. C'est à dessein. Ce roman est signé Ernest Razetti, et j'ai soupçon que ce nom, qui m'est inconnu, n'est qu'un pseudonyme. Pourquoi cela ? Parce que si le nom m'est inconnu, le style du livre ne me l'est pas. Le style est la marque de fabrique de l'écrivain, et si tous les écrivains n'ont pas de style, beaucoup d'écrivains ont leur style. Il en est des livres comme des tableaux : donnez un Rubens, ou un Téniers, ou un Murillo, ou n'importe quel autre de la même taille, non signé, à un artiste, à un érudit en matière d'art, il vous répondra avec assurance : « Voilà un Murillo, — ou un Téniers, — ou un Rubens, — ou n'importe quel autre. » De même pour un livre : je reconnaîtrais, à ne m'y pas tromper, une page de Voltaire, ou de Diderot, ou de Victor Hugo, ou de Léon Gozlan, ou de Méry, ou de n'importe quel autre écrivain, non signée. Donc, je connais le style de *Mademoiselle Francinette*, du moins je crois le connaître : il est impossible que deux styles et deux hommes se ressemblent à ce point. Cependant cela s'est vu, et je souhaite sincèrement à M. Razetti d'être M. Razetti. En tout cas, cela n'ajoute ni ne retranche rien au mérite et à l'attrait du roman, qui est très-remarquable et qui aura le succès de *Fanny* et de *Madame Bovary*, quoiqu'il soit écrit avec moins de soin que ce dernier.

Ut pictura poesis. Si les muses sont sœurs, comme on le prétend, la peinture ne s'offusquera pas des lignes que je viens de dépenser si généreusement en faveur — est-ce bien en faveur ? — de la littérature. Une chronique des Beaux-Arts embrasse l'une aussi bien que l'autre, et si j'ai trop parlé de l'une, aujourd'hui, je parlerai trop de l'autre, demain.

La semaine artistique n'est pas, d'ailleurs, très-pléthorique. Nous avons peu de nouvelles de l'Exposition ; nous ne connaissons que le titre de quelques-unes des œuvres qui doivent y figurer ; mais l'heure de la critique n'a pas sonné, et nous attendrons, pour commencer notre délicate besogne, que les portes du Palais des Beaux-

Arts — j'allais dire du Palais de l'Industrie — soient ouvertes à deux battants. Signalons seulement en courant, pour y revenir en temps opportun, deux envois de Rome, — sculpture et peinture, — un *Pêcheur napolitain*, par M. Manéglier, et quatre toiles de M. Edouard Brandon, élève de MM. Picot et Montfort : la *Canonisation de Sainte-Brigitte*, le *Repentir de Térésina*, la *Jettatora di Borgo San Spirito*, le *Jeu de la Passatella*.

A l'hôtel Drouot, l'exposition Soltikoff a continué, attirant toujours la foule, et la vente Sutter a eu lieu, avec quelques autres d'une importance moindre, — la vente Planson, la vente de mademoiselle P***, etc., etc.

La vente Sutter a été suivie avec intérêt, et, quoiqu'elle n'ait pas complétement atteint le chiffre auquel l'artiste avait le droit de s'attendre, je ne pense pas qu'il doive être mécontent de son résultat.

L'argent est une bien belle chose, sans doute, — une chose indispensable pour les artistes comme pour les bourgeois, — mais cette belle chose ne vaut pas l'approbation des gens de goût, et cette approbation n'a pas manqué aux œuvres exposées par M. David Sutter. Ceux de ses tableaux qui ont été les plus vivement disputés et qui méritaient le plus de l'être, en effet, sont : La *Barbizonnière*, effet d'automne ; la *Barbizonnière*, soleil couchant ; les *Alentours du Dormoir* ; le *Plateau de la Belle-Croix* ; les *Roches erratiques* ; la *Vallée de la Solle* ; le *Carrefour de l'Épine* ; l'*Étude de Bouleau*, au *Jean de Paris* ; la *Porte aux Vaches* ; la *Plaine de Céli* ; la *Grande route du Bas-Bréau*, et la *Ferme de Barbizon*.

De la vente Planson, on m'excusera de ne pas parler : trente-deux tableaux, la plupart de nature morte, où l'oignon de Malte, le melon et les huîtres dominent, en compagnie de lièvres, de perdrix, de pigeons, de grives, et je ne sais plus quoi. Ces choses-là sont très-agréables en nature : mais en peinture, — et en peinture de cette valeur-là, — non !

Dans la salle où se faisait la vente Planson, il y a eu une autre vente *ejusdem fa-*

rinœ, — à l'exception de quatre ou cinq toiles intéressantes : *un Portrait de femme,* de Ferdinand Bol ; le *Portrait de madame de Feuchères,* par Watteau ; *une Femme… occupée,* par Fragonard ; et une *Sainte Famille,* de Bettoni. Cette *Sainte Famille* n'est qu'une exquisse, mais une exquisse qui vaut un tableau fini. *Le Portrait de madame de Feuchères* peut bien n'être pas de Watteau ; en tout cas, c'est un beau portrait d'une belle femme qui a dû faire partie de l'*Embarquement pour l'île de Cythère.* Le *Portrait de femme,* de Ferdinand Bol, est, si je ne me trompe, une copie du même portrait qui se trouve au Louvre, peint par Rembrand : Ferdinand Bol n'était-il pas l'élève de ce grand maître ? Quant au Fragonard, si Fragonard il y a, il est assez difficile à raconter, et je me vois forcé, pour le faire comprendre, de rappeler l'adorable petite terre cuite de Clodion, — le Fragonard de la sculpture, comme Fragonard a été le Clodion de la peinture. Je préfère la *Leçon de Musique.*

Une autre vente, moins artistique, — quoiqu'il s'agit d'une artiste dramatique, — a eu lieu dans une salle voisine, à deux pas de l'exposition Sutter. *Vente après le départ de mademoiselle P***,* disait l'affiche. Un départ, c'est une absence, — une absence, c'est une presque mort. Où partait et pourquoi partait mademoiselle P*** ?

Telle est la question indiscrète que je me faisais en assistant au dispersement, dans les mains des brocanteurs, de tous ces objets qui avaient appartenu à une seule personne. Il y avait là de tout, — et même bien autre chose. Il y avait des costumes de théâtre et des costumes de ville, des robes parisiennes et des manteaux chinois, des cachemires et des chiffons, des dentelles et des boîtes à gants, — beaucoup trop de boîtes à gants. Il y avait aussi quelques gravures, un tableau, des *images.* Il y avait aussi des armes, des poteries, quelques émaux. Il y avait enfin tout ce qu'il y a chez une femme, — même une porcelaine odieuse de forme et d'aspect, à laquelle on a l'habitude de donner le nom d'un saint célèbre par son scepticisme à l'endroit des plaies de Notre

Seigneur. *Shoking! shoking! shoking!* D'autant plus *shoking* qu'à côté de cette abominable porcelaine était une couronne de lauriers et de roses, fanée, qui avait été envoyée à l'actrice, sans doute, un jour de succès, par un admirateur passionné. Vendre son mobilier, passe ! Mais ses couronnes ? Ah ! madame, — ou mademoiselle, — cette indifférence de votre part à l'égard de cette couronne de roses et de lauriers me fait venir à l'esprit de vilaines pensées, surtout quand je la rapproche de l'ignoble porcelaine en question : c'est vous qui l'avez achetée, c'est vous qui vous êtes décerné ce triomphe, n'est-ce pas ? Si c'était *lui,* ou *eux,* vous n'auriez pas souffert qu'elle fût vendue — avec votre garde-robe.

Au moment de clore ma chronique, j'apprends la mort de Paul d'Ivoi, — un confrère en chronique. Les gens de lettres commencent à s'émouvoir de ces deuils accumulés ; chacun de ceux qui flottent entre trente-cinq et quarante ans, se disent maintenant chaque matin, en s'éveillant : « A qui le tour, aujourd'hui ? »

Le fait est qu'autrefois, il y a quelque vingt ans, la mort y mettait plus de discrétion et de savoir vivre : c'est à peine si elle enlevait un homme de lettres par année, — et encore, ne l'enlevait-elle que lorsqu'elle ne pouvait plus faire autrement. Pourquoi a-t-elle changé ses façons d'agir ?

Alfred DELVAU.

P. S. — J'allais m'ôter la parole pour la céder à qui de droit ; mais je me la redonne pour quelques instants encore, ayant à placer ici un *erratum* important au sujet de l'article sur le musée de Dijon publié dans le dernier numéro de la *Revue des Beaux-Arts.*

J'ai dit « *erratum* important ; » et, en effet, il s'agit du nom d'un peintre d'Anvers, abominablement écorché par les compositeurs. On m'a fait écrire *Van Boude* pour *Van Boucle,* — ce qui n'est pas précisément la même chose. Ah ! s'il avait été question d'un peintre vivant au lieu d'un peintre mort, d'un artiste célèbre au lieu d'un artiste presque inconnu, je ne réclamerais pas, —

jugeant la réclamation inutile. Mais Van Boucle est mort depuis 200 ans, et son nom n'est dans a mémoire de personne en France, — sinon dans celle des amateurs et des lettrés spéciaux : je lui devais cette réparation.

Pendant que j'y suis, je me permettrai de redresser certains mots tordus involontairement par les mêmes compositeurs, — comme *Iristan*, qu'on a mis pour *Tristram*, — *William Turnet*, qu'on a mis pour *William Turner*, — *Gainsbo, rough*, qu'on a mis pour *Gainsborough*, — *Vau der Meulen*, qu'on a mis pour *Van der Meulen*, — *suberpe*, pour *superbe*, — ce *peau* corps, pour ce *beau* corps, — *maîtreses*, pour *maîtresses*, — *gardé*, pour *parlé*, — etc., etc., etc.

Erreur n'est pas compte, dit-on : cela ne fait pas le mien.

A. D.

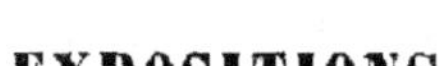

EXPOSITIONS

DE PROVINCE ET DE L'ÉTRANGER

La province et l'étranger ne restent pas en arrière, tant s'en faut, de notre mouvement artistique. On nous écrit de Cologne qu'une grande fête d'inauguration doit être incessamment donnée à propos du nouveau musée dont cette ville vient d'être dotée. Le nouveau roi de Prusse, avec toute sa famille, doit assister à cette fête quasi-nationale, ce qui en rehaussera tout naturellement l'éclat. Le don annuel de 50,000 thalers (187,500 fr.) que fait le prince, à l'exemple de feu son frère, pour l'achèvement de la cathédrale, est de nature à encourager les artistes et à leur permettre d'espérer qu'en travaillant pour l'art ils ne travailleront pas seulement pour le roi de Prusse.

L'exposition des aquarellistes, à Bruxelles, vient de s'ouvrir. Elle a fait appel aux artistes de tous les pays de l'Europe, et bon nombre de représentants sont venus à cet appel, de l'Italie; de la Hollande et de la France. Parmi les œuvres exposées, il faut citer :

Trois dessins de M. Pagliano Eleuterio, de Milan ;

Des paysages de M. Gudin, de Paris ;

Des fleurs, de M. Rossi;

Des vues de Venise et de Gênes, de M. Lucas, de Paris ;

Des dessins de Madou, de De Noter, de Clays, de Dillens, de César Dell'acqua, de Degroux, de Lauters, de Toovey, de Van Moer, de Stroobant, de Francia et de Van Severdonck, — artistes belges.

Une autre exposition va avoir lieu à Spa. Déjà, l'année dernière, cette exposition avait été installée, pendant la saison des eaux, dans les salons du Waux-Hall, et elle avait produit d'assez heureux résultats, quoiqu'elle eût à redouter l'exposition générale des Beaux-Arts de Bruxelles, et la concurrence de l'exhibition créée à Ostende depuis deux ans. Celle-ci aura lieu dans les mêmes salons du Waux-Hall, appropriés à cet effet, à partir du 15 juin jusqu'au 15 octobre. Les tableaux, dessins, gravures, lithographies, ciselures, médailles et photographies y seront admis. Quant à la statuaire, on ne recevra que les objets dont le poids ne dépasse pas 200 kilogrammes. Les tableaux, dessins, gravures, lithographies et photographies devront être encadrés. Le nombre des objets que chaque artiste sera admis à envoyer, est limité à trois. La commission, présidée par M. le comte de Cornelissen, prend à sa charge les frais de transport sur tout le territoire belge, tant pour l'aller que pour le retour : les colis expédiés de l'étranger devront être affranchis jusqu'à la frontière belge. Aucun objet ne sera plus reçu après le 31 juillet. Tout tableau envoyé devra être emballé dans une caisse collée de papier, et attaché à vis au fond de la caisse, ou dans une coulisse : nous recommandons, à ce propos, M. Cotel, qu à la spécialité des emballages artistiques.

Il résulte d'une lettre d'invitation adressée aux artistes pour l'exposition de la grande saison de Londres, au Palais de cristal de Sydenham, que les artistes invités sont exempts de tous frais quelconques, même d'emballage ; qu'en cas de vente, une commission de 10 p. % sera perçue, et que les œuvres d'art doivent rester pendant six mois à l'exposition avant de pouvoir être réclamées par leurs propriétaires. On sait qu'il existe parmi les artistes une grande prévention contre le Palais de Cristal : le rédacteur de la lettre, M. P. A. D'Hondt, prétend que ce ne sont que des gens intéressés qui tâchent de la décrier; que, du reste, cette prévention se dissipe déjà devant les faits, que le montant des ventes a toujours été en augmentant, et qu'aucune exposition n'offre les avantages et les garanties offerts par celle-ci. Parmi ces avantages, il faut citer : l'exemption de tous frais ; l'exposition dans une belle galerie, éclairée de haut, de manière à permettre aux œuvres d'être vues et appréciées par un public nombreux. Comme garantie, il y a le capital de la Société, lequel est de 40 millions, et l'intérêt qu'elle a de vendre, ayant à subir des frais importants, sans indemnité en cas de retour.

Quoique nos artistes doivent accueillir avec peu de faveur des invitations pour les expositions anglaises, par suite du peu de succès qu'elles ont obtenu, aux expositions de Manchester et de Liverpool, nous croyons qu'il en est tout autrement au Palais de Cristal par suite des améliorations toutes nouvelles dans l'organisation de la galerie et à cause du grand nombre d'artistes qui y vendent régulièrement leurs œuvres.

Au nombre de ces derniers, il faut citer MM. Chavet, Diaz, de Montlignon, Delfosse, mademoiselle Eude de Guimard, madame Wuiller, Gosse, mademoiselle Girouard, Hofer, Lambinet, Soyeux, Picart, Rohm, Troyon, Schlésinger, etc., etc.

Henry Lhuecreux.

NOEL BOURGUIGNON

DE

GUI BAROZAI

—

Je les ai connus, — ces noëls fameux de Bernard de La Monnoye, — dans le pays même où ils ont poussé, avec les vignes bourguignonnes : au Clos-Chenôve.

Le Clos-Chenôve est la première étape de cette Côte-d'Or — vraiment d'or — qui a quinze lieues de vignes plantureuses qui s'appellent Marsannay, Couchey, Fixey, Fixin, Brochon, Gevrey-Chamberlin, Morey, Chambolle, Vougeot, Vosne, Nuits, Beaune, Meursault, Pommard, Volnay, etc., etc.

On était aux derniers jours de septembre et aux premiers jours de la vendange. Nous étions assis, à cinq ou six, sous une verdoyante tonnelle qui donnait sur la campagne, et nous mangions la *potée* traditionnelle, — la bouillabaisse de la Bourgogne, — que nous arrosions d'un vin rouge suffisamment âgé pour des jeunes gens que nous étions tous, le père excepté.

La journée s'avançait. Devant nous passaient et repassaient les vendangeurs et les vendangeuses, — celles-ci vêtues de leur *goudô* de toile écrue, ceux-là vêtus de leur *biaude* de chanvre, — les unes et les autres portant benatons chargés de grappes noires comme des taupes, destinées aux pressoirs voisins.

Le père chanta, son fils l'imita, — et les amis écoutèrent. Les amis étaient des Parisiens, cela va sans dire.

N'allez pas croire qu'ils chantaient des chansons de Désaugiers, de Béranger ou même de Piron. Ils étaient trop Bourguignons [illegible] Le père avait appris « lai feigne [illegible] noëls de Bernard de la Monnoye, [illegible] avait appris à son fils. Ces noëls [illegible] à leur appétit de chansons : [illegible] pas chanter d'autres. — [illegible] braves barôzais qu'ils étaient.

J'écoutais [illegible] mes oreilles, non pas à cause [illegible] à cause des paroles.

Les airs de ces noëls sont connus ; mais les paroles ne le sont guère et elles gagneraient à l'être davantage.

Un de ces *noei* — entre autres — me frappa, à cause de son analogie avec une chanson de Béranger : « *Un jour le bon Dieu s'éveillant.* »

Vous pouvez juger si la rencontre est étrange, en comparant :

> Ein jor lai hau Dei le Fi,
> Ansin que po lai lucane
> De tôte par ai luzane,
> Su Nazarai s'éréti.
> Ai vi lai Vierge Mairie,
> Fillôte de quatorze an,
> Froche come an lai prairie
> Lai viôlaite au printam.

> Lai Pucelle n'éto pas
> Da cé vivre qui vo beiille,
> Elle boisso lé deuz eüille,
> Et ne marcho qu'au compa.
> Prié, c'éto sai besogne,
> Elle en fezo son plaizi,
> Et bailloo ai sai quelogne
> Le reste de son loizi...

Il y avait encore douze couplets. Je regrette d'avoir à les supprimer ici, faute d'espace, et parce que j'en ai d'autres à citer. Ceux-ci, par exemple :

> Sôverain moitre du tonarre,
> Gran Dei, que vos atn fai d'un mô
> Le Cier, lai Leûgne, le Sôlô,
> L'œuvre san dôte à rare.

> Que vos ain de male et femelle
> Peuplai l'ar, lai tarre, lai mar,
> An si jor bâti l'univar,
> L'œuvre sans dôte à belle.

> Ma po rebôtre l'homme an gloire,
> Que vo-moime vos ain velu
> Vo faire homme tô comme lu,
> Ç'a bén éne autre histoire.

> On ne sero dan vos annale
> Trôvai de prôdige aussi grau,
> Bé qu'on y trôve dé sarpau,
> Dés anesse qui pale.

> Au prei d'une maire pucelle,
> Don vos éte ici ba soti,
> Adam de peusseire preti
> N'a qu'éne bagatelle.

> Quei paciance ! un Dei qui teusse,
> Un Varbe qui ne pale pa,

> Ai qui l'on baile du papa,
> Qu'on rechainge, qu'on breusse.

> Haila, combé de chansenôte
> Lai pôvre Vierge vos é di,
> Por au maillô vos audormi
> Aipré vote papôte.

> Aivô lé petite marmaille
> Ai siz an vo sôvenez-vo,
> Queman vo juein au bouchau,
> Vou ai lai cote-paille?

> Anfan vo prinre no foiblesse
> An croi pu gran vos é fôsar :
> Ancor po qui? po dé cafar,
> Dé narquoi, dé drôlaisse.

> Po dé gripe, dé brelandeire,
> Po dé machedru, dé truan,
> Po des hôquelle, dé vaurau,
> Dé raice de vipeire.

> Compté no tretô, je vo prie,
> Je gaige qu'an ein million
> Vo n'an trôvé pas troi de bou.
> Lai belle lôterie !

> Ç'à pei qu'entan, le cœur m'au saigne,
> Le monde au vice at échaiti.
> Devein-vo po lu tan pati?
> Ai n'an éto pas daigne.

> Ai sane, ai le voi si maussaige,
> Que vo n'y seid venu jaimoi.
> Vos y revarrein bé çan foi
> Sans gaigné daivantaige...

Ne trouvez-vous dans ces vers-là le souffle qui traversera plus tard la prose philosophique de Voltaire?

> Souverain maître du tonnerre,
> Grand Dieu, qui d'un mot avez fait
> Le ciel, la lune et le soleil,
> L'œuvre sans doute est rare.

> Que de mâles et de femelles
> Vous ayez peuplé l'air, la terre et la mer,
> Et, en six jours, bâti l'univers,
> L'œuvre sans doute est belle;

> Mais pour remettre l'homme en gloire,
> Que vous-même ayez voulu
> Vous faire homme tout comme lui,
> C'est bien une autre histoire !

> Quelle patience ! Un Dieu qui tette,
> Un Verbe qui ne parle pas,
> A qui l'on donne de la bouillie...
> Qu'on rechange, qu'on berce...

> . . . .
> . . . .
> Vous êtes mort pour des cafards,
> Des rus⁰s, des drôlesses;

Pour des filous, des brelandiers,
Pour des mâche-dru, des truands,
Pour des chicaneurs, des vauriens,
Des races de vipères.

Comptez-nous tous, je vous prie ;
Je gage qu'en un million
Vous n'en trouverez pas trois de bon.
La belle loterie....

Si peu de bons! Le cœur m'en saigne!
Le monde, au vice a pris goût ;
Deviez-vous pour lui tant souffrir !
Il n'en était pas digne.

Il semble, à le voir si pervers,
Que vous n'y soyez jamais venu...
Vous y reviendriez bien cent fois,
Sans gagner davantage!...

Il connaissait la vie, le vieux Barôzai — une bien vilaine connaissance, par parenthèse.

Ces *Chansenôtes* m'intéressaient au plus haut point. Je me les serais fait chanter toutes, si j'avais osé !

Je me contentai de demander la source généreuse d'où elles coulaient comme des flots de vin vieux, — et on m'apporta un vieux volume grignotté par les rats et par le temps. C'était la cinquième édition des NOEI BORGUIGNON DE GUI BARÔZAI, — c'est-à-dire de Bernard de la Monnoye, — *composés en l'an 1700, en la rue du Tillot, et en l'an 1701, en la rue de la Roulotte, à Dijon.*

Le Clos-Chenôve fut oublié le soir de ce jour-là. Je fis comme les rats : je dévorai le volume.

Je voudrais donner ici tous ces noëls, charmants de bonhomie, de malice, d'esprit et de poésie aussi. Mais je n'ai le droit d'en citer que quelques-uns, comme échantillon de ce crû bourguignon, qui chauffent le cœur et la tête.

Citons :

Lor que po no révigôtai
Jésu prin naissance su tarre,
Dite me voai, anfan gâtai,
An quei leù ç'a qu'ai lai vin parre ?
Ce ne fut pas dezô ein suparbe lambri,
Ce fu dans ein taudi.

Le pôvre geite que c'éto,
Deu bête y éborgein ai pone.
L'ène de longue oraille aivo
Et l'autre aivo de longue cone.

Velai le bel androi voù s'à venun plantai
Sai daigne Majestai.

Ene piarre fu son coussin,
Ein bôtea de foin son oüaite ;
To dogne que sé mambre étoin,
Ene creiche fu sai couchaite.
Aivo-t-i come vô, quicitiste nôvea,
Tan de soin de sai pea ?

Né po lai croi, né po sôfri,
El y meur an poyan no daite ;
Vos autre meuré san meuri,
Antre lé brai de vo parfaite.
Lu por se ranfraichi n'é que du chicôtin,
Vo que du Cham-Batin !...

C'est de la malice, c'est de l'ironie, ce noël ! Il y en a d'autres aussi d'un autre genre, — témoin le neuvième noël :

L'étai to couvar de l'or de sé jaivelle
S'estime lai pu belle
Antre lé quatre saison :
L'étai n'é pas raizon :
Le Printam var et gai
Cueùde an vatu dé fleur du moi de mai,
Etre pu bea que l'Etai.

L'Autonne s'imageigne
Que ran n'a tei que sé veigne ;
Ma l'Hyvâr
Sôten, maugrai sai noge et sé brouillar,
Qu'étan lai saizon de lai Nativitai.
Su lu, po lai beatai,
Le Printam, l'Etai, ni l'Autonne,
Mazeufne porron l'ampotai.

Et celui-ci, avec lequel on berce encore les petits Bourguignons, n'a-t-il pas sa gaîté spéciale :

Le curé de Pleumeire
Dizo lai fleûte en main :
Chanton Borgei, Borgeire,
J'airon Noei demain ;
　Rôbeigne,
　Lubeigne,
　Bereigne,
　Ligei,
Chanton tô Noei, Noei.

Jésu ven, camarade,
Jésu de Nazarai,
Faite po lu gambade,
Pendant que je dirai :
　Rôbeigne,
　Lubeigne,
　Bereigne,
　Ligei,
Chanton tô Noei, Noei.

Ce n'est pas sans raison, on le pense bien, que j'ai donné place ici aux noëls de La Monnoye. Ce n'est pas qu'ils aient trait le moins du monde aux romans de chevalerie : ils ont trait seulement aux origines de la langue française, — et ce prétexte suffit, à ce qu'il me semble.

Ce n'est pas du *patois*, — comme on le dit avec mépris—que ces *noëi bourguignon:* c'est un dialecte, une nuance de la langue d'Oïl, une des trois branches de la langue romane du Nord. Le dialecte picard, le dialecte normand et le dialecte bourguignon, — trois fils de la même mère.

Le roman de Géran de Viane, qui est de la fin du XIIe siècle, est en bourguignon. Les sermons de saint Bernard, qui sont de la même époque, sont en bourguignon, — quand ils ne sont pas en latin. Le latin ne s'entendait plus alors; il fallait bien parler la langue qui était comprise de tout le monde.

Ce n'est pas du patois, du patois grossier, inintelligible, — même pour ceux qui le prononcent, — qu'un dialecte où l'on rencontre à chaque pas des mots à racine grecque et à racine latine ; par exemple : *fau*, qui vient de *falsus ; evaulai*, mettre à val, qui vient de *vallis ; écharre*, vigneron pauvre, qui vient de *scarbus*, avare ; *croi*, croix, qui vient de *crux ; marle*, merle, qui vient de *merula ; lôquance*, loquacité, qui vient de *loquentia ; peute*, laide, qui vient de *putis* ou de *putidus ; trebi*, sabot, qui vient du latin *turbo ; varô*, verrou, qui vient de *veru* ou de *varus*, etc., etc.

Patois, si l'on veut, après tout ; je ne m'y oppose pas. Mais, en tout cas, patois pittoresque.

Je quittais le Clos-Chenôve à mon grand regret, — non sans avoir assisté aux fêtes du pressoir, non sans avoir bu la *meire-gôte*, avec les joyeux barozais d'alentour.

Je comprends que Bernard de la Monnoye ait vécu plus vieux encore que le *patriarche* Voltaire. L'air de la Bourgogne est imprégné de « pourée septembrale, » — le vin conserve l'homme !

On meurt très peu dans ce plantureux pays-là. Les hommes et la vigne n'y connaissent pas le moindre oïdium. C'est là que je voudrais aller mourir.

Léon Fuchs.

BIBLIOGRAPHIE

—

LA FRANCE

DEPUIS LES TEMPS LES PLUS RECULÉS JUSQU'A NOS JOURS

Dans les éléments de son histoire, de sa richesse, de sa puissance, et de son organisation à tous les degrés comme état politique et comme nation,

Par C.-P.-Marie HAAS (1)

—

Les historiens de la France ne manquent pas. Pour le prouver, nous n'avons qu'à citer les ouvrages maintenant en publication : l'*Histoire de France* de Henri Martin, la meilleure de toutes ; celle de Michelet, étincelante de beautés et tachée de défauts; l'histoire pittoresque de MM. Bordier et Charton ; celle de M. Gabourd, écrite au point de vue religieux; celle de l'abbé Pierrot; celle d'Anquetil, si déplorable et qui se réimprime toujours; la *Gallia Christiana* du bénédictin moderne Hauréau; l'*Histoire de France aux seizième et dix-septième siècles*, de Ranke ; l'*Histoire de la fondation de la nationalité française*, de M. Buchez ; l'*Histoire des Guerres de religion en France*, par M. J. Bastide ; l'*Histoire de la liberté religieuse en France*, par M. Dargaud, etc., etc. Si nous voulions citer tous les ouvrages relatifs à des périodes déterminées ou à des faits spéciaux, notre article n'y suffirait pas.

Le succès des publications que nous venons d'énumérer prouve que le goût des études historiques est en ce moment plus vif que jamais dans notre pays si riche de

—

(1) Cosse et Marchal, place Dauphine, **27.** — Paul Dupont, rue de Grenelle-St-Honoré, 45. — Quatre vol. grand in-8° raisin, 25 fr.

souvenirs. Ces travaux, dont plusieurs sont d'un grand mérite, nous initient à la vie du passé, mettent en relief la physionomie des siècles, et donnent aux fortes personnalités la lumière qui leur convient. Quelques hommes de génie ont envisagé de haut le cours des événements humains et ont montré la main de Dieu leur imprimant une direction. Ces souffles qui passent sur les nations et les réveillant de leurs léthargies, les poussent vers d'autres contrées; cette fièvre de conquête dont sont saisies certaines individualités entraînées à conduire la barbarie au soleil de la civilisation; ces grands mouvements qui tendent à mêler les races, à confondre les idiomes, à universaliser les sciences, les arts, les découvertes, toutes les manifestations de la pensée, ne sont-ce pas des forces agissant sans cesse, malgré les obstacles, pour amener progressivement les peuples à cette *unité* qui semble être dans les desseins de la Providence : *Vos omnes fratres estis... ut omnes* UNUM *sint?*

Jamais plus visiblement qu'à l'époque actuelle ne s'est manifestée cette intervention d'une puissance supérieure dans les actions humaines. Les horizons politiques se sont agrandis ; l'œil peut embrasser les faits les plus lointains et apercevoir les liens qui les rattachent entre eux. Aussi, l'histoire, quand elle est écrite à ce point de vue, a-t-elle le don de passionner plus que le drame et le roman.

Seulement, on peut se demander ce que l'histoire, ainsi faite, nous enseigne par rapport à l'origine, au développement de nos institutions et à leur état présent. Tout cela n'est-il pas perdu dans les faits d'armes, dans les récits des tourmentes religieuses et politiques, dans les effroyables luttes des partis ? Quand on a bien appris l'histoire et la meilleure, que sait-on sur le gouvernement de son pays, sur son mécanisme à tous les degrés, et sur les différentes phases par lesquelles chaque chose a passé pour arriver à la perfection relative où elle est parvenue ? L'érudition historique est une science très-précieuse, à la condition qu'elle pourra être utilisée. A quoi sert-elle à celui qui la possède bien, s'il ne connaît pas les grands pouvoirs de l'Etat dans leur essence et leur manifestation, et si, en se présentant dans une administration, il ne sait pas à quel ordre et à quelle nature de fonctionnaire il s'adresse. Connaître toutes les fonctions publiques dans leur histoire, leurs causes, leurs rapports et leurs effets avec l'ensemble est donc une science aussi indispensable à tous qu'un complément obligé de toute bonne instruction historique. Ne pas la connaître, c'est comme si l'on ne connaissait pas son père, sa mère, ses frères, ses sœurs, comme si l'on vivait en enfant-trouvé au milieu de sa famille ; c'est avoir une fausse idée de soi-même, de sa position personnelle, être en butte à toutes les déceptions, à toutes les confusions qui résultent d'une situation non déterminée dans ses rapports avec l'ensemble. *Nescire quid antea quam natus sis accidet, id est semper esse puerum.* Et peut-il bien connaître ce qui est arrivé, avant sa naissance, sur la terre, celui qui ne voit pas les faits anciens dans leurs rapports d'action et de progrès avec tous les éléments actuels de détail et d'ensemble de son gouvernement?

Malgré les publications historiques dont la librairie abonde, il restait donc dans l'ensemble des travaux et des recherches une lacune considérable. Elle a été comblée de la manière la plus heureuse par un écrivain distingué, M. Marie Haas, chef de division à la préfecture de la Haute-Marne, fondateur de la Société départementale d'horticulture, membre titulaire ou correspondant de plusieurs Sociétés savantes et auteur de diverses publications historiques scientifiques et littéraires dont le mérite a été sanctionné par un incontestable succès.

En réalité, le travail de M. Haas est une immense et magnifique compilation ; mais la manière dont il est conçu et coordonné en fait une œuvre originale et exceptionnelle. C'est dans les meilleures sources anciennes et officielles que l'auteur a recueilli les parcelles d'or dont il a composé son monument. Les chartres, les archives, les documents inédits, il les a fouillés et mis à contribution. Dans les chefs-d'œuvre il a pris ce qu'il y avait de plus parfait, ce qui, indépendamment de son propre talent, donne à sa publication un inestimable rayonnement. M. Marie Haas aborde hardiment les plus redoutables problèmes de l'économie sociale et ne craint pas d'exprimer nettement sa pensée. Toutes les grandes questions constitutives et organiques sont examinées par lui avec un entraînement et une précision qui ne laissent pas un seul instant se ralentir l'intérêt. Quand le sujet s'élève, l'écrivain prend des ailes et partout à la puissance de l'idée s'ajoute le charme de la forme.

Eclairant au flambeau du passé le présent et l'avenir, l'auteur passe en revue toutes les civilisations anciennes ; prenant dans les institutions naissantes de la plus haute antiquité chacune de nos institutions, il les suit dans leurs développements à travers les âges, chez les Egyptiens, les Grecs, les Romains, les Germains, les Francks et nous fait voir comment elles portent aujourd'hui les empreintes de leurs longues pérégrinations. L'ouvrage nous donne une idée générale suffisamment complète de tout ce qui nous a précédé et nous initie avec exactitude à l'admirable et grandiose mécanisme de détail et d'ensemble qui, dans les éléments de sa vie matérielle et morale, forme aujourd'hui notre patrie. Le style est vif, animé ; la phrase est rapide, concise et d'une remarquable clarté. La poésie et l'harmonie du langage font entièrement disparaître la rudesse ordinaire de la concision, et dans cet immense travail on rencontre un grand nombre de pages brûlantes, d'une irrésistible éloquence.

L'artiste, le savant, l'homme du monde sauront apprécier le trésor que M. Haas met à leur disposition. Réunir en un faisceau les faits épars, les présenter sous leur plus saisissant aspect, faire jaillir de leur rapprochement une lumière inattendue, c'est venir en aide aux hommes d'étude, d'inspiration, de labeur, à tous ceux qui sont ménagers de leurs instants, parce qu'ils savent que le temps est l'étoffe dont la vie est faite.

La partie matérielle de la publication, qui forme quatre beaux et forts volumes in-8° raisin, est artistiquement traitée ; le luxe de la typographie ne le cède pas à celui des plus belles éditions. C'est le cas d'appliquer le proverbe : *à riche diamant précieuse monture.*

Jules LADIMIR.

SIMART

(Suite.)

Mais avant d'arriver à cette glorieuse époque où nous verrons le jeune statuaire créer à son tour de chastes et poétiques figures de femme ou d'énergiques et vaillants guerriers, combien il devra souffrir encore par cette maison paternelle, qui sera cependant un jour si fière de lui ! que de fois il sera traité « d'ingrat, d'orgueilleux et d'insensé ! »

Après la lettre énergique dont nous venons de parler, un peintre de Troyes fut pris pour arbitre, et consulté sur le parti à prendre vis-à-vis du rebelle. C'était un pauvre juge pour prononcer sur une nature aussi chaleureuse, aussi enthousiaste que celle de Simart, nature si développée déjà sous le sens artiste, que notre illustre statuaire a répété souvent depuis : qu'à ce moment de sa vie, tant de sources d'inspiration bouillonnaient en sa tête, il avait un tel besoin d'épancher son âme, qu'il eût pu être indifféremment peintre, musicien ou sculpteur. L'oracle se prononça contre la palette et l'ébauchoir ; dès lors le menuisier ne voulut entendre à rien, et force fut à son fils de reprendre le rabot.

Avec son exaltation et ses instincts d'artiste que va devenir le malheureux jeune homme en face d'une opposition aussi inflexible, qui se manifeste tous les jours par des sévérités plus grandes pendant deux mortelles années ? Sans doute il se révoltera et fuira pour jamais le toit paternel. Eh bien non, pareil à ces héros de sagesse et de vertu dont il retrouve les hauts faits dans sa mémoire tout imprégnée des œuvres de Corneille, il courbera stoïquement la tête devant l'inflexible volonté de ses parents, et reprendra sans colère son travail quotidien. Cependant, comme en retour de sa résignation à rester attaché à l'établi paternel, il lui a été permis de passer le dimanche, seul, dans son grenier, il ne croira pas faire mal en se livrant ce jour-là à son invincible penchant, il tentera des efforts surhumains pour développer les germes de talent que Dieu a mis en lui, et bientôt, avec le seul aide de ses outils de menuisier, il aura sculpté dans un bloc de craie une merveilleuse copie de la tête de la Niobé antique (1).

Un travail aussi remarquable exécuté dans de semblables conditions, et cette protestation aussi éloquente que digne révélant une fois de plus et sous un nouveau jour la vocation de Simart, firent, on le pense bien, sensation dans la ville, et valurent au jeune sculpteur d'unanimes éloges. Des personnes intelligentes s'émurent de sa longue persévérance, et les membres les plus influents du conseil municipal obtinrent de leurs collègues que la ville lui fît une pension de trois cents francs pour l'aider à étudier la sculpture. Le jeune homme cette fois se crut autorisé à suivre ses penchants et à partir pour Paris.

II

Ce fut à la fin de 1823, à l'âge de dix-sept ans, que Simart arriva dans la grande ville où l'attendaient, il ne l'ignorait pas, des misères sans nombre, mais où il pouvait se croire désormais à l'abri des reproches de sa famille. Celle-ci malheureusement lui tint rigueur, et les lignes suivantes , adressées à ses parents par notre ami, le premier janvier 1824, ne le prouvent que trop.

« Est-ce bien vous, mon père, qui m'avez écrit la dernière lettre que j'ai reçue, est-ce bien la main paternelle qui l'a tracée? de quelles expressions-vous êtes vous servi, les ai-je méritées ! ou bien me trompai-je ? Non, c'était bien vous !... Les larmes que je vous ai vu répandre en me quittant ne m'annonçaient guère une semblable lettre. Oh! combien elles étaient douces pour moi! C'était la première fois, mon père, que je voyais couler vos larmes, qu'elles étaient délicieuses ; elles me prouvaient au moins votre amitié et j'emportais un doux souvenir!... Ma mère, me dites-vous, ne veut plus entendre parler de moi. Je croyais que l'absence aurait diminué sa haine, mais puisqu'elle veut me haïr, eh bien qu'elle me haïsse, je ne lui en veux point pour cela. Plus tard, elle connaîtra que je ne suis point indigne de ses bontés. — Vous m'appelez ingrat, vous me reprochez jusqu'à la vie !... Mais patience, je saurai vous prouver avant peu de temps combien vos plaintes sont injustes; je saurai bien faire changer la mauvaise opinion qu'on a eue de moi. Selon vous, j'ai toujours déguisé ma manière de penser... que prétendez-vous dire par là ? Ma manière de penser fut toujours la même: *de suivre mon inclination* ; je n'en eus jamais d'autre. Elle seule me guide dans toutes mes démarches et me guidera jusqu'au tombeau. Si vous avez ignoré ma manière de voir, la voilà. Cependant j'avais cru vous la faire apercevoir déjà dans bien des occasions. »

Et plus tard encore les rancunes persistant, le pauvre enfant supplie de nouveau pour qu'on lui pardonne le parti pris de suivre sa vocation : « Rendez-moi votre amitié, mon bon père, et priez ma mère de ne plus m'en vouloir; qu'elle me rende ses bontés — je tâcherai d'en être digne. »

EYRIÈS.

(La suite au prochain numéro.)

---

(1) Cette copie était d'une telle exactitude qu'elle valut à son auteur l'intérêt affectueux du statuaire Dupaty. A sa mort, deux membres de l'Institut, en faisant l'inventaire de son atelier, désignèrent la tête de Niobé comme *un plâtre moulé sur l'antique.*

Le rédacteur en chef: LOUIS LAVEDAN.

Paris. — Imp. Walder, rue Bonaparte, 44.

CHRONIQUE DES BEAUX-ARTS.

Le grand jour se prépare. — Susceptibilité légitime des artistes. — De quelques refusés. — De quelques envois. — De quelques retardataires. — Ventes à l'hôtel Drouot. Decamps. — Le prix d'un Hobbéma. — Publications artistiques. — Publications littéraires. — Mort d'Eugène Wœstyn.

Plus le moment de l'exposition avance, et plus les angoisses des artistes redoublent. Ils ont envoyé, mais seront-ils reçus? Voilà la question qu'ils se font vingt fois le jour, sans pouvoir se répondre d'une manière satisfaisante pour leur tranquillité et leur amour-propre.

Quelques-uns, cependant, savent à quoi s'en tenir : le Destin a prononcé, et le secret de ses arrêts n'a pas été tellement gardé qu'il n'ait pu transpirer au dehors. Ceux qui savent sont encore plus malheureux que ceux qui ignorent, bien qu'on prétende — sur un air de vaudeville — que l'attente est le plus cruel des maux. Être refusé, c'est triste; il n'y a pas à se faire illusion, à espérer, à attendre : on est refusé — irrémédiablement et irrévocablement. Mais n'être pas encore refusé, c'est un presque bonheur : on a le droit d'attendre, d'espérer, de croire, et, malgré les battements de cœur et les maux de tête que donnent les anxiétés de l'espérance, c'est encore préférable à la cruelle vérité.

Les artistes sont une race à part dans la civilisation : ils ont des douleurs et des joies qui ne peuvent pas être les joies et les douleurs du commun des hommes ; ce sont des créatures d'exception, comme les gens de lettres, et, comme ces derniers, vivant en marge de la société; à cette cause et à d'autres encore, ils ont une sensibilité d'épiderme, de cœur et de cervelle que n'ont pas, que n'auront jamais les pachydermes vendeurs de sucre et de canelle. Une piqûre d'épingle, un rien, les fait souffrir : un rien aussi les rend heureux : ce sont des hommes-femmes pour lesquels on ne saurait avoir trop de ménagements et de sympathies. J'en connais un, honnête et courageux garçon, que la nouvelle du refus des deux toiles envoyées par lui à l'Exposition a jeté dans une consternation si profonde, dans une mélancolie si âpre, qu'à cette heure il est malade, au lit, doutant des autres après avoir douté de lui, et ne voulant recevoir ni soins, ni consolations, ni amis, ni médecins. Il en reviendra, parce qu'on revient de plus loin; mais il est féru grièvement.

D'autres, parmi les refusés, en ont pris plus gaiement leur parti, et, la première minute de dépit payée, se sont remis vaillamment à la besogne, afin d'avoir, à l'exposition de l'an prochain, une revanche de leur échec d'aujourd'hui. Parmi ceux-là, je citerai MM. Lavieille, Gabriel Chardin, Saint-Marcel et Roux.

M. Lavieille avait envoyé quatre toiles : on lui en a refusé une, celle qu'il espérait le plus voir admise, *l'Inondation à Saint-Ouen*, — une de ses meilleures toiles, en effet. Heureusement que les trois tableaux qui ont été acceptés par le jury seront suffisants pour prouver au public les sérieux progrès faits depuis deux ans par cet artiste.

M. Gabriel Chardin, élève de Troyon, qui expose depuis quinze ou vingt ans, et qui, jusqu'à présent, n'avait eu qu'à se louer de la bienveillance du jury, s'est vu refuser cette année les deux tableaux qu'il avait envoyés : un *Marché aux chevaux* et la *Vallée de la Juine, près d'Étampes*. Nous n'avons pas le droit de critiquer les arrêts des membres du jury, qui, évidemment, s'y connaissent mieux que nous; nous regrettons seulement, — ne pouvant faire plus et mieux. D'ailleurs M. Chardin et le public n'y perdront qu'à moitié : depuis quelques jours, le *Marché aux chevaux* et la *Vallée de la Juine* sont à l'étalage de Desforges.

Même observation à propos de M. Saint-Marcel, paysagiste élève d'Aligny, si je ne me trompe. Je me rappelle une *Vue de la Gorge-aux loups*, à Fontainebleau, exposée au Salon de 1857, qui attestait de consciencieuses études et un sincère amour de la nature forestière.

Même observation à propos de M. Roux, un élève de Couture, à qui l'on vient de renvoyer sa *Fête de village en Franche-Comté*. Le tableau était de bonne taille, et l'on y voyait grouiller et se démener, dans le plus pittoresque désordre, une quarantaine de villageois et de villageoises habillés du costume franc-comtois traditionnel; il avait été improvisé sur la place même du village; d'aimables gouges et de vigoureux gars avaient posé, puis le peintre avait ordonné et composé, de ces fragments-là, un tout très-harmonieux dans son mouvement désordonné. Le jury a repoussé la *Fête de village* de M. Roux, — et M. Roux, quoique trouvant le jury un peu sévère, ne l'a pas maudit. Il a bien fait. Il a mieux fait encore, puisque, le lendemain du jour où il a appris son insuccès, il s'est remis à travailler comme un apprenti — qui sera peut-être un maître un de ces quatre matins.

Nous n'avons pas encore de nouvelles du *Spartacus noir* de M. Joseph Lebœuf, un jeune sculpteur à qui le talent ne manque pas, — non plus que la bonne volonté, — et qui lutte énergiquement contre l'espèce d'indifférence du public à l'endroit de la grande sculpture. Aux dernières expositions il avait eu deux choses intéressantes, une *statue du Travail* et le *Charpentier de Saardam*. Le public les a-t-il vues et remarquées? Je l'ignore. En tout cas je souhaite bonne chance au *Spartacus noir* : il la mérite.

Nous n'avons pas encore de nouvelles, non plus, de la *Mater dolorosa* et du *Nicolas Flamel* de M. de Rudder, — du *Retour des champs*, du *Faune*, et de la *Première Discorde* de M. Bouguereau, — des *portraits* de madame Lehaut (née Bonnel de Long-

champs), — des tableaux de M. Ridel, artiste allemand, — des *miniatures* de M. Fournier, — de la *Ménade* de M. Vallette, — du *Fauconnier* de M. Véray, — des *Animaux* de M. Vidal, cet intéressant artiste aveugle, qui a ses yeux au bout de ses doigts, — du *Germanicus* de M. Maillet, — de la *Visitation* de M. Auguste Galimard, l'ingénieux auteur de la *Léda*, — la *Descente de Croix* de M. Auguste Hesse, du *portrait de M. Barthe*, de M. Alexandre Hesse, — des précieuses eaux-fortes de M. Léon Gaucherel, — des *batailles* de M. Philippoteaux, — des *portraits* de M. Pichon, — des bustes de M. Charrier, — etc., etc., etc. Mais peu de jours nous séparent du 1ᵉʳ mai, — date fixée pour l'ouverture de l'Exposition des Beaux-Arts, et les nouvelles que nous n'avons pas aujourd'hui, nous les aurons la semaine qui vient. Les portes du Salon vont s'ouvrir, — et ma délicate et périlleuse besogne de critique va commencer. Dieu préserve mes fils de la critique d'art!

La plupart des artistes, sinon tous, que je viens de nommer, j'aurai l'occasion de revoir là-bas, aux Champs-Elysées, leurs toiles et leurs statues, et, ayant l'occasion de les revoir, j'aurai, à cette place, le devoir et le plaisir d'en parler; mais ceux qui n'ont pas exposé, — volontairement ou involontairement? Chifflard est de ceux-là, Louis Duveau aussi, d'autres encore aussi, — et de nombreux. Chifflard avait quatre grandes toiles qui rappellent, par leur fougue, les deux très-beaux fusains exposés il y a quelques années et auxquels Théophile Gautier a consacré de si justes éloges; il ne les avait pas encore terminées au moment où expirait le délai fatal, et il avait alors demandé un supplément de délai qui ne lui avait pas été accordé : de là son absence à l'exposition de 1861, — absence regrettable à tous égards, pour le public qui eût gagné à connaître ces quatre tableaux de Chifflard, et pour Chifflard qui, quoique honoré de commandes impériales, eût gagné à être un peu plus connu du public qu'il ne l'est.

Quant à Louis Duveau, c'est une autre affaire : il aurait pu arriver à temps, et, arrivé à temps, être admis au nombre des exposants, mais il lui est survenu un accident, — à sa toile du moins. Louis Duveau — qui, en dehors de ses tableaux remarqués aux précédentes expositions, *la Peste d'Elliant, le Viatique, le Droit de Passage*, etc. est connu dans le monde de la décoration officielle pour le plus habile coloriste, — avait imaginé, cette année, de peindre à la colle un *Persée*, monté sur Pégase, et délivrant *Andromède* en médusant le dragon chargé d'empêcher à tout vivant l'accès de son odieux rocher. C'était, ma foi ! une toile de quinze pieds sur vingt, brossée à effet, et qui eût certainement attiré les regards du public ; mais, pour peindre à la colle, il faut des toiles spéciales, d'un grain résistant, un peu fort, — et celle dont s'était servi Duveau était malheureusement d'un grain trop fin : il l'a *lâchée*, — pour nous servir d'un terme d'atelier. A cette heure, Persée, Pégase, Andromède, le dragon, le rocher, la tête de Méduse, tout cela est roulé, — et au grenier. Tout n'est pas bleu de cobalt dans la vie des artistes !

Lundi, 22 avril, a eu lieu à l'hôtel Drouot, une vente de tableaux, moitié de l'école moderne, moitié du dix huitième siècle : il y avait là pêle-mêle des Lancret, des Cabat, des Rousseau, des Dupré, des Marilhat, des Courbet, des Decamps, etc., etc. Le Courbet est un de ceux pour lesquels j'ose avouer ma sympathie : *la biche forcée à la neige*. Le Decamps, — une merveilleuse chose, — représentait *Josué arrêtant le soleil*. J'ignore le prix atteint par ces deux toiles à la vente de lundi : en tous cas, ce que je puis affirmer, c'est qu'il a été fort au-dessous de celui dont a été payé, à la vente Patureau, le grand paysage d'Hobbéma, que M. le comte de Morny a acheté 100,000 francs. Il faut être un peu défunt, décidément, pour avoir quelque valeur, et je conseille aux artistes qui tiennent à vivre, de mourir de temps en temps, — comme fit ce malicieux homme de génie qui avait nom Rembrandt.

Je viens de parler de Decamps : Lundi et mardi prochains, 29 et 30 avril, aura lieu, salle n° 5 du même hôtel Drouot, à 2 heures précises, la vente de ses tableaux, dessins, aquarelles, etc. — *vente après décès*, vente sinistre, qui attirera autant d'admirateurs que de curieux. Espérons que, cette fois, le chiffre de la vente ne s'éloignera pas trop du chiffre du paysage d'Hobbéma. Hobbéma était un grand paysagiste, — mais Decamps était un grand peintre : cela doit faire compensation.

Je ne crois pas m'écarter beaucoup de mon sujet artistique en mentionnant ici l'apparition de quatre ou cinq livres, intéressants à différents titres : *Michel-Ange, Léonard de Vinci et Raphaël*, par M. Charles Clément — *Prudhon*, par Edmond et Jules de Goncourt, — *De la peinture religieuse*, par M. J. Jolivet, — *De l'art chrétien dans la Flandre*, par M. l'abbé Dehaisnes, — *Notes descriptives sur quelques vases du Musée de Beauvais*, par M. Mathon, — *La galerie des hommes du jour*, par Théodore Pelloquet et Pierre Petit, etc., etc.

Michel-Ange, Léonard de Vinci et Raphaël est un livre de luxe, imprimé par Claye et édité par la librairie Michel Lévy frères. C'est une monographie savante, impartiale, élégamment et sobrement écrite, de chacun des trois hommes illustres dont le génie a eu une si grande influence sur leur siècle et sur les siècles qui les ont suivis. C'est un livre d'art, digne d'être lu par les gens du monde qui n'ont eu jusqu'ici, sur ces grands maîtres du seizième siècle, que des biographies insuffisantes, plutôt poétiques et romanesques que sincères et véritables. La belle étude de M. Charles Clément sur cette trinité rayonnante permet de mieux apprécier, dans l'ensemble de leur vie et de leurs travaux, ces nobles représentants de la peinture qui, « en se tenant à une égale distance d'un mysticisme chimérique et des aberrations du naturalisme, en donnant une forme parfaite à des idées générales et réellement humaines, ont élevé les arts à un degré de splendeur qui ne sera jamais dépassé. » En outre, et pour rendre son œuvre plus complète, M. Charles Clément a fait précéder ses monographies d'une « Etude sur l'art en Italie avant le seizième siècle » et les a fait suivre de « catalogues raisonnés historiques, » dont beaucoup de gens lui sauront gré !

Le *Prudhon*, de MM. Edmond et Jules de Goncourt, — ces frères Lyonnet de la littérature, — est un fascicule in-4° qui vaut à lui seul bien des gros bouquins de 300 pages. Il a pour lui toutes les séductions, et je doute fort qu'un gourmet y puisse résister : d'abord il est imprimé par Louis Perrin, de Lyon, un imprimeur comme il n'en est pas assez en France malheureusement, et à qui, entr'autres merveilles, on doit les *Sonnets humoristiques* de Joséphin Soulary ; ensuite il y a quatre dessins de Prudhon, gravés à l'eau-forte ; enfin il y a une excellente étude sur l'art du dix-huitième siècle par MM. de Goncourt. C'est assez, me semble-t-il, pour justifier son succès. J'allais oublier de dire qu'il est édité par Dentu.

De la Peinture religieuse à l'extérieur des églises, par MM. J. Jolivet. Cette brochure mérite d'être lue d'un bout à l'autre, pour une infinité de raisons. M. Jollivet, peintre d'histoire, l'a écrite à propos de l'enlèvement de la décoration extérieure du porche de Saint-Vincent-de-Paul, qui a lieu récemment. Cet honorable artiste avait été chargé, on s'en souvient, de mettre en œuvre, à l'extérieur de cette église, les procédés de peinture en émail sur lave en possession dequels il était. Son travail terminé et approuvé par la Commission des Beaux-Arts, avait été mis en place, le moment était venu de soumettre à l'examen du public et des artistes les ressources et les avantages d'un procédé qui, promettant aux œuvres de la peinture une durée en quelque sorte éternelle, effaçait les derniers obstacles à la mise en pratique de la décoration extérieure des temples... Mais lisez la brochure de M. Jollivet : elle raconte mieux que je ne saurais le faire.

De l'art chrétien dans la Flandre, par M. l'abbé Dehaisnes, est un livre sérieux au possible, plein de renseignements utiles et précieux, bourré d'idées en circulation depuis longtemps mais très-heureusement habillées à neuf, qui sera interrogé avec fruit par les érudits et lu avec intérêt par les désœuvrés eux-mêmes. M. l'abbé De-

haines est un antiquaire convaincu et convaincant : double éloge, — justement dû.

La galerie des hommes du jour est une publication artistique par excellence. Elle a un format un peu trop grand peut-être, — aujourd'hui que nos bibliothèques particulières ont perdu l'habitude des in-folios et des in-plano, et qu'on ne construit plus que de petits appartements pour y loger des petits livres et des petites gens, — mais malgré son format incommode, elle est assurément appelée à un véritable succès. Elle se compose de portraits photographiés avec un soin, avec un art infinis par Pierre Petit, et de biographies écrites avec honnêteté et talent par ou sous la direction de Théodore Pelloquet. Quatre livraisons ont déjà paru : *Jules Favre, Alphonse Karr* et *Richard Wagner* par Théodore Pelloquet, le *docteur Trousseau* par le docteur A. Hemmel. Nous consacrerons incessamment à cette publication, lorsqu'elle aura atteint un chiffre raisonnable de livraisons, un article spécial : elle en vaut la peine.

Pendant que je m'occupe de livres ayant immédiatement trait à l'art, je demande à nos lecteurs l'autorisation de parler aussi de quelques autres livres qui, pour n'être pas artistiques par le but, le sont du moins par la forme : *Les cotillons célèbres,* par Emile Gaboriau, — *Pasquin et Marforio,* histoire satirique des papes, traduite et publiée pour la première fois par Mary Lafon, — les *Tricheries des Grecs dévoilées,* par Robert Houdin, — le 13° *Hussards,* par Emile Gaboriau.

Les *Tricheries des Grecs dévoilées,* publiées par la Librairie-Nouvelle, n'ont pas la moindre prétention littéraire ; et, si elles en avaient — elles auraient tort, parce qu'elles ne sont nullement justifiées. M. Robert Houdin est un très-habile prestidigitateur, « chacun sait ça, » mais il n'est pas un aussi habile écrivain. La langue ne s'apprend pas comme la magie, — parce que la langue est la véritable magie, et que la magie n'est qu'une aimable plaisanterie. Toutefois le livre de M. Robert Houdin a son intérêt et sa moralité, — quoiqu'il enseigne l'art de gagner à tous les jeux. « Eclairez les dupes, il n'y aura plus de fripons, » dit Montesquieu. Cette phrase sert d'épigraphe et de sauf-conduit au volume du célèbre prestidigitateur : s'il n'a pas fait un bon livre, il a fait du moins une bonne action.

M. Emile Gaboriau est devenu un écrivain à la mode, depuis qu'il a fait ses *Cotillons célèbres* et son *13ᵉ Hussards*, publiés par la librairie Dentu. Ses *Cotillons célèbres* ont deux séries : la première, qui contient l'histoire amoureuse d'Agnès Sorel, maîtresse de Charles VII, — de la comtesse de Châteaubriand, de la duchesse d'Etampes et de la belle Ferronnière, les maîtresses de François Iᵉʳ, — de Diane de Poitiers, la maîtresse de Henri II, — de la belle Gabrielle et de Henriette d'Entragues, les maîtresses de Henri IV, — de mademoiselle de Hautefort et de mademoiselle de Lafayette, les maîtresses de Louis XIII ; la deuxième série, qui contient l'histoire amoureuse de mademoiselle de la Vallière, de madame de Montespan et de madame de Maintenon, les maîtresses de Louis XIV, — de madame de Parabère, de la Phalaris, de la princesse de Léon, de madame de Gèvres, de madame de Flavecourt, les maîtresses du Régent, — des demoiselles de Nesle, de la marquise de Pompadour et de la comtesse Dubarry, les maîtresses de Louis XV, — l'un et l'autre volumes ornés de portraits gravés sur acier. Tous les deux sont d'une lecture affriolante en diable, et, pour qui les lit le soir, à l'heure des songeries roses, il y a làdedans de quoi meubler un sérail charmant — madame de Maintenon exceptée — à l'homme le plus pauvre et le plus laid de France et de Navarre.

Le second ouvrage de M. Emile Gaboriau, le *13ᵉ Hussards*, est d'une toute autre nature, et s'il séduit moins, il amuse davantage. Bien certainement, c'est le succès du *101ᵉ Régiment* de Jules Noriac, et des *Trente-deux duels de Jean Gigon*, de Jules Gandon, qui a fait éclore, dans la cervelle de M. Gaboriau, ce *13ᵉ Hussards*, qui, je crois, est appelé à un succès de même aloi. Je n'ai qu'un enthousiasme modéré pour les *Trente-deux duels de Jean Gigon*, et je me garderai bien de mettre le *101ᵉ Régiment* au

dessus de la *Bêtise humaine* et du *Grain de Sable*, mais cela ne m'empêche pas de reconnaître à ces livres soldatesques un parfum de caserne qui ne manque pas de charmes.

Celui de M. Emile Gaboriau n'est pas fait pour me dégoûter, — tout au contraire : il est vif, il est crâne, il est tapageur, il est gai, et — ce qui n'a jamais rien gâté — il est bien écrit. Ne me demandez pas, après cela, si je préfère le livre de Gaboriau au livre de Noriac, ou si je préfère le livre de Noriac au livre de Gaboriau. J'ai lu l'un et l'autre avec infiniment de plaisir, — et le public aussi. Le *101ᵉ Régiment* en est à sa trentième édition ; le *13ᵉ Hussards* lui marchera bientôt sur les talons. Que si cependant vous teniez à me voir préférer quelqu'un ou quelque chose, je me verrais contraint et forcé de vous avouer que je me suis plus intéressé aux infortunes de Gédéon Flambert qu'aux aventures de Jean Gigon ; mais n'allez pas le redire à l'auteur : il vous en voudrait.

J'allais clore ma chronique : j'apprends cette fois encore, comme la dernière, la mort d'un de mes confrères, Eugène Wœstyn. Les gens de lettres s'en vont trop vite, savez-vous ?

Alfred DELVAU.

— — — — ✦ — — — —

Nous, soussignés, appelés à juger un différend intervenu entre MM. Valette et Ch. Corassan, à propos d'articles publiés par le journal *la Causerie*, et par la *Revue des Beaux-Arts*, déclarons, et reconnaissons, après avoir mûrement examiné les intentions et les termes respectifs de ces articles :

1º Qu'à propos d'un article de M. Valette, sur les Chroniques de *la Revue des Beaux-Arts*, publié dans *la Causerie* du 7 avril, M. Corassan a écrit dans la *Revue des Beaux-Arts* du 14 avril un article dont certaines expressions paraissaient de nature à porter atteinte à la réputation et à la personne de M. Valette ;

2º Qu'en réponse à cette réplique, M. Valette a écrit à son tour un article dans lequel il s'est servi, en parlant de M. Corassan, de termes tels qu'ils ont dû déterminer de la part de ce dernier, représenté par MM. Emmanuel Gonzalès et Alfred Delvau, une démarche ayant pour but le retrait de ces termes.

3° Qu'en conséquence de ce qui précède, nous avons pensé et déclaré, qu'en bonne équité, l'article de M. Corassan, en ce qui concerne M. Valette, devait être atténué par M. Corassan, dont l'intention, en écrivant cet article, n'était nullement de porter atteinte à l'honorabilité de M. Valette; et qu'à son tour, M. Valette devait retirer les expressions fâcheuses qui avaient alarmé la susceptibilité de M. Corassan et provoqué la visite, aux bureaux de la *Causerie*, de MM. Emmanuel Gonzalès et Alfred Delvau.

Paris 24 avril 1861.

Emmanuel GONZALÈS.

A. VERMOREL.

Alfred DELVAU.

Honoré PONTOIS.

MORALE DU JOUJOU

—

Il y a bien des années, — combien? je n'en sais rien; cela remonte aux temps nébuleux de la première enfance, — je fus emmené par ma mère en visite chez une dame Panckoucke. Était-ce la mère, la femme, la belle-sœur du Panckoucke actuel? je l'ignore. Je me souviens que c'était dans un hôtel très-calme, un de ces hôtels où l'herbe verdit les coins de la cour, dans une rue très-muette, la rue des Poitevins. Cette maison passait pour très-hospitalière, et à de certains jours elle devenait lumineuse et bruyante. J'ai beaucoup entendu parler d'un bal masqué où M. Alexandre Dumas, qu'on appelait alors le jeune auteur d'*Henry III*, produisit un grand effet, avec mademoiselle Elisa Mercœur à son bras, déguisée en page.

Je me rappelle très-distinctement que cette dame était habillée de velours et de fourrure. Au bout de quelque temps, elle dit : « Voici un petit garçon à qui je veux donner quelque chose, afin qu'il se souvienne de moi. » Elle me prit par la main, et nous traversâmes plusieurs pièces; puis elle ouvrit la porte d'une chambre où s'offrait un spectacle extraordinaire et vraiment féerique. Les murs ne se voyaient pas, tellement ils étaient revêtus de joujoux. Le plafond disparaissait sous une floraison de joujoux qui pendaient comme des stalactites merveilleuses. Le plancher offrait à peine un étroit sentier où poser les pieds. Il y avait là un monde de jouets de toute espèce, depuis les plus chers jusqu'aux plus modestes, depuis les plus simples jusqu'aux plus compliqués.

« Voici, dit-elle, le trésor des enfants. J'ai un petit budget qui leur est consacré, et quand un gentil petit garçon vient me voir, je l'amène ici, afin qu'il emporte un souvenir de moi. Choisissez. »

Avec cette admirable et lumineuse promptitude qui caractérise les enfants, chez qui le désir, la délibération et l'action ne font, pour ainsi dire, qu'une seule faculté, par laquelle ils se distinguent des hommes dégénérés, en qui, au contraire, la délibération mange presque tout le temps, — je m'emparai immédiatement du plus beau, du plus cher, du plus voyant, du plus frais, du plus bizarre des joujoux. Ma mère se récria sur mon indiscrétion et s'opposa obstinément à ce que je l'emportasse. Elle voulait que je me contentasse d'un objet infiniment médiocre. Mais je ne pouvais y consentir, et, pour tout accorder, je me résignai à un *juste-milieu*.

Il m'a souvent pris la fantaisie de connaître tous les *gentils petits garçons* qui, ayant actuellement traversé une bonne partie de la cruelle vie, manient depuis longtemps autre chose que des joujoux, et dont l'insoucieuse enfance a puisé autrefois un souvenir dans le budget de Mme Panckoucke.

Cette aventure est cause que je ne puis m'arrêter devant un magasin de jouets et promener mes yeux dans leur inextricable fouillis de formes bizarres et de leurs couleurs disparates, sans penser à la dame habillée de velours et de fourrure, qui m'apparaît comme la Fée du joujou.

J'ai gardé, d'ailleurs, une affection durable et une admiration raisonnée pour cette statuaire singulière, qui, par la propreté lustrée, l'éclat aveuglant des couleurs, la violence dans le geste et la décision dans le galbe, représente si bien les idées de l'enfance sur la beauté. Il y a dans un grand magasin de joujoux une gaieté extraordinaire qui le rend préférable à un bel appartement bourgeois. Toute la vie en miniature ne s'y trouve-t-elle pas, et beaucoup plus colorée, nettoyée et luisante que la vie réelle? On y voit des jardins, des théâtres, de belles toilettes, des yeux purs comme le diamant, des joues allumées par le fard, des dentelles charmantes, des voitures, des écuries, des étables, des ivrognes, des charlatans, des banquiers, des comédiens, des polichinelles qui ressemblent à des feux d'artifice, des cuisines, et des armées entières, bien disciplinées, avec de la cavalerie et de l'artillerie.

Tous les enfants parlent à leurs joujoux; les joujoux deviennent acteurs dans le grand drame de la vie, réduit par la chambre noire de leur petit cerveau. Les enfants témoignent par leurs jeux de leur grande faculté d'abstraction et de leur haute puissance imaginative. Ils jouent sans joujoux. Je ne veux pas parler de ces petites filles qui jouent à la madame, se rendent des visites, se présentent leurs enfants imaginaires et parlent de leurs toilettes. Les pauvres petites imitent leurs mamans. Elles préludent déjà à leur immortelle puérilité future, et aucune d'elles, à coup sûr, ne deviendra ma femme. — Mais la diligence, l'éternel drame de la diligence joué avec des chaises: la diligence-chaise, les chevaux-chaises, les voyageurs-chaises; il n'y a que le postillon de vivant! L'attelage reste immobile, et cependant il dévore avec une rapidité brûlante des espaces fictifs. Quelle simplicité de mise en scène! et n'y a-t-il pas de quoi faire rougir de son impuissante imagination ce public blasé qui exige des théâtres une perfection physique et mécanique, et ne conçoit pas que les pièces de Shakspeare puissent rester

belles avec un appareil d'une simplicité barbare?

Et les enfants qui jouent à la guerre! non pas dans les Tuileries avec de vrais fusils et de vrais sabres, je parle de l'enfant solitaire qui gouverne et mène à lui seul au combat deux armées. Les soldats peuvent être des bouchons, des dominos, des pions, des osselets. Les fortifications seront des planches, des livres, etc.; les projectiles, des billes ou toute autre chose; il y aura des morts, des traités de paix, des otages, des prisonniers, des impôts. J'ai remarqué chez plusieurs enfants la croyance que ce qui constituait une défaite ou une victoire à la guerre, c'était le plus ou moins grand nombre de morts. Plus tard, mêlés à la vie universelle, obligés eux-mêmes de battre pour n'être pas battus, ils sauront qu'une victoire est souvent incertaine, et qu'elle n'est une vraie victoire que si elle est pour ainsi dire le sommet d'un plan incliné, où l'armée glissera désormais avec une vitesse miraculeuse, ou bien le premier terme d'une progression infiniment croissante.

Cette facilité à contenter son imagination témoigne de la spiritualité de l'enfance dans ses conceptions artistiques. Le joujou est la première initiation de l'enfant à l'art, ou plutôt c'en est pour lui la première réalisation; et, l'âge mûr venu, les réalisations perfectionnées ne donneront pas à son esprit les mêmes chaleurs, ni les mêmes enthousiasmes, ni la même croyance.

Et même, analysez cet immense *mundus* enfantin, considérez le joujou barbare, le joujou primitif, où pour le fabricant le problème consistait à construire une image aussi approximative que possible avec des éléments aussi simples, aussi peu coûteux que possible: par exemple, le polichinelle plat, mû par un seul fil; les forgerons qui battent l'enclume; le cheval et son cavalier en trois morceaux, quatre chevilles pour les jambes, la queue du cheval formant un sifflet et quelquefois le cavalier portant une petite plume, ce qui est un grand luxe, — c'est le joujou à cinq sous, à deux sous, à un sou. — Croyez-vous que ces images simples créent une moindre réalité dans l'esprit de l'enfant que ces merveilles du jour de l'an, qui sont plutôt un hommage de la servilité parasitique à la richesse des parents qu'un cadeau à la poésie enfantine ?

Tel est le joujou du pauvre. Quand vous sortirez le matin avec l'intention décidée de flâner solitairement sur les grandes routes, remplissez vos poches de ces petites inventions, et le long des cabarets, au pied des arbres, faites-en hommage aux enfants inconnus et pauvres que vous rencontrerez. Vous verrez leurs yeux s'agrandir démesurément. D'abord ils n'oseront pas prendre, ils douteront de leur bonheur; puis leurs mains happeront avidement le cadeau, et ils s'enfuiront comme font les chats qui vont manger loin de vous le morceau que vous leur avez donné, ayant appris à se défier de l'homme. C'est là certainement un grand divertissement.

A propos du joujou du pauvre, j'ai vu quelque chose de plus simple encore, mais de plus triste que le joujou à un sou, — c'est le joujou vivant. — Sur une route, derrière la grille d'un beau jardin, au bout duquel apparaissait un joli château, se tenait un enfant beau et frais, habillé de ces vêtements de campagne pleins de coquetterie. Le luxe, l'insouciance et le spectacle habituel de la richesse rendent ces enfants-là si jolis qu'on ne les croirait pas faits de la même pâte que les enfants de la médiocrité ou de la pauvreté. A côté de lui gisait sur l'herbe un joujou splendide, aussi frais que son maître, verni, doré, avec une belle robe, et couvert de plumets et de verroterie. Mais l'enfant ne s'occupait pas de son joujou, et voici ce qu'il regardait : de l'autre côté de la grille, sur la route, entre les chardons et les orties, il y avait un autre enfant, sale, assez chétif, un de ces marmots sur lesquels la morve se fraie lentement un chemin dans la crasse et la poussière. A travers ces barreaux de fer symboliques, l'enfant pauvre montrait à l'enfant riche son joujou, que celui-ci examinait avidement comme un objet rare et inconnu. Or, ce joujou que le petit souillon agaçait, agitait et secouait dans une boîte grillée, était un rat vivant! Les

parents, par économie, avaient tiré le joujou de la vie elle-même.

Je crois que généralement les enfants agissent sur leurs joujoux, en d'autres termes, que leur choix est dirigé par des dispositions et des désirs, vagues, il est vrai, non pas formulés, mais très-réels. Cependant je n'affirmerais pas que le contraire n'ait pas lieu, c'est-à-dire que les joujoux n'agissent pas sur l'enfant, surtout dans le cas de prédestination littéraire ou artistique. Il ne serait pas étonnant qu'un enfant de cette sorte, à qui ses parents donneraient principalement des théâtres, pour qu'il pût continuer seul le plaisir du spectacle et des marionnettes, s'accoutumât déjà à considérer le théâtre comme la forme la plus délicieuse du beau.

Il est une espèce de joujou qui tend à se multiplier depuis quelque temps, et dont je n'ai à dire ni bien ni mal. Je veux parler du joujou scientifique. Le principal défaut de ces joujoux est d'être chers. Mais ils peuvent amuser longtemps, et développer dans le cerveau de l'enfant le goût des effets merveilleux et surprenants. Le stéréoscope, qui donne en ronde bosse une image plane, est de ce nombre. Il date maintenant de quelques années. Le phénakisticope, plus ancien, est moins connu. Supposez un mouvement quelconque, par exemple un exercice de danseur ou de jongleur, divisé et décomposé en un certain nombre de mouvements ; supposez que chacun de ces mouvements, — au nombre de vingt, si vous voulez, — soit représenté par une figure entière du jongleur ou du danseur, et qu'ils soient tous dessinés autour d'un cercle de carton.

Ajustez ce cercle, ainsi qu'un autre cercle troué, à distances égales, de vingt petites fenêtres, à un pivot au bout d'un manche que vous tenez comme on tient un écran devant le feu. Les vingt petites figures, représentant le mouvement décomposé d'une seule figure, se réflètent dans une glace située en face de vous. Appliquez votre œil à la hauteur des petites fenêtres, et faites tourner rapidement les cercles. La rapidité de la rotation les vingt ouvertures en une seule circulaire, à travers laquelle vous voyez se réfléchir dans la glace vingt figures dansantes, exactement semblables, et exécutant les mêmes mouvements avec une précision fantastique. Chaque petite figure a bénéficié des dix-neuf autres. Sur le cercle, elle tourne, et sa rapidité la rend invisible ; dans la glace, vue à travers la fenêtre tournante, elle est immobile, exécutant en place tous les mouvements distribués entre les vingt figures. Le nombre des tableaux qu'on peut créer ainsi est infini.

Je voudrais bien dire quelques mots des mœurs des enfants relativement à leurs joujoux, et des idées des parents dans cette émouvante question. — Il y a des parents qui n'en veulent jamais donner. Ce sont des personnes graves, excessivement graves, qui n'ont pas étudié la nature, et qui rendent généralement malheureux tous les gens qui les entourent. Je ne sais pourquoi je me figure qu'elles puent le protestantisme. Elles ne connaissent pas et ne permettent pas les moyens poétiques de passer le temps. Ce sont les mêmes gens qui donneraient volontiers un franc à un pauvre, à condition qu'il s'étouffât avec du pain, et lui refuseront toujours deux sous pour se désaltérer au cabaret. Quand je pense à une certaine classe de personnes ultra-raisonnables et anti-poétiques par qui j'ai tant souffert, je sens toujours la haine pincer et agiter mes nerfs.

Il y a d'autres parents qui considèrent les joujoux comme des objets d'adoration muette ! il y a des habits qu'il est moins permis de mettre le dimanche ; mais les joujoux doivent se ménager bien autrement. Aussi à peine l'ami de la maison a-t-il déposé son offrande dans le tablier de l'enfant, que la mère féroce et économe se précipite dessus, le met dans une armoire, et dit : C'est trop beau pour ton âge ; *tu t'en serviras quand tu seras grand !* Un de mes amis m'avoua qu'il n'avait jamais pu jouir de ses joujoux. — Et quand je suis devenu grand, ajoutait-il, j'avais autre chose à faire. — Du reste, il y a des enfants qui font eux-mêmes la même chose : ils n'usent pas de leurs joujoux, ils les économisent, ils les mettent

en ordre, en font des bibliothèques et des musées, et les montrent de temps à autre à leurs petits amis en les priant *de ne pas toucher.* Je me défierais volontiers de ces *enfants-hommes.*

La plupart des marmots veulent surtout *voir l'âme*, les uns au bout de quelque temps d'exercice, les autres *tout de suite.* C'est la plus ou moins rapide invasion de ce désir qui fait la plus ou moins grande longévité du joujou. Je ne me sens pas le courage de blâmer cette manie enfantine : c'est une première tendance métaphysique. Quand ce désir s'est fiché dans la moelle cérébrale de l'enfant, il remplit ses doigts et ses ongles d'une agilité et d'une force singulières. L'enfant tourne, retourne son joujou, il le gratte, le secoue, le cogne contre les murs, le jette par terre. De temps en temps, il lui fait recommencer ses mouvements mécaniques, quelquefois en sens inverse. La vie merveilleuse s'arrête. L'enfant, comme le peuple qui assiége les Tuileries, fait un suprême effort ; enfin il l'entr'ouvre, il est le plus fort. Mais *où est l'âme ?* C'est ici que commencent l'hébêtement et la tristesse.

Il y en a d'autres qui cassent tout de suite, à peine le joujou mis dans leurs mains, à peine examiné, et quant à ceux-là, j'avoue que j'ignore le sentiment mystérieux qui les fait agir. Sont-ils pris d'une colère superstitieuse contre ces menus objets qui imitent l'humanité, ou bien leur font-ils subir une espèce d'épreuve maçonnique avant de les introduire dans la vie enfantine ? — *Puzzling question !*

Charles BAUDELAIRE.

CAUSERIE DRAMATIQUE

Théatre-Français, *Un jeune homme qui ne fait rien,* comédie en un acte, de M. Ernest Legouvé. — Vaudeville, *La Poule et ses Poussins,* comédie en deux actes, de M. de Najac. — Opéra-Comique, *Royal-Cravate,* opéra comique en deux actes, de MM. de Mégrigny et de Massa. — Théatre-Lyrique, *La Statue,* opéra comique en trois actes, de MM. Jules Barbier et Michel Carré, musique de M. Ernest Reyer.

Nous sommes en retard avec les théâtres ; aussi allons-nous passer rapidement en revue tout ce qui s'est produit pendant cette quinzaine.

C'est un terrible homme que M. Legouvé : il commence à prendre goût à l'accaparement, il lui faut plusieurs scènes à la fois. Mais ce qui, à notre avis, est le plus à craindre, c'est la triple digestion qu'il fait faire au public bénévol de ses pièces académiques. Ainsi, son *Jeune homme qui ne fait rien*, après avoir tout appris, tout compris et tout pratiqué, a rimé des vers en pleine séance des immortels, les a imprimés au feuilleton du *Moniteur*, les a débités rue Richelieu, enfin il en a fait parler dans les journaux. Cet adolescent oisif est tout bonnement un gandin doublé, un peu du poëte, du compositeur, du chanteur, du peintre, du savant, etc. C'est un idéal, une perfection, une trouvaille faite par M. Legouvé, un bonhomme en carton confectionné et dont on fait cadeau aux jeunes filles sages le jour de leur fête.

L'Opéra-Comique a eu un modeste succès de plus avec *Royale Cravate* de MM. de Megrigny et de Massa. La partition est simple et sans prétention ; elle est émaillée de nouveautés et de quelques jolies romances chantées par les héros de Fontenoy. M. Gourdin continue ses débuts ; il a l'habitude des planches et une voix qui ne manque pas de charme. Mademoiselle Lemercier gazouille avec goût, et mademoiselle Henrion chante avec sa belle voix.

Il y a des théâtres qui ne justifient pas leur titre ; on ne pourrait en dire autant du Vaudeville qui a pris à tâche de rompre tous les liens qui l'attachaient à la comédie pour retourner irrévocablement à cette éternelle banalité ayant nom vaudeville. *La Poule et ses poussins*, c'est l'interminable histoire des belles-mères et des gendres. Georges de Revel, fatigué de la sollicitude continuelle de sa belle-mère, madame de Bernac, qui surveille sa fille perpétuellement dans ses appartements, au dehors, dans le monde, partout enfin, se fâche un beau jour. Il abandonne la place à l'argus de foyer et va demeurer dans une maison voisine où il est naturellement suivi par sa femme devenue soupçonneuse et jalouse par suite de cette escapade. Le duo matrimonial est interrompu par l'arrivée intempestive de madame de Bernac qui se trouve face en face avec un sien fils, sous-lieutenant aux chasseurs, qui vient portant dans ses bras un péché de jeunesse, un gros garçon répondant au nom d'Auguste. Madame de Bernac se fâche, s'attendrit, pleure, et finit par adopter bel et bien son petit-fils ; désormais elle ne vivra que pour lui.

M. Dormeuil vogue en pleine comédie-vaudeville.

Le plus grand succès de cette quinzaine a été la *Statue*, au Théâtre-Lyrique. Le livret de MM. Jules Barbier et Michel Carré est tiré de l'inépuisable folie qu'on appelle *Les mille et une nuits*. Le défaut d'espace m'empêche de le conter en détail, d'ailleurs on sait à quoi se réduit, la plupart du temps, le compte-rendu d'un opéra-comique. La musique, quoique originale, est hésitante ; elle est douce et mélodieuse, parfois recherchée et obscure souvent ; il lui manque la santé, peut-être la complète habitude du genre : en un mot, l'ensemble est très-satisfaisant.

M. Monjauze chante avec puissance, avec passion, surtout avec un grand soin ; il a du style, un beau timbre ; il donne facilement et avec plénitude les notes élevées.

Citons mademoiselle Baretti et M. Balanqué, et terminons cette revue sommaire.

A Dimanche les nouveautés qu'on va nous donner dans quelques jours.

Charles CORASSAN.

SIMART

(*Suite.*)

Simart était entré en arrivant à Paris dans l'atelier de M. Desbœufs, il y resta quelques mois et devint ensuite l'élève de M. Dupaty, membre de l'Institut, jusqu'à la mort de ce dernier en 1827. Ce maître était un homme d'un esprit cultivé, plus homme du monde qu'artiste. Il sut deviner cependant l'avenir réservé à son élève, et disait en parlant de lui : « Ce sera un grand statuaire. »

Ce que travailla et souffrit pour son art le jeune sculpteur ne saurait se décrire, il s'était logé rue Saint-Lazare, dans un petit grenier qu'un boucher lui sous-louait. Il ne pouvait s'y tenir debout; le froid et la chaleur y étaient également intenses. Dans les nuits d'orage pour échapper à l'atmosphère embrasée, il tendait sa tête et ses bras brûlants hors du chassis qui devait lui donner de l'air, et recevait ainsi les bienfaisantes averses. Un misérable matelas à terre, une seule couverture, une bûche sous le matelas, pour oreiller, une vieille malle pour commode, tel était l'ameublement misérable de ce réduit qu'illuminaient parfois, — divine compensation ! — les rêves magiques d'une imagination brillante, toutes les splendeurs d'un avenir, bien vague alors sans doute, mais qu'instinctivement il sentait devoir lui appartenir. Peut-être sa famille en l'aidant si peu espérait-elle ramener à composition l'enfant prodigue. Elle n'y réussit pas ; et quand un jour son frère vint le trouver dans son grenier, et lui laissant voir sa peine, l'exhorta à revenir sous le toit paternel « où l'on ne manquait de rien, où l'on avait des draps dans le lit, » l'artiste refusa et se dit heureux.

Pourtant, que de privations ! Vivre presque toujours de mauvais fruits, même en hiver, où il ne se permettrait que de loin en loin des aliments chauds; en être réduit à attacher son habit avec du fil d'archal, avoir constamment les pieds nus dans de mauvaises chaussures, telle était la situation de notre ami... Elle arrachait des larmes à ceux qui l'approchaient, et une vieille voisine aussi misérable, lui disait souvent : «Je suis habituée à souffrir depuis tant d'années que je n'y prends plus garde, et d'ailleurs j'aurai bientôt fini, mais toi, mon pauvre enfant, tu commences à peine ta course, pourras-tu résister à de pareilles épreuves ?» Et lui, souriait à cette tendre pitié, car il était soutenu par l'espoir.

Ces souffrances de toute sorte n'arrêtèrent donc pas l'essor de son travail, et le 21 juin 1827, trois ans après ses débuts à Paris, le secrétaire perpétuel de l'Ecole des Beaux-Arts, M. Mérimée, lui délivait un extrait des registres de l'Ecole constatant : « Qu'il a obtenu une seconde médaille pour le concours d'émulation ; qu'il a failli entrer en loge pour le concours du grand prix, et qu'il est regardé, en raison de sa persévérance et de ses succès, comme *un des élèves qui sont l'espoir de l'Ecole.* »

A partir de ce moment la position de Simart s'améliore un peu. Le conseil municipal de Troyes ému des efforts de son protégé porte sa pension au chiffre de quatre cents francs, et les administrateurs de la fabrique de l'église Saint-Pantaléon lui confient l'exécution de trois modèles de bas-reliefs : la Foi, l'Espérance, la Charité, qui ornent la chaire de cette église. Une modeste somme de trois cents fr. fut allouée pour ce travail ; c'est la première qu'il va gagner, et, noble cœur, oublieux de tout ce que sa mère lui a fait souffrir, il écrit en toute hâte à la pauvre femme, inquiète d'une attaque de paralysie qui avait alité son mari déjà vieux : « Ne craignez rien, ma bonne mère, je ne vous abandonnerai jamais. C'est une tâche si naturelle et si douce à remplir ! » Et nous verrons qu'il tint parole, car dès qu'il eut quelques travaux lucratifs, il vint à son secours, et aussitôt le grand prix obtenu, il laissa cinq cents francs sur sa pension à cette pauvre femme qui, dans son excès de sollicitude, l'avait rendu si malheureux en luttant à outrance contre une vocation manifeste.

Simart se mit à l'œuvre avec enthousiasme; mais ce travail, si utile précuniairement, nuisait à ses études. Il ne pouvait tout mener de front. Cependant son nouveau professeur M. Cortot l'encourage (1) et le 10 mars 1828, il écrit à son père avec une sagesse précoce et une verve charmante : « Vous pouvez assurer MM. les fabriciens que je crois avoir réussi. M. Cortot a paru très-content de deux figures que je viens de finir (2), j'ai recommencé deux fois la

---

(1) A la mort de M. Dupaty, Simart était resté quelque temps sans maître et travaillait chez M. Dasseigneur, statuaire distingué, qui lui avait offert affectueusement de partager son atelier.

(2) Nous croyons nécessaire d'apprendre à nos lecteurs

figure de l'Espérance, tant j'avais à cœur de faire au moins quelque chose de passable. Je ne dis pas *bien*, car ce n'est pas à mon âge que l'on peut se permettre de prononcer ce mot. Il faut que les cheveux blanchissent ; il faut bien des veilles, bien des années, se donner bien du mal pour faire une belle chose en fait d'art ; ajoutez à cela que si vous n'avez ni génie ni facilité on perd son temps. Bon Dieu, qu'elle me coûte cher l'idée qui me détermina à suivre une carrière si incertaine ! mais au diable les soucis et les inquiétudes, je suis las de souffrir... à force de m'inquiéter, je me suis vraiment rendu malade et j'ai cru que je perdrais la vue. »

Puis, plus loin, il répond avec un grand tact à son père qui le croyait déjà un personnage influent et lui avait demandé de faire des démarches pour exempter son plus jeune fils de la conscription : « Pour ce qui a rapport à mon frère, je suis très-fâché de ne pas être quelque chose de plus qu'un pauvre jeune homme qui étudie les arts ; je suis persuadé que ma recommandation serait tout à fait déplacée, ce n'est point à mon âge que l'on peut se permettre une telle demande. »

De semblables paroles n'ont pas besoin de commentaire, mais nous y attachons un prix d'autant plus grand que déjà elles nous sont une arme contre certains esprits qui plus tard accusèrent le grand artiste d'amour-propre et de fierté. Nous le verrons au contraire dans les derniers temps de sa vie comme à ses débuts — sauf quelques moments de prescience où lui apparaissait sa brillante destinée — plein de défiance en lui-même et souvent accablé d'angoisse devant une nouvelle œuvre à entreprendre.

Six mois après cette lettre, le jeune statuaire en recevait une signée d'un nom qu'il ne prononça depuis qu'avec un tendre respect et des larmes dans les yeux. Elle était de M. Marcotte, receveur général du département de l'Aube, qui fut pour Simart

peu initiés aux termes d'art, qu'on désigne par le mot *figure* un personnage vu en pied ou à peu près. On appelle aussi *figure d'atelier* ou *académie* la reproduction du modèle nu.

le protecteur le plus éclairé, l'ami le plus vrai, le plus dévoué, un véritable père (1). Cette lettre informait le jeune artiste que par l'influence de M. Marcotte les bas-reliefs de Saint-Pantaléon avaient été mis sous les yeux du roi, que sa majesté lui accordait une gratification de 500 francs, et qu'enfin le ministre de l'intérieur lui confiait l'exécution d'un buste de Charles X destiné à la ville de Troyes. On devine la joie de notre ami ; c'était une preuve irrécusable de ses progrès et un premier triomphe sur l'opinion de ceux qui s'étaient prononcés contre lui à ses débuts.

Ce n'est pas que la critique n'eût pu trouver à reprendre dans ces bas-reliefs ; les influences académiques y ont peut-être une trop grande part. Le jeune élève de MM. Dupaty et Cortot n'avait pu puiser encore aux sources pures de l'art chrétien, et les attitudes, les draperies de ses personnages révèlent plutôt de fortes études d'après les maîtres grecs que celles des pieux artistes du XIVᵉ et du XVIIᵉ siècle. Malgré tout, le style de chacune de ses compositions est simple et large, et promettait déjà les qualités de grandeur et de clarté que nous retrouverons plus tard dans toutes ses œuvres. EYRIÈS.

(*La suite au prochain numéro.*)

L'abondance des matières nous force à renvoyer au numéro prochain une lettre de notre correspondant de Bordeaux et la Causerie musicale de M. A. Rondeaux.　　　　　L. L.

(1) M. Marcotte était le frère aîné de M. Marcotte d'Argenteuil, alors Directeur général des forêts, dont on connaît le dévouement à M. Ingres dès la jeunesse de celui-ci, et qui fut depuis pour Léopold Robert un protecteur, un ami plein de sollicitude de toutes sortes. Un troisième frère, M. Marcotte Genlis, receveur général à Mézières, continua à Simart l'affectueuse protection de son aîné. Un neveu de ces hommes distingués, M. Edmond Marcotte, directeur des douanes, suit les mêmes traditions, et il n'est que juste de dire ici que par sa remarquable intelligence des œuvres d'art, par son dévouement sans bornes aux grands artistes que nous venons de citer, l'honorable famille Marcotte s'est acquis pour toujours des droits incontestables à la reconnaissance publique.

Le rédacteur en chef : LOUIS LAVEDAN.

Paris. — Imp. Walder, rue Bonaparte, 44.

CHRONIQUE DES BEAUX-ARTS.

Série de chroniqueurs. Regrets du signataire. — Bruits de toute nature relatifs à l'Exposition des Champs-Elysées. Pourquoi l'abstention de MM. tel et tel? — Pour qui la médaille de 4,000 francs? — Incendie d'un théâtre à Bruxelles. — Maladie des immortels. — La collection Borghèse. — Produit de la vente Decamps. — Ventes prochaines : les vingt-cinq paysages de Théodore Rousseau. — Vente d'autographes.

Les chroniqueurs se suivent et ne se ressemblent pas, à la *Revue des Beaux-Arts*. Après M. Jules Noriac, M. Albert de la Fizelière ; après M. Albert de la Fizelière, M. Jules Castagnary; après M. Jules Castagnary, M. Charles Corassan ; après M. Charles Corassan, M. Louis Lavedan ; après M. Louis Lavedan, M. Lucien Rigaud ; après M. Lucien Rigaud, M. Alfred Delvau ; après M. Alfred Delvau, moi; et après moi, d'autres. Les chroniqueurs et les chroniques ont leur destinée : qu'ils la suivent! Je vais donc chroniquer, puisque telle est ma mission, mais en regrettant que M. Alfred Delvau n'ait pu alterner cette Chronique avec sa Revue du Salon : on n'est pas parfait.

Je le regrette d'autant plus que le seul intérêt, à cette heure, s'attache aux choses de l'Exposition du Palais des Champs-Élysées, et qu'il me sera difficile d'en distraire quelques miettes en faveur des quelques nouvelles recueillies par moi çà et là, dans la rue et dans les ateliers, dans les salons et à l'hôtel Drouot. Tout le monde des arts se passionne en ce moment pour ou contre les envois admis par le jury de l'Exposition : on discute au grand jour les tableaux et les statues exposées ; on se pâme de joie devant les uns ; on se récrie outrageusement devant les autres. Pourquoi a-t-on refusé Millet, Yontkind, Lavieille, Saint-Marcel, Chardin, Sutter, quand on a accueilli M. ***, et madame ***, et puis encore M. ***, et puis encore madame ***? Pourquoi aussi ceux des membres du jury, vraiment artistes ou capables d'apprécier vraiment la valeur des œuvres d'art soumises à leur décision, ont-ils déserté leur poste à l'heure délicate du verdict? Car enfin, si MM. Nanteuil (pas Célestin !), Lemaire, Jaley, Duban, Alaux, de Rambuteau, Taylor, etc., ont voté comme un seul homme, pourquoi MM. Ingres, Horace Vernet, Abel de Pujol, V. Schnetz, Eugène Delacroix, Couder, et cinq ou six autres, ont-ils brillé par leur absence ?

Voilà les questions qui s'entrecroisent d'un bout de Paris à l'autre, et je me garderai bien d'enregistrer les réponses injustes qui y sont faites : cela me conduirait où je ne veux pas aller.

Il y en a d'autres encore qui s'entrecroisent aussi dans les salles mêmes du Palais de l'Exposition, et, parmi ces questions, il faut signaler celle qui concerne la médaille d'honneur de 4,000 francs, destinée par le réglement du jury, à l'artiste qui se sera fait remarquer entre tous, dans cette Exposition, par un ouvrage d'un mérite éclatant. Sera-ce madame Henriette Browne, pour sa *Femme d'Eleusis*, ou pour son *Intérieur de Harem?* Sera-ce M. Gustave Doré, pour son *Dante et Virgile*, à la glace ? Sera-ce M. Jules Breton, pour ses *Sarcleuses?* Sera-ce M. James Tissot, pour sa *Voie des fleurs, voie des pleurs?* Sera-ce M. Lavieille, pour sa *Matinée de Mai?* Sera-ce M. Corot, pour son *Soleil levant?* Sera-ce M. Massenot, pour ses *Coteaux de Vergy?* Sera-ce M. Courbet, pour son *Combat de Cerfs?*

Mais voilà que j'empiète, sans le vouloir, sur le terrain de mon voisin, M. Alfred Delvau, qui aurait le droit de crier à l'invasion, s'il n'avait pas en ces matières l'indifférence la plus grande et la plus inqualifiable. Il lui importe peu que je parle des choses dont il a lui-même à parler, probablement parce qu'il sait qu'il en parlera autrement que moi : il a raison, et moi j'ai tort de chasser sur les terres d'autrui.

Je reviens sur la grande route et à mes moutons, c'est-à-dire aux nouvelles artistiques de la semaine.

Le *Théâtre des Nouveautés*, à Bruxelles, vient de brûler, savez-vous? Il n'en reste plus que les quatre murs. Ce théâtre, situé aux abords de la porte de Cologne, à deux pas de la Senne, avait été édifié il y a une quinzaine d'années, mais il ne faisait pas, paraît-il, de brillantes affaires : les artistes qu'il faisait vivre se plaindront de sa perte, sans doute, mais l'art ne s'en attristera pas plus qu'il ne faut, nous écrit-on. Désastre particulier, non désastre public. Les théâtres ne sont pas immortels.

Les immortels non plus, car quelques-uns de nos quarante académiciens sont en ce moment assez malades. Les lauriers ne préservent pas de la foudre ni de la grippe. M. Pasquier a une indisposition; M. Emile Augier a une fluxion de poitrine; M. Empis a eu une congestion; M. Lebrun est au lit; MM. Montalembert et Lacordaire ont la grippe. Par Hercule! c'est trop de malades à la fois, et pour un peu l'Académie ne tarderait pas à être un hôpital.

Quelques journaux avaient fait courir le bruit que la magnifique collection Borghèse, une des richesses de Rome artiste, allait être vendue. D'autres journaux démentent ce bruit, affirmant qu'il n'est nullement question de cette vente. Allons, tant mieux!

En revanche, d'autres ventes ont eu lieu, et d'autres encore auront lieu à l'hôtel Drouot. Parmi les premières, il faut mentionner celle des dessins et des tableaux d'Alexandre Decamps, qui a duré deux jours, les lundi 29 et mardi 30 avril dernier.

J'ai bien souvent regretté de n'être pas riche, mais jamais autant que ces deux jours-là. Si j'avais eu les billets de mille francs que je n'aurai jamais qu'en rêve, j'aurais certainement acheté quatre ou cinq des merveilleuses toiles de cette exposition après décès, qui avait attiré une si grande affluence d'élite : *Pendant la moisson, les Chercheurs de Truffes, le Braconnier, le vieux Château sur le Lot, les Bords de la Seine et la Fuite de Loth,* par exemple.

Pendant la moisson est une toile dorée par un ardent soleil d'août. Il est midi, la route s'allonge, poudreuse, blanche; une femme, les jambes nues et suivie d'un chien, un panier sous le bras et une amphore sur la tête, s'éloigne en tenant par la main un enfant : elle apporte le dîner à des moissonneurs qui se reposent sous un grand chêne qui s'enlève vigoureusement sur le bleu du ciel et sur le jaune des moissons. L'amphore et la crâne allure de la femme annoncent une intention biblique : mais c'est un paysage de la Beauce. Ce tableau a été adjugé pour la somme de 22,000 francs. Il y a beaucoup de *fafiots garatés* dans 22,000 francs !

Les Chercheurs de Truffes, paysage du Lot-et-Garonne, a été vendu 9,500 francs. Vous connaissez le sujet : au coucher du soleil, un paysan observe une truie tachetée de noir qui fouille la terre au pied d'un bouquet de grands chênes; à gauche, un paysan et un enfant suivent un cochon noir, qui a la même fonction que la truie, à savoir la recherche de la délicieuse inconnue. Pauvres animaux! ils découvrent et ne profitent pas de leurs découvertes. N'est-ce pas là un symbole applicable aux hommes? Combien parmi nous, goujats ardents au travail, découvrent des truffes, et combien, goujats ardents à la table, les mangent ?

Le *Braconnier* est d'un effet saisissant, comme paysage, quoique les arbres soient un peu trop confus, même pour l'heure qu'il est. Dans la forêt, la forêt de Fontainebleau sans doute, où se meurent les derniers rayons du soleil, un homme suit, songeur, le fusil au dos, un sentier qui longe une mare. Tout cela est mélancolique, tout cela vous met des idées noires dans l'esprit, tout cela vous donne envie de vous suicider. Alexandre Decamps connaissait bien ce sentier qu'il a fait prendre à son braconnier. Ce tableau a été vendu 7,000 francs. Ce n'est pas assez cher.

Le vieux château sur le Lot a le même

aspect que le précédent, une physionomie morne et désespérée. Une longue barque, poussée au croc par deux bateliers nus, passe devant un vieux château transformé en métairie et dont les constructions s'élèvent sur la rive. Cette toile n'a été vendue que 1,400 francs.

Les Bords de la Seine, une esquisse, mais une esquisse adorable, avec une eau transparente qui vous donne envie de vous noyer, ont été vendus 1,750 francs.

La fuite de Loth, où se trouve, sur le premier plan, une fille rose qui fait comprendre et excuser bien des choses, a été vendue 5,000 francs.

La *Boucherie Turque*, où tout est rouge et sanglant, les briques du toit, le fez du boucher, la viande accrochée, les dalles de l'écorcherie, a été vendue 11,900 fr.

Les deux beaux dessins, *Joshué arrêtant le soleil* et *Moïse sauvé des eaux*, ont été vivement disputés ; le premier a été adjugé, moyennant 13,500 fr. à madame veuve Decamps ; le second, moyennant 6,400 francs, à je ne sais plus quel amateur.

En somme, cette belle collection a atteint le chiffre de 247,942 francs.

Samedi, 4 mai, aura lieu la vente d'une très-curieuse collection d'objets d'arts, de bronzes florentins du XVIe siècle, de marbres de différentes époques, de terres cuites, de faïences, de verres de Venise, etc, provenant pour la plupart de la fameuse collection du cardinal Fesch.

Lundi, 6 mai, sera vendue une collection de tableaux anciens et modernes, des Miéris et des Gudin, des Albert Cuyp et des Mignard, des Van Spaendonck et des Gericault, des Rubens et des Fragonard, des Ostade et des Drolling, des Backuysen et des Demarne, collection ayant appartenu à feu M. Rhoné, riche amateur.

Enfin, mardi, 7 mai, aura lieu la vente de 25 paysages de M. Théodore Rousseau. M. Théodore Rousseau est trop justement connu et aimé du public lettré et artiste, pour que nous lui faisions l'injure d'une réclame. Il nous suffit d'annoncer la vente de ses vingt-cinq tableaux pour que cette annonce soit considérée par les amateurs comme une bonne fortune. Il y a encore en France des gens qui savent noblement dépenser leur argent.

Henry LHEUREUX.

P. S. J'allais oublier de mentionner une vente intéressante d'autographes, qui doit avoir lieu, le samedi 11 mai et jour suivants, à 7 heures du soir, rue des Bons-Enfants, maison Sylvestre, par le ministère de M. Perrot, commissaire-priseur, assisté de M. Laverdet, expert chargé de la vente.

SALON DE 1861

—

L'AUTEUR AU LECTEUR.

Ennemi Lecteur,

C'est ici un Salon de bonne foi. Il t'avertit, dès l'entrée, que je ne m'y suis proposé aucune fin que domestique et privée. Je n'y ai eu nulle considération de ton service, ni de ma gloire : mes forces ne sont pas capables d'un tel dessein. Par ainsi, Ennemi Lecteur, ce n'est pas raison que tu emploies ton loisir en un sujet si frivole et si vain : adieu donc.

—

« Il faut égayer les choses tristes par les enjouées. » C'est l'opinion de Montaigne — et la mienne. La chose triste, c'est la vie ; la chose enjouée, — ce sont les choses enjouées. Il y a, dans les bibliothèques publiques, un nombre suffisant de bouquins graves, — des bouquins à cravate blanche et à lunettes d'or : point n'est besoin d'ajouter encore à ce nombre. Faisons de tout petits livres, ô mes amis ! des livres aimables, des livres roses, des livres lilas, des livres vert-pomme, des livres printaniers, — des livres qui sentent bon la jeunesse et la santé. De toutes les bêtes féroces, l'homme est encore la plus bête et la plus féroce : oublions l'homme en regardant les femmes et les enfants. Le sourire des unes et les rires des autres sont faits pour vous réconcilier avec la Vie, comme la Nature et faite pour vous réconcilier avec le Bon Dieu. Oublions de même les livres bêtes et les livres féroces, — ceux qui vous ennuient et ceux qui vous mélancolisent.

J'ai pris ce chemin des écoliers pour vous dire, Ennemi Lecteur, que les *Salons* sont ordinairement des traités d'esthétique, et, qu'en fait d'esthétique, chacun ayant sa chacune, il arrive qu'un critique d'art n'est de l'avis de personne, que du sien, — quand il est du sien. Les critiques d'art, — comme tous les autres critiques d'art, comme tous les autres éplucheurs de cheveux, comme tous les autres chercheurs de verrues, — — s'imaginent qu'ils ont affaire à des enfants dont il est bon de fesser l'entendement et de morigéner le goût, et ils y vont à tour de bras et suent d'ahan pour aboutir à faire de la peine à tout le monde. C'était bien la peine !... La critique ne redresse aucune gibbosité ; elle ne corrige ni le goût, ni les mœurs, ni l'art, ni les artistes, — pas plus que ne corrige le *Castigat ridendo mores* du rideau de la Comédie italienne. La vérité n'a pas besoin d'avocat pour se prouver, — pas plus que l'innocence ; si elle ne se prouve pas, c'est qu'elle n'est pas la vérité.

On a dépensé bien de la salive et bien de l'encre, — depuis et avant Platon, jusques et y compris M. Gustave Planche, — à propos du Beau. Ah ! le Beau, — le *to Kalon*, — quels chagrins il m'a coûtés ! « Le Beau, disait l'un, c'est ceci. » — « Le Beau, disait l'autre, c'est cela. » — « Le Beau, disait un troisième, ce n'est ni ceci, ni cela. » — « Le Beau, disait un quatrième, c'est ceci et cela. » Je vous fais grâce du reste, — et pourtant on ne m'en a pas fait grâce, à moi écolier.

Le Beau, c'est exactement comme l'Amour. Savez-vous ce que c'est que l'amour ? Non, bien certainement. Cela ne vous empêche pas d'aimer, — et d'être très-content d'aimer. Je ne sais pas ce que c'est que le Beau ; mais cela ne m'empêche, en aucune façon, d'admirer — et d'être très-heureux d'admirer. Il faut s'appeler Horace ou mylord Bolingbrocke pour oser dire *nil admirari*. J'aime l'admiration comme j'admire l'Amour.

Affaire de sentiment, comme vous voyez.

Les grisettes raisonnent un peu comme cela, j'en conviens ; mais que de grisettes parmi les hommes, — moi compris ! Je passe peut-être à côté d'un chef-d'œuvre, dans mes ambulations à travers les Salles de l'Exposition ; mais si je m'arrête une heure ou deux devant une toile, il y a gros à parier, d'abord que cette toile est intéressante en soi, ensuite qu'elle m'intéresse personnellement à plusieurs titres, — et beaucoup plus que le chef-d'œuvre à côté duquel je viens de passer. Le chef-d'œuvre aura pour lui la foule ; la petite toile n'aura sans doute que moi ; mais si elle n'est pas trop exigeante, cela lui suffira, et puis j'aurai l'air d'étouffer, de façon à simuler la cohue, et elle n'y verra que du feu, cette petite toile. Et puis aussi, elle devine bien que je ne m'arrête pas un si long temps devant elle pour l'éplucher, pour l'épiloguer, pour lui chercher des petites bêtes, — pas si bête !... Je suis heureux, — ne me réveillez pas.

Je sais bien que ce n'est pas là une façon décente de parler d'art, et que les critiques, comme les poëtes, ont une fonction autre que celle de discure de riens :

> On nous l'a répété souvent :
> « Les poëtes ont charge d'âmes. »
> C'est trop lourd ; j'aime mieux le vent,
> Et ne cherche qu'à plaire aux dames.
>
> Je crois que je suis dans le vrai
> En faisant fi de ces chimères,
> Dont tout jeune je m'enivrai,
> Et dont j'ai les lèvres amères.

Quand j'étais adolescent, j'étais sérieux, — étant étudiant. Aujourd'hui que je suis homme, je veux être frivole, — étant magister. Il y a temps pour tout, et il est bien juste que je prenne sur les autres la revanche des pensums qui m'ont été infligés au temps jadis.

Après tout, peu me chaut que cette manière de voir ne soit pas celle des professeurs d'art qui s'appellent Messieurs X, Z, V, D, P, L, N, O, P, Q, et qui écrivent dans ces grands journaux quotidiens si vénérés, — avec quoi les marchands de la Halle enveloppent leur beurre. Chacun voit comme il l'entend, avec ses propres yeux, ou avec ses propres lunettes. Il y a des myopes et des presbytes ; il y a des gens qui voient très-bien, — et même des gens qui n'y voient pas du tout. J'aime mieux voir avec mes yeux, que de me servir des lunettes de mon voisin. « Chaque homme a son style comme il a son nez » — disait je ne sais plus quel ultrarhénan. Je me permettrai de continuer la phrase du philosophe allemand, et de dire : « Chaque homme a ses yeux comme il a son nez. » C'est peut-être un peu audacieux ; mais, au printemps !...

Pourquoi se choquerait-on, et pourquoi me choquerais-je de ce que l'on se choque ? Une exposition comme celle de 1861, où il y a 4,102 petites ou grandes machines peintes ou sculptées à regarder durant trois mois, — une telle exposition est un vaste banquet où peuvent se repaître tous les appétits, les grossiers et les délicats ; c'est le pré dont parle Sénèque, où chaque animal trouve ce qui lui est propre, le bœuf de l'herbe, le chien des lièvres, le héron du frétin : *bos herbam, canis leporem, ciconia lacertum.* Vous préférez l'herbe : broutez-en, — et permettez-moi de courir mes lièvres ou de gober mes petits poissons.

Ce qui m'amène tout naturellement à dire cela — plutôt qu'autre chose, — c'est que j'ai vu qu'en fait de critique d'art il était difficile, sinon impossible, de contenter tout le monde et son père : d'où j'ai conclu qu'il était plus simple de ne contenter personne — hormis soi-même. Jamais, au grand jamais, un artiste n'a été satisfait du jugement porté, sur sa toile ou sur son plâtre, par la foule ou par la presse, et je sens venir au bout de ma plume, à ce propos, une anecdote récente et authentique qui me paraît être d'un grand enseignement et d'une non moins haute moralité.

Voici l'anecdote :

Un musicien, chef d'orchestre, d'une origine germanique, très-connu, très-vanté, très toutes sortes de choses, venait de terminer, il y a trois mois, la musique d'une opérette bouffe. Il a une femme, ce musicien, qu'il consulte parfois sur la valeur de ses partitions, comme Molière consultait parfois Laforêt sur la valeur de ses comédies : il

l'interrogea, la priant de lui dire *franchement* ce qu'elle pensait de son œuvre :

— C'est bien, répondit simplement la femme du compositeur, qui en effet ne pensait pas de mal de ce qu'elle venait d'entendre.

— Pien ? s'écria avec ironie et dépit le maëstro. Pien ?... Très-pien ?... Tites tout de suite que c'est ine orture !... Oui, c'est ine orture, n'est-ce pas ?...

Mon anecdote est racontée : l'application est facile.

A entendre les artistes, la foule est bête, et les gens de lettres ne valent guère mieux que la foule. Mes cheveux se hérissent encore au souvenir des imprécations homériques jetées à Théophile Gautier, entr'autres, par des peintres de ma connaissance, — peintres réalistes par excellence. Pour causer proprement d'art, au dire de ces messieurs, il faut avoir fait de l'art, — comme si, pour parler proprement des splendeurs de la Nature, il fallait de toute nécessité être jardinier. Eh ! quel besoin voulez-vous donc que j'aie d'avoir appris la technologie de votre art, d'avoir surpris les secrets de votre métier, pour admirer ou abominer vos produits ? Est-ce ce que le Bon Dieu, ce grand artiste, vous a mis dans le secret de sa fabrication ? Pourtant vous avez la prétention de comprendre un paysage digne de son immortelle signature. Prétention légitime, — aussi bien pour vous que pour moi et que pour le premier venu. Laissez-nous donc causer d'art à notre aise et à notre façon. Un chien regarde bien un évêque, et l'on assure que l'évêque n'est pas fâché : pourquoi donc seriez-vous plus dégoûtés qu'un évêque ?...

Je regretterais, certes, Ennemi Lecteur, que cette profession de foi insensée n'eût pas votre assentiment ; je le regretterais bien sincèrement, — mais je ne changerais pas un iota. Vous aurez le droit de me tourner le dos et de ne pas tourner la page. Au moins, je vous aurai prévenu. Je hais les surprises, qui amènent toujours des malentendus, et les malentendus, qui amènent toujours des surprises. Je vous ai parlé ainsi, comme le savoir-vivre m'obligeait de le faire : quand on veut être reçu chez le Public, il faut bien se faire annoncer. Faute d'ami assez courageux pour rédiger une préface et me servir de laquais, je me suis annoncé moi-même. Excusez mes allures gaillardes et mon costume rustique : mon esprit ne suit pas les modes. Je suis un peu *parisien* du Danube !

J'ai bien l'honneur de vous saluer, Ennemi Lecteur.

Et, sur ce, j'entre en matière sans plus de façon et sans plus de méthode, au beau milieu du Salon, au beau milieu des choses exposées, — *in medias res*, — comme m'y invite Horace au cent-cinquantième vers de sa lettre aux Pisons.

PREMIÈRE JOURNÉE (1er mai).

C'était comme un jour de première représentation : « tout Paris » y était. Heureusement que le théâtre est grand, car grand aussi était le nombre des spectateurs, — venus, les uns à pied, comme de simples mortels, les autres en équipages, comme de simples dieux. Les critiques étaient à leur poste et les artistes à leurs toiles, — comme des artilleurs à leurs pièces, — qu'ils allaient braquer sur la rétine de la foule.

C'est un plaisir terrible que ce plaisir-là. Les yeux sont sollicités par un sabbat vertigineux de couleurs voyantes, et quand on croit pouvoir regarder en paix un tableau, ses voisins vous font signe de les regarder aussi — en même temps. On ne sait vraiment lequel entendre, — du moins lequel voir, — et, à force de regarder, on n'y voit plus. J'ai la faiblesse de tenir aux excellentes lunettes que la nature m'a placées au-dessous du front, à droite et à gauche du nez : au bout de quatre heures je me suis prudemment retiré , — emportant dans la chambre noire de mon cerveau certaines images qui sont la reproduction, pour ainsi dire photographique ; des tableaux contemplés avec attention par moi : ceux de Corot, de Doré, Lavieille, Meissonnier, Jundt, Hanoteaux, Breton, Massenot, Ménard, James Tissot, Hamon, Gérome, Vey-

rassart, Heilbuth, Boulanger, Bellet du Poisat, Français, Glaize, et quelques autres.

M. Auguste-Barthélemy GLAIZE. A exposé trois toiles, la *Pourvoyeuse misère*, *Autour de la gamelle*, et un *Trou de meulière à la Ferté-sous-Jouare*. De ces trois toiles je n'ai vu que la première.

« Combien de jeunes filles, délaissant le travail, se précipitent dans tous les vices que la débauche entraîne, pour échapper à ce spectre qui semble toujours les poursuivre. » Cette légende était inutile : le titre du tableau suffisait. L'aspect en est triste, comme l'exigeait le sujet choisi par l'artiste. Une montagne indécise qui se continue à droite et s'échancre violemment à gauche pour laisser voir, dans la brume, Paris le tentateur, dont la Misère est la sinistre pourvoyeuse. Vers ce gouffre béant, toujours attirant comme le trop fameux tourbillon de la mer du Nord, s'en vont enamourées, affolées, échevelées, bacchantes ivres d'oubli, de belles filles qui ont jeté leurs bonnets de paysannes par-dessus les moulins de leur pays, avant d'arriver à Montmartre, — ce Montmartre qui devient ainsi pour elles le mont des Martyrs, *mons Martyrum*, le mont Tarpéien, où elles s'engloutissent corps et âme. Elles ont jeté leurs bonnets par-dessus les moulins, et elles ont sagement agi, les folles, — car Montmartre n'a plus de moulins, et, n'ayant plus de moulins, n'aurait pu leur procurer l'occasion de se débarrasser de leurs bonnets.

A droite du tableau, sur un second plan plus éclairé que ce groupe de ménades enfiévrées, sont assises autour d'une table, travaillant, cousant, d'honnêtes villageoises qui ne songent pas encore à mal, et qui en sont récompensées par le calme de leur conscience et par le parfum de leur âme. L'une d'elles, cependant, qui a peut-être ouvert trop grandes ses mignonnes oreilles au moment où passait dans le village l'horrible et squalide pourvoyeuse, l'une d'elles s'est levée, debout, et s'est tournée du côté du groupe des filles séduites, qu'elle regrette peut-être de n'avoir pas suivies. Son bavolet de grosse toile, son cotillon de lourde futaine, lui pèsent sur le corps : désormais elle rêvera soie, dentelle, brocard, oripeaux, — et le reste. Le reste, pauvre enfant, c'est le mépris et l'hôpital ! La pourvoyeuse pourra repasser l'an prochain au village : elle entraînera une victime de plus.

Voilà pour le sujet. Quant à l'exécution, je n'ose pas dire que je la trouve bonne ; on me répondrait que je ne m'y connais pas.

M. Pierre-Alfred BELLET DU POISAT. A envoyé deux toiles, les *Belluaires*, et *Diogène et Laïs*.

Les *Belluaires* sont deux, l'un qui porte dans ses bras des quartiers de charogne, l'autre qui tend cette charogne du bout d'un croc aux bêtes féroces enfermées dans des cages. Sont-ils antiques, sont-ils modernes, ces belluaires ? Le nom que M. Bellet de Poisat leur donne autoriserait la première supposition ; mais la disposition des cages autoriserait bien plus la seconde. M. Bellet du Poisat s'est trop rappelé le Jardin des Plantes de Paris, et je reconnais là certains détails familiers qui sentent leur industrie moderne. Les bêtes féroces destinées aux jeux, plus féroces encore, du Cirque, recevaient leurs déjeuners d'une tout autre façon. Qu'est-ce que vos belluaires leur servent là ? du mou de bœuf ou des fémurs de chevaux ? Si c'est du mou, c'est insuffisant ; si ce sont des fémurs, ils ne passeront jamais entre les barreaux des cages : tirez-vous-en.

Je préfère *Diogène et Laïs*, — deux bêtes féroces encore, cependant : lui, le cynique, féroce d'orgueil ; elle, la courtisane, féroce de volupté. Laïs passe avec une amie, — quelque drôlesse de Corinthe, quelque Lesbienne amoureuse de l'amour, — et Diogène sort à demi de son classique tonneau pour la tirer par le pan de sa longue tunique : est-ce pour la faire tomber, elle qui ne peut plus tomber ? ou est-ce pour lui dire qu'il l'aime, lui qui ne doit plus aimer ? Le livret est muet à cet égard ; mais l'histoire est plus bavarde : elle prétend que ce faux-monnayeur d'argent avait le cœur féru à l'endroit de cette fausse-monnayeuse d'amour, et qu'il fut « payé de retour » — en vraie monnaie. L'histoire le dit, mais le fait est invraisemblable en soi, lorsqu'on sait ce qu'était Laïs, qui exigeait de si fortes sommes de ceux qui voulaient entrer dans sa maison, une Cythère, que les plus riches seuls de Corinthe pouvaient faire cet aimable voyage d'une heure : d'où le proverbe tant cité, *Non licet omnibus adire Corinthum*. Il est vrai que les femmes sont si capricieuses !

Je n'entends pas jeter de trop grands reproches à ce tableau de M. Bellet du Poisat. Seulement, si je reconnais Diogène à cause de son tonneau, je ne reconnais guère ces Corinthiennes ou ces Athéniennes qui sont arrêtées devant lui : elles ont des allures plus parisiennes que grecques, et me font l'effet d'avoir plus fréquenté le café de la Nouvelle-Athènes qu'Athènes elle-même, la rue Bréda plus que le Pirée, la mère Biord plus que la mer Egée. Si je me trompe, j'en demande humblement pardon à M. Bellet du Poisat : je reverrai son tableau.

Alfred DELVAU.

(La suite au prochain numéro.)

LES VITRAUX

PREMIER ARTICLE

Avant de nous occuper de la partie purement artistique de notre sujet, disons quelques mots des procédés à l'aide desquels on obtient les verres de couleur. M. Péligot, le savant chimiste, qui a publié sur l'art céramique un remarquable traité, nous fournit à ce sujet tous les détails désirables.

Dissolvant la plupart des oxides métalliques, le verre prend avec quelques-uns des couleurs très-vives et très-pures qui n'altèrent nullement sa transparence. Pour ces colorations, il suffit d'un à deux centièmes d'oxide ; de beaucoup moins quelquefois. Le pouvoir tinctorial de ces substances est si grand que la masse vitreuse paraît opaque, quand elle n'est pas amenée à une très-grande minceur. De là une distinction à établir entre les *verres colorés dans la masse* et les *verres doublés*. Dans ces derniers, l'une des surfaces seulement est recouverte d'une très-mince couche de verre coloré. Les principaux corps colorants employés par les verriers sont : *l'oxide de cobalt* (bleu saphir), le *bioxide de cuivre* (bleu céleste), l'*oxide de chrôme* (vert émeraude), l'*oxide de fer des battitures* (vert bouteille), le *protoxide de cuivre* ou le *cuivre métallique* rouge pourpre), le *peroxide d'uranium* (jaune à reflets verdâtres), le *chlorure d'argent* (jaune orangé), le *vert d'antimoine* (jaune commun), le *bioxide de manganèse* (violet), enfin l'*or* (rose ou jaune.)

Veut-on une couleur composée ? On mélange plusieurs oxides. Le verre noir se produit à l'aide des oxides de manganèse, de fer et de cobalt; le vert émeraude, avec les oxides d'uranium et de cuivre ; le vert d'herbe, avec le colbalt et l'oxide sulfuré d'antimoine.

De la part du verrier, la fabrication des vitraux colorés exige beaucoup de soins et d'habileté. Certains oxides colorants obligent à modifier la composition de la masse vitreuse elle-même ; ainsi, le vert, coloré en jaune par l'oxide d'uranium doit, pour avoir une belle nuance, ne pas contenir d'oxide de plomb. L'une des colorations les plus difficiles à produire est le rouge. Les anciens connaissaient les procédés de sa fabrication, et le verre pourpre se retrouve dans les beaux vitraux du XIIe siècle. Mais ces procédés furent longtemps perdus et l'on crut que la couleur rouge était due à des préparation d'or. En 93, on envoya à la Monnaie de Paris des caisses de débris de verre rouge enlevé aux verrières du moyen-âge, avec ordre de déterminer la quantité d'or qu'on croyait y exister. Dans le traitement de tous les vitraux arrachés aux églises on espérait trouver une ressource financière. Darcet père démontra qu'ils ne contenaient aucun métal précieux et sauva de la destruction ces merveilleux produits.

C'est au cuivre en effet que les anciens verres rouges doivent leur coloration ; il n'y a guère plus d'un quart de siècle que leur procédé de fabrication a été retrouvé. L'or est aussi introduit dans le verre, tantôt sous forme de chlorure, tantôt à l'état

de pourpre de Cassius ou d'or fulminant. Le verre blanc laiteux, dont la teinte rappelle l'opale, s'obtient en ajoutant au verre blanc du phosphate de chaux des os. On arrive au même résultat en remplaçant ce dernier corps par l'acide arsénieux. Depuis quelques années, sous le nom de *verre albâtre* ou *pâte-de-riz*, on fabrique un verre laiteux délivré des reflets irisés du vert opale ; il se compose de silicate de potasse presque pur dont la vitrification n'a pas été complète. La translucidité est due à de petits grains de silice qu'une action plus prolongée de la chaleur eût fait disparaître en donnant à la mase une entière transparence. La présence du sulfate de potasse rend plus facile la préparation de cette sorte de verre, que l'on peut d'ailleur colorer par l'addition de divers oxides métalliques.

Le verre perd sa transparence quand, après l'avoir fondu, on le laisse refroidir très-lentement ; il se change alors en une matière presque entièrement opaque connue sous le nom de *porcelaine de Réaumur*. La manière la plus facile et la plus simple de préparer le verre dévitrifié consiste à soumettre à un refroidissement prolongé une feuille de verre à vitre ou mieux un carré de verre à glace. Au bout d'un temps qui varie entre vingt-quatre et quarante-huit heures, la dévitrification est achevée. La plaque ressemble à un morceau de belle procelaine et peut devenir douce et polie comme une glace. La Prusse a des kaolins roses qui produisent d'admirables effets. Berlin fabrique des lithophanies dont la finesse et la suavité surpassent les plus beaux dessins. Si l'on pouvait rendre assez abondante la lumière transmise par ces tableaux opalins, les lithophanies deviendraient des vitraux. La coloration de la pâte rendrait complète la solution du problème et ce serait dans l'art du peintre-verrier une révolution profitable surtout à nos églises et à nos oratoires qui ont tant besoin de ces effets de lumière.

Occupons-nons maintenant de l'agencement des verres colorés dans la composition des vitraux.

Une verrière ne se peint pas comme un

tableau. L'artiste ne dispose pas du verre comme le peintre de sa toile, ni de ses couleurs comme ce dernier de sa palette. Les verres employés dans les vitraux sont colorés d'avance, teints dans la pâte par les procédés que nous venons d'indiquer ; ce sont, en un mot, des verres de couleur. Lorsque, par exemple, on voit une draperie de pourpre briller sur un fond d'azur, le rouge et le bleu ne sont pas deux couleurs appliquées sur un même morceau de verre blanc, mais bien deux morceaux de deux feuilles de verre différentes mis à côté l'un de l'autre et réunis au moyen d'un plomb qui les maintient invariablement dans le même plan. On voit combien le travail est complexe. Il faut d'abord composer sa fenêtre avec un grand soin, en arrêter le dessin et les couleurs. Cette première opération exige un rare talent, beaucoup d'habitude, un goût sûr et une entente peu commune de l'harmonie des teintes. On possède alors ce que l'on appelle un *carton.*

Sur ce carton, on doit découper avec attention les verres de couleur, de telle sorte que les plombs destinés à les réunir tracent les contours du dessin. Loin de nuire à l'effet de la verrière, les plombs font l'office d'un trait vigoureux sans lequel les couleurs juxtaposées arriveraient confusément à l'œil du spectateur. Les verres une fois découpés, on trace sur eux, avec une couleur fusible au feu, les ombres et les plis des draperies. On passe les teintes des chairs qui se peignent sur verre blanc ainsi que certains jaunes, et on les fait cuire à la manière de la porcelaine, dans une moufle. Le feu fixe d'une manière indélébile ces couleurs à la surface des verres. Il ne reste plus qu'à réunir ceux-ci par des plombs et à monter la fenêtre au moyen de ferrures qui lui donnent, si elle est destinée à une église, la solidité nécessaire pour résister aux énormes pressions qu'exercent sur ces vastes nefs les coups de vents de l'équinoxe.

Ces détails préliminaires étaient indispensables pour entrer dans notre sujet. Dans le prochain article, nous donnerons un aperçu de la science théologique et mystique exigée dans la composition des vitraux d'église, puis nous esquisserons à grands traits l'histoire de la peinture sur verre.

Jules LADIMIR.

SUB TEGMINE FAGI

—

— *Sub tegmine fagi!* lui dis-je
Un beau matin ; printemps oblige ;
Le plaisir est notre devoir ;
Les bois sont verts : allons les voir !
— J'y consens, André, me dit-elle
En plaçant un col de dentelle
Sur son buste très-élargi.
Allons *sub tegmine fagi!*

Elle sautait, folle de joie,
Criant : « Saint-Denis et Montjoie ! »
Comme une fille des vieux preux,
Et cela me rendait heureux.
— Qu'à cette heure il fait donc bon vivre !
Murmurais-je, de printemps ivre ;
Ne trouves-tu pas, ma Nadji,
Surtout *sub tegmine fagi?*

— Je n'aime pas qu'on me tutoie,
Et qu'on m'appelle comme une oie.
Je me nomme, vous le savez,
Rose — ou Rosette, — et vous devez
Ne pas me jeter à la tête
Une si vilaine épithète !
— Rose, mon excuse ici gît,
Voyez : *sub tegmine fagi!*

Car notre course vagabonde
Dans les bois où la mousse abonde
S'est arrêtée — et nous aussi.
Adieu, Paris ! Adieu, souci !
Adieu choses et gens maussades !
Salut à vous, hamadryades ! .
L'ombrage d'un hêtre a surgi,
Je suis *sub tegmine fagi.*

— N'en parlons plus, on vous pardonne.
Que direz-vous si je vous donne
Ma main à baiser?... — Seulement?...
— Mais vous n'êtes pas mon amant
Pour que je vous donne autre chose !
— Je voudrais bien te cueillir, Rose !
En ce moment Rose rougit :
Pourquoi, *sub tegmine fagi?*

Nous ne sonnions mot. Le silence
Des amants a son éloquence.
On se regarde au blanc des yeux,
Ou bien on regarde les cieux

En soupirant, dans une extase
Qui vaut la plus superbe phrase :
Le cœur sait ce dont il s'agit
A deux *sut tegmine fagi.*

Hélas! le bonheur n'est qu'un rêve !
Il commence sans qu'il s'achève.
On voudrait rêver plus longtemps,
Dépenser toujours ses vingt ans,
Eterniser une minute :
La Réalité, vieille brute,
Vous réveille en disant : — Longi !
Dort-on *sub tegmine fagi?*

Nous revînmes, lèvres pressées,
Mains jointes comme nos pensées,
Par de mystérieux sentiers
Pleins d'aubépine et d'églantiers.
La nuit était claire et sereine...
De tristesse mon âme est pleine :
Ce doux souvenir réagit.
Adieu *sub tegmine fagi!*

A. DE TANLAY.

❖

CAUSERIE DRAMATIQUE

Quelques remarques. — AMBIGU-COMIQUE, *Atar-Gull,* drame en six actes, de MM. Anicet Bourgeois et Michel Masson. — PORTE-SAINT-MARTIN, *La Tour de Nesle,* drame en cinq actes et sept tableaux, de MM. Frédéric Gaillardet et Alexandre Dumas.

Les nouveautés que j'annonçais dimanche dernier et dont je vais m'occuper aujourd'hui, datent tout simplement de 1830. En attendant l'avenir, nous vivons de notre passé comme le malade qui se nourrit de sa propre graisse jusqu'au jour où son état lui permet de prendre quelque nourriture fortifiante. — Serions-nous malade, littérairement parlant ?

Les directeurs sentent de plus en plus le besoin d'exhumer les drames, les féeries et les vaudevilles du temps jadis; ils les encadrent avec une mise en scène éblouissante de richesse, des costumes admirables de vérité, des divertissements, des ballets, des cortéges splendides ; ils poussent l'amour de de la couleur locale jusqu'à déterrer les acteurs de l'époque pour compléter l'ensemble de la représentation. — Choses qu'on refuse généralement aux œuvres du présent. C'est juste et logique, à un point de vue ; la meilleure des spéculations est assurément celle qui se trouve basée sur la certitude : la réussite d'une pièce est une affaire de gain ; or, il serait absurde, maladroit, impardonnable, de ne compter que sur le hasard, — auxiliaire souvent aveugle et injuste,— pour le résultat d'une combinaison où il entre ce qui n'est pas une chimère comme l'a chanté M. Scribe.

Mais ces sommes considérables, que les autocrates de la scène, jettent sans sourciller dans ce qu'on est convenu d'appeler les accessoires d'une œuvre dramatique, et qu'ils ne manquent jamais, grâce à l'empressement du public, d'encaisser au quintuple, prouvent mieux que tous les arguments littéraires la faiblesse des productions du jour. Le théâtre occupe une grande place dans les préoccupations du public et de la presse; tout le monde est prêt à applaudir une œuvre sérieuse et élevée, à la condition que le plaisir et la distraction n'en soient pas exclus. Instruisez et moralisez tant qu'il vous plaira, mais commencez pas amuser et par faire rire. Vous voulez faire quelque chose d'utile, pour quoi n'y mettriez-vous pas un peu d'agréable? Vous ne prétendez pas, je suppose, occuper l'attention d'un auditoire avide d'émotions et de sensations gaies avec une psalmodie continuelle, avec un sermon ou un discours dialogués, des procédés de l'autre monde et un sujet d'un autre temps. Il vous manque la puissance de dominer votre public, de le conduire à votre guise, de l'élever a la hauteur de votre œuvre, et vous voulez réussir; eh bien ! mettez-vous tant soit peu au niveau de son intelligence et de sa compréhenstion; vous plaidez une thèse, appropriez-la à ses moyens et il vous acceptera. La rigidité de vos principes vous défendent les concessions: eh bien, restez dans vos livres et ne vous étonnez pas de le voir préférer à votre ennui littéraire, les platitudes et tableaux et les féeries à truc. Vous vous escrimez contre le mauvais goût du jour et contre les mauvaises pièces qui réussissent; mais à l'heure qu'il est montrez-moi donc une bonne pièce qui ne réussisse pas, qui ne soit pas saluée par la presse et acclamée par le public. Cependant cette œuvre médiocre, plate, nulle, il faut bien la jouer, elle ramène le public que vous avez fait fuir, elle peuple le théâtre que vous avez rendu désert, elle remplit la caisse qui a horreur du vide, comme la nature ; elle enrichit enfin le directeur que vous menaciez de mettre sur la paille· Prenez garde, vos récriminations sentent furieusement l'impuissance et la petite jalousie. Tombez avec calme et dignité comme l'héroïne antique, et si vous souffrez, faites comme le colonel du Gymnase, ne *murmurez* pas. — Le silence est éloquent.

Vos lamentations sur la littérature dramatique contemporaine sont d'une monotonie désespérante : elles sont passées à l'état de banalités ; nous les savons par cœur comme les arguments de la presse ultramontaine, voilà vingt ans que vous les rabachez. Le drame est en décadence, la comédie décline, le vaudeville est mort ; partout le marasme, partout l'obscurité, partout la nuit, — grand merci de votre clair de lune. Mais si le théâtre est dûment mort, comme vous le criez, pourquoi diable vous obstinez-vous à lui tâter le pouls, comme dit M. Vacquerie. Vous vous dites les serviteurs, les adeptes, les précurseurs, les prophètes de celui qui doit un jour venir tout régénérer, tout illuminer avec le feu de son génie, et chasser les marchands du temple ; — une arrivée qui ressemble fort à celle du Messie. — Eh bien, mais je ne leur fais pas mon compliment ; vos miracles ne sont pas de nature à lui gagner des admirateurs.

Le public n'est pas encore assez préparé : voilà encore un de vos arguments ; il me semble qu'il s'est montré dans maintes occasions dont vous avez gardé le souvenir, assez grand garçon. Vous travaillez à son éducation dramatique ; hommes généreux, il faut convenir que vous prenez votre temps, est-ce assez lent et laborieux ? Je crois que vous suivez une marche inhabile. Croyez-vous qu'il comprenne quelque chose à vos théories et à vos leçons, ne les détruisez-vous pas dans la pratique : vous lui prêchez l'art et vous faites à qui mieux mieux du métier Allons, un peu de franchise, et avouez une bonne fois que vous ne pensez pas ce que vous dites, que vous ne dites pas ce que vous pensez, et que vous ne faites ni l'un ni l'autre. Avouez que tout ceci est un parti pris de contradiction, une petite et mesquine querelle où vous n'avez d'autre but que de mettre votre personnalité en avant.

M. de Chilly s'est dit un jour en lisant le journal : il y a incontestablement plusieurs grandes questions politiques qui préoccupent en ce moment l'opinion publique, elles sont toutes graves à divers titres, intéressantes de mêmes ; à laquelle peut-on toucher sans alarmer les gouvernements amis ou ennemis, les souverains, les parlements, les ministres, les congrégations, la censure, en un mot qui que ce soit ? En ce moment ses yeux rencontrent une dépêche télégraphique de Washington. Tiens, se dit-il, voilà mon affaire.—La question de l'esclavage. Elle est d'une actualité palpitante, elle est à l'ordre du jour ; elle est l'objet des interpellations au Parlement d'Angleterre aux Cortès d'Espagne, elle est cause de la dissolution de l'union des États-Unis, de la séparation de la Caroline du Sud de la Caroline du Nord, que puis-je demander de plus. Cherchons dans les cartons, voyons si nous ne trouverons rien ayant trait à cela ; il y a longtemps que j'ai envie de faire jouer, comme M. Hostein, une pièce où il se trouve un peu de politique par-ci par-là. — Et voilà pourquoi, cher lecteur, la reprise d'*Atar-Gull*.

Ce drame, à qui l'on pourrait donner comme sous-titre *ou la Vengeance d'un nègre*, est tiré du roman d'Eugène Suë, publié en 1831. Ce n'est ni une plaidoirie pour, ni une plaidoirie contre l'esclavage. On plaint ces malheureux que la barbarie condamne à l'état de brutes et de choses au premier acte, mais comme tout au théâtre se personnifie dans un homme, on est porté à les détester, à les haïr dans la personne du héros Atar-Gull. Cet homme, parce que son père a été condamné à mort, un peu à la légère, c'est vrai, mais sans arrière-pensée et innocemment par le planteur Thomson, s'attache à lui comme une ombre, le poursuit comme l'inexorable fatalité et le torture sans relâche.

Il lui tue sa fille chérie, le ruine totalement, le rend fou et attend longtemps une lueur de raison afin d'achever de le tuer par un dernier aveu. Il abandonne sa patrie, ses parents, ses amis, et suit partout son maître; il veille à son chevet, il passe ses nuits et ses jours à attendre la guérison pour porter le dernier coup. — Est-il raffiné dans sa vengeance, le gredin! il a juré, dit-il, voilà son excuse. — Enfin le moment tant espéré, désiré, attendu, arrive; Thomson recouvre la raison et veut récompenser la fidélité de l'esclave qu'il a rendu à la liberté en lui donnant sa fille Jenny restée vivante, grâce à l'amour d'Atar-Gull. Celui-ci alors, se souvenant de sa vengeance et de son serment, avoue tout au vieux planteur et s'enfonce un couteau — un affreux couteau de cuisine — dans le cœur : c'est ce qu'il aurait dû commencer par faire ; et le drame finit.

Voilà, certes, un singulier héros de mélodrame; il n'est ni intéressant, ni sympathique, ni curieux. Je ne dis rien de l'œuvre.

M. Albert joue Atar-Gull. Hélas! M. Albert n'est plus jeune.

Faisons deux pas sur le boulevard et entrons à la Porte-Saint-Martin à *la Tour de Nesle.*

Que dire de ce bon et gros mélodrame qui n'ait été répété depuis, mille fois. Il a été le prototype des machines à tableaux qu'on joue tous les jours, les d'Artagnans dramatiques ont été taillés sur le patron de Buridan, comme les traîtres sur celui de Robert-Macaire. On lui a pris ses mensonges historiques, ses invraisemblances, ses brutalités, ses images impossibles, ses comparaisons renversantes, son dialogue ultra-romantique.

Quoiqu'un peu vieilli, *la Tour de Nesle* conserve encore un attrait puissant, un intérêt incontestable; il charme, il captive, il absorbe pour ainsi dire. Rien ne traîne, rien ne languit dans ce long drame ; tout marche, court, se précipite vers le dénouement. Le spectateur est assiégé par une action bien posée, bien nouée, bien conduite; la rapidité du développement ne laisse pas de temps à la réflexion ; l'esprit est cons-

tamment tendu et l'attention en éveil; on commence, on continue, on achève. — Adieu les remarques, les réserves et les critiques !

La pièce est montée avec grand luxe, les costumes sont riches et les décors splendides ; il y a au troisième tableau une vue au clair de lune de la tour de Nesle, de la Seine et du vieux Louvre d'une rare beauté.

L'interprétation n'est ni bonne ni mauvaise. M. Mélingue est mieux que dans ses autres créations. Madame Marie Laurent manque d'ampleur. M. Taillade est satisfaisant. · Charles CORASSAN.

SALON DE BORDEAUX

—

« Mon cher Lavedan,

« Je viens de parcourir notre Salon de peinture : c'est une exposition presque parisienne, car sur 509 tableaux, il y en a au moins 450 qui sont l'œuvre des artistes de Paris.

« Ces quelques lignes ne sont que la préface du compte-rendu que je prépare pour la *Revue des Beaux-Arts ;* mais il faut que je revoie le Salon sept ou huit fois au moins avant de conclure ; cependant je ne puis m'empêcher de vous dire que ma première impression n'a pas été favorable à l'exposition bordelaise. Peut-être, en examinant avec détail, reviendrai-je de mon premier jugement, car il y a certainement de fort intéressantes choses.

« J'y ai remarqué en passant quelques toiles : entre autres les *Sirènes*, de M. Félix Barrias, — un *Combat de maisons dans Magenta*, de M. Hippolyte Bellangé, — trois jolis tableaux de M. Emile Barthélemy, — un *Intérieur d'écurie*, de M. Albert Brendel, — une *Jeune femme à sa toilette*, de M. Joseph Caraud, — six tableaux de M. Jules Caron, un peintre de talent et d'une fécondité merveilleuse.

« Mais je m'aperçois que je fais autre chose qu'une préface; à bientôt le compte-rendu.

« Tout à vous,

« Eugène DUPLESSIS. »

Le rédacteur en chef: Louis LAVEDAN.

Paris. — Imp. Walder, rue Bonaparte, 44.

CHRONIQUE DES BEAUX-ARTS.

L'événement artistique de la semaine. Les paysages de M. Rousseau. — Ce qui vaut le mieux, du peintre ou de l'épicier. — Exposition de la ville de Caen. — Photographie Carjat. Panthéon microscopique. — Une future étoile : mademoiselle Delphine. — M. Martel, professeur de déclamation. — Le *Renard*, de Goethe, traduction Grenier, illustrations de Kaulbach. Métamorphoses humaines et bestiales.

L'événement artistique de cette semaine a été l'exposition, puis la vente des vingt-cinq paysages de Théodore Rousseau, à l'hôtel Drouot.

Dimanche, 5 mai, à l'exposition particulière, où l'on n'était admis que sur la présentation d'un billet, il y avait foule pour contempler une dernière fois ces vingt-cinq toiles de choix que le marteau du commissaire-priseur allait éparpiller dans toutes les directions.

Mardi, 7 mai, à la vente, la foule n'était pas moins grande, et cet empressement était justifié, car sur ces vingt cinq toiles, une vingtaine au moins sont de très-belles choses. Je citerai, entre autres, non pas comme les plus disputées et les plus chèrement vendues, mais comme les plus dignes d'éloges : *La Grande Route de Fontainebleau*, dans la forêt (Pavé de Chailly), un effet de crépuscule charmant, qui a été vendue seulement 1,460 francs ; la *Ferme et Pâturage*, qui a été vendue 1,400 francs ; la délicieuse *Cour normande*, qui n'a été vendue que 465 francs ; le *Coucher du soleil à travers la futaie*, sur la lisière du Bas-Bréau, qui n'a été vendu que 390 francs ; les *Chênes de la Lande, au bord d'un lac*, un adorable tableau (sauf le troupeau de vaches sortant de l'eau), qui ont été vendus 1,520 francs ; le *Pacage au bord de l'Oise*, d'une limpidité prodigieuse (toujours les petites vaches exceptées), qui a été vendu 2,380 francs ; la *Clairière de la haute-futaie*, au carrefour de la Reine Blanche, le plus beau peut-être de ces vingt-cinq tableaux, qui a été vendue 2,300 francs ; le *Clair de lune dans les Bois*, au Jean de Paris, près

de Barbizon, très-beau aussi (sauf la lumière trop diurne au lieu d'être nocturne), qui a été vendu 2,060 francs ; la *Mare dans les Roches*, avec des chevaux buvant, qui a été vendue 1,800 francs ; le *Chemin creux dans le bois*, du côté de Franchard, qui a été vendu 1,410 francs ; et le *Village de Barbizon*, effet de soleil couchant, qui a été vendu 2,900 francs.

Cette vente, qui résume des années entières de la vie de l'artiste, n'aura produit qu'une somme d'environ 40,000 francs ; mais que M. Théodore Rousseau ne s'en afflige pas trop : deux jours auparavant, à l'hôtel Drouot, on a vendu un Ruysdaël (*signé*), 1,300 francs seulement, et un Berghem (également *signé*), 995 francs. L'épicerie rapporte davantage, je le sais bien, mais ce n'est que de l'épicerie, et quoi qu'en dise la Sagese des Nations, mieux vaut peintre famélique qu'épicier millionnaire.

Ceci dit, passons à autre chose.

La France ne reste pas en arrière de Paris, et pendant que le Palais des Champs-Élysées s'ouvre à deux battants pour recevoir les bienheureux artistes, jugés dignes de cet honneur par le jury que l'on sait, d'autres palais — plus petits — ouvrent leurs portes à d'autres œuvres. Ainsi, à Caen, dans un local choisi par la Société des Beaux-Arts de cette ville, va s'ouvrir le 20 juillet, pour être fermée le 10 août suivant, une exposition où seront admises les œuvres des artistes nés ou domiciliés dans les cinq départements qui composent l'ancienne Normandie (Seine-Inférieure, Eure, Calvados, Orne et Manche). Peinture, aquarelle, pastel, miniature, émaux, vitraux, porcelaines, sculpture, gravure en médailles, architecture, lithographie, photographie et galvanoplastie, tout sera admis, les copies exceptées.

Ajoutons que cette exposition coïncidera avec : 1° une exhibition de tableaux, sculptures et autres objets d'art anciens, que leurs propriétaires seront priés de mettre à la disposition de la Société ; 2° un concours entre les orphéons et les musiques d'harmonie des cinq départements, organisé aussi par la Société des Beaux-Arts ; 3° Les courses de Caen ; 4° enfin, l'inauguration des nouveaux bâtiments construits à l'Hôtel de Ville, et consacrés aux Expositions publiques, à l'agrandissement du Musée de peinture, des Ecoles de sculpture, de dessin et d'architecture, du Conservatoire de musique et de la Bibliothèque publique.

Je viens de parler photographie en parlant de l'Exposition de Caen. Photographie et peinture ont l'air de s'exclure, et j'ai maintes fois entendu les peintres médire des photographes. Les peintres avaient raison et ils avaient tort ; ils avaient raison, parce qu'il y a autant et plus de mauvais collodionneurs que de rapins ; ils avaient tort, parce qu'il y a des artistes parmi les photographes. Etienne Carjat est du nombre de ces derniers. Il a ouvert, il y a quelques jours, en pleine rue Laffitte, au n° 56, au rez-de-chaussée, au milieu d'un jardin planté de vrais arbres et de vraies fleurs, un atelier de photographie dont le meilleur monde n'a pas tardé à prendre le chemin. Voilà ce que c'est que d'être connu déjà du public : il n'a pas de peine à vous reconnaître, et l'on va chez Carjat photographe, comme on allait chez Carjat caricaturiste. Heureux homme ! Mais Carjat ne s'est pas contenté d'ouvrir un salon de portraiture, il vient encore de commencer, en collaboration avec M. Nel, une publication qu'il intitule *Panthéon microscopique*, et qui n'est autre chose qu'un portrait à mi-corps d'une célébrité contemporaine, enguirlandé des titres de cette célébrité à la célébrité, — une biographie courte et bonne : la première livraison, je veux dire le premier portrait photographié, avec une vingtaine de lignes

imprimées au bas, est celui de M. Jules Simon, le philosophe. Bonne chance au *Panthéon microscopique !*

J'espère que Carjat n'y introduira pas de femmes, rien que des hommes ! Si cependant il entre-bâille l'huis de son atelier pour y introduire quelques célébrités chorégraphiques ou dramatiques, je lui recommande une future *étoile*, mademoiselle Delphine tout court. Mademoiselle Delphine est une des plus jolies et des plus intelligentes élèves de M. Martel, qui cependant en a un troupeau que lui envieraient certains directeurs de théâtre, s'ils connaissaient le chemin de la rue des Martyrs, où se trouve la salle de déclamation de M. Martel. Mademoiselle Delphine n'a pu mordre de ses belles dents blanches à la coriace tragédie ; mais dans la comédie, elle trouverait peu de rivales. Elle dit avec une justesse d'intonation, avec un geste sûr, avec une grâce, avec un charme, dans lesquels la nature entre pour une moitié et son professeur pour l'autre moitié. M. Martel, ex-premier rôle du théâtre de l'Odéon, lauréat du Conservatoire, gradué de l'Université, n'est pas un professeur vulgaire ; et comme j'ai eu l'honneur d'assister à quelques-unes de ses leçons, j'ai parfaitement compris que des élèves comprissent parfaitement : il enseigne comme pas un, et son auditoire féminin et masculin, très-nombreux, profite vite de son enseignement. On profiterait à moins. Mademoiselle Delphine, je vous attends à vos premiers débuts sur une grande scène, et vous prie de ne pas faire mentir alors ma prédiction d'aujourd'hui. Vous avez dix-sept ans, vous êtes belle, vous êtes spirituelle : ne soyez pas ingrate !

Ce serait manquer à tous mes devoirs de chroniqueur de beaux-arts que de ne pas parler à ceux qui me font l'honneur de me lire d'un merveilleux livre qui fait partie de la belle collection illustrée J. Hetzel et Jamar, et que vient de mettre en vente la maison Michel Lévy frères : le *Poëme du Renard*, de Wolgang Goëthe, avec illustrations de Wilhelm von Kaulbach.

Je connaissais déjà l'édition allemande, publiée à Stuttgart, en 1856, par J. G.

Cotta'scher Verlag, et je souhaitais chaque jour, depuis ce moment-là, qu'une traduction de cet étrange poëme légendaire nous arrivât en France, avec les dessins si spirituels, si moqueurs, si humoristiques de Wilhelm Kaulbach : ce souhait vient d'être exaucé, à ma grande joie et à celle des amateurs de beaux livres, par M. Hetzel comme éditeur, et M. Edouard Grenier comme traducteur. Nous aussi nous avons le *Reineke Fuchs*!

Ce poëme, depuis longtemps aussi populaire dans toute l'Allemagne que le sont parmi nous les romans de chevalerie de la Bibliothèque Bleue, ce poëme est une chose énorme, une verveuse satire de la vie humaine, une sanglante satire de la vie féodale; et je comprends à merveille que le grand poëte, dont le génie savait si bien toucher à tout, ait songé un jour, à Weimar, en 1793, à le translater du bas allemand en haut allemand, car c'était là une intéressante et noble occupation pour son cerveau olympien. Il raconte lui-même qu'il fut enchanté d'avoir une pareille occasion d'écrire quelques milliers d'hexamètres, et de s'exercer dans la pratique de ce rhythme dont les règles n'étaient pas encore bien nettement établies en allemand, malgré que Klopstock et Woss l'eussent déjà employé avec succès.

Je n'ai pas la prétention de raconter, même sommairement, cet étrange poëme, qui est le récit des grederies de maître Renard, — le roi du monde depuis le commencement du monde. Cela me mènerait un peu loin, et je suis déjà fatigué par la course que je viens de fournir. Je veux d'ailleurs laisser à mes lecteurs le plaisir de lire cette bouffonne et navrante odyssée, où l'on voit la ruse dominer la force, la coquinerie supplanter l'honnêteté, la méchanceté torturer l'innocence. J'entends signaler seulement les ébouriffants dessins que Kaulbach a semés à profusion tout le long de cette odyssée. Ce sont des animaux qu'il représente, mais ce sont des hommes que ces animaux représentent, des hommes avec tous leurs appétits brutaux et toutes leurs passions bestiales.

Ces idées-là, écrites par le crayon de Kaulbach sur les pages blanches du *Renard*, ces idées-là n'ont rien d'étrange en soi, quoique germaniques. L'âme de l'homme est une voyageuse qui ne fait qu'aller et venir sans cesse, sans s'arrêter longtemps quelque part. Quand elle a habité pendant un certain nombre de lunes la guenille d'un chenapan, elle se réfugie sous la toison d'un mouton, pour faire contraste, à moins qu'il ne lui plaise de continuer le même métier en se réfugiant sous la peau d'un renard. C'est un renard, en apparence; mais, au fond, c'est un homme.

A toutes les époques et dans tous les pays il surgit un *satirist* de la plume ou du crayon, que cette parenté entre l'homme et la bête, ou entre la bête et l'homme, empoigne violemment, et qui se met à la fixer sur le cuivre ou sur le papier, sur la toile ou sur la pierre. Les passions humaines animalisées, les sentiments humains reproduits en ronde-bosse sur des faces bestiales, la pensée de bêtes à deux pieds traduite en lettres moulées sur des créatures à quatre pattes, ces démentis furieux et inexorables donnés à chaque instant à l'orgueil de l'homme, ce « Roi de la création, » devaient tenter, en effet, l'humour et la verve satyrique des artistes vrais. Dans son *Histoire ecclésiastique,* Fleury raconte qu'après son élection le pape était conduit à une chaire de pierre, percée, posée devant le portique de l'église du Sauveur de Latran, et, qu'étant assis sur cette chaire percée, appelée *stercoraria*, il faisait ses largesses au peuple; « cérémonie, ajoute Fleury, qui avait pour but, ainsi que l'étoupe brûlée devant lui, de lui rappeler qu'il était homme. » Il est bon de rappeler de temps en temps à l'homme, ce pape orgueilleux, qu'il n'est, en somme, qu'un animal.

C'est ce que nous rappelle, à chacun de ses dessins, dans le poëme du *Renard*, ce grand satirique qui a nom Wilhelm Kaulbach. Je ne l'en remercie pas, pour ma part, par vanité; mais, au fond de l'esprit, je l'admire et je suis assuré que l'admiration viendra aux autres comme elle m'est venue.

Je reçois à l'instant, trop tard pour en parler aujourd'hui, les six volumes de la nouvelle édition des *Mémoires d'Outre-Tombe,* le seul livre vraiment remarquable de Chateaubriand, le seul où il se soit prouvé tout entier. Je remets à dimanche prochain le compte-rendu que m'imposent mon devoir de chroniqueur et ma haute estime pour cet illustre défunt.

Henry Lheureux.

SALON DE 1861
(Suite.)

M. Jules Breton. A envoyé quatre tableaux : *le Soir, les Sarcleuses, le Colza, l'Incendie,* quatre toiles remarquables, — les trois premières surtout.

Il y a d'éclatants progrès dans la manière de cet artiste qui, à chaque exposition, révèle une face nouvelle de son talent. Il a le sentiment et la mélancolie ; il a la grâce et la force, sans tomber une seule minute dans l'affectation et dans la mièvrerie. Il peint bien ce qu'il voit, et fait ainsi du réalisme acceptable pour les yeux des délicats comme pour les yeux de la foule. Pour moi, qui recherche sans cesse dans la peinture certaines similitudes littéraires, M. Jules Breton a la note attendrie de Gérard de Nerval, — de même que M. Courbet a la crudité implacable, la vulgarité volontaire et l'amour de la laideur de M. Champfleury, — de même que M. Biard a la trivialité d'expression, la jovialité de mauvais goût et l'absence complète de style de M. Paul de Kock, — de même que M. Gérôme a l'esprit, la grâce moqueuse, la verve paradoxale, l'élégance exquise de Léon Gozlan.

Le *Colza* est une page rustique devant laquelle on s'arrête volontiers, et à laquelle on prête toute son attention, parce qu'elle en vaut la peine, — je veux dire le plaisir. Nous sommes dans une plaine du nord de la France, à Courrières, à l'époque de la récolte du colza, — cette richesse de deux ou trois départements de nos frontières. Une belle fille brune, en chemise bise sous laquelle la gorge se devine, solide, tient d'un

air grave — comme il convient de l'avoir dans toutes ces nobles fonctions paysannesques — un tamis dans lequel passe la graine oléagineuse, qui retombe en pluie noire sur le sol, où la recueille une autre travailleuse accroupie. Le mouvement est simple et lent, peut-être un peu trop lent et un peu trop raide ; mais cela n'en donne que plus de majesté à cette fille des champs, qui, d'ailleurs, songe ou a l'air de songer à quelque chose d'important. Elle fait sa besogne, la vaillante fille ; mais son cœur aussi a sa besogne à faire, — et il la fait. Sur les plans éloignés, des paysans, armés de fléaux, battent les tiges fauchées pour en exprimer le fruit, tandis que des paysannes lient leurs javelles pour les charrier au village voisin dont on aperçoit les premières maisons.

Le *Soir* est le dénouement de cette journée de labeur. Les travailleurs et les travailleuses s'éloignent et regagnent leurs demeures, où les attendent le souper réparateur et le sommeil plus réparateur encore. Cependant, malgré leur fatigue, une douzaine de paysannes, jeunes pour la plupart, se sont arrêtées à mi-chemin pour former une ronde : elles dansent, insoucieuses, fêtant ainsi le repos qu'elles ont si bien gagné. Durant ce temps, l'une d'elles, qui ressemble à la travailleuse au tamis de tout à l'heure, s'est arrêtée, elle aussi, mais pour s'asseoir sur une pierre, au bord du chemin, et pour rêver.

Je comprends maintenant l'air grave que l'artiste lui a donné dans le premier tableau. Elle songeait à son amoureux, cette amoureuse, — qui est une délaissée. Qui l'a trompée? Un compagnon de travail, un rustre, — ou un soldat de passage, un soudard, — ou le clerc du notaire de la commune, un drôle, — ou le fils du fermier, un gandin en sabots? Je penche pour le soudard sans vergogne qui l'a prise vierge et l'a laissée mère. Il est parti un beau matin, — après une belle nuit, hélas ! — en lui disant ces mille banalités dont les femmes sont si friandes, ces mille niaiseries que rehaussent fort heureusement les baisers dont on les accompagne, et qui sont la monnaie courante des conversations amoureuses. Il est parti, le soudard ! Alors, tous les jours, tous les soirs, à la même heure, la pauvre Ariane rustique va s'asseoir sur la même pierre, le long de la route où elle l'a vu disparaître, — dans l'espoir, sans cesse irréalisé, de le voir revenir plus amoureux encore qu'au départ. Mais le soudard ne revient pas, il ne reviendra jamais, — et le « petit » qui va venir ne connaîtra jamais son père.

Les *Sarcleuses* sont conçues dans le même sentiment et exécutées dans le même ton. Elles sont là quatre ou cinq, courbées sur l'herbe verte dont elles arrachent les mauvaises plantes, les plantes parasites, les plantes folles. Rude besogne qu'elles font là, ces jeunes filles, et qui explique le dos voûté des bonnes vieilles campagnardes qu'on rencontre çà et là sur son chemin quand on sort des villes pour aller respirer l'air reconfortant des champs.

O fortunatos nimiùm, sua si bona nôrint,
Agricolas !...

Quelle abominable ironie ! Heureux, les paysans ? Si vous voulez de leur bonheur, ils vous le cèderont — à bon compte. Virgile en parlait bien à son aise, comme un prince qu'il était, — le « prince des poëtes latins. »

L'*Incendie* détonne un peu, pour moi, avec les trois toiles que je viens de citer. Tout le monde, réveillé en sursaut par les cris d'alarme, se remue bien pour porter secours, chacun dans la mesure de ses forces, de son sexe et de son âge ; mais, quoique d'une exécution vraie, ce tableau me paraît manquer de l'originalité qui caractérise les autres : il a été fait plusieurs fois, les autres ne l'ont pas encore été. Dans les trois premiers, M. Breton n'imite personne : dans celui-ci, il y a une imitation flagrante de Moïse Valentin, comme couleur, et de Boilly, comme « bonshommes ». Boilly et Valentin ont leur incontestable valeur, mais le mieux, en littérature comme en art, est de n'imiter personne.

M. Eugène ACCARD. A envoyé un *Charles IX chez Marie Touchet*, et *Un seigneur de la cour de Louis XIII félicitant le poëte Racan.*

On connaît l'histoire de Marie Touchet et de Charles IX. Il était une fois un roi et une reine — de la main gauche. Le roi avait dix-neuf ans, la reine en avait dix-sept. Le roi était roi, et la reine était — belle. Le roi s'appelait Charles, fils de Catherine de Médicis; la reine s'appelait Marie, fille de M. Touchet, notable bourgeois de la notable cité d'Orléans. Charles revenait de la chasse, un soir, lorsqu'il rencontra Marie qui arrêta son regard et fixa son cœur. Marie, suivant un écrivain du temps, avait l'esprit aussi incomparable que sa beauté : « elle avait le visage plus rond qu'ovale; ses yeux, trop grands peut-être, avaient une expression de douceur infinie; son nez était du dessin le plus fin ; ses cheveux étaient noirs et merveilleusement abondants ; et sa bouche rose et mignonnette s'ouvrait sur des dents plus blanches que neige. » Il y avait bien là de quoi ravir un prince qui, comme Charles IX, était poëte, — et même assez bon poëte. Il s'enamoura et Marie Touchet le laissa s'enamourer — en s'enamourant elle-même de son côté. Elle lui donna un fils qui mourut, puis un autre qui fut reconnu par le Parlement et porta le titre de comte d'Auvergne.

M. Accard a choisi pour motif de son tableau une visite du royal amant à sa belle maîtresse, dans la petite maison de la rue de l'Autruche, au moment où Marie jouait avec son fils, le jeune Charles de Valois. Le roi vient d'arriver et il s'est jeté, accablé, sombre, maussade, sur un siége, près du lit. Ce qu'il a, nul ne le sait. La Saint-Barthélemy a eu lieu, et, depuis cette nuit fatale, le remords monte en groupe et galope avec lui : il voit rouge, ce royal poëte, comme le plébéien chourineur d'Eugène Suë. Marie se penche sur son amant, et pousse doucement vers lui son Charlot, pour le consoler.

Ce motif est heureux. Marie Touchet est charmante, quoiqu'elle ne paraisse pas assez alarmée. J'aime moins le Charles IX, qui n'est pas assez celui de l'histoire. Quant au petit prince, qui ressemblait dit-on, beaucoup à son père, je dois déclarer qu'il ressemble trop à tous les « petits rois de Rome » dont a abusé la gravure contemporaine. Et puis, les accessoires sont un peu négligés, — le lit à baldaquin rouge excepté. En somme, ce tableau et son pendant, un *Seigneur félicitant Racan*, sont en progrès sur les derniers exposés par M. Eugène Accard, — qui mérite toute la bienveillance de la Critique.

Je n'ai qu'un reproche sérieux à faire à Marie Touchet : c'est de s'être mariée avec Charles de Balzac, seigneur d'Entragues, gouverneur d'Orléans, après la mort de Charles IX. Quand une femme a eu l'honneur d'être aimée d'un prince, d'un poëte, ou d'un artiste, elle n'a pas le droit de se laisser aimer par qui que ce soit au monde : les infidélités envers les morts sont plus odieuses que les infidélités envers les vivants.

— M. Léon MORICOURT. A exposé trois tableaux, *La lettre du fils, Son dernier vœu !* et *Une récompense militaire*, qui rentrent dans la catégorie des drames-vaudevilles d'Eugène Scribe, ou plutôt des frères Cogniard, alors que les frères Cogniard faisaient jouer aux théâtre des Folies-Dramatiques *la Cocarde, la Courte-Paille*, etc., etc. La foule aime ces drames-vaudevilles-là, soit au théâtre, soit au Salon, et « elle y va volontiers de sa larme. »

Moi qui ne suis pas foule, — et qui m'en enorgueillis à de certaines heures, — je n'ai pas une admiration énorme pour ces sentimentalités-là, et je garde « ma larme » pour de meilleures occasions. Pourtant l'un des tableautins de M. Moricourt, *Le dernier vœu*, m'a arrêté plus que je n'aurais voulu devant lui. Deux soldats reviennent pour accomplir le dernier vœu d'un de leurs compagnons d'armes, tué là-bas, loin du village natal, à Solférino ou à Cavriana, — ou ailleurs. L'un d'eux, agenouillé à demi, a débouclé son sac, et, parmi les objets qu'il en a tirés, se trouve une médaille militaire, la médaille de Crimée, que portait le mourant, et qu'il présente à sa mère comme dernier souvenir. La mère ne s'at-

tendait pas à ce coup brutal ; elle avait vu partir son fils « pour l'armée de la guerre, » jeune, vigoureux, bien portant et bien joyeux, et elle espérait qu'il lui reviendrait de même, — avec le ruban rouge en plus : elle apprend qu'il ne reviendra jamais, qu'elle ne le reverra jamais, qu'elle ne l'embrassera jamais plus, et que c'en est fait de ses rêves pour sa vieillesse, dès à présent assombrie, vide et lamentable. Elle se cache le visage de ses deux mains tremblantes, pour ne pas laisser voir les deux ruisseaux de larmes qui lui mouilleront ainsi ses joues pâles jusqu'au tombeau. Un enfant de douze ans, le dernier né, le *culot*, essaie de la consoler, — mais sans y parvenir ; car lui aussi, qui pourrait être le soutien de la vieille femme, il faudra qu'il aille, dans huit ans d'ici, se faire casser la tête par les Autrichiens ou par les Arabes. Le père, debout, à gauche, regarde, — mais sans douleur : les hommes ne savent pas ce que c'est que ces choses-là, et comment le sauraient-ils, eux qui donnent la mort, quand les femmes donnent la vie ? Ah ! guerre bête et cruelle, aveugle et impitoyable, inconséquente et folle, qui prend les fils aux mères précisément à l'âge où elle devrait les leur laisser !

Je me suis éloigné, furieux, de ce tableau, — qui méritait moins de fureur.

— M. Gustave JUNDT. A envoyé trois toiles : *Un premier né, Sauve qui peut* et un *Quatuor*, deux scènes du Tyrol et une scène du grand-duché de Bade.

M. Gustave Jundt est, comme le précédent artiste, élève de M. Drolling et de M. Biennoury, mais il n'est pas pour rien né en Alsace, — le pays des farces sérieuses. C'est un pince-sans-rire amusant, comme le témoigne son tableau du *Premier né*. L'accouchée est dans son lit. Le mari est debout, au milieu de la chambre, se carressant le menton d'un air niais, et semblant répondre par un sourire de vanité satisfaite à ce que dit un notable du pays, un malin en habit noir qui ressemble à l'acteur Thiron, — lequel, après avoir examiné l'enfant, le déclare être le « portrait frappant » de son père : déclaration qui a le droit de faire rire l'accouchée, ainsi qu'un robuste gaillard à moustaches, placé un peu à l'écart, ne disant rien — mais n'en pensant pas moins.

La foule s'arrête volontiers devant ce tableau de M. Gustave Jundt et devant ses deux autres, — mais surtout devant celui-ci.

M. Gustave BRION. A exposé quatre tableaux : *le Siége d'une ville par les Romains, Une noce en Alsace, le Repas de Noce,* et *le Benedicite.*

Le premier de ces quatre tableaux sort complétement de la manière habituelle de l'artiste, qui s'était révélé au public par ses *Schlitters des Vosges,* il y a quelques années, et qui, cette année encore, nous donne un triple spécimen de cette première manière. *Le Siége d'une ville par les Romains* ressemble, au premier abord à un Adrien Guignet, — non pas seulement à cause du sujet traité, mais surtout à cause de la façon dont ce sujet est traité.

Nous sommes en l'an 50 avant J.-C. Jules César se trouve dans les Gaules. Il a ravagé le nord et le midi à la tête de ses légions romaines. Ses lieutenants ont conquis ici et là en son nom, mais la Gaule, la vraie Gaule n'est pas conquise. César veut la vaincre. Il a l'activité surhumaine nécessaire pour cette gigantesque entreprise : il a de plus l'étoile des conquérants. Si la marche des Brenns gaulois et de leurs armées à travers le monde étonné a été signalée par des désastres terribles pour les pays traversés par eux, la marche de César et de ses légions à travers les Gaules a été jusqu'ici signalée par des désastres plus terribles encore, — par une extermination, sans merci ni trève, des peuples réfractaires à sa domination. Les villes conquises ont été saccagées, leur population de femmes violée, leur population mâle égorgée. César veut des ruines pour asseoir dessus un second monde romain : il a des ruines ! Mais les violences appellent la révolte, et, devant ces menaces féroces des conquérants, la Gaule s'est soulevée pour conserver ce qui lui reste d'indépendance, et pour recouvrer celle qu'elle a perdue. Vercingétorix, héros fils d'un héros,

se met à la tête de ses clients et déclare l'insurrection dans Gergovie, capitale des Arvernes : il est proclamé chef suprème par les Arvernes, les Carnutes, les Sénons, les Parises, les Turons, les Andes, les Lémovikes et les Cadurkes ; il lève des contingents, organise une puissante armée, et s'en va vaillamment lutter corps à corps avec le colosse romain, — qui eut peur un instant de tomber sous son étreinte. Auvergnats d'aujourd'hui, — porteurs d'eau, maçons et manœuvres, — vous avez le droit d'être fiers de votre ancêtre d'il y a dix-neuf cents ans !

Mais le Dieu des armées favorise César : César assiége Vercingétorix dans Alesia, et Vercingétorix va être vaincu par le grand vainqueur.

Les Romains, outre leur nombre et leur habitude de la victoire, ont encore avec eux des engins de guerre redoutables. Devant la ville qu'ils viennent assiéger sont dressées d'énormes catapultes destinées à lancer des javelots, et des balistes destinées à lancer des pierres, des torches allumées et d'autres matières combustibles. Puis ce sont encore des béliers destinés à abattre les murailles ; des clayes, des mantelets, des *plutei,* destinés à couvrir les assiégeants et à leur permettre d'approcher sans trop de danger.

Le soleil inonde le tableau, — comme si de telles horreurs n'étaient pas plutôt condamnées aux ténèbres de la nuit ! Il semble que ce soit fête pour ces soldats romains qui s'avancent vers Alesia, qui leur appartient déjà par l'envie qu'ils ont de la posséder. Ils sont là tous, dans leur tumultueux désordre, soldats chaussés des humbles *caligæ,* — fils de famille couverts de la riche *hamata* et porteurs du casque d'airain surmonté de l'aigrette blanche ou rouge, — piquiers armés de leur *scutum* et maniant leur *pila,* ou ce fameux javelot à pointe si fine qu'on ne pouvait le renvoyer quand il avait été lancé, parce qu'elle s'émoussait en tombant. Qui leur résisterait ? César, tu vaincras ! Vercingétorix, tu seras vaincu ! *Ave, Cæsar, morituri te salutant !*

Et cependant, malgré cette glorieuse défaite du grand chef des Arvernes, réservé par César aux pompes outrageantes du triomphe, je ne puis m'empêcher de m'écrier : « Vercingétorix, merci ! Le sol que nous foulons est un sol libre, bien que conquis. Nous sommes toujours les fils de la vieille Gaule. Inclinons-nous et remercions les dieux. Aux heures de défaillance, de doute et de misère, nous n'avons qu'à ployer les genoux et à coller nos lèvres sur ce sol, — humide de tant de rosées généreuses et fécondes, — pour nous sentir réconfortés et nous relever courageux. C'est la fable d'Antée réalisée. Cette terre est bien notre mère, — terre cent fois bénie, Terre Sainte par excellence. Vercingétorix, merci ! »

Malgré les remarquables qualités de ce tableau, je lui préfère les trois autres toiles, ses voisines, la *Noce*, le *Repas de noce* et le *Benedicite*, — comme je préfère la lecture des *Contes* d'Auerbach à celle de l'*Histoire des révolutions romaines* de Vertot.

Le *Benedicite* est une page d'une honnêteté et d'une poésie familiale qui vous reposent agréablement l'esprit. Une table rustique est dressée dans la principale salle d'une modeste maison de travailleurs alsaciens. Le chef de la famille, assis près de la fenêtre, lit gravement, lentement, dans un grand livre à tranches rouges, les paroles consacrées qui doivent attirer sur sa famille et sur lui la bénédiction du ciel. Ce pain bis, ces pommes de terres fumantes, cette bière écumeuse, qui ornent la table, c'est à Dieu, à sa bonté, qu'on les doit : il faut le remercier avant d'en profiter, afin que la bière en paraisse plus douce, le pain bis plus blanc, les pommes de terre plus savoureuses. L'aïeul est assis, et le dernier-né aussi, comme il convient à ces deux extrémités de la vie, à ces deux faiblesses, — toutes deux si respectables. L'aïeul n'est occupé que de sa prière, l'enfant ne songe qu'à préserver la table des tentatives d'un chien qui a faim et voudrait manger. Le mari et la femme, — la fille et le gendre du lecteur, — sont debout, tête respectueusement penchée, écoutant les paroles sacrées sans trop les comprendre peut-être, mais les écoutant : la femme est jolie, quoique engoncée et empaquetée dans ses lourds vêtements ; le mari a l'air d'un grand dadais, mais un grand dadais vigoureux, et je suis sûr qu'il est plus adoré de sa femme que ne le serait un grand homme, — le génie ne valant pas la force, aux yeux du « sexe faible. » A côté de ce couple sont trois enfants, d'âge différent, qui ne prêtent qu'une médiocre attention aux paroles du grand-père, distraits qu'ils sont par les parfums des choses servies sur la table, — dont la nappe propre, avec tous ses accessoires de vaisselle, est bien faite, du reste, pour donner appétit.

Cette scène tranquille m'a ravi, comme si j'y avais assisté réellement, en personne, arrêté sur le seuil de cette humble demeure d'honnêtes gens. Elle est bien comprise et bien peinte. La lumière qui passe à travers la fenêtre a la vivacité qu'il faut, les ombres ont l'accent voulu, le relief des objets est suffisant, les détails sont bien apparents, et les yeux du spectateur vont avec plaisir d'une chose à une autre, des créatures vivantes, immobilisées par le recueillement, aux meubles du logis qu'anime la danse des atômes d'or, — l'horloge à poids, le buffet en noyer, la crédence à vaisselle, le lit à rideaux de laine rouge et noire, tout. Soyez assuré que cette maison est bénie entre toutes, que « l'arondelle » bâtit en paix son nid à l'angle de la fenêtre, confiante aux procédés de bon accueil qui en sont l'atmosphère naturelle ; que le « sotré, » le *lar familiaris*, y vient souvent en visite, dans les « luures » de l'hiver, quand toute la famille est réunie là, à la pâle clarté du heurchap suspendu aux soliveaux de la chambre, pendant que le plus vieux raconte des « fiauves, » ou que les plus jeunes chantent des complaintes dont les refrains se mêlent au ronron du rouet des filandières.

La Noce est une autre page du même livre, — écrite, ou peinte, avec la même poésie, le même sentiment exquis des choses domestiques, la même compréhentsion des mœurs villageoises d'une certaine partie de la France. Il est bon, — et j'en remercie pour ma part M. Brion, — de mettre ainsi sous les yeux des blasés et des affadis ces spectacles rassérénants, ces représentation des traditions anciennes toujours en honneur : cela change un peu des rigolbochades parisiennes et des mariages à la détrempe auxquels on nous convie tous les jours.

Le mariage est un devoir, et si l'on s'en moque plus que de raison dans les villes, on y attache une importance religieuse dans les campagnes, — du moins dans certaines campagnes, en Lorraine et en Alsace par exemple, où l'on y choisit une femme comme on se choisit une robe, non pour le brillant, mais pour le bon user. Le prétendu est un parfait cultivateur, un excellent « marcaire, » — c'est-à-dire un excellent fabricant de fromage de vachelin ; sa future compagne est une laborieuse ouvrière qui s'entend à merveille à traire les vaches, à faire le meilleur beurre, à filer le plus de quenouillées dans une soirée d'hiver : un bon et beau ménage, comme vous devinez. Aussi, pour voir passer ce couple, tout le monde du village se met aux fenêtres. Trois musiciens précèdent le cortége, un violon, un violoncelle et une clarinette ; et pendant que ces trois orphées rustiques jouent de leurs instruments avec le plus d'éloquence possible, les garçons de la noce, invités ou non, vont criant de tous leurs poumons le traditionnel « *Thiou hihi va longué,* » — qui n'est qu'une altération du « *Iou ! Iou !* » des Grecs et des Romains, ou du «*Io ! Io !* » des habitants de la Bretagne. Puis s'avance le cortége, c'est-à-dire la voiture — traînée par deux bœufs accouplés avec des fleurs— sur laquelle sont deux jeunes filles, les plus proches parentes de la mariée, les *pronubæ* des Romains, avec les meubles et effets de cette jeune fille devenue jeune femme. Le marié marche à droite, à cheval, chapeau fleuri sur la tête, sourire aux lèvres, recevant les félicitations des jeunes et donnant sa menue monnaie aux vieux. J'ai remarqué, à une fenêtre de droite, du côté du marié, une jouvencelle curieuse, qui m'a paru émue : peut-être est-ce avec elle que ce marié d'aujourd'hui allait « blonder » hier, ou avant-hier ? peut-être est-ce une délaissée ? O jeunesse sainte, quel charme ineffable, quelle inéloquibile poésie tu portes en toi !

Le Repas de noce est la conséquence naturelle du tableau que je viens d'essayer d'esquisser. Après l'église, la table ; après les cantiques, les chansons ; après Dieu, Bacchus, — encore un Dieu ! Le couvert est mis, mais les convives ne sont pas encore attablés ; l'époux et l'épouse ont monté les premiers l'escalier de bois qui conduit au réfectoire nuptial, et, pendant que les témoins, les parents, les amis, gravissent pesamment les marches, tous deux, impatients de se posséder, échangent une vigoureuse paire de baisers, — en avancement d'hoirie. On chantera tout à l'heure :

> Adieu, fleur de jeunesse,
> Je vais t'abandonner ;
> La noble qualité de fille
> Aujourd'hui la faut quitter.
>
> J'avais promis dans mon jeune âge
> De ne jamais me marier ;
> Aujourd'hui j'en trouve l'avantage,
> Mes parents me l'ont conseillé.
>
> Quand je vois ces filles à table,
> Assises par-devant moi,
> Quand je les vois et les regarde,
> Les larmes me tombent des yeux.
>
> La ceinture que je porte
> Et l'anneau que j'ai au doigt,
> C'est mon amant qui me les a donnés
> Pour finir ses jours avec moi.

Et le mari, à son tour, chantera en réponse :

> Il est vrai, ma maîtresse,
> Il est vrai, je vous les ai donnés,
> C'est pour passer votre jeunesse
> Avec moi z'en tranquillité.

Chantez, mes amis, chantez, buvez, aimez! La jeunesse n'a qu'un temps, et ce temps est le beau temps : la pluie, la neige, le vent et le reste ne viendront que trop tôt.

Ai-je remercié M. Gustave Brion du plaisir que m'a procuré la contemplation de ses trois tableaux rustiques ?

Alfred DELVAU.

(La suite au prochain numéro.)

CAUSERIE DRAMATIQUE

M. Meilhac. — Ses débuts. — *Le petit-fils de Mascarille.* — Les femmes du monde. — GYMNASE, *La vertu de Célimène*, comédie en cinq actes, en prose, de M. Meilhac. — OPÉRA-COMIQUE, *Salvator Rosa*, opéra comique en trois actes, de MM. Grangé et Trianon, musique de M. Duprato. — THÉATRE DU CIRQUE, *L'Eléphant du roi de Siam*, féerie en trois actes, de MM. Laloue et Monnier.

M. Henri Meilhac n'a point commencé comme la plupart des jeunes gens qui s'en vont en quête de lauriers dramatiques. Il ne s'est pas présenté au théâtre avec un de ces énormes manuscrits à ruban rose, qui sont l'effroi des directeurs et des préposés à la lecture des ouvrages. Il n'a pas rimé dans les loisirs du désœuvrement des milliers d'alexandrin néfastes, entassé des tirades soporifiques et accumulé des récits longs, comme une tragédie mal débitée. Enfin il n'a pas commis de comédies sociales, de drames humanitaires ou de grandes machines à une infinité de journées ou de tableaux, ce qui revient au même.

Il a débuté simplement, modestement par des pièces en un acte, de petites comédies sans prétention, plaines de finesse, d'élégance et d'observation. Il n'a point voulu, comme certains géants microscopiques de ma connaissance, s'imposer du premier coup ; ces fanfaronnades sont bonnes dans les romans, et faire pour ainsi dire violence à l'appréciation du public. Il a fait son chemin lentement mais sûrement, il a gagné du terrain peu à peu : il s'en fait remarquer, il s'est fait écouter. Lorsqu'il a cru avoir formé un milieu et réuni les suffrages d'un public intelligent et d'élite, il a, sans perdre de temps démasqué ses batteries et commencé la bataille.

Sa première victoire a été *Le petit-fils de Mascarille*, œuvre indécise et hésitante, il est vrai, mais qui faisait déjà prévoir un écrivain d'esprit et de talent, un auteur de l'école d'Alexandre Dumas fils, de la comédie, — moderne, serait trop prétencieux — mettons du jour. Ce qui manquait principalement à cette pièce c'était l'expérience scénique, la vraisemblance de l'action et des caractères et puis l'auteur y parlait du monde, comme un peintre qui voudrait faire un paysage, sans sortir de son atelier, —par intuition. Il s'était heurté là contre cette indéchiffrable énigme qu'on appelle le monde et que les plus expérimentés ne parviennent pas à connaître même après y avoir longtemps vécu. On fait des paradoxes, ou donne des explications et des définitions par à peu près, mais quant à en posséder les mystères il faut y renoncer. On est toujours, comme dit si bien M. Meilhac, en deçà du rideau, on ne pénètre pas dans la coulisse ; les acteurs même, n'y connaissent strictement pas leur rôles : hors de là ils sont spectateurs.

Cette comédie malgré ses imperfections a obtenu un succès de reputation, si je puis m'exprimer de la sorte, elle a fait à son auteur un nom au théâtre. La critique a salué en lui une nouvelle étoile, la critique ne s'est pas trompée. M. Meilhac après quelques petites pièces au Vaudeville et aux Variétés, est revenu au théâtre, de ses débuts au Gymnase avec une grande — mot consacré — comédie en cinq actes et en prose. Son *Intrigant* d'hier s'appelait un *Petit-fils de Mascarille*, la *Coquette* d'aujourd'hui s'appelle *Célimène*. Je ne suis pas partisan de ces titres et je trouve que ceux choisis à l'origine convenaient mieux non seulement à son genre ou à sa manière éminemment moderne, mais encore à l'esprit et au fond de ses comédies qu'il résumait admirablement.

La vertu de Célimène, c'est l'histoire de toutes les jolies femmes du monde, le tableau de la coquetterie parfois coupable, mais souvent honnête, de ces idoles de salon ; c'est la chronique assez fidèle de ce passe-temps dangereux qu'elles se créent par désœuvrement, par caprice, par amour-propre, par calcul, mais surtout par une vanité sans bornes à laquelle les hommes contribuent de toutes leurs forces et (disons le mot) de toute leur sottise présomptueuse. Mais ce dont M. Meilhac a fait une exception ou un cercle à part est tout simplement la généralité ; et presque toutes les femmes dont les hommes du monde disent : c'est une femme charmante ou une coquette, appartiennent invariablement à cette grande catégorie. Restons-nous indifférents à leur préférence flatteuse, à leur amabilité provoquante, à des marques d'une distinction non équivoques, mais innocentes, nous les qualifions d'aimables. Au contraire, si par malheur, ignorant des conventions mondaines, homme au cœur aimant, à la bouche sincère, aux sentiments nobles, en un mot à l'ignorance heureuse, vous tombez dans les griffes roses d'une de ces femmes à qui l'esprit tient lieu de cœur; et si, en prenant au pied de la lettre son caquetage sentimental et son verbiage amoureux, ses regards passionnés, vous lui demandez une récompense honnête, madame se drape fièrement dans sa dignité d'épouse et de mère, vous jette son honneur et sa vertu à la tête, vous désabuse cruellement et se justifie par l'audace de l'innocence. Tout cela en trois points, avec début, développement et conclusion, absolument comme un discours appris par cœur. Alors vous l'appelez coquette.

M. Meilhac a donc mis en scène une de ces femmes; il a groupé autour d'elle une foule d'amoureux amateurs, et parmi eux un Roméo tout de bon, qui cherche, demande, exige, veut avoir absolument une Juliette. Le tout présidé par un mari grand seigneur, aux mœurs dissolues, tolérant à l'égard de sa femme pour être payé de retour, d'une bonhomie calculée, prêchant la vertu et la morale, sans en avoir l'air, surveillant madame la marquise dans son entourage, se reposant sur son honnêteté, mais observant et étudiant ses soupirants officiels, — ce qui n'est pas la précaution inutile.

Ainsi les deux personnages en face desquels nous nous trouvons sont madame de Mercey, coquette jusqu'au bout des ongles, femme complétement femme, jetant des miettes d'amour à droite et à gauche, promettant tout et ne tenant rien, s'avançant assez pour pouvoir reculer, prenant les hommes par leur côté faible, l'amour-propre grimaçant la passion, juste ce qu'il faut pour tenir les désirs en éveil, encourageant prudemment, ne décourageant jamais, remettant toujours, jeune, belle, spirituelle, en un mot, un danger, un malheur, un abîme. Albert de Woël, un amoureux transi, un Werther bourgeois, un beau ténébreux, un jeune homme aimant et croyant, sans expérience du monde, des femmes, et qui prend au sérieux la fausse monnaie débitée avec tant de prodigalité par madame de Mercey. Ces deux personnages — compliqués du mari — étant donnés, il s'agit de savoir, pendant cinq actes, si Albert deviendra l'amant de Louise ou le mari d'Alice. L'intérêt est bien mince pour soutenir l'attention du public une fois qu'il a fait bien connaissance avec tout le monde ; aussi la comédie pouvait-elle se renfermer avec avantage dans trois actes.

Son défaut capital est de se passer en récits ; le spectateur apprend et comprend tout par des monologues ou des dialogues, jusqu'aux caractères, qui ne se trouvent bien dessinés que lorsqu'on a pris la peine de les compléter en les expliquant. M. Meilhac cause avec le public, il lui conte des anecdotes charmantes, il lui fait des comparaisons fines et délicates, il lui donne des définitions spirituelles et ingénieuses; mais enfin il cause, et le public, paresseux par nature, se prête plutôt au *far niente* des yeux qu'à l'attention des oreilles.

La vertu de Célimène a l'air d'une conversation pleine d'esprit et de verve, d'un charmant récit de salon, d'une pièce écrite pour être plutôt lue que jouée. Le style est jeune, original, travaillé ; les détails sont ravissants, mais la pièce, dans son ensemble, est ennuyeuse ; elle est longue et traînante, elle manque d'unité et de liaison. Il y a là-dedans des scènes fort jolies, mais on les dirait détachées ; des situations franches, hardies, nettement accusées, mais paraissant isolées, presque perdues. Je ne parle pas des caractères, l'auteur a créé des personnages pour son sujet, il a dû naturellement les assujettir à ses exigences. Son cinquième acte ou son dénouement, quoique très-dramatique, est plus que le reste en désaccord avec le ton général : les personnages y faiblissent entièrement et sortent de leur cadre. Madame de Mercey n'est plus

Célimène, mais une femme qui voulait s'assurer de l'amour de son amant; le marquis, un mari comme tant d'autres, et Albert un jeune homme honteux de ses velléités de passion, à qui on donne un peu sur les doigts, qu'on envoie en voyage oublier ses chimères, avec promesse de le marier au retour.

La pièce est jouée avec un ensemble parfait.

L'ennui naquit un jour de l'opéra-comique,

est une vérité applicable à *Salvator Rosa.*

Depuis quelque temps les peintres sont à la mode au théâtre, ils sont utilisés par les librettistes à bout de sujets, et puis ils prêtent un peu au comique, au sérieux, au tragique, au trivial. Le Salvator Rosa de MM. Grangé et Trianon tue un homme en duel, élève l'orphelin, s'amourache d'une jeune fille qu'il cède à Antonio parce qu'elle en est aimée, donne sa galerie en dot à son élève et ami, sacrifie son bonheur à son devoir, et se console de tout en s'adonnant plus que jamais à l'art.

La partition de M. Duprato est comme toutes les partitions du jour, ni bonne ni mauvaise; elle a des qualités et des défauts. Elle est parfois brillante, originale, comique; elle a des passages très-gracieux, et d'autres surchargés. En somme, succès modeste.

Le théâtre du Cirque a repris *l'Eléphant du roi de Siam*, un mélodrame-féerie de MM. Lalowe et Monnier, joué il y a trente ans. Décidément 1830 est à l'ordre du jour sur les boulevards. Cette reprise a été faite, j'aime à le croire, pour exhiber un magnifique éléphant qui fait les exercices les plus étonnants. Il porte des messages, arrache des couronnes usurpées et les restitue à leur vrai titulaire, délivre des jeunes filles, punit les coupables; c'est le véritable magistrat de Siam. C'est surprenant de voir cette pauvre bête se prêter patiemment à tout cela, et finir sa soirée par un dîner des plus amusants. Son obéissance est remarquable, c'est un hommage rendu au prestige de l'homme. — Je conseille au lecteur d'aller voir l'éléphant.

Charles CORASSAN.

LE CONVOI DE LA BIEN-AIMÉE.

—

Lorsqu'il sera scellé cet immense cercueil
De mes ongles aigus j'ouvrirai ma poitrine,
Et je t'en tirerai, surprenante héroïne.
Déjà j'ai revêtu les habits noirs du deuil.

Puisqu'ils sont terminés les apprêts de mon deuil,
Ainsi que d'un grand coffre ou d'une large armoire,
Je prendrai dans mon cœur ce qui fut mon amour,
Et sur ce bel Eros, plus âpre qu'un vautour,
Stoïque, je fondrai, sans pleur déclamatoire.

Stoïque, je prendrai, sans cri déclamatoire,
Je prendrai ton doux nom et l'éclat de tes yeux,
Et le lustre insolent de ta peau mordorée,
Et le parfum exquis de ta bouche adorée,
Et ton baiser subtil, sonore et langoureux.

Je prendrai ton baiser perfide et langoureux,
Tes soupirs embaumés, tes serments et tes larmes,
— Larmes que je buvais à tes regards charmeurs! —
Et l'essaim agaçant des propos querelleurs,
Avec la lâcheté dont tu te fis des armes.

Aimable lâcheté qui lui donnais des armes!
Je prendrai le passé tout entier, nerfs et sang,
Ame, voix et senteurs, ô ma tendre maîtresse;
Et de tes noirs cheveux, tortillant une tresse,
En paquet je mettrai le merveilleux roman.

En paquet je mettrai l'ineffable roman.
Et quand ce sera fait, d'une allure très-fière,
En long je coucherai le pâle souvenir,
Et verrai le doux mort sans aucun repentir,
Pour toujours étendu dans l'infrangible bière.

Quand il sera scellé dans la sinistre bière,
Je le ferai porter sur mon plus fin steamer,
Et sans me retourner vers la terre fatale
Où le Destin stupide à plaisir me ravale,
Sur tes flots captivants je veux aller, ô mer!

Sur tes flots verdoyants emmène-nous, ô mer!
Et je dépasserai les cercles du Tropique,
Dédaigneux des effrois issus des ouragans,
Des rocs et des typhons, des vents et des courans,
Et des écueils gelés de l'âpre pôle arctique.

Et je dépasserai l'horrible pôle arctique.
Alors tirant du fond du rapide vaisseau
Ce qui fut autrefois le meilleur de moi-même :
Mon cœur et notre amour, douce beauté que j'aime,
Sur le bord du steamer je mettrai le fardeau.

J'appuierai sur le bord le macabre fardeau,
Et lorsque j'aurai vu du haut de la mâture
Accourir des requins le troupeau malfaisant,
Avec un haut-de-cœur, être cher et charmant,
Je pousserai gaîment l'aimable pourriture.

L. REYNARD.

Le rédacteur en chef : Louis LAVEDAN.

Paris. — Imp. Walder, rue Bonaparte, 44.

CHRONIQUE DES BEAUX-ARTS.

Invitation à la walse par le soleil. — Le devoir avant tout! — Les ventes de l'hôtel Drouot. — Le manuscrit du XVᵉ siècle. — La collection Rhoné. — Signatures inutiles. — De quelques critiques d'art. — Les feux d'artifice de M. Paul de Saint-Victor. — M. Castagnary. — M. Alfred Delvau. — A paradoxe, paradoxe et demi. — Les artistes au XIXᵉ siècle. — Belles gravures de M. Linton. — Presque indiscrétion. — A huitaine!

Malgré les invitations à la walse que le soleil nous fait depuis quelques jours, à nous autres paresseux, affolés de verdure et de repos, je continue vaillamment mes humbles et fatigantes fonctions de chroniqueur, et m'en vais religieusement chaque jour à l'hôtel Drouot pour assister aux ventes qui y ont lieu. Quelquefois j'y perds de précieuses heures à examiner d'abominables choses qu'on ne devrait exposer là à aucun prix ; d'autres fois, en revanche, j'ai le bonheur de tomber en arrêt devant d'adorables choses qui mériteraient certes plus de temps que je ne peux leur en accorder. C'est ainsi qu'il m'a été permis d'admirer le très-beau manuscrit sur velin, du quinzième siècle, provenant de l'ancienne abbaye de Saint-Lô, à Rouen, et contenant 58 grandes miniatures très-riches et très-bien conservées, — lequel a été vendu samedi, 11 mai, pour la bagatelle de près de 25,000 fr. C'est ainsi que j'ai pu contempler à mon aise quelques-uns des meilleurs tableaux de la précieuse collection Rhoné, dont la vente, commencée le 6 mai, est à peine terminée à l'heure où s'impriment ces lignes ; entre autres, un *Soleil levant* de Claude Lorrain, vendu 3,800 fr., — un *Gué*, copie ou original, de Karel Dujardin, vendu 1,000 fr., — des *Vaches et chevaux*, de Paul Potter, vendus 3,155 fr., — un *Paysage* d'Albert Cuyp, vendu 1,000 fr., — un *Paysage* d'André Both, vendu 3,000 fr., — trois *Dessins* de Prud'hon, vendus 2,250 fr., — une *Bergerade*, copie ou original, de Pater, vendue 780 fr., — des *Fleurs* de Van Spaendonck, vendues 2,000 francs, — une *Curée* de Wouwermans, vendue 1,050 fr., — une *Marine* de Gudin, vendue 7,500 fr., — un *Paysage* de Demarne, vendu 700 fr., — une *Vénus* de Boucher, vendue 2,500 fr., — un *Poulailler* de Ch. Jacque, vendu 1,250 fr., — une *Bergerie* du même, vendue 2,100 fr., — une *Tempête* de Backuysen, vendue 1,9.0 fr., — enfin un *paysage* de Ruysdaël, vendu 10,900 fr.

Tous ces tableaux n'étaient pas signés, tous n'avaient pas leur monogramme, et cependant il n'y a pas eu tromperie sur la marchandise vendue, du moins pour ceux que je viens de citer. La signature des maîtres se trouve dans leurs œuvres mêmes, dans la façon dont elles sont entendues, peintes et dessinées : on ne s'y méprend que lorsqu'on le veut bien. Les vrais connaisseurs sont rares, assurément, mais il en existe, ainsi que de vrais critiques d'art.

Parmi ceux-là, j'oserai citer Paul de Saint-Victor, le flamboyant feuilletonniste de la *Presse*. Son article de début sur le Salon de 1861 est un chef-d'œuvre et j'engage bien mes lecteurs à le lire, s'ils ne l'ont lu déjà. Seulement je ne m'attendais pas à celle-là, par exemple, et M. Paul de Saint-Victor a voulu prouver qu'il savait manier le paradoxe par les deux bouts, en prenant la contre-partie de l'opinion qu'on était pour ainsi dire en droit d'attendre de lui, — en défendant la *peinture académique*, — la *grande peinture*, et en traitant par dessous la jambe et par-dessous la plume la *peinture fantaisiste* si fort en honneur depuis quelques lunes. Où l'imagination va-t-elle se nicher, mon Dieu !

Un critique d'art, qui a moins d'imagination et d'esprit que M. Paul de Saint-Victor, mais qui, cependant, en a une provision suffisante pour un homme seul, M. Castagnary, vient de commencer dans le *Monde illustré* et dans une publication spéciale, les *Artistes au XIX⁰ siècle*, une revue du Salon qui tourne le dos, comme doctrine et comme appréciations, à celle que publie le journal la *Presse*. Les feux d'artifice tirés par M. Paul de Saint-Victor ne m'ont pas assez fatigué les yeux pour m'empêcher de reconnaître l'excellence et l'humour des notices consacrées par M. Castagnary aux œuvres exposées. Le cadre dans lequel il évolue est malheureusement un peu restreint à cause des magnifiques gravures qui accompagnent son texte; malgré cela, on se sent agréablement surpris, en retrouvant là-dedans, habillées de beau langage, parfumées d'esprit et de grâce, des idées qu'on a eues en visitant les salles du palais des Champs-Élysées. Pour ma part, les trois livraisons des *Artistes au XIX⁰ siècle*, publiées jusqu'ici par la Librairie Nouvelle, ne renferment que des appréciations que je signerais des deux mains, — si j'avais eu le bonheur de les écrire. Cet aveu paraîtra quelque peu étrange placé dans le voisinage du Salon de M. Alfred Delvau, mon collaborateur ; mais, en y réfléchissant bien, l'étrangeté disparaîtra. J'aime les paradoxes de M. Paul de Saint-Victor, qui ne ressemblent pas à ceux de M. Castagnary ; j'aime les paradoxes de M. Castagnary, qui ressemblent pas à ceux de M. Alfred Delvau ; et j'aime les paradoxes de M. Alfred Delvau, qui ne ressemblent ni à ceux de M. Castagnary ni à ceux de M. Paul de Saint-Victor. Chacun prend son paradoxe où il le trouve, n'est-ce pas ? Des goûts et des paradoxes il ne faut pas disputer. Le paradoxe est l'ami de l'homme de lettres, etc., etc. Lisez mon aimable confrère, lecteurs ; lisez M. Cartagnary, aussi ; lisez, enfin, M. Paul de Saint-Victor, et vous ne vous en repentirez pas. Un avantage que le Salon de M. Castagnary a sur les autres, et qui ne lui est pas personnel, ce sont les très-belles gravures sur bois dont son texte est accompagné. Il y a même quelques-uns de ces dessins-là qui sont plus jolis que les tableaux eux-mêmes, — je ne dirai pas lesquels.

J'allais être indiscret : monsieur le Salon de 1861, son troisième article à la main, vient me pousser le coude pour m'avertir qu'il est temps de me retirer et de lui céder la place.

Bien volontiers, seigneur Salon. Cependant, j'aurais bien voulu parler des *Nuits d'hiver*, dont la deuxième édition vient d'être mise en vente par la librairie Michel Lévy, — du *Paris inconnu*, d'Alexandre Privat d'Anglemont, publié par la librairie Delahays, — des *Dessous de Paris*, d'Alfred Delvau, publié par la librairie Malassis, et dans lesquels il y a une si remarquable eau-forte de M. Léopold Flameng, — des *Légendes françaises*, publiées par la librairie Laisné, et dans lesquelles il y a de si fanstaques dessins de Gustave Doré, — des...

— « A huitaine, avocat des livres, à huitaine ! »

A huitaine, soit !

Henry LHEUREUX.

SALON DE 1861
(Suite.)
DEUXIÈME JOURNÉE (6 mai).

Je l'ai commencée par où j'avais fini la précédente, — c'est-à-dire par l'examen attentif des deux toiles de M. Albert LAMBRON : *le Mercredi des Cendres* et une *Réunion d'amis*, — deux scandales.

J'ai écrit « deux scandales, » — non que ce soit ma pensée, mais parce que c'est peut-être la pensée de l'artiste, et qu'en tout cas c'est la pensée de la foule qui se presse tumultueusement devant ces deux tableaux de M. Lambron, et qui les commente désagréablement.

Pourquoi ce tumulte, ces éclats de voix, — ces éclats de rire, — ces éclats de colère, — ces éclats de mépris, — ces « *shocking?* » Est-ce parce que ce sont des tableaux mal peints, mal composés, mal exécutés ? Est-ce parce que les sujets choisis — à dessein ou non — par l'artiste, sont indécents, immoraux, odieux ?

Je crois que je viens de mettre le doigt

sur la plaie. Le grand reproche qu'on fait à M. Lambron, c'est d'avoir tiré des pétards pour attirer l'attention de son côté, — c'est d'avoir voulu se singulariser par le choix de personnages jusqu'ici dédaignés ou évités par les peintres.

Je regrette le pétard, — si pétard il y a. Mais cette vilaine intention écartée, pourquoi le public se choquerait-il de voir apparaître sur la toile des gens qu'il rencontre tous les jours dans les rues, — des « croque-morts » puisqu'il faut les appeler par leur nom trivial ? Il m'avait semblé jusqu'ici que tous les genres étaient bons, — hormis le genre ennuyeux ; — tous les sujets de tableaux possibles, — hormis les impossibles. D'où vient cette subite bégueulerie à propos de ces cochers de Madame la mort ? Pourquoi le peintre, qui les a vus attablés, après leur corvée, sous les tonnelles de quelque cabaret de barrière, comme il a vu, sous d'autres tonnelles, d'autres cochers, ne les peindrait-il pas, — avec ou sans intention philosophique ? Voilà bien des manières — à propos d'un habit noir, d'un gilet noir, d'un pantalon noir, de bottes noires et d'un tricorne noir, — faites par des gens qui ont trouvé moyen de rendre la mort grotesque et odieuse par leur conduite derrière le fiacre funèbre ! Quoi ! vous qui ne savez pas enterrer dignement les créatures aimées ou haïes que vous perdez tous les jours, — vous qui causez de vos affaires ou de vos amours dans le cortége qui se rend au cimetière, — vous qui ne voyez souvent, dans certaines funérailles, qu'une occasion de vous montrer ou d'apercevoir ceux qui s'y montrent, — vous qui, à l'issue de la douloureuse cérémonie, allez vous « rafraîchir » ou « casser une croûte, » chez le premier Ramponneau venu, et qui, tout en buvant et en mangeant, arrosez de plaisanteries et de calomnies le défunt ou la défunte à peine refroidis, vous vous fâchez tout rouge devant un tableau qui représente d'honnêtes croque-morts en train de se distraire en famille, dans leur cabaret de prédilection ! Est-ce que la mort vous fait peur, jeunes demoiselles à moustaches et à éperons ? Dites-le nous, — afin

que nous le sachions. Pourquoi alors ne défendez-vous pas aux peintres de peindre des choses tristes, — aux romanciers d'écrire des choses sombres ? M. Lambron retirera son *Mercredi des Cendres* et sa *Réunion d'amis*, — mais à la condition que M. Léon Gozlan supprimera de son dramatique roman, les *Nuits du Père Lachaise*, ce délicieux prologue où est raconté le plantureux prandion fait au cabaret du *Bon-Vivant* par une centaine de croque-morts.

Laissons cela. L'hypocrisie est une belle vertu, mais je n'ai pas les moyens de la pratiquer. Je suis honteux d'avoir pris la peine de défendre la liberté de l'art — qui a le droit de prendre son bien où il le trouve, dans le salon ou dans l'atelier, dans la rue ou dans la mansarde, dans le musico ou dans le gynécée, au cabaret ou au cimetière. La morale — votre morale surtout, à vous, gens pudibonds, — n'a rien à voir dans l'art ni dans la poésie : il n'y a d'immorales que les choses laides.

Le *Mercredi des Cendres* nous représente donc la rencontre — parfaitement naturelle — d'un arlequin et d'un pierrot sortant d'un bal de la barrière du Maine, le lendemain du mardi-gras, avec un cocher de l'administration des pompes funèbres. Le cocher de la Mort n'est pas de service encore, ou sa besogne est terminée, et il est venu flâner là, en attendant, avec sa petite fille. Il a ôté sa redingote noire, non parce qu'il fait chaud, mais parce qu'il a peur de l'*abîmer*, et d'ailleurs son gilet a des manches de flanelle grise qui ne permettent pas aux dents du froid de le mordre trop violemment. Le pierrot, à peine désenfariné, paraît désagréablement affecté de la rencontre, tandis que l'arlequin, qui peut cacher sa pâleur sous son masque de carton, salue ironiquement le cocher noir, qui laisse à sa petite fille le soin de répondre à ce salut.

Voilà le sujet. Je ne reprocherai pas à M. Lambron de l'avoir choisi plutôt qu'un autre, cela le regarde ; je lui reprocherai seulement d'avoir pris un cadre trop grand pour une si petite chose. M. Yvon ou M. Horace Vernet auraient fait tenir une bataille sur cette toile occupée par cinq ou six personnages, — dont trois bambins. L'intention de M. Lambron ressort très-claire et très-évidente, et il faut regretter son intention ; d'autant plus qu'il pouvait s'en passer, — ayant assez de talent pour forcer les regards de la foule à s'arrêter sur son œuvre. Il s'est payé d'audace : on le paie en clameurs de haro.

Quant à la *Réunion d'amis*, le reproche ne sera pas aussi violent parce que l'intention a été moins évidente et que la toile est plus petite avec des personnages plus nombreux. L'artiste nous montre une douzaine de gaillards taillés sur le patron du précédent, ayant fait leur journée et se récompensant de leurs fonctions mortuaires par des distractions de bons vivants : ils boivent, ils jouent, ils s'amusent, — les uns aux cartes, les autres au tonneau, les autres à autre chose ; celui-ci veut enlever un litre à celui-là ; celui-là pince la taille à une assez jolie maritorne, qui circule sans effroi au milieu de ces gendarmes de la mort, — n'ayant d'autre passeport à exhiber qu'une vigoureuse santé, bien faite pour tenter d'aussi vigoureux gars. Sur un plan plus éloigné, à une table voisine de celle où boivent ces employés des pompes funèbres, un soldat et sa soldate vident une chopine à leurs amours, sans se préoccuper le moins du monde de leur voisinage.

Ce tableau est bien conduit, et je le préfère au précédent, — quoique tous les deux soient à mettre au nombre des choses intéressantes de cette exposition. M. Lambron a de l'originalité, et c'est qualité assez rare pour qu'il ait le droit de s'en enorgueillir ; qu'il ne l'exagère pas jusqu'à la bizarrerie ; qu'il ne s'attache pas, désormais, à la reproduction exclusive de sujets *voyants*, et il se fera une belle place au soleil. Je considère ses deux envois de cette année comme un tour de force qu'il serait sage de ne pas recommencer : talent oblige.

M. Faustin Besson. A envoyé à l'Exposition l'*Atelier de Coustou, à Versailles*, au moment où madame de Pompadour pose pour le pied de la statue de Diane.

Vous savez ce qu'était madame de Pompadour. Vous savez aussi l'origine de sa subite élévation. Fille d'Antoine Poisson, fournisseur des vivres de l'armée de Villars, — un drôle, — Jeanne-Antoinette, mariée au seigneur d'Étioles, avait voulu devenir une drôlesse, — comme madame sa mère, — mais une drôlesse historique et royale, — et, pour cela faire, elle avait contraint son mari, qui l'adorait, à la laisser suivre les chasses de la forêt de Sénart, et à assister aux fêtes où elle pourrait rencontrer Louis XV. Un jour, à un bal masqué donné à leur souverain par les échevins de Paris, madame d'Étioles parut en costume de Diane chasseresse, — carquois sur l'épaule, arc d'argent à la main, tunique courte et transparente. La Diane de l'Olympe n'était ni plus belle ni plus séduisante, et cette Diane bourgeoise la rappelait complétement, — chasteté à part. Louis XV, qui ne l'avait pas remarquée dans la forêt de Sénart, — mélancolisé qu'il était par la perte récente de madame de Châteauroux, — fut bien forcé de l'admirer ce jour-là, à l'Hôtel-de-Ville, avec tout le monde. Il s'informa, fit prendre des informations par Binet, son valet de confiance, le ministre secret de ses plaisirs illicites, un Lebel avant la lettre, et madame Lenormand d'Étioles devint la marquise de Pompadour.

Une femme aussi aimée que l'était la marquise devait aimer ou faire semblant d'aimer à son tour quelque chose ou quelqu'un, — à part Louis XV, qui, en sa qualité de roi, était censé être exclusivement adoré ; elle aimait en effet les arts, et elle les protégeait de son mieux, en les cultivant dans sa délicieuse retraite de Choisy. Oui ! *la Poisson* dessinait et gravait d'après les tableaux de Vien ou de Boucher, — de Boucher surtout ; de ses blanches et mignonnes mains de femme, elle sculptait l'onyx, la cornaline, la sardoine et l'ivoire, et signait, comme une artiste fière de son œuvre : « *Pompadour sculpsit.* » A-t-elle véritablement gravé les choses qu'elle a signées ? Je l'ignore ; mais il est permis de supposer que non, et d'admettre une intervention anonyme ; madame de Pompadour avait cette « toquade » comme d'autres femmes en ont eu d'autres, et elle trouvait dix artistes pour un disposés à flatter cette innocente manie : les courtisanes ont toujours des courtisans.

M. Faustin Besson nous la montre posant pour Coustou dans un salon du château de Versailles, dont on aperçoit le parc à travers les fenêtres ouvertes. La marquise est chez elle, en négligé coquet, avançant son pied nu, — un pied rose et blanc qui appelle le baiser, — et autour d'elle, groupés dans des attitudes diverses, sont les dames et les seigneurs de sa petite cour : mesdames de Brancas, de Maillebois, de Courtenvaux , de Marchais; MM. de Langeron, d'Entragues, de Richelieu, de Coigny, de Duras, — des baronnes et marquises, des comtes et des ducs, — voire des abbés comme Bernis et Lagarde , — voire des poëtes comme Gresset et Crébillon.

Ce pied de la marquise est charmant, et je comprends que Coustou l'ait choisi pour le donner à sa Diane chasseresse. « Lorsqu'on voit le pied, la jambe se devine, » a dit Alfred de Musset : le roi Louis XV avait raison, alors, de raffoler de madame de Pompadour. »

Cependant, s'il m'est permis d'exprimer mon opinion en ces galantes matières, j'oserai avancer que toutes mes sympathies, que tous mes désirs — dans ce tableau de M. Faustin Besson — sont pour l'aimable inconnue vue de dos, en cheveux d'un blond vénitien, en robe de satin bleu de ciel, qui cause, avec une si provoquante désinvolture, avec je ne sais quel duc et pair, dont la bouche en cœur lui décoche une pluie de madrigaux — en attendant la pluie d'or ; n'est-ce pas, Danaé ?

Cette toile de M. Faustin Besson est loin de valoir celles qu'il a exposées précédemment: la touche en est molle, le dessin en est indécis, les chairs ressemblent à des étoffes, et les étoffes à des chairs. Si M. Besson veut continuer à se faire le peintre des folies amoureuses, je lui recommande une étude plus attentive de Boucher, de Fragonard, de Pater, de Vanloo et de Nattier : il y a du premier, au Louvre une *Diane au bain,* — du second, une *Leçon de musique,* — du troisième, des *Filles au camp,* — du quatrième, un *Déjeuner sur l'herbe,* — et du cinquième, une *Madeleine,* qui pourront lui donner d'excellents conseils.

M. Gustave-Henry COLIN. N'a envoyé qu'un tableau, *La famille basque,* mais ce tableau en vaut trois, et je demande à mes lecteurs la permission de m'arrêter devant lui pendant quelques minutes de plus que devant d'autres.

Ce tableau est un de ceux auxquels je faisais précédemment allusion, dans ma quasi-préface. Il me plaît parce qu'il me plaît, — voilà tout, — et je suis sûr qu'il ne vous déplaira pas non plus. Il est simple comme bonjour, pourtant. Il ne fait nul fracas, nul embarras, nul scandale, — mais il attire. Cela vous représente un humble trio, composé de la mère, qui tricote, et de deux jeunes filles qui travaillent aussi. L'une, celle de droite, est en caraco bleu, en tablier de soie noire : elle festonne un col pour dimanche prochain. L'autre, à gauche, près de la fenêtre, vêtue moins coquettement mais tout aussi soigneusement, coud ou ravaude, je ne sais plus lequel; c'est l'aînée des deux sœurs, je gage, et si elle a l'air moins éveillé que l'autre, elle n'en est pas moins jolie ni moins désirable. Un chat dort dans un coin , rêvant aux souris, tandis que ses jeunes maîtresses rêvent... — à quoi rêvent les jeunes filles? J'ignore certainement ce qui se passe dans ces aimables cervelles; mais puisque nous sommes là, dans le département des Basses-Pyrénées, j'estime que la plus jeune, — le caraco bleu, — fredonne ce refrain populaire d'une chanson basque, attribuée à Raimbaut de Vaqueiras, poëte du XIIIe siècle :

> Dauna io mi rent a bos
> Quer eras m'es bon et bera,
> Ancse es guallard'e pros,
> Ab que n'om fossetz tanfera
> Moult abetz beras foissos
> Ab color fresqu'e novera ;
> Bos m'abetz e si cu'bs ag os;
> No m' sofranhera fera.

« Dame, je me rends à vous, puisqu'à présent vous m'êtes bonne et vraie. Toujours vous fûtes gaie et honnête, si vous ne m'aviez été si cruelle. Vous avez les manières franches, avec couleur fraîche et nouvelle; vous m'avez, aussi ai-je vous ; je ne manquerai pas ma foire. »

Je suis resté longtemps devant ce tableau, rêvant à mille choses. Je voulais m'en éloigner, et toujours il me rappelait, pour me forcer à le regarder encore. Est-il bien composé? je le crois. Est-il bien peint? je l'ignore. Les procédés de M. Colin ne sont pas d'une correction parfaite, et sa brosse n'a pas l'élégance, le mignonnement de certaines brosses plus connues : cependant, tel qu'il est et se donne, avec ses rugosités et ses audaces de couleur, il m'émeut, il m'intéresse, il me passionne même, et je n'hésite pas à le proclamer coloriste dans la large et bonne acception du mot. Mais pourquoi n'a-t-il envoyé qu'une toile à cette exposition des Champs-Elysées?

— M. Antoine CHINTREUIL. A envoyé quatre tableaux : *L'Aube après une nuit d'orage*, *Vers le soir*, *Champs de pommes de terre* et *Genêts en fleurs*.

Je demande pardon à M. Corot de parler d'un de ses élèves avant de parler de lui, mais cette irrévérence est naturelle : M. Corot est une gloire consacrée désormais, et il n'a plus rien à attendre de la critique, tandis que quelques-uns de ses élèves, — Lavieille, Colin, Dumax, Chintreuil, — ont beaucoup à attendre d'elle , parce qu'ils sont des promesses qu'il a réalisées, lui, depuis un long temps.

M. Antoine Chintreuil, à proprement parler, n'a pas reçu d'éducation artistique. M. Corot ne fait pas des élèves comme font les autres maîtres, il ne leur permet pas un commerce quotidien avec ses œuvres, une fréquentation incessante avec sa pensée : il se contente de donner des conseils à ceux d'entre eux qui en valent la peine, et quand il s'aperçoit que les plumes commencent à leur pousser, — avec le talent,— il leur dit d'aller voler au hasard de leur fantaisie, par le val et par la montagne, par les bois et par les prairies, cherchant pâture à leur convenance. M. Corot ne peut pas, on le comprend, communiquer à ses élèves les plus intelligents un procédé qui est sien et qu'il n'a ni le droit, ni le pouvoir de transmettre à des héritiers quelconques : chaque artiste a son style, son originalité, son estampille, et les plus habiles perdraient leur habileté à vouloir s'en emparer pour s'en servir à leur tour. M. Corot n'est pas ce qu'on appelle un initiateur, il n'a pas dans sa mission de faire des paysagistes : ce qui lui est permis, c'est de deviner ceux qui le deviendront et de les encourager dans la voie choisie, en leur conseillant d'aller communier intimement avec la Nature, le seul professeur qu'il reconnaisse.

La Nature, c'est bien, — mais ce n'est pas assez. Les gens bien doués peuvent produire, à un moment donné, sans le secours d'aucun maître, une œuvre intéressante, où ils auront versé des trésors de poésie et de sentiment, et, comme tels, ils auront droit à l'attention du public, — mais seulement du public lettré, de celui qui déchiffre le talent à venir dans les tâtonnements du présent. Le talent a son bégaiement, sa débilité, sa jeunesse, parce qu'il a plus tard sa force, son assurance, sa virilité, et, pour qu'il soit complet, il faut qu'il accomplisse toutes ses évolutions : s'il s'arrête à mi-chemin, sur la lisière de la puberté, — fleur dont le fruit ne s'est pas noué, — il ne faut pas qu'il compte sur l'admiration qu'il eût certainement provoquée en grandissant; — il n'a droit qu'à des encouragements malheureusement inutiles. Tout a son heure, dans la vie des arts comme dans la vie ordinaire, et ceux qui marchent sans s'arrêter sont toujours sûrs d'arriver,— s'ils ont tout ce qu'il faut pour le voyage : l'énergie, le vouloir et la force. Il n'est pas bon que la jeunesse s'émancipe trop vite, il n'est pas bon que l'artiste sorte trop tôt de l'atelier du maître.

Je dis cela à propos de certaines œuvres en général, exposées au Salon de cette année, — et, en particulier, à propos de M. Chintreuil. M. Chintreuil n'est pas un artiste vulgaire, et chacune de ses toiles atteste de courageux efforts dans la recherche de la vérité. Il y a une quinzaine d'années qu'il lutte, qu'il s'obstine dans sa voie avec une louable persévérance, et, à cette heure, il mérite plus que des encouragements, il mérite des éloges. Si j'ai quelque peine à me faire à sa peinture indécise, à son modelé tourmenté, à sa manière « veule, » je n'en suis pas moins épris des qualités primesautières qu'il révèle à chaque instant, et qui peuvent se caractériser par un seul mot — qui est le sentiment. Il m'émeut, parce que je le sens ému; il m'intéresse parce qu'il affectionne les motifs intéressants, les coins de paysages dédaignés par les grands seigneurs de la peinture, — parce qu'il est poëte avec sa brosse comme d'autres le sont avec leur plume, — parce qu'il traduit en vers ce que d'autres ne traduisent qu'en prose, — parce qu'enfin, s'il a l'incohérence, il a aussi la soudaineté, l'imprévu, l'accent sincère, la note personnelle, l'originalité.

De ses quatre tableaux, celui que je préfère, c'est l'*Aube après une nuit d'orage* : je devine que l'artiste qui a peint cela a vécu dans la familiarité des bois, qu'il a passé bien des heures « à écouter pousser l'herbe, » bien des nuits à écouter le chant du rossignol et la flûte de cristal du crapaud, et qu'il a, plus d'une fois, couru comme un lièvre dans la rosée du matin. Quant à ses *Genêts en fleurs*, je lui demande la permission de lui dire qu'il leur a donné bien gratuitement la jaunisse; les fleurs du genêt, montées sur leurs tiges d'un vert sombre, ont la couleur et l'éclat de pièces d'or nouvellement frappées : au lieu de semer des napoléons sur sa toile, M. Chintreuil l'a inondée de petites taches jaunes que je lui conseille d'enlever la première fois qu'il en aura le temps. Son *Champ de pommes de terre* est d'un ton plus juste et d'une expression plus vraie; — *Vers le soir* aussi. En somme, malgré ces légères critiques, — dont M. Chintreuil peut appeler, — ces quatre toiles sont très-dignes de leurs aînées, et, pour les connaisseurs, pour les honnêtes gens qui n'appartiennent à aucune camaraderie, à aucune petite église, à aucun petit cénacle, *Vers le soir*, l'*Aube après une nuit d'orage* et le *Champ de pommes de terre* peuvent marcher de pair avec l'*Effet de crépuscule*, exposé au Salon de 1848, — avec la *Mare aux pommiers*, expo-

sée au Salon de 1850, — avec l'*Effet d'automne*, exposé au Salon de 1853, — avec la *Sortie du bois*, exposée au Salon de 1857.

M. Louis BOULANGER. A exposé deux tableaux : la *Rêverie de Velléda* et la *Ronde du sabbat*.

M. Louis Boulanger est un vétéran, et, à ce titre, je lui tire respectueusement mon chapeau — en regrettant de ne pouvoir tirer un feu d'artifice en son honneur. Le romantisme a été une belle époque, une quasi-Renaissance pour les lettres et pour les arts; mais, des soldats qui ont pris part active à ce grand mouvement révolutionnaire, combien ont conservé les galons et les épaulettes qu'ils avaient cueillis dans la mêlée ? Victor Hugo et Eugène Delacroix sont restés généraux en chef, — mais leur lieutenants, où sont-ils ?

« Mais où sont les neiges d'autan! »

M. Pierre PUVIS DE CHAVANNES. A envoyé deux tableaux, *Concordia* et *Bellum*, la Paix et la Guerre, — deux pendants, comme *Souvenirs* et *Regrets*, — deux antithèses, comme le *Jour* et la *Nuit*, — les deux pôles de la vie sociale, comme *Civilisation* et *Barbarie*.

Le sujet n'est pas précisément neuf, et le *Rêve de bonheur*, de Dom. Papety, a été fait avant la *Concordia*, — sans compter les diverses allégories, sœurs de celle-ci, tentées avec plus ou moins de succès par des artistes plus ou moins connus. Mais le talent rajeunit tout et fait accepter tout, et ce que j'ai dit à propos de M. Lambron, je ne vois pas d'inconvénient à le redire à propos de M. de Chavannes. De ce que je n'aime pas les grandes toiles symboliques, — qui ne symbolisent jamais qu'imparfaitement, — je n'ai pas le droit de conclure qu'elles sont mauvaises quand elles sont bonnes, quand elles ont pour elles soit l'attrait du dessin, soit la magie de la couleur. Est-ce le cas de *Concordia* et de *Bellum?* Je le crois. *Concordia* et *Bellum*, sans être des chefs-d'œuvre, sont deux pages intéressantes et méritoires par les intentions qui s'y révèlent, ainsi que par la conscience avec laquelle elles sont *dessinées.*

Je souligne ce dernier mot, parce que, pour moi, ces deux toiles sont deux cartons qui pourront servir à M. de Chavannes, un jour ou l'autre, quand il sera appelé à exécuter, pour le compte du gouvernement, des « peintures murales. » L'aspect général en est un peu terne, un peu froid, comme celui des grisailles ; la lumière y court trop tranquillement ; rien n'y est heurté, tourmenté, emporté ; rien n'y a le *diable au corps* ; rien ne s'y passionne — et par conséquent, ne passionne l'esprit du spectateur. Je sais bien que *Concordia* n'a pas besoin de furie, mais *Bellum ?* Par votre *Bellum*, votre devoir était de me remuer jusqu'aux entrailles, par le spectacle des horreurs que la guerre — c'est-à-dire la barbarie — entraîne à sa suite ; par votre *Concordia*, votre devoir était de me faire rêver aux ineffables joies de la paix, aux ineffables félicités du repos. Je n'ai pas été assez remué ni assez attendri, je l'avoue. J'ai vu, j'ai même remarqué, dans votre premier tableau, des cavaliers farouches, foulant sous les pieds de leurs chevaux des champs de blés et des femmes enceintes, — des moissons de pains et des moissons d'hommes ; mais je n'ai pas éprouvé, *a capite ad calcem*, ce frissonnement inéluctable qu'on éprouve devant certains tableaux peints ou écrits, — par exemple devant le quadrige apocalyptique de Laemlein, exposé il y a une douzaine d'années, ou, pour ne pas remonter si haut, devant le *Dante et Virgile* dans le *neuvième cercle des Enfers*, exposé cette année par Gustave Doré. Quant à votre second tableau, *Concordia*, il aurait dû me faire venir l'eau à la bouche ; il aurait dû me donner envie de prendre le chemin de fer pour aller passer le reste de ma vie dans ce pays à l'abri des fléaux de toutes sortes, — de la politique, des filles de marbre, des imbéciles et des créanciers ; mais l'eau ne m'est pas venue à la bouche, je n'ai pas eu l'envie de m'envoler vers ce paradis terrestre, — je suis resté au Palais des Champs-Élysées.

M. de Chavannes va me répondre qu'il n'a pas eu l'intention de symboliser la guerre et la paix, et qu'il a voulu seulement montrer les laideurs de l'une et les beautés de l'autre. Même en admettant cela, ses deux toiles ne me semblent pas avoir atteint le but qu'il se proposait, — ou elles l'ont qu'incomplétement. Il leur manque la turbulence de vie qui ne se manifeste aussi bien dans le bonheur que dans les désastres : elles n'ont pas assez le diable au corps, je le répète — pour me faire mieux comprendre. D'autres loueront M. de Chavannes sur l'ordonnance de ses tableaux, sur l'effet majestueux de leur ensemble, — sur la minutie et le soin apporté à chacun de leurs détails ; comme je n'ai pas l'habitude d'aller emprunter mes opinions chez mes voisins, je persisterai à être de la mienne — mauvaise ou bonne. La distinction est une des qualités du talent de M. de Chavannes, et, comme toutes les qualités, celle-ci est naturellement doublée de son défaut — qui est la froideur. M. de Chavannes a cru que se taire valait mieux que crier, et il s'est tu ; ce qui est regrettable, car si « l'art est une pensée muette, » — selon l'expression même de Simonide, — il faut que l'artiste soit bavard.   Alfred DELVAU.

(La suite au prochain numéro.)

CAUSERIE DRAMATIQUE

Quelques mots. — AMBIGU-COMIQUE, *Angèle*, drame en cinq actes, d'Alexandre Dumas.

Les fabriques dramatiques chôment ; les ouvriers sont en villégiature aussi. Sur toute la ligne des boulevards, reprises, reprise générale de 1830. Nous allons voir défiler toute la défroque romantique de l'époque, depuis les féeries surannées jusqu'aux drames primitifs. On dirait que les directeurs, en remontant les pièces soi-disant littéraires, ont donné le branle. Il se manifeste dans la petite presse un certain mouvement contre l'état actuel des choses, et, pour ainsi dire, en faveur des tendances d'une autre époque, — mouvement mesquin et ridicule comme la parodie d'une œuvre sérieuse. Il est sans doute beau de prêcher une croisade, de contribuer à une levée de boucliers, de provoquer une réaction ; mais aussi faut-il être en état de la soutenir, autrement on ressemble à un acteur qui entre en scène avec force fracas, sans savoir un mot de son rôle, et reste silencieux. C'est à la fantaisie, — qui règne aujourd'hui sans partage dans toutes les branches de la littérature, — qu'il faut attribuer ces velléités romantiques, ces aspirations passablement comiques vers une régénération du théâtre. Ils veulent tous chasser les marchands du temple, ils ne demandent rien moins qu'une révolution, et tout cela à propos d'une mauvaise pièce justement tombée. Pauvres comparses, ils désirent préparer un mouvement dans lequel ils tiendront l'emploi d'anecdotiers; ils quêtent par tous les moyens possibles des partisans à une cause jugée et perdue; ils mendient sous le masque de l'intérêt littéraire des sympathies pour une œuvre sifflée par le public et enterrée par la presse.

Ils en appellent à 1830, comme les journalistes politiques à court d'arguments, à un congrès européen; ils mettent leurs raisonnements fardés sous la protection d'un fait accompli depuis longtemps; ils récriminent l'ombre de cette date complaisante. Eh! messieurs, expliquez-vous une bonne fois; est-ce le passé que vous voulez ressusciter ou bien est-ce un avenir taillé sur ce vieux patron que vous prétendez innover? Les glorieux souvenirs du passé sont toujours vivants, toujours debout; ce ne sont pas vos redites fastidieuses qui les rappelleront à notre souvenir. Vous voulez faire une seconde campagne à l'instar de l'autre, mais souvenez-vous bien que la première ne s'est pas bornée à des démonstrations et des menaces, elle s'est imposée par ses résultats, par ses œuvres. Vous avez l'air de recruter des champions, et vous ne trouvez que des parasites; vous cherchez des acteurs et jusqu'à présent vous n'avez rencontré qu'une foule qui se borne à encourager et à applaudir comme toutes les foules à qui on promet une nouveauté et une curiosité. Vos appels restent sans écho sérieux; il ne faut pas vous faire d'illusions sur quelques cris discordants, sur quelques sifflements aigus qui se rencontrent çà et là sur votre passage; vous seriez risibles en vous y arrêtant. Vous espériez mieux que cela, je le crois parbleu

bien; vous êtes mortifiés de la faiblesse de vos idoles, mais l'amour-propre vous empêche d'en convenir.

Allons, allons! trève de comédies et convenez qu'il vous manque les éléments nécessaires; d'ailleurs le temps n'est pas propice. Il est toujours préférable de s'arrêter à temps. Arrêtez-vous, le public vous pardonne; votre excuse est dans la sincérité de vos convictions. Vous avez peut-être intéressé encore cette fois, mais souvenez-vous que du curieux à l'ennui il n'y a qu'un pas. Recommencer ou continuer serait accepter le second cas et se supposer trop de circonspection.

Néanmoins ces plaintes doivent s'arrêter à la porte de certaines directions, qui ne trouvant rien de méritoire à l'ordre du jour, renoncent provisoirement aux grandes machines reçues, et reprennent à l'envi des pièces d'il y a trente ans. M. de Chilly est du nombre, on ne saurait trop louer chez lui l'effort constant pour élever le niveau littéraire de la scène qu'il dirige. Avant lui l'Ambigu se bornait aux mélodrames à effet, maintenant, les œuvres sérieuses sont agréablement mélangées aux nouveautés à argent; il y a là de quoi satisfaire tous les goûts et de quoi répondre triomphalement aux exigeants.

Ceci me conduit sans autre transition à la reprise d'*Angèle*, ce drame écrit par Dumas pour répondre aux réclamations de son collaborateur de la *Tour de Nesle*, M. Gaillardet dit l'*Héroïque*. Heureux l'homme qui riposte à une négation par une œuvre remarquable et qui ferme la bouche de ses détracteurs par un drame faisant époque dans l'histoire littéraire. Certes ce style a aujourd'hui vieilli, ses nouveautés, ses originalités, ses hardiesses paraissent des vieilleries pour nous qui sommes blasés à l'égard des illusions dramatiques. Nous sourions à la simplicité de ces procédés, nous voyons partout la ficelle et le métier, nous trouvons les personnages primitifs déclamateurs, les sentiments outrés, le sujet vide, le style emphatique, et nous avons raison. Mais comme tout cela a dû captiver les contemporains, comme ils ont dû rire, pleurer, espérer et frémir d'indignation à chaque trahison du baron d'Alvimar, en qui nous ne voyons qu'un don Juan de salon. Comme ils ont dû s'associer aux plaintes amères d'Henri Muller contre le destin, à ses regrets de la vie, qu'il sent s'échapper peu à peu de son corps, à ses malédictions contre l'impitoyable maladie qui le mine sans détruire l'amour dévorant qui s'est emparé de son cœur. On s'est intéressé à ce jeune homme pâle qui n'est au fond qu'un poitrinaire discoureur. Comme on a dû verser des larmes sur le sort de cette touchante Angèle victime de sa passion et rivale malheureuse de sa mère, qui n'est même pas soutenue par une grande passion, et fait alléguer pour toute excuse la fascination de son amant ; Angele n'est pour nous qu'une jeune fille trompée comme tant d'autres. Enfin comme on a dû se plaire dans ce monde où l'amour de chaque femme est une position, un honneur, un titre, une récompense, où chaque maîtresse fait de son corps un marchepied à son amant, où l'on peut berner si aisément les tantes, séduire les jeunes filles et épouser les mères.

Ce drame, écrit dans le cadre d'*Antony*, a dû enivrer singulièrement les imaginations romanesques et exaltées de l'époque ; le théâtre était autrement puissant que de nos jours. Aujourd'hui, nous sommes plus calmes, plus froids, plus indifférents, ce n'est ni la vérité ni la réalité que nous cherchons sur les planches, mais les conventions plus ou moins vraisemblables. Nous ne lui demandons pas ce souffle de vie et de passion qui traverse les œuvres du passé, mais un peu de sens commun et quelques originalités. — Et il en est souvent avare.

Pas n'est besoin d'ajouter que cette reprise a été très-brillante, le public a fait honneur au nom d'Alexandre Dumas, ce nom tant décrié et pourtant si cher à tout le monde. On écoute avec plaisir cette chronique des passions mondaines, on assiste avec intérêt à cette tragi-comédie de l'ambition, à ce spectacle du monde vu par la coulisse, à cet envers des hautes positions, des honneurs et des réputations ; enfin on a applaudi, et on a bien fait.

Charles CORASSAN.

A PROPOS DES MÉMOIRES D'OUTRE-TOMBE
DE CHATEAUBRIAND

Nouvelle édition en six volumes grand in-8°, publiée par Dufour, Mulat et Boulanger.

—

Chateaubriand a été longtemps persécuté, — nié même, comme toutes les nobles et vaillantes intelligences d'aujourd'hui. Notre époque n'a pas le culte des grands hommes, il faut l'avouer, et notre Panthéon ne sera jamais qu'une église dédiée à sainte Geneviève, — quoi que disent et fassent les petits-fils de Voltaire.

Cependant, la gloire vient toujours à qui l'a méritée, — et la gloire est venue à ce grand mélancolique, frère d'Obermann et père de René. Maintenant qu'il repose au milieu de l'îlot du *Grand-Bé*, au bord de la mer tant aimée, battu dès flots après avoir été battu des hommes ; maintenant, qu'après le bruit fait autour de son nom, il est en possession de cette paix suprême à laquelle il a aspiré toute sa vie ; maintenant que ce grand aigle blessé « a déployé son vol vers les régions inconnues que son cœur demandait, » on s'incline respectueux devant sa mémoire, si digne de respect, et l'on admire franchement son génie, si digne d'admiration. L'heure de la Justice sonne toujours après l'heure de l'Injustice, et l'on n'entend plus le bruit de celle-ci, que l'autre éclate comme une fanfare à travers les âges. Chateaubriand est désormais une gloire consacrée.

Je ne veux pas parler ici de ses œuvres si nombreuses et si diverses : *L'Essai sur les Révolutions, René, les Natchez, le Génie du Christianisme, les Martyrs, Atala, le Dernier Abencerrage, l'Itinéraire de Paris à Jérusalem, les Études historiques, l'Essai sur la poésie anglaise*, la tragédie de *Moïse*, le *Congrès de Vérone* et la *Vie de Rancé*. Je veux seulement parler de ses *Mémoires d'Outre-Tombe*, le plus intéressant, le plus curieux, le plus éloquent de tous ses livres, — car toute son existence d'homme et de penseur tient dans ces six volumes, qui sont un cadre bien restreint pour d'aussi grandes choses, Chateaubriand ayant vécu un peu plus de cinq fois l'espace que Tacite appelle une longue partie de la vie humaine : *quindecim annos, grande mortalis œvispatium.*

Ce livre, je l'ai lu à son apparition, il y a douze ans, au moment où Chateaubriand venait de mourir, et où je commençais à naître à la vie littéraire. Il était trop vieux pour moi, — ou j'étais trop jeune pour lui, et j'eus un cri d'enfant en révolte à propos de ces volumes pleins de dédains de gentilhomme jetés sur des choses et des gens historiques que l'on m'avait habitué — non-seulement à respecter, mais encore à admirer. Aujourd'hui que j'ai traversé la vie et que je m'y suis déchiré, je vois d'un autre œil les *Mémoires d'Outre-Tombe*, et j'en suis à regretter sincèrement l'amertume de mon appréciation de jadis. Chateaubriand m'apparaît tel qu'il est là-dedans et tel qu'il fut durant une existence qu'il trouvait trop longue, et qui fut malheureusement trop courte. Je l'avais lu, plein de colère ; je viens de le relire, plein d'attendrissement.

Je n'essaierai pas de faire de ce livre une analyse quelconque. Ce livre ne peut pas plus s'analyser qu'il ne se peut raconter. Il faut le lire et le relire, afin d'aimer et de comprendre cette noble intelligence dont le rayonnement s'est fait sur la première moitié de ce siècle et se fera, plus atténué peut-être, plus doux, sur les siècles à venir. Je ne sais pas critiquer, dans le sens ordinaire du mot, les écrivains vers lesquels vont magnétiquement mon cœur et mon esprit, et j'aurais mauvaise grâce, d'ailleurs, à venir refaire ce que quelques autres ont si bien fait. Je ne discute pas les gens et les choses que j'aime : je me contente de les aimer.

Chateaubriand nous ramène avec lui au point de départ de sa vie, à Saint-Malo, — qui en est le point d'arrêt. Il nous peint avec un charme de style qui n'appartient qu'à lui, — avec un accent mouillé de mélancolie, — ses premières années s'écoulant chastes, paisibles et rêveuses dans le manoir paternel à Combourg. Nous assistons en quelque sorte aux premiers vagissements de son âme de poète ; il nous dit les aspirations qui l'agitent, — les rêves qui l'enchan-

tent, — les illusions qui le bercent, — la tendresse délicate et affectueuse de sa mère, — les petits déchirements de son organisation impressionnable se heurtant à l'angle aigu de l'autorité de son père, — tous ces mille riens qui composent l'enfance de tous les hommes et qui nous intéressent si grandement quand ce sont les riens de l'enfance des hommes de génie.

Ce tableau est plein de fraîcheur et de poésie, d'ombres douces et de mystères charmants : Chateaubriand l'a peint avec amour. « Si telle partie de ce travail m'a plus attaché que telle autre, dit-il, c'est ce qui regarde ma jeunesse, le coin le plus ignoré de ma vie. »

Chateaubriand passe son adolescence dans les landes pittoresques de son Armorique tant aimée, à rêver, à effeuiller des branches de saule sur les ruisseaux, à s'égarer sur de grandes bruyères terminées par des forêts, à galoper à cheval dans les genêts et le long des vagues « ses gémissantes amies, » à bâtir ces adorables et fragiles châteaux de cartes qui nous rendent tous — et qui le rendaient — si heureux. Car, en ce temps-là du moins, le sombre René avait « la folie de croire au bonheur, » — et cela, malgré les sourdes agitations, le malaise vague, indéfini, de son âme songeuse mais ennemie de la monotonie des sentiments humains.

Puis arrive le passage de l'enfance à la virilité, et c'est alors que commence à résonner, pour ne plus cesser de se faire entendre, cette note de tristesse qui poigne si fort les lecteurs de cet illustre malheureux. Il n'y a pas une ligne des *Mémoires d'Outre-Tombe* qui ne soit imprégnée, — comme d'un âcre parfum, — de cette tristesse-là, qui aura été la maladie du xixᵉ siècle, comme la perle est la maladie de l'huître.

J'ai dit « à chaque ligne. » Tenez :

« Ceux qui m'ont cru faire céder en m'opprimant se sont trompés ; l'adversité est pour moi ce qu'était la terre pour Antée : je reprends des forces dans le sein de ma mère. Si jamais le bonheur m'avait enlevé dans ses bras, il m'eût étouffé. »

« Deux mois s'écoulèrent : je me retrouvai seul dans mon ile maternelle : la Ville-neuve (sa nourrice) y venait de mourir. En allant la pleurer au bord du lit vide et pau-vre où elle expira, j'aperçus le petit chariot d'osier dans lequel j'avais appris à me tenir debout sur ce triste globe... Combien rapidement nous changeons d'existence et de chimère! Des amis nous quittent, d'autres leur succèdent; nos liaisons varient : il y a toujours un temps où nous ne possédions rien de ce que nous possédons, un temps où nous n'avons rien de ce que nous eûmes. L'homme n'a pas une seule et même vie; il en a plusieurs mises bout à bout, et c'est sa misère. »

« Propre à tout pour les autres, bon à rien pour moi : me voilà : »

« Je ne m'explique le chef-d'œuvre de Cervantes et sa gaieté cruelle que par une réflexion triste : en considérant l'être entier, en pesant le bien et le mal, on serait tenté de désirer tout accident qui porte à l'oubli, comme un moyen d'échapper à soi-même : un ivrogne joyeux est une créature heureuse. Religion à part, le bonheur est de s'ignorer et d'arriver à la mort sans avoir senti la vie. »

« Combien d'autres amis je ne rencontrerai plus! L'homme, chaque soir en se couchant, peut compter des pertes; il n'y a que ses ans qui ne le quittent point, bien qu'ils passent; lorsqu'il en fait la revue et qu'il les nomme, ils répondent : « Présents! » Aucun ne manque à l'appel. »

Et, plus loin, à propos de deux belles Si-minoles avec lesquelles il aurait pu passer d'amoureuses heures, sur les bords de l'Ohio, et qui lui furent enlevées, au moment le plus agréable, par deux *Bois-Brûlés*, Chateaubriand s'écrie :

« Voilà comme tout avorte dans mon his-toire, comme il ne reste que des images de ce qui a passé si vite. Je descendrai aux Champs-Elysées avec plus d'ombres qu'homme n'en a jamais amené avec soi. La faute en est à mon organisation : je ne sais profiter d'aucune fortune, je ne m'intéresse à quoi que ce soit de ce qui intéresse les autres. Hors en religion, je n'ai aucune croyance. Pasteur ou roi, qu'aurai-je fait de mon sceptre ou de ma houlette? Je me serais

également fatigué de la gloire, du travail et du loisir, de la prospérité et de l'infortune. Tout me lasse : je remorque avec peine mon ennui avec mes jours, et je vais partout bâillant ma vie. »

Une citation encore, celle de la conclusion des 6 volumes des *Mémoires d'Outre-Tombe*, et je m'arrêterai, — ne pouvant faire tenir 6 volumes en cinq colonnes de journal:

« Grâce à l'exorbitance de mes années, mon monument est achevé. Ce m'est un grand soulagement; je sentais quelqu'un qui me poussait: le patron de la barque sur la-quelle ma place est retenue m'avertissait qu'il ne me restait qu'un moment pour mon-ter à bord. Si j'avais été le maître de Rome, je dirais, comme Sylla, que je finis mes *Mé-moires* la veille même de ma mort; mais je ne conclurais pas mon récit par ces mots comme il conclut le sien : « J'ai vu en songe « un de mes enfants qui me montrait Mé-« tella, sa mère, et m'exhortait à venir jouir « du repos dans le sein de la félicité éter-« nelle. » Si j'eusse été Sylla, la gloire ne m'aurait jamais pu donner le repos et la fé-licité. »

Les *Mémoires d'Outre-Tombe* sont le livre le plus passionnant de tous les livres contem-porains. Il navre, mais on l'aime, — il brûle, mais il éclaire. — Je ne saurais lui mar-chander mon admiration et je la lui donne toute. Les plus vivants d'entre les hommes se sentent involontairement attirés par les choses les plus funèbres ; on avance dans ce livre comme on marche dans un cimetière, sur des débris, — mais les cimetières sont des déserts fleuris préférables aux foules aboyantes et malsaines. Et puis, en littéra-ture surtout, le mot de Bridoison est très-juste : « On est toujours le fils de quelqu'un. » Moi qui, en ma qualité d'écrivailleur, suis un enfant de trente-six pères, je reconnais Chateaubriand pour un des miens. Il m'eût sans doute renié, vivant : maintenant qu'il est mort, je l'avoue.

Cet article est un témoignage de piété filiale. Alfred DELVAU.

Le rédacteur en chef : Louis LAVEDAN.

Paris. — Imp. Walder, rue Bonaparte, 44.

SALON DE 1861

(Suite)

DEUXIÈME JOURNÉE (6 mai).

M. François-Louis FRANÇAIS. A envoyé trois paysages : une *Vue prise au Bas-Meudon*, un *Effet de soir au bord de la Seine*, et encore un *Bord de la Seine, effet de jour*.

Je me suis demandé bien souvent, en suivant les méandres si capricieux de la Seine, en aval ou en amont, le soir ou le matin, au printemps ou en automne, par la pluie ou par le soleil, — pourquoi les paysagistes allaient chercher, à deux ou quatre cents kilomètres, des sujets de paysages qu'ils avaient si près d'eux, à la porte de leurs ateliers, à cinquante centimes de Paris, vers Choisy ou vers Marly, vers Essonne ou vers Bougival, vers Villeneuve-Saint-Georges ou vers le Bas-Meudon. Les sujets de paysages, comme le bonheur, sont à la portée de tout le monde : c'est pour cela, sans doute, que tout le monde va au bout du monde pour trouver le bonheur et des tableaux pittoresques.

Le Bas-Meudon, surtout, a des aspects ondoyants et divers, — à quelque heure du jour, du soir ou de l'année qu'on le prenne, et je comprends sans peine pourquoi Antoinette Poisson, marquise de Pompadour, se passa la fantaisie d'un château royal sur les hauteurs qui dominent ce côté de la Seine, d'où l'on jouit d'une si *belle vue*. De la terrasse de Dupré, ou des bosquets de son voisin Contesenne, on peut avoir, dans la même journée, dix ou douze tableaux peints par des artistes différents. Le matin, à travers la brume qui s'élève de la rivière et qui ouate si doucement les deux petites Atlantides poussées au milieu, c'est un Corot. A l'automne, lorsque ces deux iles ont perdu leurs festons verdoyants et qu'elles n'offrent plus que deux landes mornes et désolées, c'est un Daubigny. Au printemps, alors que les vaches s'en donnent jusqu'au fanon dans les herbes parfumées, et que les saules, amoureux des nymphes, laissent pendre au fil de l'eau, pour les arrêter, leur chevelure verte, c'est un Cabat, — ou un Rousseau, — ou un Flers, — ou un Français.

Français le sait bien ; aussi affectionne-t-il ce petit coin pittoresque de la banlieue de Paris ; aussi vient-il y planter sa tente à chaque été que le bon Dieu fait ; aussi en rapporte-t-il, pour chaque exposition, de gais paysages auxquels il met les noms qu'il veut — afin de varier un peu, tout en refaisant la même chose. Pour preuves, ses trois toiles de cette année.

La première, celle qui porte le n° 1167, avoue son emprunt au Bas-Meudon, si les autres ne l'avouent pas. Il fait jour et printemps. Les îlots de la Seine verdoient. La maison du pêcheur est là, derrière ce bouquet d'arbres : on y prépare l'omelette au lard, ou la matelote d'anguilles, ou la friture de goujons destinée au peintre qui est sur la berge opposée en train de « croquer » la nature qu'il a devant les yeux. Il travaille moins qu'il ne regarde : ces tableaux pittoresques ont le défaut de vous porter plus à la rêverie qu'à la besogne, et peut-être que la brise lui apporte l'odeur engageante du rustique festin qu'on fricasse à son intention. On aurait faim à moins, car ces verdoyantes choses, qui ont la couleur de l'absinthe sans en avoir le danger, vous donnent comme cette liqueur — plus que cette liqueur — un appétit d'enfer. Pendant que l'artiste rêve ou dessine, dessine ou rêve, des flottilles de canards rayent d'argent le cours sinueux et tranquille de la rivière ; on sent, à la paresse de leurs évolutions, qu'ils sont heureux de vivre, ces canards, et qu'ils n'ont pas la moindre préoccupation des olives ou des navets auxquels cependant ils sont prédestinés de toute éternité. A l'horizon se profile vaguement la croupe de Saint-Cloud et de Bellevue, et, quoiqu'on ne l'aperçoive pas dans ce tableau comme dans le suivant, on devine parfaitement le viaduc de Meudon — jeté avec tant de hardiesse sur le Val-Fleury. Sur des plans moins éloignés, le long de la Seine, sont les quelques maisonnettes de pêcheurs et de frituriers où s'arrêtent volontiers les Parisiens du dimanche.

La composition de ce tableau est très-heureuse, et on s'y reconnaît comme dans une rue de la grand'ville; la couleur, en outre, en est très-gaie, — un peu tapageuse peut être, mais cela ne fait rien, cela même me plaît beaucoup, parce que le tapage de couleur n'assourdit pas l'œil, comme l'autre tapage l'oreille. La peinture de M. Français a le charme de la jeunesse, et, comme la jeunesse, elle se fait pardonner ses défauts par sa grâce et par son esprit : elle ne pense pas, elle chante; elle ne réfléchit pas, elle coule; elle ne moralise pas, elle vit. Les tableaux de M. Corot, ou ceux de Daubigny, arrêtent et captivent : ceux de M. Français amusent. Les uns sont beaux, les autres sont jolis. N'est pas joli qui veut !

Les deux toiles inscrites au livret sous les numéros 1168 et 1169 sont deux autres aspects du même paysage, — à moins que je ne me trompe et que je n'aie pris l'aqueduc de Marly pour le viaduc de Meudon, Bougival pour Bellevue. L'une est encore un effet de jour; la seconde est un effet de soir, — et la seconde est écrite d'un style plus ferme, plus sobre, plus grave, plus digne d'éloges de la part de la critique. La lithographie ne tardera pas à s'en emparer pour la populariser.

M. Yan' Dargent. A envoyé quatre toiles: *les Lavandières de nuit, Souvenir de collège, les Pilleurs de mer*, et le *Pâtre des plaines de Kerlonan-Menhir.*

De ces quatre toiles, la première est celle qui attire le plus l'attention, — à cause de l'étrangeté de son sujet. M. Yan' Dargent est un Breton bretonnant, un jeune fils de la vieille Armorique, — cela se devine à l'orthographe de son nom et à l'accent de ses tableaux. La Bretagne est la terre légendaire

par excellence, et je comprends que ses peintres ou ses poëtes conservent au bout de leur plume ou de leur pinceau quelques-unes de ses superstitions séculaires : seulement, le fantastique a ses dangers, en peinture comme en poésie, et lorsqu'on n'arrive pas, par une dépense énorme d'imagination, à intéresser violemment les yeux et l'esprit du public, on n'obtient qu'un succès d'estime, — le plus ironique des succès.

La France — malgré qu'on dise et qu'on fasse — est et sera longtemps encore le pays des ténèbres. La science a beau secouer son flambeau de ci, de là, au nord et au midi, à l'est et à l'ouest, l'ignorance continue à régner en souveraine, — et vous feriez certainement grand déplaisir aux paysans de déloger de leurs cerveaux les croyances superstitieuses que le temps y a semées et qui ont provigné à qui mieux mieux. La Touraine a ses légendes comme la Bretagne, — la Normandie comme la Touraine, — le Morvan comme la Normandie, — l'Alsace comme le Morvan, — l'Isle-de-France comme l'Alsace, — la Bresse comme l'Isle-de-France, — le Forest comme la Bresse, — le Berry comme le Forest, — etc., etc. Il y a encore une population — les trois quarts de notre pays — asservie aux usages, aux traditions, aux préjugés d'autrefois. « Le Paganisme, détruit depuis quatorze siècles. règne encore sur nos esprits ; ses gracieuses fictions, ses jeux, les mœurs qu'il a formées, les écrits qu'il a dictés, les monuments qu'il a fait élever sont toujours en possession d'exciter chez nous une vive sympathie; et si l'on examine avec attention certains usages bizarres, certaines pratiques superstitieuses qui subsistent encore aujourd'hui au milieu de notre société chrétienne, on y reconnaîtra facilement, après deux mille ans, l'empreinte d'une religion habile à façonner l'esprit des hommes. » Ainsi parle M. A. Beugnot, dans son *Introduction à l'histoire de la destruction du Paganisme en Occident*, et chacun de nous s'est assuré, par ses yeux et par ses oreilles, de la vérité de cette assertion. Pour ma part, j'ai rencontré en Touraine, — il y a quelques années, un soir d'été que je suivais les bords de la Vienne, en revenant de Chinon, — j'ai rencontré un passeur qui, en me faisant traverser la rivière pour regaguer l'Ile-Bouchard, me racontait des histoires de revenants, de noueurs d'aiguillettes, de *loûtiers*, de sorciers, de *jeteu'* de sorts, etc., etc. Je riais bien fort, mais le passeur était sérieux, et quoique je n'aie inventé ni le vaudeville ni la poudre, je suis sûr qu'il me prit ce soir-là pour le « Malin ; » peut-être même n'a-t-il pas encore osé se servir de la pièce de monnaie que je lui donnai pour payer mon passage d'une rive à l'autre.

Le paysan que M. Yan' Dargent a placé au milieu de son tableau et qu'il nous montre effaré, poursuivi par des lavandières fantastiques, est le cousin-germain de mon passeur tourangeau. Ces dames blanches, ces ombres vaporeuses auxquelles son imagination troublée prête les formes de la réalité, ne sont que des émanations phosphoriques, des exhalaisons du gaz inflammable que l'on aperçoit brûler instantanément dans les cimetières, dans les lieux humides et marécageux ; mais le paysan a été bercé avec des contes de nourrice, on lui a parlé de sorciers et de sorcières, de meneurs de loups et de farfadets ; mais il sort de quelque cabaret du village voisin, où il a bu plus que de raison, et il croit voir dans ces lueurs éphémères un cortége de sinistres lavandières destinées à l'égarer et à le perdre : un marécage est là, en effet, il va s'y engager, s'y perdre et s'y noyer — pour prouver une fois de plus que le vin retourne toujours à la rivière.

Le paysan de M. Yan' Dargent n'a pas la terreur contagieuse, et je n'ai pas remarqué, dans les groupes arrêtés devant ce tableau, que l'on s'intéressât beaucoup à son malheureux sort. Je ne discute pas la cause : je constate seulement l'effet. Je constate également que les arbres grimaçants, à formes humaines, dessinés par l'artiste pour aider à la fantasmagorie de son sujet, sont un peu trop connus. Gustave Doré, Wilhelm Kaulbach, Maurice Sand, et quelques autres, les ont fréquemment employés, et il serait temps, me semble-t-il, de revenir de cette exagération monotone à la longue. Je sais,

tout comme M. Dargent, les allures étranges que prennent les arbres de la route, la nuit surtout, lorsque le vent les tord et les fait crier ; mais entre ce qui est et ce que M. Dargent a imaginé, il y a toute la différence de la grimace au rire, de la charge au portrait.

L'admiration est une fatigue ; quand on est fatigué, il faut se reposer. C'est ce que j'ai fait en me réfugiant dans le jardin, sur un banc. Mais là encore mon attention a été sollicitée par les statues qu'on y a exposées — sans souci des conditions particulières de lumière dans lesquelles un certain nombre d'entre elles méritaient de l'être : par exemple le *Spartacus noir*, de M. Joseph Lebœuf, — le *Pêcheur*, de M. Maniglier, — la *Cornélie*, de M. Clésinger, — les *Amours*, de M. Henri Magniant, — le *Souvenir*, de M. Frison, — le *Centaure Térée*, de M. Frémiet, — le *Triomphe d'Amphitrite*, de M. Cordier, — et quelques autres statues dont M. Jules Ladimir ou moi, nous aurons l'honneur de vous parler.

En attendant, puisque je me suis trouvé assis pendant une demi-heure devant le *Spartacus noir*, de M. Joseph Lebœuf, je profiterai de cette occasion pour en dire, en quelques mots, tout le bien que j'en pense.

M. Joseph Lebœuf est un chercheur et, comme tel, il aurait déjà droit à l'attention de la critique que provoque tout à fait le mérite de son œuvre. Une idée est difficile à rendre en marbre, en bronze, en pierre, en plâtre ; je dis « une idée, » — je ne dis pas un sentiment. La volupté n'est pas une idée, ce n'est même pas un sentiment, c'est une sensation, et on peut la rendre plus ou moins fidèlement, selon qu'on est plus ou moins audacieux, — comme M. Clésinger, par exemple. La douleur n'est pas une idée, c'est un sentiment et une sensation, et vingt sculpteurs pour un se chargeront de l'exprimer plus ou moins noblement. La colère non plus ; la joie non plus ; la pitié non plus. Mais comment rendre une idée sensible pour l'œil et pour l'esprit du public? Comment faire pour que, devant un bonhomme nu, — à tête caucasique, ou mongolique, ou éthiopique, — n'ayant aucun attribut qui puisse rien faire deviner, on s'arrête, disant : «Voilà un affranchisseur de peuples, voilà un briseur de chaînes, voilà un Spartacus? » La tâche est énorme, et beaucoup ont échoué à l'entreprendre, — M. Foyatier tout le premier. Ce n'est pas aux Tuileries qu'il faut aller pour découvrir le vrai Spartacus, c'est au palais des Champs-Élysées. Celui de M. Foyatier avait mission de nous représenter ce héros légendaire, — Thrace de nation, mais de race numide, — dont Plutarque a dit qu'il « joignait à une grande force de corps et à un courage intrépide, une prudence et une grandeur d'ame bien supérieures à sa fortune, et plus dignes d'un Grec que d'un Barbare. » Au lieu de cela, M. Foyatier nous a montré un Hercule de foire auquel on a commandé une pose mélodramatique pour donner la chair de poule aux bonnes d'enfants. Lentulus Batiatus eût peut-être acheté, pour le former aux combats du cirque, le modèle qui avait servi à M. Foyatier; mais jamais ce modèle n'eût songé à fomenter la révolte d'esclaves qui, l'an 73 avant J.-C., mit un moment en péril la puissance romaine.

Autre est l'impression que vous laisse le *Spartacus noir* de M. Lebœuf, que j'ose mett e fort au-dessus du *Spartacus* poseur de M. Foyatier. Le *Spartacus noir*, s'il n'avait pas contre lui ses jambes, — qui laissent trop à désirer, — serait l'œuvre capitale de l'exposition de sculpture. Il a l'attitude énergique, fière et digne qui lui convient. Pas d'emphase mélodramatique, pas de *pose :* l'artiste n'a pas voulu en faire un cabotin jouant — à nu — le rôle d'Atar-Gull ou de Toussaint-l'Ouverture, mais simplement un homme jouant son rôle d'homme, un fils d'esclave qui se sent honteux d'être esclave et qui a résolu de conquérir la liberté pour ses freres et pour lui. Sur cette mâle physionomie, — cent fois plus noble et plus belle que celle des blancs ses bourreaux, — il se chante une *Marseillaise* noire qu'on n'entend pas mais qu'on devine. Il va en avant sans se retourner, sans se demander s'il est suivi ou non par ses compagnons délivrés par lui, car — cela est indiqué élo-

quemment par les éclairs de son front, par le dédain de sa bouche, par la haine de ses yeux, — il a fait sans hésiter le sacrifice de sa vie, et il ira jusqu'au bout de son rêve d'affranchissement : il aime mieux mourir en combattant, comme un héros, que de mourir sous le fouet, comme une bête de somme. Bravo, Spartacus !

Bravo aussi, M. Lebœuf! Vous avez fait là une œuvre remarquable, qui vous fera prendre vitement place parmi les sculpteurs de talent dont s'honore la France. Ils ne sont pas nombreux aujourd'hui, à ce qu'il me semble, — depuis la mort de Pradier, de Rudde et de David d'Angers. Vous grossirez leur petite phalange, — et petite phalange deviendra grande, pourvu que Dieu lui prête vie.

TROISIÈME JOURNÉE (10 MAI).

M. Gustave-Paul DORÉ. A envoyé trois dessins et deux tableaux, empruntés — fors un — à la *Divine Comédie*, de Dante. Les trois dessins ont la puissance, — l'exorbitance, dirait Chateaubriand, — familière à Gustave Doré : ils représentent, l'un, Dante et Virgile traversant le Styx et rencontrant l'ombre de Philippe Argenti, — l'autre, Virgile et Dante devant la tombe du Florentin Farinata, — et le troisième, Paolo et Francesca di Rimini dans le deuxième cercle, celui des victimes d'amour. Les deux tableaux sont un *Vallon des Vosges, effet de matin*, et la *Rencontre de Dante et de Virgile avec Ugolin et Ruggieri, sur le lac de glace.*

Vous connaissez cette sombre épopée du sombre Alighieri, — qui semble avoir mis l'enfer de son âme dans l'enfer de son livre, en clouant au pilori les traitres, les méchants, les parjures, les faussaires, causes de son exil et de sa misère. Il avait durement pâti, le vieux Gibelin, et il lui parut bon de se venger des proscriptions injustes dont il avait été l'objet par des anathèmes immortels jetés à ses proscripteurs. Ah ! c'est qu'il avait trouvé bien amer le pain d'autrui, bien âpre à gravir l'escalier d'autrui, bien maigre l'hospitalité d'autrui, bien pauvre l'amitié d'autrui !

« Tu proverai si come sa di sale
Lo pane altrui, e com'è duro calle
Lo scendere e'l salir per l'altrui scale... »

Aussi est-il sans pitié pour les autres, comme les autres l'ont été pour lui, et sa haine éclate surtout dans cette partie de son livre où il enferme les ennemis de son pays et de la faction gibeline, dans le neuvième cercle de son Enfer, depuis le *giron de Caïn* jusqu'au *giron de Judas*. Il n'oublie personne d'entre eux; ni Carlino de'Pazzi, qui livra aux Guelfes, pour une somme d'argent, le château de Piano di Tre-Vigne, — ni Bocca degli Abati, Guelfe corrompu à prix d'or par les Blancs, — ni Tebaldello, qui livra, pendant le sommeil des gardes, les portes de Faenza, — ni Branca Doria, qui assassina vilainement Michel Sanche de Logodoro, son beau-père, — ni le comte Ugolin, ni l'archevêque Ruggieri.

C'est le supplice de ces deux derniers que Gustave Doré a choisi pour sujet de son tableau. Le comte Ugolin, accusé d'avoir livré aux Florentins et aux Lucquois les châteaux des Pisans dont il était gouverneur, — condamné par l'archevêque Ruggieri, son ennemi mortel, à périr de faim dans une tour avec ses fils et ses neveux, — retrouve son bourreau dans le lac de glace du IXe cercle infernal, en ce moment visité par Virgile et par Dante.

Ce récit fait froid, en italien, sous la plume d'Alighieri, — en français, sous la brosse de Gustave Doré :

« Sous mes pieds et à l'entour brillait un lac de glace plus semblable à du cristal qu'à de l'eau. Le Danube ni le Tanaïs, sous un rigoureux climat, n'enveloppent leur cours d'un tel manteau hyperboréen. Ainsi qu'on voit, dans la saison des moissons, les grenouilles mettre leurs têtes coassantes hors de l'étang, ainsi plaintives et livides, les ombres étaient plongées dans la glace jusqu'à la partie du visage où se montre la honte ; leurs dents claquaient comme des becs de cigognes ; chacune avait la figure tournée en bas ; la souffrance du froid se peignait sur leurs lèvres violacées ; leur triste angoisse, dans leurs yeux rougis...

« Nous étions déjà loin de l'ombre ; voici deux damnés accroupis dans la même fosse ; la tête de l'un, comme un chaperon, dominait celle de l'autre. Pareil au malheureux affamé dévorant sa nourriture, le premier rongeait la tête du second à l'endroit où le cerveau se joint à la nuque ; ainsi dans sa vengeance Tydée broya les tempes de Ménalippe : ainsi le damné broyait le crâne de sa victime. »

Ce damné, dogue furieux attaché à un os médullaire, c'est le comte Ugolin, qui se souvient du supplice auquel Ruggieri l'a condamné, et qui le mange à son tour pour le punir de l'avoir forcé de manger ses enfants. N'est-ce pas là une sinistre histoire, sinistrement racontée et non moins sinistrement peinte? Dante, — s'il revenait parmi nous autres mortels, cet immortel, — Dante se réjouirait de se voir ainsi traduit, et il applaudirait son jeune et déjà célèbre traducteur.

J'ai entendu critiquer âprement, à mes côtés, cette composition magistrale; quelques-uns, des plus doux, lui ont reproché de n'être qu'une illustration peinte, comme les dessins du *Juif Errant* sont des illustrations gravées sur bois. On a déclaré aussi que les visages de Ruggieri, d'Ugolin et des damnés à l'entour, étaient des visages ayant servi déjà cent fois à Gustave Doré. Que n'a-t-on pas déclaré encore?

Tout cela est possible; mais il n'en reste pas moins prouvé pour moi que Gustave Doré est un grand artiste. Son défaut, — dont il se corrigera trop vite, — est d'être jeune, et, étant jeune, d'être déjà en possession d'une renommée à laquelle beaucoup n'ont pas encore atteint, à laquelle beaucoup n'atteindront jamais. Il n'est pas un dieu assurément, mais ceux qui nient son originalité et son talent ne sont pas non plus des prophètes.

M. Eugène APPERT. A exposé deux tableaux : *Sedaine tailleur de pierres,* et le *Délit de chasse constaté.*

Le *Délit de chasse* est un aimable prétexte à nature morte. Le gibier tué en fraude est accroché là, précisément au-dessous du redoutable baudrier jaune qui représente si lisiblement la loi pour les braconniers les plus illettrés. Où est le gendarme? où est le maraudeur? Ils ne sont pas loin, évidemment, et si l'un n'a pas encore pris l'autre, c'est que l'autre a de meilleures jambes que l'un n'a de bons yeux. Mais force ne peut manquer de rester au représentant de la Justice humaine, — à moins que... Cette petite toile est brossée avec esprit et gaieté, on s'arrête volontiers devant elle.

Sedaine tailleur de pierres est conçu dans un tout autre autre sentiment, et le regard du passant ne s'arrête pas avec moins de plaisir sur lui. L'auteur du *Philosophe sans le savoir* est dans le chantier, avec ses compagnons, de rudes gas à calus et à durillons, qui n'entendent rien aux choses de l'esprit, — et qui, à cette cause, se gaussent un peu des liseries continuelles de Sedaine. Lire chez soi, après le travail et après la soupe, passe encore! Mais en plein chantier, en plein midi, en pleine besogne, s'accouder sur la pierre au lieu de la tailler, tenir un livre au lieu de tenir un marteau à smiller, c'est de la folie! « Ohé! le Parisien! ohé! » lui crient ses compagnons en ricanant bêtement. Pauvre Sedaine! Pauvres manouvriers plutôt!

La scène est bien rendue, sans affectation et sans violence. On comprend ce qu'a voulu dire l'artiste, sans qu'il ait besoin de rien souligner, et cela fera une excellente lithographie ou une excellente gravure, — comme la *Fileuse* de 1857 :

> « Choisis, ô Marjolaine,
> Quenouille ou beaux atours;
> Mais pour dormir sans peine
> Et filer d'heureux jours,
> Sois fileuse de laine
> Toujours. »

Avant de quitter le *Sedaine* de M. Eugène Appert, je lui jetterai son pied à la tête, — son pied gauche; il est trop fort, même pour un pied de maçon, et l'on devine qu'il a été fait d'après une épreuve phototographique : la déformation a été conservée.

M. James TISSOT. A exposé six tableaux : *Pendant l'office, Faust et Marguerite au jardin, Marguerite à l'office, Rencontre de Faust et de Marguerite, Voie des fleurs, voie des pleurs*, et le *Portrait de mademoiselle M. P.*

M. James Tissot, on ne le croirait pas, est né à Nantes, et il est l'élève de MM. H. Flandrin et Lamothe. A voir les toiles qu'il a envoyées, on serait tenté de le supposer Flamand ou Allemand, élève de Van Eyck ou de Meister Stéphan, de Memling ou de Wohlgemuth, de Quentin Massys ou de Holbein. Déjà pareille surprise m'était venue à l'Exposition de 1855, devant la *Promenade hors des murs* de M. Leys. M. Leys, il est vrai, est originaire d'Anvers et il a plus d'originalité que M. Tissot; mais enfin, son tableau avait un accent de naïveté savante, étrange à notre époque, et il eût pu le dater de l'an 1505, au lieu de le dater de l'année 1855, — sans inconvénient.

Cet archaïsme ne me déplait pas, et de même que je m'étais arrêté avec plaisir devant la *Promenade hors des murs* de M. Leys, je me suis arrêté avec curiosité devant les tableaux de M. James Tissot.

Voie des fleurs, voie des pleurs est une sorte de danse macabre plus bizarre qu'autre chose, — mais d'une bizarrerie séduisante cependant. La Mort est devant et derrière : devant, elle mène la danse avec un violon; derrière, elle l'enterre avec un cercueil. Entre ces deux extrémités du fil de la Vie, dont la Mort est l'éternelle portière, s'agitent convulsivement les pantins humains pressés de jouir — et de cesser de jouir. Ici, des folles avec des fous, des innocentes avec des débauchés, des brebis avec des loups, courent enamourés, sans regarder ni devant ni derrière, — croyant sans doute à l'éternité de la minute pendant laquelle ils cueillent la fleur enivrante et empoisonnée du bonheur. Là, d'autres fous, des ivrognes; d'autres fous encore, des spadassins; d'autres fous encore, des avares; d'autres fous et d'autres folles courent sans plus regarder, — croyant, comme les premiers, à la réalité de leurs chimères, aux corps de leurs ombres, — et tous vont se perdre dans le grand trou de l'oubli qui bée à l'horizon ironiquement éclatant. Voie des fleurs, voie des pleurs. Cette tragi-comédie se jouera-t-elle de longs siècles encore ?

La *Rencontre de Faust et de Marguerite* est d'une exécution plus sage et plus louable que celle du précédent tableau, — qui n'est qu'une fantasmagorie. Vous savez votre Goëthe par cœur, je suppose, et je ne vais pas vous rappeler les circonstances de cette rencontre charmante — qui doit avoir de si funestes suites. Gretchen est une appétissante vierge, — blonde, cela va de soi, — avec un corsage qui promet des trésors et qui en contient déjà certainement. Faust est un étudiant superbe, qui n'a rien de fatal, et qui s'adresse à Marguerite parce que cela le change un peu de ses amours d'hier et de celles de demain. Elle se sent suivie et poursuivie, elle s'arrête éperdue — et perdue déjà ; cette colombe appartient désormais à cet épervier. — « Ma belle enfant, lui dit-il, oserai-je vous offrir mon bras ? »

Parbleu ! Et avec le bras, le cœur, — et avec le cœur, tout ce que vous voudrez, beau sire.

> « Après les vêpres et complies
> Bras dessus dessous, nous irons
> Nous promener dans les prairies
> Et dans les bois des environs ;
> Nous reviendrons par la venelle
> Où neige la fleur des sureaux,
> Dont la sauvage odeur se mêle
> Avec l'odeur des foins nouveaux. »

Marguerite ! Marguerite ! Marguerite ! La pente du plaisir est agréable, mais elle conduit à l'abîme : ton sein de vierge bat d'amour, tes entrailles de femme vont haleter de peine. Hélas ! à quoi bon les avertissements ? Depuis que le monde est monde, les jeunes filles n'ouvrent leurs oreilles qu'à la musique des doux propos et des non moins doux baisers, — quittes à s'en repentir après, lorsqu'il n'est plus temps. Si vous voulez qu'elles soient sages au lieu d'être folles, faites-les aveugles et sourdes, — et encore ! Mais non : puis qu'il en est ainsi depuis si longtemps, c'est probablement parce qu'il faut qu'il en soit ainsi toujours. L'amour est d'ailleurs une si bonne chose qu'on ne saurait le payer trop cher. Il sera temps de regretter et de se lamenter quand — pour parler le langage emblématique de

l'*Ecclésiaste* — « les travailleuses au moulin seront en petit nombre et oisives, quand ceux qui regardaient par les trous s'obscurciront, que l'amandier fleurira, que la sauterelle s'engraissera, que les câpres tomberont, que la cordelette d'argent se cassera, que la bandelette d'or se retirera, et que la cruche se brisera sur la fontaine. » Jusquelà, mes agnelles, aimez, chantez et riez, puisque vous avez encore vos dents blanches, vos lèvres roses, vos cheveux blonds, vos yeux ardents, votre poitrine ferme, votre taille souple, vos pieds légers et vos mains onctueuses. Les poëtes vous le conseillent, — et de tous les fous qui peuplent ce globe, les poëtes sont encore les plus sensés : écoutez leur voix.

> « Puisque les plus belles choses,
> Les amours et la beauté,
> Comme le lis et les roses,
> N'ont qu'une saison d'été,
> Quand mai tout en fleurs arbore
> Le drapeau vert du printemps,
> Aimons et chantons encore :
> La jeunesse n'a qu'un temps. »

Faust et Marguerite au jardin, le troisième tableau de M. Tissot, causent donc de ce que vous savez. Les amoureux répètent les mêmes phrases depuis cinq mille ans, et elles ne leur paraissent pas ennuyeuses, — parce qu'ils les parlent avec les mains et qu'ils les écoutent avec les lèvres. — « Ma bien-aimée, baise-moi d'un baiser de ta bouche. Que tu es belle, ma chère ! Tes yeux sont des yeux de colombe ; tes cheveux sont comme des troupeaux de chèvres, — sans parler de ce que tu me caches ; tes lèvres sont comme un petit ruban d'écarlate ; tes joues sont comme des moitiés de pommes d'api, — sans parler de ce que tu me caches ; tes seins sont comme deux faons gémeaux de chevreuil ; ton cou est comme une tour d'ivoire, — sans parler de ce que tu me caches ; ta taille est celle d'un palmier... Ah ! ma bien-aimée, tes lèvres distillent le miel !... »

Ainsi parle le *Cantique des Cantiques*. Ainsi parle, probablement, l'amoureux Faust à l'amoureuse Gretchen. Quelle vertu ne se fondrait à cette flamme !

Marguerite à l'office, le quatrième tableau

de M. James Tissot, est la conséquence naturelle des deux derniers. Voie des fleurs, voie des pleurs, Marguerite. L'amour est une ambroisie douce à la bouche, mais amère au cœur, chère fille : les dieux seuls pouvaient en boire jadis impunément, sans griserie et sans nausées, — les dieux et les déesses. Les humbles mortelles qui, comme toi, y trempent imprudemment leurs lèvres roses, en sont indisposées, — pendant neuf mois.

Marguerite a « fauté, » et la honte lui monte au visage lorsqu'elle songe à sa faute, — et aux suites de sa *faute*. Son amant a tué son frère Valentin, qui voulait venger son honneur outragé : elle tuera bientôt l'enfant qu'elle porte en son sein. Les ténèbres se font dans son esprit et le troublent. Le chœur chante le sinistre *Dies iræ*, et la pauvre Gretchen, épouvantée, murmure : « Que ne suis-je loin d'ici !... » Voie des fleurs, voie des pleurs, Marguerite.

Ce tableau de M. Tissot m'a charmé plus particulièrement, non qu'il soit mieux peint que les autres, mais parce que le motif me va mieux que ceux des autres. Marguerite est là, toute seule, sur le premier plan, — parquée comme une lépreuse hors du chœur. Elle ne sait plus prier, cela se lit sur son visage pâli, — elle ne sait plus que pleurer. A quelques pas d'elle brûlent de petites chandelles de cire jaune parfumée, qui se consument avec une rapidité, — qui peut servir d'emblème à l'amour dont va mourir Marguerite. L'amour de Faust, allumé un matin au feu de ta beauté, chère fille, s'est éteint au soir, — soufflé par le vent glacé de Méphistophélès. Rien ne dure ici-bas, tout s'éteint, tout se consume, tout passe. Voie des fleurs, voie des pleurs, Marguerite.

M. James Tissot est un habile pasticheur.

Alfred DELVAU.

(La suite au prochain numéro.)

LES VITRAUX
DEUXIÈME ARTICLE

Afin de donner une idée de la science théologique et mystique réclamée du peintre-verrier pour la composition des vitraux religieux, nous allons analyser les huit verrières composées par M. Auguste Galimard pour la décoration de l'église Saint-Laurent.

La première à droite représente saint Pierre, saint Paul, saint Jean, saint Jude et saint Jacques écrivant leurs épîtres ; la deuxième, sainte Philomène, patronne de l'église ; la troisième, le martyre de saint Laurent ; la quatrième, la figure de saint Laurent, patron de l'église ; la cinquième, Jésus-Christ bénissant ; la sixième, sainte Apolline, patronne de l'église ; la septième, le martyre de sainte Apolline ; la huitième, saint Domnole, patron de l'église. Lien mystique, *l'amour de Dieu* unit entre elles les compositions. Jésus-Christ occupe le vitrail central au-dessus de l'autel. Les patrons principaux de l'église l'entourent, et la représentation des martyres de saint Laurent et de sainte Apolline précède les deux figures isolées de ces patrons principaux. Saint Domnole et sainte Philomène sont plus éloignés du Christ.

L'unité morale renfermée dans l'amour de Dieu se divise en trois points auxquels toutes les compositions se rapportent en suivant une marche naturelle qui établit les principes d'abord, puis les conséquences : 1° les préceptes de la religion catholique ; 2° la foi et l'obéissance dans les préceptes ; 3° la récompense accordée à l'obéissance. Les apôtres, auteurs des épîtres, se rapportent au premier point ; les martyres des saints se rattachent au second ; les figures des élus se relient au troisième. Le Christ personnifie la récompense ; il tient le ciel dans sa main pour montrer sa puissance ; il bénit pour faire voir sa bonté ; il regarde dans l'infini pour indiquer que son règne n'aura pas de fin. De symboliques couleurs se rapportant à son pouvoir suprême distinguent ses vêtements : son manteau est parsemé d'étoiles afin de faire comprendre qu'il n'est plus sur la terre, mais au plus haut des cieux, *in excelsis*.

L'architecture est riche et glorieuse, soutenue par les attributs des évangélistes. Dans le soubassement apparaissent trois anges déployant une banderole sur laquelle on lit le commencement de l'Évangile selon saint Jean : *In principio erat verbum.*

Près du Christ se montre saint Laurent dans une pose recueillie, pressant sur son cœur la palme du martyre et s'appuyant fortement sur le gril, instrument de son supplice. Un ange montre une inscription ainsi conçue : *Gloria in altissimis Deo, et in terrá pax hominibus bonœ voluntatis !*

Sainte Apolline est en oraison. Son martyre lui a mérité d'être admise en la présence de Dieu ; mais sa mort volontaire ayant ressemblé à un suicide, elle prie avec ardeur pour qu'il lui soit pardonné ce qu'il peut y avoir de dangereux dans son exemple. L'architecture est la même que celle de tous les patrons secondaires, un ange déployant une banderole comme dans la figure de saint Laurent ; elle contient ces mots : *Beati qui persecutionem patiuntur propter justitiam !*

C'est au point de vue mystique et non pas à celui de l'histoire que sont traités les martyres de Laurent et d'Apolline. Le saint et la sainte ne sont pas aux mains des bourreaux, mais dans les bras des anges. Plus belle, plus large, plus grandiose, cette forme synthétique résume des actes sublimes d'une manière lucide et précise, point essentiel lorsqu'il s'agit de parler à tous et d'éclairer le côté moral des actions chrétiennes. Un ange, personnifiant la grâce, soutient Laurent dans cette terrible épreuve. Cet ange est revêtu de vert, couleur d'espérance. Un autre ange lui indique le ciel où il conduira bientôt l'âme du saint, dégagée de l'enveloppe mortelle. Impatient de retourner au céleste séjour, ce messager divin est revêtu d'azur ; ses ailes frémissantes de désir sont ardentes comme l'inspiration du saint vers l'éternelle patrie. Sainte Apolline s'élance sur le bûcher que lui avaient préparé les païens. Un ange *la pousse* à cet acte extraordinaire, un autre ange contemple ce saint dévouement et tient en main la palme, prochaine récompense de la sainte.

L'architecture des martyres représente l'arène où les saints ont souffert.

Les patrons secondaires viennent compléter la décoration des sept fenêtres dont les sujets se rapportent aux deux seuls points de la composition. Saint Domnole, abbé de Saint-Laurent, évêque du Mans, est revêtu des habits pontificaux. Les yeux levés au ciel, sainte Philomène presse sur son cœur le lys, emblème de sa virginité. Cette sainte, dont le caractère dominant était la douceur, est représentée remerciant Dieu de lui avoir accordé le martyre.

Une composition magistrale précède les verrières que nous venons de décrire. Là saint Pierre, comme la pierre angulaire de l'Église romaine — *Tu es Petrus et super hanc petram œdificabo Ecclesiam meam —* est assis à l'angle du sanctuaire ; il tient en main la clef d'or, emblème du pouvoir spirituel, et la clef d'argent, symbole de l'autorité temporelle. Appuyé sur le glaive à deux tranchants, figure de l'éloquence, saint Paul médite. Saint Jean se recueille, écoutant la voix intérieure qui lui dicte le précepte : *Aimez-vous les uns les autres.* Saint Jacques et saint Jude complètent cette composition, qui se rapporte au premier point. — L'architecture représente le temple de Jérusalem.

Divine dynastie annonciatrice de Raphaël, depuis l'angélique moine de Fiésole jusqu'à Pinturicchio, les vieux maîtres du Campo-Santo de Pise ont rendu avec une grandeur qui n'a jamais été surpassée la fixité interne et profonde de la réflexion. Les sujets mystiques choisis par ces ascètes de l'art leur permettaient d'arriver à l'expression la plus sublime, celle de l'infini dans le calme et la naïveté, à la beauté la plus idéale, celle du monde surnaturel. Ils s'attachaient à reproduire, non la forme, mais la pensée. Pour eux, peintres ou *ymaigiers* de pierre, le corps, emprisonné dans d'hermétiques vêtements, ne forme qu'un accessoire importun. Le visage seul rayonne d'une immortelle auréole. Rien de pur, de chaste, de gracieux, comme cette multitude de saintes semées par eux sur les panneaux, sur les verrières, ou égrénées au front des gothiques cathédrales. Avec leurs longues tuniques sans ceinture, leurs longs cheveux ondoyant sur les plis du lin, leurs beaux yeux enamourés de béatitude, on les voit, virginales filles du ciel, s'élever lentement sur les sentiers qui conduisent aux parvis de lumière.

— Quelle force invisible, vieux maîtres catholiques, guidait votre pinceau ou votre ciseau?

— La foi. Non pas seulement la foi brûlant comme une flamme dans notre poitrine, mais celle qui de la foule se répandait sur nous.

Miroir concentrant les rayons épars, l'artiste rassemble les sentiments dispersés; par une mystérieuse incubation, il leur donne la personnification, la vie éclatante. La croyance, dans leur cœur et autour d'eux, a été pour les artistes du moyen âge le génie. Les créations de leurs mains ont symbolisé leur époque. Tout mouvement de l'art, élément d'une civilisation, procède nécessairement d'un mouvement de la civilisation elle-même.

L'époque actuelle est peu favorable à l'art chrétien. Des gens qui n'ont plus foi qu'en la signature de M. Garat ne peuvent guère comprendre les visions du sublime fou de Pathmos ou les brûlantes extases de sainte Thérèse. Voyez la peinture religieuse au salon de cette année, quel désolant spectacle ! Mais pardonnons aux rapins qui osent recrucifier le Sauveur, car *ils ne savent ce qu'ils font*. D'ailleurs ne seront-ils pas punis dans l'autre monde plus encore que les meurtriers de Jésus? Les Juifs ont martyrisé le Fils de Dieu; ils ne l'ont pas défiguré !

On comprend maintenant ce qu'il faut, dans notre siècle, d'études et de travaux pour arriver à traduire sur des vitraux, en images compréhensibles, les dogmes d'une religion aussi abstraite que le catholicisme.

Il nous reste à esquisser l'histoire de la peinture sur verre. Nous suspendrons momentanément ce travail pour nous occuper, dans le prochain numéro, du compte-rendu des arts chalcographiques à l'Exposition. Nous dirons quelques mots des statuettes de Vital Dubray, Charles Ferrat, Démocrite Gandolfi, Louis Kley, feu Auguste Lechêne, Mène, Ottin, Louis Veray, etc. Parmi les graveurs, nous trouverons Adolphe Aubert, John Ballin, Bertinot, Daubigny, Desvachez, Hermann Eickens, Léopold Flameng, Charles Geoffroy, Girard, Girardet (Edouard et Paul), Louis d'Henriet, Jacque, Jazet, Joliet, Charles Lemoine, Malardot, Ségé, Valerio, Wismes, etc. ; et parmi les lithographes, Bodmer, Charpentier, Bosio, Desmaisons, Laurens, Leroux, Sirouy, Stadler, et *tutti quanti*. Cette partie de l'Exposition, habituellement négligée, offre cette année des œuvres remarquables et nous serons heureux de donner à de laborieux et modestes artistes les encouragements qu'ils nous paraissent avoir mérités.

Jules LADIMIR.

MANETTE.

ÉTUDE RÉALISTE.

Sa mère était une portière
Qui l'avait eue, un soir d'été,
Entre deux brocs, à la barrière,
Avec un ancien député.

De cet incestueux commerce
D'une carpe et d'un lapin gris
Était née une enfant perverse
Comme on n'en trouve qu'à Paris.

Que de coups reçus dans la loge
Par Manette, au lieu des baisers
Que reçoivent — comme un éloge —
Tous les enfants des gens aisés!

On récolte ce que l'on sème :
Sa mère ne récolta rien,
Contre son attente suprême,
Car sur elle elle comptait bien.

Il faut qu'une fille rapporte
Comme un chien de chasse éduqué:
Elle espérait quitter sa porte
Pour aller loger sur le quai;

Un vieux Monsieur millionnaire
(Remplaçant le prince Charmant
Rêvé par toute pensionnaire)
De Manette eût été l'amant;

Elle eût eu sa loge — au Théâtre
Des Funambules, le lundi,
Étant de Pierrot idolâtre
Autant que de sucre-candi;

Elle se forgeait par avance
Des bonheurs à n'en plus finir
Et tels qu'une simple existence
N'en pourra jamais contenir.

Mais, vous savez: « Mère propose ...
(Assez mal, comme ici, souvent),
Tandis que la fille dispose... »
La portière n'eut que du vent.

La belle Manette, ennuyée
De soins maternels si touchants,
(Et de liberté travaillée)
Un matin prit la clé des champs.

Où coucha-t-elle? Je l'ignore,
Et nul autre ne le saura;
Mais il paraitrait qu'à l'aurore
Manette en rougissant pleura.

C'est au bal de la *Reine Blanche*
Que j'eus le plaisir de la voir,
Au moment d'un effet de hanche
Qu'elle seule pouvait avoir.

Elle avait, campé sur l'oreille,
Un bonnet de trente-neuf sous
Acheté sans doute la veille
A la suite d'un rendez-vous.

Le nez au vent, la bouche rose,
Elle riait à tout venant,
Semblant s'attendre à quelque chose
De badin et d'inconvenant.   .

Enivré, séduit, — cœur et tête —
Je m'offris pour son cavalier;
Ma bourse étant assez replète
Je pus devenir familier.

Je la reconduisis chez elle,
En faisant un ron-ron joyeux
Qui voulait lui prouver le zèle
Que m'inspiraient ses jolis yeux

Elle riait à pleine gorge,
(Et certe elle en avait le droit),
Tout en suçant un sucre d'orge
A l'absinthe, offert dans l'endroit.

J'étais pris d'une folle ivresse,
En songeant aux félicités
Que me promettait la maîtresse
Qui trottinait à mes côtés.

Je demandai d'un air timide
La permission de monter,
Avec une voix plus humide
Que je ne peux le raconter.

Un sourire fut sa réponse,
Un sourire doux comme miel.
Ah! je ne pesais pas une once
En montant ce septième ciel !

La porte sur nous refermée,
Je m'approchai, la bouche en cœur,
Pour cueillir sur sa lèvre aimée
Un baiser. . que dis-je? une fleur !

— « Ange !!. murmurai-je plein d'aise
Comme un amoureux innocent.
— « *Il faut abouler de la braise* »,
Me dit-elle en me repoussant.

HENRY LHEUREUX.

NOUVELLES DIVERSES.

Le Palais de l'Exposition des Beaux-Arts
sera fermé du 1er au 5 juin, pour permettre
aux ordonnateurs de cette exposition de
déplacer et de reclasser certaines œuvres,
jugées trop mal placées à ce qu'il paraît.

Tant mieux ! tout le monde y gagnera :
les artistes qui étaient trop en vue et ceux
qui étaient trop dans l'ombre.

*
* *

Le prix de 20,000 francs fondé par S. M.
l'Empereur, pour être décerné à l'auteur
du meilleur livre récemment publié, vient
d'être attribué par l'Académie française à
l'un de ses membres, M. Thiers.

Les concurrents étaient MM. Jules Simon,
Henri Martin et George Sand : on a hésité
longtemps entre chacun des trois, mais
comme il fallait se décider, on s'est prononcé — pour M. Thiers.

L'Académie fera donc toujours des siennes !

*
* *

Richard Wagner, qui se trouve à Vienne
en ce moment, y fait jouer ses trois opéras,
qui y sont accueillis tout autrement que ne
l'a été à Paris le malheureux *Tannhaüser*.
Autant ce maestro a été outrageusement
sifflé sur la scène de la rue Lepelletier, autant il est applaudi sur le grand théâtre de
Vienne.

Ce qui prouve qu'il faut aux œuvres
comme aux plantes une atmosphère particulière, l'atmosphère où elles sont nées et
dans laquelle seulement elles peuvent s'é-
panouir. Le *Tannhaüser*, écrit et pensé en
allemand, ne peut et ne doit être chanté
qu'en allemand, devant un public d'Allemands, — comme le *Macbeth* de Shakespeare ne peut et ne doit être joué qu'en
anglais, devant un public d'Anglais. Les
plantes exotiques n'ont jamais en serre
chaude, quoi qu'on fasse, la grâce, la couleur, le parfum qu'elles ont en pleine terre,
sous leur soleil natal. Laissons, laissons les
bouquets à leur tige, laissons les roses aux
rosiers, — et les opéras allemands à l'Allemagne.

C'est ce qui ressort éloquemment d'une brochure-mine-de-plomb qui vient de paraître chez Dentu : *Richard Wagner et Tannhaüser à Paris*, par Charles Baudelaire. M. Charles Baudelaire administre une volée de bois vert sur le dos des plaisantins du journalisme qui n'ont pas acclamé, comme il convenait, l'illustre père du *Lohengrin*. Nous sommes compris dans la distribution, quoiqu'elle soit générale et non nominative ; mais nous n'en voulons pas à M. Baudelaire : il a peut-être raison , — et d'ailleurs il défend l'opéra allemand en trop bon français pour que nous songions à nous fâcher. Non-seulement nous avons lu sa brochure, mais encore nous en recommandons la lecture à nos lecteurs. Il faut que tous les avocats soient entendus dans cette grande cause.

*
* *

Puisque nous parlons de la brochure en prose d'un poëte, nous ne voyons pas pourquoi nous ne parlerions pas du volume de vers d'un prosateur aimable ; les *Nuits d'hiver*, d'Henry Murger, dont la librairie Michel Lévy vient de mettre en vente la seconde édition. Il y en a peu, mais ce peu est délicieux, et nous vous signalerons entre autres pièces, celles qui portent pour titre : *Le Requiem d'amour*, *le Chien du braconnier*, *le Testament*, *la Chanson de Musette et Ma cousine Angèle*. Les morts ne devraient rien laisser derrière eux, afin qu'on ne les regrettât pas : nous regretterons longtemps Henry Murger.

Ai-je encore assez de place pour recommander les *Vignes folles*, d'Albert Glatigny. C'est encore un volume de poésies, illustré par Charles Voillemot, dans lequel on trouve de très-beaux vers, — inspirés de trop près, peut-être, par ceux de Théodore de Banville. Le disciple est digne du maître. Je n'en veux pour preuve que *les Roses et le Vin*, *l'Insoucieuse*, *Aurora*, *les Antres malsains*, *Pantoum*, *Repos* et *Pour une Comédienne*. Mais les beaux vers ne prouvent rien, et nous voudrions que M. Albert Glatigny, qui sait écrire, sût penser sa propre pensée et non celle des autres. Il doit être

jeune, et ce qu'il ignore, il l'apprendra. Nous lui souhaitons la chance qu'il mérite si bien. Il y a des routes infrayées, poëte : ce sont celles-là qu'il faut prendre !

Louis LAVEDAN.

ERRATUM.

J'aime Villon, j'en cite, — et puis va te promener !

Deux ou trois fois, dans le cours de mon existence journalistique, j'ai eu la démangeaison de m'écrier — conformément aux habitudes de mes confrères en copie :

« Mais où sont les neiges d'*antan*. »

Les compositeurs, avec une louable persistance, ont lu et mis :

« Mais où sont les neiges d'*autan*. »

Je veux bien être accusé de ne pas savoir le latin — et qu'*antan* vient d'*anté annum*, *année passée*, — mais je ne veux pas être accusé de ne pas savoir le français, je veux dire le vieux français, qui est le meilleur. Non-seulement on se servait, au temps jadis, de cet expressif mot *antan*, on se servait encore de quelques-uns de ses similaires comme : *antax*, *anten*, *enten*, etc.

J'aimerai toujours Villon — mais je n'en citerai plus.

A. D.

Nous publierons dans notre prochain numéro *les Arts chalcographiques à l'exposition* (1er article), par M. Jules Ladimir.

L. L.

AVIS.

MM. les abonnés de la *Revue des Beaux-Arts* qui quittent Paris pour aller à la campagne sont priés de donner avis de leur changement d'adresse, afin que la *Revue* leur soit envoyée à leur nouvelle destination.

MM. les abonnés de l'étranger et de la province qui n'ont pas acquitté le montant de leur souscription pour l'année 1861, sont priés de le faire parvenir, soit par un mandat adressé à M. Louis Lavedan, soit par les libraires correspondants.

Le rédacteur en chef : Louis LAVEDAN.

Paris. — Imp. Walder, rue Bonaparte, 44.

SALON DE 1861

(Suite)

Jean Léon Gérome. A envoyé six tableaux : *Phryné devant le tribunal, Socrate chez Aspasie, Deux augures, Rembrand, Hache-paille égyptien*, et le *portrait de Rachel.*

Du premier coup, je ne sais trop pourquoi, on a parqué M. Gérôme dans une spécialité, on l'a créé chef des néo-grecs, — le condamnant ainsi à recommencer chaque année son *Combat de coqs*. Là Grèce est une source où il n'est défendu à aucun artiste de baigner sa pensée et de tremper ses brosses ; mais il n'y a pas que la Grèce dans l'histoire et dans le monde, le domaine de l'art est universel et infini, et rien n'empêchait M. Gérôme, après son *Combat de coqs*, de nous représenter, avec la même élégance, le même esprit et le même talent, des combattants plus modernes et plus humains. C'est ce qu'il a fait en envoyant successivement aux expositions le *Pifferaro*, le *Concert de soldats russes*, les *Recrues égyptiennes*, la *Prière chez un chef arnaute*, et la *Sortie du bal masqué.*

Cette année, M. Gérôme est revenu à ses premières amours ; il a refait, — du moins il a essayé de refaire, — du néo-grec, avec sa *Phryné* et son *Socrate.*

L'histoire de Phryné, accusée d'impiété envers les dieux de sa patrie, est une histoire qui court les rues, — je veux dire les ruelles. Les femmes ses descendantes ont songé, depuis cette aventure, à gagner tous leurs procès de la même façon qu'elle ; par malheur, leurs moyens ne le leur ont pas permis, — en outre de la morale, qui s'y serait opposée. Phryné avait le droit de se montrer nue, parce que, nue, elle était d'une splendeur de formes à nulle autre pareille, et son avocat Hypéride, qui savait ces détails intimes, — par lui-même ou par Praxitèle, l'amant de Phryné, — Hypéride

pouvait hardiment déshabiller la courtisane devant l'aréopage : elle n'avait rien à perdre, — pas même sa pudeur, — et elle avait tout à gagner. Accusée d'offense envers les dieux, Phryné fut en effet acquittée par le tribunal devant lequel elle venait ainsi de produire ses titres d'innocence. Une fille aussi divinement belle qu'elle l'était, pouvait-elle renier ses auteurs, les dieux et les déesses de l'Olympe ?

Il est à regretter que M. Gérôme n'ait pas donné à la maîtresse de Praxitèle un corps plus digne d'elle et de lui. Ce n'est pas là, certainement, le merveilleux poëme de chair que le grand artiste athénien lisait avec tant de plaisir, et qu'il traduisait en marbre blanc, étincelant sous les baisers du soleil de l'Attique. Ce n'est pas là, certainement, le merveilleux modèle de la Vénus et de la Niobé, à laquelle un poëte fait dire : « De vivante que j'étais, les dieux m'ont transformée en pierre ; mais, de pierre, l'habile Praxitèle m'a rendue à la vie. » Ce n'est pas là, certainement, la merveilleuse courtisane qui avait à sa disposition, pour ensorceler ses amants, un *pabulum amoris* dont peu de belles filles, après elle, ont retrouvé le secret. Il y a des gens qui, comme Tiercelin, sont si parfaits en savetiers, qu'ils seraient déplacés dans les cordonniers. Ainsi de la Phryné de M. Gérôme : elle est si parfaite comme lorette moderne, qu'elle aurait été déplacée dans le bataillon sacré des amoureuses antiques.

Quant aux membres du tribunal, appelés à juger de l'innocence ou de la culpabilité de la belle impie, je les trouve dessinés avec trop de finesse, et peints avec trop d'esprit. pour chicaner M. Gérôme sur sa tricherie historique à propos de ces Grecs, — qui sont des Romains. Grecs ou Romains, Romains ou Grecs, ce sont bien des hommes

18

en tous cas, — et des hommes mis en appétit d'amour par le spectacle qu'ils ont devant les yeux. On devine, — à leurs visages érubescents, aux flammèches de concupiscence qui pétillent dans leurs regards, qu'ils n'ont pas l'habitude de boire à leurs repas des électuaires de chasteté, des tisanes de nymphea hæraclia, ou de tamarix, ou de chenevé, ou de periclyménos,—mais au contraire, de réconfortants vins de l'Archipel. Tous ces faux sages en robes rouges sont très-plaisants à voir; chacun d'eux exprime bien son sentiment particulier sur la belle coupable, — que chacun d'eux voudrait rendre plus coupable encore. Je suis sûr que tous ces quinquagénaires reprochent *in petto* à l'avocat Hypéride de n'avoir pas fait une répétition — à domicile — de l'aimable comédie qu'il vient de jouer là en public. Ils acquittent tous, mais ils eussent acquitté bien plus volontiers — à domicile. Enfin, ce qui est différé n'est pas perdu : absoute comme impie, Phryné est désormais condamnée, comme femme, à être importunée par tous ces verts-galants qui gardent en eux-mêmes une photographie exacte de ses perfections. Je lui conseille de quitter Athènes pour un an ou deux, — à moins qu'elle ne soit trop intéressée à rester. Il est bien entendu que je parle ici de la Phryné de Praxitèle, et non de celle de M. Gérôme, — qui a trop couru pour faire courir après elle.

Les deux augures sont traités avec le même esprit par M. Gérôme. On lui a reproché d'avoir fait une caricature, d'avoir donné à ses augures une gaieté qu'ils n'ont jamais dû avoir, — malgré la tradition. Je me garderai bien de lui faire ce reproche-là. Le rire n'est pas romain, je le sais bien, et les augures, pas plus que les autres, ne s'éloignaient de la gravité caractéristique de la nation romaine ; mais, tels qu'ils sont, ils m'amusent et je suis très-aise de lire, peint, ce que j'ai tant de fois vu, écrit.

Rome, depuis son début sur la scene du monde, entretenait des poulets sacrés, et jamais elle n'avait exécuté rien d'important sans avoir, au préalable, demandé leur opinion à ces volailles qui, tirées de l'île de Négrepont, et vouées au célibat comme les vestales, avaient pour gardiens et pour interprètes un collége d'augures. On jetait à ces poulets une espèce de pâte appelée *Offa*; s'ils la mangeaient avec avidité, c'était bon signe, — surtout si une partie de l'*Offa* tombait par terre : c'est ce qu'on appelait *tripudium solistimum*. Si au contraire ces oisons mangeaient proprement, ou qu'ils refusassent de manger, ou qu'ils s'envolassent, c'était mauvais signe. Nous remarquerons en passant, vous et moi, lecteurs, qu'il était aisé aux Romains d'avoir plutôt d'heureux auspices que de malheureux, parce qu'il était facile aux *pullarii* d'affamer assez les volailles sacrées pour qu'elles mangeassent malproprement et avec gloutonnerie; à ce point que, du temps même de Cicéron, l'homme au pois-chiche, on se faisait plutôt des auspices à son gré qu'on n'en prenait : c'était souvent par cet artifice élémentaire que les magistrats empêchaient les tribuns du peuple de traiter avec lui des affaires publiques. Ces temps et ces superstitions ridicules ne sont plus : nous les avons remplacées par d'autres, — en malins que nous sommes.

Les deux *pullarii* que M. Gérôme nous montre devant les cages à poulets, dans l'*auguraculum*, sont revêtus de la trabée, — de la robe traditionnelle des dieux, des rois et des augures. Ils rient immodérément, en se regardant, comme deux aimables farceurs qui, chacun de son côté, viennent de déjeuner avec un de leurs pensionnaires — à la Marengo—après avoir annoncé au peuple qu'il pouvait être tranquille, que les auspices étaient favorables, par un : *Impertitum est !* ou un : *Inauguratum est !* Ils ont bien raison de rire, n'est-ce pas ?

Je réserve tous les éloges que je n'ai pas encore donnés à M. Gérôme pour son *Rembrandt faisant mordre une planche à l'eau-forte.* C'est là une note inattendue du talent, pourtant si varié déjà, du peintre de *Phryné.* Les maîtres hollandais n'ont rien signé de plus lumineux, de plus chaud, de plus blond, de plus précis, de plus savant et de plus pittoresque. Je donnerais *Phryné,* les *Augures, Socrate venant chercher Alcibiade chez Aspasie,* — et même le *Hache-paille égyptien,* une toile très-remarquable, — pour ce *Rembrandt* de Gérôme.

M. Albert ANKER. A envoyé deux tableaux: *Convalescence,* et *Luther au couvent d'Erfurth.*

Convalescence est le portrait d'une intéressante petite fille de sept ou huit ans, qui vient de traverser une de ces crises si fréquentes et si terribles de l'enfance, — si fréquentes pour les enfants, si terribles pour les mères. Elle est assise dans un grand fauteuil rembourré d'un moelleux oreiller sur lequel se détache sa jolie petite tête pâlie par les dernières secousses de la maladie. Elle est très-bien, dans ce fauteuil, sur cet oreiller protecteur :

« Cher petit oreiller, doux et chaud sous ma tête,
Plein de plume choisie, et blanc, et fait pour moi,
Quand on a peur du vent, des loups, de la tempête,
Cher petit oreiller, que l'on dort bien sur toi. »

Voilà ce qu'elle lui dirait, à son oreiller, cette délicieuse bambine dont je voudrais être le père, — mais dont je ne voudrais pas être la mère, à cause des mortelles angoisses où me plongerait sans cesse sa frêle organisation ; voilà ce qu'elle dirait à son oreiller, par reconnaissance, si elle n'était pas si occupée des joujoux de toute sorte étalés devant elle pour la distraire.

Cette toile a des qualités réelles. Les chairs manquent peut-être de fermeté ; mais l'ensemble est bien traité, et il y a dans M. Anker une recherche de la couleur qui demande à être encouragée. Sa *Convalescente* lui fera honneur dans le monde.

Luther au couvent d'Erfurth est un tableau bien différent du précédent. Le futur réformateur religieux est assis sur son lit, où il a passé, à ce qu'il paraît, une mauvaise nuit, tourmenté par je ne sais quelles visions, par je ne sais quels doutes. Le supérieur du couvent, Jean de Staupitz, lui tâte le pouls et a l'air de le gronder doucement. Eh ! bonhomme ! ce n'est pas le pouls qu'il faut tâter à ce jeune géant, c'est le cerveau, — où bouillonnent des tempêtes énormes ! Luther n'est pas malade du corps, il est malade d'idées ! Tu ne le guériras pas, bonhomme !

Vois avec quels regards fiévreux, pendant qu'il te tend son poignet, il dévore les livres ouverts sur un escabeau, au pied de son lit !

La composition de cette toile est sobre et conduite avec intelligence. De ces deux moines, mis en présence dans une cellule de couvent, on devine aisément quel est l'homme de génie et quel est l'homme vulgaire. Je regrette seulement que M. Anker n'ait pas donné à son Luther une physionomie plus en harmonie avec celle qui nous a été léguée de ce grand homme : elle ne me satisfait pas assez, bien qu'elle sorte du moule banal : on ne sent pas assez en elle le Rabelais religieux de l'Allemagne. Cette réserve faite, je louerai volontiers le reste.

M. Paul CELLIER. A exposé deux tableaux : le *Déjeuner de la perruche* et le *Premier Bijou.*

Nous sommes au dix-huitième siècle — par le costume qu'a choisi M. Paul Cellier pour en habiller ses personnages. Ce dix-huitième siècle a bon dos, vraiment, et rien n'est plus commode, en effet, de sauver un dessin médiocre par l'étalage de fanfreluches et de colifichets comme ceux dont nos aïeules étaient si justement fières, — parce qu'ils les rendaient très-attrayantes, plus attrayantes mille fois que n'aurait pu le faire le costume moderne. Ce fripon de dix-huitième siècle, quoique mort et enterré pour l'histoire, trouve encore moyen de séduire la foule — du dimanche.

Ce que j'en dis n'est pas pour me plaindre de la façon dont M. Paul Cellier a traité ses deux tableaux : non. M. Cellier n'a point de prétentions, cela se voit ; il a choisi deux agréables motifs, et il les a agréablement peints, — sans viser à remplacer les maîtres d'autrefois. Le *Premier bijou* nous offre une jeunesse de quinze ans à qui l'on vient de donner une bague. Heureuse, d'un bonheur que les enfants et les jeunes filles seuls savent avoir, elle montre cette bague à sa mère,—aimable vieille dame qui sans doute a lu les *Bijoux indiscrets,* de Denis Diderot, et qui sourit de l'innocence de sa petite fille. Elle est très-bien, cette mère souriante, avec sa poudre à la maréchale, ses mouches assassines et sa robe de soie jaune ! Elle sent son époque, — celle

> « .... des robes à paniers,
> Des bichons, des manchons, des abbés, des rocailles,
> Des gens spirituels, polis et cancanniers,
> Des filles, des marquis, des soupers, des ripailles... »

Oui, elle est très-bien, ma foi, très-bien ! A vingt ans, elle devait être mieux encore. Le tapis de la chambre est soigné.

Le *Déjeuner de la perruche* est le pendant naturel du tableau précédent. Une jeune fille, en bleu, se tient debout près de la fenêtre, avec une perruche sur l'épaule. Une autre jeune fille, en blanc, mi-penchée sur un fauteuil, agace l'exotique oiseau, — tout en lui donnant quelque friandise. Voilà le sujet : il est simple et de bon goût. La tapisserie du fond est soignée, comme le tapis du précédent tableau. M. Paul Cellier a la science des accessoires, et je comprends que le dix-huitième siècle, si plein d'adorables brimborions, l'ait séduit un instant : mais il devrait bien y renoncer — en faveur du dix-neuvième siècle, qui lui offrira certainement des motifs intéressants.

M. Alexandre Prévost. N'a envoyé qu'un seul tableau, la *Fête de san Isidro, à Madrid.*

Le sujet est emprunté aux *Nouvelles espagnoles* de Charles Habenech : « San Isidro, vertueux laboureur du temps passé, couronna les rosières et fut canonisé après sa mort. Chaque année, pendant trois jours de mai, les Madrilènes gravissent la colline dénudée où se trouve la chapelle du saint. Cette fête réunit les plus curieux de tous les types populaires de l'Espagne. »

A cette fête, comme à la *Feria de Mayrena*, près Séville, se rencontrent tous ces types picaresques qui sont un des charmes de l'œuvre de Goya, et qu'on retrouverait difficilement ailleurs : gitanos, maquignons, marchands de gâteaux frits, gitanas, diseuses de bonne aventure, mendiants, culs-de-jatte, manolos, manolas, serenos, milicianos, aguadores, etc., etc. Les *gitanos* et les *gitanas* sont des bohémiens des deux sexes. Les *manolos* sont des hommes du peuple.

Les *manolas* sont les grisettes de Madrid. Les *milicianos* sont des miliciens. Les *serenos* sont des gardes de nuit. Les *aguadores* sont des porteurs d'eau. Tous les dandys des faubourgs de Madrid sont là, en costumes de majos, — avec leurs majas; toujours prêts à tirer la navaja, la tirant même, — ainsi qu'on le voit dans le tableau de M. Prévost.

N'oublions pas les gratteurs de mandolines, — ces heureux bohêmes à qui il ne faut, pour vivre, que deux yeux noirs à aimer, un oignon cru à manger, une cigarette à fumer, des oranges à boire, et, le soir, des fandangos à danser à même la poussière du chemin, faute de salle de bal.

Mœurs étranges et charmantes dans leur débraillé, qui vous donnent envie d'aller passer votre jeunesse sous le beau ciel de l'Espagne, — malgré les coups de couteau des coins de rue et les insectes des hôtelleries

On y vit, puisqu'on y aime, — et l'amour est l'unique occupation, l'unique devoir de la jeunesse. Travailler? A quoi bon ! C'est injurier son corps, fait pour la paresse — ou pour la fatigue agréable. Travailler! Ah ! oui, nous travaillerons, — *mañana*, demain. J'ai essayé une fois, il y a bien longtemps, de donner une sérénade à ma maîtresse, — une manola de la rue de la Harpe, à Paris ; je n'avais pas de guitare, mais j'avais une voix et je m'en servais pour chanter « mon amoureux délire » : une patrouille grise passa et me conduisit à la Préfecture, où j'achevai une nuit — que je comptais bien finir autrement. Est-ce que Paris est le pays de la jeunesse et de l'amour ! On y naît négociant, à quarante ans, avec des favoris, — et du ventre. Ah ! l'Espagne, madame, l'Espagne ! Si j'avais un fils, j'irais le perdre par-là.

Je me rappelle une *rondalla* assez crâne de Théophile Gautier, et cette rondalla de Théophile Gautier m'en rappelle une autre, qui n'est pas de Théophile Gautier, mais à laquelle celle de Théophile Gautier ressemble furieusement, — comme je vais vous mettre à même d'en juger.

Voici la seconde, avant la première :

« Por tu calle voy entrando,
Cabello de emperadora;
Si tienes los novios vapos,
Diles que salgan ahora.

El cuerpo me huele á plomo,
El corazon á puñales,
Y la sangre de mis venas
Rabiando porque no salen.

En esta calle hay barro,
Tengo que hacer una puente;
Con las costillas de un vapo,
Y la sangre de un valiente.

La despedida te doy
Porque quiero ir á dormir;
En los clavos de tu puerta
Se queda mi corazon.

« J'entre dans la rue où tu habites, — Belle aux cheveux d'impératrice; — Si tes galants ont du cœur, — Dis-leur de se montrer.

« Mon corps se rit du plomb, — Mon cœur des poignards, — Et le sang de mes veines bouillonne — De ce qu'ils n'osent paraître.

« Dans ta rue il y a de la boue ; — Pour la traverser il faut un pont : — Je le bâtirai avec les os d'un galantin — Et le sang d'un matamor.

« Je prends congé de toi, — Parce qu'il me faut aller dormir ; — Mais je laisse mon cœur — Attaché au clou de ta porte. »

Voici maintenant la rondalla de Théophile Gautier, — du moins des morceaux de cette rondalla :

« Enfant aux airs d'impératrice...
Sortez, vaillants, sortez bravaches ..
Au ruisseau qui gêne ta marche
Et pourrait salir tes pieds blancs,
Corps du Christ, je veux faire une arche
Avec les côtes des galants...
Au moins plante un clou dans ta porte:
Un clou pour accrocher mon cœur...

M. Prévost a vu l'Espagne, cela est certain. On n'invente plus de pays, aujourd'hui que l'on peut aller s'assurer par ses yeux de la vérité ou du mensonge des récits de voyage; la foule bizarre qui grouille dans la *Fête de San-Isidro* doit donc exister et grouiller ainsi dans la nature. Je ne sais pas si les *alguaciles* sont quelque part, dans un coin du tableau; mais, ce qu'il y a de sûr, c'est qu'il y aurait grand besoin de leur concours effectif, car il se commet là mille friponneries plus ou moins dignes de la hart, — sans compter les duels au couteau.

Le tableau de M. Alexandre Prévost est plus spirituel que bien peint ; il se sauve par le geste, par la pose, par la fidélité des types populaires mis en action par lui ; c'est très-vivant et parfaitement espagnol.

M. François BIARD. A envoyé dix toiles peintes : il en aurait envoyé vingt que, très-probablement, on les lui eût prises tout comme celles-là, — afin de faire compensation avec les toiles refusées aux autres artistes.

De M. François Biard, je ne veux rien dire, ne me trouvant pas la langue assez bien pendue, ni la plume assez bien taillée. M. François Biard est médaillé de 1827, médaillé de 1836, médaillé de 1838, médaillé de 1848, il sera probablement médaillé de 1861 : quand on a des médailles, on n'en saurait trop avoir.

Mais une médaille n'a jamais rien prouvé, en art pas plus qu'en littérature, et je vois maint artiste dont le nom est vierge de cette distinction et qui n'en a pas moins de talent pour cela, — au contraire. M. François Biard a son public qui l'admire, et il peut se passer de mon approbation; il a ses lecteurs, comme M. Paul de Kock, auquel il ressemble par tant de côtés : il les fait rire à gorge déployée, il les passionne, il les enthousiasme, et cela a sa raison d'être, je suppose, — quoique ma supposition ne soit pas tout ce qu'il y a de plus flatteur. Que M. François Biard repose en paix sur ses lauriers ! Mon intention n'est pas de lui en dérober un seul brin : j'en serai trop embarrassé.

De ce que je ne comprends pas cette peinture « devant de cheminée, » il ne s'ensuit pas quelle soit méprisable, — pas plus que, de ce que je ne comprends pas l'esprit de M. François Biard, il ne s'ensuit pas que je suis un imbécile. Tous les goûts sont dans la nature, certes, et puisqu'il y a des gens qui préfèrent les images d'Épinal aux eaux-fortes de Rembrandt, et les six-blancs démonétisés aux napoléons fraîchement frappés, il faut les laisser préférer, — en déplorant cette préférence. « Quand il se fait quelque sottise publique, disait Chamfort, je songe à un petit nombre d'étrangers qui peuvent se trouver à Paris, et je suis prêt à m'affliger, car j'aime toujours ma patrie. »

M. Auguste BONHEUR. A envoyé trois tableaux, l'*Arrivée à la foire (Auvergne)*, la *Sortie du Pâturage (Auvergne)* et la *Rencontre de deux troupeaux dans les Pyrénées.*
M. Auguste Bonheur, ainsi que son frère le sculpteur, M. Isidore Bonheur, nous dédommagent un peu de l'absence de leur sœur, mademoiselle Rosa. De la *Cheminée* de l'un, M. Jules Ladimir vous parlera ; je ne veux parler que des plantureux paysages de M. Auguste Bonheur.

Paysages n'est pas le mot propre. Le paysage, chez M. Auguste Bonheur, n'est que l'accessoire des animaux, — la nature ne vient qu'après la bête. Bœufs, vaches et moutons emplissent le cadre, en effet, et ne laissent que peu de place aux arbres et aux herbages chargés de les nourrir. Cela ne me choque pas trop, et j'estime qu'il y a dans ces toiles de M. Bonheur de quoi contenter amplement les gens qui adorent, comme moi, ces nobles descendants du divin Apis, — morts ou vivants, en pâturage ou en rosbifs.

Des trois tableaux exposés par M. Auguste Bonheur, la *Sortie du pâturage* est celui que j'ose préférer. Bœufs, vaches et moutons paissaient tout à l'heure dans l'enclos voisin. L'un d'eux, en flânant dans le pacage, a trouvé une issue donnant sur un ruisselet abrité de feuilles, et il a fait signe à ses compagnons de profiter comme lui de cette excellente occasion d'école buissonnière. Ils sont sortis tous, à la queue leuleu, et sont allés boire de cette belle eau claire, dans laquelle se mirent leurs belles robes reluisantes. Mais la pastoure auvergnate, — qui s'était peut-être oubliée, sous quelques saules voisins, à jouer avec son amoureux l'éternel rôle de Galathée, — la pastoure auvergnate accourt, bâton haut, et fait rentrer le troupeau vagabondeur. On lui obéit — à regret : l'eau était si bonne !

l'ombre des arbres était si douce ! Ces grands bœufs roux et noirs ouvrent des yeux si pleins d'étonnement et de bonhomie, qu'ils vous donnent envie de les laisser là, dans le pacage qu'ils ont choisi et non dans celui qu'il leur faut réintégrer.

M. Auguste Bonheur est un animalier distingué, comme M. Louis Coignard, — qui, par parenthèse, a envoyé cette année un *Troupeau dans un pâturage de la vallée d'Auge* fort bien réussi, — mais il n'est pas aussi heureux dans la reproduction de la figure humaine : sa pastoure est trop petite, à ce qu'il me semble.

M. Alphonse LEGROS. A envoyé un tableau, l'*Ex-Voto*, et une eau-forte, les *Chantres espagnols.*
M. Legros est un artiste, né avec une originalité à lui, qui a éprouvé le besoin de se mettre à la suite de l'originalité des autres. Je n'ai pas l'honneur de le connaître, mais je jurerais qu'il ne jure que par Courbet. Son *Ex-Voto* n'est pas autre chose qu'un morceau de l'*Enterrement d'Ornans*, proprement découpé et encadré avec soin dans un cadre spécial. Si M. Legros n'y prend garde, il perdra dans cette imitation, volontaire ou involontaire, les précieuses qualités qu'il possède. M. Legros va me dire qu'il ne copie pas Courbet : soit ! Alors il copie M. Degroux, peintre belge, — qui copie Courbet. Qu'il choisisse !

Il y a une individualité plus accusée dans l'eau-forte qu'il a exposée sous le titre de *Chantres espagnols :* c'est étrange et saisissant, quoique assez incorrect, et les mystérieuses ombres de cette planche en dissimulent très-poétiquement les imperfections. Quand ces chantres-là auront chanté leur messe et qu'ils sortiront dans la rue, en plein soleil, on remarquera qu'il leur manque quelque chose, — et l'on s'en prendra avec raison à M. Legros.

M. Achille OUDINOT. A envoyé plusieurs toiles, mais on ne lui en a reçu qu'une : *Lisière de forêt, effet de soir.* J'ai vu les tableaux refusés : ils étaient au moins dignes de celui-ci, — qui est très-heureusement conduit et très-heureusement peint.

M. Achille Oudinot est un élève de Corot, comme M. Gustave Colin, comme M. Antoine Chintreuil, comme M. Eugène Lavieille, — et c'est un honneur pour le maître aussi bien que pour les élèves qui, tout en s'inspirant directement de sa manière, trouvent moyen d'accuser très-haut leur individualité. La *Lisière de forêt*, de M. Oudinot, n'a pas le vaporeux, le *flou*, l'idéalité des paysages de M. Corot : tout au contraire, il y a dans le talent de ce jeune artiste une robusticité, une fermeté d'allures qui dénote un tempérament intéressant à suivre dans ses manifestations. Il est moins lâché, moins incorrect que d'autres, et cela n'en donne que plus de valeur et de relief à la façon dont il interprète la Nature.

M. Oudinot est un paysagiste sincère et passionné, enthousiaste et consciencieux ; et quoique son tableau de l'Exposition soit mal éclairé, il n'en mérite pas moins d'être remarqué, étudié et applaudi.

4e JOURNÉE (13 mai).

M. Jean-Pierre-Alexandre ANTIGNA. A envoyé huit toiles de petite dimension. Les petites sont les meilleures. Je dis : Les *filles d'Ève*, *Loin du monde*, la *Fontaine verte*, *Marie enfant à sa fenêtre*, *Tricoteuse*, *Intérieur breton*, *Jeune berger breton*, et le *Lendemain de la Toussaint*.

On tombe naturellement du côté où l'on penche : j'ai la tristesse facile, — j'aime les talents mélancoliques. Je pense couleur de suie, comme peint M. Antigna, — mais je me débarbouille plus souvent que ses personnages. Cependant, cette année, ses toiles sont plus propres et plus gaies, — pas beaucoup plus gaies, mais enfin elles le sont.

Les filles d'Ève ne me séduisent pas, non parce qu'elles n'ont pas tout ce qu'il faut pour ça, — au contraire ; elles ne me séduisent pas, parce que je vois dans ce tableau une allégorie un peu lourde, une intention de malignité cousue de fil blanc. M. Antigna représente un groupe de jeunes paysannes sous un pommier que ravage à leur intention un jeune drôle qui voudrait jouer le rôle du serpent : voilà tout. M. Antigna, laissez l'esprit à ceux auxquels il ne messied pas, et gardez pour vous le sentiment et la poésie qui vous vont à merveille : j'en trouve la preuve dans la *Fontaine verte* et dans *Loin du monde*, par exemple.

La *Fontaine verte*, c'est un escalier d'une trentaine de marches tapissées de mousse, qui conduit à une source ou à une rivière, à une source plutôt. Une jeune fille, une jeune paysanne bretonne, dévale tranquillement, son pot de terre rouge à la main. Encore une marche, et ses pieds toucheront l'eau. Ce sera une occasion de se mirer et de se trouver belle, et les jeunes filles — qui sont de la graine de coquettes — ne laissent jamais passer aucune de ses occasions-là. Elle est vraiment appétissante, cette rustique enfant, malgré ses sabots, malgré les haillons qu'elle porte en guise de jupons par-dessous sa robe brune. Son visage est limpide et enjoué à vous donner envie de l'embrasser — fraternellement ; il n'en ressort que mieux, avec ses couleurs roses, sous le bonnet de linge qui l'encadre si bellement. Comme elle est sûre d'elle, en descendant cet escalier raide et glissant ! Un faux pas et elle se noierait dans la *Fontaine verte*. Mais elle est sage, elle est vierge, aucun souffle impur n'est venu troubler son âme : elle a l'aplomb des natures honnêtes, l'assurance des natures candides, et rien, à cette heure, ne la peut faire broncher. Demain peut-être, en remontant sa cruche rouge, la cassera-t-elle sans le vouloir, distraite par la présence d'un beau gars de son village, — et les cruches cassées, cela ne se raccommode jamais, mon enfant. Mais, demain comme demain. Pour aujourd'hui elle peut descendre sans crainte à la *Fontaine verte*, et sans crainte remonter l'escalier glissant : elle ne glissera pas.

Loin du monde, c'est une Esméralda rustique dormant dans un chenil, à deux pas de sa chèvre. Elle est en haillons, cette villageoise, mais sa grâce et sa jeunesse la parent mieux que ne sauraient le faire de riches affiquets, et si elle veut écouter le premier Phœbus de Châteaupers ou le premier Claude Frollo qui passeront, elle le peut, autant et plus que d'autres filles entretenues. Pour l'instant, elle n'a pas l'air d'y songer : la lande où elle mène brouter sa chèvre est le seul horizon qu'elle connaisse, elle ignore encore la corruption des villes — et des villages ; elle dort comme dorment les enfants, « à poings fermés. » Quand elle se réveillera, demandez-lui ce qu'elle a rêvé : elle ne vous comprendra, car elle ne sait pas encore rêver, heureusement pour elle, — la rêverie étant la pente naturelle de l'amour , et l'amour étant la pente naturelle du souci. Garde longtemps ta chèvre, gente chevrière !

Il y aurait injustice à ne point citer, après M. Antigna, les trois tableaux exposés par mademoiselle Marie-Hélène Antigna, — sa fille sans doute. Mademoiselle Antigna, quoique le livret la fasse élève de M. Auguste Delacroix, est plus réellement l'élève de son père, comme il appert de l'un de ses trois tableaux exposés, *la Chercheuse de bois mort.* Il y a dans cette toute petite toile dix fois plus de sentiment que dans mainte grande machine du salon carré.

M. Charles-Désiré HUE. N'a envoyé que deux tableaux : une *Liseuse* et une *Manon Lescaut.*

Il y a des types, imaginés par les poëtes ou par les romanciers, qui tenteront éternellement les artistes. On a fait, refait et archi-fait Faust et Marguerite, Manon et Desgrieux, par exemple : on les refera encore, on les refera toujours. Ce sont là des sujets passionnants en diable, et chaque artiste s'est fait d'eux une idée particulière qui a la prétention de ne pas ressembler à l'idée du voisin ou de la voisine. Ary Scheffer et Tony Johannot en France, ont fait chacun un Faust et une Marguerite différents. Gigoux et Schopin, avant M. Hue, ont touché à la délicieuse héroïne de l'immortel roman de l'abbé Prévost : vous rappelez-vous, du premier, Desgrieux enterrant sa chère Manon? et du second, le timide chevalier abordant l'égrillarde ravaudeuse? Le tableau de M. Gigoux, principalement, m'est toujours resté devant les yeux et dans l'esprit; enterrer sa maîtresse, n'est-ce pas enterrer sa jeunesse? Maîtresse morte, jeunesse défunte. Que faire de son corps et de son cœur? Comme les veuves de Malabar, on n'a plus qu'à se brûler sur le tombeau de sa bien-aimée.

M. Hue a choisi un épisode beaucoup moins lugubre de l'histoire de Manon Lescaut : celui où l'adorable drôlesse, surprise en tête à tête avec Desgrieux, « son amant de cœur, » par M. de Trois Étoiles, son « monsieur, » se tire de ce mauvais pas par beaucoup d'effronterie, et, montrant l'un, son amant, à l'autre, son entreteneur, dit à celui-ci avec le plus acoquinant des sourires : — « Voyez, monsieur, regardez-vous bien et rendez-moi justice. Vous me demandez de l'amour : voici l'homme que j'aime et que j'ai juré d'aimer toute ma vie, faites la comparaison vous-même : si vous croyez lui pouvoir disputer mon cœur, apprenez-moi donc sur quel fondement, car je vous déclare qu'aux yeux de votre servante très-humble, tous les princes d'Italie ne valent pas un des cheveux que je tiens. » Tout cela est fort bien dit, mademoiselle Manon, mais cela n'empêche pas que vous ne soyez une catin, et que votre amant, qui avait bien commencé, ne finisse très-mal, — comme un élève de M. Coste... La jeunesse est excusable dans ses extravagances les plus folles, mais non dans ses vices. Je disais tout à l'heure que M. Hue avait choisi un épisode moins lugubre que celui illustré par M. Gigoux : je me trompais, — cet épisode est triste, et je regrette de l'avoir vu, bien que M. Hue l'ait traité avec une habileté fort louable. J'ai aimé, j'aime encore Manon, — mais à distance, et je ne sais pas le moindre gré à ceux qui me mettent les ordures de sa vie sous le nez. Dans l'ensemble de ses aventures, que je connais par cœur, certains détails repoussants s'atténuent, — et disparaissent même : pourquoi me les soulignez-vous? J'ai grande envie de vous en vouloir de me gâter ainsi mon héroïne. Et puis, si je pardonne à Manon ses coquineries, c'est parce qu'elle est Manon; j'oublie volontairement son malhonnête amant Desgrieux : pourquoi le rappelez-vous à mon souvenir?

M. Hue me répondra peut-être que tout cela ne le regarde pas, et que, pourvu que son tableau représente clairement ce qu'il a voulu représenter, je n'ai rien à lui réclamer. M. Hue aura raison — et je n'aurai pas tort. — Il a fait un tableau de genre fort plaisant à contempler, que j'ai entendu louer très-haut par mes voisins, et j'aurais mauvaise grâce à le chicaner là-dessus. Je le chicane seulement sur le sujet choisi — qui est malhonnête. Il s'en est tiré avec habileté, mais il ne peut pas effacer de mon esprit l'impression désagréable que j'en ai reçue. Je l'attends à une autre expérience — qui sera certainement décisive en sa faveur. Si j'étais moins prévenu contre le sujet, je serais plus bienveillant pour la manière dont il est traité : par malheur la prévention est trop forte — et trop fâcheuse : je félicite l'artiste, je blâme le penseur.

Alfred DELVAU.

(*La suite au prochain numéro.*)

Nous avions annoncé, dans notre dernier numéro, une seconde édition des *Nuits d'hiver* d'Henry Mürger, publiée par la librairie Michel Lévy. Le meilleur éloge qu'on puisse faire d'un livre, ce sont les pages de ce livre que l'on met sous les yeux des lecteurs. Ainsi faisons-nous aujourd'hui pour le volume de vers du chantre de Musette.

L. L.

PRINTANIÈRE.

L'hiver s'en va ; déjà la cloche,
Douce comme un chant de cristal,
Murmure au printemps qui s'approche
L'*O filii* du jour pascal.
Dans l'air plus doux, les girouettes
Tournent au souffle du midi,
Et pour un sou de violettes
On fait le bonheur de Nini.

L'hiver au pauvre fut rigide,
Il en a compté les longs jours,
En mesurant son bûcher vide
Quand la neige tombait toujours.
Sa dernière branche allumée

Rougit l'âtre d'un pâle éclair ;
Moitié cendre et moitié fumée,
Le vent la dissipe dans l'air.

Pèlerins des grandes mers bleues,
Voyez, à l'Orient vermeil,
Les oiseaux qui font mille lieues
Entre deux levers de soleil.
Cris joyeux et battements d'ailes
Mettent le ciel en gaîté,
C'est le retour des hirondelles
Et c'est le retour de l'été.

Mais depuis la dernière année
Les loyers sont bien renchéris,
Un trou noir dans la cheminée
Comme un entresol a son prix.
Pourvu que les propriétaires
N'augmentent pas en même temps
Que tous les autres locataires
L'ambassadrice du printemps.

Avec la jeune feuille verte
Qui sort du bourgeon printanier
Paraît, à sa fenêtre ouverte,
Ma voisine de l'an dernier.
Pendant les mois d'hiver, frileuse,
Elle n'a pas quitté son nid.
Jadis elle eût posé pour Greuze,
Maintenant c'est pour Gavarni.

Henry MURGER.

LES ARTS CHALCOGRAPHIQUES A L'EXPOSITION.

PREMIER ARTICLE.

A nos judicieux et spirituels confrères de la *Revue*, les talents resplendissants, bariolés, chatoyants, mouches bourdonnantes de l'art ; à nous les fourmis laborieuses, les talents modestes, les artistes timides et patients. Telle statuette, telle gravure au burin ou à l'eau-forte, telle lithographie vaut mieux quelquefois que telle grande peinture saluée comme une œuvre magistrale. Le Palais de l'Industrie a réuni la petite sculpture et la chalcographie ; nous les réunirons aussi dans notre compte-rendu et nous nous efforcerons d'appeler l'attention sur ces arts négligés à tort par le public, dédaignés par la critique et qui comptent cette année des représentants du plus grand mérite.

Dans la ville de Minerve, quand un sculpteur avait traduit en marbre pentélique la forme éclose dans son cœur, il faisait porter sa statue sur un socle au milieu de l'Agora. Le blond soleil de l'Attique descendait fêter la fleur de l'art fraîche épanouie. La foule, par essaims, bourdonnait à l'entour. De nombreux élèves, le ciseau ou l'ébauchoir à la main, sortaient en hâte des ateliers. Çà et là se formaient des groupes et il s'élevait des discussions bruyantes et passionnées. Peu à peu tout ce tumulte s'apaisait, et si le peuple etait content, il demandait à grands cris l'auteur, comme on fait aujourd'hui au théâtre. Un ami l amenait par la main. Souvent on voyait un pauvre jeune homme, pâle, ébloui par le jour, lui qui était resté longtemps enfermé dans quelque réduit, où il avait vécu je ne sais quelle vie d'anachorète, seul avec sa Vénus Anadyomène. Ni sa chevelure inculte, ni ses vêtements frustes n'arrêtaient l'enthousiasme qui éclatait à son aspect. Toutes les mains s'agitaient. Un orage de bravos secouait le nouvel élu, résonnait dans sa poitrine, vidait ses yeux des larmes contenues depuis des années. En même temps, une de ces hétaïres adorées qui enseignaient la philosophie à Socrate et l'éloquence à Démosthènes, posait sur le front du statuaire une couronne de feuillage qu'elle scellait avec un baiser. Les applaudissements redoublaient et, séance tenante, un décret du peuple souverain assurait au jeune artiste une pension prélevée sur les deniers publics, afin que, libre des préoccupations matérielles, il pût se livrer entièrement au culte de la gloire et de la beauté.

Aujourd'hui, que de persévérantes investigations ne faut-il pas au statuaire pour déterrer une forme pure parmi tous ces corps ensevelis dans de hideux vêtements, pour découvrir un visage correct au milieu de ces figures renfrognées, tiraillées par le souci d'une existence pleine d'angoisses ? Est-il parvenu à produire une œuvre remarquable, il doit se trouver heureux quand on ne lui dit pas : « Faites reprendre à vos frais le marbre qui vous a coûté si cher à acheter, à livrer au praticien ; recommencez un autre ouvrage et revenez dans deux ans, si d'ici là le dégoût ou la misère ne vous ont pas tué. » Voilà pourquoi beaucoup d'artistes de talent craignent d'aborder la grande sculpture : mais ce n'est pas la dimension d'un ouvrage qui fait son mérite. A notre avis, les statuettes et les petits groupes sont d'autant plus dignes d'attention qu'ils fournissent à l'industrie des modèles, de nature à porter jusque dans les plus humbles demeures le culte du beau et à entretenir dans la nation le sentiment élevé de l'art.

Ce que nous venons d'énoncer peut s'appliquer parfaitement à M. Louis Kley, de Sens, qui a exposé sous le numéro 3418 une *Egyptienne puisant de l'eau*, statuette en imitation d'ivoire. Dans ce format restreint, il y a certainement l'étoffe d'une grande statue de marbre ; les formes sont admirablement développées ; les contours sont harmonieux ; le modelé est irréprochable. La ligne court et ondule par tout le corps. Tout cela est jeune, frais et vivant. A part un peu de contrainte dans la pose, cette statuette est un petit chef-d'œuvre. M. Kley est auteur d'environ 150 modèles très-remarquables dispersés dans les premières maisons de bronze et de plastique. Figure, animaux, sujets de sainteté et de mythologie, tout est traité par lui avec conscience et talent. Devant les vitrines de Hy-Delafosse, galerie d'Orléans, les promeneurs s'arrêtent pour admirer ses réductions à trois grandeurs des antiques les plus importants du Louvre et des galeries romaines.

Puisque nous sommes en veine d'éloges, signalons les beaux médaillons de M. Alfred Baron (n° 3160); celui représentant de jeunes enfants a surtout éveillé en nous, qui sommes beaucoup père, bien des souvenirs et bien des regrets. La grâce naïve du premier âge est parfaitement rendue ; les têtes ont une expression bien sentie, les contours sont d'une rare pureté, les traits d'une exquise délicatesse. C'est bien l'enfant tel que le peint Sainte-Beuve :

Beau, frais, souriant d'aise à cette vie amère.

Nous ne pouvons dire, faute de connaître les personnages, si les bustes de M. Craven et du général comte Boutourlin sont ressemblants ; mais M. Alfred Baron est l'auteur des médaillons de Rachel, de Samson, de Provost, de Beauvallet, de Frédéric Soulié, de madame Miolan-Carvalho, etc., qui sont suffisamment connus et jouissent d'une très-grande estime. Son médaillon de Debureau a jadis inspiré à Félix Pyat un de ces articles piquants, pleins de verve et d'humour, que faisait si bien cet absent tant regretté. Le portrait en sculpture est un genre plus difficile qu'on ne croit, et l'on doit savoir gré à M. Baron d'avoir reproduit d'une manière si satisfaisante ces visages dramatiques où les passions réelles et factices impriment sans cesse la marque de leur invisible balancier.

Les bustes en terre cuite de M. Carrier Beleuse (MM. Fechter, Ernest Renan, l'abbé Louvot, Chifflart, Jules Simon, madame Marie-Laurent, Rose Finn, etc., (nᵒˢ 3214 à 3221), sont de la bonne école ; on y sent le souffle et l'inspiration de David d'Angers, dont l'auteur est élève. Le buste en bronze de l'Empereur nous a semblé froid et maniéré. Quant au groupe en plâtre intitulé *Salve Regina*, on peut lui reprocher des formes raides et anguleuses. La figure de la Vierge manque de noblesse et de poésie.

M. Charrier a exposé (3233) un très-joli buste de femme. L'œil s'y repose avec plaisir, car il y a dans les environs quantité de portraits qui font mentir Ovide : *Os homine sublime dedit.* Pourquoi diable, quand on est si laid, mettre en évidence son visage, au risque d'impressionner d'une façon fâcheuse les femmes dans une position intéressante ?

Une vierge assise, de M. Damien (3267), pèche surtout sous le rapport des draperies ; l'enfant qu'elle tient sur ses genoux est doux et joli, mais il n'a rien de divin. Les dames empêchent leurs maris de s'arrêter devant la *Léda* en marbre-agate d'Antoine Etex, qui traduit trop littéralement le *tota in me ruit Venus* (3328) ; mais elles les laissent volontiers contempler le *Cyparisse* de M. Charles Ferrat, *pleurant la mort de son*

cerf (3342). M. Frémiet nous montre un chat de deux mois (3357), en bronze argenté, tiré, dit le livret à deux exemplaires, dont l'un appartient à madame la baronne Poisson. Et l'autre ?

M. Frison expose sous le nᵒ 3358 une fille imprimant ses lèvres sur un petit médaillon :

> A ce cœur virginal, qui rêve à l'avenir,
> L'Amour, en se cachant, rappelle un souvenir.

L'Amour ne se cache pas du tout ; il étale, au contraire, ses grâces un peu maniérées. La jeune fille respire. Une *aura* matinale passe dans ses cheveux soyeux et moirés. L'air sort de ses narines fines et délicates. Il semble, quand on arrive près d'elle, que son épiderme marmoréen se colore de pudeur et que des frissons courent sur sa gorge émue.

Un élève de Canova, M. Democrito Gandolfi, nous offre sous le nᵒ 3370 un portrait du P. Lacordaire, bas-relief et pâte d'ivoire. La tête mélancolique et doucement résignée du célèbre dominicain, est d'une ressemblance frappante ; elle fléchit sous le poids de la pensée. Voilà bien ce front qu'illumine le *mens divinior*, ces lèvres touchées par le charbon ardent d'Isaïe. On croirait que dans l'air ambiant flottent quelques-unes de ces périodes ailées qui partaient du cœur de l'orateur et entraînaient les âmes vers le ciel. Un autre médaillon de M. Gandolfi, l'*Hospitalité*, est bien conçu et sagement exécuté.

Le buste en terre cuite présenté par M. Garnaud (3373), est d'une couleur lie-de-vin désagréable, et l'artiste a donné à son modèle, qui est un adolescent, les traits assombris et fatigués d'un homme en lutte avec les difficultés de la vie. Le buste de femme de M. Iguel (3408), nous présente une physionomie peu spirituelle ; les fleurs dont il est enjolivé sont massives ; il y a cependant d'agréables détails. Signalons en passant, comme ouvrages conçus dans un bon sentiment et avec une grande délicatesse la *Rosée* et le *Parfum*, statuettes en terre cuite de M. Le Bourg (nᵒˢ 3433, 3434, et donnons quelques minutes à la *Vénus à l'Oiseau* du regrettable Auguste Lechesne (3344). Cette femme nue est si belle, si pudique et si gracieuse, qu'on craint de la voir souffrir dans notre climat, qu'on voudrait la couvrir d'un pan du ciel ionien et la ramener dans ces fêtes perpétuelles de musique, de paysages, de parfums, de soleil et de fleurs de la poétique Hellade. Que de rêves charmants ne devront pas à cette ravissante statuette ceux qui seront assez heureux pour en posséder une épreuve!

Rien de plus hardi et en même temps de plus distingué que la statuette de la reine de Naples dans son pittoresque costume des Abruzzes. En dehors de toute opinion politique, on ne peut s'empêcher d'admirer le courage, la noblesse et le dévouement de cette jeune femme. La statuette de M. Louis Veray (3650) exprime à la fois le charme féminin, la dignité royale et la crânerie militaire. C'est beau d'attitude, d'expression, de draperie; c'est à louer sans restriction aucune. M. Louis Veray, qui a reçu en 1853 une médaille d'honneur, expose aussi un *Fauconnier*, étude consciencieuse et réussie.

Comme le fait remarquer M. Jules Robert, la médaille est un monument de l'histoire, monument allégorique ou réel. Sur ces petites tables de bronze se grave la pensée des peuples, demandant au métal une durée certaine. C'est moralement et matériellement leur vie en relief. En effet, les médailles ne consacrent que les principaux faits de l'histoire; ce sont comme autant de jalons jetés de distance en distance pour indiquer la marche de l'humanité. On le voit, la mission du graveur en médailles est noble, sérieuse, élevée; il est à la fois sculpteur et historien; son œuvre fera foi plus tard; on l'interrogera pour connaître l'exacte physionomie d'une époque. D'après son caractère monumental lui-même, la médaille doit dire beaucoup avec peu, sous-entendre une pensée dans un mot, une multitude de faits dans un seul homme. Les médailles exposées par M. Eugène Farochon, premier grand prix de Rome (Nos 3,338, 3,339) sont d'un style élevé et d'un beau caractère qui rappellent les camées antiques.

Le temps nous manque pour rendre compte de tous les ouvrages dignes d'attention. Signalons seulement l'*Enlèvement de Psyché* de M. Mage (Nº 3463) et la *Méditation*, délicieux groupe en bronze florentin, de deux jeunes filles mi-vêtues, par M. Mathurin Moreau (3512). Nous en passons des meilleurs; mais si nous oublions involontairement ici des artistes de mérite, nous nous promettons de parler d'eux dans nos chroniques artistiques de la *Gazette de France*. Les promesses, même quand on se les fait à soi-même, sont un engagement qu'il faut tenir, *tenir su promesas y morir*, comme disait l'Espagnol du bon temps.

Jules Ladimir.

Le conseil d'administration du Théâtre-Français vient de consacrer deux séances à l'examen et à l'application de la mesure prévue par l'article 3 du décret du 19 novembre 1859. Le but de cette mesure est de conférer aux sociétaires le droit de se retirer en laissant des regrets, et à l'administration le droit d'exercer une sévérité nécessaire aux besoins de l'art. L'accès du sociétariat devient aussi plus facile, et, avec plus d'espérances, on peut présumer l'éclosion d'un plus grand nombre de talents.

AVIS.

MM. les abonnés de la *Revue des Beaux-Arts* qui quittent Paris pour aller à la campagne sont priés de donner avis de leur changement d'adresse, afin que la *Revue* leur soit envoyée à leur nouvelle destination.

MM. les abonnés de l'étranger et de la province qui n'ont pas acquitté le montant de leur souscription pour l'année 1861, sont priés de le faire parvenir, soit par un mandat adressé à M. Louis Lavedan, soit par les libraires correspondants.

Le rédacteur en chef: Louis LAVEDAN.

Paris. — Imp. Walder, rue Bonaparte, 44.

CHRONIQUE DES BEAUX-ARTS.

Réouverture de l'Exposition. — Tableaux achetés par la commission de la loterie. — Et la sculpture, on l'oublie donc? — Vie, mort et résurrection de la *Revue Fantaisiste*, — M. Charles Corassan : *Vérités et sévérités*. — Brochure de M. Maret-Leriche. — Société des amis des arts du département de la Somme,

Après une fermeture de cinq jours , pendant lesquels les artistes ont dû faire des vœux pour revoir leurs tableaux changés — de place , — le palais de l'Exposition a de nouveau ouvert ses portes au public. Comme j'ai l'honneur de faire partie du public , je profiterai de cette nouvelle occasion qui m'est offerte d'aller admirer certains tableaux , qui ne sont pas tous parmi ceux achetés par la commission de la loterie. La loterie achète ce qui lui plaît , mais tout ce qu'elle a acheté ne me plaît pas au même titre. Citons au hasard :

Bernard Palissy, par M. Vetter ;

L'Izba, par M. Patrois ;

Musique de chambre, par M. Philippe Rousseau ;

Convalescence, par M. Joseph Carraud ;

Le Barrage du moulin de Champigny, par M. Alfred de Kniff ;

Gitanos du Monte-Sagrado, par M. Achille Zo ;

Sous les pommiers, par M. Desjobert;

Le Renard dans la neige, par M. Courbet;

La Cuisine, par M. Joseph Stevens;

Manon Lescaut, par M. Hue; etc, etc., etc.

A ce propos, la commission de la loterie me permettra de lui demander pourquoi elle n'admet pas aux mêmes honneurs et aux mêmes bénéfices que la peinture, sa sœur la sculpture. J'aimerais autant, pour ma part, gagner certaines statues, — ou certaines statuettes , — que certains tableaux. Pourquoi cette exclusion, ou cet oubli ?

Mais les pourquoi sont dangereux, quand ils ne sont pas indiscrets. Pourquoi, par exemple, a-t-on fait courir le bruit de la mort de la *Revue fantaisiste?* La *Revue fantaisiste* n'est pas en odeur de sainteté auprès du rédacteur en chef de la *Revue des Beaux-Arts*, c'est possible; cela ne m'empêche pas, moi personnellement, de la trouver très-intéressante, et de déclarer que la nouvelle de sa résurrection m'a causé autant de plaisir que m'avait causé de chagrin la nouvelle de sa mort. L'esprit n'est pas denrée si commune, qu'on doive se réjouir de voir disparaître les gens et les journaux qui ont le bonheur d'en être pourvus. Donc la *Revue fantaisiste* est vivante, plus vivante que jamais, grâce à l'activité de son jeune directeur, M. Catulle Mendès : le dernier numéro contient le second article de Théodore de Banville sur le Salon de 1861, et une eau-forte de Rodolphe Bresdin.

Que va dire de ce qui précède, mon collaborateur à la *Revue des Beaux-Arts*, M. Charles Corassan, lui qui *empoigne* si vigoureusement la fantaisie et les fantaisistes dans le volume que vient de mettre en vente la librairie Malassis et de Broise, sous le titre de *Vérités et Sévérités?* Que va-t-il dire? Que va-t-il penser de moi, bon Dieu? Je n'ai d'autre moyen d'échapper à son légitime ressentiment que de dire de son livre le bien que j'en pense. M. Charles Corassan n'est pas un méchant jeune homme, malgré ses *vérités* et ses *sévérités;* il a assez d'esprit pour lui tout seul, il ne peut jalouser celui de ses confrères, — quand ses confrères en ont, s'entend. Lisez le livre de M. Charles Corassan, lecteurs et lectrices : il a son charme, sa grâce, sa séduction, tout comme d'autres volumes signés de noms plus fameux que le sien. En vous le vantant, je ne fais pas seulement acte de bon collaborateur : je fais encore un acte de justice.

Et pendant que je suis en train de vous parler librairie, laissez-moi vous recommander la brochure de M. J. Maret-Leriche : *De l'avenir financier des expositions nationales des beaux-arts sous le règne de Napoléon III.* C'est court, mais substantiel.

En terminant, donnons, pour que nul n'en ignore, le programme d'une exposition artistique qui doit avoir lieu à Amiens le 15 juillet prochain :

Société des Amis des arts du département de la Somme. — Exposition de 1861.

PROGRAMME.

Article premier. — L'Exposition s'ouvrira à Amiens, le 15 juillet et sera close le 16 août.

Art. 2. — Ne seront admis à l'Exposition que les ouvrages des artistes à qui ce programme aura été adressé et qui seront envoyés par l'intermédiaire du correspondant désigné ci-dessous.

Art. 3. — Cette Exposition comprendra tous les objets et œuvres d'art qui sont du domaine du dessin et de la peinture, tels que tableaux à l'huile et au pastel, aquarelles, dessins, gravures, lithographies et photographies ; ces objets ne seront reçus qu'autant qu'ils seront encadrés.

Art. 4. — Les ouvrages à exposer devront être remis chez M. *Audiffred,* directeur du *Moniteur des Arts,* rue Saint-Georges, 43, tous les jours jusqu'à une heure après midi, du 1er au 5 juillet ; *passé ce terme, ils ne pourraient plus être admis.*

Il est à désirer que les tableaux ne dépassent pas 1 m. 66 c. sur 1 m. 33 c. (toile de cent) ; les proportions du local affecté à l'Exposition font un devoir de cette recommandation.

Art. 5. — La Société se charge des frais de transport et de retour des objets d'art envoyés à son Exposition ; ce transport sera fait par des voitures de déménagement suspendues. *Ces frais seraient à la charge des expéditeurs, pour ceux qui lui seraient adressés par toute autre voie que celle de son correspondant à Paris.*

Art. 6. — Tout tableau à bordure riche, ou à ornements en relief, devra, dans l'intérêt de sa conservation, être emballé isolément dans une caisse, ou tout au moins être entouré d'un châssis ou garni de coins en bois qui en garantissent les parties saillantes. Ceux à bordure ordinaire devront avoir leurs coins enveloppés de tampons. L'omission de ce soin dégagerait la Société de sa responsabilité envers les propriétaires de ces tableaux.

Art. 7. — Chaque artiste devra joindre à son œuvre une note portant la désignation du sujet et le prix en cas de vente.

Art. 8. — Aussitôt après la clôture de l'Exposition, les tableaux et autres objets d'art venant de Paris, y seront renvoyés. Les artistes seront prévenus, par lettre, de l'époque où ils devront les faire reprendre dans les bureaux du *Moniteur des Arts,* rue Saint-Georges, 43.

Nota. — La commission traite directement avec les artistes, et, d'après les conventions faites avec son correspondant à Paris, il ne doit être prélevé aucune prime, ni rétribution quelconque sur le prix des ouvrages acquis par elle,

HENRY LHEUREUX.

SALON DE 1861

(Suite.)

— « Je hais les portraits à la mort, » — dit Jacques-le-Fataliste à son maître.

— « Et pourquoi haïssez-vous les portraits ? » dit le maître.

— « C'est qu'ils ressemblent si peu que si, par hasard, on vient à rencontrer les originaux, on ne les reconnaît pas. »

Il avait raison, Jacques-le-Fataliste, et ce qu'il disait des portraits écrits, on peut le dire aussi justement des portraits peints. Un artiste fait poser son modèle, — dans la double acception du mot, sérieuse et maligne. Pour lui, un visage réel, qu'il se charge de reproduire, n'est qu'un prétexte à portrait idéal, et dans ce qu'il voit il met toujours ce qu'il voudrait voir, exagérant ainsi — volontairement ou involontairement — la laideur ou la beauté de la personne à peindre. Tous les portraits, — sans exception, — sont flattés : les jolis sont plus jolis que nature, les vilains plus vilains que nature. Je comprends que les jolis ne réclament pas : mais les vilains? Hélas ! l'homme a été pourvu, dès son origine, d'une si forte dose de vanité et d'amour de soi, que les bourgeois les plus hideux de visage seront toujours fiers de se mirer dans leur portrait comme dans un miroir, et ne verront jamais les grimaces qu'ils se font à eux-mêmes : il y a des grâces d'état.

J'aurais pu dire ce qui précède à propos de rien, — selon l'habitude de beaucoup de gens de lettres, — mais je le dis à propos de quelque chose, qui est le nombre odieux de vilains portraits, ou de portraits de vilains et de vilaines, exposés au Salon de cette année. Jamais, au grand jamais, la phrase d'Ovide : *os homini sublime dedit*, et celle de Milton : *human face divine*, ne furent plus menteuses et plus abominablement menteuses. Ici, le portrait d'un gandin ; là, celui d'une gandine : l'un effrontément bête, l'autre bêtement effrontée. Plus loin, une courge qui a la prétention d'être un chef de division ou un agronome étranger. Plus loin encore, une saucisse de Strasbourg, qui voudrait bien passer pour la fille d'un feld-maréchal. Plus loin encore un toton de Nuremberg, qui se suppose tout ce qu'il faut pour être conseiller de préfecture. Plus loin encore, un probiscidien qui se croit un homme, ou un homme qui se croit un aigle. Partout enfin, dans tous les coins, des cadres d'or remplis par des faces bouffies d'orgueil, de bêtise, de laideur. C'est exaspérant !

« Un sonnet sans défaut vaut seul un long poëme. »

De même, un bon portrait : il vaut un grand tableau d'histoire. Je songe aux merveilleuses choses que nous avons en ce genre, au Louvre ou ailleurs : les *portraits de Rembrandt*, par Rembrandt ; le *portrait de l'in-fante Marguerite-Thérèse*, par Vélasquez ; le *portrait du Titien*, par le Titien ; le *portrait du Tintoret*, par le Tintoret ; le *portrait de Baccio Bandinelli*, par Sébastien del Piombo ; le *portrait de saint Bernard*, par Andrea Sacchi ; le *portrait d Raphaël*, par Raphaël ; le *portrait de Giovanni delle Corniole*, par le Pontormo ; le *portrait de Monna Lisa*, par Léonard de Vinci ; le *portrait du Guerchin*, par le Guerchin ; le *portrait de Gaston de Foix*, par le Giorgion ; le *portrait du Garofolo*, par le Garofolo ; le *portrait d'Adolphe de Vignancourt*, par le Caravage ; les *portraits de Jean et de Gentil Bellin*, par Jean Bellin ; le *portrait de Jean de Bologne*, par le Bassan ; le *portrait de Bandinelli*, par Bandinelli ; le *portrait de Michel Corneille*, par Jacques Vanloo ; le *portrait de Chrétien Seiboldt*, par Chrétien Seiboldt ; le *portrait d'Elisabeth de Bourbon*, par Rubens ; le *portrait de Henri IV*, par François Porbus ; les *portraits d'hommes*, par Antoine Moro ; le *portrait de l'amiral Tromp*, par Gabriel Metzu ; le *portrait de Karel Dujardin*, par Karel Dujardin ; les *portraits de Thomas Morus et d'Erasme*, par Holbein ; le *portrait de Van Dyck*, par Van Dyck ; le *portrait de Gérard Dow*, par Gérard Dow ; le *portrait du prince Jean-Fréderic*, par Luc de Kranach ; le *portrait de Philippe de Champaigne*, par Philippe de Champaigne ; le *portrait d'homme*, par Ferdinand Bol ; le *portrait d'Hyacinthe Rigaud*, par Hyacinthe Rigaud ; le *portrait du Poussin*, par le Poussin ; le *portrait de la marquise de Feuquières*, par Pierre Mignard ; le *portrait d'Alphonse Dufresnoy*, par Charles Lebrun ; le *portrait de Largillière*, par Largillière ; le *portrait de Greuze*, par Greuze ; le *portrait de Henri II*, par François Clouet ; le *portrait de madame de Graffigny*, par Louis Tocqué ; le *portrait de Rameau*, par Chardin ; le *portrait de M. Bertin de Vaux*, par M. Ingres ; le *portrait de Dembenski*, par M. Henry Rodakowski ; le *portrait de M. Flocon*, par Verdier ; le *portrait de Courbet*, par Courbet ; le *portrait de lady S****, par Hébert ; le *portrait — ébauché seulement — de madame Ristori*, par Ary

Scheffer, qui est exposé au *Salon des Arts-Unis;* et quelques autres portraits, qui sont dans la mémoire et dans l'admiration du public.

Cependant, je dois excepter de la réprobation légitime dont je couvre les portraits exposés cette année, un petit nombre de toiles d'élite, — qui méritent des éloges, ou qui, du moins, ne méritent pas d'injurieux reproches. Ces portraits d'exception sont :

Nº 1113. *Portrait de S. A. I. le prince Napoléon*, par M. Hippolyte Flandrin. C'est une des meilleures toiles de cet artiste. Modelé délicat et ferme tout à la fois, coloris sobre, style savant, dessin irréprochable : on voit bien que M. Hippolyte Flandrin est un des élèves de M. Ingres, — et un des plus distingués.

Nº 3127. *Portrait de S. M. l'Impératrice*, par M. Winterhalter. Ce n'est pas un portrait, c'est un profil qui se découpe très-onctueusement sur la toile. L'Impératrice a les cheveux un peu dénoués, — ce qui ajoute une grâce de plus à celles dont la nature et le peintre l'ont douée ; ils viennent folâtrer, troupeau blond et soyeux, sur un cou d'une blancheur rare, — que ne parviennent pas même à atténuer, ni le triple collier de perles qui l'entoure, ni le burnous de cachemire qui le termine. Je voudrais que ce profil fût celui d'une autre femme que S. M. l'Impératrice Eugénie : le respect m'empêche d'en dire tout le bien que j'en pense, — parce que je dis très-mal le bien que je pense des personnes et des choses.

Nº 1065. *Portrait*, par M. Eugène Faure. C'est un adorable portrait de femme, que je voudrais bien avoir chez moi, pour l'admirer tout à mon aise, — non pas tant seulement à cause de la façon dont il est peint, que de la très-belle personne qu'il représente.

> Il est dans mon alcôve sombre,
> Pendu par un clou, tenant mal,
> Un portrait qui brille dans l'ombre...
> J'ai bien aimé l'original.

Et l'original ressemblait — un peu, beaucoup, passionnément — à cet adorable numéro 1065. C'est un portrait de blonde, — mais de blonde comme il n'y en a pas assez, et comme il en faudrait beaucoup. Elle a les cheveux crespelés, non par le fer du coiffeur, mais par celui de la nature ; ils sont séparés au milieu et se répandent, en ondulant, à droite et à gauche, comme des épis dans une plaine, au mois de juillet : quelques-uns d'entre eux, même, effarouchés par je ne sais quel zéphir amoureux, viennent en marge du front, — où ils provoquent les caresses du regard. Une dentelle noire — coquetterie des blondes — est délicatement posée sur le sommet de cette charmante tête, qu'elle encadre en se rejoignant sous le menton, où elle se confond avec une mante de même dentelle.

Je n'ose parler ni des yeux, ni de la bouche de cette aimable personne, tellement je suis troublé. Les yeux sont d'un bleu adouci, qui n'a rien de commun avec la faïence, et ils vous ont — en se fixant sur vous — un regard clair, tranquille et doux, qui dit un million de choses, tout en ayant l'air de ne rien dire du tout : le regard de la Joconde. Quant à la bouche, qui se détache en rouge cerise sur la pâleur ambrée du visage, elle est dessinée avec une exquisité sans pareille ; les commissures, qui s'en retroussent si voluptueusement, sont de vrais nids à baisers : cette bouche a été créée et mise au monde pour chanter l'amour. J'allais oublier l'oreille, — une oreille cendrillonnienne, qui ne pourrait certainement aller à nulle autre femme : on ne la voit pas, on la devine plutôt, grâce à sa pendeloque formée d'un grain de corail auquel est attaché un sequin d'or.

Tout, dans ce portrait, a le charme, le nombre, l'harmonie ; tout, jusqu'à cette robe de soie brochée, couleur de fleur d'azaléa, — la couleur du deuil des reines, — sur laquelle viennent se croiser nonchalamment deux belles mains blanches, plus faites pour le sceptre que pour la quenouille. Ah! Madame, qui que vous soyez, je vous aime, à cause de vous et à cause d'elle, que vous me rappelez, — très-flattée! Je vous aime respectueusement, — comme il convient à un ver de terre amoureux d'une étoile, — et je vous remercie de vous être laissé regarder par moi pendant si longtemps, sans vous fâcher. Heureusement que votre oreille n'a pas entendu les madrigaux exorbitants que j'ai adressés à votre bouche, car je ne saurais où me cacher maintenant,

Et je ferais sauter parmi les scabieuses
Mon crâne — vrai bouchon de liqueurs capiteuses.

N° 461. *Portrait d'une femme d'Eleusis*, par Mme Henriette Browne.

Comment vais-je faire, à présent que j'ai vidé le compartiment à éloges que j'avais dans mon encrier? Cette femme d'Eleusis me trouble autant que cette femme de Paris en l'honneur de laquelle je viens de tirer un feu d'artifice : elle me trouble autant, — quoique d'une autre façon. Femme d'Eleusis ! cela évoque en moi des souvenirs classiques, et me voilà transporté en pleine Attique, sous ce beau ciel qui n'éclaire que de belles choses, — marbres et femmes. Il y avait à Eleusis un temple superbe, consacré à Cérès, où les mystères de la Bonne Déesse se célébraient plus exactement qu'en aucun lieu du monde, et où le silence le plus rigoureux était exigé des initiés : pourquoi parler, en effet, lorsqu'on agit?

Cette femme portraiturée par madame Henriette Browne, est-ce Eleusine elle-même ? Je ne sais, vraiment, mais elle est bien digne d'être déesse, — bonne ou méchante. Son habbarah la drape à merveille ; elle est campée avec une souplesse nonchalante qui sent l'Orient d'une lieue, et qui décelerait son origine, quand bien même elle ne serait pas déjà attestée par l'ovale parfait du visage, — le plus pur échantillon du type caucasique. Comme ce visage ressort sous la ligne rouge du fez, surmonté d'un voile blanc, qui le couronne ! Quelle limpidité dans ces yeux hardiment ouverts, — comme ceux d'une femme sûre de soi !

Malgré les différences notables de traits et de costumes qui les séparent, la *Femme d'Eleusis*, de madame Browne, ressemble à la *Miss Graham* de Gainsborough. Mahomet a dû raccoler l'une pour meubler son Paradis ; et, comme il raccolera l'autre aussi, je m'en vais de ce pas me faire musulman. Miss Graham, la femme d'Eleusis

et le n° 1065, — trois merveilleuses houris, n'est-ce pas ?

N° 154. *Portrait de M. Guizot*, par M. Paul Baudry. Il ne ressemble plus au portrait de M. Guizot, par Paul Delaroche, hélas ! Ce n'est plus la morgue puritaine, les lèvres pincées, l'attitude dédaigneuse du ministre du roi Louis-Philippe : c'est, au contraire, un vieillard triste, sur la tête duquel les années et les événements ont neigé. Il est revenu de bien loin, ce personnage illustre il y a quinze ans, et oublié aujourd'hui. Ce n'est plus un homme d'Etat, c'est un homme ; il ne mène plus de peuples, il mène sa vie vers l'étape solennelle. Il faut s'incliner, respectueux, devant les naufragés de la politique.

Ce *portrait de M. Guizot*, ainsi que le *portrait de madame Madeleine Brohan*, font le plus grand honneur à M. Baudry.

N° 333. *Portrait de M. Théophile Gautier.* N° 334. *Portrait de M. L. Havin.* N° 335. *Portrait de M. Tchoumahoff.* Par M. Bonnegrâce.

Ces trois portraits ont été remarqués et cités avec éloges par la presse. Je ne suis pas bon juge de la ressemblance, à propos de celui de M. Tchoumahoff, que je n'ai pas l'honneur de connaître. Quant à celle des portraits de M. Havin et de M. Théophile Gautier, j'en peux parler : elle ne me satisfait pas complètement. L'artiste a conservé à M. Havin, directeur politique du *Siècle*, le sourire bienveillant qui lui est habituel, et qui n'est que la traduction d'une bienveillance d'esprit réelle ; mais il n'a pas donné à Théophile Gautier la physionomie puissante qui revit si bien dans la belle photographie de Nadar. Je retrouve M. Havin dans le numéro 334 de M. Bonnegrâce ; je ne trouve pas Théophile Gautier dans le numéro 333. L'exécution de ces deux portraits est bonne, d'une excellente couleur, certes, mais il s'agit ici de ressemblance, et je regrette que M. Bonnegrâce ne l'ait pas assez réussie : il mériterait alors plus complétement les éloges qu'on lui a adressés.

Mais voici l'heure où MM. les gardiens galonnés chassent devant eux le troupeau des visiteurs. Il est cinq heures et demie : je peux me retirer. Je ne sais pas si j'ai perdu ou non ma journée : en tout cas je l'ai largement remplie. A bientôt les autres portraits !

CINQUIÈME JOURNÉE. (17 mai.)

M. Paul-Jacques-Aimé BAUDRY. A envoyé huit tableaux : *Charlotte Corday*, *Cybèle*, *Amphitrite*, et *six portraits*. Des portraits, j'en ai parlé ; de *Cybèle* et d'*Amphitrite*, je parlerai ; de *Charlotte Corday*, je parle.

La foule s'est pressée et se presse encore devant ce dernier tableau : la foule du dimanche et la foule de la semaine, les gens qui ne paient rien et ceux qui paient cinq francs. Ce sont les visiteurs du dimanche qui en ont été le moins contents, — et cependant l'admiration ne leur coûtait rien. Quant aux artistes, il y a unanimité chez eux pour applaudir la *Charlotte* de leur confrère. A la place de M. Baudry, je me défierais un peu de cet engouement, qui ressemble trop à celui des comédiens : les artistes sont femmes.

Quoi qu'il en soit, j'ai imité la foule et me suis arrêté devant le tableau de M. Baudry. Marat gît, assassiné, dans sa baignoire, dont l'eau se rougit du sang qui sort de l'énorme blessure qu'a dû lui faire ce grand couteau à manche noir, planté par Charlotte Corday en plein cœur. En plein cœur, je me trompe, — ou plutôt M. Baudry s'est trompé, en plantant le couteau au-dessous de la clavicule droite, où la blessure n'eût pas été si immédiatement mortelle. La main gauche de Marat se crispe sur la paroi de la baignoire. Le bras droit pend au dehors, — un peu trop tordu, me semble-t-il, et de manière à faire croire à une fracture de l'humérus. Une chaise de jonc est renversée, avec un numéro de l'*Ami du peuple* et une lettre à cachet de cire rouge, — probablement celle que vient de remettre Charlotte à Marat, avant l'assassinat. Quant à la jeune hystérique normande, elle s'est réfugiée dans l'angle de la chambre, au cri d'appel poussé par sa victime, et là, debout, mains crispées, lèvres livides, yeux flamboyants, comme une tigresse en cage, — elle attend !

Voilà ce qu'a représenté M. Paul Baudry, qui, pour ne pas refaire la *Charlotte Corday*

de Scheffer, a emprunté à David son *Marat assassiné*. La scène est plus dramatique ainsi, — parce que plus horrible. Scheffer, en laissant Marat dans la salle à côté, en ne montrant que la belle meurtrière et non pas la hideuse victime, a voulu intéresser les cœurs sensibles au malheureux sort de la nouvelle Judith — et non au malheureux sort du nouvel Holopherne. M. Baudry, lui, a pris le taureau par les cornes, il n'a pas craint de nous montrer ce drame historique pendant la minute solennelle où il s'est accompli, avec ses deux acteurs uniques. C'est plus hardi, et ce n'est pas moi qui blâmerai jamais les hardiesses. Ce que je blâmerai seulement chez M. Baudry, ce n'est pas d'avoir donné à l'héroïne de la Gironde un chapeau à la *brigande*, comme on disait alors, et de ne pas lui avoir donné un bonnet à la *Charlotte Corday*, comme on a dit depuis ; ce que je blâmerai, c'est d'avoir donné — un croc en jambe à la vérité, en faisant Charlotte Corday blonde, maigre, longue et belle. Si vous aviez voulu nous représenter une scène de fantaisie, — un monsieur quelconque assassiné dans son bain par une demoiselle encore plus quelconque, — je n'aurais pas eu le droit de vous chicaner sur la hideur de l'un et sur la splendeur de l'autre ; mais vous touchez à une scène historique, dont certaines personnes encore vivantes ont connu les acteurs, et vous n'avez pas le droit de substituer une Charlotte imaginaire à la Charlotte réelle. Charlotte Corday avait les cheveux châtains, d'abord ; elle était de petite taille, ensuite ; et enfin, elle était dodue comme une caille. Cela résulte de souvenirs contemporains, particuliers ou imprimés, et de portraits qui sont à la disposition de tout le monde, — entr'autres du portrait fait à la séance du tribunal révolutionnaire, lequel, reconnu pour ressemblant par la sœur de Charlotte Corday, se trouve dans la collection publiée par MM. Poulet-Malassis et de Broise. (*Histoire de soixante ans.*)

Voilà pour l'héroïne. Quant au héros, je l'abandonne, — me rappelant à temps ces lignes sombres de Chateaubriand : « Marat, ce Caligula de carrefour, fut, comme le Péché de Milton, violé par la Mort : Chénier fit son apothéose, David le peignit dans le bain rougi, on le compara au divin auteur de l'Evangile. On lui dédia cette prière : « Cœur de Jésus, cœur de Marat; ô sacré « cœur de Jésus, ô sacré cœur de Marat ! » Ce cœur de Marat eut pour ciboire une pyxide précieuse du Garde-Meuble. On visitait dans un cénotaphe de gazon, élevé sur la place du Carrousel, le buste, la baignoire, la lampe et l'écritoire de la divinité. Puis le vent tourna : l'immondice, versée de l'urne d'agate dans un autre vase, fut vidée à l'égout. »

Maintenant que j'ai critiqué M. Baudry comme historien, je le louerai volontiers comme artiste. Son tableau est bien ordonné, la scène est bien rendue, sans déclamation, sans recherche, sans affectation. Le drame ressort de soi, sans qu'il y ait eu besoin de l'expliquer. La tête de Charlotte Corday, son attitude, est bien celle d'une femme qui a joué le rôle de boucher, — pour lequel la nature ne l'avait pas créée, — et qui est épouvantée de son action sanglante. On a beau être porté au crime par une idée de vengeance, on ne tue pas une créature humaine sans en éprouver quelques remords. Charlotte Corday m'épouvanterait si elle n'avait pas l'air épouvanté !

Un dernier reproche, en finissant : Pourquoi M. Baudry, qui a prouvé son amour de la couleur dans le tableau que le Luxembourg possède, en a-t-il exposé un, cette année, d'une localité si grise ?

M. Gustave COURBET. A envoyé cinq toiles, — quatre grandes et une petite : le *Rut du printemps*, le *Cerf à l'eau*, le *Piqueur*, la *Roche Oragnon* et le *Renard dans la neige*.

Je me suis arrêté avec recueillement devant les cinq toiles de M. Gustave Courbet, — élève de Bougival. J'avais à m'accuser, devant les nouveaux chefs-d'œuvre du maître peintre d'Ornans, d'irrévérences passées — que je croyais imméritées. J'apportais, je le déclare, une provision d'enthousiasme que je comptais bien utiliser : cela m'a été impossible, — mon enthousiasme me reste pour compte. M. Courbet va crier au Philis-

tin, mais je me soucie de son cri comme il se soucie de mon opinion, car nous sommes tous les deux de bonne foi, — et la bonne foi est respectable quand elle est doublée d'obstination. Les thuriféraires du pontife de l'école réaliste me lapideront si bon leur semble : je n'en continuerai pas moins à penser ma pensée sur lui, à savoir qu'avec un incontestable talent d'exécutant, il est, comme artiste, d'une insuffisance flagrante. Artiste et exécutant, monsieur Courbet, cela fait deux, — comme musicien et compositeur; vous savez bien jouer de votre instrument, mais vous ne savez rien composer avec; vous dessinez correctement, vous peignez comme si vous aviez inventé la peinture, et, avec tout cela, vous arrivez à produire un effet — douteux ! Il semble que vous vous soyez donné pour but de déplaire au public, en le forçant à s'éloigner de vos toiles par leur aspect fuligineux. Il m'a fallu une heure pour m'habituer au *Combat de cerfs en rut*. Je m'en suis éloigné, puis j'y suis revenu — par devoir, — et, tout en reconnaissant, sans effort, les qualités magistrales que M. Courbet y a déployées, j'ai été forcé de convenir avec moi-même que c'était là un tableau déplaisant, — ainsi que le *Piqueur* et le *Cerf à l'eau*. La science est une belle chose, mais cette belle chose est souvent chose ennuyeuse. Le *Renard dans la neige*, et surtout la *Roche Oragnon*, — un des meilleurs paysages de l'Exposition, — m'ont réconcilié un peu avec M. Courbet; encore ai-je fait mes réserves : c'est de la bonne peinture — détestable.

M. Louis DUBOIS. N'a envoyé qu'un tableau, le *Coin d'une table de jeu*, — mais ce tableau-là suffit pour poser l'artiste qui l'a fait au nombre des artistes d'avenir.

Sur cette toile, autour d'un tapis vert, sont groupés une dizaine de personnages divers d'attitudes et de physionomies. Au premier plan, une femme, coiffée d'un sombrero, suit, moitié sérieuse et moitié souriante, le va-et-vient du râteau du banquier : elle est jeune, elle est jolie, — et cependant aucun amant ne fera battre son cœur autant que le font ces monceaux de napoléons et ces montagnes de papier joseph. *Auri sacra fames* ! Un joueur, c'est beau ; une joueuse, c'est ignoble.

Les autres personnages, assis ou debout, sont les acteurs et les comparses ordinaires des tapis-verts. Il y a là un gandin, en favoris, qui va sortir tout à l'heure et que vous rencontrerez dans le passage Jouffroy, ou devant le café des Variétés.

Il y a là aussi, vu de dos, un monsieur encore jeune dont l'occiput se dégarnit sensiblement, et qui existe tout autant que le précédent. M. Louis Dubois est un artiste vrai, qui a une originalité à lui, bien qu'il ait l'air de procéder de quelqu'un. — Il a un talent robuste, un faire solide, une manière large, — et, de plus, il est coloriste. Je le signale à mes confrères du grand format.

Mademoiselle Mathilde DUCKET. N'a envoyé qu'un tableau, *la Tireuse de cartes*, qui est loin de valoir le drame de MM. Séjour et Mocquard, — qui, cependant, n'était pas un chef-d'œuvre.

Ce tableau n'a que deux personnages, — qui sont deux femmes, une brune et une blonde, une robe noire et une robe bleue. La robe noire est jolie, comme le sont si facilement les brunes, et elle n'a pas du tout l'air d'une sorcière. La robe bleue voudrait être jolie, elle n'est que maniérée, un peu étroite d'épaules et d'esprit : elle croit aux cartes comme elle croirait aux dominos ou au jaquet. Cette œuvre de mademoiselle Mathilde Ducket, n'est pas une merveille de dessin, il s'en faut, mais elle se sauve par la couleur : elle n'est pas, pour rien, élève de M. Thomas Couture.

Alfred DELVAU.

(La suite au prochain numéro.)

LES ARTS CHALCOGRAPHIQUES A L'EXPOSITION.

2e ARTICLE.

« Heureux les poëtes et les écrivains ! s'écriait Apelles ; tandis que les tableaux qui nous ont coûté le plus de temps et de peine vont s'enfouir à tout jamais dans la collection de quelque riche amateur, chaque ami des lettres peut posséder leurs œuvres en entier et se mettre nuit et jour en communication avec leur génie. » Ce douloureux sentiment du peu de publicité de leurs productions devint encore plus amer chez les artistes, quand l'imprimerie inventée éparpilla sur le monde la moindre élucubration du rhéteur, la moindre dissertation du savant.

C'est toujours après ces moments de découragement où Dieu a fait sentir aux hommes l'insuffisance de leurs moyens, qu'il leur permet de doubler leur puissance par quelque découverte inespérée.

Vers le milieu du XIVe siècle, un orfèvre de Florence, Maso Finiguerra, désirant conserver le dessin d'une plaque d'argent qu'il venait de graver pour l'église de Saint-Jean, s'avisa de le reproduire sur du papier avec le brunissoir. L'opération réussit et Finiguerra trouva d'heureux imitateurs. Bientôt, au lieu d'une seule épreuve, on en tira plusieurs, puis on essaya des dessins plus compliqués. Enfin, un jeune audacieux s'enferma avec un tableau qu'il avait dérobé chez un de ses amis ; il tenta d'en graver le trait, d'en accentuer légèrement les principaux effets, puis il porta chez le peintre le tableau et la gravure.

Transporté d'admiration, l'artiste fait circuler l'épreuve ; on l'accueille avec enthousiasme ; chacun se met à l'œuvre. Albert Dürer, quittant subitement le pinceau pour le burin, ne s'arrête pas qu'il n'ait poussé l'art nouveau à sa plus extrême finesse d'exécution. Raphaël s'attache comme élève et comme ami, un jeune graveur, Marc Antoine ; il dirige ses études, et, quand il le juge en état de reproduire sa composition, il suit son travail, il en surveille le progrès et trace lui-même sur la planche le trait des principales figures. Rubens ne prit pas moins de soins des gravures qui furent exécutées de son temps d'après les tableaux. Rembrandt ne voulut d'autre graveur que lui-même et inventa le genre pittoresque pour rendre les étranges effets de sa peinture.

Contrairement aux autres artistes, le

peintre hollandais était d'une avarice sordide et, comme ses œuvres avaient une vogue extrême, il avait soin, dès qu'il avait un ouvrage sur le chantier, d'en informer tout le monde ; puis de le faire traîner en longueur, afin d'amener à son paroxysme l'impatience de ses admirateurs et d'en tirer meilleur parti. Quand Rembrandt grava la planche du *Christ guérissant les malades*, il usa du stratagème habituel, et, comme à l'ordinaire, on attendit impatiemment l'œuvre promise.

Parmi les amateurs passionnés se trouvait un illustre personnage étranger qui, devant partir et désirant emporter un exemplaire de la gravure en question, alla, la veille de son départ, faire une visite au célèbre graveur pour en obtenir ce qu'il désirait. A son grand désappointement, il se trouva que la planche n'était pas encore terminée ; il n'y manquait plus guère, à la vérité, que quelques accessoires de peu d'importance. Néanmoins, l'artiste ne voulait pas livrer son œuvre avant qu'elle fût complète. Le voyageur eut beau prier, supplier, Rembrandt se montra inflexible, si bien que l'amateur s'offrit enfin à couvrir la planche de florins d'or, afin d'avoir le précieux exemplaire. Pour résister à une telle proposition, il eût fallu être plus désintéressé que Rembrandt ; aussi se laissa-t-il aller à la séduction.

L'acheteur tint sa promesse, et, comme il fallut cent pièces de monnaie pour couvrir cette planche, la gravure du Christ guérissant fut désignée sous le nom de *Gravure aux cent florins d'or*. Depuis cette époque, deux siècles se sont écoulés et la réputation de Rembrandt s'est tellement accrue, que chacune des gravures dont le prototype s'est vendu, par extraordinaire cent florins, vaut aujourd'hui 3,000 fr.

Dans sa correspondance, Poussin se plaint amèrement de ce que l'on n'ait encore gravé aucune de ces compositions à lui, dont le plus grand bonheur eût été d'offrir à ses amis des estampes qui eussent rappelé ses ouvrages à leur souvenir.

Par ce qui précède on voit de quelle importance est l'art de la gravure, et si l'on réfléchit au courage, à la patience, au talent persévérant qu'il faut à l'artiste pour lutter avec une plaque de métal et un simple outil d'acier contre tous les prestiges du coloris, on s'arrêtera avec intérêt, parfois avec admiration, devant ces gravures modestes, qui ne violentent pas les yeux par des tons criards et d'éblouissantes bordures, mais qui offrent souvent des traces de ce précieux travail que Buffon appelait du génie.

On ne saurait se le dissimuler, il s'est accompli dans la gravure une révolution à peu près semblable à celle qui a transformé la peinture. Au grand regret des amateurs classiques, les tableaux d'histoire n'existent plus ; les compositions historiques qui nous sont encore offertes deviennent de plus en plus monotones et glaciales, et ont l'air de se proposer pour but suprême l'illustration du *Moniteur*. Mais si l'art élevé, si le grand style ont presque complétement disparu, jamais le savoir-faire, l'adresse, l'habileté, les procédés matériels n'ont été plus répandus et plus perfectionnés. La Fantaisie a séduit tous nos artistes, et pour elle ils oublient la recherche de la beauté pure et de l'expression harmonieuse que poursuivaient sans cesse les maîtres anciens.

Autrefois le graveur traduisait avec une religieuse fidélité son modèle. A force de science, de pureté, de talent, il lui arrivait de châtier le texte du peintre, de corriger dans l'œuvre reproduite des erreurs de détail, d'en compléter les lacunes ; sage et sévère continuateur des traditions, il les transmettait intactes à ses élèves et rattachait ainsi l'avenir au passé.

Aujourd'hui le graveur, comme le peintre et le statuaire, cherche à s'affranchir des traditions. Il interprète encore avec une certaine fidélité, mais on devine son désir d'indépendance et ses velléités d'être, à son tour, créateur. La dextérité manuelle dont il fait preuve, son amour de la fantaisie l'entraînent à la suite des coloristes révolutionnaires. Henriquel Dupont a été presque le dernier de cette dynastie classique et sévère qui a eu ses jours de gloire ; si quelques disciples, comme M. Bellay, s'efforcent encore de suivre ses traces, ils ne tardent pas à être entraînés par la terreur des chercheurs d'aventures.

Après tout, si les novateurs ont du talent, pourquoi n'accepterions-nous pas l'art de notre temps pour ce qu'il est et pour ce qu'il vaut? La hiérarchie des genres est irrémédiablement détruite. Il faut en prene son parti. L'art indépendant nous a donné Courbet, Puvis de Chavannes, Gustave Doré et quelques autres; pourquoi ne nous donnerait-il pas à la fin un homme de génie?

Voyez, par exemple, comment M. Charles Geoffroy a su faire de son burin un instrument souple et docile. Lutter avec Eugène Delacroix, chercher à rendre sa tonalité ardente, c'est de l'audace. On doit convenir cependant que le graveur a traduit la *Médée* (n° 3732), de manière à donner une idée de la largeur d'exécution du maître. Dans une main d'artiste, l'outil doit devenir intelligent et changer de procédé en changeant de travail. Convenables pour reproduire l'œuvre d'un dessinateur pur, les tailles continues sont moins heureuses pour interpréter un coloriste ; la souplesse leur manque et les entretailles laissent des blancs trop difficiles à éteindre. Un travail de burin plus court, plus varié, où les tailles sont rompues est alors infiniment préférable. C'est ce qu'a bien compris M. Charles Geoffroy, qui a diversifié habilement ses moyens en passant des tailles au pointillé. La figure de Médée est d'une magnifique expression ; mais le sein gauche est visiblement plus gros que le droit. La robe de la magicienne nous semble en certains endroits trop poussée au noir ; nous en dirons autant de la portion de visage que laisse voir l'enfant dont la tête est cachée par celle de son frère. La carnation ne contraste pas d'une manière assez franche avec l'étoffe. A part ces légères critiques, tout est à louer dans ce consciencieux travail.

Nous venons de voir du terrible ; voici du gracieux. Le *Paradis chinois* (2733), que M. Charles Geoffroy a composé, dessiné et gravé est un petit tableau intime, plein de charme et de suavité. Il ne nous montre pas, sous prétexte de Chinois, de hideux magots qui n'ont existé que dans l'imagina-tion des peintres de paravents ; mais il nous fait voir des hommes au visage intelligent, des femmes charmantes, des enfants mignons et riants. Le seul reproche qu'on pourrait faire à cette ravissante composition c'est que le caractère de la race n'est pas assez indiqué ; les yeux n'ont pas l'obliquité qu'on remarque chez les habitants du Céleste-Empire. Sauf le costume, on pourrait voir là une opulente famille française prenant le thé dans un somptueux jardin des environs de Paris. Le paysage est exquis ; fleurs et papillons sont d'une légèreté idéale; on sent passer sur eux le souffle du zéphir. Nous reconnaissons là le graveur élégant et fantaisiste des *Fleurs animées*, des *Étoiles* de Granville, des *Perles et Parures* de Gavarni. La *Vierge*, d'après Raphaël (n° 3731), est une planche qui exprime bien l'adorable et harmonieuse simplicité du divin Sanzio. En notre qualité d'auteur dramatique nous rappellerons que l'on doit à M. Charles Geoffroy les illustration (dessin et gravure) de la *Biographie des acteurs et actrices*, éditée par Barba.

Jules Ladimir.

(La suite au prochain numéro.)

CAUSERIE DRAMATIQUE

Théatre-Français. *Un Mariage sous Louis XV*, comédie en 4 actes, d'Alexandre Dumas. — Opéra. *Le Marché des Innocents*, ballet en un acte, de MM. Petipa et Pugni. — Vaudeville. *Onze jours de siége*, comédie en 3 actes, de MM. Verne et Wallut. — Gaîté. *Le Crétin de la montagne*, drame en 5 actes, de MM. Grangé et Thiboust.

Encore Dumas? direz-vous. — Mon Dieu, oui. L'illustre marquis de la Pailleterie n'est-il pas l'homme de tous les temps et de toutes les saisons, des époques les plus différentes et des situations les plus diverses? ne s'est-il pas défini lui-même à la fois classique, romantique, éclectique, réaliste, fantaisiste, idéaliste, tragique, comique et dramatique? Qu'y a-t-il d'étonnant à ce qu'un écrivain aussi universel, aussi complet et aussi incomplet, aussi sérieux et aussi frivole, aussi gai et aussi triste, aussi jeune et aussi vieux, aussi abondant, aussi tapageur, aussi laborieux et aussi faiseur, soit constamment sur la brèche, se dédouble avec une si merveilleuse facilité et se trouve perpétuellement inscrit à l'ordre du jour? — Rien, assurément,

Votre curiosité se trouve, j'espère, suffisamment excitée; vous vous demandez sous quelle forme on va vous parler de ce grand homme et de ce grand enfant. Vous cherchez en vain quelle nouvelle métamorphose on va vous servir pour aiguiser votre appétit de lecteur, par quel piége plus ou moins adroit on va vous attirer dans cet abîme peu tentateur qu'on appelle un article de critique, enfin par quel attrait on s'imagine vous arracher à votre louable indifférence et vous faire patiemment digérer plusieurs colonnes de prose. — Non, répondez-vous, je n'en ai même pas l'idée. — N'importe, je vous le dirai quand même, j'ai le droit à la lecture, comme on avait le droit au travail; il me faut un lecteur, vous voilà; j'ai besoin d'un confident, je vous prends.

Eh bien! je vais vous parler un peu de Dumas. Mais tranquillisez vous, non pas de Dumas-roman, de Dumas-drame, de Dumas-voyage, de Dumas-journal, de Dumas-révolution, de Dumas-politique, de Dumas-mousquetaire, de Dumas-Deux-Siciles, de Dumas-Garibaldi, mais tout simplement de Dumas galant, roué, régence, et de son *Mariage sous Louis XV*, en un mot, de la reprise de cette comédie aux Français.

Les sociétaires de la rue Richelieu aiment les exhumations; il faut cependant convenir qu'ils ont la main rarement heureuse : ils cherchent presque toujours à côté, et ils trouvent; je dis cela un peu pour le *Mariage sous Louis XV*, dont la réapparition ne se faisait aucunement sentir, et beaucoup pour le reste. Le règne de M. Empis a été fertile en recherches au fond des cartons : a-t-il assez exhibé de vieilleries depuis Fabre jusqu'à Picard, toujours à la grande satisfaction de ces messieurs et de ces dames? Je passe à M. Thierry un début comme le *Duc Job* en faveur des *Effrontés*, digne de tous les éloges, et qui, dans quelques jours, seront à leur centième représentation. Mon Dieu, oui; cela prouve encore une fois qu'on peut gagner de l'argent en faisant de l'art avec habileté, et qu'une pièce littéraire, bien pensée et bien écrite, spirituelle et surtout bien observée, attire le public presque autant qu'une féerie ou un vaudeville à jambes, comme on dit. La critique sincère et impartiale voit avec plaisir l'œuvre de M. Augier obtenir le succès qu'elle méritait et qu'on lui a en vain contesté.

Je reviens au *Mariage sous Louis XV*. Cette pièce, oubliée par l'auteur et par le public, et qui semble avoir été écrite par un observateur et une plume du dix-huitième siècle, montre la souplesse du talent de Dumas, sa grande connaissance des mœurs d'une époque déjà bien loin de nous, par suite des événements et des transformations qui se sont accomplis depuis, et surtout la variété de son style. Sa grande qualité, être ses personnages, se voit là mieux que partout ailleurs. Il est impossible de prévoir qu'*Antony* sortira du même moule que le chevalier de Valclos, portera plus tard la rapière de d'Artagnan, et que le marquis de Candale parlera demain comme le duc de Guise. A chaque œuvre, l'auteur d'*Angèle* se transforme et s'absorbe dans son sujet : ses sentiments, ses passions, son esprit, ont, pour ainsi dire, de la couleur locale sans exagération et sans affectation et sans disparate ; il s'approprie jusqu'aux défauts de l'époque, tant est grande sa préoccupation de vérité. Ce n'est pas une pièce qu'il a écrite, mais des scènes qu'il a photographiées; il a peint d'après nature avec la sincérité de l'artiste; il n'a ni affecté ni surfait la vérité, il l'a dialoguée simplement comme un témoin oculaire. Sa comédie, signée par Marivanx, n'eût étonné personne. Cependant, le *Mariage sous Louis XV* est ennuyeux pour le spectateur, qui cherche une distraction dans les incidents et les complications d'une intrigue; c'est d'un vide complet : sous ce rapport, cela a l'air d'un tableau parlant.

Un récit commence la soirée et un autre la termine ; le reste du temps on cause, mais on cause si bien et si spirituellement, on se croit si parfaitement dans un salon de la régence, qu'on est insensiblement entraîné dans la conversation, et que l'on reste tout étonné de voir le rideau baisser et l'orchestre grincer quelque motif égrillard pour vous avertir que vous êtes au théâtre. La comédie de Dumas a subi une mutilation : on a fondu le troisième et le quatrième acte ensemble, pour accélérer la marche et pour resserrer l'action qui n'existe pas : en somme, on a supprimé une partie de la causerie.

M. Bressant est parfait sous tous les rapports.

Descendons des appartements dorés de l'hôtel Candale sur la place du *Marché des Innocents*, pour assister à un divertissement dans lequel danse madame Petitpa. Le ballet fait par M. Petitpa, revu et corrigé par M. René Lordereau, et orchestré par M. Pagni, a été représenté pour la première fois à Saint-Pétersbourg. Le sujet se résume en deux mots : c'est l'histoire d'une couturière aimée, pour le bon motif, par un honnête ouvrier, et courtisée pour le mauvais, par un *incroyable ;* inutile de dire que l'honnêteté est récompensée, est-ce bien vrai ? par un mariage, et le vice puni par le ridicule et l'amende d'une dot.

Madame Petitpa a un véritable talent chorégraphique ; elle mime avec grâce et expression ; elle danse avec légèreté et assurance, mais surtout avec beaucoup d'originalité.

Ce n'est certes pas l'affluence du public qui nous forcera à faire *onze jours de siége* pour voir la pièce de ce nom au Vaudeville. Rassurez-vous, pacifique lecteur, on n'a guère l'intention de vous parler de Gaëte, de François II, de Victor-Emmanuel, de Garibaldi, de Cialdini, du général Bosco et de ses menaces, des Italiens et des Napolitains, de canons rayés et de carabines de précision, de casemates et de bastions, de sorties et d'assaut, de victoires et de défaites, de bras mutilés et de jambes cassées, de drapeaux enlevés et de dépêches interceptées. Il s'agit de quelque chose de plus intéressant que tout cela, dirait M. Prud'homme ; il s'agit d'une brouille ou d'un quiproquo de ménage, d'une question intérieure et qui n'a nullement trait à la politique. Un Anglais s'est marié se croyant Français. — Est-ce par ironie que les auteurs ont fait du mariage un privilége réservé à la France ? est-ce que par hasard l'Angleterre ne jouirait pas des mêmes avantages et des mêmes inconvénients ?—Mais le Français apocryphe redevient insulaire et veut reépouser sa moitié, dont il fait le siége pendant onze jours. Comprenez-vous ? Non. Ni moi non plus. Les acteurs ont chargé leurs rôles comme au Palais-Royal pour sauver ces trois actes !

Après avoir passé par le régime du Vaudeville, le lecteur est assez préparé pour s'aventurer dans le voisinage du *Cretin de la montagne* de la Gaîté. Cette pièce a fait à tout le monde une bien triste impression : écrire cinq actes et huit tableaux pour mettre sur la scène une des plus terribles infirmités physiques dont l'humanité soit affligée, c'est commettre presque une cruauté ! Ces maladies sont mieux placées à la Salpêtrière qu'au théâtre ; elles ne font pas rire, elles serrent le cœur ; elles n'égayent pas, elles rendent tristes : j'ai vu des spectateurs s'en aller par pitié. Je m'abstiens d'en dire davantage.

M. Paulin-Menier, qui réunit le talent, l'observation, l'étude et l'expérience, a composé cette douloureuse figure avec une vérité et une réalité effrayantes, avec une exactitude des plus minutieuses et qui fait mal à voir. J'ai rarement vu un acteur entrer aussi complétement dans la peau du personnage. Ce pauvre être déshérité par la nature est là devant vous, il marche, il parle, il sent, il vit en un mot ; l'illusion est des plus complètes malheureusement ; l'artiste a dû passer bien du temps et bien des heures à regarder et à copier, pour arriver à ce degré d'expression. C'est un triste rôle, mais qui néanmoins lui fait honneur, tant il y a mis de talent.

Charles CORASSAN.

Le rédacteur en chef : Louis LAVEDAN.

Paris. — Imp. Walder, rue Bonaparte, 44.

EXPOSITION DE L'UNION ARTISTIQUE DE TOULOUSE

Le monde des arts s'étonnait depuis bien longtemps de voir prendre l'initiative des expositions artistiques par des villes plutôt industrielles que littéraires, pendant que la patrie de Rivals, de François Bertrand, de Roques, de Tournier, du baron Gros, de Nicolas Bachelier, de Dalayrac et de tant d'autres hommes illustres et célèbres à divers titres, restait dans l'inactivité et semblait affecter pour les arts la plus profonde indifférence. Toulouse cependant est la ville la plus lettrée de province et n'a jamais cessé de s'enorgueillir à bon droit de son culte pour les belles-lettres et de son amour pour la poésie, et si elle a cédé le pas à ses rivales, moins bien douées qu'elle pour l'encouragement des arts, c'est à coup sûr pour prendre une éclatante revanche.

Toulouse, en effet, a tout ce qu'il faut pour devenir la métropole des beaux-arts du Midi, car il y a chez elle des hommes intelligents et de bon goût, des poëtes, des savants ; il y a aussi des artistes qui attendaient depuis bien des années qu'on stimulât leur zèle et qu'on encourageât leurs efforts. Ce moment est enfin venu, et Toulouse, entraînée par ses nobles instincts, vient d'ouvrir aux artistes les portes de son Capitole, qui porte cette inscription glorieuse sur son front :

Hic Themis dat jura civibus,
Apollo flores camœnis
Minerva palmas artibus.

Apollon, en effet, n'a jamais cessé de décerner des couronnes aux élus des Jeux Floraux ; Minerve était avare de ses lauriers et nul ne se préoccupait des beaux-arts à Toulouse, quand soudain quelques hommes de goût, sentant se réveiller en eux cet amour des beaux-arts qui s'empare en province de toutes les intelligences d'élite, ont fondé l'*Union artistique*, qui vient d'ouvrir au public les salons de sa première exposition. Quoique arrivée la dernière dans l'arène artistique, Toulouse a eu un début plus heureux que les villes qui ont pris l'initiative des expositions des beaux-arts, et les hommes qui les premiers ont songé à créer l'*Union artistique*, ont rendu un grand service aux artistes et ont assuré à la ville de Toulouse le noble prestige que donne toujours le culte des arts à une grande cité.

Tout le monde ici se plaît à rendre, avec raison, justice aux efforts de la commission et au dévouement des fondateurs et des sociétaires de l'*Union artistique*. Quand on a aussi bien commencé, on ne peut que bien continuer ; mais si l'*Union artistique* veut être féconde en résultats, n'est-il pas prudent qu'elle se montre à l'avenir moins facile pour l'admission des œuvres artistiques ? L'exposition de l'année prochaine ne sera plus un début, ne sera plus un essai, ne sera plus une première bataille. Que la commission de l'*Union artistique*, composée d'hommes éclairés, se montre donc aussi sévère l'année prochaine qu'elle s'est montrée indulgente cette année. — Qu'elle repousse désormais les œuvres qui ne lui paraîtront pas dignes d'un concours sérieux et que l'admission seule d'une œuvre à l'exposition toulousaine suffise pour être un titre dont l'artiste puisse s'enorgueillir. Ce n'est qu'à cette condition que l'*Union artistique* pourra atteindre le but qu'elle doit se proposer, celui d'être utile aux arts en forçant les artistes à ne produire que des œuvres remarquables. Je retrace ici pour la seconde fois un manuscrit grec inédit, un discours de Périclès, car il est des choses qu'on peut lire souvent et toujours avec fruit. Périclès tenaît à Phidias et à la multitude d'artistes qui se pressaient autour de Phidias, un langage ferme, cruel ; mais tel était le noble instinct des Grecs, telle était leur passion désintéressée pour le Beau, qu'ils applaudissaient au discours que je traduis :

« O vous qui attendez que j'entreprenne « de grands travaux, préparez-vous avec ar-« deur et n'ayez point une confiance inactive. « Les guerres semées par les guerres touchent « à leur fin : puissent les dieux nous envoyer « une paix qui sera plus glorieuse pour notre « patrie que les victoires ensanglantées ! Ceux « d'entre vous qui seront jugés capables de « bâtir, de sculpter ou de peindre des œuvres « dignes d'admiration, auront une vie assurée « et même des gains considérables. Mais « ceux dont la main est peu expérimentée « et à qui Minerve n'a point souri, en vérité « ils feraient mieux dès aujourd'hui de cul-« tiver la terre ou de se mettre fabricants de « poteries dans le Céramique, jamais ils n'au-« ront part aux travaux ; jamais, par Jupiter, « je ne leur livrerai, pour qu'ils les gâtent, « les marbres du Pentélique et les matières « précieuses que je fais venir de tous pays « pour orner la ville ; non, quand même ils « me seraient proches par le sang, quand le « grand prêtre de Neptune, Erechthée, les « protégerait, quand Aspasie suppliante ten-« drait vers moi ses beaux bras : un général « ne place point aux postes périlleux un sol-« dat lâche et débile ; je serai non moins blâ-« mable si je confiais les richesses et la re-« nommée de notre patrie à des artistes sans « habileté. Les Lacédémoniens précipitent « dans un gouffre les enfants difformes afin « de ne point nourrir des citoyens inutiles : « ainsi je veux ôter l'espérance aux sculp-« teurs et aux peintres qui n'ont pas le sens « de ce qui est beau, car si l'Etat les em-« ployait, ils n'apporteraient que du dom-« mage. Il n'est pas juste que l'intérêt d'un « seul soit préféré à la gloire de tous ; que « diraient les Athéniens aux autres Grecs, « qui viendront bientôt contempler leur « ville, lorsqu'elle sera parée de mille chefs-« d'œuvre, s'il fallait leur montrer en même « temps des taches honteuses et des édifices « qu'il vaudrait mieux n'avoir point achevés ?

« Efforcez-vous donc de ne produire que des « œuvres nobles, irréprochables et d'une « beauté qui sache ne point vieillir. »

Tel est le langage plein de fermeté que tenait à la jeunesse athénienne le grand ministre qui eut la gloire de donner son nom au siècle qui l'avait vu naître ; il est difficile sans doute d'égaler les grands hommes, mais il est beau de chercher à les imiter.

Que le jury de l'*Union artistique* se montre donc surtout et avant tout sévère pour les artistes dont les œuvres auront déjà figuré dans plusieurs expositions, mais qu'il n'oublie pas que le meilleur moyen de faire progresser les arts est l'encouragement des talents naissants. Il devra donc faciliter même par l'indulgence l'exposition des œuvres des jeunes artistes et repousser celles des artistes qui, après avoir débuté, ne seraient pas arrivés progressivement au succès.

Je disais au début de cet article que Toulouse était la ville la plus lettrée de France, j'aurais dû ajouter encore que sous ce rapport la réputation de cette grande ville est européenne, car il m'est arrivé bien souvent d'entendre faire une éloge pompeux de *Toulouse la Savante* dans les diverses contrées de l'Europe que j'ai visitées : eh bien, aujourd'hui que le goût des arts s'introduit partout dans l'éducation, dans les mœurs nouvelles, dans la vie intime de la nation ; aujourd'hui que le besoin de l'étude du beau, que la noble passion des collections, des ameublements anciens, de tous les objets riches du souvenir du passé et portant l'empreinte du génie, s'empare de tous les esprits éclairés, il appartient à tous les hommes intelligents de Toulouse, plus que partout ailleurs, de contribuer au développement du progrès artistique, et c'est avoir fait acte de dévouement et de patriotisme que d'avoir pris l'initiative d'une exposition annuelle ; mais il ne faudra laisser pénétrer désormais dans ce champ de bataille des beaux-arts que les œuvres artistiques dignes d'admiration et destinées à rehausser la gloire des grands artistes à qui Toulouse s'enorgueillit d'avoir donné le jour. Alors s'accroîtra de plus en plus la réputation de cette grande ville impuissante pour rivaliser dans l'industrie avec les autres grandes cités, qu'elle surpassera dans les arts comme elle les surpasse toutes dans les sciences et dans les lettres.

Ajoutons cependant pour être juste que Toulouse n'a pas seule contribué à la fondation de l'*Union artistique*. La voix des fondateurs de cette grande institution a trouvé aussi de l'écho dans les vi'les qui environnent le chef-lieu de la Haute-Garonne; des artistes et des hommes animés par le noble instinct des arts sont venus de loin apporter leur généreux concours à cette œuvre, et tel a été l'enthousiasme spontané, si je puis m'exprimer ainsi, des adeptes de l'*Union artistique*, que plus de cinq cents fondateurs ou sociétaires se sont fait inscrire dès le début. Un tel empressement fait le plus grand honneur à chaque membre de l'*Union artistique*, à tel titre que ce soit, et c'est une grande satisfaction que de pouvoir se dire. *Et moi aussi j'ai fait quelque chose pour mon pays.*

La longueur de cet article ne me permet pas de publier dans cette livraison de la *Revue* le compte-rendu des œuvres exposées; ce travail est déjà fait depuis bien longtemps, j'en ai retardé la publication à cause des exigences du Salon de Paris; et puis j'étais loin de m'attendre aussi vite à la clôture de l'exposition toulousaine, que des raisons excellentes ont malheureusement un peu trop hâtée. Cela ne m'empêchera pas de consacrer encore plusieurs colonnes à l'exposition de l'*Union artistique;* j'ai cru qu'il importait, avant tout, de signaler les efforts de cette jeune société, et je m'estimerais très-heureux si je puis contribuer ainsi au développement des *beaux-arts* dans cette grande ville où j'ai été si fier et si touché d'avoir reçu une si généreuse et si sympathique hospitalité pendant les quelques jours que je viens d'y passer.

Louis LAVEDAN.

SALON DE 1861

(Suite)

Quoi qu'en dise P. J. Proudhon et sa docte cabale, la guerre est une chose hideuse, anti-sociale, et jamais il n'y a eu la moindre poésie dans le spectacle offert par un champ de bataille jonché de débris humains. Il appartenait bien à l'homme qui, racontant l'horrible boucherie de juin 1848, parlait des « sublimes horreurs de la canonnade, » — il lui appartenait bien, en effet, de dire, renchérissant sur lui-même : « Rien de plus beau à voir, de plus magnifique, qu'une armée. » Mais il appartient aussi aux gens qui, comme moi, ne cherchent d'autre gloire à leur vie que de la vivre tranquille, — il leur appartient de s'effaroucher, de s'attrister de ces dithyrambes en l'honneur d'un dieu qu'on avait le droit de croire mort et enterré, avec les autres, depuis dix-neuf cents ans, à savoir le dieu Mars. Ces dithyrambes peuvent faire plaisir au peuple français, qui est né soldat, — pour son malheur et pour le nôtre; car on peut lui appliquer le mot profond de Philippe de Macédoine, à ce peuple-là plus qu'à tout autre : « Je réussirai plutôt à dompter la belliqueuse Sparte que la savante Athènes;» — mais ils font peine à ceux qui ont l'amour de l'indépendance et la haine de la brutalité.

On me dira que je ne suis pas de mon pays, ou, qu'étant de mon pays, je ne suis pas assez philosophe. Je n'entends rien à toutes ces malices-là : je crois que je suis né à Paris, et que, né à Paris, je suis naturellement Français; pour ce qui est d'être philosophe, je ne m'en pique pas, ne sachant pas encore ce que c'est que cette bête-là, et me contentant d'être homme, — ce qui est déjà bien assez. En ma qualité de philosophe, j'applaudirais peut-être aux folies sanglantes dans lesquels P. J. Proudhon et ses disciples ont la prétention de voir de glorieuses nécessités; mais, en ma qualité d'homme, je réprouve, de toute l'énergie de ma conscience indignée, ces horreurs qui n'ont rien de « sublime, » et qui font si souvent d'une plaine chargée de moissons un charnier chargé de cadavres. L'humanité n'a vraiment rien à gagner à ces hécatombes multipliées qui improvisent sans cesse une infinité de veuves et d'orphelins, — sans profit autre qu'une gloriole posthume et éphémère pour les maris de ces veuves et pour les pères de ces orphelins. En quel siècle vivons-nous donc pour qu'on prône ainsi dans les livres ces tueries sans excuse et sans poésie, — quoi qu'en disent les écrivains, leurs partisans? Sommes-nous au XIIe siècle ou au XIXe? Je n'ose comprendre la secrète pensée qui dicte ces hosannah; on semble dire que la guerre est nécessaire comme la peste, — pour débarrasser les riches des gueux; on semble ne voir dans la guerre qu'un émonctoire destiné à décharger un pays du trop-plein d'hommes qui l'incommode. Autrefois, aux temps de barbarie, oui, peut-être; mais aujourd'hui, en pleine civilisation, comment ose-t-on proclamer la gloire et la poésie de la guerre? Parce qu'elle existe encore? Elle existe, sans doute, et c'est un mal; mais elle ne tardera pas à disparaître : elle jouit de son reste. Dans cent ans d'ici, — peut-être avant, peut-être après, — on ne verra plus de ces tumultueuses marées d'hommes se ruer les unes sur les autres, et déferler avec furie, clairons en tête, flamberges au vent. Dans cent ans d'ici cette vieille folle qui s'appelle Bellone aura fait place à cette douce vierge qui s'appelle la Concorde. Dans cent ans d'ici, l'Europe, au lieu d'être un vaste cirque où s'égorgent les nationalités, comme les gladiateurs antiques, — pour l'imbécile plaisir de s'égorger, — sera une Bétique de quelques milliers de kilomètres, où l'olivier croîtra avec plus d'abondance que le laurier; où l'amour, « seule consolation du genre humain, seule manière de le réparer, » sera plus en honneur que l'art militaire, qui est la plus sûre manière de l'anéantir. Dans cent ans d'ici, enfin, les vers de Virgile — tant cités — deviendront une vérité :

> Scilicet et tempus veniet, cùm finibus illis
> Agricola, incurvo terram molitur aratro,
> Exesa inveniet scabrâ rubigine pila,
> Aut gravibus rastris galeas pulsabit inanes,
> Grandiaque effossis mirabitur ossa sepulcris.

Et, contemplant ces casques vides, ces armes rouillées, ces ossements d'un autre âge, le laboureur sourira de pitié. Puis il dira, — car n'ayant pas lu Végèce, il aura lu Voltaire : « Des peuples assez éloignés entendaient dire qu'on allait se battre et qu'il y avait cinq ou six sous par jour à gagner pour eux, s'ils voulaient être de la partie; ils se divisaient aussitôt en deux bandes comme des moissonneurs, et allaient vendre leurs services à quiconque voulait les employer. Ces multitudes s'acharnaient les unes contre les autres, non-seulement sans avoir aucun intérêt au procès, mais sans savoir même de quoi il s'agissait. On voyait à la fois cinq ou six puissances belligérantes, tantôt trois contre trois, tantôt deux contre quatre, tantôt une contre cinq, se détestant toutes également les unes les autres, s'unissant et s'attaquant tour à tour ; toutes d'accord en un seul point, celui de faire tout le mal possible. Le merveilleux de cette entreprise infernale, c'est que chaque chef des meurtriers faisait bénir ses drapeaux et invoquait Dieu solennellement avant d'aller exterminer son prochain. Si un chef n'avait eu que le bonheur de faire égorger deux ou trois mille hommes, il n'en remerciait point Dieu ; mais lorsqu'il y en avait eu environ dix mille d'exterminés par le feu et le fer, et que, pour comble de grâce, quelque ville avait été détruite de fond en comble, alors on chantait à quatre parties une chanson assez longue, composée dans une langue inconnue à tous ceux qui avaient combattu, et de plus toute farcie de barbarismes. La même chanson servait pour les mariages et pour les naissances, ainsi que pour les meurtres; ce qui n'était pas pardonnable, surtout dans la nation française, la plus renommée par ses chansons nouvelles. »

Tout ce que je viens de dire là me dispense d'ajouter que les tableaux de bataille n'ont jamais eu mes sympathies, et que j'ai été plus souvent au musée du Louvre qu'au musée de Versailles. Au musée du Louvre aussi il y a des batailles, — celles de Salvator Rosa, de Van der Meulen, de Jacques Courtois, de Charles Lebrun, de Claude Gelée, et de Joseph Parrocel, — mais aucune de ces toiles ne blesse l'œil et l'esprit comme celles qu'ont faites depuis soixante ans les peintres officiels, Gros, Horace Vernet et Yvon. On a parlé de la poésie de la destruction : elle n'existe pas, — le mot de poésie impliquant forcément l'idée de beauté. Cependant il y a de la poésie dans la *Bataille sur terre* de Salvator Rosa, — dans le *Choc de cavalerie* de Jacques Courtois, dit le Bourguignon, — dans le siége d'*Oudenarde par Louis XIV*, de Van der Meulen, — dans la *Bataille d'Arbelles* de Charles Lebrun, — dans le *Passage du Rhin* de Joseph Parrocel, — dans le *Pas de Suze forcé par Louis XIII*, de Claude Lorrain ; il y a de la poésie, parce que les grands artistes auxquels on doit ces grandes pages ont voulu plaire aux yeux et à l'esprit, comme le leur commandait leur devoir, — et que le seul moyen, en art et en littérature , de plaire aux yeux et à l'esprit, est d'éviter soigneusement les sujets repoussants , spumeux, squalides, infects , hideux. L'art n'est pas la reproduction de la vie, il en est l'interprétation idéalisée : on peut dire de lui ce que Platon disait du Beau, — qu'il est la splendeur du vrai. Ne m'objectez pas la *Leçon d'anatomie* de Rembrandt, cela ne prouverait rien contre moi : d'abord, parce que cette toile a pour elle la magie de la couleur, et, qu'à ce titre, on lui pardonnerait bien des choses ; ensuite, parce que le cadavre étendu sur la table est un sujet d'amphithéâtre, un mort, et qu'il n'a rien de commun avec ces pauvres diables, tout à l'heure pleins de vie et d'amour de la vie, que le canon vient de coucher brutalement sur le champ de bataille, fronts sanglants, poitrines trouées, entrailles décousues, — ainsi que nous les montrent nos peintres modernes.

Cette profession de foi faite, je passe à l'examen des tableaux de bataille exposés cette année.

M. Adolphe Yvon. A envoyé une toile énorme, qui tient tout un côté du salon carré : la *Bataille de Solférino*.

M. Yvon est l'héritier direct et unique de la succession Horace Vernet, — ouverte depuis longtemps. La même gloire l'attend, —

et aussi le même oubli. M. Yvon dessine et peint comme pas un, assurément, et la foule s'arrête, enchantée, devant ses grandes machines — qui ont le bon esprit de représenter des choses déjà en possession de l'enthousiasme populaire ; mais avec cela on ne va qu'au musée de Versailles, on ne va pas à la postérité. Dans vingt-cinq ans d'ici, le silence se sera fait sur M. Adolphe Yvon, comme il s'est fait, à cette heure, sur M. Horace Vernet, — et ce ne sera que justice. On n'est pas un grand écrivain sans le style, — ni un grand artiste, non plus. M. Yvon a peut-être un peu plus de style que M. Vernet, mais ce peu est insuffisant pour lui constituer une richesse. L'esprit ne lui manque pas, c'est la passion qui lui fait défaut, — et c'est la passion qui fait l'accent, et c'est l'accent qui fait l'originalité. ·

— « Comme c'est ça ! » s'écriait avec transport un groupe d'honnêtes visiteurs, en se montrant mutuellement l'écume blanche ruisselant sous les harnais des chevaux peints par M. Yvon.

En effet, c'est bien « ça, » — mais ce n'est pas autre chose, et les trompe-l'œil ne seront jamais que des trompe-l'œil.

M. Isidore-Alexandre-Augustin Pils. A envoyé un tableau, la *Bataille de l'Alma*.

J'avoue, en toute conscience, que cette bataille de M. Pils me paraît de beaucoup préférable à la bataille de M. Yvon, et que, placées comme elles le sont, dans la même salle, l'une en face de l'autre, il n'y a pas à hésiter entre elles deux. M. Pils, — quoique premier grand prix de Rome en 1838, quoique médaillé de 1re classe en 1855, quoique décoré du ruban rouge en 1857, — vient de se révéler seulement aujourd'hui au public : sa toile est le chef-d'œuvre du salon Carré. En ce moment, ressongeant à sa *Distribution de vivres à la porte d'une caserne*, à sa *Tranchée devant Sébastopol*, à son *Embuscade de zouaves*, à son *Débarquement en Crimée*, — tableaux si dignes d'être remarqués, — je me dis, non sans amertume, qu'il faut vraiment accumuler trop de belles œuvres pour arriver à en faire un total respectable aux yeux des dispensateurs de renommée. J'ai entendu parler autour de moi, cette année, au Salon, de M. Pils comme d'un débutant, — et chacun de ceux qui en parlaient ainsi, du reste, en parlait avec éloges.

Débutant ou non, M. Pils est un artiste d'un incontestable talent, à qui je pardonne volontiers d'avoir fait un tableau de bataille, — parce que ce tableau de bataille n'est pas un tableau de bataille : c'est un épisode.

« A 11 heures (20 septembre 1854), la 2e division, commandée par le général Bosquet, franchit l'Alma. Son artillerie, sous les ordres du commandant Barral (batteries Fiévet et Robinot-Marey), accomplit des prodiges. Montant en colonne par pièces, suivant des sentiers à peine tracés et presque impraticables, elle avait escaladé avec une rapidité extraordinaire ces hauteurs regardées comme inaccessibles... Cette manœuvre hardie, exécutée par le général Bosquet, a décidé du succès de la journée. »

M. Pils nous a épargné les traditionnels mourants des premiers plans, — jambes de ci, jambes de là, mains crispées, poitrines rougissantes, bouches livides, — foulés par les sabots insouciants des chevaux de l'état-major; ses zouaves passent la rivière, avec de l'eau jusqu'au genou ; ses artilleurs poussent leurs caissons et leurs canons ; on va se battre là haut : on ne se tue pas devant le spectateur. De cela et d'autres choses, je lui sais un gré infini, — non que je sois une petite maîtresse à vapeurs, et que la mort me cause de l'effroi, mais parce que j'ai horreur de l'horreur et que les boucheries d'hommes seront toujours, à mon sens, un spectacle à reléguer dans les colonnes du *Moniteur*, à l'usage des historiens affamés de tuerie. J'aime donc doublement le tableau de M. Pils, et je le remercie doublement de l'avoir fait.

M. Paul-Alexandre Protais. A envoyé cinq tableaux : *Les Zouaves et les grenadiers de la brigade du général Clerc, le Passage de la Sésia, Une Marche le soir, Deux Blessés, et Une Sentinelle.*

Je préfère les trois derniers aux deux premiers, — sans que cela veuille dire, bien entendu, que les trois derniers soient supérieurs aux deux premiers, ou que les deux premiers soient inférieurs aux trois derniers.

Une Marche le soir, c'est un régiment de chasseurs de Vincennes qui regagne au pas gymnastique l'étape qui lui a été désignée. La plaine est vaste, la route poudreuse : ils vont, ces chasseurs au costume sombre, ils vont, ils vont, ils vont, clairon en tête. Gare aux embuscades !

Une Sentinelle nous transporte dans un autre pays. Tout à l'heure nous étions en Italie, sur les bords de la Sésia peut-être; maintenant nous sommes en Crimée, à quelque distance de Sébastopol. La France est loin, le village natal aussi, et la vedette qu'on a placée là, sur ce sol glacé, presque en vue des balles ennemies, regarde voler une bande d'hirondelles qui émigrent vers un ciel plus clément. On a ri de cette sensiblerie de soldat; on a cru que l'uniforme étouffant les battements du cœur, il était interdit au tourlourou de songer à son pays et à sa payse, — quand, au contraire, rien n'est plus naturel à l'homme exilé, volontairement ou involontairement, de chercher et de trouver des prétextes à rêverie. A quoi voulez-vous qu'une sentinelle perdue songe, — lorsqu'un boulet invisible la guette derrière une tranchée, — si ce n'est à la patrie absente? Et pourquoi ne voulez-vous pas que ces hirondelles frileuses lui rappellent la chaumière au toit couvert d'iris et de coquelicots, où quelques-unes d'entre elles ont fait leur nid, au printemps dernier? C'est surtout au bord de la mort qu'on s'accroche aux choses de la vie.

Les Deux Blessés sont deux mourants, un Français et un Autrichien, un uniforme vert et un uniforme blanc. Ils ont tous deux « leur affaire, » cela se lit sur leurs visages livides, et tous deux vont aller rejoindre leurs compagnons au grand pays des Esprits. Ils sont seuls, dans un repli de terrain ; la guerre les avait faits ennemis, la mort va les faire frères. Ils rampent l'un vers l'autre, épuisés, perdant leur sang, pour se donner le baiser de paix. L'Autrichien a la soif suprême, inextinguible, des gens blessés par les armes à feu; il aspire avec frénésie les dernières larmes d'eau-de-vie que contient la gourde de son compagnon : quand il aura bu il mourra. Ce drame solitaire, ce drame muet, à deux personnages, impressionne fortement.

Mais voilà assez de batailles et de tableaux soldatesques pour aujourd'hui. J'y reviendrai, comme mon devoir m'y oblige, ayant encore à payer quelques dettes de cette nature.

SIXIÈME JOURNÉE (29 mai.)

M. Henri DURAND-BRAGER. A, envoyé trois tableaux : *La Flottille de Boulogne*, *Pêcheries dans le Bosphore* et une *Vue de Constantinople*.

La Flottille de Boulogne est un de ces prétextes à évolutions de navires, comme M. Durand-Brager sait si bien en trouver, et dont il se tire spirituellement et si habilement, — car il possède sur le bout du doigt son *nauticarum rerum scientia*, et les plus difficiles ne sauraient lui reprocher la moindre faute d'orthographe en cette matière.

Les Pêcheries dans le Bosphore sont encore un des prétextes dont je viens de parler. Le soir arrive et découpe en brun sur un ciel ardent la silhouette de vaisseaux à l'ancre; sur les premiers plans sont des cages-hamacs, soutenues au-dessus de l'eau par de forts piquets, où logent, paraît-il, des pêcheurs : c'est pittoresque, mais ce n'est pas très-sûr, savez-vous ?

La Vue de Constantinople est le plus important et, selon moi, le mieux réussi des trois tableaux envoyés par M. Durand-Brager. Sur le premier plan, à droite, des vaisseaux dorment sur leurs ancres; puis, çà et là, loin, bien loin, à perte de vue, grouille une armée de naufs grandes et petites, de toutes nations et de toutes formes, caïques, brigantines, flûtes, pinques, pinasses, flibots, bourques, galiotes, galères, bateaux d'osier, câpres, etc., etc. C'est ce qu'on appelle la *Corne d'or*. A gauche, Scutari et la pointe du sérail, séparés par les eaux de   mer de Marmara. A droite,

Top-Hané, Galata, Péra. D'un côté le vieux Stamboul, de l'autre la jeune Constantinople; ici Mahmoud, là Abd-ul-Mejid. Mon collaborateur, M. Charles Corassan, est bien heureux de pouvoir aller passer ses vacances à Constantinople, — son pays natal !

M. Guermann BOHN. A envoyé deux tableaux, *Dans le Coin* et *Desdémona*.

Je n'ai pas encore vu le premier; mais j'ai vu le second, qui a un chaud reflet des maîtres vénitiens. Desdémona, sa tête blonde appuyée sur sa blanche main, accoudée sur le marbre de son balcon, regarde Venise et rêve. Elle vient de chanter la romance du Saule sur sa cithare, et elle attend Othello, le terrible amant qui bientôt dira, pour son apologie :

> « She lov'd me for the dangers I had past;
> And I lov'd her, that she did pity them;
> This only is the witchcraft I have us'd. »

Sans doute, sans doute, et jusqu'à la consommation des siècles, il ne faudra pas d'autres raisons pour s'adorer, il n'y aura pas d'autre *witchcraft* que celle employée par Othello, — qui est la meilleure magie ; mais pourquoi l'as-tu étouffée, sauvage, cette douce et innocente Desdémona ?

M. Isidore PATROIS. A envoyé trois tableaux : *Procession des saintes images aux environs de Saint-Pétersbourg*, *l'Izba*, et la *Bonne Aventure*, — trois sujets russes.

La *Procession des saintes images*, qui se renouvelle en Russie tous les ans, et qui fut ordonnée en 1832 à l'occasion du choléra, rappelle nos processions catholiques, comme celle de la Fête-Dieu, de la Bénédiction des blés, etc., etc., — sauf les accessoires, qui, ici, sont des tableaux dorés sur toutes les coutures et probablement étincelants de pierreries, à la mode russe. Les popes ont des habits de cérémonie extrêmement riches, plus riches cent fois que ceux des plus beaux tambours-majors du premier empire. Ils vont tournant le dos aux spectateurs. Le peuple, moujiks mâles et femelles, chaussés de leurs inévitables laptis, et habillés de leurs inévitables touloupes, — le peuple s'agenouille, dans le coin à gauche, sur le passage des saintes images. Les fonds, le paysage et les maisons, quoique effacés, sont bien traités.

La *Bonne Aventure* nous montre une tzigane fatignée, — visage basané, chevelure noire, yeux striés de jaune, — avec son enfant sur son dos, dans une étoffe voyante, à la mode bohémienne. Trois jeunes filles la viennent interroger sur leur présent et sur leur avenir ; l'une d'elles, troublée sans doute par ce que lui a dit la tzigane, songe tristement. Que vous a-t-elle donc dit, ma belle enfant ? qu'*il* ne vous aime plus ? qu'*il* en aime une autre ? C'est impossible ! Pourquoi cette tristesse, alors ? vous a-t-on annoncé la mort prochaine de votre mère ou de votre sœur ? C'est impossible encore : à votre âge, on a la tristesse moins respectable, on ne s'afflige beaucoup que de petites choses, — les choses amoureuses. Allons ! avouez que la bohémienne vous a dit qu'*il* vous était infidèle ?

Ces deux tableaux ne valent pas pour moi le troisième, l'*Izba*. En Russie comme en France et ailleurs, il y a des cabarets, des lieux de refuge pour les gens qui ont travaillé toute la journée et toute la semaine, et qui éprouvent l'irrésistible besoin de se réunir pour se distraire des fatigues et des soucis du présent. Un cabaret russe ressemble extérieurement à une chaumière, et la distribution intérieure en est très-simple : il y a une petite chambre d'entrée qui est sombre, et une grande qui est claire ou blanche, — d'où son nom de *béelaïa izba*. L'izba est divisée en deux compartiments : le plus petit, où se tiennent les flaconsde kvass et d'autres liquides ; le plus grand, où se tiennent les visiteurs, debout ou assis sur un banc fixé tout à l'entour du mur. C'est là dedans que M. Patrois nous a introduits pour nous montrer des moujiks et des babas écoutant une chanson que chantent une belle fille et un jeune homme, avec accompagnement de *balalaïca*, — sorte de guitare à longue hanche fort en usage en Russie.

Cette scène est empreinte de gravité. Il faut croire que la chanson, chantée par la belle fille en robe bleue et par son jeune compagnon, est bien mélancolique, car tous les visages sont sérieux, — comme ceux des gens devant qui l'on évoque de poignants souvenirs. Quelle chanson est-ce là ? Le peuple russe est aussi superstitieux que le peuple français, et, chez lui comme chez nous, malheureusement, la superstition éclate au moindre prétexte, à la moindre occasion, — dans les habitudes quotidiennes de la vie privée aussi bien que dans les pratiques religieuses ; le peuple russe, comme le peuple français, — « peuple de braves, » pourtant, — croit aux maléfices, aux êtres surnaturels, aux sorciers, aux talismans, à tous les hochets de l'esprit enfant ; il a ses roussalkas et ses léechies, comme nous nos fées et nos farfadets. Peut-être que, dans l'Izba de cette bourgade russe visitée par M. Patrois, se chante ce chant traditionnel, — qui n'est autre qu'une conjuration d'amour :

« Sur les vagues de l'Océan, il y a une planche, — Sur cette planche, il y a la douleur, — Et la douleur s'agite et se démène. — Elle se jette de la planche dans l'eau, — De l'eau, dans le feu, — Et de ce feu sort un démon qui crie : — «Cours, cours, souf- « fle à Marie — Sur ses lèvres et sur ses « dents, — Dans ses membres et dans ses « os, — Dans sa chair blanche et dans son « foie noir, — Afin qu'à chaque heure du jour, « — A minuit comme à midi, — Elle se « tourmente et se lamente. — Que sa nour- « riture et son sommeil — Ne lui soient d'au- « cun secours ; — Qu'elle dessèche et d'é- « périsse — Et s'exalte sans cesse, — Afin « que plus qu'un autre de mes rivaux — « Je lui paraisse désirable et beau, — Afin « que je sois plus cher à son cœur — Que « sa mère et son père, — Que son frère et « toute sa famille. » J'enferme ma conjuration sous soixante-dix-sept cadenas, — J'en jette les clefs dans le tumultueux Océan, — Et celui-là seul qui sera plus fort que moi, — Et qui emportera tout le sable de la mer, — Pourra mettre un terme à la douleur infinie que j'évoque. »

Peut-être aussi que je me trompe, et, qu'au lieu de chanter ce sinistre chant, les deux chanteurs de M. Isid. Patrois chantent cette ironique chanson :

« Ah! malheur! ma bien-aimée est de bois : si j'étais de feu, je la brûlerais, je la brûlerais.

« Ah! malheur! ma bien-aimée est de pierre : si j'étais de fer, je la battrais, je la battrais.

« Ah! malheur! ma bien-aimée est de glace : si j'étais le soleil, je la fondrais, je la fondrais.

« Mais pourquoi désirer être tant de choses? si seulement j'avais de l'argent, ma bien-aimée fût-elle de bois, de pierre ou de glace, je l'achèterais, je l'achèterais. »

A la bonne heure !

Ce tableau de M. Isidore Patrois est le meilleur des trois qu'il a exposés, — à mon sens du moins. Il est bien composé, bien dessiné, et peint avec une morbidesse mélancolique qui m'a charmé tout d'abord, — malgré sa recherche un peu trop évidente des couleurs riches. Le *Lendemain d'une fête de village,* de M. Knauss, qui eut tant de succès à l'Exposition de 1855, était peint ainsi — et il était bien peint.

Alfred DELVAU.

(*La suite au prochain numéro.*)

L'ATTENTE.

O Cythère mélancolique,
Dont les ombrages profanés
Ont un charme que rien n'explique,
Toujours, toujours vous m'entraînez

Vers les rives de fleurs où celles
Qui portent les beaux lis aux mains,
Avec leurs yeux pleins d'étincelles,
Cherchent le calme des chemins.

Mon rêve amoureux s'extasie
Sous les arbres du grand Watteau;
Je vois marcher ma poésie
Sur les pentes du vert coteau.

Hélas! dans les eaux murmurantes
Les nymphes ne se baignent plus.
On ne voit que des figurantes
Dans le décor où je me plus.

Je sais bien que ces filles vaines,
Sans grâce pure, sans douceur,
Boivent le meilleur de mes veines ;
Pourtant, Cidalise, ô ma sœur !

Beauté superbe, souveraine
Par le rhythme des mouvements,
Victorieuse dans l'arène
Des mots et des rires charmants,

Puisque parmi ce troupeau lâche
Les dieux contraires m'ont jeté,
J'y veux mourir, et, sans relâche,
En proie à leur voracité,

Sous les ongles de ces furies
Mon cœur triste et doux saignera,
Ainsi que mes lèvres flétries,
Que nul vin ne désaltère.

Mais la vision qui m'attire,
Sur mon front, dans les vastes cieux,
Pendant les douleurs du martyre,
Viendra, spectre silencieux,

Et j'irai vers cette maîtresse,
Esclave oublieux de mes fers,
Lui dire l'ennui qui m'oppresse,
Mettre à ses pieds les maux soufferts.

ALBERT GLATIGNY.

LES ARTS CHALCOGRAPHIQUES A L'EXPOSITION.

3e ARTICLE.

L'une des dernières œuvres de Paul Delaroche, celle dans laquelle il a déployé le plus de tendresse et de grâce, c'est *une Martyre au temps de Dioclétien.* Convalescent dans les premiers mois de 1854, ainsi que le rapporte, dans une étude pleine de talent, M. Louis Enault, il indiquait, dans une lettre intime, le projet de ce tableau qui était apparu dans l'hallucination extra-lucide de la fièvre : « Je vais mieux, écrivait-il ; je pourrai demain, sans imprudence, regarder une petite toile blanche pour la barbouiller à propos d'un sujet bien simple et bien neuf que je me suis avisé de créer pendant ma fièvre et d'esquisser au fusain sur une petite feuille de papier bleu. Ce serait la plus triste et la plus sainte de toutes mes compositions. Je l'expliquerais mal; vous la verrez. »

Et quelques jours plus tard :

« Je vous ai parlé d'une composition dont je ne vous ai pas dit le sujet. Si Dieu me vient en aide, je fonde de grandes espérances sur cette petite invention. Voici mon point de départ : Une petite Romaine, n'ayant pas voulu sacrifier aux faux dieux, est condamnée à mort et précipitée, les mains liées, dans le Tibre. Voici ma mise en scène : Le soleil est couché derrière les rives sombres et nues du fleuve; deux chrétiens qui cheminent silencieusement aperçoivent le cadavre de la jeune martyre qui passe, emporté par les eaux. La partie supérieure de la figure, ainsi que l'eau, est éclairée par une auréole divine qui plane au-dessus. Pour vous faire croire à ma poésie rêvée pendant ma maladie, il faudrait bien dire, et je ne sais. Je ne désespère pas cependant que vous ne trouviez, lorsque vous verrez mon griffonnage au fusain, que le peintre a été moins médiocre que l'écrivain. Je viens de me relire, et je rougirais de honte si ce n'était à vous que j'ose confier cette bouffée d'orgueil. J'aurais même, comme toujours, caché cette esquisse, si E. L... ne m'avait dit qu'elle était destinée à produire de l'effet. Maintenant il me faut un nom pour cette pauvre martyre; j'ai cherché inutilement jusqu'à présent. Est-ce que ce serait faire un bien gros mensonge que de lui en donner un à ma guise et d'en laisser la responsabilité à ce bon M. Dioclétien? Une victime de plus le rendrait-elle plus odieux? Je ne le crois pas. »

De tout point conforme à ce petit programme, l'ensemble du tableau est très-harmonieux. La jeune martyre a été précipitée dans le Tibre; mais, après l'avoir roulée dans l'abîme comme une fleur de ses rives, le fleuve semble vouloir la rendre aux honneurs de la sépulture chrétienne. Doucement elle flotte sur la vague qui, en la portant, la caresse; sa robe, en plis nombreux et chastes, se soulève autour d'elle,

et sa tête, qui repose sur le mobile oreiller des ondes gonflées, est tout inondée de ses blonds cheveux dénoués. Le visage, d'une angélique suavité, laisse, à travers la mort, deviner la pure sérénité de la vie. Le paysage est à demi noyé dans les brumes du soir; le soleil est couché derrière les collines qui servent de rives au fleuve, rives sombres et nues. On voit les deux chrétiens qui cheminent sur les hauteurs, regardant ce jeune et beau corps emporté par les eaux. Il n'y a pas de lune; mais un nimbe d'or suspendu au-dessus de son front comme une couronne de feu éclaire toute la tête des saintes lueurs de l'auréole.

Telle est la composition que M. Philippe Hermann Eickens (n° 3714) a rendue admirablement à la manière noire. On sait comment s'exécute ce genre de gravure. L'artiste couvre toute la plaque de petits points qu'il adoucit, affaiblit, amollit, efface. De là les ombres, les reflets, les demi-teintes, le jour et la nuit. Dans la taille douce, tout est éclairé; le travail introduit l'ombre et la nuit; dans la gravure noire, la nuit est profonde : le travail fait poindre et entrer le jour. Cette gravure est plus douce, plus moelleuse, plus chaude que celle au burin; elle convient mieux à certains peintres.

M. Eickens est passé maître dans cette spécialité. Il est impossible de reproduire avec plus de fidélité, plus de poésie, l'indescriptible mélancolie de l'œuvre de Paul Delaroche. On resterait des heures entières à rêver devant cette charmante gravure. Malheureusement, l'éclat du vitrage nuit beaucoup à ce travail, auquel il faudrait un jour doux et tempéré. Nous en dirons autant du *Violon de Crémone*, d'après Muller (n° 3715), planche également réussie, et qui, en flattant le regard, parle au cœur autant qu'à l'imagination. M. Eickens, du reste, n'en est pas à ses débuts. On se rappelle qu'il obtint, à nos dernières expositions, de brillants succès : en 1852, avec le *Christ portant sa croix*, d'après Ary Scheffer; en 1853, avec la *Vierge de Séville*, d'après Murillo; en 1855, avec le *Portrait parlant*, d'après Schlésinger, et l'*Immaculée conception*, d'après Murillo; et enfin, en 1859, par la *Florinde* d'après Winterhalter, œuvre qui lui valut la médaille de 2ᵉ classe.

Nous voulions parler de la jolie gravure de M. Adolphe Aubert, la *Fidélité*, d'après Alfred de Dreux, et de beaucoup d'autres ouvrages ; mais ce que c'est que de traiter des sujets qui plaisent ! Nous avons examiné les envois de deux graveurs seulement et nous voici arrivé aux limites qui nous sont assignées pour notre rapide analyse. Les graveurs de divers genres, les aquafortistes, les graveurs sur bois et même les lithographes nous offrent de remarquables travaux, auxquels nous ne refuserons pas l'attention qu'ils méritent.

Entendez-vous ce bruit ?... C'est la cognée qui jette à terre les vieux chênes de Fontainebleau. Chaque coup retentit au cœur de nos paysagistes. Cette noble forêt, dont les ombrages attiraient tant d'artistes, tant de rêveurs, tant de poëtes, s'éclaircit comme la nuque du jobard qui s'est fié aux réclames de madame Ma et du docteur Chantal. Chaque jour, quelques-uns de ses doux retraits est jonché de cadavres. Hier, c'était la Mare-aux-Evées, demain ce sera le Bas-Bréau ou la Gorge-aux-Loups. Anathème à ceux qui dans ces futaies magnifiques ne voient que du bois à brûler ! Où irons-nous, maintenant qu'il n'y a plus dans Paris un seul arbre vivant, où irons-nous rafraîchir notre regard ennuyé de s'aplatir contre le même mur jaune ? Faudra-t-il, pour fuir le Limousin et sa truelle, nous réfugier en Angleterre, ce pays charmant où il n'y a de soleil que la lune, de gens gais que les ivrognes et des fruits mûrs que les pommes cuites ? Vous bouleversez l'ordre établi par Dieu ; vous détruisez les forêts, ces réservoirs hygrométriques qui règlent le cours des fleuves, et vous vous étonnez des perturbations de l'atmosphère ! et vous êtes surpris de voir manquer vos récoltes ! Ne comprenez-vous pas que c'est un châtiment du ciel ? Voilà les eaux rugissantes qui brisent leurs digues, qui emportent vos toits, vos maisons, vos troupeaux... Laissez passer la justice de Dieu !

Peintres ou graveurs à l'eau-forte, aimons les paysagistes qui nous conservent d'après nature les portraits de ces rois de la forêt que nous ne verrons plus ; aimons ceux qui nous transmettent un peu d'air comme on en fait parvenir aux mineurs dans les entrailles de la terre. Il est vrai que la nature de ces messieurs est souvent une nature de convention. L'un tourne ses arbres en parasol ; l'autre façonne les siens en petits balais d'Alsacienne ; celui-ci masse ses chênes en ballots de coton, cet autre festonne ses ormes en guipure. Tels feuillages sont calqués au patron, tels autres découpés à l'emporte-pièce, tels autres appliqués à la griffe, tels autres cardés comme de la laine à matelas. Ici troncs et branches se crispent comme les doigts de Listz sur un clavier ; ils s'élancent uniformément, ainsi que les crins raides d'un plumet. Celui-ci ne sort jamais d'une roche grise campée à gauche, d'un bout de terrain gris à droite, d'un ruisseau gris courant de l'un à l'autre et d'un ciel gris coiffant le tout. Celui-là se noie chaque année dans les herbes luxuriantes d'une prairie antédiluvienne. Voici un malheureux qui plante constamment dans les nuages un soleil semblable à un œuf sur le plat, tandis que son voisin nous offre un plat d'épinards dont l'eau nous vient à la bouche. Nous connaissons un paysagiste qui prend sa ligne d'horizon à trois centimètres du haut de sa toile et qui rit de son confrère, dont le tableau rempli de ciel, laisse à peine la ligne de terre déborder la ligne du cadre. Regardez un peu ce chien. Il trottine à chaque exposition, dans la même plaine, au bord du même ruisseau. Et ce cheval ! Depuis que pour la première fois vous l'avez vu, ah ! qu'il a fait du service ! Tour à tour cheval de cavalerie, cheval de ferme, cheval de labour, cheval de poste, il a toujours couru le même train, soufflé la même haleine, écumé la même écume. Vivent les paysagistes pour comprendre l'économie !

Ces petits défauts, dont ils se corrigeront difficilement, ne les empêchent pas d'être, pour la plupart, des hommes d'un grand talent. Ainsi que le fait remarquer M. Alexandre de Bar, de tous les genres de gravures, celui qui se prête le mieux à la reproduction du paysage, des animaux et des petits sujets de la vie agreste, est sans contredit la gravure à l'eau-forte. Son allure est libre ; son exécution simple n'interpose point entre la pensée de l'artiste et son œuvre une longue suite de procédés. Cependant elle lui offre une multitude de ressources qu'il peut varier à l'infini, suivant les exigences de son sujet : soit un jet rapide, un contour fin et hardi, soit un fini précieux, quoique libre, soit enfin ce *flou*, ce douteux, cette incertitude de ligne et d'ombres qui répand tant de charme sur les inimitables planches de Rembrandt. Selon le sentiment de l'artiste qui la guide, la pointe se transforme pour produire des effets également beaux, quoique souvent opposés les uns aux autres. Rembrandt et sa couleur magique, Paul Potter, si frappant de vérité, Breemberg et ses élégants et spirituels paysages, sont là pour prouver la flexibilité de la gravure à l'eau-forte. En France, Callot et Boissieu l'ont rendue populaire, et madame de Pompadour lui donna ses grandes entrées à la cour.

Pour vous faire une idée de cette souplesse de l'eau-forte, regardez les épreuves exposées par M. Charles-Louis d'Henriet. Ses deux études sous le numéro 3753, les *Hêtres*, d'après Français ; *Après l'orage*, d'après Blin, sont fines, bien mordues, pleines de délicatesse. On dirait du Marvy ou du Charles Jacque. Voici maintenant la *Barque du Dante*. Cette composition a été le début d'Eugène Delacroix. C'est avec cela sous le bras qu'il frappait à la porte du salon de 1822. Nous ignorons comment l'aréopage de ce temps put pardonner tout ce qu'il y avait d'osé, d'étrange dans une pareille peinture ; peut-être aujourd'hui l'eût-on refusée. Quoi qu'il en soit, le *Dante* fut admis et il est resté l'un des chefs-d'œuvre du maître. Dessin fier et accentué, modelé souple et puissant, peinture grasse, ferme et solide, toutes les qualités matérielles qui caractérisent l'exécution de Delacroix apparaissent déjà victorieuses. Celle qui prime toutes les autres et qui fait du peintre un maître égal aux plus illustres, la passion, la terreur, le drame, s'y trouve empreinte au plus haut degré.

Eh bien, cette qualité si difficile à reproduire par la gravure, M. d'Henriet l'a rendue tout entière dans la sienne. Quoi de plus désolé que la blafarde figure qui flotte sur le devant dans les flots du lac maudit ! Quoi de plus terrible que le damné qui enfonce ses dents dans la barque ! Quoi de plus navrant que ces malheureux qui se tordent dans les convulsions d'une éternelle agonie, et comme leurs crispations, leurs pendiculations, leurs attitudes violentes et tourmentées contrastent avec la sérénité de Virgile ! Le graveur a su tirer un excellent parti des vigoureuses oppositions de la lumière et de l'ombre. La teinte fauve de sa planche en augmente encore l'effet, et nous ne sommes pas surpris qu'Eugène Delacroix ait témoigné une vive satisfaction à son habile traducteur en exprimant le vœu de lui voir reproduire ses principaux ouvrages. Nous savons que M. Louis d'Henriet vient d'entreprendre une grande eau-forte d'après le *Radeau de la Méduse*, de Géricault. C'est une tentative hardie, mais tout nous porte à croire qu'elle réussira. L'avenir est aux courageux.

Jules LADIMIR.

(La suite au prochain numéro.)

Le rédacteur en chef : LOUIS LAVEDAN.

Paris. — Imp. Walder, rue Bonaparte, 44.

CHRONIQUE DES BEAUX-ARTS.

Le musée Campana. Cinq millions ! — Clôture prochaine de l'Exposition des Champs-Élysées. — Discours imaginaire. — Nouveaux tableaux de l'Exposition du boulevard des Italiens. — Le *Courrier Artistique*. — Le *Dimanche du Parisien*, par MM. Alfred Delvau, Émile Thérond et Régnier. — Exposition d'Anvers.

La grande affaire artistique du moment est l'acquisition du musée Campana par le gouvernement français. Cette précieuse collection se compose de sculptures, de terres cuites, de bronzes, de bijoux, de vases, de camées, de médailles, de fresques et de verreries. Les sculptures, grecques et romaines, sont en petit nombre, relativement; les bronzes, grecs, romains et étrusques, comprennent une série de statues, de bustes, d'urnes, de vases, de candélabres, d'armes, d'ustensiles profanes et sacrés, et de casques d'or et d'argent; les bijoux, en petit nombre aussi, se composent de colliers, de bracelets, de bagues, de boucles d'oreille, de pierres précieuses, — ornements de femmes, de pontifes ou de guerriers; les vases, étrusques et grecs, se composent de — vases, mais de vases rares et d'une forme charmante; les camées, au nombre de deux cents, et la plupart étrusques, offrent des échantillons curieux d'un art aujourd'hui tombé dans l'industrie; les médailles, au nombre de quatre cents, en or et en argent, sont en quelque sorte une histoire romaine, depuis les premiers temps de la République jusqu'à la fin de l'Empire d'Occident, — c'est-à-dire depuis Servius Tullius jusqu'à Augustule; les fresques, représentant des sujets païens pour la plupart, se composent de fragments détachés des murs; les verreries, enfin, se composent de verres affectés à différents usages, — le *simpulum* dont on se servait dans les sacrifices, le *guttum* à col long et étroit, le *capis* à deux anses, la *patera* dans laquelle on offrait le vin aux Dieux, etc., etc., etc.

Cette collection, si riche comme matière et comme travail artistique, méritait bien d'être acquise par un gouvernement ami des arts : elle complétera fort heureusement le musée de Cluny. L'Angleterre et la Russie nous l'ont d'abord disputée, puis elles se sont retirées, un peu refroidies dans leur enthousiasme par le prix qu'on en demandait, 4,800,000 francs. Près de cinq millions ! C'est un peu cher, en effet, pour des *bibelots :* mais la France est assez riche pour payer sa gloire, — et le musée de Campana lui fera grand honneur.

L'exposition des Champs-Elysées sera définitivement close le dimanche 30 juin, à six heures du soir, c'est-à-dire que nous n'avons plus qu'une semaine d'admiration ou de dénigrement à dépenser : ce temps passé, les toiles et les statues reviendront à leur domicile, ou s'en iront à celui des amateurs qui en auront fait l'acquisition, en dehors de la commission de la loterie. La distribution des récompenses aura lieu le mercredi 3 juillet, à une heure, dans le grand salon central. Les artistes exposants seront admis à cette solennité sur la présentation de leur carte. Que d'heureux et de malheureux ! Que de vainqueurs et de vaincus cela va faire ! Je plains les uns et j'envie le sort des autres : c'est si triste d'être traité en *cancre !* c'est si agréable d'être lauréat !

« Jeunes élèves,

« La noble carrière des arts n'est pas précisément jonchée de roses, et ceux qui s'imaginent devenir millionnaires en cultivant le paysage à l'huile se trompent grossièrement. On s'enrichit en démolissant des maisons ou en en construisant, mais jamais, au grand jamais on n'amasse de rentes en dessinant des arbres verts sur un ciel bleu. Si vos moyens, jeunes élèves, ne vous permettent pas d'occuper vos loisirs par la culture de la ligne et de la couleur, je vous engage à vous faire agents de change ou expéditionnaires. Nous allons distribuer quelques couronnes et quelques médailles à quelques-uns d'entre vous, pour encourager ceux qui n'en obtiendront pas, à quitter une voie aussi douloureuse que celle des arts, etc., etc., etc. »

Si l'exposition des Champs-Elysées va fermer, celle du boulevard des Italiens continue à être ouverte. Outre les œuvres qu'on a pu y voir depuis un assez longtemps déjà, on y voit encore depuis quelques jours treize tableaux faisant partie de la galerie de madame Benoît Fould : *Un soleil couchant*, de Ziem; le *Retour des champs*, de Léopold Robert; une *Danse de paysans*, d'Aligny; les *Deux Pigeons*, de Benouville; les *Laveuses*, de Decamps; *Judith et Holopherne*, et les *Girondins*, de Paul Delaroche; *Othello et Desdémone*, de Cabanel; la *Ferme*, de Marilhat; la *Prière turque* et les *Musiciens russes*, de Gérôme; le *Nouvel an en Flandre*, de Henri Leys; et l'*Ovide chez les Scythes*, d'Eugène Delacroix. Je trouve cette intéressante nouvelle dans le *Courrier Artistique*, un nouveau journal bi-mensuel, créé par l'administration de l'Exposition du boulevard des Italiens. L'idée est heureuse, le journal bien fait, — et bien imprimé surtout; bonne chance à notre confrère!

Pendant que je suis en veine de politesse avec mes confrères, je vais annoncer une autre publication d'une autre nature, dont l'idée est au moins aussi heureuse que celle du *Courrier Artistique*, et dont les résultats seront certainement très-fécond pour ceux qui l'entreprennent. Je veux parler du DI-MANCHE DU PARISIEN, *guide attrayant et bien informé, indispensable aux promeneurs du dimanche dans les environs de Paris*. Ce sera une série de très-beaux volumes in-32, avec cartes et illustrations, contenant chacun, en outre des renseignements les plus minutieux, intéressants à connaître, une histoire des localités à visiter, mœurs, légendes, industrie, etc.; le texte en a été confié à M. Alfred Delvau, mon cher collaborateur de la *Revue des Beaux-Arts*; quant aux dessins qui illustreront ces petits volumes, ils seront signés de M. Emile Thérond, l'artiste consciencieux que connaissent si bien les lecteurs du *Magasin Pittoresque* et du *Monde Illustré*, et gravés par M. Régnier, à qui l'on doit quelques-unes des plus belles pages de l'*Histoire des Peintres*, et qui, cette année, à exposé au Salon deux choses très-remarquées, *la Rentrée des foins*, d'après Paul Huet, et le *Panorama de la ville de Rome*, d'après Emile Thérond. Le premier volume du DIMANCHE DU PARISIEN, contenant *Sceaux, Aulnay, Chatenay, Fontenay aux-Roses, le Plessis-Piquet, Chatillon, Bourg-la-Reine*, et la *Croix de Berny*, va être mis en vente dans tous les bureaux de voitures publiques, et au dépôt principal, rue Duguay-Trouin, n° 17 : les autres volumes suivront de près.

Bonne chance aussi au DIMANCHE DU PARISIEN !

Je ne veux pas terminer cette courte chronique sans inviter ceux de mes lecteurs qui aiment les voyages et qui ont le moyen de les aimer, à se rendre pour le mois d'août à Anvers, la ville illustrée par le flamboyant Rubens. Une exposition s'y prépare, qui ne peut manquer d'être intéressante, — aussi intéressante pour le moins que celle des Champs-Elysées. M. Francia y a envoyé une *Vue du lac de Garde;* M. Ghesquière, une *Scène d'intérieur;* M. Félix Devigne, une *Vérification de mesures de capacité au quinzième siècle*; M. Henri Leys, *Erasme soutenant une thèse contre Adrien Boyens*; M. Jacobs, une *Vue de Venise;* M. Huymans, un *Abdel-Kader pendant les massacres de Syrie*; M. Pauwels, l'*Emigration des familles d'Anvers sous le duc d'Albe;* M. Ch. Venneman, un *Intérieur*; mademoiselle Rosa Venneman, des *Animaux;* M. Corkole, l'*Inauguration d'un bourgmestre*; et cinquante autres artistes, cinquante autres choses.

Je voudrais bien aller à Anvers, — et

j'irais même très-volontiers, si je n'étais pas forcé d'aller à Caen, où m'attend aussi une Exposition des Beaux-Arts.

Henry Lheureux.

SALON DE 1861

(*Suite.*)

M. Ferdinand Heilbuth. A envoyé cinq toiles : *Le Mont-de-Piété* et *l'Auto-da-fé*, que j'ai vus, et *le Chevalier Ulric de Hutten, Solitude* et *Souvenir d'Italie*, que je n'ai pas vus.

M. Heilbuth a voulu rompre, cette année, avec les procédés et les motifs de tableaux choisis jusque-là par lui, — et qu'il avait empruntés, si je ne me trompe, à l'école vénitienne. Je sais bien, — et je l'ai proclamé, après M^{tre} Brid'oison, — je sais bien qu'en art comme en littérature on est toujours le fils de quelqu'un ; mais ce n'est pas une raison pour chercher à ressembler à ses pères, — quelque beaux et honorables qu'ils soient. Bonne étude, assurément, que celle des maîtres, mais il ne faut pas qu'une fréquentation trop prolongée avec leurs chefs-d'œuvre vous fasse perdre l'originalité que vous auriez pu avoir sans eux, et vous réduire ainsi à l'état de comparse, — c'est-à-dire de copiste, — quand vous auriez pu jouer votre rôle tout comme les autres, parmi les acclamés et les couronnés. M. Heilbuth, dont les trop rares tableaux me sont restés présents, ne peut nier les emprunts faits par son *Palestrina*, par exemple, aux *Noces de Cana* de Paul Véronèse : en voyant son tableau, exposé au Salon de 1857, je me suis rappelé, et Benedetto Caliari, et Vittoria Colona, et le marquis de Guast, et la reine Marie, et le Tintoret, que, par un singulier et volontaire anachronisme, l'élève d'Antonio Badille a placés au beau milieu des convives des Noces que vous savez.

Cette année, je le répète, M. Heilbuth a rompu avec ses traditions artistiques, et, Allemand né dans l'une des trois villes libres de la Confédération, il a voulu être Parisien en choisissant des types et un motif essentiellement parisiens, — qu'il a intitulés : *Le Mont-de-Piété.*

Vous connaissez — de réputation — cet antre de Trophonius établi dans l'intérêt des pauvres gens, et où les pauvres gens vont jeter leurs dernières nippes pour obtenir un dernier morceau de pain : M. Heilbuth nous en représente la salle d'attente, — salle nidoreuse, où les parfums de l'hôpital se marient si bien avec les senteurs de la caserne, malgré la propreté avec laquelle on la tient ordinairement. Des visiteurs différents d'âge, de sexe, d'allures, de position sociale, attendent leur tour, — qui tardera beaucoup à arriver, car là tout se passe lentement, méthodiquement, avec une absence complète d'enthousiasme. D'abord, accoudé sur la planche du guichet, devant le commissionnaire, — soupeseur juré de tous ces fumiers avec lesquels on a la prétention de faire de l'or, — se tient un *blousier* qui tourne le dos au spectateur. Celui-là vient engager son matelas, qui n'a pas l'air bien ventripotent, et des outils de menuisier, qui n'ont pas l'air fâché de se reposer un peu : est-ce un « gouâpeur » qui veut « rigoler » un brin, ou un ouvrier sans ouvrage qui a besoin d'argent pour attendre le jour où il sera embauché ? Je pencherais assez pour cette dernière supposition, — quoique la première soit la meilleure. A côté de lui, et pour faire contraste, se dresse effrontément une grande fille rouge, cheveux rouges, châle rouge, robe de soie mauve, manches de tulle blanc, que je rencontre quelquefois sur le trottoir de la rue des Martyrs, et qui personnifie, à elle seule, une certaine catégorie de femmes, — la troisième catégorie. Que vient-elle engager? Son cœur? il y a longtemps qu'il court les champs avec tous les « gourgauds » de son pays, à cette belle enfant! Son honnêteté? elle a suivi son cœur! Son esprit? elle n'en a jamais eu d'autre que celui de ses amants, — qui l'ont gardé pour eux! Quoi alors? quelque joyau sans doute, dernier témoignage d'une dernière liaison; justement son oreille est veuve des vingt-cinq francs d'or qui y pendaient tout à l'heure : M. le Commissionnaire, prêtez-lui dix francs dessus pour qu'elle s'achète une chemise de batiste garnie de dentelle — en faux — chez la marchande à la toilette du coin.

Sur le banc scellé dans la muraille, et qui fait le tour de la salle, sont d'autres personnes : un ouvrier en blouse, visage triste ; deux femmes du peuple en marmotte, qui estiment par avance le linge de toile qu'elles vont engager, pendant que la petite fille de l'une d'elles mord insoucieusement dans une pomme ; une jeune fille en noir, tête nue aussi comme la fille en rouge de tout à l'heure, mais plus décemment et plus pauvrement vêtue ; un Arthur de la *Reine Blanche*, chapeau sur l'oreille, mains dans les poches, regardant un petit chien pour regarder quelque chose ; puis encore un homme et une femme du peuple, avec leur enfant, s'entretenant sans doute de la dureté des temps et de la cherté des loyers.

Tous ces types sont parisiens et vrais. Ils ont bien leur physionomie propre, leur caractéristique. Vous les avez rencontrés là ou ailleurs, — car si vous n'allez pas là, il y a gros à parier que vous allez ailleurs. L'artiste ne les a ni poétisés ni chargés : il est resté dans la note juste, et, à cause de cela, son tableau a l'irréprochabilité qu'il doit avoir. Cependant — comment arranger tout cela ? — je préfère le *Palestrina* de 1857, ou, pour parler d'une chose plus actuelle, je préfère son *Auto-da-fé* de cette année.

L'Auto-da-fé n'a rien de sinistre au premier abord. Une jeune femme — très-belle, très-blonde, très-élégante — est assise au coin de son feu, dans une chambre ouatée sur toutes coutures et qui doit sentir bon, comme toutes les chambres habitées par de jolies femmes. Sur la cheminée, à lambrequin de couleur verte, — comme le reste de la tapisserie, — est un petit coffret de bois de santal ou de bois de cèdre, entr'ouvert, qui est le nid aux secrets, aux billets doux, aux sonnets amoureux, aux madrigaux galants. Elle en a tiré un paquet de lettres, lié d'une faveur de soie, qui repose sur ses genoux, et paraît contenir une collection compromettante de protestations de fidélité éternelle : les amants sont si bavards, et ils ont tant de choses à s'écrire ! Déjà, deux ou trois lettres, peut-être davantage, ont été jetées dans le feu, qui les a dévorées sans en laisser d'autre trace qu'un peu de cendre noire et de fumée blanche.

Chères lettres d'amour ! voilà le cas qu'on fait de vous, lorsque vous devenez gênantes pour l'honneur de la maîtresse qui veut devenir femme ! Elle vous avait pourtant reçues avec des tressautements insensés ; elle vous avait pourtant baisées cent fois de ses lèvres enfiévrées de passion, en vous jurant de vous conserver toujours sur son cœur, — seule place, en effet, digne de vous ; puis, un jour, comme les regards indiscrets pouvaient vous découvrir là, à vos soyeux bruissements, nichée gazouillante, — *nidi loquaces*, — on vous a déplacées pour vous emprisonner dans un coffret odorant, sur un lit de satin blanc où l'on vous regardait de temps en temps, aux heures de satiété, quand le présent faisait regretter le passé ; puis maintenant, par je ne sais quelle précaution de bégueule qui se range, on vous jette aux flammes du foyer, — c'est-à-dire à l'oubli. N'est-ce pas là l'histoire de Théodore, dans *Feu Bressier* ? « Mon ami, prends ton parapluie : Théodore monte... »

Il peut se faire que j'aie mal interprété la mélancolie qui se lit sur le beau visage de cette blonde peinte par M. Heilbuth. Je l'accuse de brûler des lettres de son amant qui pourraient être désagréables à son mari, tandis qu'au contraire ce sont ses propres lettres à elle, qu'*il* lui a renvoyées, — parce qu'*il* va se marier, — en lui demandant de lui rendre ses propres lettres, à lui, afin d'assurer son repos. Il vous a quittée, madame ? Il ne vous aimait plus ? La chose est mal aisée à croire, avec la grâce qui rayonne en vous, et qui rendrait fou d'amour le trop continent Robert d'Arbrissel ! Non, cela n'est pas possible ; ce n'est pas lui qui vous a quittée, — c'est vous qui l'avez congédié. Et pourtant, pourquoi cette tristesse qui estompe votre beau visage, si la trahison vient de vous ? Ce sont ses lettres que vous relisez, n'est-ce pas, avant de les condamner comme lui à l'irrévocable oubli ? L'amoureux roman, à peine commencé, est interrompu, — comme tous les romans intéressants. Vous vous adoriez hier; vous ne vous connaissez plus aujourd'hui : c'est la loi! *Dura lex, sed lex.* Essuyez vos beaux yeux, madame, et chantez-nous une de ces romances de M. Gozora que vous chantez si bien : « Petite fleur des champs, » ou « Si j'étais hirondelle, » ou « Oh! viens dans ma tartane, » — ou n'importe quelle autre sentimentalerie, genre dessus de pendule. Que si, cependant, vous tenez à mieux vous distraire de ce fâcheux ressouvenir de vos fugitives amours, chantez quelques couplets de M. Gustave Nadaud, le poëte à la mode : il n'est rien de tel contre les migraines et les cardialgies, contre les maux de tête et contre les peines de cœur.

Romances à part, ce petit tableau de M. Heilbuth est très-harmonieux. Rien ne jure, rien ne crie dans ce coquet appartement dont l'atmosphère doit griser. Les tentures, les accessoires, les étoffes, sont traités avec goût, et la femme — l'unique personnage de ce drame intime — est dessinée et peinte avec un soin exquis. Ce n'est pas pour rien que, l'ayant faite blonde, il lui a donné une robe de chambre de soie gris-perle brodée de satin noir : on ne porte jamais complétement le deuil de l'amour, — tout au plus le demi-deuil.

M. Gustave-Rodolphe BOULANGER. A exposé : l'*Atrium du prince Napoléon, Hercule aux pieds d'Omphale*, et un *Arabe*.

Hercule aux pieds d'Omphale est un prétexte à académies, — une académie de femme et une académie d'homme, une belle fille de Navarin-Street et un rival d'Arpin-le-Terrible-Savoyard. Le vainqueur de l'hydre de Lerne et du lion de Némée, du sanglier d'Erimanthe et des oiseaux du lac de Stymphale, du taureau de Crète et du fleuve Achéloüs, du géant Antée et du dragon des Hespérides, le nettoyeur des Ecuries d'Augias, l'enchanteur de Cerbère, le délivreur de Prométhée, le tueur de monstres, le pourfendeur de montagnes, a été subjugué, vaincu, enchanté lui-même par une petite reine de Lydie, une enfant, une ombre vaine, qui se moque de lui, la Force, elle,

la Faiblesse, et lui fait filer sa quenouille! Cette fable antique est humiliante pour Hercule et pour nous, — plus encore pour nous que pour Hercule, car enfin ce fils de Jupiter et d'Alcmène est mort avec le Paganisme, et nous, qui vivons toujours, nous portons la peine de son indigne lâcheté : il est convenu, depuis ce héros trop amoureux, que la femme, créature grêle, faible, sans muscles et sans os, faite de crème fouettée, — pas assez fouettée, hélas! — doit être la dominatrice capricieuse, la dompteuse extravagante de l'homme, créature énergique, intelligente et presque divine. Hercule! Hercule! ce n'est pas toi qu'Omphale a rendu ridicule, c'est nous tous, tes descendants, qui laissons nos femmes et nos maîtresses porter nos culottes et nous faire porter leurs jupes. Si encore elles ne nous faisaient porter que cela! Mais non, tout, tout, tout! Ah! comme Lauzun fit bien en battant mademoiselle de Montpensier, la « grande Mademoiselle, » — cette royale aventurière! En la battant, il vengea ainsi trente ou quarante générations de galants hommes qui, comme Hercule par Omphale, s'étaient laissé battre par leurs adorées. Mais, depuis Lauzun, qui nous a vengés? Je n'ose l'écrire : ceux qui nous ont vengés et nous vengent tous les jours des brutalités de nos grandes et petites Mademoiselles, ce sont les Lauzuns de barrière, — les jolis petits messieurs en casquette, en cheveux roulés, en blouse blanche et en souliers vernis. Eh bien! après tout, les femmes font bien, et les Lauzuns — de barrière ou de salon — sont des drôles : notre rôle de forts est d'être mâtés par les faibles, notre devoir d'amants est d'être humiliés par nos maîtresses, — et, pour ma part, en songeant à certaines félicités, monnaie du paradis, je m'écrie comme la femme de Sganarelle : « Je veux être battu, moi!... »

Il y a de bonnes qualités dans ce tableau de M. Boulanger, et l'on voit qu'il connaît son anatomie. Mais l'aspect général en est un peu criard, et certaines couleurs détonnent trop à côté de certaines autres. Je regrette aussi qu'il ait jugé à propos de coiffer Omphale de la tête et de la peau du lion de Némée, parce que ses cheveux d'or dénoués, se mêlant aux crins roux du monstre tué par Hercule, lui font une chevelure de Bérénice du plus disgracieux effet : elle a une crinière, cette reine de Lydie.

J'aime mieux l'*Atrium du prince Napoléon* pendant une répétition du *Joueur de flûte* et de *la Femme de Diomède*. Peu de personnes ont été admises à visiter la maison antique de l'avenue Montaigne,— copiée sur celle d'Arius Diomède, le poëte tragique. Je n'ai pas eu cet honneur, moi profane, mais déjà, grâce à la belle et, paraît-il, très-exacte eau-forte de Léopold Flameng, — publiée dans cet intéressant livre, malheureusement interrompu, qu'on appelait de son vivant *Paris qui s'en va et Paris qui vient*, — j'ai pu m'introduire par la pensée dans l'atrium que M. Boulanger a choisi pour cadre à son sujet. Seulement, M. Boulanger s'est placé dans un autre sens que Léopold Flameng, pour dessiner cet intérieur antique. Au lieu d'avoir en face de moi, comme dans la livraison de *Paris qui vient*, la statue de l'empereur Napoléon Ier, — beaucoup plus le génie du lieu, *genius loci*, que la déesse Panthée peinte sur la muraille, — je l'ai de profil, à ma gauche. Quant au bassin placé au-dessous de l'impluvium, entre quatre colonnes d'ordre ionique, cannelées jusqu'à moitié fût, à chapiteaux polychrômes, à base peinte en rouge, M. Boulanger a jugé convenable de le condamner à porter un parquet, pour la répétition du *Joueur de flûte*. Le reste est exact, ou à peu près : je m'en rapporte volontiers à ceux qui ont vu.

Comme je n'ai pas l'honneur de connaître mes contemporains, — pas plus que je n'ai l'honneur d'être connu d'eux, — je m'abstiendrai de mettre des noms propres sur les figures modernes, drapées à l'antique, qui peuplent l'atrium du prince Napoléon, au moment choisi par M. Boulanger. Il y a là des messieurs et des dames, des acteurs de la Comédie-Française et des comédiennes du monde,— les uns vêtus de la tunique laticlave, de laine blanche, sous laquelle se devine l'*interula*, — les autres, vêtues de la stole ornée de bandes d'étoffes de pourpre

ou d'or, sous laquelle se devinent des formes charmantes. N'est-ce pas M. Emile Augier qui est au milieu du tableau, assis? N'est-ce pas M. Got qui est couché sur le lit, à droite? N'est-ce pas MM. Samson et Régnier, qui sont debout, à gauche? N'est-ce pas mademoiselle Favart qui s'avance, au fond? Je ne sais,— et d'ailleurs cela importe assez peu, me semble-t-il.

Madame Marie-Henriette BERTAUT. N'a envoyé qu'un tableau, *Jésus montré au peuple et insulté*.

Je n'ai pas, d'ordinaire, de bien vives sympathies pour la femme peintre, — non plus que pour la femme-auteur, que Perse appelle impertinemment *poetria pica*. Le rôle des femmes a été tracé par M. Ponsard dans sa *Lucrèce*; il consiste à être

« La plus industrieuse à filer la toison, »

la plus habile à raccommoder les vêtements de la famille, à préparer les mets économiques et substantiels destinés au mari et aux bambins. Je parle du rôle des femmes mariées et mères. Quant à celui des jeunes filles et des jeunes femmes non en possession d'enfants, il consiste à être coquettes d'abord, puis encore coquettes, puis toujours coquettes, pour être adorées des hommes, — la coquetterie étant la seule chose qu'on leur ait apprise depuis la première heure de la création, avec la manière de bien porter la feuille de figuier qu'elles ont reçue de leur première aïeule. « Tout ce qu'on leur répète dix-huit à dix-neuf ans de suite, dit Diderot, se réduit à ceci : « Ma fille, prenez garde à votre feuille de figuier; votre « feuille de figuier va bien, votre feuille de « figuier va mal. »

Parce que Sapho a presque inventé l'ode, et que Dibutade a presque inventé le dessin, il ne s'ensuit pas que les femmes doivent jouer de la lyre ou du pinceau : elles doivent se borner, au contraire, à jouer de la prunelle ou de la quenouille. Amoureuse ou ravaudeuse de culottes, Célimène ou Lucrèce, il n'y a pas à sortir de là ; lorsqu'une femme en sort pour faire des livres ou des tableaux, elle sort de son sexe pour entrer dans le nôtre, — ce qui est contraire aux ois de la saine morale et de l'aimable poésie. Puisque vous devenez garçons au lieu de rester filles, vous vous exposez, belles dames, à ce qu'on vous traite en vilains messieurs, et qu'on vous dise brutalement : « Allez donc à l'école, s'il vous plaît, car vous ne savez ni écrire ni dessiner. »

Heureusement que les honorables exceptions que nous offrent nos contemporaines sont là pour arrêter le débordement de colère qui gronde dans mon écritoire. J'oublie volontiers en ce moment les pimbêches sans orthographe et sans couleur qui signent des gazettes ou des toiles, — Mesdames Z. X. V. N. Q. P. R. S. T. B. A. D. C. E. G. F. K. I. H. J. M. L. et Y., — pour ne me souvenir que de madame Sand et de mesdames Henriette Brown et Rosa Bonheur, la gloire de notre sexe. Après ces trois-là, il ne faut pas tirer l'échelle ; il faut la laisser appliquée sur le mur de la célébrité afin qu'y puissent monter les femmes de talent qui, au milieu de notre époque vouée aux instincts cupides, ne craignent pas de « cultiver les muses, » — ces chastes rivales de l'impudique Veau d'or. Pour ne parler que de la peinture, j'ai déjà nommé madame Mathilde Ducket ; j'ajouterai à ce nom ceux de mesdames Isbert, Moisson-Desroches, Keller, de Cool, Monvoisin, Alain, Girbaud, Pavid, Dautel, Bertaut, etc., etc. — Que celles que j'oublie dans cette énumération rapide, me le pardonnent : je n'y mets pas d'intention perfide.

Pour en revenir à madame Marie-Henriette Bertaut, son *Jésus montré au peuple et insulté,* — quoique rappelant par-ci par-là le *Charles Ier* de Delaroche, — a d'excellentes qualités comme composition, comme dessin et comme couleur. Peut-être que cela manque un peu de virilité et d'accentuation ; mais si les comparses du tableau y perdent, la figure du premier rôle y gagne, — et ce premier rôle est Christ, la mansuétude faite homme. Il ne me déplaît pas de voir cette tête pâle un peu allanguie et efféminée : les gens de cœur sont des gens tendres — et la tendresse est femme.

M. Henry **Sieurac**. N'a envoyé qu'un tableau, le *Triomphe de Fabius,* mais il est assez important en soi pour en valoir quatre : la qualité vaudra toujours mieux que la quantité.

Je n'aime guère les Grecs et les Romains ; je ne peux les voir en peinture, — ni en tragédie. Ces gens et ces costumes d'un âge disparu me choquent comme un contre-sens, et il me semble qu'il y a dans la vie moderne, pour les poëtes et pour les artistes, assez de sujets passionnants, sans qu'il soit encore besoin d'en emprunter à l'antiquité. Le costume change, mais l'homme ne change pas, et ce qu'il était au temps du vertueux Idoménée, roi de Crète, ou du féroce Vitellius, empereur de Rome, il l'est encore aujourd'hui et le sera encore demain. Balzac est aussi intéressant que Pétrone. Le *Lendemain de Fête de village,* de M. Knauss, est plus éloquent que le *Serment des Horaces,* de David.

Cela dit en passant, je reviens à mes bouteilles, — c'est-à-dire au tableau de M. Henry Sieurac.

« Fabius Gurgès, s'étant fait battre par les Samnites, allait être destitué du consulat, lorsque son père, Fabius Maximus, qui avait été cinq fois consul et deux fois dictateur, s'offrit de servir sous ses ordres en qualité de lieutenant. Les Samnites furent taillés en pièces, et leur chef, Pontius Herennius qui, trente ans auparavant, avait fait passer les Romains sous les Fourches Caudines, est fait prisonnier. Fabius assiste à cheval au triomphe de son fils, le corps peint de vermillon, précédé des captifs et des dépouilles des vaincus que raillent les insulteurs costumés en faunes. »

Ainsi parle le livret, ainsi parle le tableau de M. Sieurac. Je suppose que ce Fabius Gurgès, ou le Prodigue, — *gurges patrimonii,* — est le fils de ce Quintus Fabius Maximus Verrucosus, surnommé *Cunctator,* qui temporisa si habilement lors de l'invasion d'Annibal en Italie, et qui, cinq fois consul et deux fois dictateur, mourut pauvre de patrimoine mais riche de gloire. Je n'ai pas d'histoire romaine à ma disposition, et mes souvenirs de collége courent les champs ; ma supposition, d'ailleurs, si elle est erronée, n'a rien de désagréable pour les deux héros du tableau de M. Sieurac. Va donc pour Fabius Cunctator ! Il a l'air heureux du triomphe de son fils, — qui est son propre triomphe, — et il promène un calme regard sur cette foule qui se presse pour applaudir l'*imperator*, qu'elle eût si volontiers sifflé, sans son efficace collaboration d'habile général d'armée. Quant à l'*imperator*, quant à Fabius Gurgès, habillé de la trabée, le corps peint de vermillon, la tête ceinte de lauriers, il se laisse conduire en grande pompe au Capitole, sur un char magnifique attelé de quatre chevaux blancs, devant lesquels marchent, habillé de blanc, le sénat, et, chargés de chaînes d'or et d'argent, les captifs que son père l'a aidé à faire, pendant que les soldats, couronnés de lauriers comme leur chef, crient leur cri de joie habituel : *Io triumphe!* Lorsqu'on sera arrivé au Capitole, on sacrifiera deux bœufs blancs, on ceindra de lauriers la tête de Jupiter, on festinera, — et tout sera dit jusqu'au prochain revers.

L'ensemble du tableau de M. Sieurac est un peu froid, malgré le soleil qui l'éclaire. C'est un défaut grave dont l'artiste ne doit pas être responsable, mais, seulement le sujet qu'il a choisi : il n'y a pas là de drame, — dans l'acception latine du mot.

Cependant, il serait injuste de ne pas reconnaître à cette œuvre des qualités sérieuses de dessin et de couleur, — de couleur surtout. M. Henry Sieurac qui, comme M. Heilbuth, a vécu dans la familiarité des maîtres vénitiens, a voulu prouver qu'il avait aussi fréquenté d'autres maîtres, et il a fait son incursion d'aujourd'hui dans le domaine classique, — comme M. Heilbuth a fait son incursion dans le domaine réaliste. Celui-ci a eu raison, à mon sens; mais M. Sieurac a eu tort.

Je lui donne cette opinion, non comme bonne, mais comme mienne.

M. Charles-Louis MULLER. A envoyé trois tableaux : *Madame Mère, Léda*, et le *portrait de M. F. H...*

M. Muller aime à retracer les scènes dramatiques, et il y excelle. On se souvient de l'*Appel des dernières victimes de la Terreur*, et de *Vive l'Empereur!* (30 mars 1814). Aujourd'hui, pour avoir peint une scène moins sinistre, il n'a pas produit un effet moins poignant, en nous montrant la mère de Napoléon, madame Létitia, dans son exil à Rome, en 1822, après la mort de son trop glorieux fils.

Depuis Marie, fille d'Héli, le rôle des mères des grands hommes a été un rôle douloureux, et la gloire qu'elles ont recueillie par leurs fils n'a jamais été qu'une insuffisante compensation des angoisses subies à propos d'eux. Rien n'est plus lamentable que cette histoire de Marie, mère du Christ, et que celle de madame Létitia Bonaparte, mère de Napoléon, — pour ne prendre que deux exemples qui sont dans la mémoire universelle. L'une, forcée de fuir, de Bethléem en Égypte, à travers toutes les fatigues et tous les périls, pour soustraire son enfant à la mort qui le menace ; puis, plus tard, quand il est homme, forcée d'assister à son agonie, de monter à son Calvaire, de recueillir ses dernières sueurs de sang et son dernier soupir, — sans avoir rien compris, peut-être, à la divine mission de ce divin supplicié, qui l'a repoussée, qui lui a dit : « Femme, qu'y a-t-il de commun entre vous et moi ? » L'autre, forcée aussi de fuir, de Corse en France, de France ailleurs, assistant de loin aux épreuves et aux triomphes de Napoléon, — et ne pouvant, comme la mère du Christ, assister à l'agonie de ce fils qui lui a coûté si cher.

Ah ! les malheureuses femmes, dont les entrailles ont conçu et porté ces glorieux fruits! Comme elles ont dû, l'une et l'autre, à de certaines heures de leur vie, dans la solitude de leur cœur, regretter, avec une légitime amertume, de n'avoir pas été d'obscures paysanes, mères d'obscurs paysans! Comme elles ont dû maudire ces enfants terribles qui ne leur ont pas fait partager leur triomphe et qui leur ont fait partager leur martyre; — car Marie et Létitia ont été crucifiées, elles aussi; car toutes deux ont eu le cœur percé des sept glaives, et nul n'a enregistré, pour les signaler à l'admiration et à la pitié des foules humaines, leurs déchirements et leurs angoisses suprêmes. Mères de héros, mères de prophètes, mères d'hommes de génie, vous êtes des saintes ! L'athée peut nier Dieu : vous nier, vous, jamais !

Cet intérieur de madame Létitia, dans lequel nous introduit M. Muller, a quelque chose de solennel et de triste comme une cellule de couvent. Les murs sont nus, ou à peu près. Madame Letitia, vêtue de deuil, assise à quelques pas de deux vieilles dames qui tricotent, contemple l'image de son Christ, — le portrait en pied du prisonnier de Sainte-Hélène, que la mort a délivré il y a un an, le 5 mai 1821. Personne ne parle, — et ce silence dit tous les regrets, tous les souvenirs dont cette chambre est pleine. Le fils est mort avant la mère, — contrairement aux lois de la nature et de la logique, — et, de cette façon, la mère mourra deux fois, de la mort de son fils et de la sienne propre. Qu'a-t-elle donc fait au ciel pour survivre à ce naufrage ?

M. Jean DESBROSSES. N'a envoyé qu'un tableau, les *Porteuses d'herbes, effet du matin.*

Ou je me trompe fort, ou M. Jean Desbrosses doit être jeune. A cause de cela, — que j'ai lu dans sa peinture, — j'ai voulu m'intéresser à elle, et me suis obstiné à chercher dans ses *Porteuses d'herbes* ce qui n'y est pas encore. Trois femmes, trois pauvresses du village voisin, viennent de faire de l'herbe pour la vendre aux propriétaires d'animaux. Leurs épaules ploient sous le faix, et toutes trois marchent courbées, se hâtant pour recevoir leur salaire, — et aussi pour n'être pas surprises par les gardes, qui pourraient trouver leurs paquets trop gros. Un jeune garçonnet, de douze à treize ans, les accompagne, — pour les protéger contre les mauvaises rencontres en traversant la forêt : on a vu des gueux qui assassinaient pour voler de plus pauvres que ces pauvresses, et pour violer de plus laides que ces laiderons.

Le dessin de ce tableau est loin d'être irréprochable ; il abuse même de la permission qu'ont les choses peintes d'être mal dessinées. Mais le sentiment dans lequel il est conçu et exécuté excuse ces négligences

et fait pardonner ces incorrections. M. Jean Desbrosses a l'air de chercher sa voie : il n'est pas impossible qu'il la trouve. Ses tâtonnements sont l'indice d'une bonne volonté que l'on doit encourager. Il s'est inspiré cette fois de François Millet : une autre fois, j'espère qu'il s'inspirera de lui-même.

M. Louis-Remi-Eugène DESJOBERT. A envoyé six tableaux : *Sous les pommiers,* les *Paysagistes, Intérieur de bois, Environs de Granville,* une *Prairie au bord de la Marne,* et une *Etude de forêt en automne.*

M. Desjobert a fait du paysage classique, puis il s'est mis à faire du paysage réaliste, — le meilleur, surtout quand on l'interprète comme lui. On vit, on respire, on se promène dans ses tableaux qui, presque tous, ont quelque chose de déjà vu. Ah ! les plantureuses prairies ! Ah ! les claires fontaines ! Ah ! les verdoyantes forêts !

Des six toiles envoyées par M. Desjobert, je n'ai encore pu bien voir que *Sous les pommiers,* que vient d'acheter la commission de la loterie. Sur le premier plan, poules et canards cherchent leur vie çà et là, — grain de mil ou grain d'autre chose, — pendant que, un peu plus loin, au pied d'un gigantesque pommier, deux jeunes villageoises devisent à l'abri du soleil et des regards maternels. D'autres pommiers, moins géants, tiennent compagnie à celui-ci, et forment, à gauche, une voûte de verdure qui doit conduire à quelque ferme. A quelques pas, derrière les pommiers, l'eau de je ne sais quelle rivière vient baigner le gazon. A l'horizon, des plaines. A droite, un rideau d'arbres qui va se perdre dans le lointain. Voilà tout, mais c'est assez pour vous inspirer le désir d'aller passer vos vacances dans cet Eden normand. Ah ! cher village d'Etrepagny, tas de maisonnettes cachées sous le feuillage, où j'ai déniché mes premiers merles et croqué mes premières pommes, — tu viens de me repasser devant les yeux et de me faire tressauter le cœur. Où sont maintenant mes compagnons et mes compagnonnes d'autrefois, — petits gars et gentes garces qui promettaient de devenir, comme moi, de méchants garnements, et qui ne sont rien devenus du tout? Où sont-ils? Où sont-elles? Jean-le-Rouge, tu es maraîcher aujourd'hui, à ce qu'on m'a dit. Louise-la-Blonde, — petite femme dont j'étais le petit mari — tu t'es mariée sérieusement, à ce que j'ai appris, avec un grand mari qui me mettrait probablement à la porte aujourd'hui, si je m'avisais d'aller te réclamer un seul des baisers que nous nous donnions si volontiers jadis, sur les bottes de foin, dans le grenier de la mère Piaud, ou dans l'herbe du clos au père Lequeux. Et toi, Jeannette? Et toi, Nicolas? vous êtes des hommes et des femmes, aujourd'hui, — gamins et gamines d'hier. Comme on vieillit vite, une fois qu'on n'est plus jeune!

« J'ai mené la joyeuse vie,
Enfants, qu'aujourd'hui vous menez;
Sous les pommiers de Normandie,
Rosiers de neige couronnés;
Sur le seuil flamand où festonnent,
Vignes du Nord, les gais houblons,
Et sous les treilles qui bourgeonnent
Comme tous nous bourgeonnerons.

Or, partout, j'ai vu que les verres,
Pour larges qu'ils soient, ont un fond;
Que le sourire des chimères
Voile un ricanement profond;
Que la plus belle des Lisettes
Finit par tourner en Gothon,
Qu'on se dégrise des grisettes,
Comme on se blase du flacon. »

Je remercie M. Desjobert des bons parfums de souvenirs que son tableau m'a envoyés au nez et à l'esprit. Des paysages qui ont cette éloquence ne sont pas des paysages vulgaires. Ce que j'ai éprouvé devant *sous les Pommiers*, d'autres l'ont éprouvé et l'éprouveront aussi sans doute.

M. Charles Busson. A exposé trois paysages : *Après les pluies d'automne, Souvenir des Landes*, et l'*Été de la Saint-Martin.*

Le premier de ces trois paysages est celui que j'aime le mieux. C'est un coin de ce doux pays du Vendômois, chanté par Ronsard amoureux de Marie, « la belle Angevine. » Çà et là quelques flaques d'eau laissées par les dernières pluies d'automne, dans lesquelles viennent se désaltérer les geais et les corneilles. A droite de l'une de ces flaques d'eau, — qui ressemblent si bien

à des plaques d'acier bruni, — deux ou trois de ces oiseaux au noir plumage trottinent sur l'herbe reverdie, hochant de la queue et du bec. Quel beau coup de fusil pour un chasseur qui voudrait faire une bonne soupe! Plus loin, un commencement de bois, dans les détours duquel l'œil se perd avec plaisir. Plus loin encore, au bout de la prairie, un pont de pierre dont les arches semblent émerger du milieu des hautes herbes. Enfin, à l'horizon, des collines à croupes arrondies, égayées par endroits de petits bouquets de verdure, — ce que M. Sainte-Beuve appellerait des « coteaux modérés. » Mes compliments bien sincères à M. Charles Busson.

M. Christophe Cathelinaux. N'a envoyé qu'un tableau : *Ravau et Ravaude.*

Ravau et Ravaude sont deux aimables bassets à jambes torses, noirs avec des taches de feu, qui font leur sieste dans le chenil conjugal, — car je les suppose mari et femme, ou, ce qui est la même chose, pour la race canine, frère et sœur. Ravau, campé sur son train de derrière, a l'air grognon et ennuyé qui convient à un mari qui a quelques soupçons — trop justifiés — sur la fidélité de sa moitié. Ravaude, au contraire, voluptueusement étendue sur la paille qui leur sert de lit, allonge son museau d'un air satisfait, qui prouve son absence complète de sens moral, et ne songe aucunement aux pointes de jalousie qui torturent le cerveau de son bien-aimé. Ravau tire la langue au public, — une langue rose, comme les chiens et les enfants savent seuls en avoir. Ravaude tire la langue à Ravau, — joignant ainsi l'ironie à la perfidie, le mépris à la honte, la faute au crime : Ravaude est tout simplement une cynique.

Ce petit tableau est spirituellement peint, et, n'en déplaise à M. Jadin, je préfère *Ravau et Ravaude* à *Jupiter* et à *Rigolboche.* M. Cathelinaux est peut-être moins savant et moins habile que le peintre des chenils officiels, mais il est plus pittoresque et plus poétique, — si j'ose m'exprimer ainsi à propos de bassets à jambes torses.

Alfred Delvau.

(La suite au prochain numéro.)

LES ARTS CHALCOGRAPHIQUES A L'EXPOSITION.

4ᵉ ARTICLE.

M. Charles-André Malardot, de Metz, nous montre sous le nº 3805 une eau forte qu'il appelle *la Clairière*. C'est une œuvre remarquable et qui décèle un homme livré à l'étude de la nature, feuilletant avec amour ce livre sublime, que dédaignent les esprits étroits, mais dans lequel les âmes poétiques puisent de si hautes inspirations. Dans cette gracieuse composition l'air circule, la végétation a son caractère véritable. Au lieu d'une froide et servile reproduction d'un site quelconque, on voit le site réel et vivant ; on sent que le paysage a une âme et que cette âme est là. Que M. Malardot continue l'étude de la nature, en y joignant celle des maîtres, et il deviendra lui-même un maître ; car sa *Clairière* lui assure déjà parmi nos aqua-fortistes une place des plus distinguées. Cet artiste habile a produit une certaine sensation au Salon dernier avec son *Ravin dans les Vosges*, morceau capital, tant par les dimensions que par le fini. Il a en ce moment, à l'Exposition de Metz, une *Chasse* et une *Pêche* qu'on nous dit être des ouvrages hors ligne.

On ne saurait le dissimuler, la série des eaux-fortes offre beaucoup d'œuvres originales, d'ingénieux essais, du mouvement, de la vivacité, de la variété, de l'indépendance, de l'ardeur à la recherche du beau et du vrai. Signalons rapidement les *Chantres espagnols* de M. Legros (3793), sur lesquels M. Alfred Delvau a émis, dans le dernier numéro de la *Revue*, une opinion à laquelle nous adhérons tout à fait ; les illustrations du *Lac* de Lamartine, par M. Alexandre de Bar (3671), qui témoignent d'une brillante imagination, d'un sentiment poétique et d'une main habile, mais qui nous présentent une nature de fantaisie qu'on ne voit guère que dans les rêves ; les cinq paysages de l'ouest de la France (3861), par M. Rochebrune ; le *Coup de soleil* de Ruysdaël, admirablement enlevé par un de nos plus vigoureux paysagistes, M. Daubigny (3698) ; le *Mur de Salomon* (3840), magnifique estampe dans laquelle M. Pollet (d'après M. Masson) lutte avec le terrible Bida comme Jacob avec l'Ange, et le contraint à s'enfermer dans sa planche ; les *Animaux*, de M. Lehnert (3781-82-83), qui rappellent les meilleures eaux-fortes hollandaises du bon temps, etc.

Arrêtons-nous devant la *Gorge de Malakoff*, d'après Yvon, par M. Joseph Lallemand (3773). Voilà de la vigueur, de la puissance, de l'énergie ! Comme tous ces petits bonshommes se démènent ! comme ils vivent ! Quelle ardeur ! quel entrain belliqueux ! quelle expression dans les physionomies ! Et pour faire entrer dans un si petit espace cette grande scène avec tout son branle-bas, tous ses épisodes, toute sa fougue, combien n'a-t-il pas fallu de patience et de talent !

L'espace nous manque pour donner même une idée des procédés très-compliqués de la gravure à l'aqua-tinta. Citons seulement les ouvrages les plus remarquables en ce genre dans lequel Jazet est resté maître. L'un de ses meilleurs élèves, M. Adolphe Gautier nous offre deux belles gravures : la *Reine de Saba arrivant à la cour du roi Salomon*, d'après M. Schopin (3729), et le *Médecin de campagne*, d'après M. Grenier (3730).

Un peintre d'un talent distingué, M. Ed. Girardet, s'est vu entraîné à faire de la gravure dans des circonstances assez touchantes. C'est Paul Delaroche qui, peu de temps avant sa mort, lui confia la reproduction de son tableau des *Girondins*, gravure qui valut à l'artiste, au dernier Salon, le rappel de la médaille de deuxième classe qu'il avait déjà obtenue pour la peinture en 1847. Depuis, M. Girardet a gravé pour le même maître *Beatrix Cenci*.

Les dernières années de sa vie, Paul Delaroche les consacra à une série de compositions dans lesquelles il a représenté les principales circonstances de la mort du Christ. Lorsqu'il mourut, quatre de ces tableaux étaient terminés : *Jésus au jardin des Olives* ; l'*Ensevelissement du Christ* ; les *Saintes Femmes* ou le *Vendredi saint*, et la *Vierge mère contemplant la couronne d'épines*. Ils révèlent chez l'auteur une originalité plus fortement accentuée que dans ses autres œuvres. On sait que, marié à la fille d'Horace Vernet, jeune et belle créature douée de toutes les grâces de la femme, Paul Delaroche avait trouvé avec elle ce paradis du cœur que l'on appelle l'amour dans le mariage. Une mort inattendue et prématurée la lui enleva. Resté seul, il ne voulut pas être consolé; les années ne furent plus pour lui qu'une succession de douleurs et de tristesse, et son deuil se refléta sur ses tableaux, qui s'assombrirent depuis ce dénoûment fatal du roman de son bonheur.

M. Edouard Girardet nous donne cette année le *Vendredi saint* (3741). Réunies dans une chambre, les saintes femmes attendent le passage du cortége qui va conduire au supplice du Calvaire le divin condamné. Déjà à la fenêtre on aperçoit quelques-uns des instruments de torture que les bourreaux en marche portent à l'extrémité de longues piques. L'angoisse règne dans cette chambre étroite où le graveur a su, comme le peintre , concentrer un intérêt saisissant. M. Edouard Girardet nous révèle avec une vérité frappante le style, la science et le sentiment du maître. Il s'occupe, nous affirme-t-on, de la reproduction des trois autres tableaux de Paul Delaroche que nous avons cités plus haut. Nul plus que lui n'est digne d'entreprendre et de mener à bien une semblable tâche. L'intérêt que nous attachons au *Vendredi saint* ne doit pas nous faire oublier la *Première Consigne*, d'après M. Yvon (3742), et la *Glissade*, d'après un tableau de l'auteur, gravures bien réussies, pleines de mouvement et d'intérêt.

La lithographie, c'est le dessin que l'on est parvenu à multiplier. Là aucun travail artificiel ni mécanique ; vous y reconnaissez toujours la trace du crayon. Il s'agit à la fois d'un original et d'une copie ; l'original consiste dans le dessin sur pierre, les copies sont les épreuves. La lithographie a moins de fini que la gravure; mais, sous le rapdort de la vérité, elle ne lui est pas inférieure. Si elle a moins de netteté, en revanche, elle se rapproche plus de la nature. Le crayon n'a ni la dureté, ni la raideur du burin.

Dans cette spécialité, M. Emile Desmaisons s'est acquis une réputation justement méritée. Habileté, délicatesse de touche, fraîcheur de crayon, fini précieux d'exécution, il a toutes les qualités qui font l'excellent lithographe. Le maître qu'il a choisi pour modèle est M. Vidal, ce dessinateur si fin, si gracieux, si spirituel, dont toutes les créations restent comme des types et que les fées, si elles existaient encore, prendraient pour leur portraitiste ordinaire, M. Desmaisons multiplie, en leur conservant tout leur charme, toute leur suavité, les charmantes créations de Vidal. Les épreuves qu'il a exposées : la *Prière*, le *Repos*, *Edith*, *Hélène* (3913-14-15-16) sont de petits poëmes qui parlent divinement au cœur et à l'imagination. Dès 1848, M. Desmaisons obtenait la médaille de première classe. Depuis, il a constamment progressé, et cependant, sauf une mention honorable à l'Exposition universelle de 1855, où il avait de grands portraits en pied, d'après Vidal, tels que celui de madame Charles Laffitte et celui de la comtesse Woronzow, aucune récompense ne lui a été décernée. Cependant d'autres artistes, dont nous ne contestons pas le mérite, mais qui, enfin, ne sont pas supérieurs à M. Desmaisons, ont obtenu la croix. Rappelons que cet éminent lithographe a eu l'honneur de faire admettre au musée du Luxembourg deux grandes lithographies : l'*Ange déchu* et *une Larme de repentir*, toujours d'après Vidal.

M. Charpentier Bosio a exposé (n°ˢ 3903 à 3909) de fort belles lithographies, mais l'espace nous manque pour apprécier convenablement cet artiste, qui figure aussi dans les galeries de peinture par un fort joli tableau : le *Déjeuner* (n° 573), placé sous l'une des vastes compositions de M. Puvis de Chavannes. Nous parlerons plus longuement de lui dans notre prochain article où, tout en nous occupant de l'aqua-tinte et de la gravure sur bois, nous tâcherons de réparer d'involontaires omissions.

Jules Ladimir.

(La suite au prochain numéro.)

Le *rédacteur en chef* : Louis Lavedan.

Paris, — Imp. Walder, rue Bonaparte, 44,

SALON DE 1861

(Suite)

Madame Henriette BROWNE. A envoyé cinq tableaux : *une Femme d'Eleusis, la Visite, la Joueuse de flûte, la Consolation* et *le portrait de M. le baron de S****.

J'ai consacré une vingtaine de lignes à *la Femme d'Eleusis*. La *Visite* et la *Joueuse de flûte* nous introduisent, en compagnie de madame Browne, dans l'intérieur d'un harem, à Constantinople, en 1860. Le harem ! ce mot m'a toujours fait bondir d'émotion, et je lui dois mille et une nuits de rêves ardents et juvéniles, — faits sans la moindre collaboration d'opium ou de haschich. Le harem ! c'est-à-dire la collection inépuisable, parce que sans cesse renouvelée, de toutes les beautés de la création, — non pas les beautés avariées que nous rencontrons à Paris, mais les plus purs et les plus splendides échantillons de la femme, poussés sous toutes les latitudes, dans tous les rangs, dans tous les pays, à Pékin comme à Tiflis, au Cap comme à Chandernagor, à Dublin comme à Venise, à Rome comme à Athènes ; Géorgiennes, Négresses, Circassiennes, Mongoles, Mulâtresses, Mauresques, Napolitaines, Transtévérines, Missolonghiennes, etc., etc., etc. Être pacha, vizir, sultan, padischa, que sais-je ? pendant les vingt bonnes années que dure la jeunesse de l'homme ; vivre ainsi, loin des bruits discordants et des odeurs malsaines du dehors, dans la salle la plus mystérieuse et la plus fraîche de mon palais, assis sur des carreaux de satin, fumant le meilleur tabac du Levant dans un narguilhé au bouquin d'ambre, entouré de ces créatures choisies, toujours belles et toujours amoureuses ; et puis après m'en aller de ce monde dans l'autre avec une liste vingt fois plus et mieux remplie que celle de Don Juan ! Messaline n'était pas contente, quoique impératrice, parce qu'elle était femme, — *lassata sed non satiata ;* mais moi, je vous réponds que je serais satisfait, et que je ne demanderais pas mon reste, — étant aussi *satiatus* que *lassatus*. Ah ! mes amis, le beau rêve ! le beau rêve ! Nous l'avons tous fait, et nous nous sommes réveillés tous au même endroit désagréable, sans pouvoir nous rendormir pour de bon, — les pachaliks étant plus rares que les tuiles.

J'avais renoncé — forcément — à ces folles imaginations qui ne cadraient plus avec mes graves fonctions sociales : madam^e Henriette Browne vient de m'y replonger, depuis la tête jusqu'aux pieds avec ses belles filles — vêtues de haïks bleus comme les lis d'Iram, ou roses comme les roses de Schiraz — qui vous ont des yeux et des lèvres à la perdition de votre âme. Dans *la Visite*, il y a une douzaine de ces mystérieuses personnes qu'il n'est permis à nul profane d'entrevoir ; l'une, vêtue de gaze blanche avec un voile bleu, s'avance à la rencontre d'une visiteuse en pagne rose pour laquelle une négresse apporte un carreau de satin rayé. Une femme, en pagne bleu, se penche sur l'escalier, appuyant sa main gauche au pilastre. A gauche, adossée au mur, debout, une autre femme, en haïk marron, regarde venir la visiteuse en fumant une cigarette. Dans le fond sont d'autres belles porteuses de pagnes roses, ou bleus, ou mauves. Dans *la Joueuse de flûte*, ce sont à peu près les mêmes femmes, — en moins grand nombre ; trois d'entre elles sont assises à l'orientale, une à pagne bleu, une à pagne rose, une à pagne lie-de-vin ; une jeune fille en robe mauve, coiffée de bleu, joue avec une tortue posée sur un petit meuble ; une autre jeune fille, en robe jaune, assiste, les bras croisés, à cette récréation testudinale.

Ces deux petits tableaux sont très-agréablement dessinés, et peints plus agréablement encore. Je ne sais pas où madame Browne a été chercher ces couleurs tendres qui font ressembler ses odalisques à des fleurs, — mais ce qu'il y a de certain, c'est qu'elle les a trouvées. Les a-t-elle réellement vues, ou les a-t-elle seulement imaginées? Je l'ignore, et je n'ai pas le droit de l'interroger plus avant là-dessus, de peur d'indiscrétion ; tout ce que je peux me permettre de dire, c'est que ces belles prêtresses de l'amour ressemblent beaucoup à des pensionnaires, et que leurs chastes attitudes jurent étrangement avec le rôle auquel elles sont destinées. Le sultan à qui elles appartiennent est donc bien — indifférent?

J'ose préférer à ces deux toiles *les Sœurs de charité, les Puritaines, le Catéchisme* et *la Grand'mère.*

M. Louis-Hector ALLEMAND. N'a envoyé que deux tableaux, qui sont deux paysages : *le Sentier de Pied-Froid, à Izeron (Rhône)* et *A Charbonnière (Rhône).*

M. Allemand est un des meilleurs paysagistes de l'école de Lyon, — si riche en artistes de talent. Ses deux tableaux, — *le Sentier de Pied-Froid* principalement, — sont très-poétiquement conçus et très-remarquablement conduits. Il y a là un souffle de Jacques Ruysdaël, le grand peintre de Harlem. Mais, malgré tous leurs mérites, ces deux toiles ne me font pas oublier *le Soleil couchant* et *l'Orage au crépuscule,* envoyés à l'Exposition de 1857 par le même artiste.

M. Charles BRUN. A envoyé quatre tableaux : *le Moineau de Lesbie, le Pot-au-feu, une rue de Constantine* et *le portrait de madame B***.*

Je ne veux parler que du *Moineau de Lesbie.* L'artiste a peint un boudoir romain, celui de mademoiselle Lesbie, — la maîtresse tant adorée du poëte Caïus Valérius Catulle. Vous connaissez cet intérieur-là pour l'avoir vu cinquante fois aux expositions, et cela m'évitera la peine de le raconter. Lesbie, donc, est sur son lit, à demi-couchée, jouant avec un moineau, — qui,

depuis, est devenu célèbre, à cause des vers que lui a consacrés Catulle dans son recueil d'élégies :

FUNUS PASSERIS.

Lugete, o Veneres Cupidinesque,
Et quantum est hominum venustiorum
Passer deliciæ meæ puellæ.
Passer deliciæ meæ puellæ,
Quem plus illa oculis suis amabat...

(Pleurez, Grâces ! pleurez, Amours ! Il est mort le moineau de ma maîtresse, la charmante amusette de la charmante Lesbie, celui qu'elle aimait plus que ses yeux et plus que moi-même.)

Mais, pour l'instant, cet heureux pierrot est encore vivant, et Lesbie se distrait volontiers avec lui, pendant que Catulle, accoudé sur le lit, la contemple amoureusement. « Ah! moineau! — murmure-t-il, — moineau! mignon joujou de ma mignonne maîtresse, qui te réchauffe dans son sein et sur ses lèvres, qui te caresse de sa belle main et t'agace de son doigt mutin, — heureux moineau !

M. Charles Brun avait le droit de faire Lesbie très-belle : il n'en a pas usé. Au lieu de nous montrer cette enchanteresse dont le nom revient si souvent dans les vers du poëte latin, qui la comparait tantôt à une jeune fille naïve, tantôt à une drôlesse effrontée « se prêtant à la lubricité des promeneurs nocturnes, » — ce qui prouvait et sa beauté et l'empire qu'elle avait sur son amant, — M. Brun nous a offert une grosse fille vulgaire, appétissante pour un troupier, mais non pour un délicat comme l'était Catulle. Quant à Catulle lui-même, j'ai quelque peine à retrouver en lui le voluptueux, le dédaigneux, le raffiné, tel que nous le peint la tradition : ce n'est pas là le poëte latin, fils des poëtes grecs, — de Sapho, d'Anacréon et de Callimaque ; ce n'est pas là le père de Tibulle, d'Ovide et de Properce !

Je regrette d'avoir à dire à M. Charles Brun ces sévérités, — qui sont des vérités. J'ai vu mieux que son tableau de cette année, — par exemple son *Martyre de saint Laurent,* placé dans l'église de Villemonble.

M. Eugène FEYEN, lui aussi, a exposé un

Moineau de Lesbie, et je préfère celui-ci au précédent. D'abord il est moins grand, — ensuite Lesbie est nue, — enfin elle est seule. Ces deux dernières raisons sont excellentes — pour moi : les belles filles gagnent à être vues dans toute la splendeur de leur beauté, et on gagne à les voir sans leurs amants.

Cette petite toile a d'autres mérites encore : elle a de l'accent et dit beaucoup de choses avec fort peu de mots. Pourtant il n'y a rien là qu'une femme nue jusqu'à mi-corps, venant de sortir de sa baignoire de porphyre, dont on aperçoit un morceau au fond du tepidarium ; elle est campée au centre de la toile, sur le même plan qu'un trépied de bronze où brûlent des parfums subtils, et elle étend son bras blanc, — un peu trop long, — pour mieux permettre au moineau de becqueter sa bouche rouge comme une cerise, dont elle doit avoir la saveur. Cette Lesbie de M. Feyen, avec ses cheveux blonds éparpillés en pluie sur ses épaules, est une ravissante maîtresse, et je dirais volontiers d'elle ce que dit Pétrone de Mélissa la Tarentine, que c'est « le plus friand nid de baisers » — *pulcherrimum basioballum* — qui se puisse voir.

J'engage fortement M. Armand Barthet à faire l'acquisition de la *Lesbie* de M. Feyen.

M. Ange Tissier. A envoyé cinq toiles : une *Algérienne et son esclave*, et quatre *portraits*, et l'on vient de placer dans le Salon carré son grand tableau, à peine terminé, représentant le *Président de la République rendant la liberté à Abd-el-Kader*.

M. Ange Tissier est un bon portraitiste, et ses quatre portraits d'aujourd'hui, — portraits de femmes, de jeune fille et d'enfant, — sont très-dignes de ceux qu'il a envoyés aux précédentes expositions. Il a pour lui la grâce et l'onction, sans que ces deux qualités excluent les qualités contraires, — c'est-à-dire l'énergie et la virilité. Je n'en parlerai donc pas avec détails, — ayant, d'ailleurs, à parler de la grande toile qu'il vient d'exposer.

Nous sommes dans une des salles basses du château d'Amboise. Le prince-président vient d'arriver avec son escorte, composée du général Saint-Arnaud, ministre de la guerre ; de M. Baroche, président du conseil d'Etat ; du général Roguet, et du général de Goyon, aides-de-camp du prince ; du commandant Boissonnet, gouverneur du château, et de M. Tessôn, chirurgien. Les prisonniers, prévenus de sa visite, s'avancent à sa rencontre. C'est d'abord la mère d'Abd-el-Kader, qui, de la main droite, s'appuie sur son bâton de vieillesse, et, de la main gauche, s'empare de celle du prince pour la porter à ses lèvres en signe de reconnaissance. L'émir est derrière elle, debout, fier et digne ; sa belle tête, d'une pâleur mate, sur laquelle ressort si bien sa barbe noire, impressionne vivement quiconque la regarde ; cet homme n'est pas un homme vulgaire, et il a prouvé, lors des derniers massacres des chrétiens, qu'il méritait d'être libre. Devant lui sont deux de ses enfants, qui lui ressembleront certainement, — leur physionomie songeuse l'indique. Derrière lui sont ses compagnons : Sidi Mustapha, Ben Tamy, Sidi Kadour, Sidi Allal, Si Barka et Kara Mohammed.

Il faut regretter que ce tableau ne soit pas terminé, car, dans l'état où il est, on ne peut juger qu'imparfaitement de l'effet qu'il doit produire dans son ensemble. Il faut regretter aussi que l'artiste ait cru devoir prendre une si grande toile pour représenter la grande scène qu'il avait à peindre : à grands faits, petit cadre, — ils n'en ressortent que mieux. *Le Président de la République rendant la liberté à Abd-el-Kader* eût gagné à être réduit aux proportions d'un tableau de chevalet. Ces deux réserves faites, je m'empresse d'en louer la sage ordonnance et les heureux détails. Hormis les Arabes, serviteurs d'Abd-el-Kader, qui regardent curieusement, comme des gamins de trente ans, ce qui se passe devant eux, tous les visages ont l'expression grave qu'il convenait de leur donner. La vieille mère de l'émir, courbée déjà par l'âge, se courbe encore sous le respect et sous la reconnaissance ; et, ainsi pliée en deux, elle ressemble à une femme de la Bible. J'ai loué les deux enfants qui se tiennent devant Abd-el-Kader : je louerai également le troisième qui se réfugie, comme effrayé par les uniformes, dans les bras d'un serviteur de son père, placé sur le premier plan de droite, en face du prince-président et de sa suite qui occupent le premier plan de gauche.

M. Firmin GIRARD. A envoyé deux tableaux : *Saint Charles Borromée pendant la peste de Milan*, et *les Convalescents.*

Charles Borromée était un saint archevêque, et je comprends qu'on l'ait canonisé pour le récompenser de son dévouement à ses concitoyens : je comprends également que quelques peintres aient songé à le choisir pour sujet de leurs tableaux ; mais je comprends moins que ces artistes n'imaginent rien de nouveau dans cette composition et qu'ils ne trouvent rien de mieux qu'une femme livide couchée en travers sur le premier plan, et l'archevêque de Milan la contemplant, suivi de son état-major de sacristie. Une peste, à ce qu'il me semble, doit offrir des spectacles étranges, dramatiques au possible, — comme ceux du choléra parisien en 1832 , par exemple. M. Firmin Girard a eu, à ce propos, l'imagination aussi paresseuse — *mens tepida* dirait Ovide — que celle de ses devanciers : j'ai vu quelque part, au Luxembourg, je crois, son *Charles Borromée pendant la peste de Milan,* — signé d'un autre nom que le sien.

M. Firmin Girard a été plus heureux avec ses *Convalescents,* — qui sont un tableau très-original, devant lequel les dames passent rapidement, je ne sais pourquoi, car, enfin, ces convalescents sont des hommes, et les hommes ne doivent pas faire fuir les femmes.

Notre siècle est vraiment trop bégueule et trop hypocrite. Il pousse des cris de paon toutes les fois qu'on peint, dans un livre ou sur une toile, les choses et les gens qu'on rencontre partout, et qui ont plus de droits à la reproduction que n'importe quels gens et quelles choses. On en est encore aujourd'hui, en 1861, où l'on en était en 1496, relativement aux *Convalescents* qu'a voulu représenter M. Firmin Girard,— avec cette seule différence qu'au lieu de les pendre on les

hue. M. Hamon, le peintre des mignardises, a peint un jour le même tableau, en montrant un troupeau de petits amours éclopés, — ailes pendantes, bandeaux sur l'œil, bras en écharpe,— se dirigeant vers une bâtisse quelconque sur la porte de laquelle était écrit le mot *Hôpital* : on a crié au scandale, on a entendu autour de cette toile des exclamations sibilantes, — comme on en entend tous les matins,vers huit heures, sur la place du marché des Capucins, quand stationnent, à la porte de la même bâtisse, une vingtaine d'amours éclopés, en blouse ou en paletot, en cheveux noirs ou en cheveux blancs. Pourquoi ces pudeurs alarmées ? Pourquoi ces huées cruelles et bêtes ? Depuis quand y a-t-il honte à aller se faire guérir lorsqu'on est malade ? Depuis quand certaines maladies sont-elles plus inavouables que d'autres ? Inavouables ! J'ai grand'peur que ce ne soit l'hypocrisie, la méchanceté, l'envie et la bêtise, — les plaies honteuses de nos sociétés civilisées.

Mais ne remuons pas plus longtemps ces bourbiers du cœur humain, — de peur d'asphyxie, — et revenons purement et simplement aux *Convalescents* de M. Girard. Nous ne sommes plus à la porte, comme dans le tableau trop poétique de M. Hamon : nous sommes introduits dans le Lazaret où des pestiférés parisiens sont en quarantaine. Dans un grand préau, planté d'arbres étiques, au fond duquel on aperçoit les bâtiments de l'hospice, des malades se promènent, jouent, causent, rêvent, — habillés tous de la même livrée, qui est le bonnet de coton blanc et la capote de bure grise. A gauche, sur le premier plan, trois de ces malheureux en regardent deux autres jouer au bouchon ; l'un, grand garçon à pantalon de coutil bleu, à ceinture de laine rouge, à cravate rouge, blond , presque imberbe, est peut-être un ouvrier ; le second, à barbe noire, est sinistre, et je n'ose pas lui donner une position sociale ; le troisième, qui tourne le dos au public, a une tournure canaille qu'on connaît trop au faubourg du Temple. Le quatuor de droite se compose de trois malades qui font un piquet, et d'un quatrième malade qui forme la *galerie* ; le joueur à cheveux roux, accroué sur ses talons, est très-spirituellement dessiné. Entre les joueurs de piquet et les joueurs de bouchon, sur un banc, est un jeune homme au visage glabre, émacié, allongé, au teint plombé, aux yeux éteints, les mains sur les cuisses, dans une prostration complète, regardant tristement à terre, et songeant avec amertume à ce qu'il était un mois ou deux auparavant, quand le Château-des-Fleurs étincelait sous les lumières et sous les regards de belles demoiselles aux camélias — κάμηλος, — tourbillonnant aux sons de l'orchestre conduit par Olivier Métra. Hélas ! mon jeune ami, les plus belles roses ont les plus vilaines épines, les plus belles fêtes ont les plus vilains lendemains !

Malgré la localité grise de son tableau, M. Firmin Girard a tiré un excellent parti du sujet ingrat qu'il s'était donné la mission de traiter; il mérite plus que les éloges que je lui donne, moi inconnu : il aura ceux des critiques influents de la presse parisienne, — à moins que ces critiques influents ne soient aussi bégueules que leurs lecteurs. Je lui reprocherai seulement d'avoir fait des plis doux et moelleux, des plis de cachemire, avec la rude étoffe des capotes qui habillent ses *Convalescents*; jamais la bure, même la plus assouplie par l'usage, n'a donné ces plis-là. Je lui reprocherai enfin d'avoir tenté un compromis entre lui et son public, d'avoir sacrifié à l'hypocrisie générale, en introduisant une sœur de charité parmi ses malades ; elle s'en va, c'est vrai, mais elle est venue, et c'est trop pour la vraisemblance : jamais on n'a admis de femmes — même de saintes femmes — parmi ces hommes, qui sont forcément injustes envers la plus belle et la plus trompeuse moitié du genre humain.

M. Gustave Housez. A envoyé quatre toiles, *le Christ guérissant deux possédés, l'Enfance de mademoiselle Clairon et deux portraits.*

J'ai fait tous mes efforts pour découvrir *le Christ* et les *deux portraits* de M. Gustave Housez : je n'ai pu encore y réussir. J'ai vu et bien vu l'*Enfance de mademoiselle Clairon*, par exemple. Le théâtre représente une humble demeure, au troisième ou au quatrième étage d'une maison parisienne. Une petite blondine d'environ douze ans, drapée dans une jupe rouge, déclame quelque chose de très-pathétique — à en juger par les regards qu'elle lance au plafond et par l'attention avec laquelle l'écouten une demi-douzaine de personnes : la mère et la grand'mère, à gauche ; le grand-père, à droite ; et, au fond, de grandes filles au minois retroussé, — des voisines.

La scène est bien rendue. Cette petite péronnelle qui accapare ainsi prématurément l'attention de gens plus âgés et plus sensés qu'elle, ne s'appelle encore pour ses parents — engoués de son jeune mérite — que Claire-Josèphe-Leyris De Latude : demain, elle s'appellera pour tout le monde — enthousiasmé de son talent de comédienne — *Mademoiselle Clairon*. Je dis demain, et non après-demain, car mademoiselle Clairon obtint à douze ans un ordre de début à la Comédie Italienne, où elle joua les rôles de soubrette, et, après avoir caboté pendant un an, en province et à l'étranger, à Lille, à Rouen, à Dunkerque, à Gand, chantant dans les opéras comiques, dansant dans les ballets, elle entra à l'Opéra — pour doubler mademoiselle Le Maure, célèbre cantatrice. Mais l'Opéra n'était pas ce qu'elle aimait, et, peu de temps après, — c'est-à-dire le 19 septembre 1743, — elle débutait à la Comédie Française par le rôle de *Phèdre*, dans lequel mademoiselle Dumesnil produisait tant d'effet. Elle avait vingt ans ! Je ne referai pas sa biographie, qui est si connue : quand on a été chantée par Voltaire et par Dorat, on peut se passer des éloges d'un obscur critique d'art comme moi.

Le tableau de M. Housez ne fait pas un grand tapage, mais il intéresse par sa simplicité même. La petite Claire, et la fille du premier plan, qui retrousse sa robe d'une main et appuie l'autre sur l'épaule du vieux papa, sont réussies. Les autres personnages le sont moins.

M. Anatole de Beaulieu. N'a envoyé qu'un

tableau , modestement intitulé esquisse : *En Bretagne* (1794).

Le titre est court, mais significatif, — à cause de sa date, qui évoque de sanglantes représailles de chouans et de soldats de la République, de *blancs* et de *bleus*, comme ils s'appelaient alors, les frères ennemis. Aux premières lueurs du matin, dans une de ces forêts druidiques comme il y en a encore en Bretagne, un paysan, armé d'un fusil, aperçoit au pied d'un arbre un pied d'homme rouge de sang. Ce pied appartient à un tronc, ce tronc doit être celui d'un compagnon, tué dans quelque embuscade précédente par quelque parti de soldats nationaux : on devait faire alors de fréquentes rencontres de ce genre, à ce qu'il me semble, et je ne comprends pas beaucoup l'épouvante du chouan à l'aspect de ce cadavre. Cette femme qui apparaît à quelque distance de lui, dans le brouillard de l'aube, le bras en écharpe, le fusil sur l'épaule, le sombrero sur la tête, n'a pas la pusillanimité du paysan : c'est une Clorinde de guerre civile, une héroïne qui se bat au nom du roi, et qui ne reculera pas devant le tombereau, comme la Dubarry, lorsqu'on sera parvenu à s'emparer d'elle, — si elle se laisse prendre, toutefois. Elle vous a, — ainsi campée dans la brume qui lui fait une atmosphère ossianesque, — elle vous a, cette amazone, une fière allure ! Elle va tout à l'heure siffler son compagnon terrifié et le forcer à se remettre en chasse avec elle, — la chasse aux bleus.

Cette esquisse sent la fréquentation d'Eugène Delacroix, dont M. Anatole de Beaulieu est l'élève.

HUITIÈME JOURNÉE (9 juin).

M. Stéphane BARON. A envoyé trois tableaux : *Marguerite au jardin, un Rêve d'amour* et *les Délaissées*.

Encore une Marguerite ! Les peintres ne se lasseront donc pas de l'effeuiller ? Que leur a donc fait cette pâle héroïne, cette blonde fille du cerveau olympien de Goëthe, qui méritait plus de respect, — méritant plus d'admiration ? On ne doit pas toucher à certaines créations des poètes ; on ne doit pas matérialiser certains rêves ; on ne doit pas donner une existence éphémère à qui a l'existence immortelle ; on ne doit pas transporter le livre sur la toile. J'avais jusqu'ici connu une Gretchen idéale — et cependant humaine par son amour et par sa douleur — que j'avais douée de toutes les grâces, de toutes les perfections, de toutes les séductions imaginables, et que j'adorais comme une sainte hostie de la passion, comme une victime sacrée des égarements du cœur : et voilà que des artistes sans pitié — je ne dis pas sans talent — me montrent une insignifiante brebis du grand troupeau féminin, à laquelle je ne peux m'intéresser que médiocrement, parce qu'alors il me faudrait m'intéresser à toutes les niaises pucelles de la terre, et que mes moyens ne me permettent pas de telles prodigalités.

Ces réflexions ne me sont pas venues à propos de la *Marguerite* de M. James Tissot, parce que cette Marguerite — malgré son infériorité — avait encore un charme mélancolique et doux qui me séduisait ; elles me viennent à propos de la Marguerite de M. Stéphane Baron, — qui est une Gretchen d'opéra comique, ainsi que son amant Faust. De qui est la musique de ce tableau ?

Les Délaissées m'ont trouvé froid, parce que je ne crois pas à la douleur réelle de ces deux océanides d'Honfleur ou de Trouville qui, du haut d'une falaise surplombant la mer, regardent vaguement quelque part, — comme des ruminantes.

Le *Rêve d'amour* est le portrait — en pied — d'une belle fille blonde et chlorotique, à visage rose, à seins roses, à robe rose, couchée tout de son long sur une peau d'ours blanc, au milieu d'un décor peint par M. Despléchins ou par M. Cambon. De petits culs-nus d'amours voltigent au-dessus d'elle. Un arc d'or — débandé — gît à côté d'elle, avec les flèches de rigueur, bien acérées et bien empennées. C'est coquet, c'est précieux, c'est fade — à vous faire aimer les baigneuses de M. Courbet.

Je suis fâché d'avoir ressenti ces fâcheuses impressions devant les trois tableaux de M. Stéphane Baron, qui, du reste, s'ils m'ont déplu, doivent plaire beaucoup aux dames. Plaire aux dames, — voire aux demoiselles, — c’est le meilleur moyen d’être heureux.

J’attendais mieux du peintre de l’*Episode des massacres de Mérindol*.

M. Henri CHEVALLIER. A envoyé deux paysages charmants, le *Coup de soleil* et une *Vue prise à Creyse (Isère)*.

Ce dernier paysage, surtout, est d’un verdoyant dont les yeux sont grandement récréés, comme par la *Lisière de forêt* d’Achille Oudinot, ou par celle d’Eugène Lavieille. Il faut vraiment que ce tableau de M. Henri Chevallier ait une valeur véritable pour n’être pas écrasé par le voisinage de la *Roche Oragnon*, qui est d’un si impitoyable vert. Ce début promet beaucoup, car il tient déjà.

M. Félix-Joseph BARRIAS. A envoyé six tableaux, dont trois portraits : *la Communion, une Conjuration chez les courtisanes, Malvina*, le *Portrait de M. le vicomte de Lostanges*, le *Portrait de madame A. D.* et un autre portrait de femme.

Nous sommes un peu loin des *Exilés de Tibère* qui dénotaient chez M. Barrias, premier grand prix de Rome, en 1844, une si sérieuse fréquentation des bons modèles. Son style n’avait pas encore une individualité bien accusée, mais au moins ne s’égarait-il pas dans l’emphase mélodramatique ou ossianesque, comme en témoignent malencontreusement la *Conjuration chez les courtisanes* et la *Malvina* de cette année.

La *Conjuration chez les courtisanes* est une peinture écrite par M. Joseph Bouchardy, — avec un peu plus d’orthographe et de couleur cependant. Nous assistons à un souper panaché de belles folles et de jeunes fous, un peu trop près les unes des autres. On s’embrasse avec frénésie, on entrechoque les verres, on subit la double ivresse de l’amour et du lacryma-christi, — ce qui n’empêche quelques-uns des soupeurs, plus fous que les plus fous, de faire un tas de serments saugrenus et solennels à l’adresse du Conseil des Dix ; car, ne l’oublions pas, il s’agit ici de politique, et ces courtisanes aux seins nus, aux cheveux épars, sont autant de sirènes dont le rôle — payé — est d’arracher à leurs amants d’une heure l’aveu des dangereux projets qu’ils ont formés contre la sûreté de la sérénissime république de Venise : les yeux des femmes ne sont-ils pas des miroirs où se laisseront toujours prendre ces bêtes d’alouettes qu’on appelle des hommes ? Donc, ces filles dont l’opulente poitrine n’a pas la plus petite place pour le plus petit morceau de cœur, — ces filles font leur métier de filles, et, sous leurs enivrants sourires, chavirent toutes ces pauvres raisons masculines, si fières d’elles-mêmes un instant auparavant ; elles ont si bien manœuvré, qu’à présent le membre du Conseil des Dix, qu’on aperçoit dans un coin, masqué de noir comme un corbeau, vêtu de rouge comme un bourreau, n’a plus rien à apprendre : il sait tout !

M. Barrias a peint là de belles drôlesses, — des blondes, des rousses et des brunes : j’ai cherché en vain une femme parmi elles, et, à cause de cela, je serais tenté de lui en vouloir plus qu’il ne faut. Cette Maria Stella qui avance sa main gauche vers l’inquisiteur masqué pour en recevoir le prix de sa trahison, pendant que de la main droite elle attire vers ses lèvres la tête de son amant, vendu par elle, — cette Maria Stella est une gueuse, et ses compagnes forment un immonde troupeau. Ces filles, chair à plaisir, me feraient haïr la femme, si je n’avais heureusement pour me réconcilier avec elle, — d’abord mon indélébile respect, ensuite le souvenir non moins indélébile d’héroïques dévouements bien faits pour fortifier ce respect d’admiration et de reconnaissance : entre autres celui d’Épicharis, courtisane romaine, qui, étant entrée dans la conspiration de Pison contre Néron, refusa, même au milieu des tortures, de nommer les complices de son amant, et, de peur de se laisser voler son secret par la douleur, s’étrangla courageusement avec sa ceinture.

Malgré ce que je viens d’en dire, ce tableau n’est pas l’œuvre d’un artiste vulgaire ; les étoffes sont traitées très-savamment, et la couleur n’y est pas épargnée. Avec moins de personnages ou sur une toile de plus grande dimension, le sujet représenté eût gagné en clarté et en effet. J'en blâme l'ensemble, mais je déclare admirer très-franchement les deux couples du premier plan, — surtout le couple de gauche, celui de ce jeune seigneur blond et de cette belle brune dont on ne voit que les épaules frissonnantes et l'abondant chignon. D'ailleurs, si mes paroles sont injustes, M. Barrias a pour dédommagement les éloges de M. Théophile Gautier, le « maître impeccable. »

Malvina n'est pas non plus un heureux sujet, et la localité générale gagnerait à en être moins bleuâtre ; les feux de Bengale font bien au théâtre, vers le cinquième acte, mais au Salon, en plein midi, la poudre de lycopode provoque le sourire.

« Malvina, accompagne Ossian aveugle, sur la tombe d'Oscar, fils d'Ossian, son époux. L'ombre d'Oscar apparaît sur les nuages et entretient Malvina de la vie future. » Vous voyez d'ici le tableau, n'est-ce pas ? Je n'ose pas le critiquer, parce qu'il a été conçu et exécuté sincèrement comme toutes les autres toiles de M. Barrias ; et d'ailleurs, le geste de Malvina, qui se tient le sein de la main gauche, pendant que l'ombre de son bien-aimé lui parle, — ce geste est si naturel, si plein de passion chaste, d'ivresse tranquille, que je m'incline respectueusement et que je passe.

Le portrait de femme, exposé sous le numéro 129, n'aura de moi que des éloges. Imaginez celui de Monna Lisa, — mais une Monna Lisa à cheveux châtains, à visage plus clair, à poitrine plus grasse, — et vous aurez une idée de ce numéro 129. M. Barrias ne vaut pas encore Léonard de Vinci, certainement ; pourtant son portrait de femme est une très-belle chose, et si ce n'est pas un portrait de fantaisie, je félicite de grand cœur le Francesco del Giocondo parisien de cette Monna Lisa parisienne.

Alfred DELVAU.

(La suite au prochain numéro.)

LES ADIEUX !

Allons, mon cœur, tais-toi, pas de faiblesse humaine!

Ce vers si doucement mais si éloquemment dramatique, et où l'on impose silence à tous les bons et affectueux sentiments, aux élans les plus nobles de l'âme, avertit, j'espère, assez le lecteur, qu'il va assister à quelque chose de touchant, de navrant, de désolant. En effet, votre chroniqueur dramatique, ex-chroniqueur des beaux-arts, vous demande solennellement une audience de congé, il vient respectueusement vous faire ses adieux de critique pour quelques mois. Heure suprême, te voilà donc enfin arrivé ! cette séparation est bien triste à son cœur, né sensible comme tous les cœurs honnêtes, il souffrira plus que ne le pensent les esprits frivoles et insouciants de cet éloignement momentané ; cette absence volontaire aura pour lui toute l'amertume d'un exil, croyez-le. Il est si dur de se taire quand on a parlé pendant un an !

Eh quoi ! est-il vrai ? que signifie cette contradiction apparente ? Moi qui me suis tant de fois plaint des ennuis et des déboires de mon sacerdoce, qui ai maudit de la plus belle façon l'inventeur de la critique, de la chronique en général, et du journalisme en particulier, qui ai lancé anathème sur ce métier à jour et à heure fixes, sur cette obligation brutale du rédacteur qu'on appelle la copie, à peine en suis-je sevré pour quelque temps, que je me prends à le regretter. Oh ! éternel esclavage de l'habitude! éloignez le chien de sa chaîne, il y retourne, — vérité du proverbe.

Qu'il me soit permis d'ouvrir ici une parenthèse. Journaliste par accident, ayant écrit mon premier article par hasard, aurais-je par occasion attiré les regards d'un indulgent lecteur ? J'aime à le croire ; d'ailleurs cette illusion m'est chère, et je la conserve, elle sera peut-être la dernière. Eh bien c'est à cette bienveillance personnifiée que je m'adresse avec reconnaissance et viens la remercier avec franchise et sincérité, de la satisfaction morale et intellectuelle qu'elle m'a procurée sans le savoir. Un premier lecteur est un premier ami, son approbation nous soutient, ses observations stimulent notre zèle dans cette voie si périlleuse qu'on appelle le journalisme. Encore un fois merci à ce précepteur inconnu !

Mais soyez tranquilles, amis de la censure dramatique, la place ne restera pas vide : une plume jeune et vaillante, M. Léon Raynard, me remplacera ; — je crains qu'il me remplace trop bien et me fasse vite oublier. — Il vous dira chaque dimanche ce qu'il pense des auteurs, des pièces et des artistes.

Oui, cher lecteur, votre chroniqueur va passer ses vacances, comme disent les avocats, à Constantinople ; il va respirer quelques mois durant l'air embaumé du pays natal et se prélasser sur les rives du Bosphore. Cependant cette douce oisiveté orientale, ce *far niente* plein de charmes et de délices ne l'empêchera pas de songer à ses lecteurs d'autrefois, — qu'il retrouvera, je l'espère pour lui, à son retour et à sa rentrée en fonctions, — et de leur envoyer de la ville islame quelques notes de voyage, quelques impressions, quelques récits, sous le titre de *Tablettes orientales.* — Il l'a juré à son ami, Alfred Delvau, sur tout ce qu'il pouvait avoir de plus sacré en littérature. Quel dommage qu'on ne puisse pas toucher ici tant soit peu à la politique ! quel champ vaste et que de révélations à y faire ! que de mystères diplomatiques à trahir dans ce pays où quatre ambitions, disons mieux, prétentions, se croisent et se heurtent, se fortifient par occasion et se neutralisent presque toujours. Un gouvernement que chacun veut constituer à sa façon et à son profit, une administration que celui-ci veut organiser parce que tel est son bon plaisir et dont l'autre hâte de son mieux la dissolution parce que son intérêt égoïste y voit mille avantages. Des hommes politiques vendus aux étrangers et la servant mieux que ne le font les agents accrédités ; d'autres, éclairés et véritablement progressistes,

sans cesse contrecarrés par une religion intolérante et opposée aux lumières faisant fonction de lois, par un clergé fanatique et ignorant, imbu de préjugés, enfin par un parti nombreux et puissant, le parti dit de la nation, le parti rétrograde. Des ambassadeurs, plus puissants que des ministres, faisant et défaisant tout par la main de leurs favoris. Une autorité sans prestige, une faiblesse évidente, une dilapidation organisée sur une grande échelle ; l'ignorance, l'ignorance la plus crasse jusque chez les hauts fonctionnaires ; des finances épuisées, une armée désorganisée et mal payée, pas de commerce par suite de la crise monétaire et du discrédit du papier-monnaie, pas d'industrie par suite de l'abandon, par le gouvernement, de toute tentative indigène et d'une faveur outre-mesure accordée aux étrangers, pas de banque par suite du manque de confiance, pas d'agriculture, les moyens de transport faisant totalement défaut, la pauvreté partout, la misère, inconnue dans ce pays favorisé par la nature, faisant de terribles ravages. L'édifice croule infailliblement ; chacun pour soi est devenu la devise de tout le monde, et pourtant l'édifice est nécessaire à l'Europe. Heureusement que les fêtes du couronnement du nouveau sultan Abdull-Aziz, qui remplace son frère Abdull-Medjid, mort il y a quelques jours, viendront nous égayer et nous dédommager un peu de tout cela.

Le sultan-*padischah* Abdul-Medjid-Khan a succédé à son père Mahmoud, dit le *Réformateur*, à l'âge de seize ans. Il avait jusque-là mené, comme tous les héritiers présomptifs, la vie retirée et énervante du sérail. Son avénement au trône s'est accompli dans des circonstances critiques et redoutables, au moment de l'invasion de son territoire par son vassal Ibrahim-Pacha et presque le lendemain de la bataille de Nézib. L'intervention des gouvernements européens arrêta la marche triomphante du fils de Méhémet-Ali, et le jeune sultan, rassuré contre ces éventualités, put régner paisiblement.

Abdul-Medjid n'avait rien du caractère belliqueux et énergique de son père. D'une nature douce, il a voulu suivre une politique de conciliation et de réforme. C'est sous son règne que fut rendu le hatti-cherif de Gul-hané, généralement connu sous le nom de *Tanzimat* (ordre), et qui, s'il avait reçu sa pleine exécution, aurait répandu les plus grands bienfaits sur la Turquie.

Selon la loi de l'empire, qui appelle au trône le plus âgé des princes de la famille, Abdull-Aziz-Khan a été reconnu padischah des Ottomans; c'est le trente-deuxième souverain de la dynastie d'Othman. Il est âgé de trente et un an, et il a jusqu'à présent vécu dans le palais de son frère et à l'écart des affaires, suivant l'usage. On le dit doué de l'énergie de son père; laissons parler l'avenir.

Et maintenant, cher et indulgent lecteur, je vous fais mon plus gracieux salut. Ah! j'oubliais une dernière communication. Puisqu'on n'est bien servi que par soi, permettez-moi de recommander à votre bienveillance le petit volume des *Vérités et Sévérités*. J'en suis l'auteur; mon Dieu! oui. On n'est pas parfait, que voulez-vous. Ne soyez pas bien sévère pour ce nouveau-né, il est d'une constitution délicate, et la moindre petite contrariété pourrait le mettre à la dernière extrémité. — Vous ne voudriez pas la mort d'un coupable, ce crime est d'un poids trop lourd pour une conscience honnête, et Jud n'a pas fait école que je sache.

En attendant le plaisir de nous retrouver à Paris, nous allons causer de Constantinople : la Méditerranée seule nous sépare et la distance n'est pas grande, huit jours de bateau à vapeur et un jour de chemin de fer, comme si ce n'était pas assez d'un....... Allons, je vois décidément qu'on est sûr de partir, de partir même loin et très-loin, mais non de revenir. Avantages de la civilisation, diraient les Orientaux; nous aimons mieux les caravanes et les chameaux, et ils auraient peut-être raison. Ce n'est pas commode, mais c'est agréable; ce n'est pas rapide, mais c'est pittoresque. Ayons confiance en Allah !...

C'est ainsi qu'en partant je vous fais mes adieux.

Charles CORASSAN.

LES ARTS CHALCOGRAPHIQUES A L'EXPOSITION.

5ᵉ ARTICLE.

Nous avons reçu un assez grand nombre de lettres dans lesquelles, en nous félicitant de l'intérêt que nous prenons aux arts chalcographiques, trop négligés aujourd'hui, en contestant quelques-unes de nos appréciations et en nous accordant sur notre manière d'écrire beaucoup plus d'éloges que nous n'en méritons, on nous signale des omissions dont nous nous étions, du reste, aperçu et que nous nous empressons de réparer. Un de nos bienveillants correspondants nous demande si nous nous occuperons aussi de l'Exposition photographique. C'est notre intention, et, après le présent article, qui clôt notre Revue du Salon, nous examinerons rapidement cette exhibition intéressante à plus d'un titre.

Les gravures de M. Bellay (3675 à 3679), l'un des derniers et des meilleurs élèves d'Henriquel Dupont, ont du caractère et du style, mais manquent de relief et de suavité. Le *Compromis des nobles à Bruxelles* (3705) est un beau et consciencieux travail de M. Desvachez. Les nombreuses figures sont bien campées et chacune d'elles a son expression spéciale qui concourt à l'effet de l'ensemble. La raideur des attitudes, un ton général de sécheresse empêchent seuls ce burin d'être le plus marquant de l'Exposition. Opposons-lui l'*Adoration des bergers*, d'après Ribera, par M. Adolphe Portier (3841), page imprégnée d'une exquise suavité, dans laquelle, en variant ses tailles et ses procédés, l'artiste a su rendre dans toute sa plénitude le sentiment religieux de son modèle.

M. Ferdinand Joubert a reçu, lui aussi, les leçons d'Henriquel Dupont, et l'on peut dire que, semence féconde, la parole du maître n'est pas tombée sur un sol ingrat. *Innocence*, d'après Greuze (3771), est une de ces délicieuses compositions sur lesquelles flotte un reflet du ciel. L'amour de l'art a porté M. Joubert à aller habiter Londres, où, par une louable ambition , il cherche à surprendre les secrets de la gravure anglaise. Son *Entrevue de lady Montagu et de Pope* (3772) est un remarquable spécimen de ses progrès dans sa courageuse entreprise.

En nous montrant la *Fidélité* (3665), œuvre d'une mélancolique poésie, qui nous fait voir la race canine plus vertueuse, hélas! que l'espèce humaine, M. Adolphe Aubert nous prouve son entente de la manière noire et son assimilation complète avec Alfred de Dreux, le peintre aristocratique des chevaux de race et des levriers à trois quartiers.

M. John Ballin représente superbement l'école des Beaux-Arts de Copenhague. Ses quatre planches, le *Bénédicité* et la *Noce*, d'après M. Brion (3667-68), l'*Ascension*, d'après M. de Lemud (3669), les portraits du grand-duc et de la grande-duchesse, enfants de l'empereur de Russie (3670), sont exécutés d'une main magistrale et, à part quelques imperfections, dénotent un talent qui grandit et s'impose chaque jour avec plus d'autorité. Nous connaissions déjà de M. John Ballin plusieurs burins nets, fermes, accentués et d'une originalité piquante, la *Jeune fille à sa croisée*, d'après Jean Victor, exposée en 1851 ; le *Maître d'école*, d'après Adrian Ostade, l'une des perles du Salon universel de 1855, et diverses autres productions d'un cachet tout spécial, mais nous ignorions qu'il eût si finement travaillé la manière noire.

Nous nous sommes arrêté avec une certaine surprise devant les deux planches de M. Isnard Desjardins : *un Jour avant*, d'après M. Eugène Lepoittevin (3703), et *Dix ans après* (3704), d'après M. Aug. Delacroix. Pourquoi donc, nous demandions-nous, intervertir l'ordre général et placer parmi les gravures ces grandes et belles aquarelles?» Mais voilà qu'en consultant le livret, nous avons vu qu'il s'agissait de *fac simile*. Quoi! il est possible de pousser à ce point l'imitation, et cela peut se tirer, comme la gravure, à des milliers d'exemplaires ? Allons! réjouissez-vous, messieurs les aquarellistes! Sans rien perdre de leur plus exquise fraîcheur, sans qu'une nuance se ternisse à leurs ailes de papillons, vos plus délicates productions s'envoleront, multipliées, et iront charmer l'imagination du plus humble amateur. Heureuse mission de notre siècle d'appeler à ce festin de l'art, où s'asseyaient seuls quelques privilégiés , tous les enfants de la grande famille humaine !

Artiste aussi modeste que laborieux et intelligent, M. Desjardins aura une grande part dans cette rénovation. Il reproduit avec la même vérité saisissante et magique la mine de plomb , la sepia, la peinture à l'huile. En comparant avec l'étonnante perfection de ses traductions le bas prix auquel elles sont cotées, nous comprenons que les sociétés de beaux-arts et d'encouragement se soient empressées de sanctionner par de flatteuses distinctions une découverte qui a obtenu à Londres une médaille d'honneur grand module, et à l'Exposition universelle de 1855, deux médailles de première classe.

Comme l'imprimerie, sa sœur, la gravure sur bois fut inventée en Allemagne vers le milieu du quinzième siècle, elle servit d'abord à confectionner des cartes à jouer, puis fut appliquée à la fabrication des images pieuses; enfin les imprimeurs s'en emparèrent pour lutter avec le luxe d'ornementation des manuscrits et le travail des *rubricateurs*, qui peignaient les lettres rouges rehaussées d'or. Guillaume Wolgemuth et Michel Pleydenwurff furent les premiers graveurs sur bois; puis vint Albert Dürer , qui aussitôt poussa l'art nouveau à un haut point de perfection. Ensuite parurent Cranack, Burgkmayr, Baldung , Bresang, Krüger, Schauflein, Altdorfez, Ham Holbein, le célèbre auteur de la *Danse des morts*, Hugo Carpi, qui le premier appliqua le clair obscur à la gravure sur bois.

En France, nous avons eu Pierre Refé, Pierre Woiriot, Jean Dunet, dit le Maître à la Licorne, florissant sous Henri II, Petit-Bernard, Etienne de Laulne, Noël Garnier, Jacque Perisin, Renée Boivin, etc. Au commencement du dix-huitième siècle, la gravure sur bois fut délaissée pour la gravure en taille douce ; vers 1815, les gravures sur bois reparurent, accompagnant les titres de quelques publications. Bientôt elles devinrent l'indispensable complément des romans nouveaux, et l'on tira les vignettes à part, sur chine et sur vélin. Enfin, après 1830, les publications pittoresques donnèrent un mouvement inouï à cet art, qui, depuis, n'a fait que progresser.

Autrefois l'entrée de l'Exposition était fermée à la gravure sur bois : « Ce n'est pas « de l'art, disait-on ; le dessin est tracé par « une main étrangère, il ne s'agit que de « creuser et d'enlever ce qui ne porte au- « cune trace de crayon. » Pourquoi cette réprobation? Chaque genre n'a-t-il pas ses difficultés? Malheureusement, la plupart des graveurs sur bois ne sont pas dessinateurs et ne cherchent nullement à le devenir. Pleins de confiance dans leur adresse manuelle, ils se bornent à reproduire servilement le dessin sans s'apercevoir qu'ils en arrondissent les formes, qu'ils en suppriment les touches intentionnelles, qu'ils en détruisent la finesse et l'effet. De grâce, messieurs, étudiez un peu. Sans études, vous serez des ouvriers plus ou moins adroits ; des artistes, jamais !

Jules LADIMIR.

(La suite au prochain numéro.)

DEUX SCANDALES ET DEUX THÉODORES.

Le *Tintamarre* n'est pas toujours le journal frivole et farceur que l'on sait. Il lui arrive de temps en temps, quand l'occasion s'en présente, de jeter son masque de bouffon pour prendre un visage sérieux, et il parle alors aussi sagement et aussi dignement que la plus fière *Revue :* les amuseurs qui le rédigent prouvent qu'ils sont hommes de lettres, — plus hommes de lettres que ceux qui portent cette qualité gravée sur leurs cartes de visite.

Déjà, à propos de la liberté des théâtres, le *Tintamarre* avait élevé la voix de manière à se faire applaudir : c'était hier. Aujourd'hui encore, à propos d'un petit événement littéraire, qui a l'importance d'événements beaucoup plus grands, il jette de côté sa joyeuse marotte, prend sa plume la mieux et la plus honnêtement taillée, et, sous le titre que nous avons donné en commençant, il écrit les lignes suivantes :

« Les directeurs de la *Patrie* et du *Monde illustré*, gens parfaitement étrangers aux mœurs littéraires, se sont permis de casser brutalement aux gages les deux écrivains qu'ils avaient chargés du compte-rendu de l'Exposition, MM. Alphonse Schmitt et Castagnary, et d'arrêter la publication commencée de leurs œuvres.

« Cette inqualifiable manière d'agir doit être stigmatisée comme elle le mérite par la presse et l'opinion publique, en attendant que les tribunaux fassent justice d'un pareil abus de pouvoir, si, comme nous n'en doutons pas, il leur est déféré par nos confrères grossièrement offensés dans ce qui est le plus cher à l'écrivain.

« Le successeur de M. Schmitt signe *Didier Monchaux*, mais chacun sait qu'il est né tout bêtement Théodore Delamarre, — peintre de chinois par état et critique par occasion.

« Pour celui de M. Castagnary, on nomme.. M. Théodore Pelloquet!!!

Bruit certainement erroné.

M. Théodore Pelloquet ne peut pas être homme à prendre toute chaude, de mains suspectes et violentes, la place d'un critique comme M. Castagnary.

« C'est une calommie. »

HENRI PAGE.

Nous n'avons qu'une ligne à ajouter à ces lignes si bien dites :

Le dernier numéro du *Monde illustré* contient un long article sur le salon de 1861, signé du nom de M. Théodore Pelloquet.

Pour toute la rédaction de la *Revue des Beaux-Arts :*

Alfred DELVAU.

Le rédacteur en chef : LOUIS LAVEDAN.

Paris. — Imp. Walder, rue Bonaparte, 44.

CHRONIQUE DES BEAUX-ARTS.

Distribution des récompenses aux exposants de 1861. — *Pauci vocati, pauci electi.* — La liste officielle et ma liste personnelle. — Le brevet de Wilhelm Meister. — Entrée en loge des concurrents au palais des Beaux Arts. — Sujets classiques, que me voulez-vous ? — Exposition universelle de Londres. — Questions mises au concours par l'*Alliance israélite universelle.*

Mercredi, 3 juillet 1861, à deux heures de relevée, a eu lieu, au Palais de l'Industrie, sous la présidence de M. le comte de Walewski, la distribution des récompenses décernées aux artistes à la suite de l'Exposition. Je mentionne exactement l'année, le mois, le jour, l'heure et la minute, parce que tout cela aura son importance dans l'avenir, quand nos petits-neveux s'informeront de l'état de l'art et des artistes au milieu du dix-neuvième siècle.

L'assemblée était nombreuse et naturellement choisie. Il y avait des habits à palmes vertes et des habits noirs, des gens de l'Institut et des gens du monde, des dames curieuses et des dames artistes, des critiques d'art et des employés de ministères. A deux heures presque précises, M. le comte de Nieuwerkerke déclarait la séance ouverte, M. Walewski prononçait un discours, et l'on procédait à la nomination des lauréats, au milieu des applaudissements enthousiastes de ceux qui ne devaient avoir ni croix, ni médailles, ni mentions honorables.

J'aime beaucoup les distributions de prix, aux grands enfants comme aux petits ; il me semble que j'y assiste pour mon propre compte ; je m'imagine naïvement que je gagnerai un lot quelconque à cette loterie, quoique je n'aie pris d'avance aucun billet et que toute chance de gain me soit interdite. J'ai été avec empressement à cette solennité de mercredi, mais, je dois l'avouer, avec une liste de récompensés un peu différente de la liste officielle.

Tout en marchant, me dirigeant vers le Palais de l'Industrie, je repassais dans mon esprit les œuvres que j'avais le plus remarquées à l'Exposition de cette année, en compagnie de mon collaborateur Alfred Delvau, et je me disais, plein de confiance : « Il est impossible que celui-ci n'ait pas la croix ; cet autre, une médaille de première classe ; cet autre, une médaille de deuxième classe ; cet autre, une mention honorable. Le jury est composé d'hommes intègres et compétents, qui ne se sont pas laissé influencer par ceci ou par cela, et qui sont les véritables appréciateurs du talent, — et même du génie, — quoique, parmi eux, beaucoup ne paraissent pas, au premier abord, très-aptes à se prononcer en si délicate matière : je serai content de ma journée. »

Voilà ce que je me disais en marchant, tout en faisant ma liste, par curiosité pure, car au fond je pensais qu'elle allait faire double emploi avec la liste officielle. Je me trompais.

La médaille d'honneur de la valeur de de 4,000 fr., à laquelle le jury d'admission avait déclaré à l'unanimité renoncer pour chacun de ses membres, a été décernée à M. Pils. J'ai applaudi de bon cœur.

Ont été nommés officiers de la Légion d'honneur : M. Hippolyte Bellangé, peintre, et M. Jules Cavelier, sculpteur. J'ai applaudi.

Ont été nommés chevaliers de la Légion d'honneur : MM. Kniff, Rodakowki, Heilbuth, Joseph Stévens, Vauchelet, Baudry, Pichon, Fortin, Breton, Antigna, Guillemin, Ziem, Mène, Maillet et Emile Lassalle. J'ai applaudi, quoique douloureusement étonné, non pas de ces nominations, mais de l'absence de certains noms, tels que ceux de

MM. Gustave Courbet, Brion, Charles Jacque, et de quelques autres artistes d'un incontestable mérite. Je partage, à l'endroit de M. Courbet, par exemple, l'opinion de mon ami M. Delvau, qui n'est pas suspect d'enthousiasme à l'endroit de ce peintre; mais lui comme moi, moi comme lui, nous nous attendions à le voir décoré, parce que si nous ne pouvons nous faire à sa peinture, nous sommes bien forcés de reconnaitre qu'elle est bonne et vaut la suprême récompense. Eh bien! non! *Non laurum momordit*, — les autres non plus. Nous l'avons sincèrement regretté.

Ont reçu une médaille de première classe, de la valeur de 1,500 francs : MM. Auguste Bonheur, Léon Belly, Timbal, Jules Quantin, Laugée, Hillemacher, Thomas, Crauck, Schœnewerk, Cabet, Hénard et Girardet. J'ai applaudi, quoique aussi douloureusement étonné et pour les mêmes raisons que précédemment. Et madame Henriette Browne? Et M. Alfred Stevens? Et M. Eugène Lavielle? Et M. Brendel? Et M. Henri Sieurac? Et M. Tabar? Et M. James Tissot? Et M. Armand Dumaresq? Et Lambinet? Et Anastasï? Et d'autres encore? Oubliés! *Non laurum momordit.*

Ont reçu une médaille de deuxième classe, de la valeur de 500 francs : MM. Toulmouche, Florentin Bonnat, Hugues Merle, Achenbach, Desjobert, Schutzemberger, J. Caraud, Puvis de Chavannes, Cermak, Chazal, et madame Henriette Browne. J'ai applaudi, quoique aussi douloureusement étonné et pour les mêmes raisons que précédemment. Et M. Ranvier? Et M. Briguiboul? Et M. Amand Gautier? Et M. Achille Oudinot? Et M. Hector Hanoteau? Et M. Prouha? Et M. Joseph Lebœuf? Et d'autres encore? Oubliés! *Non laurum momordit.*

Ont reçu une médaille de troisième classe, de la valeur de 250 francs : MM. Lepipre, James Bertrand, Beaucé, Théophile Gide, Félix Clément, V. de Madarasz, Charles Jacque, Fossey, J. Aubert, Blaise Desgoffe, Eugène Tourneux, Emile Duverger, Fichel, Dumaresq et Isidore Patrois. J'ai applaudi, quoique aussi douloureusement étonné, pour les mêmes raisons que précédemment. Et

M. Monginot? Et M. Chintreuil? Et M. Feyen-Perrin? Et M. Léon Flahaut? Et M. Alphonse Legros? Et M. Carolus Duran? Et M. Boggino? Et M. Bresdin? Et M. Léopold Flamens? Et d'autres encore? Oubliés! *Non laurum momordit.*

Ont reçu une mention honorable, de la valeur de,— ce que vous voudrez : MM... la liste en est trop longue pour que je l'inscrive ici; il ne resterait plus de place pour les quelques nouvelles que je dois faire entrer dans ce rapide bulletin de la semaine.

Je suis sorti du Palais de l'Industrie un peu chagrin, marmottant entre mes dents les premières paroles du brevet donné par l'abbé à Wilhelm Meister : « L'art est long, la vie courte, le jugement difficile, l'occasion fugitive. Agir est aisé, penser est difficile... L'excellent se trouve rarement, plus rarement encore on l'apprécie... »

Tout cela durera-t-il encore longtemps? Hélas! oui. Et ce qu'il en a été aujourd'hui pour les exposants du Palais de l'Industrie, il en sera de même demain pour les jeunes artistes entrés récemment en loges au palais des Beaux-Arts, pour le concours des grands prix proposés par l'Institut. Les sujets de composition sont : pour la peinture, *la mort de Priam* (!); pour la sculpture, *Ulysse rendant Chryséis à son père* (!!); pour le paysage historique, *la marche de Silène* (!!!); pour l'architecture, *un grand établissement de bains dans une ville d'eaux thermales.* Tout ces concours devront être terminés pour le mois de septembre prochain, et seront exposés publiquement à l'Ecole des Beaux-Arts, les 4, 5 et 6 septembre pour la sculpture; les 11, 12 et 13 pour le paysage; les 18, 19 et 20 pour l'architecture, et les 25, 26 et 27 pour la peinture.

Le bruit que font autour d'eux les ambassadeurs des deux rois de Siam ne m'empêchera pas d'annoncer que le Règlement général du 15 juin 1861, pour l'Exposition universelle de Londres en 1862, se trouve tout au long dans le *Moniteur*, et d'engager les industriels et les artistes que cela intéresse à le consulter.

Cela ne m'empêchera pas non plus d'annoncer que la Société de *l'Alliance israélite universelle* vient de mettre au concours les questions suivantes :

« Une médaille d'or de la valeur de 1,000 fr. sera décernée à l'auteur du Mémoire qui aura le mieux répondu à cette première question :

« Rechercher quels sont, sous le rappoit « des dogmes religieux comme sous celui de « la morale, les éléments que la religion juive « alégués aux religions qui l'ont suivie.

« Prouver que la morale qui ressort de « l'ensemble des documents religieux du ju- « daïsme n'a rien à redouter de la compa- « raison avec celle d'aucun autre peuple ni « d'aucune autre religion. »

« Les Mémoires peuvent être écrits en français, italien, allemand, anglais, hébreu ou latin, et devront être déposés, avant le 1er mars 1862, au secrétariat de l'Alliance israélite universelle. Ils devront être pourvus seulement d'une épigraphe ou d'une devise, mais ne pourront être signés. L'auteur signalera son nom dans un billet cacheté joint au Mémoire, et dans lequel l'épigraphe de celui-ci sera également répétée.

« Une médaille d'or de la valeur de 1,500 fr. sera accordée à l'auteur du Mémoire qui aura le mieux satisfait au programme suivant :

« Tracer la statistique actuelle des popu- « lations israélites sur tous les points du « globe ; examiner leur état moral et maté- « riel, leurs professions et moyens de vivre ; « signaler surtout l'influence qu'a eue sur « leur condition la plus ou moins grande « somme de libertés dont elles jouissent dans « les différentes contrées. »

« Les Mémoires, écrits en hébreu, latin, français, italien, allemand ou anglais, devront être adressés, avant le 1er mars 1863, au se- crétariat de l'Alliance israélite universelle, et remplir les mêmes conditions que les Mé- moires sur la question précédente. »

Et, maintenant, messieurs, qu'Apollon vous ait en sa sainte et digne garde !

HENRY LHEUREUX.

SALON DE 1861

(Suite.)

M. Jean-Baptiste-Camille COROT. A en- voyé six paysages : *Danse de nymphes, Soleil levant, Orphée, le Lac, Souvenir d'I- talie, le Repos.*

J'ai, pour M. Corot, l'admiration qu'on doit avoir pour les gloires du pays qui vous a vu naître, — ces gloires-là n'étant pas assez nombreuses pour qu'on se permette d'en retrancher même l'ombre d'une. J'ai vu, de M. Corot, des paysages vaporeux, embrumés, mouillés de rosée et de poésie, devant lesquels je suis resté longtemps tout songeur. Je me suis baigné l'esprit dans cette atmosphère étrange qui flotte sur cha- cun de ses tableaux et les enveloppe comme d'une immense toile d'araignée. Mais j'ai vu aussi, admiré aussi d'autres paysages peints par d'autres artistes, — Théodore Rousseau, Daubigny, Anastasi, Flers, Cabat, par exem- ple, — et il m'a semblé que c'était chez ceux-ci, plus que chez celui-là, que se trou- vaient la vérité et la variété, les arbres ver- doyants, les claires fontaines, les lueurs empourprées du couchant, les lueurs roses de l'aurore, les senteurs agrestes et les susurrements mystérieux. J'ai continué alors à m'arrêter devant les toiles de M. Corot, — non par habitude, ce qui se- rait injurieux, — mais par reconnaissance pour les nobles satisfactions qu'elles me donnaient ; et, en persistant ainsi dans mon respect des œuvres de ce maître, je me suis prouvé à moi-même qu'on pouvait aimer dans la vie les choses les plus diamétrale- ment opposées, — les paysages de conven- tion et les paysages naturels, les Corot et les Rousseau. Toutefois, si j'osais manifes- ter ici une préférence, elle serait toute en faveur de ce dernier : *le Chêne de Roche* l'emporte de beaucoup, dans mes sympa- thies, sur *l'Orphée, le Soleil levant, la Danse des nymphes,* — et même sur *le Lac.*

Je reconnais, avec tout le monde, que M. Corot est non-seulement un grand ar- tiste, mais encore un habile artiste. Il a le dessin irréprochable et la charpente exacte ;

il possède l'art d'assortir les couleurs entre elles ; il sait sur le bout du doigt sa perspective aérienne et linéaire ; il excelle dans la composition et dans le mode, — c'est-à-dire dans le caractère : il n'a jamais fait de solécismes artistiques, — parce qu'il a la science et le style : mais depuis trente ans il n'a jamais exposé qu'un tableau — toujours le même, effet de matin ou effet de soir, — et ce n'est pas assez, à ce qu'il me semble. Le pâté d'anguilles est un délicieux manger pendant quelque temps : à la longue, ce régal des dieux vous écœure et vous vous surprenez à vous souhaiter — pour changer — un plat plus vulgaire, mais plus savoureux. Je demande pardon de ce rapprochement à M. Corot : je n'ai rien trouvé qui exprimât mieux ma pensée , — et j'ai l'habitude de me servir de ce que j'ai sous la main, quand cela me paraît bon.

Ces explications données, je m'empresse d'enregistrer le succès d'estime obtenu cette année par *la Danse des nymphes*, *le Soleil levant*, *Orphée*, *le Lac*, *le Repos* et *le Souvenir d'Italie*.

Le *Souvenir d'Italie* pourrait être tout aussi bien un souvenir de l'Ile de Croissy, près Bougival, — le pâtre aux pipeaux excepté. A gauche, une chaumière perdue sous un bouquet d'arbres ; dans l'herbe, le pâtre et ses pipeaux en question, songeant plus à ses moutons qu'à sa bien-aimée ; à droite, des arbres écimés ; au fond, des eaux claires, des monts tranquilles. Ce souvenir d'Italie m'a rappelé la Touraine, — et j'en remercie M. Corot.

Le Lac n'est pas celui de M. de Lamartine, c'est celui d'Enghien — *antiquisé*. Sur le premier plan, rideau d'arbres — peut-être des aulnes, peut-être des trembles, peut-être des saules , peut-être d'autres arbres, — qui coupe le tableau horizontalement. Au pied de ces arbres, dont l'essence m'est inconnue, deux petites vaches regardent çà et là pour se distraire, oubliant de déjeuner ou de souper, — car on ne sait jamais bien exactement quelle heure il est dans les tableaux de M. Corot. Derrière le rideau d'arbres, le lac, « plaine liquide » — un peu trop savonneuse.

Orphée est, des six toiles du grand paysagiste, celle que je préfère. Le paysage est celui que vous connaissez, je ne vous le décrirai pas. Vous connaissez également la fable charmante d'Eurydice. Le berger Aristée, fils de la nymphe Cyrène, la poursuivait ; Eurydice, en fuyant précipitamment le long du fleuve, n'aperçut pas devant ses yeux, dans l'herbe haute, un serpent monstrueux qui suivait ses rives, et, piquée par lui, elle en mourut. Le chœur des Dryades, ses compagnes, fit retentir de cris les monts les plus élevés. Les sommets fortifiés de Rhodope, le Haut Pangée, la terre de Rhésus consacrée à Mars, les Gètes, l'Ebre, et l'Athénienne Orythie pleurèrent sa mort. Orphée, inconsolable, descendit aux enfers pour la redemander à Pluton. Pluton n'aurait pas consenti à rendre sa proie ; Proserpine , quoique déesse, était femme : elle accorda à Orphée ce qu'il désirait tant, à la condition — impossible et cruelle condition ! — qu'il ne se retournerait pas, pour voir si Eurydice le suivait, jusqu'à ce qu'il fût sorti des enfers.

M. Corot a choisi, pour sujet de son tableau, le moment indiqué par ces vers des *Géorgiques* :

Jàmque pedem referens, casus evaserat omnes,
Redditaque Eurydice superas veniebat ad auras,
Ponè sequens...

Son Eurydice est une merveille de grâce et de douceur. Elle suit derrière, droite, semblant ne pas vivre, ombre encore comme celles qu'on aperçoit dans la brume, à gauche, de l'autre côté du fleuve — qui, par parenthèse, n'est qu'un ruisseau. Je comprends qu'Orphée, qui sait tout le prix d'une pareille beauté, ait la démangeaison de se retourner pour s'assurer qu'elle ne lui échappe pas ; je comprends surtout qu'il ait cette démangeaison au milieu d'un paysage aussi frais, aussi agréablement mystérieux, loin des vivants et si près des morts ! A sa place, ce n'est pas à ce moment que je me serais retourné : c'est une demi-heure auparavant.

Le Soleil levant ressemble trop à un soleil couchant ; en tous cas, les vaches qu'on aperçoit là, jambes dans l'eau, sont bien matinales pour des paresseuses.

Le Repos est une réponse que M. Corot a voulu donner à quelques barbouilleurs de papier, qui lui reprochaient de ne peindre que des arbres, parce qu'il ne savait pas peindre des personnages : c'est une académie, une femme nue sur une peau de tigre. Comme académie, cela me paraît irréprochable ; comme femme, cela laisse un peu à désirer — sous le rapport de la propreté : on devine, aux tons bruns de certaines parties de ce beau corps, une infinité de fnrfuricules qui ne laissent pas que d'être fort déplaisantes à l'œil. Cela m'étonne, car il y a assez d'eau dans les paysages de M. Corot pour qu'on ait occasion de s'y baigner.

La Danse de Nymphes est un effet de soir — ou de matin. Un bois, une clairière, des ombres charmantes, — sans doute les belles suivantes de la belle Cyrène, à demi-vêtues de tuniques « teintes à plusieurs reprises de couleur hyalis » : Dryme, Xanthe, Ligée, Phyllodocé, Nésée, Spia, Cymodocé, Cydyppe, Lycorias, Clio, Béroé, Ephyre, Opis, Déiopée ou Aréthuse. A ce moment de l'année où nous sommes, — où Sirius fait rage et où les bains froids sont encore trop chauds, — il serait à désirer qu'on pût découvrir aux environs de Paris un paysage aussi délicieux, avec d'aussi ravissantes personnes. Mais M. Corot ne peint que des rêves !

J'ai dit. Si je me trouve — au sujet de M. Corot — en désaccord avec les mandarins à globules de la critique parisienne, je le regrette sincèrement, mais je n'y puis rien. *Amicus Coro, sed magis amica veritas.*

M. Victor de MADARASZ. A envoyé trois tableaux, *Ladislas Hunyady, Félicien Zach, Hélène Zrinyi.*

M. de Madarasz est Hongrois. En fils pieux et reconnaissant, il a voulu consacrer les prémices de son jeune talent à sa glorieuse patrie, et, de même qu'Horace chantait le vin parce qu'il était né a Vénuse, en Apulie, — la ville des raisins, — il a peint la douleur, étant né dans le cercle de Komorn, — le pays gémissant. On ne pouvait mieux débuter.

Ladislas Hunyady. Nous sommes en l'an du Seigneur 1456 ; les deux fils de Jean Hunyady, Ladislas et Matthias Corvin, sont poursuivis par les intrigues et par la haine du palatin Gara, — le premier, parce qu'il est l'amant de sa fille ; le second, parce qu'il est le fils de Jean Hunyady. Matthias Corvin se réfugie en Bohême ; mais son frère aîné reste à Bude, — confiant dans la promesse solennelle faite par le roi Ladisla- V à la veuve de Jean Hunyady, de protéger ses deux fils. Ladislas V, roi de Hongrie, est un prince faible, qui se laisse arracher toutes les promesses possibles. Le palatin Gara, — aidé d'un autre seigneur aussi haineux, Uylaly, — obtiennent de lui la condamnation, sans procès, de Ladislas Hunyady. En vain celui-ci, fort de son innocence et de son inviolabilité, veut protester contre l'ordre arraché au roi : le palatin Gara pousse vers lui le bourreau — qui fait alors son office.

C'est la dernière scène de ce dernier acte, — c'est-à-dire Ladislas Hunyady décapité et exposé dans une chapelle latérale de la cathédrale de Bude réservée aux suppliciés, — que M. Victor de Madarasz a représentée. Le cadavre est posé sur un drap de velours noir, au pied de l'autel, entre deux grands cierges dont la lumière jaune l'éclaire sinistrement, accusant plus brusquement que le soleil ne le ferait les membres rigides de l'infortuné Ladislas, sous le suaire blanc qui l'enveloppe. L'épée qui a servi au bourreau est là, sanglante. A l'endroit du cou, le drap mortuaire se couvre lentement de taches rouges, qui prouvent qu'on a mal rajusté la tête au tronc. Aux pieds de la victime, et presque aussi mortes qu'elle, deux femmes en deuil sont agenouillées : l'une, la fille du palatin Gara, dépose une couronne de roses blanches sur le cadavre qu'elle regarde avec effarement ; l'autre, la veuve de Jean Hunyady, une main passée autour du cou de la jeune fille, ne regarde rien ni personne ; elle baisse la tête, accablée sous le lourd fardeau de sa douleur sans nom, et pleure les dernières larmes de ses yeux prêts à se fermer pour toujours, — car si une femme peut devenir presque impunément veuve de son mari, une mère ne peut rester longtemps veuve de son fils : il faut qu'elle aille le rejoindre là où il est — au ciel ou au purgatoire.

Ce tableau impressionne violemment , comme celui de M. Gallait, les *Comtes de Horn et d'Egmont,* — qu'il rappelle d'ailleurs un peu, — et l'émotion qu'il vous donne vous empêche de songer à le critiquer. Cependant, à cause de l'estime que je fais de son talent, M. Madarasz me permettra de lui dire que la lumière de deux cierges est insuffisante pour éclairer aussi distinctement une scène de cette grandeur : on devrait deviner plutôt que voir les deux chères créatures qui viennent rendre les derniers devoirs du cœur à l'homme qu'elles ont aimé, chacune à sa manière, et les lueurs funèbres auraient dû tremblotter tout le long de ce drap sanglant, au lieu de briller d'un éclat si tranquille. En outre, il me semble que M. Madarasz n'a pas tenu assez compte de la rigidité cadavérique ; il s'est écoulé forcément un temps assez long entre la décollation et la mise en chapelle du supplicié ; on n'a pas permis aux deux veuves de venir s'agenouiller immédiatement auprès de leur bien-aimé ; les corps refroidis s'accusent davantage sous le linceuil, qui a alors l'aspect formidable que l'on sait.

Hélène Zrinyi. C'est une autre page de l'histoire de la Hongrie. Hélène Zrinyi, veuve de François Rakalsy, et femme du comte Tækœly, chef de l'insurrection hongroise, défend pendant trois ans, en l'absence de son mari exilé, la citadelle de Munkatsch, — grand rocher porphyrique isolé, presque inaccessible, sur les hauteurs montagneuses de la Haute-Theiss, — contre les troupes de Léopold, empereur d'Allemagne, commandées par le général Caprara. Elle a tenu trois ans, elle tiendrait plus longtemps encore ; mais la trahison s'est introduite furtivement dans la forteresse. Hélène Zrinyi, vendue à Caprara par son secrétaire et par d'autres misérables de sa maison, est obligée de signer une capitulation infâme. C'est le moment qu'a choisi M. Victor Madarasz La salle principale du château est envahie, les envoyés du général Caprara sont là, avec les trahisseurs ; on présente une plume à

Hélène Zrinyi, qui s'avance calme, fière, superbe, les mains étendues sur ses deux enfants avec le geste de madame Ristori dans *Marie Stuart,* et qui signe l'acte déshonorant auquel on l'a contrainte. Cette scène a de la grandeur et de l'intérêt ; l'attention du spectateur ne s'éparpille pas ; elle se concentre, au contraire, sur l'héroïne de ce drame historique, sur la femme du patriote Tækœly et ses deux enfants, — une jeune fille qui sera belle comme sa mère, un jeune garçon qui sera vaillant comme son père. La capitulation signée à des conditions honteuses, ces conditions mêmes ne tarderont pas à être lâchement violées par la cour de Vienne ; Hélène Zrinyi sera mise dans un couvent, d'où elle ira rejoindre son mari en exil pour mourir dans une obscure ville de l'Asie ; Julia et François, ses enfants, seront confiés aux jésuites, mais ceux-ci ne pourront pas empêcher que François, devenu homme, n'épouse la cause de la liberté hongroise et ne venge ainsi sa mère par une guerre de treize ans, à main armée, contre l'Autriche.

Félicien Zach. Le vrai titre de ce tableau eût dû être *Clara Zach,* car, de ces deux personnages que M. de Madarasz a représentés sous le numéro 2062, le père et la fille, c'est la fille qui est le sujet principal — pour moi. Le vieux Félicien Zach occupe la moitié et le devant du tableau, il est vrai ; mais la jeune Clara, agenouillée près de la fenêtre, — dont la lumière atténuée par un rideau blanc semble jouer avec amour dans ses cheveux blonds, — la jeune Clara est plus intéressante parce qu'elle est plus belle, et je ne comprends que trop qu'elle ait été la victime des violences de Casimir, beaupère de Charles d'Anjou, roi de Hongrie : Casimir est un misérable — bien heureux! D'ailleurs, j'en fais humblement l'aveu, les filles m'ont toujours plus intéressé que les pères. Celle-ci est une adorable créature, et je voudrais pouvoir mettre mon cœur à ses genoux — et sous ses genoux, pour leur éviter le contact douloureux du parquet. Pauvre chère fille ! on ne dirait pas, à la voir ainsi dans sa virginale beauté, qu'elle a subi les derniers outrages ; il s'échappe d'elle, comme d'une fleur, un parfum de grâce, de pudeur et de poésie, qui vous monte à la tête — en passant par le cœur. Un tigre serait désarmé par cette attendrissante attitude de lis courbé par le vent : le vieux Félicien Zach a les poings crispés et la moustache hérissée. Pourtant, en outre de la séduction de sa beauté, elle doit avoir la séduction de sa parole, — car la voix des jeunes filles a les notes claires et harmonieuses des jeunes flûtes, *puellatoriæ tibiæ* : elle aurait dû remuer son père jusqu'au parfond des entrailles. Mais non! Félicien Zach, exaspéré, va se rendre au palais, se frayant à coups de sabre sur les gardes un chemin pour arriver à la grande salle où toute la famille royale est réunie, à table, et il ne se rendra qu'après avoir tué deux ou trois valets — ce qui n'est rien — et blessé deux ou trois parents du roi, Charles d'Anjou — ce qui beaucoup. Je ne blâme pas ce respectable forcené, quant à ce qui le concerne, lui personnellement, et je trouve tout simple qu'on lui réserve, comme punition de sa rebellion, les supplices barbares en usage au quatorzième siècle; mais je le blâme énergiquement d'avoir ainsi compromis son innocente et belle enfant, et de lui avoir fait partager son martyre : n'était-ce donc pas assez de Casimir?

Ce tableau de M. de Madarasz est celui que je préfère, — à cause de Clara.

M. Louis-Frédéric SCHUTZENBERGER. A envoyé sept tableaux très-différents : *Terpsychores*, *Marie Stuart en Ecosse*, *Lièvre se dérobant dans les genêts*, *Le procès-verbal*, *Idylle allemande*, *Braconnier à l'affût*, et *Marée basse*.

Sur ces sept tableaux, qui n'ont pas l'air d'avoir été peints par le même artiste, j'en éliminerai trois, — si vous le permettez : *Marie Stuart*, le *Lièvre* et *Marée basse*. Il vaut mieux ne rien dire de certaines toiles que d'en dire du mal, n'est-ce pas? Pour les quatre autres, j'en veux dire le bien que j'en pense.

Terpsychores est — tout naturellement — une danse antique, sur le gazon vert, sous le ciel bleu, devant la mer plus bleue encore.

Les danseurs sont deux jeunes filles et un jeune garçon, — trois adolescentules. L'une des jeunes filles, la plus grande, est drapée (non habillée) de gaze excessivement transparente; l'autre est nue comme la jeunesse, nue comme la beauté, nue comme l'innocence. A gauche, debout, une femme en tunique mauve frappe sur des cymbales; à côté d'elle, assis, un homme souffle dans une flûte de roseau. Ce tableau est blond, limpide, tranquille et doux comme un vers de Virgile.

Le Braconnier à l'affût est un paysage automnal, d'un très-mélancolique effet. Le maraudeur en blouse bleue, relevée au milieu, que l'on aperçoit dans un coin du tableau, à gauche, au port d'armes, vient sans doute ainsi quotidiennement, au failli, à l'heure où les bois se faisant silencieux, les cerfs, les daims et les biches ont débuché de leurs gaignages pour aller faire leurs viandis. Nourri par la forêt, il en connaît les détours, — ainsi que ceux de tous les animaux qu'elle abrite en ses profondeurs. Il en sait autant et plus que le grand veneur de sa majesté le roi. Ce n'est pas lui qui confondra les traces des bêtes vivantes de broust, comme les cerfs, les rangiers et les daims, avec celles des bêtes mordantes comme les sangliers, ou avec celles des bêtes puantes, comme les renards, les putois et les taissons. Il a étudié les routes, les voies, les erres, les brisées, les pistes, propres à chacun de ces habitants sauvages, et, comme il affectionne la bonne venaison, il juge à merveille du passage d'un cerf, du voisinage de son ressui, par le pied, par les portées, par les abattures, par les fumées, par les foulures, par les frayoirs, par tout. C'est un grand savant, le braconnier !

Donc, celui-ci est à l'affût, épiant le moment où il pourra tirer. Ce moment n'est pas loin, car là-bas, au fond du tableau, au bout de la clairière, au milieu du carrefour, vient d'apparaître un troupeau de porteurs d'andouillers et de leurs timides compagnes, — flairant le vent, hésitant à avancer ou à fuir. Mais il n'est plus temps : une lueur rouge, entourée de fumée bleue, a traversé l'espace ; une détonation s'est fait entendre, — et le braconnier n'aura pas jeté sa poudre aux moineaux, je vous en réponds. Un chasseur rentre bredouille au logis. souvent; un braconnier, jamais! jamais! Le braconnier ignore le chou-blanc, — et sa ménagère aussi.

Le Procès-Verbal est un tableau charmant. Une belle fille maraudait tout à l'heure dans la forêt, faisant de l'herbe, — et cassant sans doute de jeunes arbres afin de faire du bois mort pour sa mère, le mois prochain. Un forestier l'a surprise, et il menace d'un procès-verbal. Seulement, malgré son fusil à deux coups, ce garde n'est pas trop effrayant, et il y a tout lieu de supposer que dans tout cela il n'y aura pas grand dommage, — excepté pour la morale. La belle coupable — qui le sera davantage bientôt — est assise sur le tas d'herbes enveloppé d'une toile qu'elle vient de récolter dans la forêt; ses pieds nus, qui sont d'un galbe assez distingué pour une paysanne, reposent sur la poussière de l'allée déserte où elle vient d'être surprise. Elle a un adorable profil, cette blonde enfant, — un profil régulier et pensif comme celui de Mignon. Elle penche la tête pour n'avoir pas à subir la fascination du regard du beau forestier qui lui parle, et qu'elle ne repoussera pas certainement — pour mari. Les reproches qu'il lui adresse, le procès-verbal dont il la menace, ne l'effraient pas beaucoup, j'en suis sûr; ce qui doit l'effrayer davantage, c'est de se trouver ainsi seulette, — en simple corsage de futaine bleue, en simple cotillon rouge, en simple chemise de toile blanche retroussée presque jusqu'aux épaules, — dans l'endroit le plus mystérieux et le plus isolé du bois. Le forestier n'est pas un saint, — au contraire; et vous, belle fille, vous n'êtes pas une bégueule, malgré vos airs penchés et languissants :

> « Vous souriez. Mettez votre main dans ma main,
> Venez. Le printemps rit, l'ombre est sur le chemin,
> L'air est tiède, et là-bas. dans les forêts prochaines,
> La mousse épaisse et verte abonde au pied des chênes. »

Belle amoureuse, je vous plains! Beau forestier, je vous envie !

L'Idylle allemande, quoique cousine du *Procès-Verbal,* est conçue dans un sentiment plus délicat, plus chaste et plus pittoresque. Deux jeunes gens, qui semblent sortis des *Contes* d'Auerbach, — ce sera, si vous voulez. Marianne Bomüller et Tolpatsch Schorer, — sont plantés debout l'un en face de l'autre, devant une fontaine rustique du village de Nordstetten. Tolpatsch, — cheveux blonds presque ras, visage rouge brique, gros yeux bleus, grande bouche à demi ouverte, — appuie son bras droit, auquel append sa pipe de cuivre, sur le portant en bois de la fontaine; il a sa main gauche appuyée sur la hanche et en partie fourrée dans sa culotte; il est en chemise, avec des bretelles très-compliquées, comme on n'en voit plus qu'en Suisse ou en Allemagne, avec une armature transversale qui me paraît fort bien imaginée. Tout cela, assurément, ne fait pas un beau garçon de Tolpatsch, — qui a l'air lourdaud comme son nom; mais Tolpatsch aime Marianne, et les femmes sont assez disposées à passer sur la laideur et sur la gaucherie des hommes qui les aiment sérieusement. Cependant Marianne est trop jolie pour n'être pas coquette. Tolpatsch peut lui chanter la chanson allemande qui commence par :

> « Comme tu es fière de tes joues
> Qui brillent comme du lait et de la pourpre ! »

Marianne regarde Tolpatsch en dessous, avec ce qu'on appelle « des yeux en coulisse », — relevant d'une main son tablier de cotonnade rouge, et l'autre main posée sur son ventre. On devine sa jeune et fraîche gorge sous son bavolet rouge et sous sa chemise de toile blanche. Elle a les cheveux nattés, formant couronne, — la couronne de la grâce et de la jeunesse, ces deux éphémères royautés. Elle a un collier. Un collier ! prends garde, Tolpatsch ! Marianne est décidément coquette : elle te trompera pour Jœrgli, — tu sais, Jœrgli ton rival, Jœrgli le beau palefrenier, qui a servi dans la cavalerie, et qui poignarde tous les cœurs de seize ans du bout de sa moustache rousse, pointue comme une épée !

Pour l'instant, Tolpatsch ne songe pas au maudit Jœrgli : il ne songe qu'à la divine

Marianne qui est là, devant lui, presqu'à la portée de sa main et de ses baisers, et qui ne s'en va point, bien que son seau de bois soit plein depuis un quart d'heure. Dans le fond, à gauche, sur le bord de la route qui dévale, cachée comme un nid sous les arbres, est une maisonnette, — probablement celle du forgeron Jacob Bomüller, dont la femme, la mère de Marianne, est la tante de Tolpatsch. A droite, perdue aussi sous la feuillée, est une autre maisonnette, — probablement celle de la famille Schürer. De ce voisinage est née l'amitié de ces deux jeunes gens. Levé avec l'aurore, Tolpatsch, après avoir garni la mangeoire de sa vache et de son veau, s'en va dans l'étable du forgeron pour la nettoyer, pour étriller les bœufs, pour renouveler leur litière, de façon à ce que Marianne, en entrant pour traire les bêtes, trouve tout propre et bien rangé. « Tu es un bon garçon, Tolpasch », — lui dit-elle de sa voix douce comme miel et claire comme cristal. C'est sa récompense. Il en a d'autres encore, — comme, par exemple, en mangeant à la table commune, dans la soupière commune, de rapprocher souvent sa cuiller de celle de sa « bonne amie », ou bien encore de mettre sur sa peau de pachyderme, qui alors tressaille d'aise comme une peau d'enfant, une chemise dont Marianne a elle-même teillé et filé le chanvre, qu'elle-même a blanchie et cousue. Mais, hélas ! Tolpatsch, malgré ses qualités de cœur, ne vaut pas, pour une jeune fille coquette comme la belle Marianne, le beau Jœrgli, — et à la fin de ce roman rustique, vous verrez que la belle Marianne aura été séduite par le beau Jœrgli, et que le bon Tolpatsch épousera la bonne Mechtilde, la fille de son cousin Mathès, de la montagne.

Marianne ! Marianne ! tu es fière de tes joues
Qui brillent comme le lait et la pourpre.
Mais les roses se fanent vite, Marianne !

M. Charles GIRAUD. A envoyé quatre tableaux, dont trois *intérieurs*, et une *Vue de Tinyvalla, en Islande*.

La *Vue de Tinyvalla* ne manque pas d'intérêt, certes ; cependant on me permettra de préférer l'*Intérieur au XVe siècle* et de ne parler que de lui. Un savant, chaussé à la poulaine, assis sur une chaise en bois sculpté, devant une vaste cheminée, feuillete un in-folio qui contient quelque précieux manuscrit. Derrière lui est une table chargée d'un petit coffret en fer découpé à mailles à jour et de plusieurs ustensiles d'un usage familier. A droite, entre la fenêtre et le cadre du tableau, est un lit dont la garniture, les courtines et les gouttières sont en damas rouge. Dans le coin de la cheminée, à gauche, est un prie-Dieu en bois sculpté ; je crois avoir aperçu aussi une crédence à pans coupés, décorée de pilastres à ses angles et enrichie d'arabesques, — le tout en chêne bruni. N'oublions pas le plafond à solives apparentes, les faïences, les armes, — en un mot une des salles du musée de Cluny. C'est de l'archéologie agréablement peinte, qu'on regarde plus volontiers que beaucoup d'autres intérieurs à la Drolling. Il n'est pas aussi facile qu'on serait tenté de le croire de reconstruire, pour le spectateur de 1861, un morceau de la vie intime en 1490, et les artistes qui, tentant cette épreuve, s'en tirent aussi proprement que M. Charles Giraud, méritent d'être signalés à l'attention de la foule. Je préfère cet *Intérieur au XVe siècle* à l'*Intérieur d'un salon de la princesse Mathilde*, exposé en 1857 par le même peintre, — en même temps que sa *Pêche au phoque*, dont j'ai gardé bon souvenir.

Alfred DELVAU.

(La suite au prochain numéro.)

———◦━◦━◦———

CAUSERIE DRAMATIQUE

Les Domestiques, par MM. E. Grangé et R. Deslandes. — *La Vie indépendante*, par MM. N. Fournier et Alphonse.

Le vaudeville de MM. Grangé et Deslandes a été reçu par des rires, ce qui équivaut à des applaudissements, et des spectateurs nombreux encombrent chaque soir la salle des Variétés. Cela est beau, vu le nombre incalculable de degrés qui escaladent en ce moment l'échelle des thermomètres et la vétusté du sujet de la pièce. J'ignore ce que MM. Grangé et Deslandes ont fait à ce thème fourbu, quel poivre et quel gingembre ils lui ont ingurgité ; mais de ce locatis, dont ne voulaient même plus les calicots littéraires, ils ont fait une chose fringante et démésurement joyeuse. La renommée aux trompettes innombrables leur en tiendra compte, le caissier du théâtre des Variétés aussi, — à moins qu'ils ne travaillent pour la gloire, ce qui est une supposition d'où la vraisemblance est exclue.

Les auteurs de la *Vie indépendante* ont visé plus haut que ceux des *Domestiques*, qui ont voulu prouver seulement que nos domestiques sont nos maîtres. MM. Fournier et Alphonse ont cherché à démontrer au public irascible et tapageur du Gymnase qu'un célibataire est un individu horrible et malheureux, et que le mariage est l'idéal du bonheur sur la terre, un spécimen sérieux des félicités éternelles. Prêcher l'accouplement en ce moment de diacausie me paraît audacieux.

Ce n'est pas que nous ayons pour l'hymen une haine inapprivoisable ; cet état nous inspire plus de terreur encore que de haine : être lié à une créature quelconque nous paraissant un supplice non moins pénible qu'humiliant. Aussi, quand nous considérons une créature féminine, frémissons-nous comme un tremble : la femme étant pour nous la personnification accomplie de la puissance, une sorte de Trimourti humaine, et, comme Maheçouara, stupide, capricieuse et féroce. C'est donc à tort, suivant moi, que le contraire de ce que je prétends ici a cours dans les cervelles. En y réfléchissant avec ténacité, on le reconnaîtra aisément. L'être faible et melliflu, c'est l'homme ; l'être robuste et souverain, c'est la femme.

Donc, mille fois béni est l'homme qui, blanc marron, vit loin du servage de la femme. Un ciel d'un imperturbable azur enveloppe son cerveau ; son cœur nage dans l'huile d'amandes douces de la quiétude, et sa vie, aimable folie imaginée par les dieux un jour de liesse, n'est qu'une guirlande de félicités...

Ainsi disiez-vous, ô ma belle amie d'Allemagne, en effleurant mon visage de vos épaules couleur de clair de lune, alors que je vous parlais, moi, du joug amer qui pesait sur mon cœur. Vous insistiez ; et, de votre voix qui sentait l'aubépine, vous me murmuriez à l'oreille la chanson captivante de l'infidélité. Combien perfidement douce et sonore était cette voix ! elle ne me troublait pourtant pas, et ni l'humidité de vos regards, ni les molles étreintes de vos mains ne me firent faillir. Vous vous éloignâtes d'un air impérial, ô sirène !

Je reconnais maintenant ma niaiserie, car je sais aujourd'hui combien est défortuné l'être qui s'est laissé enfourcher par la sorcière adorable et funeste, et combien son débait est lamentable ! Sa vie n'est plus qu'une géhenne chauffée à blanc. Le soupçon, la colère, la jalousie, la haine deviennent ses compagnons ; il cesse de manger et de boire (chose nuisible !) pour travailler sans cesse (chose ennuyeuse !), et la nuit, en place des rêveries court-vêtues, hôtesses ordinaires de l'homme heureux et libre, l'helminthe et la lémure hantent son âme !

Situation flébile, et dont Dieu nous préserve ! Telle est pourtant celle que MM. Alphonse et Fournier se sont efforcés de rendre captivante. Cette coupable tentative, hâtons-nous de le dire, a pu réussir comme pièce, mais est tombée comme œuvre. Leur peinture du ménage ne donnera l'envie à personne de se marier ; le tableau qu'ils font de la vie indépendante, personnifiée en Duplessis, invite, au contraire, à l'existence anti-esclavagiste. Les auteurs eux-mêmes l'ont senti ; et, délaissant bientôt les délices des Capoues bourgeoises, ont-ils dû, pour rendre possible la fin de leur pièce, employer un élément qui n'a aucun rapport avec l'idée première. Ne pouvant convaincre leur héros, ils ont mis de cô é l'éloge du mariage, fade amorce, pour piquer à leur hameçon l'asticot du sentiment paternel. Si Duplessis, comme beaucoup d'autres, n'a pas la corde de l'hymen, il a, en revanche, le cable de la paternité. Il mord, on s'en saisit, et une fois pris, M. Alphonse le pousse véhémentement chez M. le maire, qui le marie à sa vieille maîtresse, tandis que son collaborateur — je veux dire son adjoint — unit sa fille à celui qu'elle aime.

Je serais injuste si j'oubliais de tenir compte aux auteurs de l'art qu'ils ont montré. Ils ont sur un canevas mauvais brodé de bonnes choses, et ils ont réussi à faire une pièce que le public du Gymnase a accueillie avec bienveillance,

Nous avons, pour notre part, applaudi Lafont, Kime et mademoiselle Delaporte, — figure chaste et charmante qu'on dirait échappée aux *lieder* illustrés de Justinus Kœrner. Quant à Lesueur, avec son nez en vrille et sa bouche en ouverture de tirelire, il a été, comme toujours, très-comique dans un rôle inférieur à son talent.

L. Reynard.

J'ai assisté dimanche dernier, en compagnie nombreuse et choisie, à la soirée hebdomadaire que donnent les élèves de M. Martel, dans sa jolie petite salle de la rue des Martyrs. On y a joué *Andromaque*, — sans Andromaque, ce qui ne laissait pas déjà d'être curieux ; puis on a chanté, et, à ce propos, je veux constater le grand succès obtenu par mademoiselle Carlotta Lippi, élève du Conservatoire de musique, qui a chanté — d'une voix de soprano ravissante, — l'air de la Juive : « *Il va venir…* » Elle a mérité les applaudissements chaleureux qui lui ont été donnés de toutes parts, par la façon vraiment remarquable dont elle a enlevé cet air, — écueil de plus d'une cantatrice.

Mademoiselle Carlotta Lippi doit concourir, cette année, au Conservatoire : nous lui souhaitons le prix d'opéra.   L. R.

━━●❀●━━

LES ARTS CHALCOGRAPHIQUES A L'EXPOSITION.

6ᵉ ARTICLE.

Hâtons-nous de saluer de brillantes exceptions. M. Pierre Verdeil, de Nîmes, nous soumet l'*Adoration des mages*, d'après le tableau de Rubens du musée d'Anvers et sur un dessin de M. Bocourt (3889), les *Tsiganes*, d'après M. Valerio et sur un dessin de M. Janet (3890) ; enfin deux scènes de l'*Enfer* de Dante (3891-92), d'après les dessins de Gustave Doré. Ces gravures sont exécutées avec autant d'intelligence que de talent ; elles accentuent le dessin et rendent magiquement les effets les plus pittoresques de la lumière et de l'ombre.

Nous retrouvons les mêmes qualités, avec une netteté parfaite, dans les deux gravures de M. Désiré Regnier, le *Panorama de la ville de Rome*, d'après un dessin de M. Thérond (2855), et la *Rentrée des foins* d'après un dessin de M. Paul Huet (2856). A part les ouvrages, vraiment distingués, de ces deux artistes, nous n'avons à signaler rien de bien saillant.

Dans notre rapide revue de la lithographie, nous avons omis trois de ses plus éminents représentants. M. Laurens, élève de Paul Delaroche, a exposé l'*Abreuvoir* d'après mademoiselle Rosa Bonheur (3937), un *Jeune Ménage*, d'après van Muyden (3938) et *Velléda*, d'après M. Cabanel (3939), chefs-d'œuvre d'exécution large, souple et brillante. M. Sirouy, élève d'Emile Lassalle et médaillé au Salon de 1859, a reproduit le *Sardanapale* d'Eugène Delacroix (3963), une *Halte de bohémiens*, d'après M. Knaus (3964), et le portrait de mademoiselle *Rosa Bonheur*, d'après M Dubufe (3965). La place nous manquant pour détailler notre appréciation, nous nous bornerons à constater que cet artiste si sympathique s'est surpassé cette année en donnant un nouvel éclat à ses qualités et en faisant presque disparaître ses défauts.

Citons encore comme des modèles achevés les deux ouvrages de M. Stadler, de l'école de Munich, une *Sainte Famille*, d'après van der Werff (3972), et le *Ravissement de Phœbée et d'Elaïra*, d'après Rubens (397). Après une telle perfection, il faut s'arrêter ; le regrettable Aubry Lecomte était seul allé jusque-là.

Nous avons promis de revenir sur M. Charpentier-Bosio. Sa *Prière des enfants*, d'après Gallait, est un morceau très-bien réussi ; nous en dirons autant d'*Une Mère*, d'après van Muyden, et des *Associés*, d'après Henneberg. Les autres épreuves exposées par lui ont le tort d'avoir été exécutées d'après des peintures anglaises qui ne brillent pas précisément par le dessin. Dégoûté de la lithographie, par suite de la concurrence désastreuse que lui fait la photographie, M. Charpentier-Bosio veut, dit-on, se livrer exclusivement à la peinture. Son début est un charmant tableau de genre, le *Déjeuner* (573), placé sous la *Concordia* de Puvis de Chavannes. Une jeune maman se dispose à prendre son repas du matin en tête à tête avec son Benjamin, et déjà l'espiègle baby approche des lèvres maternelles une belle cerise mûre. Cela est frais, gracieux, coquet sans afféterie ; une petite idylle qui ravit le cœur. Il y a bien quelques incorrections, mais elles semblent déceler la précipitation du travail, et des retouches intelligentes les feraient aisément disparaître.

En parlant de la *Gorge de Malakoff*, cette eau-forte de M. Lallemand si nette et d'un effet si satisfaisant, nous avons omis de dire qu'elle était accompagnée d'un portrait du sculpteur Mathieu Meusnier (3774), finement et précieusement travaillé. On sent sur ce visage la palpitation de la vie. Ce n'est pas seulement un *fac simile* de la physionomie ; mais à la ressemblance matérielle s'ajoute la ressemblance morale. M. Lallemand devait exposer un portrait de l'Empereur exécuté de la même manière, dans de plus grandes dimensions ; mais il n'a pu le terminer à temps, et cet ouvrage figurera, nous assure-t-on, à l'Exposition de Nantes. On sait que cet habile artiste a gravé à Turin un Téniers, qui est resté l'une des œuvres magistrales de la galerie de Charles Albert.

Il nous reste à signaler les torts de la photographie à l'endroit des arts chalcographiques. Nous nous appuyons des judicieux arguments de M. Alfred Busquet qui a vigoureusement combattu ce genre de contrefaçon. Il va sans dire que nous laissons en paix la photographie artistique, celle qui ne se détourne pas du rôle si noble et si grand que lui assignent les progrès de l'esprit humain. Mais, sous prétexte qu'une gravure est une traduction, les contrefacteurs de l'étranger reproduisent la planche par la photographie sans le consentement du graveur. D'abord, il n'est pas vrai qu'une gravure soit une traduction ; c'est un art à part, offrant dans ses produits tous les caractères d'une œuvre originale. Et quand ce serait une traduction, serait-il permis à un second traducteur de copier la traduction du premier avec des modifications quelconques et sans permission aucune ?

Deux Etats sont spécialement atteints par cette contrefaçon : la France et l'Italie ; la France, seul pays où il existe encore une véritable école de gravure ; l'Italie où, dans la province de Parme, se poursuit, grâce aux efforts des élèves du célèbre Toschi, le grand œuvre des fresques du Corrége et du Parmesan, travail qui a pour but de conserver à la postérité ces compositions grandioses dont l'original va se détruisant de jour en jour.

La gravure de l'hémicycle du palais des Beaux-Arts, par Henriquel Dupont, a coûté à la maison Goupil 50,000 fr., plus 50,000 autres francs donnés à l'auteur comme droit à la reproduction, en tout 100,000 fr. Cette gravure, vendue à Paris 150 fr., est reproduite à l'étranger par la photographie et s'obtient pour moins de 20 fr. Voilà un exemple, entre cent mille, du tort que ces contrefaçons font à la gravure. Si nous ne craignions de parler politique, nous émettrions le vœu que le Gouvernement, qui négocie en ce moment des traités de commerce avec les principaux États, y insérât des clauses en faveur des arts chalcographiques dont la situation, fortement compromise par des causes diverses, a droit à son intérêt et à sa protection.

Dimanche prochain nous terminerons nos appréciations par un dernier article dans lequel nous examinerons l'Exposition de photographie, dont la clôture est fixée au 15 juillet.

Jules LADIMIR.

(La suite au prochain numéro.)

Le rédacteur en chef : LOUIS LAVEDAN.

Paris. — Imp. Walder, rue Bonaparte, 44.

SALON DE 1861

(Suite)

NEUVIÈME JOURNÉE (10 juin).

M. Jules Worms. N'a envoyé qu'un tableau, *Une arrestation pour dettes.*

Il est six ou sept heures du matin; nous sommes en hiver, dans la saison des bals de l'Opéra — et des soupers fins qui sont la conséquence naturelle de ces bacchanales sans enthousiasme. Un monsieur, un viveur mitigé de gandin, habillé en polichinelle cossu, — vert et rouge, à passementeries d'argent, — sort du café Riche en compagnie d'une adorable fille d'Eve en robe de satin jaune, en jupon de satin violet, en bas de soie à jour, en souliers de satin blanc, en burnous de cachemire, sa conquête de la nuit. Il fume nonchalamment son cigare, marchant plus nonchalamment encore, comme dans un rêve, songeant à part soi aux félicités qui lui ont été promises entre deux fioles champenoises et entre deux baisers parisiens par sa compagne improvisée. Mais le voilà interrompu brutalement, au beau milieu de son rêve asiatique, par l'apparition de trois gardes du commerce, qui ont voulu voir lever l'aurore ce matin-là à son intention. L'un d'eux, leur chef, mis presque convenablement, à menton rasé de frais, à pardessus de caoutchouc à double face, lui présente tranquillement, sans ôter son chapeau, une petite main d'ivoire emmanchée au bout d'un bâton, dont la signification est comprise de tout le monde. Deux autres recors, de même acabit que celui-ci, et tout aussi civils que lui, cernent impitoyablement le couple amoureux; l'un, au feutre mou, au nez truculent, à la moustache en brosse, étend la main comme pour empêcher les deux oiseaux de s'envoler plus loin; l'autre, en favoris grisonnants, la main droite dans une poche de son paletot, la main gauche armée de sa canne, regarde insolemment la jeune femme qui se presse contre son amant avec un mouvement de chatte effrayée, et il semble lui souffler ces paroles violemment alcoolisées : « Où allez-vous aller maintenant, la belle oiselle, maintenant que votre tourtereau, au lieu de roucouler avec vous dans la cage nuptiale, s'en va aller dans une cage moins agréable pour réfléchir à la fragilité du bonheur et aux inconvénients des lettres de change?... » Un quatrième recors, peut-être un commissionnaire, tient ouverte la portière d'un fiacre attelé d'un pacifique cheval blanc, dans lequel on va « emballer » le débiteur insolvable.

Voilà le groupe principal, — auquel se rattachent d'autres groupes destinés à compléter la pensée philosophique de l'artiste. Ce sont des masques, des pierrots, des chicards, des titis, qui se dirigent de la rue Le peletier vers le boulevard, et semblent hêler le fiacre liberticide, — que le jeune fou pour lequel on l'a retenu céderait de grand cœur à quiconque voudrait aller, en son lieu et place, là où on va le conduire. Le cheval blanc, à moitié endormi, — il a passé la nuit, lui aussi, mais sans champagne et peut-être sans picotin, — a l'air presque chagriné du vilain rôle qu'on lui fait jouer : il irait plus volontiers à Saint-Germain qu'à Clichy, bien que la route soit plus longue de beaucoup. Une petite chiffonnière d'une douzaine d'années, en marmotte, en robe grise, en tablier bleu, le crochet à la main, oublie de trier les épluchures éparses à ses pieds, pour regarder d'un œil d'envie les belles nippes de la « belle madame, » — sans prévoir qu'un jour, elle aussi, quand de chrysalide informe elle sera devenue papillon éclatant, elle subira, au bras d'un amant, cette humiliation publique. A gauche, le long des volets fermés du restaurant, sur le

24

boulevard des Italiens, sont les vêtements de travail des cantonniers, — des arrosoirs, un balai, etc.

Le tableau est complet, comme on en peut juger par cette rapide esquisse que je viens d'en essayer. L'artiste qui l'a peint est un homme d'esprit qui éprouve le besoin de mettre sur une toile autre chose que des bons hommes et des bonnes femmes : il a voulu dire quelque chose, cela est évident, — et il a réussi. Le garde du commerce à la main de justice, la jeune femme, l'argousin à la canne, sont exacts comme des portraits : je les ai rencontrés l'autre matin en sortant de *Hill's Tavern*, aux premières lueurs de l'aube.

M. William-Adolphe Bouguereau. A envoyé cinq toiles : *La première discorde, Faune et Bacchante, Le retour des champs, La Paix*, et le *Portrait de madame M. de C...*

M. Bouguereau recherche le beau et il le rencontre souvent. La distinction de ses tableaux se ressent des études consciencieuses qu'il a faites d'après les maîtres de l'Ecole italienne : c'est un Romain qui a mis son temps à profit. Mais a-t-il vraiment surpris le secret des maîtres dans la composition de ses tableaux ? *That is the question.* Il a la science du modelé, il a la grâce, il a l'élévation des pensées, il a la conscience ; cependant, je ne crois pas que ces qualités, toutes précieuses qu'elles sont, soient à elles seules suffisantes pour créer des œuvres parfaites. Le coloris de M. Bouguereau ne manque pas d'une certaine vérité ; encore laisse-t-il un peu trop à désirer. Par exemple, le paysage ne se lie pas aux figures par le clair-obscur : c'est une tache couleur de chair qui se détache sur une tache verte chargée de figurer les arbres. Les maîtres — qu'il me permette de les rappeler si fréquemment — procédaient autrement, à ce qu'il me semble ; l'harmonie, sentiment inné chez eux, les conduisait sans cesse à la recherche des phénomènes de la lumière les plus propres à déterminer la juste résolution des objets entre eux, — ce dont M. Bouguereau n'a pas assez l'air de se préoccuper. La lumière — qui se propage toujours en

ligne droite en vertu de la loi établie par la nature elle-même — doit, par conséquent suivre la route qui lui est tracée de toute éternité : si elle entre par un côté de la toile, elle doit sortir par le côté opposé, en éclairant principalement le sujet dominant de la composition. Or, dans les tableaux exposés cette année par M. Bouguereau, la lumière, une fois entrée, y reste emprisonnée, ou bien elle éclaire le sujet principal sans qu'on sache pourquoi ni comment, sans entrer ni sortir, ce qui est plus grave. Dans les œuvres des maîtres — j'y reviens malgré moi — aucun détail n'est abandonné au hasard : il a toujours sa place précise, suivant la donnée des lignes du tableau ; il sert à guider l'œil du spectateur, placé qu'il doit être et qu'il est sur la ligne indiquée par le mouvement lumineux, — au lieu de nuire à la vision et de diminuer la force et l'expression du sujet.

Ainsi, dans la *Première Discorde*, la lumière éclaire le ciel, à gauche, au lieu d'éclairer les feuilles de droite. Même remarque à faire pour la *Paix*. Dans le *Retour des champs*, le cactus est inutile, plus qu'inutile, nuisible, et le ciel de gauche est trop clair : cela nuit à l'expression et à l'élégance de ce tableau, et c'est grand dommage, car il est composé avec une science parfaite du dessin. Dans *Faune et Bacchante*, la lumière du dessous de bois n'est pas où, selon moi, elle devrait être, c'est-à-dire sur le haut des arbres de droite. Le *Portrait de madame M. de G*** est un peu monotone, à cause du fond, qui occupe un trop grand morceau de la toile et qui est uniformément coloré.

Mais voilà que je m'éloigne de ma façon de parler habituelle. J'ai été pris — je ne sais pourquoi — d'un accès de pédantisme artistique à propos des très-remarquables tableaux de M. Bouguereau, et je leur ai fait une querelle d'Allemand — oubliant que je suis Parisien, c'est-à-dire enthousiaste, primesautier, amoureux de toutes les jolies choses, sans me demander le pourquoi de la séduction exercée par elles sur mon esprit et sur mes yeux. C'est la première — et peut-être que ce ne sera pas la dernière fois :

on ne peut répondre de rien dans la vie — et dans la critique d'art. Pour le moment, je me repens bien sincèrement d'avoir été si sévère pour les quatre toiles de M. Bouguereau, dont les grandes qualités sauvent aisément les petits défauts. Son Faune enlevant une Bacchante est un spectacle bien fait pour me réconcilier avec sa peinture, si jamais j'étais brouillé avec elle : il me pousse des ergots fourchus aux pieds et des idées capricantes dans la cervelle !

M. Joseph-Victor RANVIER. A envoyé trois tableaux, *les Vertus s'en vont*, les *OEgypans*, et le *Matin*.

J'avais déjà vu, il y a six mois, chez l'éditeur Cadart, une photographie des *Vertus partant pour l'exil*, et cela m'avait laissé une impression profonde, à laquelle le tableau a encore ajouté quelque chose.

Exeunt! Elles partent sombres, amères, désolées, — la Foi au milieu, en robe rouge, tenant son flambeau sur lequel a soufflé l'impiété ; l'Espérance, à gauche, en tunique verte, soutenue par la Foi ; la Charité, en tunique bleue, soutenant de son bras droit un enfant qu'elle embrasse, et, de la main gauche, entraînant un autre enfant qui se voile le visage et pleure. Derrière ces saintes consolatrices à bout de courage, à l'horizon, dans la brume, on aperçoit une ville,—qui pourrait bien être Paris. *Exeunt!* On les a insultées, on les a humiliées, on les a bafouées, et puisqu'on ne veut plus d'elles dans cette orgueilleuse capitale — qui pourtant aurait bien besoin d'elles, — elles s'exilent, elles vont chercher une patrie plus hospitalière, un ciel moins chargé de tempêtes, une atmosphère moins empestée de blasphèmes, une foule moins saturée d'égoïsme. *Exeunt!* et elles font sagement, — ces saintes folles qui croient le monde meilleur parce qu'il est plus vieux. Fuyez, Vertus, puisque l'on vous chasse ; mais si vous attendez, pour vous reposer, que les hommes vous fassent un plus cordial accueil, vous marcherez longtemps ainsi, je vous le dis, — car les hommes sont partout les mêmes, et votre royaume n'est pas de ce monde! Mais, encore une fois, fuyez, Déesses ! courez toujours, de votre allure irritée et sauvage, maudissantes et enfiévrées, loin de ce sol qui vous brûle les pieds, loin de cet air qui vous empoisonne le cœur! Courez toujours; vous êtes encore trop près de Paris !

Ce tableau est d'un bon dessin et d'un bon style ; la couleur en est sobre, sans éclat, mais non sans harmonie. On ne s'arrête pas impunément devant.

J'aime moins les *OEgypans*, quoique celle soit pas là une toile banale. Peut-être est-elle un peu confuse ; peut-être aussi l'effet de lune est-il d'un rouge trop hardi. Allons sous ces voûtes chevelues, à cette heure de la nuit où toute chose prend un aspect fantastique :

« Nous laisserons fumer, à côté d'un cytise,
Quelque feu qui s'éteint sans pâtre qui l'attise,
Et, l'oreille tendue à leurs vagues chansons,
Dans l'ombre, au clair de lune, à travers les buissons,
Avides, nous pourrons voir à la dérobée
Les satyres dansants qu'imite Alphésibée. »

M. François Claudius COMPTE-CALIX. A envoyé quatre tableaux : *La forêt de Bondy*, *Il n'y a pas de fumée sans feu*, *Comment on apprend à pêcher*, et *Souvenir de Bresse*.

La forêt de Bondy n'est pas ce qu'on pourrait penser au premier abord. Nous sortons ici de la cour d'assises pour entrer dans le petit salon bleu de l'hôtel de Rambouillet, — et comme j'aime beaucoup la préciosité et le marivaudage, qui me consolent des auvergnateries de MM. tels et tels, je me sens déjà disposé en faveur de cet aimable tableau de M. Compte-Calix.

Une belle dame blonde — dont on lit trèscouramment l'irréprochable gorge imprimée avec luxe sous un corsage de batiste blanche — se sauve en se bouchant les oreilles de ses deux mains, sans se soucier le moins du monde de déchirer aux épines des halliers de la forêt son mantelet de soie noire et sa robe de soie rose. Pourquoi cette fuite à perte d'haleine? Parce qu'elle est poursuivie par quatre ou cinq mauvais garnements ailés qui lui crient des tas de choses ! Mais ces garnements-là sont des amours, c'est-à-dire des voleurs de cœurs, et les femmes,—à ce que j'ai ouï conter dans ma jeunesse,—ne sont pas fâchées d'être ainsi larronnées. Je sais bien que celle-ci sourit en se sauvant, et ce rire prouve qu'elle n'a pas peur. Pourquoi se sauver alors? Pour n'en être que mieux prise, sans doute, comme Galathée, — qui ne se cachait derrière les saules que pour être mieux vue. Allons, madame, arrêtez-vous — et livrez-vous! Se sauver, quand il est si doux de se perdre, est un crime à votre âge.

Si *la forêt de Bondy*, de M. Compte-Calix, n'était pas une agréable fiction, j'irais bien volontiers m'y faire détrousser.

Il n'y a pas de feu sans fumée est un tableau un peu moins badin que le précédent. Deux amies d'enfance, devenues grandes filles, — grandes femmes même, — se revoient après quelques années d'absence. L'une, bonne et simple ménagère, qui s'est mariée avec un brave fermier, est assise dans sa cuisine, au coin de son feu,—qu'elle souffle pour faire bouillir la marmite où se prépare le souper de son « homme ». L'autre, debout, une main appuyée sur le dossier du fauteuil de son amie, est une coquette qui s'est laissée enjoler par quelque coq de village et qui le regrette amèrement à cette heure, — malgré ses dentelles, son corsage de satin rose à dents et son ravissant bonnet de bressanne. La ménagère, comme toutes les créatures à qui la loi a fait un devoir d'être fidèle, regarde son amie d'un air rieur en désharmonie avec l'affliction que celle-ci témoigne. Elle semble lui dire, d'une voix un peu goguenarde : « Tu as fauté : il t'en cuit. Le feu de l'amour illégal flambe clair et joyeux pendant un instant, pour s'éteindre dans un tourbillon de fumée malsaine. Cela t'apprendra ! »

Hé ! madame la vertueuse, cela ne lui apprendra rien du tout, à votre compagne d'autrefois, et tous vos beaux discours ne valent pas pour elle la bonne parole de consolation qu'elle était venue chercher auprès de vous. Embrassez-la bien vite de votre bouche rouge de santé sur ses joues pâles d'angoisse, et demandez-lui pardon d'être restée honnête pendant qu'elle cessait de l'être. La vertu n'est pas d'une pratique si difficile qu'on doive s'en targuer comme

vous le faites ; si le malin vous avait tentée, vous sauriez ce qu'il en coûte de lutter, et peut-être alors auriez-vous l'indulgence plus prompte et l'honnêteté moins farouche. D'ailleurs, songez-y bien : si Ève n'avait pas failli, vous ne jouiriez pas présentement du bonheur d'être aimée d'un mari, de l'aimer vous-même de toute votre âme, et de trente-six autres bonheurs aussi incontestables ! Puisque vous bénéficiez de la chute de votre première mère, vous ne devez pas condamner celle de votre sœur cadette.

Comment on apprend à pêcher est un presque Watteau fort plaisant à contempler. Une barque est amarrée parmi les joncs, sur un lac tranquille, et, dans cette barque, deux amoureux se baisent sur la bouche, pleins de confiance dans le mystère dont ils se croient enveloppés. Le nuage du bonhomme Homère a oublié d'intervenir pour les cacher — et c'est fort heureux. Ils ont compté sur le rideau de saules qui borde le lac ; mais le rideau a été entr'ouvert par des mains curieuses, celles de quatre dames très-jolies qui se promenaient probablement au bout de leur parc et qui ont été attirées là par le bruit sonore des baisers. Toutes quatre, mises en émoi, regardent très-attentivement à travers les branches ; l'une d'elles se sauve en ayant l'air de murmurer un *schocking*, — bien éloigné de sa pensée, — mais en se retournant à demi pour mieux savourer le spectacle enivrant qu'elle avait tout à l'heure sous les yeux. Ces dames vont rentrer au salon, — le plus tard possible, — et si, par malheur, — ou par bonheur, — un petit cousin s'y trouve, les attendant, je gage qu'elles essaieront mutuellement de s'évincer pour rester plus librement avec lui. Heureux petit cousin ! Imprudentes petites cousines !

On ne devrait pas tolérer de pareilles peintures : elles apprennent trop, en effet, à pêcher, — comme elles le disent effrontément. Mais en attendant qu'on les prohibe, je les regarderai toujours avec infiniment de plaisir.

M. Louis Houssot. N'a envoyé qu'un tableau, *La place de Chambéry le 22 avril 1860.*

Voici un tableau bien sérieux pour un artiste habitué aux sujets Louis XV! La population savoisienne — il y a des gens qui prononcent savoyarde — se réunit sur la place de Lans pour voter l'annexion. Les groupes sont animés; l'enthousiasme y circule électriquement, on se presse les mains, on crie *vive la France!* Je ne demande pas mieux.

J'ignore si les localités sont exactement décrites par le pinceau de M. Houssot; je n'ai jamais vu la place de Lans, qu'on dit être la plus belle de la ville, malgré la vilaine fontaine qui la « décore; » mais je suppose que tout cela n'a pas été fait de *chic;* en tout cas, c'est un tableau qui sollicite l'attention et la mérite. Avant l'ouverture de l'Exposition, dans la promenade qu'elles ont faites dans les galeries, Leurs Majestés se sont arrêtées devant lui et ont daigné féliciter l'artiste — absent. M. Houssot a le droit d'être content.

M. Eugène-Antoine-Samuel LAVIEILLE. A envoyé trois tableaux : *Une Matinée des premiers jours de mai à Villers-Cotterets, la Route de Waban à Berck*, et *les Derniers rayons à Précy-à-Mont.*

La Route de Waban à Berck est une route tournante bordée d'arbres verdoyants de chaque côté. Au fond, deux ou trois maisonnettes, enfouies sous les feuilles, indiquent le village de Waban. Sur le chemin, rayé d'ornières, vaches et paysannes sont arrêtées, — les vaches pour rêver à leur litière prochaine, les paysannes pour « tailler une bavette de longueur » aux dépens du prochain. Malgré l'heure avancée de la saison — on est au mois d'octobre — il y a un épanouissement général dans la végétation de ce tableau. Les feuilles éprouvent bien un léger frissonnement, et, se serrant les unes contre les autres, semblent bien se dire adieu jusqu'au retour du printemps; mais cela n'empêche pas le paysage d'avoir la sérénité, le calme, la fraîcheur, la poésie. Je voudrais voir seulement les ormes un peu plus tordus, leur feuillage un peu plus écimé, car, si je ne me trompe, la mer n'est pas loin, — et la mer a des bises âpres qui courbent les arbres plus qu'ils ne le voudraient.

Je préfère à cette toile les deux suivantes.

Les derniers rayons à Précy-à-Mont ont un charme mélancolique auquel il est difficile de se soustraire. On éprouve, à contempler ce tableau, une sensation de tristesse et de froid qui ne vient pas seulement de la neige qui couvre les chemins, non; cette sensation, qui vous arrive à l'esprit par les yeux, on la doit à ce soleil pâle qui jette son dernier sourire — un sourire de poitrinaire — sur ces humbles demeures dont les habitants ont l'air endormi pour quatre mois; il semble qu'il ne reviendra plus, l'ami Soleil!

Sur la route qui s'avance vers le spectateur, aux premiers plans, sont deux petites filles qui, les mains gourdes, la mine *fribou*, regagnent vitement la maison paternelle, sans s'arrêter pour saluer leur voisine dont elles viennent pourtant de recevoir un amical bonsoir. Elles ont si froid, ces enfants! si froid — et si faim! Elles arrivent de l'école, située à l'extrémité du bourg, — une école pour rire, où moyennant cent sous par an et une bûche, les petites filles et les petits garçons des environs vont apprendre, d'un vieux magister morose, que deux et deux font quatre, et que le masculin est plus noble que le féminin. Hélas! chers bambins et chères bambines, M. Barême et M. Lhomond sont des trompeurs : deux et deux ne font pas toujours quatre, le féminin est souvent plus noble que le masculin! On vous vole votre bûche et vos cent sous.

Ce paysage est d'un grand effet et je retrouve là-dedans, tout entier, l'artiste dont j'ai admiré, il y a un an, à l'hôtel Drouot, les *Etangs de Bourcq, le Hameau de Buchez, les dernières maisons de Saint-Vaast, l'Ile Saint-Denis après l'orage,* et une vingtaine d'autres toiles remarquables.

Une matinée des premiers jours de mai à Villers-Cotterets vous cause une impression presque semblable, car le livret a beau dire « mai, » la toile dit « mars, » et le commencement de l'année est aussi mélancolique que la fin. Nous sommes sur la lisière de la forêt. Les arbres sont garnis de feuilles. Il y a des flaques d'eau sur le premier plan, —

l'eau des dernières pluies. Deux femmes ramassent du bois mort. Plus loin, des hommes chargent des arbres qu'ils viennent d'abattre, sur une charrette traînée par des bœufs. Le fond est clair et serein, et le paysage s'enlève très-harmonieusement dessus. Voilà encore un bon tableau, dont il faut féliciter hardiment M. Eugène Lavieille.

Pourquoi le jury lui a-t-il refusé son *Inondation à Saint-Ouen?* Il ne l'a donc pas vue?

M. Jules Holtzapffel. A envoyé deux tableaux : *le Retour* et *En ce temps-là il n'y avait déjà plus d'enfants !*

Le Retour pourrait servir d'illustration à un roman gothique du vicomte d'Arlincourt. Un guerrier, tout habillé de fer, revient de la croisade après quelques années d'absence ; les premiers visages qu'il a rencontrés sur le seuil de sa maison sont des visages adorés, ceux de ses deux filles, qui lui sautent au cou, — après l'avoir débarrassé de son casque et de ses gantelets d'acier. Elles sont très-jolies, les deux filles de ce croisé, et —vicomte d'Arlincourt à part,—je souhaiterais vivement d'être leur père.

En ce temps-là il n'y avait déjà plus d'enfants ! est un titre un peu long, — mais un tableau fort agréable. Chérubin, en habit de soie jaune rayée de violet, au lieu d'étudier baise furtivement les gants de sa marraine, qui exhalent un parfum de femme aussi enivrant que celui de la rose placée dans un verre d'eau devant lui. Il se croit à l'abri des regards derrière son in-folio, — comme nous, jadis, derrière notre *Gradus*, lorsque nous lisions *Faublas ;* mais son précepteur, jeune abbé galant qui en sait long déjà sur les choses du cœur, entre sur la pointe du pied, revenant d'une course au jardin, — où il a été donner une leçon à Colette, la fille du jardinier, — et surprend notre jouvenceau, qui se grise d'amour. « Monsieur le vicomte, vous me copierez deux cents vers de *l'Odyssée!* — Je vous copierai tout ce que vous voudrez, monsieur l'abbé, l'*Odyssée* et l'*Iliade*, l'*Enéide* et les *Géorgiques*, les *Fables* de Phèdre et l'*His-*

toire d'Alexandre, de Quinte-Curce, — mai laissez-moi respirer cette rose qu'elle a portée sur son sein et ces gants qui ont eu l'honneur de toucher sa chair divine ! » Pauvre Chérubin ! il fera son *pensum*, et il ne pourra plus baiser les gants de sa marraine, car le cruel abbé-galant, — qui n'aime pas ceux qui aiment ses maîtresses, et qui courtise la comtesse quand il ne courtise pas la fille du jardinier,—vient de confisquer à son profit les doux objets de l'enthousiasme de son élève : il les remettra lui-même à leur place.

Malgré le papillottement de la casaque rayée de Chérubin, qui distrait un peu trop le regard, ce tableau de M. Holtzapffel est est très agréable. Les accessoires sont traités habilement, — la vieille chaise en tapisserie, la sphère, les livres reliés en cuir ou en parchemin, le tapis de la table, les rideaux, etc. C'est un progrès réel sur la *Petite truanderie*, et même sur *Chanter, aimer et boire*, exposés précédemment.

M. Henri Dargelas. A envoyé deux tableaux, *la Dispute* et *la Glissade sur la place de Sarcelles.*

Que les autres peignent s'ils le veulent les aventures héroïques ou ridicules des hommes, — ces grands enfants, — M. Dargelas, lui, se plaît à peindre les aventures plaisantes ou sérieuses des enfants, — ces petits hommes.

La Glissade nous montre une nuée de ces futurs en train d'user leurs sabots sur les ruisseaux gelés de la place de Sarcelles, près Saint-Denis. Ils reviennent de l'école ou ils y vont, je ne sais pas au juste : ce qu'il y a de plus clair pour moi, c'est qu'ils font des glissades à n'en plus finir, les uns avec timidité, les autres avec témérité,— et ce ne sont pas les plus téméraires qui tombent le plus souvent, croyez-le bien.

Il y a un mouvement vrai, une physionomie vivante dans ce petit tableau sans prétention ; et ce n'est pas là un mince éloge à faire à un artiste, car les enfants sont tout aussi malaisés à reproduire dans leurs jeux que les hommes dans leurs fonctions sociales. Glissez, enfants, glissez, —mais n'appuyez pas !

La Dispute est encore un petit sujet, à petits personnages, encore plus sérieusement traité. Ils ne sont ni vingt, ni dix : ils sont deux, — et ils se *chiquent* comme quatre. Tous deux sont sortis tout à l'heure de l'école du village, qu'on aperçoit au fond du tableau, à l'extrémité de la route ; ils étaient de bonne amitié, presque *copins*, — lui, le fils de paysans, en sabots, en grosse chemise, sans bas, sans cravate, avec une seule bretelle pour soutenir sa culotte, et lui, le fils de bourgeois, en sabots, en souliers de bon cuir, en bas de bonne laine, en chemise de bon calicot, en blouse de bonne étoffe ; mais voilà qu'ils ont imaginé de faire une partie de potet, les toupies ont été vitement cordées, et ils ont joué : *indè iræ* ! Le petit rustre a probablement triché, et, comme il est plus fort que le petit monsieur, il prend son sabot et tape dru dessus : cela se passe ainsi chaque jour parmi les hommes. Allons ! revenge-toi donc, capon, au lieu de pleurnicher et de te cacher la tête avec ton bras ; revenge-toi donc, petit lâche! Si tu laisses ce petit voyou te brutaliser ainsi une fois, il te brutalisera toujours sans rime ni raison, te chipera tes billes, te mangera tes tartines de confiture, et t'appellera rapporteur. C'est un fils de Populus, ça, petit bourgeois, et il s'exerce par avance à la tyrannie : tu verras plus tard, quand vous serez grands tous deux, et qu'il sera ouvrier et toi patron !

« Misère et corde ! » comme dit le cynique et profond Thomas Vireloque, — « c'est déjà des histoires pour des toupies ! »

Un bon point à M. Henri Dargelas pour son bon tableau.

— M. Alfred VERWÉE. N'a envoyé qu'un tableau, *Animaux dans les marais de la Campine.*

Trois vaches laitières boivent au bord du marais, — une noire, une blanche, une acajou ; une quatrième arrive avec la paysanne, sa conductrice. L'eau s'épand au loin dans la plaine bordée de joncs, que ferme un horizon mélancolique.

M. Alfred Verwée est, ou plutôt il sera un jour un excellent animalier, comme son compatriote, M. Xavier de Cock, — le maître actuel de ce genre. Il a du talent, — un talent en fleurs, qui se nouera certainement, lorsque l'âge et l'étude lui seront venus. Pour l'instant, je veux lui signaler certaines fautes d'orthographe qui prouvent qu'il ne connaît pas encore parfaitement la grammaire de l'art. Ainsi, les plans ne sont pas à leur juste place, rien ne les indique suffisamment à l'œil du spectateur ; ils doivent toujours, à ce qu'il me semble, coïncider avec les divers degrés d'énergie des couleurs qui favorisent leur expression et leur donnent leurs distances respectives. Ensuite, puisque la lumière entre par le coin de droite du tableau, en haut, pourquoi avoir brisé cette ligne par une autre ligne lumineuse, partie du coin de gauche. Cela nuit à l'harmonie, cela détruit l'unité optique, il y a incertitude dans l'effet général.

Ces observations que j'adresse à M. Alfred Verwée, ce n'est pas dans ma science que je les prends : il est convenu depuis longtemps que les gens de lettres sont des ignorants en matière d'art, — comme en d'autres matières ; mais je les ai empruntées à un excellent livre écrit par un artiste très-compétent, — à la *Philosophie des Beaux Arts,* de M. David Sutter, — qui devrait être entre les mains de tous les peintres et de tous les sculpteurs. Le tableau de M. Alfred Verwée m'a frappé par des qualités vraies, — en dehors de ses défauts, qui m'ont frappé également, et, à cause des premières passant sur les seconds, je me suis arrêté longuement devant lui. Je ne me suis pas plaint de ma station, et je désire qu'il ne s'en plaigne pas lui-même. Tout à l'heure, à propos de ce jeune artiste belge, j'ai parlé de son compatriote, M. Xavier de Cock : il est bien entendu que si je n'ai pas parlé de Karel Dujardin, de Claës Berghem, d'Albert Cuyp, de Paul Potter, de Jean Asselyn, de Van Hagen, de Jean Meel, de Corneille Poelenburg, et d'Adrien Van Der Velde, ce n'a pas été par mépris de ces grands animaliers, que M. Verwée connaît et admire autant que je les admire moi-même. Ces maîtres sont des classiques qui font partie de toute bonne éducation artistique.

J'espère revoir M. Alfred Verwée à la grande exposition de Londres, avec d'autres toiles sœurs de celle qu'il a envoyée cette année à l'Exposition de Paris.

Alfred DELVAU.

(*La suite au prochain numéro.*)

AVIS

A Messieurs les Abonnés de la REVUE DES BEAUX-ARTS.

Nous avons reçu de nombreuses lettres contenant toutes des reproches d'oubli, à l'adresse de nos deux collaborateurs, MM. Alfred Delvau et Jules Ladimir. Nous venons y répondre aujourd'hui en annonçant la continuation du SALON du premier, et une Annexe aux articles du second, par MM. Henry Lheureux et Amédée de Tanlay. Rien ni personne ne sera oublié, nous en prenons l'engagement. Mais, on le comprend, on ne peut pas faire tenir l'analyse de 5,000 œuvres d'art dans cinq ou six livraisons de cinq ou six pages; M. Alfred Delvau a été au hasard de sa fantaisie, sans avoir la prétention de favoriser certains artistes au préjudice d'autres : il ira ainsi jusqu'au bout de sa tâche, quelque délicate qu'elle soit à remplir.

Louis LAVEDAN.

CAUSERIE DRAMATIQUE

VAUDEVILLE: *Ma Sœur Mirette*, par MM. Varin et Delaporte. *Un Mariage de Paris*, par MM. Edouard About et de Najac. — PALAIS-ROYAL : *Le Songe d'une nuit d'avril*, par MM. Chivot et Durut. *Phénomène*, par MM. Varin et de Biéville.

Nous n'ignorons pas que l'art dramatique est un art inférieur, admiré seulement des sages-femmes et de quelques habitants des Batignolles. Il y aurait donc une extrême folie à y chercher des éléments qui lui sont étrangers, des qualités qu'il ne saurait avoir. Les divisions par lesquelles on le scande nous paraissent, à cause de cela, extraordinairement absurdes. Il n'existe réellement au théâtre que deux genres de pièces, celles qui amusent et celles qui ennuient. Aussi n'ai-je jamais hésité, pour ma part, à battre des mains lorsqu'un drame m'émouvait ou qu'une farce m'avait fait rire. Pour ce motif je mêle impartialement, dans l'expression de ma reconnaissance, les esprits les plus frivoles avec les esprits les plus graves : Labiche, Dumas fils, Dennery, Marc-Michel, E. Augier, Sardou, etc., ces auteurs ayant à diverses reprises frappé mon imagination ou chatouillé ma rate.

Mais autant je suis bénin à l'égard des productions qui m'ont distrait, autant je me hérisse lorsqu'il s'agit de la progéniture de la nullité en collaboration avec la niaiserie. Il me prend même fréquemment d'insensés désirs de nuire aux individus qui abusent de l'autorité qu'ils ont de m'hébéter. N'était le savoir-vivre qui m'en empêche , je ferais alors passer un funeste quart d'heure à ceux qui m'en font passer d'autres si pénibles; j'incendierais d'abord leur domicile; quant à eux-mêmes, il me serait doux de les voir écarteler ou exposer au soleil, à la façon orientale, après qu'on les aurait préalablement enduits de miel, et les voir jeter ensuite, pieds et poings liés, dans quelque rivière, à des endroits très-poissonneux. — Ces choses, malheureusement, n'arrivent que dans les rêves...

Les partisans d'un temps froid—mais sec, et des convenances, me sauront gré, après cette profession de foi, de ne parler qu'en termes vagues de deux ou trois pièces indiquées en tête de notre liminaire, ces trois ou quatre pièces appartenant à la catégorie de celles pour lesquelles nous entretenons un mépris plus que vaste. Toutefois, n'écrivant pas pour des épurateurs de literie ou des couturières, nous regarderions comme odieusement lâche de passer sous silence le nom des papas de ces produits stupides : nous signalons donc à nos lecteurs les noms Chivot, Durut, Varin, Delaporte et Biéville, en les engageant, sinon à marquer d'un signe horrifique les théâtres à la porte desquels ils verront placarder leur enseigne, au moins à les fuir tant que ces auteurs en seront maîtres.

Quant aux acteurs du Vaudeville, à l'exception de Saint-Germain, des beaux yeux de madame Marie Brindeau et des beaux bras de madame Simon ; au Palais-Royal, si l'on excepte Hyacinthe, la bouche et les épaules de madame Marie Protat, ils sont tous d'une taille au dessous de la moyenne. Lorsqu'ils rient, ils vous donnent envie de pleurer.

Ce même Vaudeville a eu plus de peine en représentant la comédie de MM. Ed. About et de Najac. C'est ce qu'en argot de théâtre on nomme un succès, — mot complectif. Toutefois, en allant la voir, nous croyions voir mieux, vantée que nous avait été cette pièce par madame de Tourbey, une des rares femmes qui tiennent à Paris ce qu'on nomme à Bar-sur-Aube le sceptre du bon goût. Nous l'avons trouvée pleine de bonne humeur, il est vrai, mais dénuée d'originalité. Ce que nous ne saurions tenir secret, pourtant, c'est l'étonnante habileté avec laquelle les auteurs, d'une situation unique, ont fait trois actes, sans qu'il y ait pour le public fatigue à voir se représenter sans cesse devant lui la même idée.

Lequel de nous ne connaît l'agréable recueil de nouvelles publiées par M. Edmond About sous le titre des *Mariages de Paris?* Nous l'avons tous lu, comme nos pères ont lu Dumas, — entre la maîtresse du matin et celle du soir, par une belle après-midi de pluie, où, ne pouvant sortir et las de fumer, s'ennuyant jusqu'à tuer, on se sentait incapable d'ouvrir quelque grande œuvre. Je ne reproduirai donc pas ici le récit de celui des mariages qui fait le sujet de la comédie de MM. Ed. About et de Najac. Si on l'a oublié, je renvoie au livre, ou, ce qui vaut mieux, à la pièce. Celle-ci est, croyons-nous, plus séduisante que le roman. Le théâtre a cela de merveilleux, qu'il galvanise. Les personnages qui, dans le roman, manquent totalement de relief, se découpent ici d'une façon presque nette sur le fond, peut-être un peu trop gris, du sujet. Ils ont trouvé dans leurs interprètes, il faut le dire aussi, des artistes entièrement intéressants. Dans le rôle de Daniel Perrin, Febvre vient de se poser d'une façon définitive. On pourra dire de lui désormais, ce qu'on ne dit pas de tous

les acteurs : C'est un comédien. Madame Lambquin est admirable — comme toujours, et mesdemoiselles Paurelle et Monroy, aussi excellentes que possible.

En voyant entrer en scène mademoiselle Paurelle en costume de *rapin*, nous avons frémi , les femmes travesties en hommes étant généralement d'un ridicule accentué. Mademoiselle Paurelle nous a raccommodé avec ce genre de rôles ; elle a dit juste, elle a été fine, elle a été touchante, si bien qu'on a eu à peine le temps de remarquer que sous le costume du gamin Tamerlan il y avait une femme, et une très-gracieuse personne. Vous aurez votre revanche de jolie femme une autre fois, mademoiselle Paurelle, — si vous ne l'avez prise déjà. Jusque-là ayez du talent, et laissez-nous le crier par-dessus la jalousie et l'envie, qui sont les toits de l'ignorance.

Nous sommes heureux de la réussite de M. About, non qu'il appartienne à l'espèce des littérateurs que nous aimons — ces écrivains-là ne font pas de pièces de comédie, — mais parce que M. About est un très-charmant esprit et qu'il y en a vraiment de trop jocrisses dans les maisons de Molière. S'il est vrai qu'un clou chasse l'autre, nous faisons des vœux ardents pour que le clou About chasse le clou Biéville, — ce cher, ce spirituel confrère.

L. REYNARD.

EXPOSITION DE PHOTOGRAPHIE.

Ah ! pourquoi la photographie n'a-t-elle pas été inventée quelques milliers d'années plus tôt ! Le poëte n'aurait pas dit :

> L'homme, fantôme errant, passe, sans laisser même
> Son ombre sur le mur.

Nous n'aurions perdu ni les plantes et les animaux de Dioscoride, ni les machines d'Archimède et de Hiéron, ni les instruments et les appareils décrits par Vitruve. Ces vieux monuments de la Grèce dont parle Pausanias, ces merveilleux édifices d'Athènes, de Corinthe, de Rome ancienne, nous les contemplerions dans leur intégrité. Ils seraient debout tous ces palais étincelants de Babylone, de Memphis, de Ninive, d'Ecbatane, de Thèbes aux cent portes, de toutes ces ruches des nations. Ce temple que Salomon avait construit dans sa magnificence nous serait restitué. Les constructions cyclopéennes de Cheops, de Chephrenès, de Psammetichus, de Sésostris, d'Amenoteph, de tous les noirs dominateurs des pyramides et des syringes, nous apparaîtraient sans voiles. Nous aurions l'image de ces murailles qu'élevèrent les rois Chronos et Xixouthros, contemporains du déluge, et Tubal-Caïn qui le précéda. A travers le brouillard des éternités, nous distinguerions les soixante-douze rois préadamites avec leurs soixante-douze royaumes à jamais disparus.

Qui peut dire si la tradition ne remonterait pas jusqu'à l'origine du monde? si, sachant d'où nous venons, nous ne saurions pas où nous allons! si nous n'aurions pas deviné l'énigme que depuis soixante siècles les sphinx de granit jettent aux voyageurs épouvantés!

Si les œuvres des générations passées ont disparu sans laisser de traces, le travail de notre génération, grâce à la photographie, se transmettra d'âge en âge jusqu'aux derniers confins de l'avenir. Ce qu'a épargné le temps est désormais impérissable. Voilà l'Egypte, la mystérieuse Égypte qui dépouille toutes ses bandelettes et se laisse voir dans la nudité du désert. C'est M. Léon Méhédin qui nous la montre avec une réalité devant laquelle on reste confondu. La solitude immense, la mer de sable, le simoun, les sites mornes, brûlés d'un implacable soleil, la *Thébaïde*, les *Palmiers*, les *Ruines de Karnac*, le *Memnonium*, l'*Hypogée d'Ipsamboul*, etc., passent devant nos yeux, dans ces pages magiques rapportées par l'éminent photographe de la mission en Égypte ou en Nubie que lui avait confiée le ministère d'État. Avec la même étonnante vérité, M. Méhédin a reproduit les champs de bataille de Crimée et d'Italie ; c'est toute une galerie historique de ces deux prodigieuses campagnes.

Pour ces reproductions, l'artiste emploie le papier ciré de Legray dont on ne connaît pas assez les ressources multiples et auquel il a apporté des modifications qui lui ont permis d'obtenir d'excellents résultats, par 25 degrés de froid, au monastère Saint-Georges (Sébastopol), le 25 décembre 1855, et par 75 degrés de chaleur au soleil, à Ipsamboul (Nubie), près de la seconde cataracte du Nil, le 15 août 1860. Quant à la dimension inusitée de ces épreuves, depuis six ans, elle intrigue le public et les amateurs. Comment peut-on obtenir avec une si parfaite netteté ces images si grandioses?— Bah ! disent quelques envieux, c'est une surprise, un tour de force qui ne se renouvellera plus. — Tout beau, messieurs! les tours de force ne s'exécutent qu'une fois en passant; et la succession des ouvrages de M. Méhédin témoigne d'un système régulier, fruit d'une découverte personnelle.

Qui ne se souvient de ce chef-d'œuvre de paysage photographique, le panorama du Mont-Dore, envoyé par M. Baldus à la grande Exposition de 1855. L'épreuve n'avait pas moins de 1 mètre 30 cent. de longueur. Le centre était occupé par le lac de Chambon qui semblait remplir le cratère de quelque volcan éteint et reposait dans son lit circulaire comme au fond d'une immense coupe de granit. Le sol de lave refroidie régnant sur tout le premier plan, s'élevait à quelque distance et formait à gauche une colline arrondie que couvrait une épaisse forêt de sapins. La monotonie du lac était interrompue par des îles boisées paraissant flotter à sa surface. Au loin se distinguaient plusieurs villages paisiblement assis au milieu de ces solitudes. Enfin, les pics majestueux du Mont-Dore, le Puy-de-Sancy, le Collier de Diane, se dressaient à l'horizon et fermaient ce gigantesque amphithéâtre. Malgré la dimension de cette épreuve, on se demandait, là aussi, comment l'artiste avait pu rendre dans un espace relativement si restreint une si vaste étendue. Pour peu que l'on s'arrêtât quelque temps devant ce cadre, ce n'était plus l'œuvre de M. Baldus, c'était le site lui-même qui palpitait sous nos yeux. On marchait sur cette lave brune dont les fragments roulaient sous vos pas; on montait vers cette sombre forêt de sapins ; le regard plongeait dans les profondeurs de ce lac, et l'on sentait au visage la brise puissante des montagnes apportant les sons affaiblis du clocher lointain.

M. Baldus n'a pas cessé de progresser. A l'Exposition de cette année, son panorama des Tuileries et du Louvre, embrassant une vue de 100 degrés, étourdit l'imagination et donne presque le vertige. Ses bas-reliefs de l'Arc-de-Triomphe ont la fermeté de dessin et la vigueur de ton des gravures de maître. M. Baldus est peintre ; on s'en aperçoit aisément à ses paysages où les effets sont ménagés avec un art infini. Les sites du Dauphiné, Chamounix, la mer de Glace, se recommandent par la netteté des contours, la délicatesse des lignes, les jeux de la lumière, la perspective aérienne, la parfaite harmonie d'un ensemble qui transporte l'âme sur les lieux mêmes et procure au spectateur cette indicible jouissance de se trouver en deux endroits à la fois. Dans ses reproductions de la *Vierge au linge* et de la *Sainte Famille*, M. Baldus a su conserver à Raphaël toute son angélique poésie.

Du Dauphiné où nous a conduits M. Baldus, nous passons en Syrie avec un artiste amateur, M. Louis de Clercq, dont la baguette de nécromant fait apparaître tous les châteaux de l'époque des Croisades. Ils sont là debout et fiers sous la lumière orientale, prêts à raconter les prodigieux événements dont ils ont été témoins. A chaque partie de l'édifice, l'artiste, qui dispose à son gré du soleil, a donné l'éclairage le plus propre à en accentuer le caractère, à en faire saillir les beautés. Là, frappant presque de face, les rayons vont fouiller les dentelles d'une rosace ou les arabesques d'une frise ; plus loin, de leurs feux presque parallèles, ils effleurent les figures d'un fronton, les ornements légers d'un chapiteau. C'est ainsi que M. de Clercq nous mène encore, enchantés, à travers l'Égypte et l'Espagne au ciel d'azur. Les paysages sont agencés avec le même soin, la même intelligence des œuvres de la nature et de l'homme. Il est visible que l'artiste sait lire dans ce livre de la création dont chaque page est pleine de révélations

sublimes. Sans quitter son fauteuil, on peut, en feuilletant ces cinq albums, éprouver toutes les émotions des féeriques voyages, chasser au loin l'ennui, et puiser des rêveries sans fin.

Quand Louis XIV fut devenu vieux, sombre et dévot, la cour et les heureux du jour le laissèrent s'éteindre à Versailles et, en attendant sa fin, firent de l'Opéra leur frivole existence. Watteau fut l'historien de cette époque. Mieux que Saint-Simon, Duclos et Voltaire, ses tableaux en expliquent les mœurs. Chacune de ses toiles est un reflet de la vie de travestissement et minauderie galante au milieu de laquelle expira ce pauvre grand siècle. Du rôle de Tacite, le peintre fantaisiste des fêtes galantes a souvent passé à celui de Juvénal, et parfois ses pierrots et ses arlequins ont le masque d'éminents personnages qu'il raille avec un malicieux sourire. Quoique Watteau ait surtout peint des scènes d'amour, des intrigues de bosquets, de coulisses et de boudoirs, il a retracé aussi des marches d'armées, des rassemblements populaires et même des sujets religieux. Dans ces divers travaux, il a apporté tout le talent de composition et la supériorité d'exécution qui le placent, pour son genre spécial, au premier rang des maîtres dont s'honore à juste titre l'école française.

Un artiste-amateur, d'un talent frais et délicat, M. Alfred Février, s'est consacré à la reproduction de l'œuvre entier de Watteau. L'application, le soin affectueux qu'il y apporte, lui permettent d'atteindre de surprenants résultats. Aux habits de fête, de bal et de théâtre, presque toujours de soie et de couleurs chatoyante, peints d'après nature par le maître, il a conservé tout leur éclat, toute leur séduction. A ces personnages ainsi vêtus, chaussés de satin et filant le parfait amour, enrubannés de la tête aux pieds, M. Février laisse intacts et indéflorés leurs bosquets, leurs tournantes allées, leurs grands arbres se balançant dans un ciel bleu, leurs blanches statues se perdant au milieu du feuillage, leurs tendres naïades s'endormant au bord des murmurantes fontaines. La couleur d'un peintre réunissant quelquefois l'éclat de Rubens à la magie de Rembrandt, sa touche facile, légère, pleine de feu, rappelant celles de Téniers et de Paul Véronèse, sont exprimées autant que peuvent le permettre les ressources limitées de la photographie.

M. Février expose aussi une reproduction de Rubens, dans laquelle on retrouve la vigueur du grand coloriste flamand. Obtenues à l'aide d'un instrument d'Hermagis, ses épreuves d'après nature sont révélées par le sulfate de fer et fixées à l'hyposulfite. Pour la reproduction, il emploie le même système ; seulement, à peine l'image révélée par le fer, il pousse l'épreuve à l'acide pyrogallique. Le virage s'accomplit par l'hyposulfite et l'or ; une seule des épreuves de l'Exposition, celle du Vase, est virée à la chaux.

Sans autres ressources que le collodion humide, M. Michelez a reproduit dans leur verve féconde, dans leur étrangeté, dans leur intarissable fougue, les illustrations du Dante de Gustave Doré. Le dessinateur a exagéré le poëte ; la sève bouillante du jeune artiste ne s'accommode guère de la majestueuse tranquillité du vieux Florentin. Ses suppliciés sont trop tourmentés, trop convulsionnés pour que l'on se persuade qu'ils souffriront éternellement. Par cela même, il était plus difficile de traduire photographiquement de tels dessins, et en a plus de mérite d'y avoir réussi. Les deux compositions de Puvis de Chavannes, *Concordia*, *Bellum* ont gagné quelque chose en passant sur les épreuves de M. Michelez ; leurs qualités sont plus saillantes, et on comprend mieux l'harmonie de l'ensemble.

De M. Doré à M. Dubufe il y a aussi loin que de la chambre d'Ugolin à l'élégant salon de M. de Nieuwerkerke. M. Dubufe habille les plus jolies femmes avec les plus jolies toilettes. Sa peinture est une romance où *bergère* rime avec *légère* et *comtesse* avec *richesse*. Il a du succès ; les filles d'Eve n'ont pas perdu le goût de leur mère pour la flatterie. En cherchant à interpréter ce maître ès-coquetteries, M. Michelez devait changer ses procédés ; il l'a fait d'une manière heureuse et a substitué la grâce à l'énergie.

La diversité de ses reproductions, parmi lesquelles on peut citer particulièrement celles d'après Rembrandt, Dubufe, Chevignard, Emile Lafon, Armand Leleux, Monfallet, Barrias, etc., prouve qu'il réussit dans tous les genres et qu'il s'attache avec succès aux plus grandes difficultés. Il est arrivé à ce sujet une chose singulière, c'est que, se trouvant dès l'ouverture de l'Exposition des beaux-arts, au Palais de l'Industrie, M. Michelez s'est vu prié par plusieurs artistes de reproduire leurs œuvres. Le nombre des commandes a été en augmentant, si bien, que n'ayant pas de motifs de refuser l'une plutôt que l'autre, le photographe a dû s'installer chaque jour au salon pour recevoir tous ceux qui réclamaient son concours.

Jules LADIMIR.

(La suite au prochain numéro.)

Le rédacteur en chef : Louis LAVEDAN.

SALON · DE 1861

(Suite)

M. Jean-Baptiste-Jules Trayer. A envoyé quatre tableaux : *Un Examen, Le point de tapisserie, Anxiété* et *La Prière.*

La Prière est le plus grand de ces quatre tableaux, — j'ai dit le plus grand, non le meilleur. Il représente deux paysannes des environs de Pontivy ou d'ailleurs, en prière dans une église, — l'une regardant au ciel, l'autre regardant en dedans. Celle qui regarde le ciel est charmante, — trop charmante pour une paysanne, dirait M. Castagnary, qui ne veut pas que les filles des champs aient la grâce, la beauté, la saveur, le parfum des filles des villes. Comme si les marguerites ne valaient pas les dahlias,—les lis les camélias, — les roses simples les roses mousseuses, — les giroflées les pivoines. Donc,—M. Castagnary a part, — cette jeune paysanne bretonne est charmante avec sa coiffe de linge blanc à dessous rouge, avec son corsage bleu à ruban de velours noir, avec sa jupe grise, avec son tablier à poche et à bavette lie-de-vin, avec sa guimpe de toile un peu raide. Elle est charmante — et sa voisine aussi. Que se passe-t-il dans leurs petits cœurs, à ces petites femmes? Dieu est-il le seul Dieu qu'elles prient? Grave question à laquelle je ne pourrais faire qu'une indiscrète réponse. Je me tais, — regrettant seulement que M. Trayer ait cru de voir prendre — pour peindre la colonne devant laquelle se tiennent ces deux villageoises — la couleur lie-de-vin qui avait déjà servi à leurs tabliers.

L'Examen est autre chose. Une mère blonde coiffée à la Sévigné, à col de dentelle à pointe, à robe de satin noir, assise dans un fauteuil en cuir gauffré et doré, interroge une grande fille de quatorze ans à gorge plate, à robe de soie gris-perle, à cheveux blonds emprisonnés dans un filet noir, qui, de la main gauche, s'appuie sur la table, et, de l'autre main, fait le geste familier aux enfants dont la mémoire est un peu rebelle, — le doigt au menton ou sur la bouche.

Ce tableau intime est très-joliment compris, et il y a là-dedans une très-heureuse réminiscence d'un Gaspard Netscher connu de tout le monde. Seulement, il est fâcheux que M. Trayer ait cru devoir introduire entre la mère et la fille une troisième personne, —une amie ou une sous-maîtresse—qui distrait le regard et le sollicite autant que les deux personnages principaux.

Le point de tapisserie est conçu dans le même sentiment que le précédent. Deux jeunes filles,—l'une, de dix-huit ans, presque femme, — l'autre, de treize ans, presque enfant, — sont devant un métier à tapisserie. L'aînée travaille, main gauche sous le canevas pour aider l'aiguille, main droite dessus pour la renvoyer. La plus jeune, à demi-penchée sur sa sœur, la regarde travailler et, tout en la regardant, lui présente un peloton de laine de Berlin, rouge. Sont-ce les pantoufles de papa, dont la fête est proche, qu'on brode ainsi? Est-ce la calotte grecque du grand-père? Je ne sais, car pour le savoir il faudrait que je fusse entre ces deux adolescentes, — et je n'y suis malheureusement pas.

L'Anxiété est le meilleur de ces trois petits tableaux de genre. Une jeune fille est couchée, malade. Sa mère lui prend la main et lui tâte le pouls pour interroger la marche ascendante ou descendante de la fièvre. Une voisine, ou une bonne, en camisole blanche, en toilette de nuit, debout, penche la lampe à abat-jour vert, qu'elle tient en main, pour éclairer cette scène. La lumière est franche et vraie : c'est bien la lumière d'une lampe, — chose rare ! Il n'y a que des éloges à adresser à M. Trayer pour cette toile; les vétilleux seuls pourraient trouver à reprendre dans la couleur de l'édredon et dans celle du fauteuil : l'un devrait être d'un vert plus sombre et l'autre d'un rouge plus vif.

M. Henri-Guillaume SCHLESINGER. A envoyé quatre tableaux et deux dessins. Les tableaux sont : *l'Enfant volé, l'Amour médecin, la Source* et *le portrait de madame B...* Les dessins sont deux portraits : celui de M. D... et celui de madame S...

L'Enfant volé représente une troupe, — ou plutôt, à voir leurs attitudes bestiales, un troupeau de bohémiens au milieu desquels crie comme un perdu un enfant blanc et rose qu'on a arraché à sa famille il n'y a pas une heure. Il se tord, le pauvre bambin, sur les genoux du chef des zingari, qui le regarde complaisamment, supputant à part soi le prix qu'il en pourra tirer plus tard, pendant que le gredin qui l'a volé s'essuie le front en souriant comme un homme satisfait de sa journée : il a eu quelque peine à voler cet enfant, à ce qu'il paraît. Toute la bande — mâles et femelles — regarde curieusement ce pauvre petit qui jure tant avec les autres, ceux de la tribu, qui ont la peau tannée, les cheveux noirs et lanugineux. J'aime beaucoup la jeune bohémienne accroupie près du feu où bout l'eau d'un chaudron et dardant ses yeux fauves sur l'enfant volé. J'aime surtout celle de droite, debout, crânement campée sur la hanche, sa gorge brune découverte, tenant son nourrisson qui y tette avec une lenteur qui prouve éloquemment le plaisir qu'il y trouve : elle a un profil superbe, cette bohémienne, sous le mouchoir rouge qui lui sert de coiffure ; elle paraît heureuse d'avoir si près d'elle le fruit de son ventre et de penser qu'une étrangère, la mère de l'enfant volé, ne retrouvera plus jamais le sien. Tant de sauvagerie dans tant de beauté ! Ah ! tigresse aux passions flamboyantes, je t'excuse parce que tu as la splendeur d'un rêve diabolique, mais je te tuerais si tu m'avais volé ma fille ou mon fils, — je t'écraserais sans pitié comme une vipère que tu es ! Que diriez-vous, vagabondes, si les femmes blanches vous volaient vos bruns nourrissons ?

La Source ne ressemble — ni de près ni de loin — à celle de M. Ingres. Une paysanne en miniature, — sorte de *Petit Chaperon rouge* sans chaperon, — cheveux noirs en broussailles ornés d'un éclatant coquelicot, panier au bras, jupon et chemise retroussés, entre dans l'eau claire de la source, y traînant une vache noire à tache blanche qu'elle tient par une corde. Elle a bien, cette rustique pucelle, le sourire particulier — la grimace si vous voulez — que vous donne la sensation de fraîcheur lorsque vous entrez dans l'eau, surtout dans l'eau un peu froide. Seulement, je lui reprocherai d'avoir une chemise trop blanche et un jupon trop propre ; à la campagne on ignore ce luxe, qui est celui des paysannes d'opéra comique ; une chemise un peu plus furfureuse, un jupon un peu plus taché, eussent été plus convenables.

L'Amour médecin est une scène de la comédie de Molière qui porte ce titre. Vous la connaissez comme moi, et, comme moi, vous vous la rappelez avec plaisir. Sganarelle est dans le fond du tableau, avec Lisette qui le retient de son mieux ainsi éloigné, de façon à permettre à Clitandre de dire tout ce qu'il veut à Lucinde, — tous deux sur le devant du tableau.

Elle est charmante, cette petite Lucinde, avec sa robe de satin rose à devant de satin blanc, avec ses manches à bouillons en tulle-illusion, avec sa gorgerette de même dentelle ! Clitandre, affublé d'une vaste perruque et d'une ample robe noire, lui prend la main droite et lui dit, en la regardant avec tendresse, des mots qui la font changer de couleur vingt fois dans la même minute. Elle est troublée, elle palpite d'aise et de crainte, cette colombe amoureuse, et je comprends très-bien que Sganarelle dise à Lisette, en fronçant le sourcil : « Il me semble qu'il lui parle de bien près. » Oui, bonhomme, — d'aussi près qu'il est permis à homme de parler à femme. Pourquoi diable aussi ce père ne devine-t-il pas que sa fille n'est malade que de la maladie des filles ? Pourquoi est-il si vieux qu'il ne se souvienne plus qu'il a été jeune ? Eh ! bonhomme aveugle, tuteur maladroit, père idiot, l'amour sera longtemps encore la grande maladie de la femme — et son grand médecin, — parce que la femme est la casse de l'homme, comme l'homme est le séné de la femme.

SGANARELLE, *voyant Clitandre emmener Lucinde.*

Voilà une plaisante façon de guérir! Où donc est ma fille et le médecin?

LISETTE.

Ils sont allés achever le reste du mariage.

SGANARELLE.

Comment, le mariage?

LISETTE.

Ma foi! monsieur, la bécasse est bridée, et vous avez cru faire un jeu qui demeure une vérité.

M. Hector HANOTEAU. A envoyé trois paysages : *les Environs de Saint-Pierre le-Moutier, un Ruisseau à Charancy* et *une Matinée de pêche sur la Canne.*

Nous sommes en plein Nivernais, — le pays natal de M. Hector Hanoteau, sur la rivière du Morvan, le pays pittoresque par excellence. Le *Ruisseau à Charancy* est un tableau verdoyant. A droite, un ruban d'eau envahi par des herbes, où barbottent deux canards, pendant que quelques autres de ces appétissants volatiles font leur kief à quelques pas de là, — oublieux et oubliés du monde. A gauche de ce ruisseau dont on croit entendre la respiration harmonieuse le long de l'oseraie qui le borde, est un pré où pacagent deux ou trois chevaux à rustique encolure. Ce pré, c'est la cour normande, l'*oûche* nivernaise, — l'enclos entouré de haies, attenant à la maison, au *chutrin,* dont on aperçoit le faîte derrière les arbres qui ondulent un peu sous les caresses d'un vent pliot. Il y a là dedans une poésie infinie qui doit charmer jusqu'aux intelligences les plus réfractaires. Pour ma part, je suis resté tout pensif — tout *menseux* — devant ce tableau de M. Hanoteau, et, pendant que j'étais là, rêveur, il m'a semblé entendre chanter le rouge-gorge — la *ruiche,* comme disent les Morvandiaux —

caché dans une touffe de viorne, sur les joûtes de l'enclos.

Ce n'est pas la première fois que je reçois cette impression des tableaux de M. Hector Hanoteau. Raison de plus pour le remercier, — l'occasion s'en présentant.

M. Marie-Joseph-Charles CHASSEVENT. A envoyé deux tableautins, *la Caresse* et *Marguerite.*

De *la Caresse* M. Chassevent me permettra de ne pas parler, — non parce que très-mal, mais parce que pas assez bien.

Marguerite, au contraire, est une intéressante chose. Une belle fille blonde — toujours! — seins nus, jupon court, regarde un collier de perles extrait d'un coffret que vient de lui envoyer sans doute quelque galant ou quelque galantin. Ces perles jurent avec l'humble logis où la séduction les a introduites, et Marguerite joue avec — le feu. Tu brûles, Marguerite, tu brûles! et le diable a raison de ricaner dans un coin de ta chambre, derrière les rideaux de serge de ta virginale alcôve. Tout à l'heure, avant l'arrivée du coffret et du collier de perles, tu t'étais regardée dans ton humble miroir, et, tout en le regardant, tu avais regardé aussi cette rose fraîchement cueillie placée dans un verre d'eau, sur la table, — et la comparaison, faite par toi, avait tout naturellement été à ton avantage. Oui, tu es plus fraîche que la rose, plus appétissante qu'elle, Marguerite, mais tu te faneras plus vite qu'elle : elle sentira encore la rose que tu ne sentiras déjà plus la vierge !

M. Evariste LUMINAIS. A envoyé deux grandes toiles : *Le Champ de foire* et *le Retour de la chasse.*

Le Champ de foire rappelle un peu trop, paraît-il, pour beaucoup de personnes, le *Marché aux chevaux* de madame Rosa Bonheur. J'oserai n'être pas de l'avis de ces personnes-là, et, malgré tout le cas que je fais du peintre féminin auquel nous devons l'*Attelage nivernais,* je dirai que *le Champ de foire* est une œuvre originale, qui ne plagie rien ni personne. Il y a des chevaux dans les deux tableaux, mais ceux de M. Luminais sont plus vrais que ceux de madame Rosa Bonheur; ils ont la charpente squelettaire plus compacte et plus solide, les coussins charnus plus volumineux, l'encolure plus mâle. Ce sont là des bêtes rustiques et vaillantes, plus faites pour la charrue que pour l'hippodrome, et s'il y a des maquignons dans cette foire bretonne, ils doivent avoir moins de vices redhibitoires à dissimuler que ceux du marché de Paris.

Le Retour de la chasse nous montre deux paysans regagnant leur logis après une journée passée à battre les bruyères, les genêts et les halliers de la forêt. La fatigue a été grande, sans doute, mais la chasse a été bonne, — ainsi que le prouve ce cerf mort placé en travers du cheval qui s'avance sur le premier plan et qui a l'air d'en avoir sa charge. Le paysan qui le conduit a une fière allure de chouan, avec sa carabine en bandouillère, ses longs cheveux, son feutre mou et son gilet rouge que retient un ceinturon de buffle — dépouille de quelque gendarme mal vu dans le pays. Celui qui est monté sur son cheval, à droite, a une physionomie plus pacifique : il prodigue caresses et consolations à son chien, placé en guise de portemanteau devant lui, — un porte-manteau qu'a failli découdre, d'un coup d'andouiller, le cerf mort qu'on va vendre au prochain marché, si la chasse n'est pas fermée. Un petit paysan complète ce tableau, placé entre les deux compagnons, et retenant de toutes ses forces deux autres chiens qui ont senti la soupe et qui veulent y arriver le plus tôt possible : ils ne l'ont pas volée, ces braves limiers !

M. Blaise DESGOFFE. A envoyé quatre merveilles : une *aiguière en argent doré*, une *coupe en sardoine*, un *Terme avec tête de femme* et un *vase en agate rouge*.

J'ai dit quatre merveilles, et je ne m'en dédis pas, car si je n'aime pas beaucoup ces sortes de choses, je suis bien forcé de les admirer. Elles sont muettes pour mon esprit, mais elles sont éloquentes pour mes yeux. Où rencontrer une reproduction aussi minutieuse, aussi implacable, aussi irréprochable d'objets faits pour lasser la patience

d'un saint — même de saint Luc? Pierre van Slingelandt, David de Héem, Gérard Dow, — ni même Willem-Klaasz Heda dont les *verres de Bohême* et les *gobelets d'argent niellé* sont pourtant si remarquables, — n'ont rien qui soit comparable aux quatre œuvres de M. Blaise Desgoffe, qui sont d'une perfection désespérante.

Les curieux s'arrêtent en foule devant l'*Aiguière en argent doré*. Cette aiguière est du seizième siècle ; elle est accompagnée de plusieurs autres objets aussi précieux, — tels qu'un Christ en jaspe sanguin, un buste de vierge en cristal de roche, un marteau de porte, un vase d'émail, une statuette en buis par Jean de Bologne, etc., etc.

La *coupe en sardoine* est du seizième siècle aussi ; à côté d'elle est le poignard de Philippe II.

Le *Terme* est en agate d'Allemagne; le *Vase* compris sous le numéro 863 est en agate rouge, du seizième siècle.

Ces quatre œuvres sont quatre chefs-d'œuvre, je le répète. J'ajouterai, pour être plus clair, quatre chefs-d'œuvre — de patience. Mais on me permettra bien — maintenant que j'ai fait mon devoir en admirant — de préférer un paysage de Rousseau, de Corot, de Daubigny ou de Français.

M. Xavier de COCK. N'a envoyé que deux tableaux, le *Passage du bac sur la Lys* et *Deux vaches à l'abreuvoir*.

Je n'ai inventé ni la poudre ni M. Xavier de Cock ; mais je ne suis pas fâché de constater que j'ai été un des premiers applaudisseurs de cet artiste, — quoiqu'il soit Belge et que j'aie des raisons particulières et puissantes pour en vouloir à la Belgique. L'autre jour encore, à propos de M. Alfred Werwée, — un Belge, lui aussi, — j'ai dit que M. Xavier de Cock était le maître du genre : je ne m'en repens pas. M. Xavier de Cock continue dignement la tradition des grands animaliers, — en compagnie, bien entendu, de Troyon et de Rosa Bonheur, de Philippe Rousseau et de Coignard, de Palizzi et de Couturier.

Le Passage du bac est d'un aspect un peu triste, — qui ne gâte rien cependant. Le bac traverse tranquillement la rivière. Ses passagers sont des passagères à quatre pieds, — des vaches de différentes robes, pis ballants, queues battantes, muffles étonnés. A l'avant, sont trois petites filles. A l'arrière, il y a un vieux paysan et un jeune garçonnet. Une douzaine de canards escortent le bac et ils aborderont certainement avant tout le monde, car ils vont d'un bon train. Au fond du tableau est le village avec l'inévitable clocher, qu'égayent quelques arbres verts. Il y a quelque orage dans l'air, à ce qu'il me semble.

Les Deux Vaches à l'abreuvoir sont d'une localité moins grise. Trois fillettes mènent boire deux vaches, une noire et une blanche, — deux superbes créatures, et pas de corsets, dirait le cynique Thomas Vireloque. La petite fille qui tient le muffle de la vache noire est charmante de naïveté ; elle ne s'aventure qu'à pas timides sur cette herbe, parmi ces joncs qui recèlent deux ou trois pieds de vase. Le fond vert du tableau égaie encore cette scène rustique devant laquelle on s'attarde volontiers.

M. Gabriel-Adolphe BOURGOIN. A envoyé trois tableaux : un *Rayon de soleil dans la mansarde, Naïades et amours*, et un *Enlèvement*.

Je n'ai vu que le *Rayon de soleil* et l'*Enlèvement*, — et cela me paraît suffisant. L'*Enlèvement* n'est pas ce que vous pourriez supposer, — vous surtout, madame, qui avez lu *Clarisse Harlowe* ; il s'agit ici d'un faune amoureux tenant dans ses bras une nymphe nue, et précédé d'un petit faune tortillard qui sautille sur le gazon comme un jeune gresset. Le *Rayon de soleil* n'est pas non plus ce que vous pourriez imaginer, vous, monsieur, qui avez lu les *Voix intérieures* ; il s'agit d'une jeune dame du monde qui apporte, dans un paquet, quelque chose à manger à une pauvre famille composée du mari, au lit, de la femme — trop jeune — et de deux filles — trop vieilles pour une mère de cet âge. Le domestique de madame est respectueusement resté sur l'escalier, heureux d'être le domestique d'une si bonne maîtresse — qui lui fait gravir beaucoup de

ces sixièmes-là par jour, sans doute. Ce sentimentalisme est un peu passé de mode, à ce qu'il me semble ; et quand, sentimentalisme à part, on voit refaire ce qui a été fait cent fois — par Prudhon entre autres, — il faut au moins le refaire mieux ou aussi bien. Il est regrettable que M. Bourgoin ne l'ait pas compris ainsi. Ses deux tableaux sont ce qu'au théâtre on appelle « l'erreur d'un homme d'esprit qui prendra bientôt sa revanche. »

M. Etienne-Antoine-Joseph-Eugène RONJAT. N'a envoyé qu'un tableau, les *Deux Prétendants*.

C'est le roman — ou plutôt l'histoire de chaque jour, ce tableau. La petite fille est devenue grande fille — c'est-à-dire fille à marier, — et les épouseurs se sont présentés à la queue leu-leu. Je m'explique aisément cet empressement, car, outre que la demoiselle a de jolis yeux — ce qui n'est pas à dédaigner, — elle a encore une jolie dot, à en juger par l'apparence cossue de l'appartement où elle se trouve, — et les belles dots sont presque aussi agréables que les beaux yeux, n'est-ce pas, messieurs ?

Deux prétendants sont en présence : l'un, qui fait la cour au père et à la caisse ; l'autre qui fait la cour à la mère, — et à la fille, par la même occasion. Celui qui fait la cour au père, debout à côté de lui, dans un coin de la chambre, est un monsieur qui a l'air d'avoir beaucoup vécu ; il a les favoris en cotelettes et les cheveux blonds assez rares, quoiqu'il ne soit pas d'un âge à être chauve. L'autre, qui fait la cour à la mère et à la fille, assis entre elles deux, a les cheveux bruns, les moustaches brunes, et il est décoré. Je suis sûr qu'il a déjà raconté ses campagnes — d'Afrique ou de Crimée— à la jeune fille, comme Othello les siennes à Desdémone. Celui-ci a des chances pour lui, quoiqu'il soit pauvre. Il est probable cependant que son rival — l'homme à la calvitie précoce — l'emportera sur lui dans cette escarmouche amoureuse, parce qu'il mettra dans la balance matrimoniale son titre de notaire, — qui est son épée de Brennus. Vous pleurerez sans doute, belle enfant qui, dans ce moment, rêvez doucement, confiante en la parole de votre mère ; vous pleurerez, puis vous vous résignerez, — parce qu'on se fait à tout ici-bas, aux maris qu'on n'aime pas aussi bien qu'aux maris qu'on aime, aux beaux garçons qui reviennent de la guerre avec un ruban rouge aussi bien qu'aux messieurs à favoris blonds qui reviennent du Palais avec un dossier gris !

Ce tableau de M. Ronjat est un peu noir, mais il est habilement exécuté.

M. Octave PENGUILLY-D'HARIDON. A envoyé trois tableaux : la *Mort de Judas, saint Jérôme* et les *Rochers du Grand Paon dans l'île de Bréhat*.

La Mort de Judas vaut le *saint Jérôme*, et le *saint Jérôme* vaut *la Mort de Judas*. Je n'ose pas ajouter que les deux font la paire, parce que cela aurait l'air d'une plaisanterie, et que le passé de M. Penguilly ne permet pas qu'on s'amuse de son présent ; mais, sérieusement, ce sont là deux étranges tableaux, — étranges et non pittoresques, entendons-nous bien. Dans l'un, on voit le saint en prière dans une anfractuosité de rochers de couleur brique ; lui-même, le pauvre homme, à force de vivre au milieu de ces pierres granitiques, en a pris la couleur : est-ce un saint ? est-ce une brique ? l'artiste seul le sait, — le spectateur l'ignorera toujours. Dans l'autre tableau, on voit Judas, penché sur un abîme, qui l'interroge d'un air effrayé. Quoi ! il n'a pas peur de son saut dans l'éternité — qui est pourtant un grand saut — et il a peur de tomber dans un précipice de quelques centaines de pied ? Cet homme-là n'a pas envie de se pendre ! Il est vrai que lorsqu'on a la lâcheté de vendre son maître, — comme Deutz sa maîtresse, — on peut bien avoir toutes les lâchetés. Il n'y a que la première qui coûte, cependant !

Les *Rochers du grand Paon* m'ont un peu réconcilié avec la peinture de M. Penguilly ; mais je préférerai ses tableaux d'autrefois, qui lui ont valu si justement la décoration de la Légion d'honneur.

M. Léon de ZYCHLINSKI. N'a envoyé qu'un tableau : *Le portrait de M. B****.

M. Zychlinski est le dernier des peintres, comme M. Victor Adam est le premier des dessinateurs, — par ordre alphabétique. Heureusement que l'opinion des gens de goût rectifie cette bizarrerie du hasard et intervertit volontiers l'ordre des facteurs,— mettant M. Victor Adam parmi les derniers et M. Léon de Zychlinski parmi... les bons peintres de portraits.

Le portrait exposé par lui est celui d'un homme d'environ trente-cinq ans, à tête triste, byronnienne, fatale, à barbe et à cheveux châtains. Cela ressemble — pour moi du moins — à un Tony Johannot peint — et convenablement peint. Le bitume y domine peut-être plus que de raison ; mais, en y regardant bien, on constate qu'il ne nuit pas à l'effet général de ce mélancolique portrait. Ce début est plus qu'une promesse.

M. François BONVIN. N'a envoyé qu'un tableau, un *Intérieur de cabaret*, — mais ce tableau-là en vaut deux, quoiqu'il soit de dimension ordinaire.

Dans une arrière salle de cabaret, quelques buveurs sont attablés autour d'une futaille vide sur laquelle on a posé un pot de fayence grossière, blanche en dedans, brune en dehors, et deux verres de demi-setier pleins en ce moment. Les deux buveurs principaux sont deux forts de la halle, en bourgeron bleu, en cotte bleue, à feutre large. Une petite fille de huit à neuf ans, en tablier à bavette, en robe brune, à visage rougeaud, à bonnet de tulle noir qui recouvre presque entièrement ses cheveux blonds, regarde les buveurs. Un troisième personnage, debout, en vareuse rouge, en cheveux bruns taillés en brosse, à moustaches épaisses, à l'air assez débraillé, lit tout haut le *Siècle* du matin, et tout le monde écoute, même la petite fille, même le chien du premier plan : il s'agit peut-être d'un article de M. Louis Jourdan, et alors !

Bonvin n'a pas besoin d'enseigne, — on a dû le lui dire plusieurs fois. Quand les années auront déposé leur suie sur cet *Intérieur de cabaret*, il se vendra aussi cher qu'un flamand, savez-vous ?

(*La suite au prochain numéro.*)

Alfred DELVAU.

LA FOIRE DE MONTMARTRE.

Il est possible que mon esprit manque de candeur, mais j'avoue n'avoir qu'un enthousiasme modéré pour les réjouissances publiques. Cette tiédeur à l'endroit des fêtes populaires provient peut-être de mon peu d'amour pour les foules; l'humanité ne me paraissant pas intéressante en particulier, à plus forte raison lorsqu'elle est grande masse, et qu'en conséquence il s'en dégage des miasmes. Nous n'en avons pas moins vaincu notre répugnance dimanche dernier, et, nous armant de courage, nous sommes allé à la fête de Montmartre, afin d'y voir des farces, les pièces nouvelles ayant manqué la semaine dernière sur les théâtres parisiens.

Mais dût-on nous accuser d'hypocondrie, ou même nous traiter de philistin, nous sommes de ceux que le genre saltimbanque n'empoigne nullement. C'est en vain qu'à leur vue nous nous battons les flancs; le spectacle de leur laideur et de leurs effronteries nous laisse impassible. Les plaisanteries vineuses de la femme à barbe, les obscènes histoires du pitre, le *chahut* des parades ne parviennent pas même à nous dérider. Je dirai plus, les figures de ces hommes qui mettent leur chique dans leur poche, avant de faire de l'esprit, nous font peur. Ces Colombines aux voix rauques, et vieilles et hideuses nous effraient; nous trouvons épouvantables à regarder et les monstrueuses images de leurs baraques, et les sales et misérables oripeaux dont ils exagèrent leurs allures faubouriennes. Leur musique nous irrite l'oreille comme leurs peintures nous blessent l'œil; nous trouvons sans étrangeté et grossièrement plats leurs spectacles; tout sent la canaille; cela pue le lampion, et quand nous voyons nos semblables autour de nous prendre plaisir à ces choses, une amertume profonde nous envahit, et nous nous sentons au milieu de ces foules aussi solitaire et abandonné qu'un naufragé crispé sur une planche, ou un poëte parmi les fracas de la vie parisienne.

Où est le temps où nous pensions le contraire de ce que nous écrivons aujourd'hui ! et où la fête de mon petit village était pour moi le plus beau jour de mes belles années ! En vérité, je ne peux y songer sans me souvenir de la joie qu'elle amenait avec ses humbles baraques, ses danses sous les larges châtaigniers, et la permission qui, ce jour-là seulement, m'était donnée par ma grand'mère de fouiller dans les poches de son jupon de soie à larges fleurs. Je me souviens aussi des soupirs qu'à cause de cela ces souvenirs m'arrachaient quand je passais devant l'armoire où la prévoyante femme serrait ma culotte neuve et mes souliers cirés, ornements magnifiques des jours solennels. Qu'on ne rie point de ces émotions puériles ; elles étaient si profondément ressenties et si pures, qu'il me prend parfois d'amers regrets en considérant combien était supérieure à l'âme de l'homme présent celle de l'enfant d'autrefois. Je me mouchais sur ma manche, il est vrai, et n'écrivais pas d'articles; mais je servais catholiquement la messe romaine et n'étais pas amoureux, car alors la femme me tourmentait aussi peu que la poésie. Maintes fois cependant les jeunes filles, assises au seuil des portes et babillant entre elles, m'attiraient sur leurs genoux pour m'embrasser, mais nos relations s'arrêtaient à ces marques d'amitié.

Assez ignorant, j'éprouvais alors une répulsion indomptable pour tout ce qui tendait à me faire cesser de l'être. La gravité seule du magister me terrifiait, et au nom de Lhomond, il me passait un frisson dans le dos. A parler franc, je préférais faire l'école buissonnière, courir les champs et les bois, ou bien rôder en compagnie de quelques autres étudiants de mon espèce autour des clos mal fermés où les pêches rougissaient si magnifiquement au soleil du prochain. Il n'en est plus de même aujourd'hui. En fait d'arbres, je ne connais plus que l'arbre *Scientia*, lequel a des sentences latines pour fruits et des feuillets imprimés en guise de feuilles ; quant aux autres incidents de la vie, ils sont pareils à ceux de la tienne, ô lecteur, *mon semblable, mon frère !*

Aussi, petits enfants, suivez mon conseil : restez le plus longtemps possible petits en-enfants, et surtout ne vendez jamais au diable, pour son pesant d'idées, cette inno-cence que vous avez encore, car « là où il y a abondance de savoir, il y a abondance de chagrin, et celui qui s'accroît de la science, s'accroît de la douleur, » dit l'Ecclésiaste.

Ces impressions juvéniles, nous les avons cherchées à la fête de Montmartre de bara-que en baraque, et nous ne les avons pas retrouvées. Les jeunes rêves se sont changés en cauchemars. Ce n'est pas que notre ima-gination ait manqué de bon vouloir ; un de nos amis s'était même offert de nous avertir des moments où il faudrait se tordre. Nous ne nous sommes pas tordu, mais c'est l'es-prit choqué, le cœur navré, l'odorat abruti, l'oreille brisée, l'œil effaré, pâle, effrayé que nous sommes sorti de ces enfers.

La Bohême est une vilaine contrée, et si quelquefois on aime ceux qui battent ses chemins, c'est qu'ils se nomment Rodolphe ou La Palférine. Mais quand ce n'est ni la jeunesse, ni l'esprit, quand c'est l'échappé de prison, le vagabond, le voyou, c'est la laideur, la saleté et le vice, — et c'est épou-vantablement immonde.

Léon REYNARD.

EXPOSITION DE PHOTOGRAPHIE.

En photographie,

Les portraits ne sont pas ce qu'un vain peuple pense.

— Parbleu ! disent les ignorants, ce n'est pas la mer à boire. Prenez un objectif, une chambre noire, des substances chimiques, faites poser un modèle, laissez travailler la lumière dans l'instrument et le tour est fait. — Eh bien, si vous n'avez que cela, allez-y et vous nous montrerez ce que vous aurez produit. La lumière dessine et peint; elle ne pense pas. Au photographe comme au pein-tre il faut l'expérience et le sentiment. Sous une exécution facile l'expression doit se ma-nifester. Que le modèle ait une pose pleine de naturel et d'aisance, qu'il semble parler, questionner, répondre ; que chaque muscle ait sa tension, que sous l'image on sente pal-piter la vie ; que l'on devine le caractère, le goût, les habitudes du personnage repré-senté, voilà les résultats qu'il faut s'efforcer d'atteindre. La pose et l'expression, tout est là.

Parmi les portraitistes de l'Exposition, M. Pierre Petit est sans contredit le premier. Rien n'égale son habileté à saisir sous la physionomie l'homme intellectuel et moral. Le rayon fugitif illuminant le visage, l'éclair du regard, les sensations, les pensées inti-mes se révélant dans le mobile arrangement des traits, il surprend d'un coup d'œil tout cela. Son exécution tient du merveilleux. Noyer dans la demi-teinte telle partie faible, faire saillir telle autre à la lumière, dégager telle intention secrète, distribuer le jour avec art et mesure, et ce travail, qui semble le fruit de combinaisons longuement médi-tées, l'exécuter instantanément, voilà son secret, un secret que peuvent seuls donner une grande facilité de conception et un pro-fond sentiment artistique, joints à une dexté-rité manuelle peu commune.

La galerie d'illustrations contemporaines de M. Pierre Petit demeurera certainement comme un monument de notre époque à fa-cettes si multiples. Ses portraits-cartes-de-visite ont le charme de la miniature avec le caractère et l'expression qu'elle n'a pas. Nous citerons spécialement ceux de mesda-mes Viardot, Ferraris, Abingdon, Ramelli, Suzanne-Lagier, Page, Figeac, et autres célé-brités dramatiques; ceux de MM. Barbot, Dumoulin, Schœffer, Lafontaine, Jules Fa-vre, etc. Aucune de ces physionomies n'est muette; toutes révèlent le talent énergique ou gracieux du modèle.

Dans le prochain article nous compléte-rons ces rapides appréciations ; nous exa-minerons les curiosités photographiques, telles que la chambre métagraphique et le mégascope héliographe de M. Bertsch, les épreuves en transparence de M. Jeanrenaud, le musée de photo-sculpture de M. Joly Grangedor, la damasquinure héliographique de M. Charles Nègre, le laboratoire révélateur de M. Titus-Albitès, et nous tâcherons de donner une idée de ces merveilles qui n'ont pas dit leur dernier mot.

(La suite au prochain numéro.)

Jules LADIMIR.

LE SALON INTIME

BOULEVARD DES ITALIENS.

C'est le seul Salon que je veuille reconnaître. L'autre — le grand, l'orgueilleux, le prétentieux, le mal éclairé — a pour lui la foule des œuvres et la cohue des admirateurs; les foules n'ont jamais valu rien, — en rien au monde. Je n'aime pas à avoir le regard brutalement sollicité par des toiles criardes, — sortes de harengères qui n'ont ni grâce, ni goût, ni forme, ni couleur, et qui remplacent ces aimables vertus par l'outrecuidance et la vanité, cette suprême ressource des laiderons, des ignorants et des imbéciles. *Odi profanum vulgus, et arceo.* Loin de moi les œuvres et les foules vulgaires !

Ce Salon intime n'a donné asile qu'à des œuvres de choix, pour ainsi dire, et chaque jour on peut les admirer à son aise, sans fatigue et sans distraction, sans dégoût et sans ennui. On n'y est pas seul, parce qu'il vient là une foule d'élite, — des artistes, des gens du monde et des lettrés, — et, en même temps, on n'y est point incommodé par des allées et venues bruyantes, par des exclamations saugrenues, par des âneries antédiluviennes. C'est charmant !

Je m'y plais beaucoup, pour ma part, et je comprends que d'autres aussi s'y plaisent et complaisent. Il serait à souhaiter que toutes les expositions ressemblassent à celle-ci : les artistes y gagneraient et le public n'y perdrait pas.

Le Salon intime du boulevard des Italiens a présentement cent quarante-et-une œuvres peintes ou dessinées, et une douzaine d'œuvres sculptées, — parmi lesquelles *quatre cents médaillons* de David d'Angers. C'est

le nombre qu'il faut au public spécial qui — tout au rebours du public du dimanche — préfère la qualité à la quantité.

Je citerai au hasard de mes derniers souvenirs :

L'Orage, de Troyon;

Léda, de Charles Nègre;

Le Passage étroit et *le Puits*, de Petten-Koffen ;

La Distribution de soupe, de Pils;

L'Évanouissement, de Monfallet;

Le Portrait de la princesse Mathilde, de Giraud ;

Une Ferme, de Pinkas ;

Une Vue de Paris, de Potémont;

Une Nature morte, de Philippe Rousseau ;

L'Escamoteur, d'Herman Ten-Kate ;

Un Coucher de soleil à Venise, de Ziem;

Les jeunes Filles des Abruzzes, de Raynaud;

Un Site à Fontainebleau, de Théodore Rousseau;

Les Apprêts de la promenade, de Willems ;

Le Souvenir de collége, de Yan' Dargent.

Un Troupeau de moutons, de Aivazowski ;

Les Bords de la Seine, de Daubigny ;

Dante et Virgile dans le neuvième cercle des Enfers, de Gustave Doré;

Un Coucher de soleil, d'Emile Breton ;

Un Paysage, de Cabat;

La Promenade, de Caraud ;

La Fontaine verte, d'Antigna ;

Souvenir de Tauves, de Bellet;

Une Danse de Palicares, de Decamps ;

Le Déjeuner, et *la nouvelle Poule*, de Fortin ;

Un Intérieur au Pollet, d'Edouard Frère;

Le Berceau vide, de Louis Duveau;

Le Grand-Condé à Rocroy, de Bida;

Un Paysage, de Cabat;

Les Voleurs et l'Ane, de Daumier ;

Une Halte, d'Eugène Fromentin ;

Le Retour du marché, de Verschuur;

Une Marine, de Schelfhorst;

L'Approche de l'orage, de Roelofs;

La Chevrière, d'Eugène Lambert;

Le Portrait de M. Beulé, par Baudry;

Un Paysage, de Bernier ;

Un Intérieur d'Écurie, de John Lewis Brown ;

Le Soir, de Corot ;

Uu Paysage, de Français ;

Environs de montmorency, de Paul Flandrin ;

L'Armurier, de Dufourmentel

Le Bain, de Diaz ;

Les Chasseurs à pied de la garde impériale, de De Neuville ;

Les Demoiselles de village, de Courbet ;

Une Nature morte, de Monginot ;

La Devideuse, de Bonvin ;

Les Derniers Rayons à Précy-à-Mont, d'Eugène Lavieile ;

Une Marine, de Jongkind ;

Le Printemps, de Jacque ;

Un Soir sur les bords de la Loire, d'Harpigniq ;

Un Intérieur flamand, d'Israels ;

Un Repas de noce, d'Amédée Guérard ;

La Comédie humaine, d'Hamon ;

Un Chariot dans la campagne, d'Isabey ;

La Juive de Tanger, de Ladandelle ;

La Poule et ses poussins, de madame Peyrol-Bonheur ;

Etc., etc., etc.

Je m'arrête, car, quelques lignes encore, et, sous prétexte de citer au hasard, j'allais donner la liste complète des œuvres exposées en ce moment au Salon Intime du boulevard des Italiens.

Lundi prochain je commencerai une analyse de ces tableaux, — analyse que je m'efforcerai de faire aussi succincte que fidèle, aussi fidèle que succincte. Quant à mon impartialité, je n'en parle pas, —n'en ayant pas, par cette excellente raison que l'impartialité c'est l'absence de toute passion, et que je ne sais ni aimer ni haïr à froid. Je suis né partial et je veux mourir dans la partialité finale.

Que celui qui est sans passion me jette la première pierre !

(Sera continué.)

Alfred DELVAU.

ANDREA DEL SARTO.

Parmi tous les grands noms que l'histoire couronne,
Dont l'œuvre éblouissant sur les siècles rayonne,
Artistes, demi-dieux, cœurs émus sans repos,
Révélateurs naïfs fouillant dans le chaos,
Ou praticiens savants baignés par la lumière,
Amoureux de la forme et de la ligne fière,
Ou bien ivres d'éclat et de mâles couleurs,
Il en est un surtout, brisé par les malheurs,
Que j'aime et que j'admire : enfant de l'Italie
Humain par son amour, divin par son génie,
André del Sarte, — un cœur assez grand pour tremper
Dans les hontes d'en bas, capable de tromper
Son honneur, en un jour où l'amour qui bouillonne
Dans son flanc généreux, mugit et déraisonne ;
Pouvant aimer son art et sa femme à la fois,
Et dans tout ce tumulte où son âme aux abois
Doit fléchir et manquer dans sa douleur peut-être,
Trouvant l'immensité de son œuvre de maître.
André del Sarte ! un cœur, ô souvenir sacré !
Qui sur chaque tableau goutte à goutte a filtré !

Il se traînait blessé, mais l'art dorait encore,
Sur son passé détruit, les rêves d'une aurore,
Et faible, à demi-mort, épuisé par l'amour,
Il allait relevant son front pâle au grand jour !
Certes tous ces lions qui, dédaignant la femme,
Se refusaient au monde, avaient aussi leur âme.
Michel-Ange est énorme, et *le Frate* divin ;
Mais le fils du tailleur avant tout est humain.
L'amour, ce flot qui puise aux sources généreuses,
Ruisselle dans son œuvre en nappes somptueuses.
Oh ! la folle et l'infâme, André qui te perdit !
Dona Lucrezia, femme qui ne comprit
Pas quel souffle passait sous ta noble mamelle ;
Par devant le soleil elle n'était que belle,
Et toi tu la voyais, pauvre artiste enivré,
Passer dans un rayon divin et coloré !
Nul ne saura jamais ce que ton âme ardente
O poëte, a souffert, — et ta main palpitante
Ecrivit malgré toi pour la postérité
Que tu fus un martyr de générosité !
Fils d'un tailleur, — tant mieux ! noble par la nature,
Tu n'eus point à subir la perpétuelle injure
Que les hommes bien nés font à l'œuvre des cieux
En se modelant tous sur un patron d'aïeux.
Ainsi qu'un rejeton d'une race perdue,
Tu vins au monde ayant l'instinct de l'étendue,
Le culte de l'amour, de l'art, de la beauté ;
Tou malheur vint de vivre avec sincérité !

O croyant inspiré de toute chose sainte,
Tu tombas comme tombe une grande âme atteinte,
Quand, ayant cru toucher quelque divin trésor,
Elle n'a remué qu'un peu de boue et d'or !

Gustave COLIN.

NOUVELLES DIVERSES.

*
* *

— Par décret impérial, en date du 11 de ce mois, rendu sur la proposition du garde des sceaux, ministre de la justice, M. Anselme Petetin, ancien préfet, est nommé directeur de l'Imprimerie impériale en remplacement de M. de Saint-Georges, appelé à d'autres fonctions.

*
* *

— Par arrêté du ministre d'État, les vacances des bibliothèques publiques de Paris sont fixées pour l'année 1861 :
Pour la bibliothèque de l'Arsenal, du 1er août au 15 septembre ;
Pour la bibliothèque Mazarine, du 15 septembre au 1er novembre :
Pour la bibliothèque Sainte-Geneviève, du 1er septembre au 15 octobre.

*
* *

— L'Académie française, dans sa séance de samedi, a prononcé son jugement sur le concours de poésie. Le sujet proposé était l'*Isthme de Suez*. Le prix a été décerné au poème inscrit sous le n° 58, dont l'auteur est M. Henri de Bornier, collaborateur de l'*Ami de la Religion*.

*
* *

— Au sujet du prix décennal, décerné à M. Thiers, le président de l'Institut a écrit au célèbre historien :

Paris, le 3 juillet 1861.

« Monsieur et très-honoré confrère,

« J'éprouve une vive et particulière satisfaction en vous annonçant que l'Institut, dans son assemblée générale du 29 mai, dont le procès-verbal a été approuvé dans la séance de ce jour, a sanctionné la désignation, faite par l'Académie française, de votre *Histoire du Consulat et de l'Empire*, pour le prix décennal de 20,000 fr. que l'Institut doit décerner dans la séance publique du mois d'août.

« Les circonstances particulières dans lesquelles ce suffrage s'est produit, et les sentiments qui se sont manifestés, en ce qui touche votre grand et bel ouvrage, ajouteront un éclat glorieux au succès qui a consacré, en France et en Europe, ce monument magnifique et vraiment national de notre littérature historique.

« Veuillez agréer, monsieur et cher confrère, l'hommage de ma très-haute considération et de mon dévouement affectueux.

« *Le président de l'Institut,*

« CH. GIRAUD. »

M. Thiers a répondu :

Paris, le 7 juillet 1861.

« Monsieur le président et cher confrère,

« J'ai reçu la communication par laquelle vous m'annoncez la décision de l'Institut, qui, sur la proposition de l'Académie française, a décerné le prix décennal à mon *Histoire du Consulat et de l'Empire*. Je vous remercie de cette communication et vous prie d'être auprès de l'Institut l'interprète de ma vive gratitude. Aucune distinction ne pouvait me flatter davantage et me récompenser plus amplement d'un travail de vingt années.

« L'avenir seul peut assurer la destinée des œuvres de l'esprit ; mais si, en attendant cet avenir inconnu, il est une autorité qui pût m'inspirer l'espérance d'avoir approché à quelque degré du but que l'historien doit s'efforcer d'atteindre, c'est le suffrage du plus illustre corps savant du monde civilisé.

Je réitère donc à l'Institut tout entier l'expression de ma sincère reconnaissance.

« Je vous prie aussi, monsieur le président, de lui faire part d'une résolution qui, je l'espère, aura son approbation, c'est, en acceptant le prix fondé par l'Empereur, de laisser la somme de 20,000 fr. consacrée à l'encouragement des lettres. Je me propose, en effet, de prier l'Académie française (à qui le prix appartient dans cette partie de la période décennale) de vouloir bien accepter cette somme de 20,000 fr. pour en consacrer le revenu à des prix qu'elle décernera suivant un règlement dont elle tracera elle-même les dispositions.

« Veuillez, monsieur le président, recevoir l'hommage de ma haute considération, et, en ce qui vous est particulier, la nouvelle assurance de mon ancien attahement.

« A. THIERS. »

*
* *

— Une Exposition des œuvres d'art industriel aura lieu au Palais de l'Industrie du 15 août au 15 octobre 1861.

Cette Exposition, divisée en trois sections, comprendra :

1° Les dessins décoratifs et industriels, peinture et sculpture décoratives; 2° les objets fabriqués et manufacturés ayant un rapport direct avec l'art; 3° dessins scientifiques, photographie, et reproduction des objets décoratifs.

Le comité des inventeurs et artistes industriels et la Société du progrès de l'art industriel ont pris l'initiative de cette manifestation afin de propager le goût des œuvres d'art unies à l'industrie, de conserver leur suprématie à l'étranger, d'attirer par des récompenses l'attention du gouvernement sur les produits des arts industriels.

Louis D'AUTERIVE.

AVIS

A Messieurs les Abonnés de la REVUE DES BEAUX-ARTS.

Nous avons reçu de nombreuses lettres contenant toutes des reproches d'oubli, à l'adresse de nos deux collaborateurs, MM. Alfred Delvau et Jules Ladimir. Nous venons y répondre aujourd'hui en annonçant la continuation du SALON du premier, et une Annexe aux articles du second, par MM. Henry Lheureux et Amédée de Tanlay. Rien ni personne ne sera oublié, nous en prenons l'engagement. Mais, on le comprend, on ne peut pas faire tenir l'analyse de 5,000 œuvres d'art dans cinq ou six livraisons de cinq ou six pages; M. Alfred Delvau a été au hasard de sa fantaisie, sans avoir la prétention de favoriser certains artistes au préjudice d'autres : il ira ainsi jusqu'au bout de sa tâche, quelque délicate qu'elle soit à remplir.

Louis LAVEDAN.

Pour paraître prochainement à la librairie POULET-MALASSIS et DE BROISE, rue Richelieu, 97, et aux bureaux de la REVUE DES BEAUX-ARTS, rue Laffitte, 42.

LE

SALON DE 1861

PAR

ALFRED DELVAU

1 beau volume in-18, d'environ 300 pages, orné d'une eau-forte.

Prix: 3 francs.

Un grand nombre d'abonnés nouveaux ayant manifesté le désir d'avoir le commencement du SALON DE 1861, et nos collections étant épuisées, nous avons résolu de réunir en volume les intéressants articles parus et à paraître de notre collaborateur M. Alfred Delvau, et de donner ce volume en prime (moyennant un supplément d'*un franc*) à tous nos souscripteurs d'une année.

SOMMAIRE

17 FÉVRIER.   30 c.   3me LIVRAISON.

SOMMAIRE

J. GAGNIET   J. PEGARD

24 FÉVRIER.   **30 cent^{imes}.**   4me LIVRAISON.

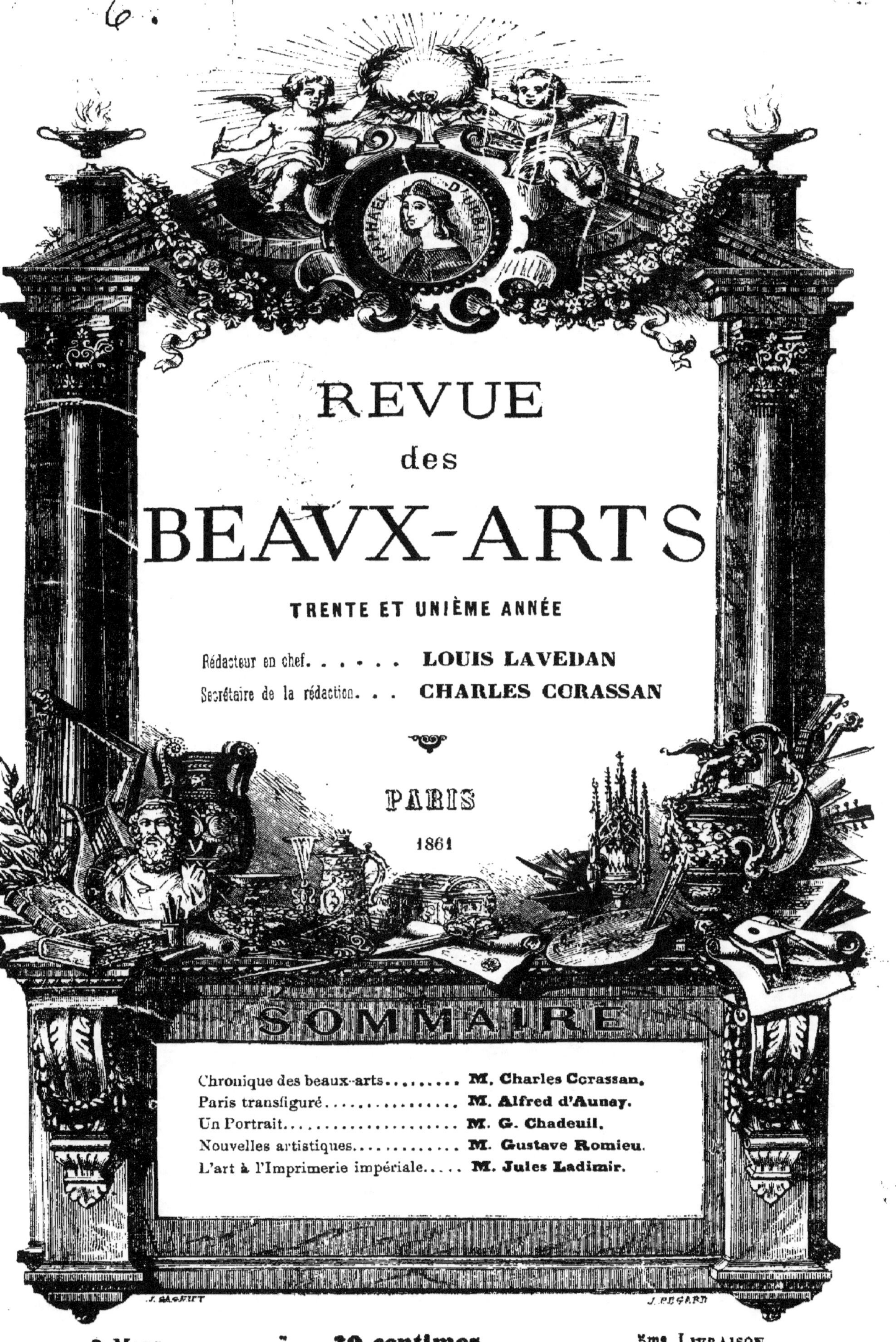

REVUE
des
BEAVX-ARTS

TRENTE ET UNIÈME ANNÉE

Rédacteur en chef. . . . . . **LOUIS LAVEDAN**
Secrétaire de la rédaction. . . **CHARLES CORASSAN**

PARIS
1861

SOMMAIRE

J. GAGNIET   J. PEGARD

3 MARS.   **30 centimes.**   5me LIVRAISON.

REVUE
des
BEAVX-ARTS

TRENTE ET UNIÈME ANNÉE

Rédacteur en chef . . . . . **LOUIS LAVEDAN**
Secrétaire de la rédaction . . . **CHARLES CORASSAN**

PARIS
1861

SOMMAIRE

10 MARS. **30 centimes.** 6me LIVRAISON.

17 MARS.   **30 centimes.**   7me LIVRAISON.

REVUE
des
BEAVX-ARTS

TRENTE ET UNIÈME ANNÉE

Rédacteur en chef . . . . . **LOUIS LAVEDAN**
Secrétaire de la rédaction . . . **CHARLES CORASSAN**

PARIS
1861

SOMMAIRE

24 MARS. **30 centimes.** 8ᵐᵉ LIVRAISON.

REVUE
des
BEAVX-ARTS

TRENTE ET UNIÈME ANNÉE

Rédacteur en chef . . . . . . **LOUIS LAVEDAN**

Secrétaire de la rédaction . . **CHARLES CORASSAN**

PARIS

1861

SOMMAIRE

31 MARS.   **30 centimes.**   **9me LIVRAISON.**

7 AVRIL.   **30 centimes.**   10me LIVRAISON.

REVUE des BEAVX-ARTS

TRENTE ET UNIÈME ANNÉE

Rédacteur en chef . . . . . **LOUIS LAVEDAN**
Secrétaire de la rédaction . . . **CHARLES CORASSAN**

PARIS
1861

SOMMAIRE

14 AVRIL. **30 centimes.** 11me LIVRAISON.

REVUE
des
BEAVX-ARTS
TRENTE ET UNIÈME ANNÉE
Rédacteur en chef . . . . . . LOUIS LAVEDAN
Secrétaire de la rédaction . . . CHARLES CORASSAN
PARIS
1861
SOMMAIRE
Chronique des beaux-arts . . . . M. Alfred Delvau.
Exposit. de province et de l'étranger M. Henry Lheureux.
Noel borguignon de Gui Barozai . . . M. Léon Fuchs.
Bibliographie . . . . M. Jules Ladimir.
Simart . . . . M. Eyriès.!
21 AVRIL.
30 centimes.
12me LIVRAISON.

SOMMAIRE

28 AVRIL.   **30 centimes.**   13me LIVRAISON.

REVUE
des
BEAVX-ARTS

TRENTE ET UNIÈME ANNÉE

Rédacteur en chef . . . . . **LOUIS LAVEDAN**

Secrétaire de la rédaction . . . **CHARLES CORASSAN**

PARIS

1861

SOMMAIRE

J. GAGNIET

5 MAI. **30 centimes.** 14me LIVRAISON.

12 MAI.   30 centimes.   15me LIVRAISON.

19 MAI.   30 centimes.   16me LIVRAISON

REVUE
des
BEAVX-ARTS
TRENTE ET UNIÈME ANNÉE

Rédacteur en chef . . . . . LOUIS LAVEDAN
Secrétaire de la rédaction . . . CHARLES CORASSAN

PARIS
1861

SOMMAIRE

Salon de 1861 . . . . M. Alfred Delvau.
Vitraux . . . . M. Jules Ladimir.
Manette . . . . M. Henry Lheureux.
Nouvelles diverses . . . . M. Louis Lavedan.

26 MAI.   30 centimes.   17me Livraison.

REVUE

des

BEAVX-ARTS

TRENTE ET UNIÈME ANNÉE

Rédacteur en chef. . . . . . LOUIS LAVEDAN
Secrétaire de la rédaction. . . CHARLES CORASSAN

PARIS

1861

SOMMAIRE

Salon de 1861. . . . . M. Alfred Delvau.
Printanière. . . . . M. Henry Murger.
Les Arts chalcographiques. . . . . . . M. Jules Ladimir.

2 JUIN   30 centimes.   18me Livraison

Chronique des beaux-arts........ Henry Lheureux.
Salon de 1861................... M. Alfred Delvau.
Les Arts chalcographiques....... M. Jules Ladimir.
Causerie dramatique............. M. Charles Corassan.

9 JUIN   30 centimes.   19me Livraison.

REVUE
des
BEAVX-ARTS
TRENTE ET UNIÈME ANNÉE

Rédacteur en chef . . . . . LOUIS LAVEDAN
Secrétaire de la rédaction . . . CHARLES CORRASSAN

PARIS
1861

SOMMAIRE

16 Juin
30 centimes
20me Livraison

Chronique des beaux-arts . . . . Henry Lheureux.
Salon de 1861 . . . . M. Alfred Delvau.
Les Arts chalcographiques . . . . M. Jules Ladimir.

23 Juin   30 centimes   21me Livraison

SOMMAIRE

30 JUIN.   30 centimes.   22me Livraison.

SOMMAIRE

7 JUILLET.   30 centimes.   23me Livraison.

SOMMAIRE

14 JUILLET. **30 centimes**. 24me **Livraison**.

SOMMAIRE

21 JUILLET.   30 centimes.   25me Livraison.

LA REVUE DES BEAUX-ARTS

paraît tous les dimanches — 52 fois par an — et forme, par année, un beau volume de plus de 600 pages.

Peinture. — Sculpture. — Architecture. — Gravure. — Littérature. —
Archéologie. — Théâtres. — Musique.
Mouvement des arts. — Expositions. — Bulletin des Sociétés savantes, littéraires et artistiques. — Objets d'art et de curiosité.

CONDITIONS DE L'ABONNEMENT

PARIS :	DÉPARTEMENTS :	ÉTRANGER :
Un an. . . . 10 fr.	Un an. . . . 12 fr.	Un an. . . . 15 fr.
Six mois. . . 6	Six mois. . . 7	Six mois. . . 8

Un numéro : 75 cent., par la poste, 1 fr.
Un numéro de COLLECTION, 1 fr. 50 c.

ON S'ABONNE A PARIS, RUE LAFFITTE, 42.

DANS LES DÉPARTEMENTS

Chez les principaux libraires, ou directement par un mandat sur la poste, ou en donnant avis de faire traite au directeur de la *Revue des Beaux-Arts*.

A L'ÉTRANGER

LA HAYE, chez A. Belinfante, seul correspondant pour les Pays-Bas; — LEIPSIG, F.-A. Brockhaus; — SCHUTTGARD, librairie Cotta; — COLOGNE, Dumont Schauberg; — DUSSELDORF, librairie Stahl; — AIX-LA-CHAPELLE, Meyer, libraire; — FRANCFORT, librairie Jaeger; — GENÉVE, Cherbuliez; — LAUSANNE, Ellemberger (bureau de la *Gazette de Lausanne*); — VIENNE, librairie Gérold; — BERLIN, librairie Duncker; — BRÊME, librairie Schünemann; — DRESDE, expédition du *Journal de Dresde*; — MAGDEBOURG, librairie Baensch.

Paris. — Typ. Walder, rue Bonaparte, 44.

LA REVUE DES BEAUX-ARTS

paraît tous les dimanches — 52 fois par an — et forme, par année, un beau volume
de plus de 600 pages.

Peinture. — Sculpture. — Architecture. — Gravure. — Littérature. —
Archéologie. — Théâtres. — Musique.
Mouvement des arts. — Expositions. — Bulletin des Sociétés savantes, littéraires
et artistiques. — Objets d'art et de curiosité.

CONDITIONS DE L'ABONNEMENT

PARIS :	DÉPARTEMENTS :	ÉTRANGER :
Un an. . . . 10 fr.	Un an. . . . 12 fr.	Un an. . . . 15 fr.
Six mois. . . 6	Six mois. . . 7	Six mois. . . 8

Un numéro : 30 cent., par la poste, 50 cent.
Un numéro de COLLECTION, 75 cent.

ON S'ABONNE A PARIS, RUE LAFFITTE, 42.

DANS LES DÉPARTEMENTS

Chez les principaux libraires, ou directement par un mandat sur la poste, ou en donnant avis de faire traite au directeur de la *Revue des Beaux-Arts.*

A L'ÉTRANGER

LA HAYE, chez A. Belinfante, seul correspondant pour les Pays-Bas; — LEIPSIG, F.-A. Brockhaus; — SCHUTTGARD, librairie Cotta; — COLOGNE, Dumont Schauberg; — DUSSELDORF, librairie Stahl; — AIX-LA-CHAPELLE, Meyer, libraire; — FRANCFORT, librairie Jaeger; — GENÈVE, Cherbuliez; — LAUSANNE, Ellemberger (bureau de la *Gazette de Lausanne*); — VIENNE, librairie Gérold; — BERLIN, librairie Duncker; — BRÊME, librairie Schünemann; — DRESDE, expédition du *Journal de Dresde;* — MAGDEBOURG, librairie Baensch.

Paris. — Typ. Walder, rue Bonaparte, 44.

LA REVUE DES BEAUX-ARTS

paraît tous les dimanches — 52 fois par an — et forme, par année, un beau volume de plus de 600 pages.

Peinture. — Sculpture. — Architecture. — Gravure. — Littérature. — Archéologie. — Théâtres. — Musique. Mouvement des arts. — Expositions. — Bulletin des Sociétés savantes, littéraires et artistiques. — Objets d'art et de curiosité.

CONDITIONS DE L'ABONNEMENT

PARIS :	DÉPARTEMENTS :	ÉTRANGER :
Un an. . . . 10 fr.	Un an. . . . 12 fr.	Un an. . . . 15 fr.
Six mois . . 6	Six mois. . . 7	Six mois. . . 8

Un numéro : 30 cent., par la poste, 50 cent.
Un numéro de COLLECTION, 75 cent.

ON S'ABONNE A PARIS, RUE LAFFITTE, 42.

DANS LES DÉPARTEMENTS

Chez les principaux libraires, ou directement par un mandat sur la poste, ou en donnant avis de faire traite au directeur de la *Revue des Beaux-Arts*.

A L'ÉTRANGER

LA HAYE, chez A. Belinfante, seul correspondant pour les Pays-Bas ; — LEIPSIG, F.-A. Brockhaus ; — SCHUTTGARD, librairie Cotta ; — COLOGNE, Dumont Schauberg ; — DUSSELDORF, librairie Stahl ; — AIX-LA-CHAPELLE, Meyer, libraire ; — FRANCFORT, librairie Jaeger ; — GENÈVE, Cherbuliez ; — LAUSANNE, Ellemberger (bureau de la *Gazette de Lausanne*); — VIENNE, librairie Gérold ; — BERLIN, librairie Duncker ; — BRÊME, librairie Schünemann ; — DRESDE, expédition du *Journal de Dresde*; — MAGDEBOURG, librairie Baensch.

Paris. — Typ. Walder, rue Bonaparte, 44.

Un magnifique volume *qui peut faire l'objet de charmantes étrennes artistiques.*

LES CHEFS-D'ŒUVRE DE L'ART CHRÉTIEN,

Par M. J.-G.-D. ARMENGAUD, Chevalier de l'Ordre de Saint-Grégoire-le-Grand.

Magnifique volume in-4°, élégamment relié, tiré sur papier bristol,

Orné de 156 gravures et vignettes exécutées par l'élite des artistes français et étrangers.

Imprimé par CH. LAHURE, imprimeur du Sénat.

Le plus bel ouvrage sorti des presses de l'imprimerie française est, de l'avis de tous les hommes compétents, celui qui a pour titre : *les Chefs-d'œuvre de l'art chrétien.* Jamais la gravure n'avait produit rien de plus parfait, jamais le bon goût et les soins du typographe ne furent adaptés à un texte plus instructif et plus curieux. L'histoire du monde, depuis l'avénement de l'Evangile, prouve que les artistes en tout genre ont puisé dans les croyances chrétiennes leurs inspirations les plus poétiques. Depuis Naples jusqu'à Bruxelles, depuis l'Escurial jusqu'au Kremlin, il n'est pas de monument que n'ait édifié la religion du Christ : cathédrales, monastères, fresques, mosaïques, sculptures, peintures, enfin toutes les créations les plus sublimes de l'art ne sont dues qu'à l'influence du Christianisme. Si dans chacune des grandes villes de l'Europe, on supprime, par la pensée, les édifices religieux qu'elle renferme; si l'on suppose qu'il n'y a plus à Rome ni la basilique de Saint-Pierre, ni le Palais du Vatican, qu'il n'y a plus de Saint-Marc à Venise; si l'on admet que les célèbres églises d'Espagne, d'Italie, de Belgique, de France, n'existent plus; si l'on convient que les musées de l'Europe sont privés de leurs tableaux de sainteté, que nous restera-t-il de vraiment merveilleux?... Quelques trophées, quelques palais somptueux, quelques riches demeures, et ce sera tout. Réunir dans un même cadre les principaux chefs-d'œuvre de l'art chrétien, disséminés dans toutes les parties du monde, faire connaître dans un texte précis la légende consacrée à chacun d'eux, indiquer les beautés particulières qui les distinguent, raconter les traits les plus saillants de la vie des artistes auxquels ils appartiennent, tel est le but que s'est proposé l'auteur de ce livre. A-t-il réussi? telle est la question qu'il nous a été donné de résoudre. Nous répondons sans hésiter que le succès a dépassé toutes les prévisions, et nous croyons pouvoir affirmer, sans crainte d'être démentis, que, dans le nombre de nos abonnés, il ne s'en trouvera pas un qui ne dise avec nous que le livre que nous leur présentons ne soit lui-même un véritable chef-d'œuvre.

CONDITIONS DE LA SOUSCRIPTION.

Une somme de plus de *cent mille francs* a été consacrée à l'exécution matérielle de ce livre, et le prix de 80 francs l'exemplaire a été fixé par les doyens de la librairie française, MM. *Firmin Didot frères, fils et Cⁱᵉ,* éditeurs de ce magnifique ouvrage.

La Direction de la REVUE DES BEAUX-ARTS eût désiré pouvoir l'offrir à ses Abonnés *à titre entièrement gratuit,* mais il ne lui a pas été possible de mettre à sa charge la totalité d'un semblable sacrifice. — En leur offrant pour 16 FRANCS SEULEMENT, AU LIEU DE 80, un tel livre, orné de 156 belles gravures et vignettes, imprimé sur papier bristol, élégamment relié et doré sur tranche, la Direction de la REVUE DES BEAUX-ARTS a la conviction qu'elle aura donné à ses Abonnés un témoignage réel de sa vive sympathie, surtout lorsqu'ils verront que le prix de 80 francs, gravé sur le livre, est justifié par la parfaite exécution de l'ouvrage.

En conséquence :

Tout abonné à la **REVUE DES BEAUX-ARTS** *qui désirera profiter des avantages qui lui sont offerts, devra adresser, franc de port, à M. le Directeur, 42, rue Laffitte, à Paris, un mandat de 16 francs sur la poste : le volume des* CHEFS-D'ŒUVRE DE L'ART CHRÉTIEN *lui sera envoyé franco, bien emballé dans une caisse en bois, à son domicile, mais pour la France seulement, et où il y a un grand bureau de poste.*

AUTRE PRIME.

La *Revue des Beaux-Arts* offre encore en prime à ses abonnés un magnifique volume in-4", le *Livre de Beauté,* orné de 13 magnifiques gravures sur acier, imprimé avec luxe et sur beau papier. Cette magnifique prime est accordée par faveur spéciale aux abonnés de la *Revue* pour 6 fr. au lieu de 15 fr. fixés par l'éditeur.

On s'abonne : à Paris, aux bureaux de la *Revue des Beaux-Arts,* rue Laffitte, 42, en province, en adressant un mandat de poste au directeur de la *Revue,* ou par l'intermédiaire des libraires. (*Affranchir.*)

LA REVUE DES BEAUX-ARTS

paraît tous les dimanches — 52 fois par an — et forme, par année, un beau volume
de plus de 600 pages.

Peinture. — Sculpture. — Architecture. — Gravure. — Littérature. -
Archéologie. — Théâtres. — Musique. |
Mouvement des arts. — Expositions. — Bulletin des Sociétés savantes, littéraires
et artistiques. — Objets d'art et de curiosité.

CONDITIONS DE L'ABONNEMENT

PARIS :	DÉPARTEMENTS :	ÉTRANGER :
Un an. . . . 10 fr.	Un an. . . . 12 fr.	Un an. . . . 15 fr.
Six mois . . 6	Six mois. . . 7	Six mois. . . 8

Un numéro : 30 cent., par la poste, 50 cent.
Un numéro de COLLECTION, 75 cent.

ON S'ABONNE A PARIS, RUE LAFFITTE, 42.

DANS LES DÉPARTEMENTS

Chez les principaux libraires, ou directement par un mandat sur la poste, ou en donnant avis de faire
traite au directeur de la *Revue des Beaux-Arts.*

A L'ÉTRANGER

La Haye, chez A. Belinfante, seul correspondant pour les Pays-Bas ; — Leipsig, F.-A. Brockhaus ; —
Schuttgard, librairie Cotta ; — Cologne, Dumont Schauberg ; — Dusseldorf, librairie Stahl ; — Aix-la-
Chapelle, Meyer, libraire ; — Francfort, librairie Jaeger ; — Genéve, Cherbuliez ; — Lausanne, Ellem-
berger (bureau de la *Gazette de Lausanne*) ; — Vienne, librairie Gérold ; — Berlin, librairie Duncker ;
— Brême, librairie Schünemann ; — Dresde, expédition du *Journal de Dresde* ; — Magdebourg, librairie
Baensch.

Paris. — Typ. Walder, rue Bonaparte, 44.

REVUE DE L'ART CHRÉTIEN

RECUEIL MENSUEL D'ARCHÉOLOGIE RELIGIEUSE

DIRIGÉ PAR

M. L'ABBÉ CORBLET

DE LA SOCIÉTÉ IMPÉRIALE DES ANTIQUAIRES DE FRANCE

Cette Revue, consacrée à l'étude de l'art chrétien de toutes les époques et de tous les pays, a été fondée en janvier 1857, sous le patronage de vingt-et-un prélats de France, de Belgique et d'Angleterre.

PRIX DE L'ABONNEMENT PAR AN :

Pour Paris et les départements. . . . . 15 francs.
Pour l'étranger. . . . . 17 francs.

Les quatre années parues se vendent également au prix de 15 francs.

Bureaux, à Paris, chez C. BLÉRIOT, éditeur
55, QUAI DES GRANDS AUGUSTINS, 55.

LA REVUE DES BEAUX-ARTS

paraît tous les dimanches — 52 fois par an — et forme, par année, un beau volume de plus de 600 pages.

**Peinture. — Sculpture. — Architecture. — Gravure. — Littérature. -
Archéologie. — Théâtres. — Musique. |
Mouvement des arts. — Expositions. — Bulletin des Sociétés savantes, littéraires
et artistiques. — Objets d'art et de curiosité.**

CONDITIONS DE L'ABONNEMENT

PARIS :	DÉPARTEMENTS :	ÉTRANGER :
Un an. . . . 10 fr.	Un an. . . . 12 fr.	Un an. . . . 15 fr.
Six mois . . 6	Six mois. . . 7	Six mois. . . 8

Un numéro : 30 cent., par la poste, 50 cent.
Un numéro de COLLECTION, 75 cent.

ON S'ABONNE A PARIS, RUE LAFFITTE, 42.

DANS LES DÉPARTEMENTS

Chez les principaux libraires, ou directement par un mandat sur la poste, ou en donnant avis de futur traite au directeur de la *Revue des Beaux-Arts*.

A L'ÉTRANGER

LA HAYE, chez A. Belinfante, seul correspondant pour les Pays-Bas ; — LEIPSIG, F.-A. Brockhaus ; — SCHUTTGARD, librairie Cotta ; — COLOGNE, Dumont Schauberg ; — DUSSELDORF, librairie Stahl ; — AIX LA-CHAPELLE, Meyer, libraire ; — FRANCFORT, librairie Jaeger ; — GENÈVE, Cherbuliez ; — LAUSANNE, Ellemberger (bureau de la *Gazette de Lausanne*) ; — VIENNE, librairie Gérold ; — BERLIN, librairie Duncker ; — BRÊME, librairie Schünemann ; — DRESDE, expédition du *Journal de Dresde* ; — MAGDEBOURG, librairie Baensch.

Paris. — Typ. Walder, rue Bonaparte, 44.

REVUE DE L'ART CHRÉTIEN

RECUEIL MENSUEL D'ARCHÉOLOGIE RELIGIEUSE

DIRIGÉ PAR

M. L'ABBÉ CORBLET

DE LA SOCIÉTÉ IMPÉRIALE DES ANTIQUAIRES DE FRANCE

Cette Revue, consacrée à l'étude de l'art chrétien de toutes les époques et de tous les pays, a été fondée en janvier 1857, sous le patronage de vingt-et-un prélats de France, de Belgique et d'Angleterre.

PRIX DE L'ABONNEMENT PAR AN :

Pour Paris et les départements. . . . . 15 francs.
Pour l'étranger. . . . . 17 francs.

Le quatre années parues se vendent également au prix de 15 francs.

Bureaux, à Paris, chez C. BLÉRIOT, éditeur

55 QUAI DES GRANDS-AUGUSTINS, 55.

LA REVUE DES BEAUX-ARTS

paraît tous les dimanches — 52 fois par an — et forme, par année, un beau volume de plus de 600 pages.

Peinture. — Sculpture. — Architecture. — Gravure. — Littérature. — Archéologie. — Théâtres. — Musique.
Mouvement des arts. — Expositions. — Bulletin des Sociétés savantes, littéraires et artistiques. — Objets d'art et de curiosité.

CONDITIONS DE L'ABONNEMENT

PARIS :	DÉPARTEMENTS :	ÉTRANGER :
Un an. . . . 10 fr.	Un an. . . . 12 fr.	Un an. . . . 15 fr.
Six mois . . 6	Six mois. . . 7	Six mois. . . 8

Un numéro : 30 cent., par la poste, 50 cent.
Un numéro de COLLECTION, 75 cent.

ON S'ABONNE A PARIS, RUE LAFFITTE, 42.

DANS LES DÉPARTEMENTS

Chez les principaux libraires, ou directement par un mandat sur la poste, ou en donnant avis de faire traite au directeur de la *Revue des Beaux-Arts*.

A L'ÉTRANGER

La Haye, chez A. Belinfante, seul correspondant pour les Pays-Bas; — Leipsig, F.-A. Brockhaus; — Schuttgard, librairie Cotta; — Cologne, Dumont Schauberg; — Dusseldorf, librairie Stahl; — Aix-la-Chapelle, Meyer, libraire; — Francfort, librairie Jaeger; — Genéve, Cherbuliez; — Lausanne, Ellemberger (bureau de la *Gazette de Lausanne*); — Vienne, librairie Gérold; — Berlin, librairie Duncker; — Brême, librairie Schünemann; — Dresde, expédition du *Journal de Dresde*; — Magdebourg, librairie Baensch.

Paris. — Typ. Walder, rue Bonaparte, 44.

REVUE DE L'ART CHRÉTIEN

RECUEIL MENSUEL D'ARCHÉOLOGIE RELIGIEUSE

DIRIGÉ PAR

M. L'ABBÉ CORBLET

DE LA SOCIÉTÉ IMPÉRIALE DES ANTIQUAIRES DE FRANCE

Cette Revue, consacrée à l'étude de l'art chrétien de toutes les époques et de tous les pays, a été fondée en janvier 1857, sous le patronage de vingt-et-un prélats de France, de Belgique et d'Angleterre.

PRIX DE L'ABONNEMENT PAR AN :

Pour Paris et les départements. . . . . 15 francs.
Pour l'étranger. 17 francs.

Le quatre années parues se vendent également au prix de 15 francs.

Bureaux, à Paris, chez C. BLÉRIOT, éditeur

55 QUAI DES GRANDS-AUGUSTINS, 55.

LA REVUE DES BEAUX-ARTS

paraît tous les dimanches — 52 fois par an — et forme, par année, un beau volume
de plus de 600 pages.

Peinture. — Sculpture. — Architecture. — Gravure. — Littérature.
Archéologie. — Théâtres. — Musique.
Mouvement des arts. — Expositions. — Bulletin des Sociétés savantes, littéraires
et artistiques. — Objets d'art et de curiosité.

CONDITIONS DE L'ABONNEMENT

PARIS :	DÉPARTEMENTS :	ÉTRANGER :
Un an. . . . 10 fr.	Un an. . . . 12 fr.	Un an. . . . 15 fr.
Six mois . . 6	Six mois. . . 7	Six mois. . . 8

Un numéro : 30 cent., par la poste, 50 cent.
Un numéro de COLLECTION, 75 cent.

ON S'ABONNE A PARIS, RUE LAFFITTE, 42.

DANS LES DÉPARTEMENTS

Chez les principaux libraires, ou directement par un mandat sur la poste, ou en donnant avis de la traite au directeur de la *Revue des Beaux-Arts*.

A L'ÉTRANGER

La Haye, chez A. Belinfante, seul correspondant pour les Pays-Bas; — Leipsig, F.-A. Brockhaus; — Schuttgard, librairie Cotta; — Cologne, Dumont Schauberg; — Dusseldorf, librairie Stahl; — Aix la-Chapelle, Meyer, libraire; — Francfort, librairie Jaeger; — Genève, Cherbuliez; — Lausanne, Ellemberger (bureau de la *Gazette de Lausanne*); — Vienne, librairie Gérold; — Berlin, librairie Duncker — Brême, librairie Schünemann; — Dresde, expédition du *Journal de Dresde*; — Magdebourg, librairie Baensch.

Paris. — Typ. Walder, rue Bonaparte, 44.

REVUE DE L'ART CHRÉTIEN

RECUEIL MENSUEL D'ARCHÉOLOGIE RELIGIEUSE

DIRIGÉ PAR

M. L'ABBÉ CORBLET

DE LA SOCIÉTÉ IMPÉRIALE DES ANTIQUAIRES DE FRANCE

Cette Revue, consacrée à l'étude de l'art chrétien de toutes les époques et de tous les pays, a été fondée en janvier 1857, sous le patronage de vingt-et-un prélats de France, de Belgique et d'Angleterre.

PRIX DE L'ABONNEMENT PAR AN :

Pour Paris et les départements. . . . . 15 francs.
Pour l'étranger. 17 francs.

Le quatre années parues se vendent également au prix de 15 francs.

Bureaux, à Paris, chez C. BLÉRIOT, éditeur

55 QUAI DES GRANDS-AUGUSTINS, 55.

LA REVUE DES BEAUX-ARTS

paraît tous les dimanches — 52 fois par an — et forme, par année, un beau volume de plus de 600 pages.

Peinture. — Sculpture. — Architecture. — Gravure. — Littérature. — Archéologie. — Théâtres. — Musique.

Mouvement des arts. — Expositions. — Bulletin des Sociétés savantes, littéraires et artistiques. — Objets d'art et de curiosité.

CONDITIONS DE L'ABONNEMENT

PARIS :	DÉPARTEMENTS :	ÉTRANGER :
Un an. . . . 10 fr.	Un an. . . . 12 fr.	Un an. . . . 15 fr.
Six mois . . 6	Six mois. . . 7	Six mois. . . 8

Un numéro : 30 cent., par la poste, 50 cent.
Un numéro de COLLECTION, 75 cent.

ON S'ABONNE A PARIS, RUE LAFFITTE, 42.

DANS LES DÉPARTEMENTS

Chez les principaux libraires, ou directement par un mandat sur la poste, ou en donnant avis de faire traite au directeur de la *Revue des Beaux-Arts*.

A L'ÉTRANGER

La Haye, chez A. Belinfante, seul correspondant pour les Pays-Bas ; — Leipsig, F.-A. Brockhaus; — Schuttgard, librairie Cotta ; — Cologne, Dumont Schauberg ; — Dusseldorf, librairie Stahl ; — Aix la-Chapelle, Meyer, libraire ; — Francfort, librairie Jaeger ; — Genève, Cherbuliez ; — Lausanne, Ellemberger (bureau de la *Gazette de Lausanne*); — Vienne, librairie Gérold ; — Berlin, librairie Duncker — Brême, librairie Schünemann ; — Dresde, expédition du *Journal de Dresde*; — Magdebourg, librairie Baensch.

Paris. — Typ. Walder, rue Bonaparte, 44.

REVUE DE L'ART CHRÉTIEN

RECUEIL MENSUEL D'ARCHÉOLOGIE RELIGIEUSE

DIRIGÉ PAR

M. L'ABBÉ CORBLET

DE LA SOCIÉTÉ IMPÉRIALE DES ANTIQUAIRES DE FRANCE

Cette Revue, consacrée à l'étude de l'art chrétien de toutes les époques et de tous les pays, a été fondée en janvier 1857, sous le patronage de vingt-et-un prélats de France, de Belgique et d'Angleterre.

PRIX DE L'ABONNEMENT PAR AN :

Pour Paris et les départements. . . . . 15 francs.
Pour l'étranger. . . . . 17 francs.

Les quatre années parues se vendent également au prix de 15 francs.

Bureaux, à Paris, chez C. BLÉRIOT, éditeur

55 QUAI DES GRANDS-AUGUSTINS, 55.

LA REVUE DES BEAUX-ARTS

paraît tous les dimanches — 52 fois par an — et forme, par année, un beau volume
de plus de 600 pages.

Peinture. — Sculpture. — Architecture. — Gravure. — Littérature. —
Archéologie. — Théâtres. — Musique.
Mouvement des arts. — Expositions. — Bulletin des Sociétés savantes, littéraires
et artistiques. — Objets d'art et de curiosité.

CONDITIONS DE L'ABONNEMENT

PARIS :	DÉPARTEMENTS :	ÉTRANGER :
Un an. . . . 10 fr.	Un an. . . . 12 fr.	Un an. . . . 15 fr.
Six mois . . 6	Six mois. . . 7	Six mois. . . 8

Un numéro : 30 cent., par la poste, 50 cent.
Un numéro de COLLECTION, 75 cent.

ON S'ABONNE A PARIS, RUE LAFFITTE, 42.

DANS LES DÉPARTEMENTS

Chez les principaux libraires, ou directement par un mandat sur la poste, ou en donnant avis de faire
traite au directeur de la *Revue des Beaux-Arts.*

A L'ÉTRANGER

LA HAYE, chez A. Belinfante, seul correspondant pour les Pays-Bas ; — LEIPSIG, F.-A. Brockhaus ; —
SCHUTTGARD, librairie Cotta ; — COLOGNE, Dumont Schauberg ; — DUSSELDORF, librairie Stahl ; — AIX-LA-
CHAPELLE, Meyer, libraire ; — FRANCFORT, librairie Jaeger ; — GENÈVE, Cherbuliez ; — LAUSANNE, Ellem-
berger (bureau de la *Gazette de Lausanne*) ; — VIENNE, librairie Gérold ; — BERLIN, librairie Duncker
— BRÊME, librairie Schünemann ; — DRESDE, expédition du *Journal de Dresde ;* — MAGDEBOURG, librairie
Baensch.

Paris — Typ. Walder, rue Bonaparte, 44.

REVUE DE L'ART CHRÉTIEN

RECUEIL MENSUEL D'ARCHÉOLOGIE RELIGIEUSE

DIRIGÉ PAR

M. L'ABBÉ CORBLET

DE LA SOCIÉTÉ IMPÉRIALE DES ANTIQUAIRES DE FRANCE

Cette Revue, consacrée à l'étude de l'art chrétien de toutes les époques et de tous les pays, a été fondée en janvier 1857, sous le patronage de vingt-et-un prélats de France, de Belgique et d'Angleterre.

PRIX DE L'ABONNEMENT PAR AN :

Pour Paris et les départements. . . . . 15 francs.
Pour l'étranger. 17 francs.

Les quatre années parues se vendent également au prix de 15 francs.

Bureaux, à Paris, chez C. BLÉRIOT, éditeur

55 QUAI DES GRANDS-AUGUSTINS, 55.

LA REVUE DES BEAUX-ARTS

paraît tous les dimanches — 52 fois par an — et forme, par année, un beau volume
de plus de 600 pages.

Peinture. — Sculpture. — Architecture. — Gravure. — Littérature.
Archéologie. — Théâtres. — Musique.
Mouvement des arts. — Expositions. — Bulletin des Sociétés savantes, littéraires
et artistiques. — Objets d'art et de curiosité.

CONDITIONS DE L'ABONNEMENT

PARIS :	DÉPARTEMENTS :	ÉTRANGER :
Un an. . . . 10 fr.	Un an. . . . 12 fr.	Un an. . . . 15 fr.
Six mois . . 6	Six mois. . . 7	Six mois. . . 8

Un numéro : 30 cent., par la poste, 50 cent.
Un numéro de COLLECTION, 75 cent.

ON S'ABONNE A PARIS, RUE LAFFITTE, 42.

DANS LES DÉPARTEMENTS

Chez les principaux libraires, ou directement par un mandat sur la poste, ou en donnant avis de faire traite au directeur de la *Revue des Beaux-Arts*.

A L'ÉTRANGER

LA HAYE, chez A. Belinfante, seul correspondant pour les Pays-Bas ; — LEIPSIG, F.-A. Brockhaus ; — SCHUTTGARD, librairie Cotta ; — COLOGNE, Dumont Schauberg ; — DUSSELDORF, librairie Stahl ; — AIX-LA-CHAPELLE, Meyer, libraire ; — FRANCFORT, librairie Jaeger ; — GENÈVE, Cherbuliez ; — LAUSANNE, Ellemberger (bureau de la *Gazette de Lausanne*); — VIENNE, librairie Gérold ; — BERLIN, librairie Duncker — BRÊME, librairie Schünemann ; — DRESDE, expédition du *Journal de Dresde;* — MAGDEBOURG, librairie Baensch.

Paris. — Typ. Walder, rue Bonaparte, 44.

REVUE DE L'ART CHRÉTIEN

RECUEIL MENSUEL D'ARCHÉOLOGIE RELIGIEUSE

DIRIGÉ PAR

M. L'ABBÉ CORBLET

DE LA SOCIETE IMPERIALE DES ANTIQUAIRES DE FRANCE

Cette Revue, consacrée à l'étude de l'art chrétien de toutes les époques et de tous les pays, a été fondée en janvier 1857, sous le patronage de vingt-et-un prélats de France, de Belgique et d'Angleterre.

PRIX DE L'ABONNEMENT PAR AN :

Pour Paris et les départements. . . . . 15 francs.
Pour l'étranger. . . . . 17 francs.

Les quatre années parues se vendent également au prix de 15 francs.

Bureaux, à Paris, chez C. BLÉRIOT, éditeur

55 QUAI DES GRANDS-AUGUSTINS, 55.

LA REVUE DES BEAUX-ARTS

paraît tous les dimanches — 52 fois par an — et forme, par année, un beau volume de plus de 600 pages.

Peinture. — Sculpture. — Architecture. — Gravure. — Littérature. Archéologie. — Théâtres. — Musique.
Mouvement des arts. — Expositions. — Bulletin des Sociétés savantes, littéraires et artistiques. — Objets d'art et de curiosité.

CONDITIONS DE L'ABONNEMENT

PARIS :	DÉPARTEMENTS :	ÉTRANGER :
Un an. . . . 10 fr.	Un an. . . . 12 fr.	Un an. . . . 15 fr.
Six mois . . 6	Six mois. . . 7	Six mois. . . 8

Un numéro : 30 cent., par la poste, 50 cent.
Un numéro de COLLECTION, 75 cent.

ON S'ABONNE A PARIS, RUE LAFFITTE, 42.

DANS LES DÉPARTEMENTS

Chez les principaux libraires, ou directement par un mandat sur la poste, ou en donnant avis de faire traite au directeur de la *Revue des Beaux-Arts*.

A L'ÉTRANGER

LA HAYE, chez A. Belinfante, seul correspondant pour les Pays-Bas ; — LEIPSIG, F.-A. Brockhaus ; — SCHUTTGARD, librairie Cotta ; — COLOGNE, Dumont Schauberg ; — DUSSELDORF, librairie Stahl ; — AIX-LA-CHAPELLE, Meyer, libraire ; — FRANCFORT, librairie Jaeger ; — GENÈVE, Cherbuliez ; — LAUSANNE, Ellemberger (bureau de la *Gazette de Lausanne*) ; — VIENNE, librairie Gérold ; — BERLIN, librairie Duncker — BRÊME, librairie Schünemann ; — DRESDE, expédition du *Journal de Dresde ;* — MAGDEBOURG, librairie Baensch.

Paris. — Typ. Walder, rue Bonaparte, 44.

REVUE DE L'ART CHRÉTIEN

RECUEIL MENSUEL D'ARCHÉOLOGIE RELIGIEUSE

DIRIGÉ PAR

M. L'ABBÉ CORBLET

DE LA SOCIÉTÉ IMPÉRIALE DES ANTIQUAIRES DE FRANCE

Cette Revue, consacrée à l'étude de l'art chrétien de toutes les époques et de tous les pays, a été fondée en janvier 1857, sous le patronage de vingt-et-un prélats de France, de Belgique et d'Angleterre.

PRIX DE L'ABONNEMENT PAR AN :

Pour Paris et les départements. . . . . 15 francs.
Pour l'étranger. . . . . 17 francs.

Les quatre années parues se vendent également au prix de 15 francs.

Bureaux, à Paris, chez C. BLÉRIOT, éditeur
55 QUAI DES GRANDS-AUGUSTINS, 55.

LA REVUE DES BEAUX-ARTS

paraît tous les dimanches — 52 fois par an — et forme, par année, un beau volume
de plus de 600 pages.

Peinture. — Sculpture. — Architecture. — Gravure. — Littérature. -
Archéologie. — Théâtres. — Musique.
Mouvement des arts. — Expositions. — Bulletin des Sociétés savantes, littéraires
et artistiques. — Objets d'art et de curiosité.

CONDITIONS DE L'ABONNEMENT

PARIS :	DÉPARTEMENTS :	ÉTRANGER :
Un an. . . . 10 fr.	Un an. . . . 12 fr.	Un an. . . . 15 fr.
Six mois . . 6	Six mois. . . 7	Six mois. . . 8

Un numéro : 30 cent., par la poste, 50 cent.
Un numéro de COLLECTION, 75 cent.

ON S'ABONNE A PARIS, RUE LAFFITTE, 42.

DANS LES DÉPARTEMENTS

Chez les principaux libraires, ou directement par un mandat sur la poste, ou en donnant avis de faire
traite au directeur de la *Revue des Beaux-Arts.*

A L'ÉTRANGER

La Haye, chez A. Belinfante, seul correspondant pour les Pays-Bas; — Leipsig, F.-A. Brockhaus; —
Schuttgard, librairie Cotta; — Cologne, Dumont Schauberg; — Dusseldorf, librairie Stahl; — Aix la-
Chapelle, Meyer, libraire; — Francfort, librairie Jaeger; — Genève, Cherbuliez; — Lausanne, Ellem-
berger (bureau de la *Gazette de Lausanne*); — Vienne, librairie Gérold; — Berlin, librairie Duncker
— Brême, librairie Schünemann; — Dresde, expédition du *Journal de Dresde;* — Magdebourg, librairie
Baensch.

Paris. — Typ. Walder, rue Bonaparte, 44.

REVUE DE L'ART CHRÉTIEN

RECUEIL MENSUEL D'ARCHÉOLOGIE RELIGIEUSE

DIRIGÉ PAR

M. L'ABBÉ CORBLET

DE LA SOCIÉTÉ IMPÉRIALE DES ANTIQUAIRES DE FRANCE

———

Cette Revue, consacrée à l'étude de l'art chrétien de toutes les époques et de tous les pays, a été fondée en janvier 1857, sous le patronage de vingt-et-un prélats de France, de Belgique et d'Angleterre.

———

PRIX DE L'ABONNEMENT PAR AN :

Pour Paris et les départements. . . . . 15 francs.
Pour l'étranger. . . . . 17 francs.

Les quatre années parues se vendent également au prix de 15 francs.

———

Bureaux, à Paris, chez C. BLÉRIOT, éditeur

55 QUAI DES GRANDS-AUGUSTINS, 55.

LA REVUE DES BEAUX-ARTS

paraît tous les dimanches — 52 fois par an — et forme, par année, un beau volume de plus de 600 pages.

Peinture. — Sculpture. — Architecture. — Gravure. — Littérature. — Archéologie. — Théâtres. — Musique.

Mouvement des arts. — Expositions. — Bulletin des Sociétés savantes, littéraires et artistiques. — Objets d'art et de curiosité.

CONDITIONS DE L'ABONNEMENT

PARIS :	DÉPARTEMENTS :	ÉTRANGER :
Un an. . . . 10 fr.	Un an. . . . 12 fr.	Un an. . . . 15 fr.
Six mois . . 6	Six mois. . . 7	Six mois. . . 8

Un numéro : 30 cent., par la poste, 50 cent.
Un numéro de COLLECTION, 75 cent.

ON S'ABONNE A PARIS, RUE LAFFITTE, 42.

DANS LES DÉPARTEMENTS

Chez les principaux libraires, ou directement par un mandat sur la poste, ou en donnant avis de faire traite au directeur de la *Revue des Beaux-Arts*.

A L'ÉTRANGER

La Haye, chez A. Belinfante, seul correspondant pour les Pays-Bas ; — Leipsig, F.-A. Brockhaus ; — Schuttgard, librairie Cotta ; — Cologne, Dumont Schauberg ; — Dusseldorf, librairie Stahl ; — Aix-la-Chapelle, Meyer, libraire ; — Francfort, librairie Jaeger ; — Genéve, Cherbuliez ; — Lausanne, Ellemberger (bureau de la *Gazette de Lausanne*) ; — Vienne, librairie Gérold ; — Berlin, librairie Duncker — Brême, librairie Schünemann ; — Dresde, expédition du *Journal de Dresde* ; — Magdebourg, librairie Baensch.

Paris. — Typ. Walder, rue Bonaparte, 44.

REVUE DE L'ART CHRÉTIEN

RECUEIL MENSUEL D'ARCHÉOLOGIE RELIGIEUSE

DIRIGÉ PAR

M. L'ABBÉ CORBLET

DE LA SOCIÉTÉ IMPÉRIALE DES ANTIQUAIRES DE FRANCE

Cette Revue, consacrée à l'étude de l'art chrétien de toutes les époques et de tous les pays, a été fondée en janvier 1857, sous le patronage de vingt-et-un prélats de France, de Belgique et d'Angleterre.

PRIX DE L'ABONNEMENT PAR AN :

Pour Paris et les départements. . . . . 15 francs.
Pour l'étranger. . . . . 17 francs.

Les quatre années parues se vendent également au prix de 15 francs.

Bureaux, à Paris, chez C. BLÉRIOT, éditeur

55 QUAI DES GRANDS-AUGUSTINS, 55.

LA REVUE DES BEAUX-ARTS

paraît tous les dimanches — 52 fois par an — et forme, par année, un beau volume
de plus de 600 pages.

Peinture. — Sculpture. — Architecture. — Gravure. — Littérature. —
Archéologie. — Théâtres. — Musique.
Mouvement des arts. — Expositions. — Bulletin des Sociétés savantes, littéraires
et artistiques. — Objets d'art et de curiosité.

CONDITIONS DE L'ABONNEMENT

PARIS :		DÉPARTEMENTS :		ÉTRANGER :	
Un an. . . .	10 fr.	Un an. . . .	12 fr.	Un an. . . .	15 fr.
Six mois . .	6	Six mois. . .	7	Six mois. . .	8

Un numéro : 30 cent., par la poste, 50 cent.
Un numéro de COLLECTION, 75 cent.

ON S'ABONNE A PARIS, RUE LAFFITTE, 42.

DANS LES DÉPARTEMENTS

Chez les principaux libraires, ou directement par un mandat sur la poste, ou en donnant avis de faire traite au directeur de la *Revue des Beaux-Arts*.

A L'ÉTRANGER

LA HAYE, chez A. Belinfante, seul correspondant pour les Pays-Bas ; — LEIPSIG, F.-A. Brockhaus ; — SCHUTTGARD, librairie Cotta ; — COLOGNE, Dumont Schauberg ; — DUSSELDORF, librairie Stahl ; — AIX-LA-CHAPELLE, Meyer, libraire ; — FRANCFORT, librairie Jaeger ; — GENÈVE, Cherbuliez ; — LAUSANNE, Ellemberger (bureau de la *Gazette de Lausanne*); — VIENNE, librairie Gérold ; — BERLIN, librairie Duncker — BRÊME, librairie Schünemann ; — DRESDE, expédition du *Journal de Dresde*; — MAGDEBOURG, librairie Baensch.

Paris — Typ. Walder, rue Bonaparte, 44.

REVUE DE L'ART CHRÉTIEN

RECUEIL MENSUEL D'ARCHÉOLOGIE RELIGIEUSE

DIRIGÉ PAR

M. L'ABBÉ CORBLET

DE LA SOCIÉTÉ IMPÉRIALE DES ANTIQUAIRES DE FRANCE

Cette Revue, consacrée à l'étude de l'art chrétien de toutes les époques et de tous les pays, a été fondée en janvier 1857, sous le patronage de vingt-et-un prélats de France, de Belgique et d'Angleterre.

PRIX DE L'ABONNEMENT PAR AN :

Pour Paris et les départements. . . . . 15 francs.
Pour l'étranger. 17 francs.

Les quatre années parues se vendent également au prix de 15 francs.

Bureaux, à Paris, chez C. BLÉRIOT, éditeur

55 QUAI DES GRANDS-AUGUSTINS, 55.

LA REVUE DES BEAUX-ARTS

paraît tous les dimanches — 52 fois par an — et forme, par année, un beau volume
de plus de 600 pages.

Peinture. — Sculpture. — Architecture. — Gravure. — Littérature. –
Archéologie. — Théâtres. — Musique.
Mouvement des arts. — Expositions. — Bulletin des Sociétés savantes, littéraires
et artistiques. — Objets d'art et de curiosité.

CONDITIONS DE L'ABONNEMENT

PARIS :	DÉPARTEMENTS :	ÉTRANGER :
Un an. . . . 10 fr.	Un an. . . . 12 fr.	Un an. . . . 15 fr.
Six mois . . 6	Six mois. . . 7	Six mois. . . 8

Un numéro : 30 cent., par la poste, 50 cent.
Un numéro de COLLECTION, 75 cent.

ON S'ABONNE A PARIS, RUE LAFFITTE, 42.

DANS LES DÉPARTEMENTS

Chez les principaux libraires, ou directement par un mandat sur la poste, ou en donnant avis de faire traite au directeur de la *Revue des Beaux-Arts.*

A L'ÉTRANGER

LA HAYE, chez A. Belinfante, seul correspondant pour les Pays-Bas ; — LEIPSIG, F.-A. Brockhaus ; — SCHUTTGARD, librairie Cotta ; — COLOGNE, Dumont Schauberg ; — DUSSELDORF, librairie Stahl ; — AIX-LA-CHAPELLE, Meyer, libraire ; — FRANCFORT, librairie Jaeger ; — GENÈVE, Cherbuliez ; — LAUSANNE, Ellemberger (bureau de la *Gazette de Lausanne*); — VIENNE, librairie Gérold ; — BERLIN, librairie Duncker — BRÊME, librairie Schünemann ; — DRESDE, expédition du *Journal de Dresde;* — MAGDEBOURG, librairie Baensch.

Paris. — Typ. Walder, rue Bonaparte, 44.

REVUE DE L'ART CHRÉTIEN

RECUEIL MENSUEL D'ARCHÉOLOGIE RELIGIEUSE

DIRIGÉ PAR

M. L'ABBÉ CORBLET

DE LA SOCIÉTÉ IMPÉRIALE DES ANTIQUAIRES DE FRANCE

Cette Revue, consacrée à l'étude de l'art chrétien de toutes les époques et de tous les pays, a été fondée en janvier 1857, sous le patronage de vingt-et-un prélats de France, de Belgique et d'Angleterre.

PRIX DE L'ABONNEMENT PAR AN :

Pour Paris et les départements. . . . . 15 francs.
Pour l'étranger. 17 francs.

Les quatre années parues se vendent également au prix de 15 francs.

Bureaux, à Paris, chez C. BLÉRIOT, éditeur

55 QUAI DES GRANDS-AUGUSTINS, 55.

LA REVUE DES BEAUX-ARTS

paraît tous les dimanches — 52 fois par an — et forme, par année, un beau volume de plus de 600 pages.

Peinture. — Sculpture. — Architecture. — Gravure. — Littérature —
Archéologie. — Théâtres. — Musique.
Mouvement des arts. — Expositions. — Bulletin des Sociétés savantes, littéraires et artistiques. — Objets d'art et de curiosité.

CONDITIONS DE L'ABONNEMENT

PARIS :	DÉPARTEMENTS :	ÉTRANGER :
Un an. . . . 10 fr.	Un an. . . . 12 fr.	Un an. . . . 15 fr.
Six mois . . 6	Six mois. . . 7	Six mois. . . 8

Un numéro : 30 cent., par la poste, 50 cent.
Un numéro de COLLECTION, 75 cent.

ON S'ABONNE A PARIS, RUE LAFFITTE, 42.

DANS LES DÉPARTEMENTS

Chez les principaux libraires, ou directement par un mandat sur la poste, ou en donnant avis de faire traite au directeur de la *Revue des Beaux-Arts.*

A L'ÉTRANGER

LA HAYE, chez A. Belinfante, seul correspondant pour les Pays-Bas ; — LEIPSIG, F.-A. Brockhaus; — SCHUTTGARD, librairie Cotta; — COLOGNE, Dumont Schauberg; — DUSSELDORF, librairie Stahl; — AIX LA-CHAPELLE, Meyer, libraire; — FRANCFORT, librairie Jaeger; — GENÈVE, Cherbuliez; — LAUSANNE, Ellemberger (bureau de la *Gazette de Lausanne*); — VIENNE, librairie Gérold; — BERLIN, librairie Duncker — BRÊME, librairie Schünemann; — DRESDE, expédition du *Journal de Dresde;* — MAGDEBOURG, librairie Baensch.

Paris. — Typ. Walder, rue Bonaparte, 44.

REVUE DE L'ART CHRÉTIEN

RECUEIL MENSUEL D'ARCHÉOLOGIE RELIGIEUSE

DIRIGÉ PAR

M. L'ABBÉ CORBLET

DE LA SOCIÉTÉ IMPÉRIALE DES ANTIQUAIRES DE FRANCE

Cette Revue, consacrée à l'étude de l'art chrétien de toutes les époques et de tous les pays, a été fondée en janvier 1857, sous le patronage de vingt-et-un prélats de France, de Belgique et d'Angleterre.

PRIX DE L'ABONNEMENT PAR AN :

Pour Paris et les départements. . . . . 15 francs.
Pour l'étranger. . . . . 17 francs.

Les quatre années parues se vendent également au prix de 15 francs.

Bureaux, à Paris, chez C. BLÉRIOT, éditeur

55 QUAI DES GRANDS-AUGUSTINS, 55.

LA REVUE DES BEAUX-ARTS

paraît tous les dimanches — 52 fois par an — et forme, par année, un beau volume de plus de 600 pages.

Peinture. — Sculpture. — Architecture. — Gravure. — Littérature. — Archéologie. — Théâtres. — Musique.|

Mouvement des arts. — Expositions. — Bulletin des Sociétés savantes, littéraires et artistiques. — Objets d'art et de curiosité.

CONDITIONS DE L'ABONNEMENT

PARIS :	DÉPARTEMENTS :	ÉTRANGER :
Un an. . . . 10 fr.	Un an. . . . 12 fr.	Un an. . . . 15 fr.
Six mois . . 6	Six mois. . . 7	Six mois. . . 8

Un numéro : 30 cent., par la poste, 50 cent.
Un numéro de COLLECTION, 75 cent.

ON S'ABONNE A PARIS, RUE LAFFITTE, 42.

DANS LES DÉPARTEMENTS

Chez les principaux libraires, ou directement par un mandat sur la poste, ou en donnant avis de faire traite au directeur de la *Revue des Beaux-Arts*.

A L'ÉTRANGER

LA HAYE, chez A. Belinfante, seul correspondant pour les Pays-Bas; — LEIPSIG, F.-A. Brockhaus; — SCHUTTGARD, librairie Cotta; — COLOGNE, Dumont Schauberg; — DUSSELDORF, librairie Stahl; — AIX-LA-CHAPELLE, Meyer, libraire; — FRANCFORT, librairie Jaeger; — GENÈVE, Cherbuliez; — LAUSANNE, Ellemberger (bureau de la *Gazette de Lausanne*); — VIENNE, librairie Gérold; — BERLIN, librairie Duncker — BRÊME, librairie Schünemann; — DRESDE, expédition du *Journal de Dresde*; — MAGDEBOURG, librairie Baensch.

Paris. — Typ. Walder, rue Bonaparte, 44.

REVUE DE L'ART CHRÉTIEN

RECUEIL MENSUEL D'ARCHÉOLOGIE RELIGIEUSE

DIRIGÉ PAR

M. L'ABBÉ CORBLET

DE LA SOCIÉTÉ IMPÉRIALE DES ANTIQUAIRES DE FRANCE

Cette Revue, consacrée à l'étude de l'art chrétien de toutes les époques et de tous les pays, a été fondée en janvier 1857, sous le patronage de vingt-et-un prélats de France, de Belgique et d'Angleterre.

PRIX DE L'ABONNEMENT PAR AN :

Pour Paris et les départements. . . . . 15 francs.
Pour l'étranger. . . . . 17 francs.

Les quatre années parues se vendent également au prix de 15 francs.

Bureaux, à Paris, chez C. BLÉRIOT, éditeur

55 QUAI DES GRANDS-AUGUSTINS, 55.

LA REVUE DES BEAUX-ARTS

paraît tous les dimanches — 52 fois par an — et forme, par année, un beau volume
de plus de 600 pages.

Peinture. — Sculpture. — Architecture. — Gravure. — Littérature. —
Archéologie. — Théâtres. — Musique.

Mouvement des arts. — Expositions. — Bulletin des Sociétés savantes, littéraires
et artistiques. — Objets d'art et de curiosité.

CONDITIONS DE L'ABONNEMENT

PARIS :	DÉPARTEMENTS :	ÉTRANGER :
Un an. . . . 10 fr.	Un an. . . . 12 fr.	Un an. . . . 15 fr.
Six mois. . . 6	Six mois. . . 7	Six mois. . . 8

Un numéro : 30 cent., par la poste, 50 cent.
Un numéro de COLLECTION, 75 cent.

ON S'ABONNE A PARIS, RUE LAFFITTE, 42.

DANS LES DÉPARTEMENTS

Chez les principaux libraires, ou directement par un mandat sur la poste, ou en donnant avis de faire
traite au directeur de la *Revue des Beaux-Arts.*

A L'ÉTRANGER

LA HAYE, chez A. Belinfante, seul correspondant pour les Pays-Bas ; — LEIPSIG, F.-A. Brockhaus ; —
SCHUTTGARD, librairie Cotta ; — COLOGNE, Dumont Schauberg ; — DUSSELDORF, librairie Stahl ; — AIX-LA-
CHAPELLE, Meyer, libraire ; — FRANCFORT, librairie Jaeger ; — GENÈVE, Cherbuliez ; — LAUSANNE, Ellem-
berger (bureau de la *Gazette de Lausanne*); — VIENNE, librairie Gérold ; — BERLIN, librairie Duncker
— BRÊME, librairie Schünemann ; — DRESDE, expédition du *Journal de Dresde*; — MAGDEBOURG, librairie
Baensch.

Paris. — Typ. Walder, rue Bonaparte, 44.

REVUE DE L'ART CHRÉTIEN

RECUEIL MENSUEL D'ARCHÉOLOGIE RELIGIEUSE

DIRIGÉ PAR

M. L'ABBÉ CORBLET

DE LA SOCIÉTÉ IMPÉRIALE DES ANTIQUAIRES DE FRANCE

Cette Revue, consacrée à l'étude de l'art chrétien de toutes les époques et de tous les pays, a été fondée en janvier 1857, sous le patronage de vingt-et-un prélats de France, de Belgique et d'Angleterre.

PRIX DE L'ABONNEMENT PAR AN :

Pour Paris et les départements. . . . . 15 francs.
Pour l'étranger. . . . . 17 francs.

Les quatre années parues se vendent également au prix de 15 francs.

Bureaux, à Paris, chez C. BLÉRIOT, éditeur
55 QUAI DES GRANDS-AUGUSTINS, 55.

LA REVUE DES BEAUX-ARTS

paraît tous les dimanches — 52 fois par an — et forme, par année, un beau volume
de plus de 600 pages.

Peinture. — Sculpture. — Architecture. — Gravure. — Littérature. —
Archéologie. — Théâtres. — Musique.|
Mouvement des arts. — Expositions. — Bulletin des Sociétés savantes, littéraires
et artistiques. — Objets d'art et de curiosité.

CONDITIONS DE L'ABONNEMENT

PARIS :	DÉPARTEMENTS :	ÉTRANGER :
Un an. . . . 10 fr.	Un an. . . . 12 fr.	Un an. . . . 15 fr.
Six mois . . 6	Six mois. . . 7	Six mois. . . 8

Un numéro : 30 cent., par la poste, 50 cent.
Un numéro de COLLECTION, 75 cent.

ON S'ABONNE A PARIS, RUE LAFFITTE, 42.

DANS LES DÉPARTEMENTS

Chez les principaux libraires, ou directement par un mandat sur la poste, ou en donnant avis de faire traite au directeur de la *Revue des Beaux-Arts.*

A L'ÉTRANGER

LA HAYE, chez A. Belinfante, seul correspondant pour les Pays-Bas ; — LEIPSIG, F.-A. Brockhaus ; — SCHUTTGARD, librairie Cotta ; — COLOGNE, Dumont Schauberg ; — DUSSELDORF, librairie Stahl ; — AIX-LA-CHAPELLE, Meyer, libraire ; — FRANCFORT, librairie Jaeger ; — GENÉVE, Cherbuliez ; — LAUSANNE, Ellemberger (bureau de la *Gazette de Lausanne*) ; — VIENNE, librairie Gérold ; — BERLIN, librairie Duncker — BRÊME, librairie Schünemann ; — DRESDE, expédition du *Journal de Dresde;* — MAGDEBOURG, librairie Baensch.

Paris. — Typ Walder, rue Bonaparte 44.

REVUE DE L'ART CHRÉTIEN

RECUEIL MENSUEL D'ARCHÉOLOGIE RELIGIEUSE

DIRIGÉ PAR

M. L'ABBÉ CORBLET

DE LA SOCIETE IMPERIALE DES ANTIQUAIRES DE FRANCE

Cette Revue, consacrée à l'étude de l'art chrétien de toutes les époques et de tous les pays, a été fondée en janvier 1857, sous le patronage de vingt-et-un prélats de France, de Belgique et d'Angleterre.

PRIX DE L'ABONNEMENT PAR AN :

Pour Paris et les départements. . . . . 15 francs.
Pour l'étranger. 17 francs.

Les quatre années parues se vendent également au prix de 15 francs.

Bureaux, à Paris, chez C. BLÉRIOT, éditeur

55 QUAI DES GRANDS-AUGUSTINS, 55.

LA REVUE DES BEAUX-ARTS

paraît tous les dimanches — 52 fois par an — et forme, par année, un beau volume
de plus de 600 pages.

Peinture. — Sculpture. — Architecture. — Gravure. — Littérature

Archéologie. — Théâtres. — Musique.

Mouvement des arts. — Expositions. — Bulletin des Sociétés savantes, littéraires

et artistiques. — Objets d'art et de curiosité.

CONDITIONS DE L'ABONNEMENT

PARIS :	DÉPARTEMENTS :	ÉTRANGER :
Un an. . . . 10 fr.	Un an. . . . 12 fr.	Un an. . . . 15 fr.
Six mois . . 6	Six mois. . . 7	Six mois. . . 8

Un numéro : 30 cent., par la poste, 50 cent.

Un numéro de COLLECTION, 75 cent.

ON S'ABONNE A PARIS, RUE LAFFITTE, 42.

DANS LES DÉPARTEMENTS

Chez les principaux libraires, ou directement par un mandat sur la poste, ou en donnant avis de faire traite au directeur de la *Revue des Beaux-Arts.*

A L'ÉTRANGER

LA HAYE, chez A. Belinfante, seul correspondant pour les Pays-Bas; — LEIPSIG, F.-A. Brockhaus; — SCHUTTGARD, librairie Cotta; — COLOGNE, Dumont Schauberg; — DUSSELDORF, librairie Stahl; — AIX-LA-CHAPELLE, Meyer, libraire; — FRANCFORT, librairie Jaeger; — GENÈVE, Cherbuliez; — LAUSANNE, Ellemberger (bureau de la *Gazette de Lausanne*); — VIENNE, librairie Gérold; — BERLIN, librairie Duncker — BRÊME, librairie Schünemann; — DRESDE, expédition du *Journal de Dresde*; — MAGDEBOURG, librairie Baensch.

Paris. — Typ. Walder, rue Bonaparte, 44.

REVUE DE L'ART CHRÉTIEN

RECUEIL MENSUEL D'ARCHÉOLOGIE RELIGIEUSE

DIRIGÉ PAR

M. L'ABBÉ CORBLET

DE LA SOCIÉTÉ IMPÉRIALE DES ANTIQUAIRES DE FRANCE

Cette Revue, consacrée à l'étude de l'art chrétien de toutes les époques et de tous les pays, a été fondée en janvier 1857, sous le patronage de vingt-et-un prélats de France, de Belgique et d'Angleterre.

PRIX DE L'ABONNEMENT PAR AN :

Pour Paris et les départements. . . . . 15 francs.
Pour l'étranger. . . . . 17 francs.

Les quatre années parues se vendent également au prix de 15 francs.

Bureaux, à Paris, chez C. BLÉRIOT, éditeur

55 QUAI DES GRANDS-AUGUSTINS, 55.

REVUE DE L'ART CHRÉTIEN

RECUEIL MENSUEL D'ARCHÉOLOGIE RELIGIEUSE

DIRIGÉ PAR

M. L'ABBÉ CORBLET

DE LA SOCIÉTÉ IMPÉRIALE DES ANTIQUAIRES DE FRANCE

Cette Revue, consacrée à l'étude de l'art chrétien de toutes les époques et de tous les pays, a été fondée en janvier 1857, sous le patronage de vingt-et-un prélats de France, de Belgique et d'Angleterre.

PRIX DE L'ABONNEMENT PAR AN :

Pour Paris et les départements. . . . . 15 francs.
Pour l'étranger. . . . . 17 francs.

Les quatre années parues se vendent également au prix de 15 francs.

Bureaux, à Paris, chez C. BLÉRIOT, éditeur,
55 QUAI DES GRANDS-AUGUSTINS, 55.

LA REVUE DES BEAUX-ARTS

paraît tous les dimanches — 52 fois par an — et forme, par année, un beau volume de plus de 600 pages.

Peinture. — Sculpture. — Architecture. — Gravure. — Littérature

Archéologie. — Théâtres. — Musique.

Mouvement des arts. — Expositions. — Bulletin des Sociétés savantes, littéraires et artistiques. — Objets d'art et de curiosité.

CONDITIONS DE L'ABONNEMENT

PARIS :	DÉPARTEMENTS :	ÉTRANGER :
Un an. . . . 10 fr.	Un an. . . . 12 fr.	Un an. . . . 15 fr.
Six mois . . 6	Six mois. . . 7	Six mois. . . 8

Un numéro : 30 cent., par la poste, 50 cent.

Un numéro de COLLECTION, 75 cent.

ON S'ABONNE A PARIS, RUE LAFFITTE, 42.

DANS LES DÉPARTEMENTS

Chez les principaux libraires, ou directement par un mandat sur la poste, ou en donnant avis de faire traite au directeur de la *Revue des Beaux-Arts.*

A L'ÉTRANGER

LA HAYE, chez A. Belinfante, seul correspondant pour les Pays-Bas ; — LEIPSIG, F.-A. Brockhaus ; — SCHUTTGARD, librairie Cotta ; — COLOGNE, Dumont Schauberg ; — DUSSELDORF, librairie Stahl ; — AIX-LA-CHAPELLE, Meyer, libraire ; — FRANCFORT, librairie Jaeger ; — GENÈVE, Cherbuliez ; — LAUSANNE, Ellemberger (bureau de la *Gazette de Lausanne*) ; — VIENNE, librairie Gérold ; — BERLIN, librairie Duncker — BRÊME, librairie Schünemann ; — DRESDE, expédition du *Journal de Dresde* ; — MAGDEBOURG, librairie Baensch.

Paris. — Typ. Walder, rue Bonaparte, 44.

REVUE DE L'ART CHRÉTIEN

RECUEIL MENSUEL D'ARCHÉOLOGIE RELIGIEUSE

DIRIGÉ PAR

M. L'ABBÉ CORBLET

DE LA SOCIÉTÉ IMPÉRIALE DES ANTIQUAIRES DE FRANCE

Cette Revue, consacrée à l'étude de l'art chrétien de toutes les époques et de tous les pays, a été fondée en janvier 1857, sous le patronage de vingt-et-un prélats de France, de Belgique et d'Angleterre.

PRIX DE L'ABONNEMENT PAR AN :

Pour Paris et les départements. . . . .   15 francs.
Pour l'étranger.   17 francs.

Les quatre années parues se vendent également au prix de 15 francs.

Bureaux, à Paris, chez C. BLERIOT, éditeur]

55 QUAI DES GRANDS-AUGUSTINS, 55.

LA REVUE DES BEAUX-ARTS

paraît tous les dimanches — 52 fois par an — et forme, par année, un beau volume de plus de 600 pages.

Peinture. — Sculpture. — Architecture. — Gravure. — Littérature. — Archéologie. — Théâtres. — Musique.

Mouvement des arts. — Expositions. — Bulletin des Sociétés savantes, littéraires et artistiques. — Objets d'art et de curiosité.

CONDITIONS DE L'ABONNEMENT

PARIS :	DÉPARTEMENTS :	ÉTRANGER :
Un an . . . . 10 fr.	Un an. . . . 12 fr.	Un an. . . . 15 fr.
Six mois . . 6	Six mois. . . 7	Six mois. . . 8

Un numéro : 30 cent., par la poste, 50 cent.
Un numéro de COLLECTION, 75 cent,

ON S'ABONNE A PARIS, RUE LAFFITTE, 42.

DANS LES DÉPARTEMENTS

Chez les principaux libraires, ou directement par un mandat sur la poste, ou en donnant avis de faire traite au directeur de la *Revue des Beaux-Arts*.

A L'ÉTRANGER

LA HAYE, chez A. Belinfante, seul correspondant pour les Pays-Bas; — LEIPSIG, F.-A. Brockhaus; — SCHUTTGARD, librairie Cotta; — COLOGNE, Dumont Schauberg; — DUSSELDORF, librairie Stahl; — AIX-LA-CHAPELLE, Meyer, libraire; — FRANCFORT, librairie Jaeger; — GENÈVE, Cherbuliez; — LAUSANNE, Ellemberger (bureau de la *Gazette de Lausanne*); — VIENNE, librairie Gérold; — BERLIN, librairie Duncker — BRÊME, librairie Schünemann; — DRESDE, expédition du *Journal de Dresde*; — MAGDEBOURG, librairie Baensch.

Paris. — Typ. Walder, rue Bonaparte, 44.

REVUE DE L'ART CHRÉTIEN

RECUEIL MENSUEL D'ARCHÉOLOGIE RELIGIEUSE

DIRIGÉ PAR

M. L'ABBÉ CORBLET

DE LA SOCIÉTÉ IMPÉRIALE DES ANTIQUAIRES DE FRANCE

Cette Revue, consacrée à l'étude de l'art chrétien de toutes les époques et de tous les pays, a été fondée en janvier 1857, sous le patronage de vingt-et-un prélats de France, de Belgique et d'Angleterre.

PRIX DE L'ABONNEMENT PAR AN :

Pour Paris et les départements. . . . . 15 francs.
Pour l'étranger. 17 francs.

Les quatre années parues se vendent également au prix de 15 francs.

Bureaux, à Paris, chez C. BLÉRIOT, éditeur

55 QUAI DES GRANDS-AUGUSTINS, 55.

LA REVUE DES BEAUX-ARTS

paraît tous les dimanches — 52 fois par an — et forme, par année, un beau volume de plus de 600 pages.

Peinture. — Sculpture. — Architecture. — Gravure. — Littérature. — Archéologie. — Théâtres. — Musique.
Mouvement des arts. — Expositions. — Bulletin des Sociétés savantes, littéraires et artistiques. — Objets d'art et de curiosité.

CONDITIONS DE L'ABONNEMENT

PARIS :	DÉPARTEMENTS :	ÉTRANGER :
Un an. . . . 10 fr.	Un an. . . . 12 fr.	Un an. . . . 15 fr.
Six mois . . 6	Six mois. . . 7	Six mois. . . 8

Un numéro : 30 cent., par la poste, 50 cent.
Un numéro de COLLECTION, 75 cent.

ON S'ABONNE A PARIS, RUE LAFFITTE, 42.

DANS LES DÉPARTEMENTS

Chez les principaux libraires, ou directement par un mandat sur la poste, ou en donnant avis de faire traite au directeur de la *Revue des Beaux-Arts.*

A L'ÉTRANGER

LA HAYE, chez A. Belinfante, seul correspondant pour les Pays-Bas; — LEIPSIG, F.-A. Brockhaus; — SCHUTTGARD, librairie Cotta; — COLOGNE, Dumont Schauberg; — DUSSELDORF, librairie Stahl; — AIX-LA-CHAPELLE, Meyer, libraire; — FRANCFORT, librairie Jaeger; — GENÈVE, Cherbuliez; — LAUSANNE, Ellemberger (bureau de la *Gazette de Lausanne*); — VIENNE, librairie Gérold; — BERLIN, librairie Duncker — BRÊME, librairie Schüncmann; — DRESDE, expédition du *Journal de Dresde*; — MAGDEBOURG, librairie Baensch.

Paris. — Typ. Walder, rue Bonaparte, 44.